전기전자공학개론

Floyd · Buchla

권갑현 · 김중완 · 김진영
양순용 · 이태승 · 임경범
최성연 · 최웅세　　공역

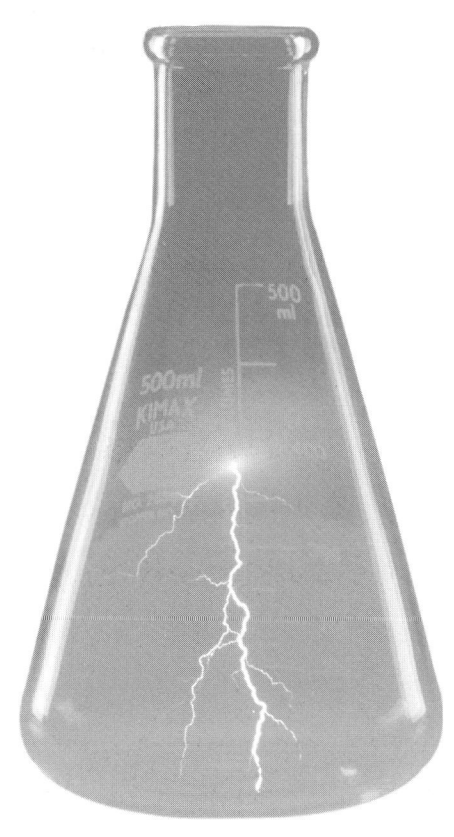

PEARSON
Prentice
Hall

ITC
INFO-TECH COREA

The Science of Electronics: DC/AC

Authorized translation from the English language edition, entitled *The Science of Electronics: DC/AC* by Floyd and Buchla published by Prentice-Hall, Inc., Copyright © 2005.

ISBN 0-13-087565-1

KOREAN language edition published by ITC Inc.,
Copyright © 2005

Printed in Korea

ISBN 89-90758-30-0

머리말

전자공학 시리즈 소개

전기전자공학개론은 디지털공학과 전자회로를 포함하는 전자공학 시리즈 중의 하나이다. 이 시리즈는 기본 전자공학 이론을 간단하고 명료하면서도 완전한 형식으로 설명하며 전자공학과 다른 분야와의 밀접한 관계도 설명한다. 이 책들은 전문대학 및 대학의 기초교재로서 적합하도록 집필되었다.

전기전자공학개론 책은 시리즈의 맨 첫 번째로서 기본 및 응용 단위, 일, 에너지, 그리고 에너지 보존 법칙과 같은 전자공학 관련 기본 물리학을 설명한다. 측정 과학에서 중요한 개념인 정확도, 정밀도, 유효 자릿수 및 측정 단위 등을 다룬다. 또한 수동 직류 회로 및 교류 회로, 자기 회로, 모터, 그리고 발전기 및 계기도 다룬다.

디지털공학 책은 수 체계, 부울 대수, 조합 논리, 및 순차 논리와 같은 전통적인 주제를 소개한다. 또한 기초 책에서 볼 수 없는 주제도 다룬다. 산업의 경향은 프로그램가능 소자, 컴퓨터 및 디지털 신호처리로 향하고 있다. 이들 각각의 주제에 대해 한 단원씩 할당되어 있다. 이들 주제가 복잡하지만 동일한 기본 방법으로 설명한다.

전자회로 책은 다이오드, 트랜지스터 및 이산 증폭기를 다루는 5개의 장과 연산증폭기(operational amplifier)를 다루는 6개의 장으로 구성되어 있다. 계측이 모든 과학 분야에서 아주 중요하기 때문에 마지막 장에서는 계측 및 제어 회로를 다루는데 여기에는 변환기(transducer)와 다이리스터(thyristor)도 포함된다.

이 시리즈의 모든 책의 각 장은 "과학 하이라이트"로 시작한다. 이 하이라이트는 과학적인 진보를 그 장에서 다루는 내용과 연관지어서 살펴본다. 과학 하이라이트에는 물리학, 화학, 생물학, 컴퓨터과학분야 등과 관련된 중요한 주제가 포함된다. 전자공학은 동적인 학문 분야이어서 우리는 여러분이 전자공학을 처음 배우는 학생들일지라도 전자공학 분야의 최첨단 발명 및 업적을 소개하려고 노력했다.

전자공학 시리즈의 주요 특징

- 각 장의 과학 하이라이트는 그 장에서 다루는 내용과 관련이 있는 분야의 과학적인 진척을 살펴본다.
- 읽기 편하고 그림과 본문이 조화롭게 배치되어 있다.
- "학생들에게"는 전자공학 분야의 전반적인 내용을 소개하는데, 여기에는 직업, 주요 안전 규칙 및 작업장 정보, 그리고 전자공학의 간략한 역사가 포함된다.

- 다양한 형태의 연습문제는 학습 지식을 증진시키고 진도를 확인해준다. 여기에는 풀이가 있는 예제, 예제 질문, 단원 복습 및 단원 질문, 단원 확인 문제, 기본 및 기본-플러스 문제, 그리고 Multisim 회로 시뮬레이션이 포함된다.
- 각 단원의 처음 두 쪽에는 그 단원의 개요, 주요 목표, 주요 용어 목록, 그 단원에 있는 해당 그림에 대한 컴퓨터 시뮬레이션 안내, 그리고 자매 실험실습 매뉴얼의 해당 과제의 제목을 가진 실험실 실험실습 안내가 들어 있다.
- 책에 있는 모든 컴퓨터 시뮬레이션은 학생으로 하여금 특정 회로가 실제로 어떻게 동작하는지를 볼 수 있게 해준다.
- 책의 가장자리에 있는 "안전 노트"는 학생들에게 계속해서 안전의 중요성을 일깨워준다.
- 책의 가장자리에 있는 "역사적 고찰"은 교재에서 언급한 개념 및 인물과 관련이 있다.
- "직무에 대하여"는 일부 단원의 처음에 있으며 취업의 주요 양상을 설명한다.
- 주요 용어는 회색으로 인쇄되어 있으며 각 장의 끝에 있는 주요 용어 해설에 정의되어 있다.
- 모든 주요 용어와 볼드체 용어를 책의 끝에 모아 놓았다.
- 중요한 사항과 공식은 각 장의 끝에 요약되어 있다.

전기전자공학개론의 소개

이 책은 전자공학을 공부하는 데 필요한, 중요한 물리 개념을 먼저 다룬다. 수학 능력은 DC/AC 수업에서 자주 필요하다. 그래서 특히 전자공학을 위한 수학을 제2장에서 다룬다. 또한 페이저 수학을 가르치려면 삼각함수 개념이 필요한데 이것은 제12장의 앞부분에서 소개한다. (페이저와 페이저 수학은 제12장 이전에서는 논의하지 않는다.)

이 책의 고유한 접근 방법은 많은 예제와 문제에서 회로 문제 풀이를 위한 정보를 표 형식으로 구성하는 방법이다. 다년간의 강의 경험에 비추어볼 때 학생들은 표 형식 접근법의 고유한 정보 구성 때문에 표 형식의 접근 방법을 잘 이해한다는 것을 알 수 있었다. DC 및 AC 예제와 각 장의 끝에 있는 문제에서 이 방법을 사용하였다. 어떤 경우 표 형식 접근법은 학생들로 하여금 직렬 회로의 전류와 같이 동일 정보에 여러 번 들어가게 한다. 그러나 이것은 설명을 추가로 더하는 것보다 중요한 개념을 더 잘 강화시켜준다.

또 다른 중요한 개념은 과학과 전자공학 사이의 밀접한 관계이다. 모든 전자공학 강사는 이러한 관계를 잘 인식하고 있다. 그러나 많은 책들은 이것을 무시하고 있는 것 같다. 이 책 전체에 걸쳐 이러한 관계를 강조하였으며, "과학 하이라이트"로써 어떻게 전자공학이 과학에 뿌리를 두고 있는지를 보여주고 있다.

이 책에는 다양한 강의 프로그램 요구에 맞도록 폭넓은 주제가 포함되어 있으며, 이들 주제 중에서 여러 가지를 자유롭게 선택할 수 있다. 예를 들어 어떤 강사는 자기, 모터, 및 발전기를 다루는 제7장과 제8장 중에서 일부 또는 전부를 생략하도록 선택할 수 있다. 이들 내용을 생략해도 연속성에는 아무 문제가 없다.

학생용 참고자료

- David M. Buchla가 지은 *"The Science of Electronics: DC/AC Lab Manual"*
- 웹사이트: *www.prenhall.com/SOE.* 이 웹사이트는 *"The Science of Electronics"* 시리즈를 위해 제작된 것으로서 다음과 같은 것들이 들어 있다.
  - 교과서 및 실습 매뉴얼에 있는 예제에 맞게 설계된 컴퓨터 시뮬레이션 회로.
  - 교재에서 설명된 내용을 학생들이 이해하고 있는지를 체크할 수 있는 진위형, 완성형 및 선택형 퀴즈.
- *Prentice Hall* 전자공학 슈퍼사이트, *www.prenhall.com/electronics.* 이 웹사이트는 수학 공부 도우미, 산업체 취업 기회 및 기타 유용한 정보를 제공해준다.

교수용 참고자료

- CD-ROM으로 제공되는 파워포인트® 슬라이드.
- 웹사이트: *www.prenhall.com/SOE.* 이 웹사이트는 Syllabus Manager™로서 온라인으로 교수 요목을 작성할 수 있게 해준다. 이것은 온라인, 자기 주도적, 또는 여러 가지 컴퓨터 보조 형태로 가르치는 수업에 대해 아주 편리하다.
- 온라인 코스 지원. 교육 과정을 원격 강의 형태로 제공하려면 해당 Prentice Hall 영업 담당자에게 연락하기 바란다.
- 교수용 교재. 여기에는 모든 문제에 대한 해답이 들어 있다.
- 실험 매뉴얼 해답집. 모든 실험에 대한 해답집을 구할 수 있다.
- 테스트 항목 파일. 선택형, 진위형 및 완성형 문제의 문제 은행.
- Prentice Hall TestGen. 이것은 테스트 항목 파일의 전자식 버전으로서, 교수로 하여금 문제를 선별할 수 있게 해준다.
- *Prentice Hall* 전자공학 슈퍼사이트. 교수는 이 사이트에 있는 다양한 자료를 액세스할 수 있다. 사용자 이름과 암호는 해당 Prentice Hall 영업 담당자에 문의하기 바란다.

각 장의 특징

장 열기

각 장은 그림 P-1에 나타낸 바와 같은 두 페이지로 시작한다. 왼쪽 페이지에는 그 장의 절 목록과 그 장의 소개가 포함된다. 오른쪽 페이지에는 각 절의 주요 목표, 컴퓨

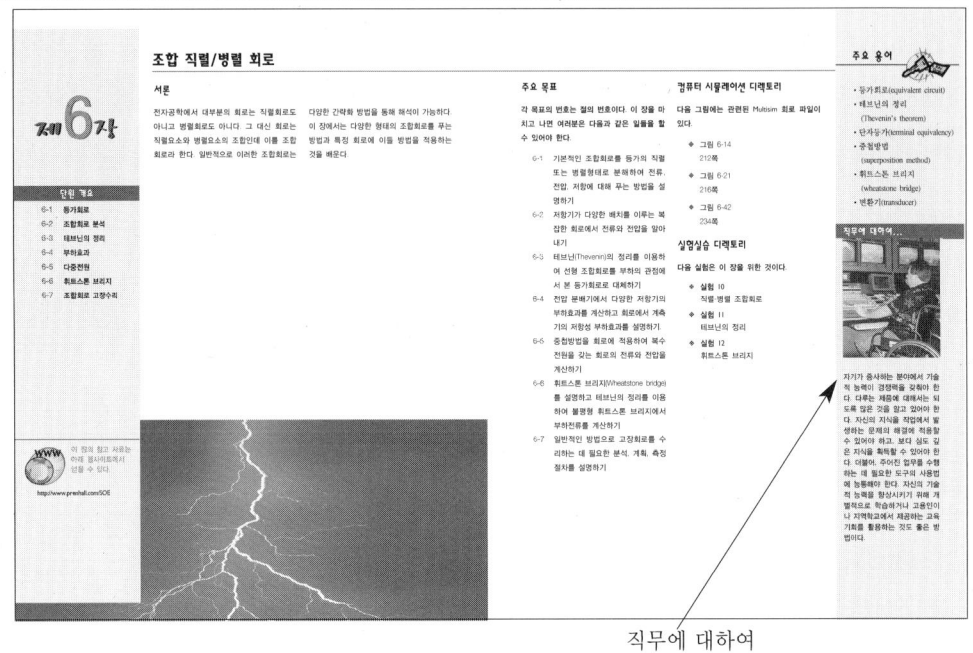

P-1

장 열기

직무에 대하여

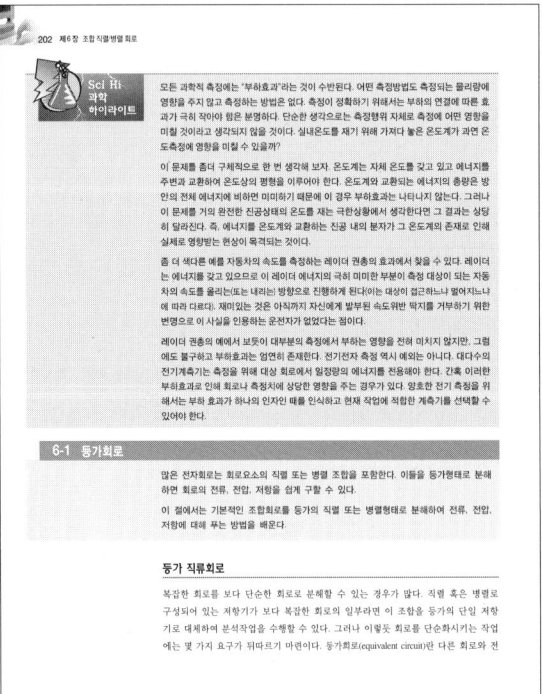

P-2

과학 하이라이트

터 시뮬레이션 디렉토리, 실험실습 디렉토리, 그리고 그 장에서 만나는 주요 용어의 목록이 포함된다. 일부 장에는 "직무에 대하여"라는 것이 들어 있다.

과학 하이라이트

장 열기 바로 다음에는 Sci Hi가 있다. 이것은 고급 개념 그리고 책에서 다루는 내용과 관련이 있는 주제를 설명한다. 대표적인 Sci Hi가 그림 P-2에 나타나 있다.

절 열기

각 장의 각 절은 일반적인 내용이 담긴 간단한 소개로부터 시작한다. 한 예가 그림 P-3에 나타나 있는데, 이것은 컴퓨터 시뮬레이션을 보여주고 있다. 컴퓨터 시뮬레이션은 책 전체에 걸쳐 해당 위치에 있다.

복습 질문

각 절은 그 절에서 설명한 주요 개념을 강조하는 5개의 문제로 구성된 복습 질문으로 끝난다. 이것도 그림 P-3에 나타나 있다. 절 복습 질문에 대한 해답은 그 장의 끝에 있다.

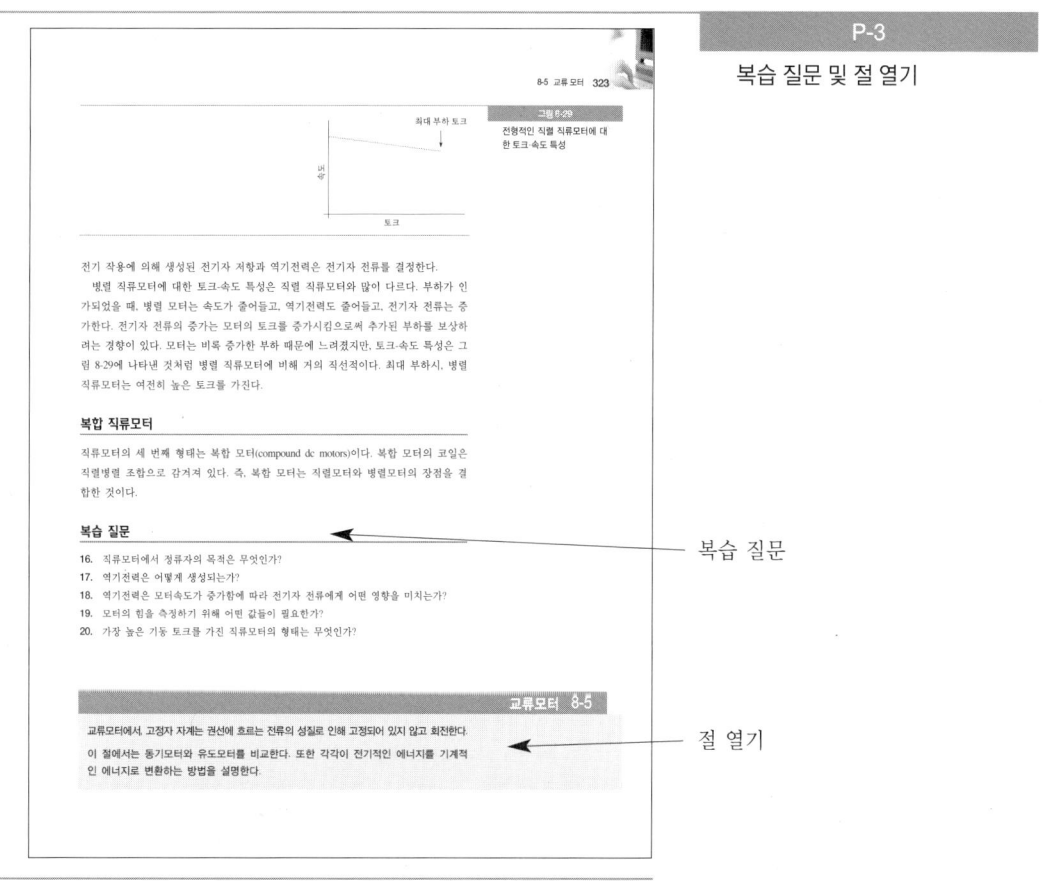

P-3

복습 질문 및 절 열기

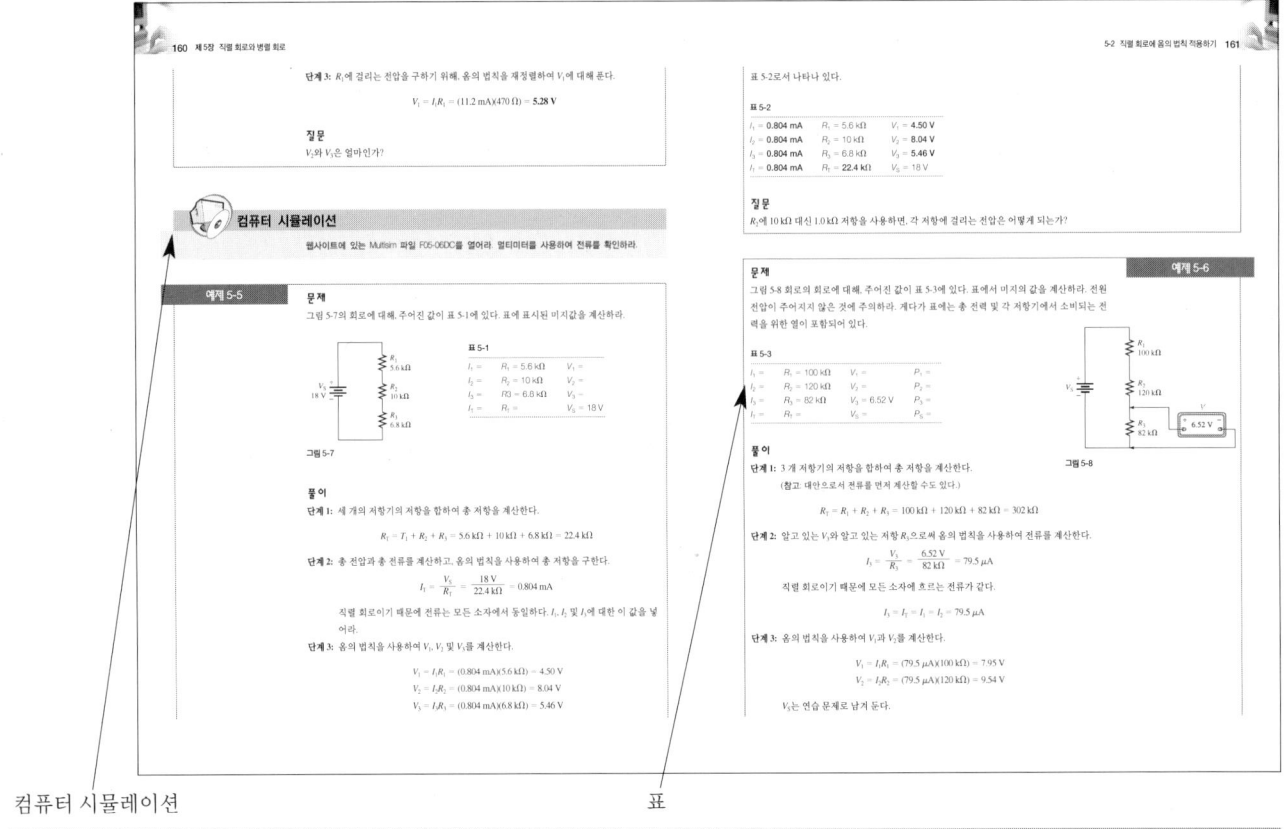

컴퓨터 시뮬레이션   표

해설된 예제 및 질문

기본 개념 또는 특정 절차를 설명하기 위한 해설된 예제가 풍부하게 있다. 각각의 예제는 해당 예제와 관련된 질문으로 끝난다. 대표적인 예제가 그림 P-4에 나타나 있다.

컴퓨터 시뮬레이션

다양한 Multisim 회로가 온라인상에 제공된다. 파일 이름은 책에 있는 그림과 마찬가지로 Fxx-yyDC와 Fxx-yyAC 형태로 되어 있는데 xx-yy는 그림 번호이고, DC 또는 AC는 이 책(전기전자공학개론)의 파일이라는 것을 나타낸다. 이러한 시뮬레이션은 교재의 해당 회로에 대한 동작을 확인하는 데 사용할 수 있다. 컴퓨터 시뮬레이션 특징의 한 예가 그림 P-3에 나타나 있다. Multisim 회로는 웹사이트 *www.prenhall.com/SOE*를 방문해서 이 책을 선택하여 액세스할 수 있다. 먼저 장을 선택한 다음, "Multisim"이라는 이름의 모듈을 클릭한다. 그러면 그곳에서 해당 장의 회로로 연결되는 소개 페이지를 보게 될 것이다.

고장수리

대부분의 장에는 그 장에서 다룬 내용과 관련이 있는 고장수리 기술과 테스트 계기의 사용법이 포함되어 있다. 그림 P-5에는 대표적인 고장수리 내용이 나타나 있다. 이

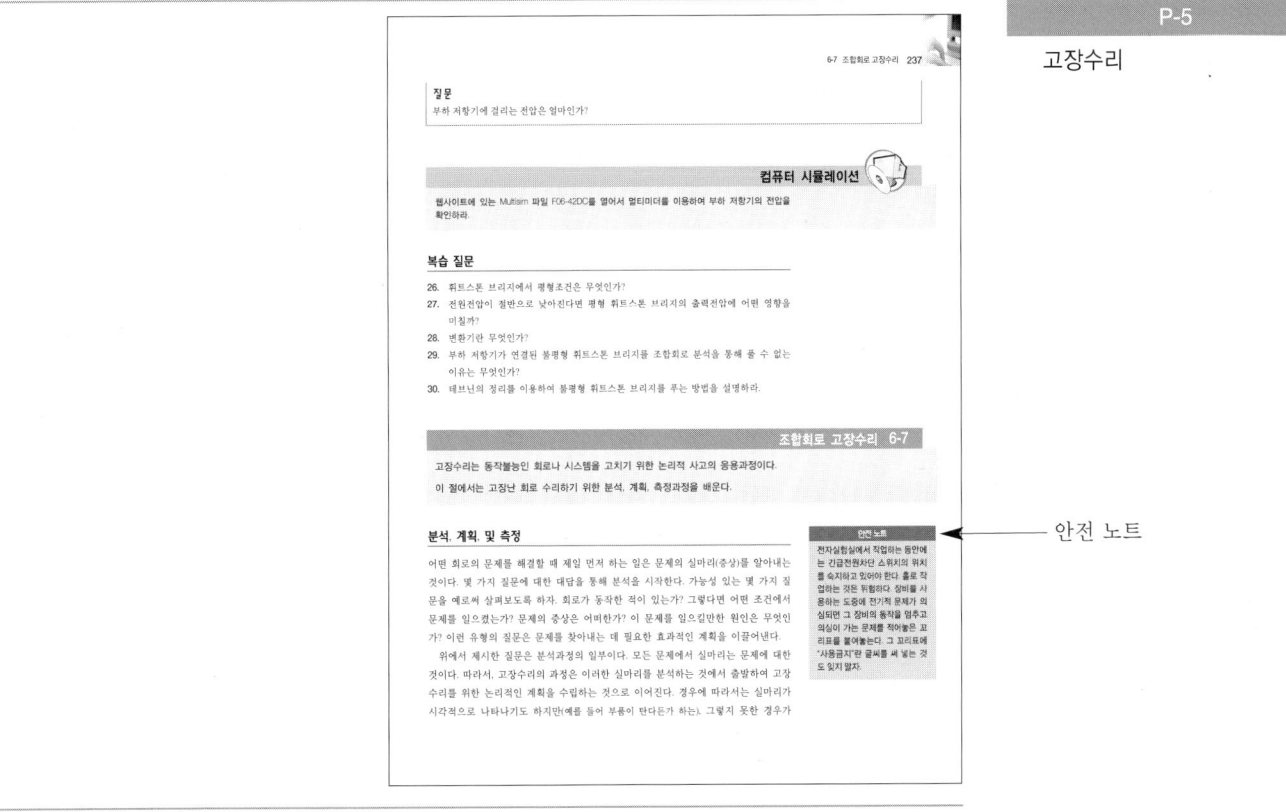

안전 노트

그림에는 안전 노트(Safety Note)도 나타나 있다. 안전 노트는 책 전체에 걸쳐 적절히 배치되어 있다.

집적회로

대부분의 장에는 디지털 집적회로에 관한 절이 포함되어 있다. 대표적인 특정 소자를 소개하고 설명한다.

단원 복습

각 장의 끝에는 그 장의 중요한 개념을 강조할 목적을 갖는 특수한 부분이 있다. 몇 가지 특징이 그림 P-6에 나타나 있다. 단원 복습에는 다음과 같은 내용이 포함된다.

- 주요 용어(Key Terms Glossary). 그 장에서 회색 글씨로 표시되었던 용어를 여기서 정의하고 이 책의 끝에 있는 용어 해설에서도 정의한다.
- 요섬(Important Facts). 그 장의 주요 사항을 요약한다.
- 공식 및 부울 법칙/규칙(Equations and Boolean Laws/Rules).
- 단원 확인(Chapter Checkup). 이것은 선택형 문제 집합이다. 해답은 각 장의 끝에 있다.
- 질문(Questions). 이것은 각 장과 관련이 있는 문제 모음이다. 홀수 번호의 문제에 대한 해답은 이 책의 끝에 실려 있다.

문제

교육학적인 특징은 기본(Basic) 및 기본-플러스(Basic-Plus)의 두 가지 수준의 문제로써 이어진다. 일반적으로 기본-플러스(Basic-Plus) 문제는 기본(Basic) 문제보다 좀더 어렵다. 모든 홀수 번호 문제에 대한 해답이 이 책의 끝에 실려 있다. 또한 고장이 포함된 Multisim 회로를 참조하는 고장수리 실습 문제가 대부분의 장에 포함되어 있다. 회로 파일은 접두어 TSP로 표시되어 있다.

해답

각 장에는 그 장의 문제 중에서 선택된 문제에 대한 해답이 실려 있다. 여기에는 다음과 같은 것이 포함되어 있다.

- 예제 질문에 대한 해답
- 복습 질문에 대한 해답
- 단원 점검에 대한 해답

권말 특징

- 다음과 같은 세 개의 부록이 있다.
  - −기본 단위의 정의
  - −표준 저항치 표
  - −실습 매뉴얼에서 뽑은 그림
- 용어 해설
- 홀수 번호 질문에 대한 해답
- 홀수 번호 문제에 대한 해답
- 찾아보기

역자 머리말

이 책은 Thomas L. Floyd와 David M. Buchla가 집필하고 Prentice Hall 출판사가 펴낸 전자공학 시리즈 중의 하나인 *"The Science Of Electronics: DC/AC"*를 번역한 것이다.

이 책은 크게 제1부 DC(직류)와 제2부 AC(교류)로 나뉘어져 있다. 먼저 제1부에서는 전자공학을 학습하는 데 필요한 물리와 수학을 복습하고, 이어서 전기적인 양과 그의 측정, 옴의 법칙과 와트의 법칙, 직렬회로와 병렬회로, 조합 직렬/병렬 회로, 자기와 자기회로, 모터와 발전기를 다루고, 제2부에서는 교류, 커패시터, 인덕터, 직렬 교류 회로, 병렬 교류 회로를 다룬다. 이러한 모든 내용을 풍부한 그림과 도표를 이용하여 아주 상세하게 설명하고 있으며, 특히 중요한 이론은 관계되는 적절한 많은 예제를 이용하여 설명하고 있다. 따라서, 이 책은 대학의 직류 및 교류 회로 관련 교과서로는 물론 자습서 및 참고서로도 아주 적합하다고 생각된다.

또한, 각 단원에는 다양한 형태의 연습문제가 들어 있는데, 여기에는 예제 질문, 소단원 복습, 단원 질문, 단원 확인 문제, 기본 문제, 기본-플러스 문제, Multisim 회로 시뮬레이션이 포함되어 있다. 그리고 각 단원에는 "과학 하이라이트"와 "역사적 고찰"이 있어서 그 단원의 주제와 관련한 폭넓은 지식을 얻을 수 있으며, "직무에 대하여"와 "안전 노트"는 현장에서 유용한 내용이다.

이 책의 원서는 완전 컬러로 조판되어 있으나, 아쉽게도 이 번역판은 흑백으로 편집되어 있어 원서보다는 가독성이 떨어지리라 본다. 그러나 최대한 활자체에 변화를 주어 가독성을 높이려고 하였고 또 편집 체제를 원서와 동일하게 하였으므로 읽는 데 크게 불편하지는 않을 것이다.

끝으로 이 책을 편집하면서 여러 가지로 수고한 아이티씨의 편집부 직원 여러분께 감사드리며, 아무쪼록 이 책이 독자들의 직류 및 교류 회로 관련 지식 습득에 좋은 길잡이가 되기를 바라는 바이다.

2005년 2월 15일
소백산 기슭에서 역자 대표 씀

학생들에게

전기전자공학개론의 소개

우리는 이 책이 여러분들이 직업을 준비하는 데 있어서 효율적인 도구가 될 것이며, 더 깊이 연구하는 데 있어서 유용하리라고 믿는다. 이 과정을 마치고 나면 이 책은 고급 과정 또는 직업 전선에 뛰어 든 후라도 가치 있는 참고서가 될 것이다. 우리는 이 책이 전자공학을 계속 공부하는 데 있어서 기초를 제공하기를 바란다.

대부분의 복잡한 전자 시스템은 더 단순한 회로들의 집합으로 나뉘어질 수 있다. 이들 단순한 회로에는 수동 회로(저항, 커패시터, 인덕터)와 능동 회로(디지털 및 아날로그 소자를 포함하는 집적회로)가 들어 있다. 이들 주제에 대한 확고한 기초만 있으면, 대규모 시스템을 이해하는 것은 간단하다. 전자공학은 쉬운 과목이 아니다. 그러나 우리는 이 과목을 흥미 있고 유익하게 하는 방법을 제공하고, 또한 이 재미있는 분야의 경험에 필요한 준비를 제공하려고 노력했다.

이 책의 여러 예제는 자세하게 풀이되어 있다. 여러분들은 예제의 풀이 단계를 따라 해보아야 하며 관련 예제를 이해하는지를 점검해보아야 한다. 복습 질문을 풀어보고 해답과 맞추어봄으로써 각 절을 이해했는지를 점검해야 한다. 각 장의 끝에는 요약, 용어 해설, 공식, 질문, 문제, 해답이 있다. 여러분들이 모든 질문에 대답할 수 있고 또 각 장의 모든 문제를 풀 수 있다면, 그 장에서 설명한 모든 내용을 잘 이해했다고 할 수 있다.

전자공학 분야의 직업

전자공학 분야는 다양하며 관련 분야에서 경험할 기회도 많다. 전자공학은 현재 아주 많은 응용에서 발견되고 있고 또한 아주 빠르게 새로운 기술이 개발되고 있기 때문에 미래는 끝이 없다고 할 수 있다. 우리의 일상 생활에서 전자공학 기술에 의해 어느 정도까지 개선되지 않는 분야는 없다. 전기적 및 전자적 원리의 정통적인 그리고 기본적인 지식을 얻는, 그리고 계속해서 공부하고자 하는 사람은 항상 수요가 있을 것이다.

이 책에 있는 기본 원리들을 완전히 이해해야 한다는 것이 중요하다는 것은 아무리 강조해도 지나치지 않다. 대부분의 고용자들은 기초가 튼튼하고 그리고 새로운 개념과 기술을 습득하는 능력과 열성을 가진 사람을 채용하기를 좋아한다. 여러분이 기초 지식에 대해 잘 훈련되어 있다면, 고용자는 여러분을 특정 직업에 맞게 훈련시킨다.

전자공학 기술을 훈련받은 사람이 담당할 직업의 종류에는 여러 가지 형태가 있다. 일반 직업 기능은 BLS(Bureau of Labor Statistics) 직업 전망 핸드북에 기술되어 있는데 이것은 웹사이트 *http://www.gls.gov/oco*에서 구할 수 있다. BLS에 있는 두 가지 공학 기술자의 직업 설명은 다음과 같다.

- 전기 및 전자공학 기술자는 통신 장비, 레이더, 산업용 및 의료용 측정 또는 제어 소자, 항법 장비, 그리고 컴퓨터의 설계, 개발, 테스트, 제조를 돕는다. 이들은 장비를 조정, 검사 및 수리하기 위해 측정 및 진단 장치를 사용하여 제품을 평가 및 검사하는 일에 종사한다.
- 방송 및 음향 공학 기술자는 라디오 및 텔레비전 프로그램, 케이블 프로그램, 동영상을 녹음 및 전송하는 데 사용되는 전자 장비를 설치, 테스트, 수리, 배치 및 운전한다.

그 외에도 적절히 훈련된 사람에게는 다음과 같이 전자공학 분야의 직업이 많이 있다.

- 서비스 기술자(service technician)는 서비스를 위해 공급자 또는 생산자에게 되돌아온 상업용 및 민수용 전자 장비의 수리 및 조정에 참여한다.
- 산업 생산 기술자(industrial manufacturing technician)는 조립 라인 레벨에서의 전자 제품 검사에 참여하거나 또는 제품의 검사 및 생산에 사용되는 전자 및 전자 기계 시스템의 유지 및 고장수리에 참여한다.
- 실험실 기술자(laboratory technician)는 연구 및 개발 실험실의 새로운 또는 개량된 전자 시스템을 테스트하는 데 참여한다.
- 현장 서비스 기술자(field-service technician)는 소비자의 현장에서 전자 장비를 수리한다. 이들 시스템에는 컴퓨터, 레이더, 자동 은행 장비 및 보안 시스템이 포함된다.
- 사용자 지원 기술자(user-support technician)는 컴퓨터 또는 "하이테크(high-tech)" 전자 장비가 고장났을 때 최초로 호출되는 사람이다. 사용자 지원 기술자는 그 제품의 내부와 외부를 알고 있어야 하며 전화를 통하여 제품을 수리할 수 있어야 한다. 의사 소통 능력이 좋아야 한다.

전자공학과 관련된 직업에는 기술 작가, 기술 영업 사원, x-선 기술자, 자동차 수리공, 케이블 가설공 등 여러 가지가 있다.

전자공학의 역사

초기 전자공학 실험은 진공관에서의 전류에 관한 것이었다. Heinrich Geissler(1814−1879)는 유리관으로부터 공기를 대부분 제거하고 그 관에 전류를 흘리면 그 관이 빛을 낸다는 것을 발견하였다. 그 뒤, Sir William Crookes(1832−1919)는 진공관에서의 전류가 입자로 구성되어 있는 것 같다는 것을 발견했다. Thomas Edison(1847−1931)은 판

(plate)과 함께 탄소 필라멘트 전구(carbon filament bulb)를 실험하여 뜨거운 필라멘트로부터, 양극으로 충전된 판으로 전류가 흐른다는 것을 발견하였다. 그는 이 아이디어에 대해 특허권을 얻었으나 사용하지는 않았다.

다른 초기 실험 과학자는 진공관에 흐르는 입자의 성질을 측정하였다. Sir Joseph Thompson(1856-1940)은 이 입자의 성질을 측정하였으며, 뒤에 이를 전자(electron)라 불렀다.

무선 전신 통신(wireless telegraphic communication)의 역사는 1844년부터 시작되었지만 근본적으로 전자는 진공관 증폭기의 발명과 함께 시작된 20세기 개념이다. 한 방향으로만 전류를 흐르게 할 수 있었던 초기의 진공관은 1904년에 John A. Fleming이 만들었다. Lee deForest는 진공관에 그리드(grid)를 추가했다. 오디오트론(audiotron)이라고 부르는 새로운 소자는 약한 신호를 증폭할 수 있었다. 제어 요소를 추가함으로써 deForest는 전자공학 혁명의 선구자가 되었다. 그의 이 계량된 소자 덕분에 대륙간 전화 및 라디오가 가능하게 되었다. 1912년에 California의 San Jose에서 한 아마추어 무선사가 음악을 정규적으로 방송하고 있었다!

1921년에 상무장관 Herbert Hoover는 첫 번째 면허를 한 라디오 방송국에 내주었다. 이후 20년 동안에 600건이 넘는 면허가 발급되었다. 1920년대 말에는 여러 가정에서 라디오를 가지게 되었다. 슈퍼헤테로다인 라디오(superheterodyne radio)라는 새로운 형태의 라디오가 Edwin Armstrong에 의해 발명되어 고주파 통신(high-frequency communication) 문제가 해결되었다. 1923년에 미국인 연구자 Vladimir Zworykin이 최초의 텔레비전 화상관(television picture tube)을 발명하였고 1927년에 Philo T. Farnsworth가 완전한 텔레비전 시스템을 위한 특허를 신청하였다.

1930년대에는 금속관(metal tube), 자동 이득 제어(automatic gain control), 꼬마 라디오(midget radio) 및 방향성 안테나(directional antenna)를 포함하여 라디오에서 많은 것들이 개발되었다. 또한 이 10년 동안에 최초의 전자식 컴퓨터의 개발이 시작되었다. 1939년에 마이크로파 발진기(microwave oscillator)인 마그네트론(magnetron)이 영국에서 Henry Boot와 John Randall에 의해 발명되었다. 같은 해에, 클라이스트론 마이크로파 관(klystron microwave tube)이 미국에서 Russell과 Sigurd Varian에 의해 발명되었다.

1940년대에 제2차 세계대전이 일어났다. 이 전쟁으로 말미암아 전자공학이 빠르게 발전되었다. 마그네트론과 클라이스트론에 의해 레이더와 고주파 통신이 가능하게 되었다. 음극선관(cathode ray tube)은 레이더에 사용하기 위해 개선되었다. 컴퓨터는 이 전쟁 동안 계속해서 일을 하였다. 1946년에 John von Neumann은 최초의 프로그램 저장 컴퓨터(stored program computer)인 Eniac을 Pennsylvania 대학교에서 개발하였다. 가장 중요한 발명 중의 하나는 1947년에 있었던 트랜지스터(transistor)의 발명이었다.

발명자는 Walter Brattain, John Bardeen, William Shockley였다. 이 발명 때문에 이 세 사람은 모두 노벨상을 받았다. PCB(printed circuit board, 인쇄 회로 기판)도 1947년에 소개되었다. 트랜지스터의 상업 생산은 1951년에 Pennsylvania의 Allentown에서 시작되었다.

1950년대의 가장 중요한 발명은 집적회로(integrated circuit)이다. 1958년 9월 12일에 Texas Instruments의 Jack Kilby는 최초의 집적회로를 만들었다. 이 때문에 그는 2000년 가을에 노벨상을 받았다. 이 발명으로 인하여 글자그대로 현대 컴퓨터 시대가 열렸으며 의료, 통신, 제조 및 오락 산업에서 광범위한 변화가 일어났다. 집적회로는 "칩(chip)"이라고 부르게 되었으며 이러한 칩이 그동안 수십억 개 생산되었다.

1960년대에는 우주 개발 경쟁이 시작되고 제품의 소형화 및 컴퓨터 개발에 박차가 가해졌다. 우주 개발 경쟁은 전자공학의 급속한 변화를 주도하는 구동력이었다. 최초의 성공적인 "연산증폭기(op-amp)"는 1965년에 Fairchild Semiconductor의 Bob Widlar가 설계하였다. μA709라고 불렸던 이 연산증폭기는 대단히 성공적이었으나 "latch-up" 및 다른 문제점이 있었다. 그 뒤, 가장 유명했던 연산증폭기인 741이 Fairchild에서 만들어지고 있었다. 이 연산증폭기는 산업 표준이 되었으며 여러 해 동안 연산증폭기 설계에 많은 영향을 미쳤다. 원격으로 연결된 컴퓨터를 이용한 인터넷의 시초가 1960년대에 시작되었다. 시스템은 Lawrence Livermore National Laboratory에 있었는데 100개가 넘는 터미널이 하나의 컴퓨터 시스템에 연결되었다. 1969년의 실험에서 UCLA와 Stanford의 연구자들 사이에 통신이 이루어졌다. UCLA 팀은 Stanford에 연결하기를 희망하여 그들의 터미널에 "login"이라는 단어를 입력하였다. 별도의 전화선을 통하여 다음과 같은 내용의 대화를 나누었다.

UCLA 팀은 전화를 통하여 "문자 L이 보입니까?"라고 물었다.
"예, 문자 L이 보입니다."
UCLA 팀은 문자 O를 입력하였다. "문자 O가 보입니까?"
"예, 문자 O가 보입니다."

UCLA 팀은 문자 G를 입력했다. 이때 시스템이 고장났다. 이것은 기술이었으나, 혁명은 계속되고 있었다.

1971년에, Fairchild로부터 나온 어떤 그룹이 만든 한 새로운 회사가 최초의 마이크로프로세서(microprocessor)를 소개하였다. 이 회사는 Intel이었으며 제품은 4004 칩이었는데 Eniac 컴퓨터와 동일한 처리 능력이 있었다. 같은 해에 Intel은 최초의 8 비트 프로세서 8008을 발표했다. 1975년에 최초의 개인용 컴퓨터가 Altair에 의해 소개되었으며 Popular Science 잡지는 1975년 1월호 표지 그림으로 이 컴퓨터를 실었다. 1970년대에는 또한 포켓 계산기도 소개되었으며 광학 집적회로가 새로 개발되었다.

1980년대에는 전체 미국 가정의 절반이 텔레비전 안테나 대신 유선으로 텔레비전을 시청하고 있었다. 1980년대에 전자제품의 신뢰성, 속도 및 소형화가 계속되었는데 여기에는 인쇄회로기판의 자동 검사 및 교정이 포함되었다. 컴퓨터는 계측의 한 부분이 되어 가상 계측(virtual instrumentation)이 생겨났다. 컴퓨터는 작업대에서 표준 도구가 되었다.

1990년대에는 인터넷이 광범위하게 이용되었다. 1993년에 웹사이트가 겨우 130개였는데 2001년에는 24,000,000개 이상으로 늘어났다. 1990년대에 회사들은 앞다투어 홈페이지를 개설하였으며 인터넷과 병행된 라디오 방송이 많이 개발되었다. 정보의 교환과 전자 상거래가 1990년대의 높은 경제 성장에 큰 영향을 주었다. 인터넷은 가장 중요한 과학 통신 도구 중의 하나가 되고 있기 때문에 특히 과학자와 기술자들에게 중요하다.

1995년에 FCC는 디지털 오디오 라디오 서비스(Digital Audio Radio Service)라고 부르는 새로운 서비스를 위한 스펙트럼 공간을 할당하였다. 디지털 텔레비전 표준이 미국의 차세대 텔레비전 방송을 위해 1996년에 FCC에 의해 채택되었다. 20세기가 지나갔을 때 역사가들은 오직 안도의 한숨을 내쉴 수 있었다. 어떤 사람이 말하기를 "나는 새로운 기술에 전적으로 찬성한다. 그러나 나는 새로운 기술이 옛 기술을 먼저 치워버리기를 바란다"라고 했다.

21세기가 2001년 1월 1일에 시작되었다. 주된 이야기는 인터넷이 폭발적으로 성장하고 있다는 것이었다. 간단히 말하면 이때부터 과학자들은 컴퓨터 네트워크에서 대량의 정보를 액세스할 수 있게 해줄 슈퍼컴퓨터 시스템을 계획하고 있었다. 새로운 세계적인 데이터 망은 World Wide Web보다 더 큰 자원이 될 것이다. 왜냐하면 이는 사람들에게 방대한 양의 정보를 액세스할 능력과 슈퍼컴퓨터에서 시뮬레이션을 실행하기 위한 자원을 제공해주기 때문이다. 21세기에서 연구는 새로운 기술을 사용하여 더 빠르고 더 작은 회로를 만드는 쪽으로 계속되고 있다. 한 가지 기대할 수 있는 연구 분야는 카본 나노 튜브(carbon nanotube)인데 이것은 어떠한 형태에서 반도체의 성질을 가지고 있음이 밝혀졌다.

차례

제 7 장

제 8 장

AC

제 9 장

제 10 장

제 11 장

제 12 장

제 13 장

이 장의 참고 자료는
아래 웹사이트에서
얻을 수 있다.

http://www.prenhall.com/SOE

전자공학을 위한 물리

서론

전자공학은 19세기에서 20세기로 바뀔 때 진공관의 발명과 함께 시작되었는데, 이 혁명적인 소자는 라디오, 텔레비전, 및 컴퓨터를 만들 수 있게 하였다. 1947년에 트랜지스터가 발명되고 1958년에 집적회로가 발명되어 전자공학의 두 번째 혁명을 시작시켰다. 놀랍게도 그 이후로 새롭고 복잡한 장치가 개발될수록 오히려 그 크기와 비용이 낮아지는 추세가 이어졌다. 최신 전자장치는 과거에 비해 더 빠르고, 더 신뢰성이 높으며, 더 많은 능력을 보유하면서도 값은 이전보다 더 저렴하다.

이렇듯 흥미로운 분야에 대한 학습은 먼저 몇 가지 역사적 배경과 전체 전자회로 및 관련장치의 동작을 지배하는 물리법칙을 논의한다. 전자공학은 물리학에 기초를 두고 있으므로 이 책을 통하여 전자공학과 과학이 서로 밀접하게 관련되어 있음을 알게 될 것이다. 과학 하이라이트(Sci Hi)는 이 장의 내용과 관련이 있다. 아울러 전자회로를 다룰 때 명심해야 할 안전에 관한 것도 다룬다.

DC/AC 회로는 전자공학의 학습에 있어 중요하고 실질적인 교육과정이다. DC/AC 회로의 학습에서 배우게 될 여러 개념은 모든 회로에 그대로 적용된다.

주요 목표

각 목표의 번호는 절의 번호이다. 이 장을 마치고 나면 여러분은 다음과 같은 일들을 할 수 있어야 한다.

1-1 전자공학의 연혁과 관련직업을 요약하기

1-2 전기를 다룰 때 수반되는 기본안전수칙을 열거하기

1-3 일과 에너지를 설명하고 에너지의 세 가지 형태를 서술하기

1-4 쿨롱의 법칙을 설명하기

1-5 원자의 구조를 서술하고 이질적인 고체가 화학적으로 접합되는 원리를 설명하기

실험실습 디렉토리

다음 실험은 이 장을 위한 것이다. 실험실습 매뉴얼은 "*The Science of Electronics: DC/AC Lab Manual*, by David M. Buchla(ISBN 0-13-087566-X). ⓒ 2005 Prentice Hall이다.

◆ 실험 1
정전기

- 트랜지스터(transistor)
- 집적회로(integrated circuit)
- 일(work)
- 뉴턴미터(newton-meter)
- 에너지(energy)
- 위치 에너지(potential energy)
- 운동 에너지(kinetic energy)
- 정지 에너지(rest energy)
- 양도체(conductor)
- 절연체(insulator)
- 반도체(semiconductor)

에너지는 어떤 과정을 거치더라도 그대로 보존된다는 사실은 과학의 기본개념 중 하나이다. 에너지는 한 형태에서 다른 형태로 변형이 가능하지만 생성되거나 파괴될 수는 없다. 에너지의 보존은 분자가속기에서 상호작용을 일으키는 원자핵 크기의 입자에서 태양에서 방사되는 에너지에 이르기까지 존재 가능한 모든 상황에서 사실로 판명되어 왔다. 예를 들어, 건전지에 화학 에너지의 형태로 저장된 에너지는 전기 에너지로 변환되고 건전지가 방전되면서 열의 형태로 바뀐다.

전하량과 같은 자연 양은 언제나 보존되며 어떤 물리적 처리를 가해도 변하지 않는다. 어떤 처리과정에서도 전체 전하량은 처리 이전과 이후가 동일하다. 그렇다면 과학자는 에너지와 전하가 항상 보존된다는 사실을 어떻게 알고 있을까? 이에 대한 답은 '주의 깊은 관찰과 논리적인 사고'에 바탕을 두고 있다. 어떤 실험도 보존법칙에 위배된 적이 없지만 과학에서 절대적 사실이란 존재하지 않는다. 관찰에 의한 증거가 뒷받침된다면 새로운 개념이 언제든지 이전의 개념을 대체할 수 있기 때문이다.

1-1 전자공학의 현주소

텔레비전을 시청하고, 라디오를 듣고, 컴퓨터를 사용하며, 차를 타거나, 물건을 사는 등 우리의 일상은 전자공학의 영향을 받고 있다. 전자공학이 이와 같이 다양한 모습을 지니고 있기 때문에 전자공학과 관련한 직업 역시 다양하다.

이 절에서는 전자공학의 연혁과 전자공학과 관련된 직업에 관해 알아보도록 한다.

연혁

초기의 전기공학 실험자들은 진공관 내에서 전류를 생성할 수 있다는 것을 발견하고 진공관으로 다양한 실험을 했다. 토머스 에디슨(Thomas Edison, 1847–1931)은 플레이트가 달린 탄소 필라멘트 전구를 실험하여 뜨거운 필라멘트로부터 양전하로 대전된 금속판으로 전류가 흐른다는 사실을 발견했다. 1904년에 존 플레밍(John A. Fleming)은 플레밍 밸브라고 알려진 것과 유사한 장치에서 전류가 한 방향으로만 흐른다는 사실을 보고했다. 이러한 장치들은 전자공학의 선구자였다. 최초의 진짜 전자 장치는 1907년 미국의 발명가 리 드포레스트(Lee DeForest)에 의해 발명된 3극 진공관이었다. 드포레스트는 플레밍 밸브에 세 번째 전극을 추가했고 이 전극으로 신호 전압을 공급함으로써 진공관에서 전자의 흐름을 제어할 수 있음을 알았다. 그 결과 그는 신호를 증폭시킬 수 있었다. 본질적으로 전극은 앞뒤로 감아놓은 전선의 형태로 되어 있으므로 그 모습을 보고 미식축구 경기장을 떠올린 그는 전극을 "그리드"(grid, 미식축구 경기장의 영어단어)라고 불렀다. 이후 약 1950년대까지 수십 년 동안 전자공학은 주로 통신 시스템에만 국한되었으며, 진공관은 주요한 능동 소자로서 사용되었다.

1947년 벨 전화 연구소(Bell Telephone labs)의 월터 브레타인(Walter Brattain), 존 바딘(John Bardeen)과 윌리엄 쇼클리(William Shockley)는 20세기에서 가장 현저한 발명품 중의 하나를 탄생시켰다. 크기가 작고 전력소비가 작은 트랜지스터(transistor)는 전자 소자에 있어서 혁명을 일으켰다. 트랜지스터는 게르마늄이나 실리콘으로 제작되었는데 신호를 증폭시킬 수 있으며 세 개의 단자를 가진 고체 상태의 소자이다. 트랜지스터는 진공관보다 훨씬 효율적이고 안정적이어서 진공관을 대체했다. 진공관은 고출력 방송과 같은 특별한 용도로만 한정되고 있다.

1958년에 들어서 텍사스 계측기(Texas Instruments)의 잭 킬바이(Jack Kilby)가 최초의 집적회로를 개발했다. 이와 동시에 페어차일드 반도체(Fairchild Semiconductor)의 로버트 노이스(Robert Noyce)는 단일 실리콘 조각 위에 트랜지스터를 상호연결하기 위한 "플래너(planar)" 방법을 완성시켰다. 집적회로(integrated circuit)는 **기판**(substrate)이라 부르는 작은 지지 물질 위에 단일 장치로서 함께 만들어진 회로 요소들의 조합이다. 집적 회로는 대량 생산이 가능하기 때문에 전자제품의 가격은 놀랄 만큼 떨어지고 신뢰성과 기능성은 증가되고 있다. 트랜지스터는 집적회로의 핵심 요소이며 단일 집적회로에 수백만 개의 작은 트랜지스터를 집적할 수 있다. 오늘날 집적회로는 모든 전자제품의 대들보가 되고 있으며 무수히 많은 집적회로가 생산되고 있다.

전자제품은 우리의 삶의 구석구석에 영향을 미치고 있으며 이제 이들 없이 산다는 것은 상상하기 어렵게 됐다. 일례로 자동차를 한번 생각해 보자. 몇 년 전까지만 해도 자동차 내부의 전자제품이라고는 라디오가 고작이었다. 라디오는 입력(안테나), 처리(라디오 전파를 오디오로 전환), 출력(소리)과 같은 모든 전자제품의 필요조건을 갖추고 있었다. 그러나 오늘날에 이르러서 자동차는 엔진을 제어하고(점화, 연료주입, 배출, 배기), 동력전달 계통을 제어하며, 자동차의 움직임을 보정(순항 제어)할 뿐만 아니라, 다양한 데이터수신, 안전성(에어백, 와이퍼, 잠김 방지 브레이크), 오락과 통신, 심지어 운전정보까지 제공하고 있다. 미래에는 교통량에 따라 지령을 받아 속도를 자동으로 조절하는 시스템이 구축된 자동차를 보게 될 수도 있을 것이며 가고 싶은 곳 어디라도 명령을 내리면 컴퓨터가 작동하여 운전할 수 있게 될지도 모른다.

전자공학 관련 직업

전자공학의 많은 직업은 조립, 제조, 실험, 수리 혹은 제품 디자인에서의 하드웨어 개발을 포함한다. 생산과 관련있는 직업 외에 전자공학 전문가들은 방송, 산업공정관리, 전화통신, 컴퓨터와 네트워킹, 정보기술, 기술문헌 저술, 판매와 교육계통의 일을 하고 있다.

필요한 교육수준은 직업과 고용주에 따라 다르다. 그러나 대부분의 고용주가 동종계통의 정규 교육과정 이수를 요구한다. 조립공이나 운전기사는 고용주가 계획한 전문화된 사내연수를 받는다. 기술자는 일반적으로 전문대학이나 기술학교에서 전자공학기술과 관련된 학위를 받아야만 한다. 엔지니어는 제품의 디자인을 포함하는 일을 하는 사람을 일컬으며 최소한 4년제 대학의 전기공학 학사학위를 가지고 있다. 그러나 이러한 요구조건은 숙련된 경험의 사람들에게는 상관없을 수도 있다.

근무조건은 구체적인 직업에 따라 다르다. 대부분의 기술자들은 청결하고 조명이 잘 갖추어져 있고 냉방시설이 완비되어 있는 곳에서 작업한다. 그러나 구체적인 환경은 직업에서 요구되는 조건에 따라 다르고 어떤 경우에는 외근을 포함하기도 한다. 어떠한 기술자이든 안전에 대한 지식이 있어야 한다.

전자공학의 직업에 대한 막대한 자료들은 인터넷에서 검색이 가능하다. 처음 시도하는 사람이라면 http://www.bls.gov/emp/의 노동통계국 사이트를 추천한다.

복습 질문

1. 리 드포레스트는 누구인가? 그는 무엇을 발명하였는가?
2. 트랜지스터 제조에 사용되는 두 가지 재료는 무엇인가?
3. 집적회로란 무엇인가?
4. 전자공학 기술자가 되기 위해서 고용주가 일반적으로 요구하는 교육수준은 어느 정도인가?
5. 전자공학기술을 습득한 사람이 가질 수 있는 직업을 열거하라.

1-2 전기 안전

에너지를 갖고 있는 전기는 사소한 안전수칙이라도 무시하면 부상이나 죽음을 초래할 수 있다. 가장 치명적인 위험은 전기 쇼크이다. 밀리암페어의 전류라 할지라도 상당한 쇼크를 일으킬 수 있다.

이 절에서는 안전사고의 원인을 알아보고 전기를 다루는 장소에서 작업할 때의 안전수칙을 배워보기로 한다.

전기는 절대로 소홀하게 취급해서는 안 된다. 전기로 동작하는 장치와 관련하여 가장 빈번하게 당하는 부상이 쇼크이다. 전기쇼크의 치명도는 여러 가지 요인에 따라 달라지는데, 여기에는 전압 레벨, 신체를 통과하는 경로, 인체저항과 쇼크에 노출되는 시간이 포함된다. 전압은 후에 좀 더 정확하게 정의하겠지만 여기서는 전기를 유도하는 "힘"이라고 간주한다. 전압 레벨과 인체저항은 얼마나 많은 전류가 인체에 흐르는지를 결정한다. 전류는 전기쇼크에서 중요한 요인으로 작용한다. 인체저항은 변동이 심한데, 인체가 땀이나 환경적 요인 때문에 젖어 있는 경우라면 인체저항이 현저히 낮아지는 경향을 보인다. 고압전류 쇼크는 피부저항력의 한계를 넘어설 수 있으며 더욱 치명적인 효과를 유발할 수 있다.

32 V 이하의 전압은 초저전압으로 간주되고 보통 쇼크를 일으키지 않지만 자동차 배터리처럼 상당한 에너지를 저장하고 있는 경우라면 조심해야 한다. 저전압은 엄청나게 땀을 흘리는 경우와 같은 불리한 조건에서 쇼크를 유발할 수 있으며, 유도 스위치 회로와 같이 특수한 상황에서는 고압을 발생시킬 수 있다. 실험실에서라면 아무리 낮은 전압이라도 전압원과의 직접적인 접촉은 피해야 한다.

전기는 쇼크뿐 아니라 화상을 유발할 수 있으며 화재의 원인이 되기도 한다. 열에 의한 외상은 저전압에서도 발생할 수 있다. 보석류는 전기저항이 낮아 전기가 흐르는 즉시 뜨거워지므로 말 그대로 착용자를 구워버릴 수 있다. 착용자가 화상을 입지 않더라도 보석이 전압원에 접촉함으로써 급작스럽게 발생하는 상당량의 전류는 민감한 회로를 손상시킬 수 있다. 이러한 이유로 회로를 직접 다루는 작업을 할 때에는 금속류의 보석을 착용해서는 안 된다. 전기는 화재를 발생시키기에 충분한 열을 제공하기도 한다. 화재는 회로에 과부하가 발생할 때 일어나는데, 지나치게 많은 전자기기를 한꺼번에 사용하는 전기실험실에서 빈번하게 발생한다. 복합형 콘센트는 직렬로 중복 연결해서 사용해서는 안되며 벽에 장착된 콘센트만 사용하도록 한다. 화재는 용매와 같은 휘발성 화학요소가 가동 중인 전기장치 주변에서 사용될 때 발생할 수 있으므로 용매를 사용할 때는 그 전에 반드시 주변 전기장치의 전원을 꺼야 한다.

전기로 인해 화재가 발생했다면 가장 먼저 전원을 차단해야 한다. 플러그를 뽑거나 응급전원 스위치를 내린다. 소화기는 전기 화재용 카테고리 C로 인가된 것만 사용하고 화재의 중심에 소화기를 겨냥하고 앞뒤로 쓸듯이 분출한다. 소화기가 없는 경우에는 천 등으로 덮어서 끄도록 하며, 방에 연기가 가득 차면 치명적일 수 있기 때문에 모두 대피하여야 한다.

전자공학분야에서 교육받는 사람들은 기본 안전사고에 대해서 알고 있어야 하며 작업환경과 관련된 안전사고에 대해서 반드시 숙지하고 있어야 한다. 건물 내에 배선할 때는 미국전기코드(National Electrical Code, NEC) 규정을 준수해야 하며 이는 미국화재방지협회(National Fire Protection Association, NFPA)에서 공표하고 있다. 미국전기코드에는 안전에 관한 많은 요구조항이 분류되어 있으며, 전자공학계열 종사자들은 이 조항들을 반드시 숙지하고 있어야 한다. 다른 두 개의 중요한 안전 기구로서 직업안전위생관리국(Occupational Safety and Health Administration, OSHA)과 보험업자연구소(Underwriter's Laboratories, UL)가 있다.

작업 중에는 언제나 안전을 인식해야 하며 사전대비를 통해 안전사고를 예방해야 한다. 일례로, 공장에서 배전반 근처에서 줄자를 사용했던 노동자에게 치명적인 사고가 일어난 적이 있다. 줄자가 전기합선을 일으키면서 치명적인 전기쇼크를 받은 것이다. 그 노동자가 적절한 사전대비를 하고 행동에 주의했더라면 그런 사고는 모면할수 있었을 것이다. 또 다른 경우로 어느 기술자가 고전압원에 결혼반지가 접촉하면서

안전 노트

눈 보호
전기 또는 전자 기기를 수리하거나 드릴이나 톱, 망치, 에어호스 혹은 분쇄기와 같은 절단기 등 파편이 날릴 가능성이 있는 도구를 사용할 경우 인증된 보호안경을 착용하여 눈을 보호해야 한다. 파편은 작은 전선을 회로판에서 절단할 때 튈 수 있으므로 보호안경을 착용함과 동시에 파편이 아래쪽으로 향하도록 절단하여 작업장 쪽으로는 튀지 않도록 주의해야 한다.

손가락 하나를 잃은 사고도 있었다. 이 모두가 기본안전수칙을 인지하고 있지 않아 초래된 결과인 것이다.

위의 줄자와 관련된 사건과 같은 사고에 대한 모든 안전규칙을 열거한다는 것은 불가능하지만 아래에 제시한 몇 가지 기본안전수칙은 인지하고 있어야 한다.

1. 고압전기회로를 혼자 다루어서는 안 된다.
2. 절차에 대해서 확실치 않은 경우에는 지시자나 감독자에게 문의한다.
3. 실험실 규정을 알고 지킨다.
4. 과부하 회로나 해진 코드, 끊어지거나 손상된 리드선처럼 위험요소 또는 불안전한 상황을 보고한다.
5. 잠재적인 위험요소를 피하기 위해 작업 환경을 항상 정리한다.
6. 응급전원스위치의 위치를 알아둔다.
7. 회로를 다루는 작업을 할 때에는 금속성 보석을 착용하지 않는다.

복습 질문

6. 전기쇼크의 심각성을 결정하는 요인들은 무엇인가?
7. 미국전기코드란 무엇인가?
8. 회로를 다루는 작업을 할 때 금속성 보석을 착용하지 않아야 하는 이유는 무엇인가?
9. 다중 콘센트 박스에 동시에 여러 개의 코드를 꽂아 사용해선 안 되는 이유는 무엇인가?
10. 여러분의 실험실에서 전원차단스위치는 어디에 있는가?

1-3 일과 에너지

과학과 공학에서는 모든 사람들이 동의하는 전기량 정의를 따르는 것이 중요하다. *일*(work), *토크*(torque), *에너지*(energy)와 같은 용어들은 모든 과학자들이 엄정하게 정의한 것이며 관련 단위들이 국제협정에 의하여 정의되어 있다.

이 절에서는 일과 에너지에 대한 용어정의를 알아보고 세 가지 형태의 에너지를 배우기로 한다.

일

바닥을 가로질러 무거운 물체를 밀거나 위쪽으로 상자를 들어올리는 작업을 했다면 일을 발생시킨 것이다. 이러한 활동은 일의 정의로서 일반적인 조건이다. 일은 힘이 어떤 물체에 가해질 때나 일정한 거리까지 물체를 움직일 때 사용된다. 가해진 힘은

그 거리만큼 힘과 같은 방향에서 측정되어야만 한다. 미터법에서 일의 단위는 뉴턴미터(newton-meter)이고 식으로는 다음과 같이 표시한다.

$$W = Fd$$

여기서 W는 뉴턴미터(N-m) 단위의 일을 말하고, F는 힘(N), d는 거리 또는 변위(m)를 가리킨다.

힘과 일에 대한 단위가 익숙하지 않을 수도 있다. 힘에 대한 미터법은 뉴턴이고 기호 N을 사용한다(영국 방식으로는 파운드). 1 N은 1/4 lb보다 약간 작으므로(1 N = 0.225 lb) 1 N의 힘은 상당히 작다고 볼 수 있으며 1 미터(m)는 3 f보다 약간 길다(1 m = 3.28 ft). 그래서 1 뉴턴미터(N-m)는 1/4 파운드를 3 피트만큼 들어올릴 때 발생하는 일의 양과 거의 같다. 영국에서는 일의 단위가 피트파운드, 즉 ft-lb이다(1 N-m = 0.7376 ft-lb).

	예제 1-1

문제

피아노를 움직이기 위하여 세 명이 총 800 N(약 180 lb)의 일정한 힘으로 8 m를 밀어서 움직였다. 얼마나 많은 일이 발생하였는가?

풀이

$$W = Fd = (800 \text{ N})(8 \text{ m}) = \mathbf{6400 \text{ N-m}}$$

이 풀이에서 뉴턴과 미터 단위가 어떻게 혼합되어 뉴턴-미터의 일 단위가 만들어지는지 기억하는 것이 중요하다. 영국식으로 말하면 계산결과는 4721 피트파운드와 동등하다.

질문

만약 피아노를 같은 힘으로 총 12 미터 움직인다면 얼마나 많은 일이 발생하는가?

	예제 1-2

문제

어느 건장한 식료품 가게 점원이 30 초 동안 22 N(약 5 lb)의 감자봉지를 들고 있었다. 그는 얼마의 일을 하였는가?

풀이

$$W - Fd - (22 \text{ N})(0 \text{ m}) = \mathbf{0 \text{ N-m}}$$

움직인 거리가 없기 때문에 일은 발생하지 않았다. 즉, 식료품 가게 점원이 아무리 애를 썼어도 기술적으로 말한다면 일을 하지 않은 셈인 것이다.

질문

만약 22 N의 감자봉지를 0.8 m만큼 들어올린다면 얼마만큼의 일이 발생하는가?

뉴턴미터는 열역학 분야의 이론을 발전시키는 데 공헌한 영국의 물리학자 제임스 프레스콧 줄(James Prescott Joule)에 의해 줄(joule)이라는 명칭으로 불리게 되었다. 1 뉴턴미터(1 N-m)는 1 줄과 동등하고 두 단위 모두 일의 단위를 표현할 때 사용될 수 있다.

토크

일과 같이 토크 또한 힘과 거리의 곱을 의미하지만 중요한 차이점이 있다. 일을 하기 위해서는 힘과 거리가 같은 방향에 있어야 하지만 토크는 물체를 시계방향 혹은 반대 방향으로 회전시킨다. 따라서, 힘과 거리는 서로 직각이 된다. 광선에 미치는 토크 는 광선을 휘게 만들 것이며 대부분의 저울에서 이 개념을 요긴하게 사용한다.

그림 1-1은 토크의 예를 보여준다. 소년이 만드는 토크는 시계방향이고 축에서 수 직의 거리와 무게를 곱한 것과 같다. 이 경우 소년이 만들어 낸 토크는 62.5 lb × 4 ft = 250 ft-lb가 된다. 소녀가 발생시킨 토크의 크기는 소년과 같으나 그 방향이 시계반 대 방향이다. 소녀는 50 lb × 5 ft = 250 ft-lb의 힘을 썼다. 이들이 토크를 변경하기 위해 약간이라도 자신들의 무게를 달리 하지 않는 한 움직임은 없을 것이다.

에너지

아는 바와 같이 어떤 거리에 대해 힘을 들여 물체를 움직일 때마다 일을 한다. 일이 발생하기 위해서는 에너지가 공급되어야 한다. 에너지(energy)란 일을 하기 위한 능력 또는 용량이다. 에너지는 크게 세 가지 형태로 존재하는데, 위치 에너지, 운동 에너 지, 정지 에너지가 그것이다. 에너지는 추상적인 개념이므로 에너지를 시각화시키는 일은 쉽지 않다.

일정한 조건에서 물체는 위치나 배치 상태에 따라 용량을 갖는다. 이 저장된 에너

그림 1-1

토크는 모멘트 암과 힘의 곱이 고 직각 방향으로 작용한다.

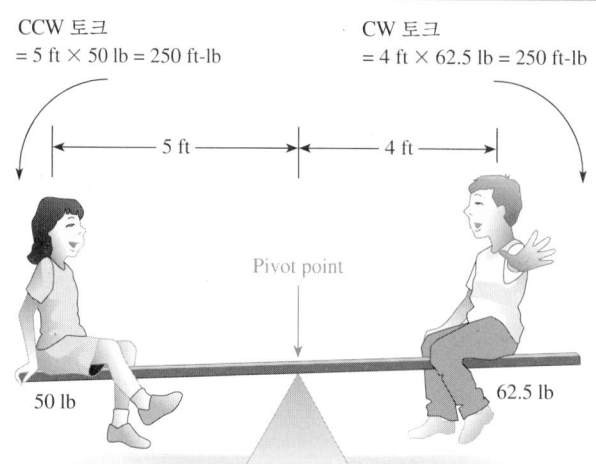

CCW 토크 = 5 ft × 50 lb = 250 ft-lb

CW 토크 = 4 ft × 62.5 lb = 250 ft-lb

5 ft
4 ft

Pivot point

50 lb
62.5 lb

그림 1-2

추가 지렛대와 충돌하게 될 때 추의 위치 에너지는 과학자가 위쪽으로 움직이면서 운동 에너지로 변환된다.

지를 위치 에너지(potential energy)라고 부른다. 그림 1-2에서 체중은 그 위치만으로 위치 에너지를 갖는다. 그림에서 어떤 힘이 작용하여 과학자를 위쪽으로 움직인다면 일이 과학자에게서 일어날 것이다. 따라서, 추가 아래로 떨어진다면 정지된 추는 일을 할 수 있다. 이 경우 추는 중력의 위치 에너지를 가졌다고 말할 수 있다.

물체는 배치 상태로 위치 에너지를 가질 수 있다. 압축가스나 압축용수철은 어느 쪽으로든 일을 할 수 있으므로 위치 에너지를 갖는다. 이와 비슷하게, 댐에 저장된 물은 떨어지면서 발전기를 돌림으로써 일을 할 수 있으므로 위치 에너지를 가지고 있다. 또한 가솔린과 같은 연료는 연소하면서 엔진에서 일을 하므로 위치 에너지를 가지고 있다. 건전지는 내부에 화학 에너지를 저장하고 있고 이 화학 에너지가 외부회로에 연결되면서 전기 에너지로 변환된다. 이 밖에도 위치 에너지에 대한 많은 실례들을 생각해 볼 수 있을 것이다.

에너지의 또 다른 주요 형태로 운동 에너지가 있다. 운동 에너지(kinetic energy)는 운동으로 인해 일을 하는 능력을 말한다. 움직이는 물체는 기체, 액체, 고체 중 어느 한 상태가 될 수 있다. 운동하는 기체로서 바람을 생각해 보자. 바람은 풍차를 회전시켜 물을 퍼 올릴 수 있다. 터빈으로 떨어지는 물은 운동 에너지를 갖는 액체의 한 예이다. 움직이는 자동차 또한 그 자체의 움직임만으로도 운동 에너지를 갖고 있으므로 일을 할 수 있다. 열은 운동 에너지이 또 다른 형태이다 이 경우 그 운동이란 일을 할 수 있는 분자를 움직이는 것이 된다. 그밖에 운동 에너지를 갖는 움직이는 물체에 대한 많은 실례들을 생각해 볼 수 있다.

에너지의 세 번째 형태는 정지 에너지이다. 정지 에너지(rest energy)는 질량을 갖는다는 점 때문에 물질의 등가 에너지를 나타낸다. 아인슈타인의 유명한 공식인 $E =$

mc^2은 질량과 에너지가 동등하다는 것을 보여주었다. E는 줄 단위 에너지이고, m은 킬로그램 단위 질량이고, c는 초당 미터 단위의 빛의 속도이다. 정지 에너지를 말할 때는 질량과 에너지가 동등하다는 의미를 내포한다.

에너지의 단위

에너지는 일을 하는 용량이기 때문에 에너지와 일은 같은 단위로 측정한다. 에너지는 항상 줄(J)로 표현되며 앞서도 다루었듯이 1 줄은 1 N의 힘이 1 m의 거리를 통하여 움직이며 적용되는 힘을 말한다.

복습 질문

11. 일을 하는 데 요구되는 두 가지 양은 무엇인가?

12. 일의 미터법 단위는 무엇인가?

13. 에너지의 세 가지 형태에는 무엇이 있는가?

14. 건전지는 어떤 형태의 에너지인가?

15. 평평한 표면을 따라 구르는 볼링 공은 어떤 형태의 에너지인가?

1-4 정전기

모든 물질에서 전하 사이의 전기력은 본질적으로 기본적인 힘 중의 하나이며 매일 경험하는 기본적인 힘인 중력보다 상당히 강력하다. 대부분의 물질에서 음전하와 양전하가 거의 정확하게 균형을 이루고 있기 때문에 진기력이 막대함에도 불구하고 직접적으로 우리는 전기력을 느끼지 못한다.

이 절에서는 전하 사이의 전기력을 설명하는 기본적인 법칙인 쿨롱(Coulomb)의 법칙에 대해서 알아보기로 한다.

전하

역사적 고찰

전하의 단위 쿨롱은 수년 동안 군사 기술자로 일했던 프랑스 출신의 찰스 어거스틴 드 쿨롱(Charles Augustin de Coulomb, 1736–1806)의 이름을 따서 만들었다. 두 전하 사이의 힘의 역제곱 법칙을 발견했기 때문에 전기와 자기에 대한 그의 연구는 매우 유명하다.

정전기학은 문자 그대로 정적인 전하를 연구하는 학문이다. 생활 속의 전기응용 기기는 대부분 운동하는 전하의 작용을 이용하고 복사기와 같은 응용 제품들은 작동을 위해 정전기가 필요하다. 정전기는 역사적으로 볼 때 운동하는 전하의 연구보다 훨씬 앞서 연구되었다.

단단한 고무막대를 부드러운 털로 문지르고 이것을 비단실로 매달면 정전하 효과를 관찰할 수 있다. 고무막대는 과다한 전자를 얻게 될 것이며 이에 따라 음전하로 대전된다. 마찬가지로 두 번째 고무막대를 똑같은 방법으로 만들면 처음 고무막대를 밀어내게 된다. 고무막대 근처에 실크 천으로 문지른 유리막대를 가져가면 고무막대

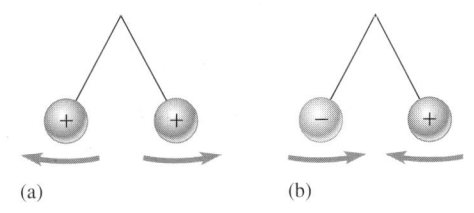

(a)　　　　　(b)

그림 1-3

전하가 같은 극성을 가질 때에
는 서로 밀어내고 다를 때에는
끌어당긴다.

는 유리막대는 끌어당긴다. 이러한 현상이 일어나는 이유는 실크 천으로 유리막대를
문지를 경우 유리막대는 전자결손(즉, 순수 양전하 대전)을 초래하고 실크 천은 음전하
를 띠기 때문이다. 두 개의 유리막대를 사용하여 이 실험을 반복하게 되면 이들이 서
로 밀어내는 것을 볼 수 있다.

　흥미로운 사실은 가용한 전자 가운데 아주 미미한 부분만이 마찰로 인해 전달될
뿐이란 것이다. 다시 말해 대부분의 전자는 원 물질에 남게 되고 막대 사이에 작용하
는 힘에는 관여하지 않는다. 이러한 실험은 B.C. 600년 그리스인 탈레스(Thales)의 실
험에 근간을 두고 있으며 같은 극성의 전하끼리는 밀어내고 다른 전하끼리는 끌어당
기는 현상을 보여준다. 그림 1-3에서는 이러한 개념을 대전된 구로써 설명하고 있다.

　정전기에 대한 가장 극적인 예를 든다면 번개를 생각할 수 있다. 대전의 구체적인
메커니즘이 밝혀지지는 않았지만 구름으로부터 막대한 양의 전자가 다른 구름이나
땅으로 순간 전달될 수 있다는 사실은 알려져 있었다. 전하량 차이로 기인한 불꽃을
번개라고 한다. 상부의 매끄러운 양도체로 자유전자를 이동시키는 반 드 그라프(Van
de Graaff) 발전기를 사용하여 실험실에서 아주 작은 번개를 만들 수 있다. 작은 반 드
그라프 발전기는 정전기의 영향을 보기 위해 실험실에서 자주 사용된다. 그림 1-4는
반 드 그라프 발전기에 손을 대고 있는 소녀의 모습을 보이고 있다. 소녀의 머리카락
에 과도하게 대전된 전자는 각각의 머리카락이 역시 과도하게 대전된 다른 머리카락
을 밀어내도록 한다.

그림 1-4

반 드 그라프 발전기는 소녀의
머리카락을 과도한 전자로서
음으로 대전시킨다. 이에 따라
각각의 머리카락은 다른 머리
카락을 밀어낸다.

쿨롱의 법칙

찰스 아우구스투스 쿨롱(Charles Augustus Coulomb, 1736-1806)은 정전기의 인력과 척
력을 처음으로 측정한 사람이다. 그 당시에는 전하의 본성에 대해 알려진 것이 거의
없었지만 쿨롱은 자기 이름을 따서 붙인 기본 법칙을 공식으로 만들었다. 그 후 전하
의 단위는 그의 이름을 따서 쿨롱 혹은 간단히 C라고 하였다. 쿨롱의 법칙은 거리를
두고 떨어진 전하의 두 개의 고정점 사이에서의 전기력을 나타내며 다음과 같이 표
현된다.

$$F = k\left(\frac{Q_1 Q_2}{r^2}\right)$$

여기서 F는 전하 사이의 뉴턴(N) 단위 힘이고, k는 쿨롱 상수, 즉 8.99×10^9 N-m²/ C² 을 말하며, Q_1과 Q_2는 쿨롱(C) 단위의 전하량, r은 미터(m) 단위의 전하 사이의 거리 를 말한다.

쿨롱의 법칙은 동분극성 전하나 반대극성 전하 사이의 관계를 설명한다. 만약 두 전하의 부호가 같을 경우 그 힘은 서로를 밀어내며, 부호가 다를 경우 서로 끌어당기 게 된다. 쿨롱의 법칙은 기본적인 힘인 전기력을 설명하고 있기 때문에 물리학에서 가장 중요한 법칙의 하나로 꼽힌다. 쿨롱은 큰 전하를 대상으로 연구했지만 그의 법 칙은 원자만큼 작은 전하의 경우에도 적용된다.

정전기에 대한 쿨롱의 연구 이후 오랜 시간이 흐른 뒤 영국의 물리학자 톰슨(J. J. Thomson)은 전자를 발견하고 이 전자가 음전하를 지니고 있다는 사실을 알아냈다. **전 자**(electron)는 고체 상태의 도체에서의 전하 흐름을 설명하는 기본적인 입자이다. 전 자의 전하는 극미한 수준이므로 실제 회로에서는 수조 개의 전자가 필요하다. 전자의 전하는 미국의 물리학자 로버트 밀리칸(Robert Millikan)이 처음 측정하였는데, 그 양 이 겨우 1.60×10^{-19} C임을 알아냈다.

| 예제 1-3 | **문제** |

문제

0.002 C의 전하량을 갖는 두 전하가 0.1 m 만큼 떨어져 있다고 가정해보자. 두 전하 사이에 작용하는 힘은 얼마인가? 또한 이 힘은 인력인가, 척력인가? 이 문제가 실질적인 의미를 갖 는가?

풀 이

$$F = k\left(\frac{Q_1 Q_2}{r^2}\right) = 8.99 \times 10^9 \text{N-m}^2/\text{C}^2\left(\frac{(0.002 \text{ C})(0.002 \text{ C})}{(0.1 \text{ m})^2}\right) = \mathbf{3.60 \times 10^6 \text{ N}}$$

두 개의 전하가 같은 부호를 가지고 있기 때문에 이 힘은 척력이다. 이 문제는 실질적이진 않지만 전기력이 막대하다는 것을 보여준다. 전하 사이의 힘은 이제까지 만들어진 가장 큰 증기기관차의 무게보다도 더 크다. 물론 정전기로써 하는 실제 실험에서는 아주 작은 전하 를 사용한다.

질 문

두 전하를 2 배로 하고 거리는 같다면 힘은 얼마가 되는가?

| 예제 1-4 | |

문제

두 전하 사이의 거리를 두 배로 하면 전하 사이에 어떤 일이 발생하는가?

풀 이

쿨롱의 법칙은 거리의 항이 분모에 제곱으로 되어 있기 때문에 물리학에서 제곱 법칙 공식으로 불린다.

$$F = k\left(\frac{Q_1 Q_2}{r^2}\right)$$

거리 r이 $2r$로 2배가 되었을 때 힘 F는 4 배 ($2^2 = 4$)로 감소하게 된다. 그리하여 힘은 이전보다 1/4로 줄어든다.

$$F = k\left(\frac{Q_1 Q_2}{(2r)^2}\right) = k\left(\frac{Q_1 Q_2}{4r^2}\right) = \left(\frac{1}{4}\right)k\left(\frac{Q_1 Q_2}{r^2}\right)$$

질문

두 전하 사이의 거리가 3배로 된다면 어떤 일이 발생하는가?

복습 질문

16. 두 전하가 서로 끌거나 미는지를 결정하는 법칙은 무엇인가?
17. 전하의 단위는 무엇인가?
18. 전자 전하의 극성은 무엇인가?
19. 쿨롱의 법칙은 무엇인가?
20. 두 전하 사이의 거리를 1/2로 하면 두 전하 사이의 힘은 어떻게 되는가?

원자 1-5

고대 그리스인들은 얼마나 더 물체를 세밀하게 나눌 수 있는지에 대해 토론했다. B.C. 5세기에 데모크리토스(Democritus)는 모든 물체는 작고 볼 수 없는 조각들로 구성되어 있으며 이를 보이지 않는 입자라는 의미의 아토모스(atomos)라고 불렀다. 오늘날 우리는 오직 92개의 자연발생 원소가 있다는 것을 알고 있으며, 가장 작고 고유하게 식별 가능한 조각이 인지(atom)이다.

이 절에서는 원자의 구조에 대해서 알아보고 이질적인 고체가 화학적으로 결합되는 원리를 설명한다.

원자 구조

물질의 전기적인 특성은 그의 원자 구조로 설명된다. 20세기 초에 과학자들은 원자의 성질을 결정하기 위한 실험을 하였다. 1913년 닐스 보어(Neils Bohr)는 실험적 근거들을 이용하여 그림 1-5에 나타낸 태양계의 축소형과 같은 원자의 모형을 체계화시켰다. 태양계와는 달리 전자의 궤도는 이 그림처럼 3차원 형상이며 중앙에는 양전하를

그림 1-5

보어의 '태양계' 원자모델. 핵은 중앙에 있고 전자는 원을 그리며 빠른 속도로 움직이거나 핵 주변을 타원형의 궤도로 돌고 있다.

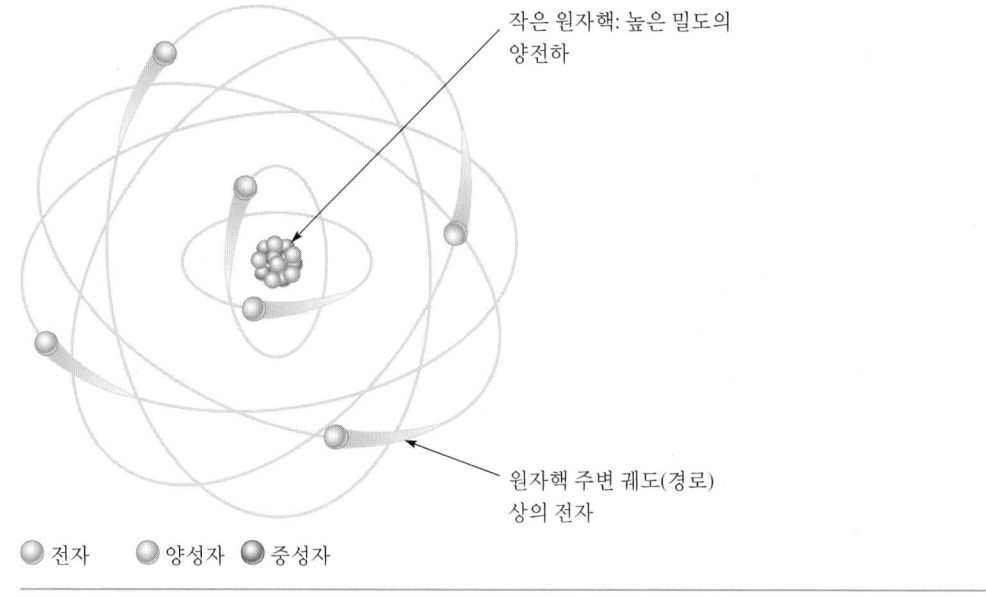

작은 원자핵: 높은 밀도의 양전하

원자핵 주변 궤도(경로) 상의 전자

● 전자　　● 양성자　● 중성자

그림 1-6

원자핵의 양성자 개수가 원소를 결정한다.

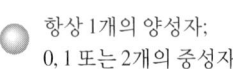 항상 1개의 양성자; 0, 1 또는 2개의 중성자

 항상 3개의 양성자; 3 또는 4개의 중성자

(a) 수소 원자핵　　　　　(b) 리튬 원자핵

띠는 **양성자**(proton)와 전하를 갖지 않는 **중성자**(neutron)로 구성된 **핵**(nucleus)이 있다. 핵 주변은 특정한 이산궤도를 도는 음전하의 전자가 있다. 궤도를 도는 전자는 쿨롱의 법칙에 의해 설명되는 힘으로 양전하의 핵에 이끌린다. 오늘날에는 보어의 전자모델이 보다 복잡한 수학적 모델에 의해 경신되었음에도 불구하고 여전히 원자 구조의 유용한 모습을 제공하고 있으며 현대 양자 역학(quantum mechanics)의 토대가 되었다.

구조가 가장 단순한 원자는 수소 원자이다. 수소는 핵에 정확히 하나의 양성자만 있다(중성자는 없거나, 하나 또는 둘일 수 있다). 핵의 양성자 개수는 원자번호(atomic number)라고 알려져 있다. 이것은 화학자들이 특정 원소를 구별하기 위해 사용한다. 중성의 수소 원자는 핵에 하나의 양성자와 하나의 궤도 전자를 가지고 있다. 다른 종류의 원자들은 핵에 보다 많은 양성자를 갖는다. 예를 들어 리튬(lithium)은 핵에 정확히 세 개의 양성자를 가지고 있으며 보통 세 개(네 개일 수도 있다)의 중성자를 갖는다. 이러한 개념이 그림 1-6에 나타나 있다.

전자 껍질과 궤도

전자는 양전하의 원자핵 주위를 돈다. 중성인 원자에서 전자의 개수는 양자의 개수와 같다. 원자핵으로부터의 거리는 전자의 에너지를 결정한다. 원자핵에 가까운 전자는

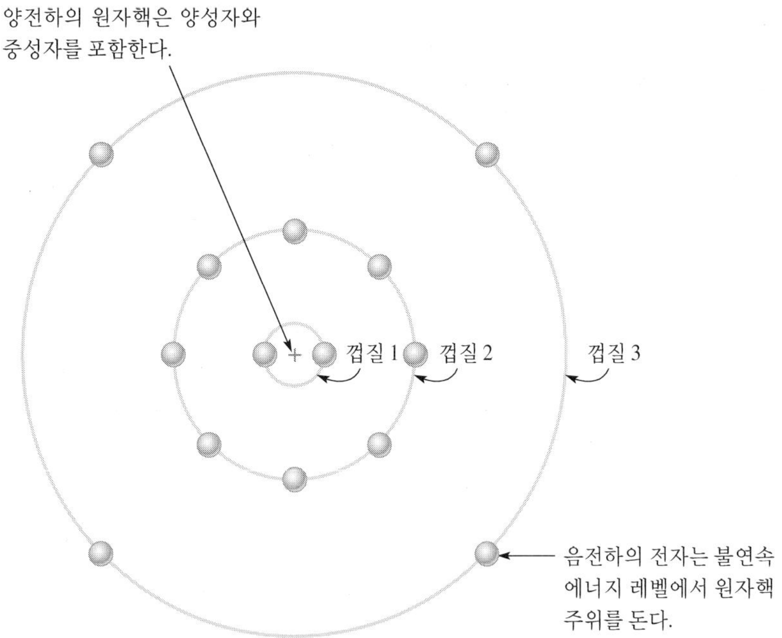

양전하의 원자핵은 양성자와
중성자를 포함한다.

+ 껍질 1 껍질 2 껍질 3

음전하의 전자는 불연속
에너지 레벨에서 원자핵
주위를 돈다.

그림 1-7

에너지 레벨은 원자의 원자핵
으로부터의 거리에 비례하여
증가한다. 그림은 중성 규소
원자(껍질에 14개의 전자와 원
자핵에 14개의 양성자가 포함)
이다.

제거하기가 더 어려우므로, 밖으로 더 멀리 있는 전자들보다 에너지를 적게 가지고 있는데 이는 가까운 전자가 원자에 보다 강하게 구속되어 있기 때문이다.

원자 내의 전자에게는 불연속적인 레벨의 에너지만이 허용되며, 이러한 에너지 레벨을 **껍질**(shell)이라고 한다. 껍질은 원자핵에 가장 가까운 것을 1로 하며 1, 2, 3, 4 등의 순서로 지정된다. 각각의 껍질은 최대로 허용되는 개수의 전자를 가지고 있으며 이를 용량만큼 채워진 **폐각**(closed shell)이라고 한다. 하나의 껍질에 담길 수 있는 전자의 최대 개수는 $2n^2$의 공식으로 주어지는데 여기서 n은 껍질 번호를 말한다. 첫 번째 껍질($n = 1$)은 두 개까지 전자를 가질 수 있으며 그 이상의 전자에 대해서는 폐각이 된다. 두 번째 껍질($n = 2$)은 8개까지의 전자를 위한 공간을 가지고 있으며 첫 번째 껍질의 전자들보다 더 높은 에너지 레벨에 있다. 세 번째 껍질($n = 3$)은 최대 18개까지의 전자를 가질 수 있으며 첫 번째와 두 번째 껍질보다 훨씬 더 높은 에너지 레벨에 있게 된다. 네 번째 껍질은 최대 32개까지의 전자를 가질 수 있다. 더 큰 원자들은 전자를 포함할 수 있는 더 많은 껍질을 가질 수 있는데 이러한 개념을 그림 1-7에서 설명하고 있다.

인자가전자, 전도전자 및 이온

원자핵으로부터 멀리 있는 궤도의 전자는 원자핵에 가까이 있는 전자보다 원자쪽으로 약하게 결합하고 있다. 이것은 쿨롱의 법칙에서 설명한 것처럼 거리가 증가하면서 양전하 원자핵과 음전하 전자 사이의 인력이 감소하기 때문이다.

가장 바깥쪽으로 채워진 껍질의 전자를 **원자가전자**(valence electron)라고 부른다. 모든 전자들은 동일하지만, 바깥쪽 껍질 전자들은 화학 반응을 결정짓기 때문에 원자의 전기적인 특성을 나타낸다. 원자가전자는 가장 높은 에너지를 가지고 있으며 모체 원자쪽으로 비교적 느슨하게 결합하고 있기 때문에 제거하기도 가장 쉽다. 원자로부터 전자를 제거할 수 있는 에너지를 **이온화 전위**(ionization potential)라고 부른다. 그림 1-7의 규소원자에서 바깥쪽 껍질은 세 번째이고 4개의 원자가전자를 포함하고 있다.

원자가 껍질을 채우는 방식을 고려할 때 바깥쪽 껍질에서는 8개의 전자보다 더 많을 수는 없다. 금속은 원자쪽으로 느슨한 하나, 둘, 혹은 세 개의 바깥쪽 껍질 전자를 가지는 물질들이다. 비금속은 다섯 개나 그 이상의 바깥쪽 껍질 전자를 가지는 물질이며 이 전자들은 금속의 경우보다 원자핵에 보다 강하게 결합되어 있다. 만약 원자가 정확히 네 개의 바깥쪽 껍질 전자를 포함하고 있다면, 그 물질은 금속과 비금속 중간의 특성을 가지는 것이다.

원자가전자가 충분한 열 에너지를 얻었을 때 그 전자는 모체 원자에게서 떨어져 나갈 수 있다. 특정한 원자와 더 이상 결합해 있지 않기 때문에 이러한 자유전자를 **전도전자**(conduction electron)라고 부른다. 음전하 전자가 원자로부터 자유로워지면 남은 원자의 부분은 순수 양전하를 가지게 되고 이를 양이온이라고 한다. 특정한 화학 반응에서 자유전자는 중성원자, 즉 원자 덩어리에 붙어서 음이온을 형성하기도 한다. **이온**은 전하를 갖는 입자로서 용해제 내부를 이동할 수 있으므로 자동차 배터리에서 볼 수 있는 산(acid)과 같은 이온화된 용액의 전기적인 특성을 설명해준다.

화학에서 **화합물**(compound)은 두 개 혹은 그 이상의 원소들이 일정한 비율로 합성된 물질을 가리킨다. 일반적인 식염은 소듐이온(sodium ion)과 염소이온(chloride ion)의 화합물이다. 소듐이온은 양전하를 띠고 있고 염소이온은 음전하를 띠고 있다. 그림 1-8에 나타낸 바와 같이 고체로서 소듐이온과 염소이온은 서로 교대하는 격자를 형성하는데 이것을 이온 결정(ionic crystal) 혹은 이온 화합물(ionic compound)이라고 한다. 이 격자는 염화소듐에 특징적인 성질을 부여한다. 소금은 다른 이온 결정과 공통적인 특징을 가지고 있는데, 예를 들어 자유전자가 없기 때문에 소금은 전기를 잘 통과시키지 못한다(양도체와 절연체는 제3장에서 보다 자세히 설명한다).

그림 1-8

염화소듐(식염)의 결정. 이 결정은 이온 사이의 정전기적 인력에 의해 결합상태를 유지한다.

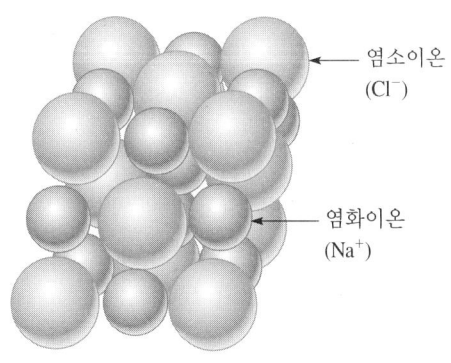

염소이온
(Cl^-)

염화이온
(Na^+)

흥미롭게도 소금이 물에 용해되면 그 과정에서 소금결정의 이온이 분리된다. 이러한 대전이온은 물 용액에서 자유롭게 이동할 수 있다. 순수한 물과 순수한 마른 소금이 모두 약한 양도체지만 두 물질의 결합은 훌륭한 양도체를 형성한다. 소금물의 전도 특성은 소금과 물의 비율에 따라 달라진다. 그 비율은 달라질 수 있으므로 화학에서는 결과의 용액을 **혼합물**(mixture)이라고 부른다.

금속결합

수은을 제외한 모든 금속은 실온에서 고체상태를 유지한다. 고체 금속의 원자핵과 안쪽껍질 전자는 고정된 격자 위치를 차지한다. 바깥쪽 원자가전자는 결정 내의 모든 원자에 의해 느슨하게 결속되므로 이탈이 쉽다. 이러한 음전하의 "바다(sea)"는 **금속결합**(metallic bonding)을 형성하며 고정된 위치에서 금속의 양이온을 공동으로 구속한다. 금속결정의 수많은 원자로 인해 원자가전자의 불연속 에너지 레벨은 **가전자대**(valence band)라고 불리는 영역 속으로 "뭉개진다." 이러한 전자는 특정한 원자에 구속되지 않는다. 금속의 열전도와 전기전도의 원인이 바로 이 이동성 전자이다. 양도체(conductor)는 전하의 자유로운 이동이 가능한 물질을 말한다. 고체금속은 이동성 가전자로 인해 양도체의 성질을 띤다.

가전자 에너지대와 더불어 원자의 다음 에너지 레벨(보통 점유되지 않는다) 역시 **전도대**(conduction band)라 불리는 에너지의 영역 속으로 뭉개진다. 그림 1-9는 세 가지 고체의 에너지 단계 다이어그램을 비교하고 있다. 그림 1-9(a)에서 전도대와 가전자대가 겹쳐져 있는 것을 볼 수 있다. 전자들은 빛을 흡수하면 쉽게 이동할 수 있는데 전도대와 가전자대를 두고 이렇듯 전자가 이동하는 성질로 인해 금속의 광택이 생기게 된다.

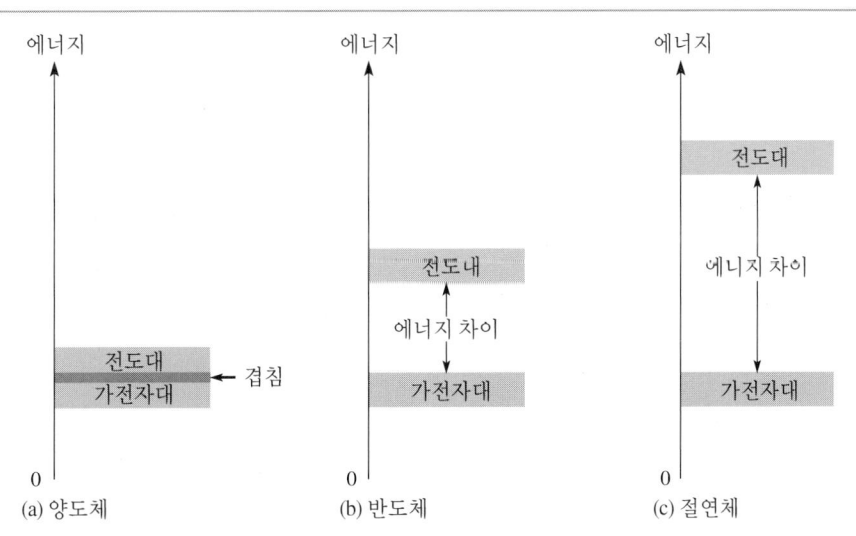

그림 1-9

세 가지 금속의 에너지 다이어그램. 위쪽 대역은 전도대이며 아래쪽은 가전자대이다.

공유결합

다이아몬드와 같은 금속도 결정을 형성한다. 다이아몬드의 경우 원자 사이의 강한 결합으로 3차원의 구조를 유지한다. 인접한 원자들이 네 개의 원자가전자를 공유함으로써 결합이 형성된다. 이러한 원자가전자의 공유는 원자를 결합하는 강력한 공유결합을 만든다. 다이아몬드에서 공유된 전자는 이동할 수 없으며 각 전자는 결정의 원자 사이의 공유대에 결합되어 있다. 소금(이온결합)의 경우처럼 가전자대와 전도대 사이에 큰 에너지 차이가 존재하므로 이동할 수 있는 전자가 거의 없다. 결과적으로 다이아몬드처럼 공유결합된 물질은 전기적 비전도성을 띠게 된다. 전하의 자유이동을 금지하는 이와 같은 물질을 절연체(insulator)라고 하며, 그림 1-9(c)에서 고체 절연체의 에너지대를 보여준다.

반도체

높은 전도성 금속과 절연체의 중간은 반도체라고 불리는 종류의 물질이다. 반도체(semiconductor)는 바깥쪽 껍질에 네 개의 원자를 가지고 있는 결정물질이다. 전자공학에서 사용되는 두 개의 기초적인 반도체는 규소와 게르마늄이지만, 규소가 보편적으로 사용된다. 반도체에서는 가전자대와 전도대가 절연체보다는 가까이 있지만 겹쳐져 있지 않다. 순수한 반도체는 자유 전자가 거의 없기 때문에 전도성이 좋지 못하다. 그러나 반도체의 전도특성은 특정 불순물을 얼마나 첨가시키는지에 따라 쉽게 조절할 수 있다.

복습 질문

21. 탄소의 원자 번호는 6이다. 탄소원자에는 몇 개의 양성자가 있는가?
22. 원자가전자란 무엇인가?
23. 식염이 좋은 양도체가 되지 못하는 이유는 무엇인가?
24. 금속결합이 좋은 양도체가 되는 이유는 무엇인가?
25. 반도체란 무엇인가?

주요 용어

- **뉴턴미터(newton-meter)**   일의 미터법 단위이며 1 줄과 동등하다.
- **반도체(semiconductor)**   바깥쪽 껍질에 네 개의 전자를 가지고 있는 물질로서 전도율이 특정 불순물의 첨가로 조절될 수 있다.
- **양도체(conductor)**   전하의 자유운동이 가능한 물질이며 고체, 액체, 기체로 존재할

수 있다.

- **에너지(energy)** 일을 하는 능력 또는 용량.
- **운동 에너지(kinetic energy)** 물체의 움직임에 기인한 에너지.
- **위치 에너지(potential energy)** 물질의 위치나 배열에 기인하여 일을 하는 능력.
- **일(work)** 힘과 거리의 곱으로 표현되며 작용된 힘은 거리와 같은 방향으로 측정되어야 한다.
- **절연체(insulator)** 전하의 자유운동을 저해하는 물질, 즉 비양도체.
- **정지 에너지(rest energy)** 물체의 질량과 동등한 에너지.
- **줄(Joule)** 에너지와 일의 단위이며 1 뉴턴미터와 동등하다.
- **집적회로(integrated circuit)** 작은 크기의 반도체 물질에 하나의 통일체로서 상호 연결되어 있는 회로 요소의 조합.
- **트랜지스터(transistor)** 신호를 증폭시키거나 전기스위치로서의 역할을 하는 규소와 게르마늄으로 만들어진 고체 상태의 장치로 세 개의 단자를 갖는다.

요점

❑ 전자공학의 발전사에 있어서 1907년 3극 진공관과 1947년 트랜지스터, 1958년 집적회로의 발명은 중요한 이정표이다.

❑ 전자공학을 훈련받은 사람은 기본 안전수칙도 교육받아야 하며 작업과 관련한 안전사고에 대해 숙지해야 한다.

❑ 일은 물체에 작용한 힘과 물체가 움직이는 거리의 곱($W = Fd$)이며 작용한 힘은 거리와 같은 방향에서 측정되어야 한다.

❑ 위치, 운동 및 정지 에너지는 일을 하는 능력이나 용량으로 정의되며 뉴턴미터(N-m)나 줄(J)로 측정된다.

❑ 배터리는 화학 에너지 형태로 위치 에너지를 저장한다.

❑ 쿨롱의 법칙은 두 지점의 전하 사이에 작용하는 힘을 설명하며 다음의 공식으로 주어진다.

$$F = k\left(\frac{Q_1 Q_2}{r^2}\right)$$

❑ 전자는 고체 양도체에서 전하흐름의 원인이 되는 부원자 전기소립자이다.

❑ 원자의 원자핵은 양전하의 양성자와 전하를 띠지 않는 중성자로 구성된다.

❑ 불연속 에너지 레벨만이 원자에 결속된 전자에게 허용된다. 원자핵에서 멀리 떨어져 있는 전자는 가장 높은 에너지를 가지며 원자핵에 가까이 있는 전자는 비교적 느슨하게 원자와 결합되어 있다.

❑ 원자로부터 전자를 제거하는 데 필요한 에너지를 이온화 전위라고 한다.

❑ 자유롭게 이동할 수 있는 전자를 가지는 물질을 양도체라고 하며 그렇지 못한 물

질을 절연체라고 한다.

❏ 반도체는 바깥쪽 껍질에 네 개의 전자를 가지고 있는 결정물질이다.

단원 확인 문제

1. 신호 증폭에 사용된 최초의 소자는
   (a) 플래밍 밸브   (b) 3극 진공관
   (c) 트랜지스터   (d) 집적회로

2. 일반적으로 전기공학 기술자의 최소 교육 요구조건은
   (a) 고등학교   (b) 전문대학
   (c) 4년제 대학

3. "살아 있는" 전기회로를 다룰 때
   (a) 금속성 보석을 착용해도 좋다.   (b) 혼자 일을 해도 좋다.
   (c) 용매를 사용해도 좋다.   (d) (a), (b), (c) 모두 허용되지 않는다.

4. 일의 미터법 단위는
   (a) 뉴턴   (b) 미터
   (c) 뉴턴 미터   (d) 피트파운드

5. 줄(joule)은
   (a) 뉴턴과 동등하다.   (b) 미터와 동등하다.
   (c) 뉴턴미터와 동등하다. (d) 피트파운드와 동등하다.

6. 에너지는
   (a) 힘과 같은 단위로 측정한다.
   (b) 거리와 같은 단위로 측정한다.
   (c) 일과 같은 단위로 측정한다.
   (d) 전하와 같은 단위로 측정한다.

7. "움직임의 에너지"의 다른 용어는
   (a) 운동 에너지   (b) 위치 에너지
   (c) 정지 에너지   (d) 일

8. 진자의 추에 의해 나타나는 에너지의 형태는
   (a) 운동 에너지   (b) 위치 에너지
   (c) 정지 에너지

9. 충전된 배터리에 저장되어 있는 위치 에너지는
   (a) 전기적   (b) 물리적
   (c) 화학적   (d) 정지

10. 고체 양도체에서 전하의 흐름을 설명하는 기본적인 소립자는
    (a) 전자   (b) 양자
    (c) 중성자   (d) 이온

11. 두 전하 사이의 거리가 4배로 증가했다면, 입자 사이의 힘은

(a) 8배로 작아진다.   (b) 16배로 작아진다.

(c) 8배로 커진다.   (d) 16배로 커진다.

12. 두 전하 사이의 거리가 2배로 감소했다면 입자 사이의 힘은

(a) 2배로 작아진다.   (b) 4배로 작아진다.

(c) 2배로 커진다.   (d) 4배로 커진다.

13. 양전하와 음전하는

(a) 서로 끌어당긴다.   (b) 서로 밀어낸다.

(c) 서로 끌어당기지도 밀어내지도 않는다.

14. 원자가전자는

(a) 양전하를 가진다.   (b) 특정한 원자와 결합하지 않는다.

(c) 원자 사이에서 공유된다.   (d) 원자의 바깥쪽 껍질에 있다.

15. 반도체의 바깥쪽 껍질에 있는 전자의 수는

(a) 1   (b) 2

(c) 3   (d) 4

16. 원자의 원자핵은

(a) 전자를 포함하지 않는다.   (b) 양자를 포함하지 않는다.

(c) 중성자를 포함하지 않는다.

17. 어떤 주어진 껍질에서 존재할 수 있는 전자의 최대 개수는

(a) 2   (b) 4

(c) 8   (d) 껍질 위치에 따라 다르다.

18. 반도체의 예는

(a) 규소   (b) 금

(c) 소금물   (d) 철

질문

1. 진공관에 비해 트랜지스터가 갖는 주요 이점은 무엇인가?
2. 집적회로에서 사용되는 핵심요소는 무엇인가?
3. 전기 기술자의 전형적인 직업을 설명해 보라.
4. 32 V 미만의 전압에서 작업할 때 주요한 안전사고는 무엇인가?
5. 미국전기코드(NEC)를 공포하는 기관은 어디인가?
6. 전기나 전자회로를 다룰 때 청결한 작업 환경이 중요한 이유는 무엇인가?
7. 500 N의 힘이 어떤 상자에 가해졌지만 그 상자가 전혀 움직이지 않았을 때 얼마나 많은 일이 행해졌는가?
8. 뉴턴미터와 동등한 미터법 단위는 무엇인가?
9. 운동 에너지와 위치 에너지의 차이점은 무엇인가?
10. 정지 에너지란 무엇인가?
11. 기름과 같은 연료의 에너지는 어떤 형태인가?
12. 실크 천으로 문질러진 유리막대가 양전하를 띠는 이유는 무엇인가?

13. 정전기에 대한 실험에 극미한 전하를 사용하는 이유는 무엇인가?

14. 보어의 "태양계" 원자모델을 설명해 보라.

15. 수소원자는 양자와 전자를 하나씩 가지고 있다. 수소원자에서 양자와 전자 사이의 힘은 어떤 법칙으로 설명할 수 있는가?

16. 원자 내의 전자의 에너지를 결정하는 것은 무엇인가?

17. 원자번호는 무엇을 의미하는가?

18. 이온은 무엇인가?

19. 금속은 좋은 양도체이고 비금속은 그렇지 않다는 사실은 무엇을 의미하는가?

20. 반도체의 전도율은 어떻게 조절하는가?

문제

기본 문제

1. 22,000 N의 자동차를 3 m 들어올리는 데 사용된 화물승강기는 얼마만큼의 일을 하였는가?

2. 150 N의 소년을 1.5 m 들어올리는 데 얼마나 많은 일을 하였는가?

3. 0.000 010 C의 양전하 두 개가 0.55 m 떨어져 있을 때 받는 힘은 얼마인가?

4. (a) 0.000 020 C로 대전된 두 개의 작은 구를 0.20 m 떨어뜨려 놓았을 때 두 구가 받는 힘은 얼마인가?

   (b) 인력이 작용했다면 구의 전하에 대해 어떠한 결론을 내릴 수 있겠는가?

해답

예제 질문

1-1: 9600 N-m

1-2: 17.6 N-m

1-3: 1.44×10^7 N

1-4: 힘은 9배로 감소한다.

복습 질문

1. 미국의 리 드포레스트는 최초의 진공관 증폭기를 발명한 사람이다.

2. 규소와 게르마늄

3. 집적회로는 회로기판이라고 불리는 작은 지지대에 일체로 구성된 회로요소의 조합이다.

4. 전자공학 기술의 2년 준학사

5. 조립, 제조, 실험, 수리, 제품의 디자인을 다루는 직업이 가능하다. 그 외에도 방송, 산업공정관리, 전화통신, 컴퓨터와 네트워크, 정보기술, 기술문서, 판매와 교육도 포함된다.

6. 전위, 신체를 통과하는 구체적인 경로, 인체 저항 그리고 쇼크의 작용시간

7. 미국전기코드

8. 금속성 보석류는 전기와 열의 양도체이다. 쇼크의 순경로가 되거나 고에너지 회로에서 급격히 가열될 수 있다. 또한 회로를 손상시킬 우려도 있다.

9. 중복 연결된 복합형 콘센트는 회로에 과부하를 가한다.

10. 실험에 따라 다르다. 위치를 알아야 한다.

11. 힘은 거리에 따라 작용해야 한다.

12. 뉴턴미터(N-m)와 줄(J)은 일의 미터법 단위이다.

13. 위치, 운동, 정지는 에너지의 세 가지 형태이다.

14. 위치(화학) 에너지

15. 운동 에너지

16. 다른 전하는 끌어당기고, 같은 전하는 밀어낸다

17. 쿨롱은 전하의 단위이다.

18. 음전하

19. 쿨롱의 법칙은 서로 떨어진 두 개의 고정 점전하 사이의 힘을 측정하는 수학공식이다.

20. 전하 사이의 힘은 4배 더 크다.

21. 6

22. 원자가전자는 원자의 바깥쪽 껍질에 있는 전자이다.

23. 건조한 식염은 어떠한 이동성 전하(전자)도 갖지 않는다.

24. 금속결합은 금속성 결정에서 자유롭게 움직일 수 있는 가전자대 및 전도대 전자의 "바다"를 가지고 있다.

25. 반도체는 바깥쪽 껍질에 네 개의 전자를 가지고 있는 결정물질이며, 전도율은 결정에 불순물의 첨가로 조절할 수 있다.

단원 확인 문제

1. (b)	2. (b)	3. (d)	4. (c)	5. (c)
6. (c)	7. (a)	8. (b)	9. (c)	10. (a)
11. (b)	12. (d)	13. (a)	14. (d)	15. (d)
16. (a)	17. (d)	18. (a)		

전자공학을 위한 수학

WWW 이 장의 참고 자료는 아래 웹사이트에서 얻을 수 있다.

http://www.prenhall.com/SOE

서론

전자공학 기술자는 자신의 작업에 기초적인 과학적, 수학적 원리를 적용할 수 있어야 한다. 이는 매우 큰 수나 작은 수를 다루고, 미터법 단위를 읽고 이해하고, 기본 공식들을 다루어 풀고, 데이터를 도표화하는 것을 포함한다. 이 장에서는 이러한 중요기술의 전반을 살펴보고자 한다. 이 장의 설명이 심오한 수학을 대체할 수는 없지만 전자공학과 관련한 작업에 요구되는 중요기술을 정리하고 그 개념을 강화하는 데 도움이 될 것이다. 많은 공식들이 이 장에서 소개되지만 이는 전자공학에서 쓰이는 수학적 기술들을 설명하고 보충하기 위한 것이다. 전자공학의 수학적 기술이란 미터법 접두사와 과학표기를 사용하여 물리량을 표현하고, 방정식을 풀며, 물리량을 그래프로 도표화하는 것을 말한다.

주요 목표

각 목표의 번호는 절의 번호이다. 이 장을 마치고 나면 여러분은 다음과 같은 일들을 할 수 있어야 한다.

2-1 과학표기와 공학표기를 사용하여 수학연산을 수행하기

2-2 주요 공학 미터법 접두사를 열거하고 미터법 접두사 사이의 변환하기

2-3 기본적인 SI 체계를 설명하고, 전압과 전류, 저항과 힘의 SI 단위를 설명하기

2-4 측정된 데이터를 적절한 유효자리의 수로 기록하는 방법을 설명하기

2-5 미지 변수를 풀기 위한 선형대수방정식을 다루기

2-6 선형 그래프를 준비하기 위한 단계를 설명하기

실험실습 디렉토리

다음 실험은 이 장을 위한 것이다. 실험실습 매뉴얼은 "*The Science of Electronics: DC/AC Lab Manual*, by David M. Buchla(ISBN 0-13-087566-X). ⓒ 2005 Prentice Hall이다.

◆ **실험 2**
회로를 구성하고 관찰하기

◆ **실험 3**
실험에서 얻은 데이터를 도표화하기

주요 용어

- 과학 표기(scientific notation)
- 공학 표기(engineering notation)
- 암페어(ampere)
- 볼트(volt)
- 옴(ohm)
- 와트(watt)
- 정확도(accuracy)
- 오차(error)
- 정밀도(precision)
- 유효자릿수(significant digits)
- 변수(variable)
- 상수(constant)
- 계수(coefficient)
- 독립변수(independent variable)
- 종속변수(dependent variable)

제1장에서 소개된 쿨롱의 법칙은 뉴턴의 만류인력 법칙과 비슷한 형태를 갖고 있는데, 물리학에서는 이러한 형태의 법칙을 역제곱 법칙이라고 한다. 두 법칙 모두 두 물체 사이에 작용하는 힘은 거리의 제곱에 반비례한다. 여기서 거리를 r로 표시한다면 공식의 분모 자리에 r^2이 있기 때문에 역제곱 법칙이 되는 것이다. 지구와 달을 예로 든다면 둘 사이의 거리가 두 배가 되면 인력은 4분의 1이 된다. 물리학에서 같은 개념의 또 다른 법칙으로는 별과 같은 점광원에서 발원하는 빛의 세기가 있다. 본질적으로 동등한 밝기를 갖는 두 별이 각각 다른 거리로 떨어져있다면 거리의 비율을 추정하기 위하여 역제곱 법칙을 적용할 수 있다.

2-1 과학표기와 공학표기

전자공학에서는 종종 매우 큰 수나 매우 작은 수가 필요하다. 이러한 수는 일반적으로 과학표기나 공학표기를 이용하여 나타낸다. 어느 표기방법이든 수는 보통의 수에 10의 멱승을 곱하는 형태로 나타낸다.

이 절에서는 숫자에 대해 수학연산을 수행하기 위해 과학표기와 공학표기를 사용하는 방법을 배우기로 한다.

전자공학 관련 작업에서 공통적인 요구는 아주 큰 수나 작은 수를 표현하는 것이다. 예를 들어, k밴드 레이더의 초당 사이클 수는 대략 20,000,000,000이고 사이클당 시간은 겨우 0.000 000 000 050 s(초)에 불과하다. 이처럼 소수점과 여러 개의 0으로 표현되는 수를 가리켜 **고정소수점**(또는 고정형식) 수라고 한다. 이 형태의 수는 기본적인 수 체계와 연계된 자리 값 규칙을 따른다. 소수점은 값을 변경하지 않고는 움직일 수 없다. (일부 계산기에서는 이런 형식을 NORM이라고 표시한다.) 고정소수점 수는 아주 큰 양이나 작은 양을 표현하기가 불편하다. 10자리가 넘는 수조차도 표준형식으로는 대부분의 계산기에 입력이 불가능하다. 과학표기와 공학표기는 이렇듯 아주 큰 수나 작은 수를 쉽게 쓰기 위해 개발되었다.

과학표기

과학표기(scientific notation)는 아주 큰 수나 작은 수를 10의 멱승 표기를 사용하여 간결하게 표현하는 수단이다. 과학표기는 셈법의 근간을 이루고 고정소수점 형태 수와의 변환을 용이하게 만들어 주므로 10은 과학표기로 표현되는 수의 밑(base)이다.

수를 과학표기로 표현하기 위해서는 1에서 10까지의 일반수를 10의 멱으로 곱하여 표기하면 된다. 10의 멱은 소수점을 어느 방향으로 얼마나 이동하는지 나타낸다. 소수점을 왼쪽으로 이동하여 고정소수점 수를 과학표기로 변환한다면 10의 멱은 양의 값이 된다. 반대로 소수점을 오른쪽으로 이동한다면 10의 멱은 음의 값이 된다. 다음 예제는 고정형식과 과학표기 사이의 변환관계를 보여준다.

$$57{,}000{,}000. = 5.7 \times 10{,}000{,}000. = 5.7 \times 10^7$$

여기서 소수점이 왼쪽으로 일곱 자리 이동하여 수의 첫 번째 부분을 1과 10 사이의 수로 만들고 있다. 그런 다음 이전과 같은 값을 만들기 위해 5.7에 10,000,000을 곱하는데, 이는 10^7과 같은 값이다. 계산기에서는 과학(SCIentific) 동작모드에서 이 수를 보통 5.7^{07}로 나타내준다.

1보다 작은 수에 대해서는 소수점을 오른쪽으로 이동하여 고정소수점 수를 과학표기로 변환한다.

$$0.000\ 042 = 4.2 \times 0.000\ 01 = 4.2 \times 10^{-5}$$

이번에는 멱이 음수부호를 갖게 되어 해당 수가 1보다 작음을 나타낸다. 4.2에 0.000 01을 곱한다면 그 결과는 원래 고정소수점 수와 같다. 과학표기에서 10의 멱은 -5가 되고 이는 소수점이 오른쪽으로 다섯 자리 이동한 것을 의미한다. SCI 동작모드에서 계산기는 이 수를 4.5^{-05}로 표시하는데, 여기서 -05는 10의 멱으로 이해할 수 있다. 계산기의 종류에 따라서는 화면에 E(Exponent)가 표시되는데, 위의 수를 예로 보이면 4.2 E-5가 된다.

멱에서 음수부호를 음수와 혼동해서는 안된다. 방금 보였던 두 예제의 수는 모두 양수이다. 4.2×10^{-5}는 단지 작은 양수이며 5.7×10^7은 큰 양수일 뿐이다. 음수를 나타내고자 한다면 음수부호를 첫 번째 수 앞에 붙이면 된다. 즉, -5.1×10^4와 -9.2×10^{-5}는 모두 음수이다.

10의 멱이 0일 때는 특별한 경우로 취급된다. 간혹 멱과 관련한 수학연산으로 인해 계산문제에서 멱이 0이 되는 경우가 나타날 때가 있다. 어떤 수이든 멱이 0이면 1이 된다. 엄밀히 말해서 1에서 10 사이의 고정소수점 수를 과학표기로 변환하기 위해서는 10^0이 곱해야 한다. 따라시, 3.2는 과흭표기로 3.2×10^0으로 적는디. SCI나 ENG (engineering) 모드로 동작하는 계산기라면 이 수를 3.2^{00}(또는 3.2 E 00)으로 표시할 것이다. 여기서 위첨자 ^{00}은 10의 멱을 나타낸다는 사실을 기억하기 바란다. $10^0 = 1$이므로 직접 이 수를 적는 경우라면 10의 멱까지 쓸 필요는 없다(거의 그렇게 하지 않는다).

예세 2-1

문제

다음 각 고정형식 수를 과학표기로 변환하라.

(a) 0.000 33   (b) $-290{,}000$

(c) $-0.000.005\ 2$ (d) 11,480

(e) 5.1

풀이

화살표가 소수점이 이동하는 자릿수를 보여준다.

(a) $0.000\ 33 = 0.000\ 33 = \mathbf{3.3 \times 10^{-4}}$

(b) $-290,000. = -290,000. = \mathbf{-2.9 \times 10^5}$

(c) $-0.000\ 005\ 2 = -0.000\ 005\ 2 = \mathbf{-5.2 \times 10^{-6}}$

(d) $11,480 = 11,480. = \mathbf{1.148 \times 10^4}$

(e) $5.1 = 5.1 \times 10^0 = \mathbf{5.1}$

질문

이 문제에서 가장 큰 양수에서 가장 작은 음수 순서로 정렬한다면 이들 다섯 개의 수는 어떤 순서로 정렬할 수 있겠는가?

경우에 따라서는 과학표기로 기록된 수를 고정소수점 수로 변환해야 하기도 한다. 이 경우 변환과정은 이제까지의 방법을 거꾸로 하면 된다. 멱의 부호는 고정소수점을 이동시키는 방향을 나타내며 그 값은 이동 자릿수를 가리킨다.

예제 2-2

문제

다음 각 과학표기 수를 고정형식으로 변환하라.

(a) 6.3×10^{-4} (b) -9.8×10^5

(c) -6.6×10^{-2} (d) 1.6×10^7

(e) 4.8×10^0

풀이

(a) $6.3 \times 10^{-4} = 0.000\ 63 = \mathbf{0.000\ 63}$

(b) $-9.8 \times 10^5 = -980.000. = \mathbf{-980,000}$

(c) $-6.6 \times 10^{-2} = -0.066 = \mathbf{-0.066}$

(d) $1.6 \times 10^7 = 16,000,000. = \mathbf{16,000,000}$

(e) $4.8 \times 10^0 = 4.8 \times 1 = \mathbf{4.8}$

질문

1쿨롱의 전자 개수(6.25×10^{18})를 고정소수점 수로 표기하라.

과학표기의 덧셈과 뺄셈

과학표기로 쓰여진 수를 더하거나 뺄 때 양쪽 수 모두 같은 멱수를 가지고 있어야 하며 결과 역시 같은 멱이 되어야만 한다. 계산 전 두 수의 멱수가 같지 않다면 계산을 수행하기 전에 어느 쪽 하나의 멱수를 나머지 멱수와 같도록 변환시켜야 한다. 그러면 두 수와 계산결과는 모두 같은 멱수를 가지게 될 것이다. 예를 들어 1.50×10^4과 3.0×10^5을 더하는 문제를 생각해 보자.

$$1.5 \times 10^4 \text{를} \quad 0.15 \times 10^5 \text{로 변환}$$
$$\text{그리고 덧셈} \quad \underline{3.00 \times 10^5}$$
$$3.15 \times 10^5$$

결과를 포함한 모든 수의 멱수가 같음을 주목하라.

이렇게 말고 30.0×10^5를 30.0×10^4로 변환할 수 있다.

$$30.0 \times 10^5 \text{를} \quad 30.0 \times 10^4 \text{로 변환}$$
$$\text{그리고 덧셈} \quad \underline{1.5 \times 10^4}$$
$$31.5 \times 10^4$$

결과는 어느 방법으로 계산하더라도 같지만 첫 번째 결과만이 올바른 과학표기이다.

계산기는 내부적으로 과학표기로 표시된 수의 덧셈을 다룬다. 수많은 계산기가 시판 중에 있지만 대부분의 계산기가 본문에서 설명한 방식대로 수를 입력받아 처리할 수 있는 대수운영체제(Algebraic Operating System, AOS)를 도입하고 있다. AOS 방식 계산기는 수식을 계산하는 방식과 동일한 우선규칙을 적용한다. 계산기가 다양한 만큼 작동에 있어서도 약간씩 차이를 보인다. 설명을 간소하게 하기 위해 이 책에서 보이는 키누름 아이콘은 그림 2-1에서 볼 수 있는 텍사스 인스트루먼츠(Texas Instruments) 사의 TI-36X에 기초하지만, AOS 방식의 대부분의 다른 계산기도 이와 조작이 비슷할 것이다. 확실치 않다면 해당 계산기의 설명서를 참고하는 것이 좋다.

모든 과학 계산기처럼 TI-36X도 한 가지 이상의 형식으로 숫자를 보여준다. <kbd>3rd</kbd>와 <kbd>FLO / 5</kbd>를 눌러 부동소수점 표시방식을 선택하면 화면에 최대 10자리의 수를 부호, 소수점과 함께 표시해 준다. 소수점은 화면의 어떠한 위치에서도 있을 수 있으며, 이 때문에 이런 표시방식을 **부동소수점**이라고 한다. 수가 이 형태로 표현하기에는 너무 크거나 작을 때에는 자동으로 과학표기로 변환된다. 과학표기는 <kbd>3rd</kbd> <kbd>SCI / 6</kbd>를 눌러서 직접 선택할 수도 있다.

TI-36X 계산기를 사용하여 위에서 주어진 덧셈문제를 계산하려면 <kbd>1</kbd> <kbd>.</kbd> <kbd>5</kbd> <kbd>EE</kbd> <kbd>4</kbd> <kbd>+</kbd> <kbd>3</kbd> <kbd>.</kbd> <kbd>0</kbd> <kbd>EE</kbd> <kbd>5</kbd> <kbd>=</kbd> 키를 누르면 된다. 해답은 부동소수점이 선택된 경우 315000으

그림 2-1

TI-36X 계산기

로 나타나지만, 과학표기가 선택되었다면 3.15^{05}으로 표시될 것이다. 과학표기에서 05는 위첨자로 오른쪽에 나타나는데 이는 10의 멱수(10^5)로 해석되어야 한다. 어떤 계산기는 지수 앞에 E를 나타내준다(3.15 E05)

공학표기

공학표기는 멱수가 공학에서 사용되는 표준 계량접두사로 쉽게 변환되기 때문에 전자공학 작업에서 과학표기보다 훨씬 자주 사용된다. 공학표기는 과학표기와 비슷하여 수를 10의 멱으로 곱하여 나타낸다. 공학표기에서 멱수는 3으로 나누어 떨어지는 값만 취한다. 즉, -6, -3, 0, 3 과 6과 같은 멱수는 공학표기에서 모두 유효하지만 -5, -4, 1, 2, 4와 같은 멱수는 유효하지 않다. 멱수로 오직 3의 배수만 가능하기 때문에 첫 번째 숫자가 1에서 10 사이여야 하는 과학표기의 제한은 공학표기에서 적용되지 않는다. 관례적으로 공학표기로 표현된 수의 첫 부분은 일반적으로 1에서 1000 사이에 있다. 예를 들어 295,000,000는 공학표기로 295×10^6이 된다. 계산에 따라서는 이 대신 0.295×10^9으로 쓰는 것이 보다 편리할지도 모른다. 결국 같은 수를 나타내지만 이런 방식은 표준이 아니다.

예제 2-3

문제

다음 각 고정소수점 수를 공학표기로 변환하라. 수의 첫 부분은 1에서 1000 사이의 수로 나타내어라.

(a) 0.000 33   (b) $-290,000$

(c) $-0.000\ 005\ 2$ (d) 11,480

(e) 5.1

풀이

(a) $0.000\ 33 = 0.000\ 330 = \mathbf{330 \times 10^{-6}}$

(b) $-290,000 = -290,000. = \mathbf{-290 \times 10^3}$

(c) $-0.000\ 005\ 2 = -0.000\ 005\ 2 = \mathbf{-5.2 \times 10^{-6}}$

(d) $11,480 = 11,480. = \mathbf{11.48 \times 10^3}$

(e) $5.1 = 5.1 \times 10^0 = \mathbf{5.1}$(이 경우 지수를 표시할 필요는 없다.)

TI-36X 계산기에서 3rd $\boxed{\text{ENG}\atop +}$ 를 눌러 ENG 형식을 선택한다. 그런 뒤 숫자를 누르고 $\boxed{=}$ 를 누른다.

질문

과학표기와 공학표기를 동시에 만족하는 정답은 어느 것인가?

복습 질문

1. 부동소수점이란 무엇을 의미하는가?
2. 일반 수에 비하여 10의 멱승 표기방식은 어떠한 이점이 있는가?
3. 10^0의 값은 무엇인가?
4. 공학표기는 과학표기와 어떻게 다른가?
5. 전자공학 작업에서 공학표기가 선호되는 이유는 무엇인가?

미터법 접두사 2-2

측정단위와 함께 접두사를 사용하면 매우 큰 양이나 작은 양을 표현할 수 있다. 미터법 접두사는 십진법에 기반을 두고 있으며 10의 멱을 다룬다. 전자공학에서는 물리량 중 상당수가 매우 크거나 작게 나타나므로 미터법 접두사를 폭넓게 사용한다.

이 절에서는 주요 공학 미터법 접두사에 대해 알아보고 여러 미터법 접두사 사이의 변환관계를 살펴본다.

미터법은 10의 멱에 기초를 두고 있다. 표 2-1은 널리 사용되는 미터법 접두사의 명칭과 약어를 해당하는 10의 멱과 함께 정리하고 있다. 이러한 접두사는 모든 측정단위와 결합하여 큰 물리량이나 작은 물리량을 표현하는 데 사용된다. 전기적인 양의 측정에서는 3의 배수인 멱수를 나타내는 공학 접두사가 선호된다.

수	미터법 접두사	기호
$1,000,000,000,000,000 = 10^{15}$	peta	P
$1,000,000,000,000 = 10^{12}$	tera	T
$1,000,000,000 = 10^{9}$	giga	G
$1,000,000 = 10^{6}$	mega	M
$1,000 = 10^{3}$	kilo	k
$100 = 10^{2}$	hecto	h
$10 = 10^{1}$	deca	da
$1 = 10^{0}$	—	—
$0.1 = 10^{-1}$	deci	d
$0.01 = 10^{-2}$	centi	c
$0.001 = 10^{-3}$	milli	m
$0.000001 = 10^{-6}$	micro	μ
$0.000000001 = 10^{-9}$	nano	n
$0.000000000001 = 10^{-12}$	pico	p
$0.000000000000001 = 10^{-15}$	femto	f

표 2-1

미터법 접두사의 명칭과 약어. 공학 접두사와 기호는 회색으로 표시되어 있다.

미터법 접두사의 사용

미터법 접두사는 큰 물리량이나 작은 물리량을 표현하는 데 광범위하게 사용되고 있다. 예를 들어 어떤 큰 발전소가 1,600,000,000 W를 생산할 수 있다면 이 양을 1.6×10^9 W로 표현할 수 있다. 하지만 이런 방법보다는 측정단위에 미터법 접두사를 붙여 표현하는 것이 일반적이다. 10^9이 미터법 접두사 기가(G)와 동등하므로 이 미터법 접두사를 10^9 대신 사용할 수 있다. 즉, 발생된 전력은 1.6 GW(1.6 기가와트)로 표현할 수 있다. 또는 1600 MW(1600 메가와트)로도 표현할 수 있다. 여기서 알 수 있듯이 각 단위를 변환하기 위해서는 간단히 소수점만 이동시키면 된다.

또 다른 예로 0.000 010 A의 미소 전류를 10×10^{-6} A로 표현할 수 있다. 미터법 접두사 마이크로(μ)는 10^{-6}의 의미로 사용되므로 0.000 010 A에서 소수점을 오른쪽으로 여섯 자리만큼 움직이면 10 μA(10 마이크로암페어)가 된다.

예제 2-4	

문제

미터법 접두사를 사용하여 다음 각각의 양을 표현하라.

    (a) 0.000 027 A   (b) 81,000 Ω

    (c) 0.000 000 010 s   (d) 0.002 3 m

풀이

    (a) 0.000 027 A = 27×10^{-6} A = **27 μA**

    (b) 81,000 Ω = 81×10^3 Ω = **81 kΩ**

    (c) 0.000 000 010 s = 10×10^{-9} s = **10 ns**

    (d) 0.002 3 m = **2.3 mm**. 이 경우 처음 m은 미터법 접두사 밀리(milli)를 의미하고 두 번째 m은 미터의 기본단위를 의미한다.

질문

0.005 s를 미터법 접두사를 사용하여 표현하라.

계산기의 숫자 입력

공학표기로 표현된 숫자를 입력하려면 계산기에 있는 EE 키(계산기에 따라서는 EXP 라고 쓰여 있다)를 사용한다. 음수 멱수는 TI-36X를 비롯한 대부분의 계산기에 있는 +/- 부호전환 키를 누르면 된다.

문제

    (a) 계산기로 47 kΩ (47×10^3 Ω)를 입력하라.

    (b) 계산기로 260 μA(260×10^{-6} A)를 입력하라.

풀이

TI-36X 계산기의 경우

    (a) [4] [7] [EE] [3] 을 연속으로 누른다.

    (b) [2] [6] [0] [EE] [+/−] [6] 을 연속으로 누른다.

질문

음수는 계산기로 어떻게 입력하는가?

미터법 접두사 사이의 변환

주어진 미터법 접두사를 다른 접두사로 변환하여 물리량을 나타내는 것이 유용할 때가 있다. 예를 들어 470 kΩ(킬로옴)의 저항기가 2.2 MΩ(메가옴) 저항기와 직렬 연결되어 있을 때 전체저항을 계산하기 위해 두 값을 더하려고 한다. 덧셈을 하려면 두 접두사가 반드시 일치해야 한다. 이 경우에는 470 kΩ 저항기를 0.47 MΩ 저항기로 변환할 수 있으며, 이를 2.2 MΩ에 더해서 2.67 MΩ의 결과를 얻는다.

    접두사가 붙은 단위 사이의 변환은 다음과 같이 소수점을 이동하여 수행한다.

1. 큰 단위를 작은 단위로 변환할 때는 소수점을 오른쪽으로 이동한다. 작은 단위는 해당 수가 더 커져야 한다는 것을 의미한다.
2. 작은 단위를 큰 단위로 변환할 때는 소수점을 왼쪽으로 이동한다. 큰 단위는 해당 수가 더 작아져야 한다는 것을 의미한다.
3. 변환되는 단위 사이의 10의 멱수 차이를 고려하여 소수점이 이동한 자릿수를 계산한다.

예를 들어 밀리암페어(mA)를 마이크로암페어(μA)로 변환할 때, 이 두 단위(mA는 10^{-3} A, μA는 10^{-6} A) 사이에는 세 자리의 차이가 있으므로 소수점을 오른쪽으로 세 자리만큼 움직인다. 마이크로암페어는 밀리암페어보다 작은 단위이므로 마이크로암페어의 수는 밀리암페어의 상응하는 수보다 클 것이다.

    변환과정을 시각적으로 보여주는 방법이 표 2-2에 나타나 있다. 어떠한 수도 이 표를 이용하여 특정한 공학 접두사에서 다른 접두사(무 접두사 포함)로 변환할 수 있다. 한 가지 예로 패러드(약어로 F)는 보통 매우 작은 값을 갖는 단위이다. 0.000 000 010 F를 다른 미터법 접두사를 갖는 수로 변환하려면, 먼저 예제의 첫 번째 줄에 보이는 10^0 열 아래에 정렬된 소수점에 맞춰 이 수를 기록한다. 그런 다음 소수점을 원하는

표 2-2	
미터법 변환. 소수점 위에 위치한 접두사를 해당 수에 붙인다.	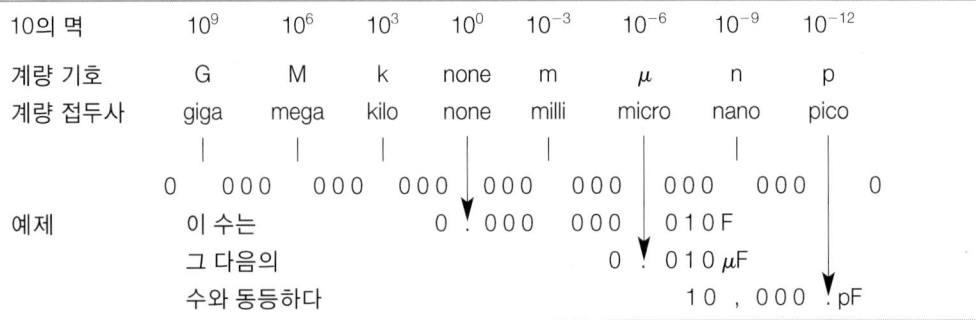

미터법 접두사 위치로 옮기고 그 접두사의 해당 단위로 읽는다. 예제의 두 번째 줄에서 이 수는 0.010 μF로 표현되고 세 번째 줄에서는 10,000 pF로 표현되어 있다. 이들은 같은 값을 다르게 표현한 것이므로 0.000 000 010F = 0.010 μF = 10,000 pF인 것을 알 수 있다.

예제 2-6

문 제

표 2-3의 "을"열에 있는 각 수를 "으로"열에 표시된 단위로 변환하라.

표 2-3

을	으로	을	으로
2.2 ms	s	50,000 W	kW
100 pF	μF	910 Ω	kΩ
0.0015 s	ms	200 mV	V
470 kΩ	MΩ	0.043 m	mm
10 MHz	GHz	86 ns	μs

풀 이

표 2-4를 참조하라.

표 2-4

을	으로	을	으로
2.2 ms	0.0022 s	50,000 W	50 kW
100 pF	0.000 100 μF	910 Ω	0.910 kΩ
0.0015 s	1.5 ms	200 mV	0.200 V
470 kΩ	0.47 MΩ	0.043 m	43 mm
10 MHz	0.010 GHz	86 ns	0.086 μs

질 문

접두사 메가를 사용하여 220 kΩ을 표현하면 어떻게 될까?

미터법 접두사를 갖는 수의 덧셈과 뺄셈

미터법 접두사로 표현된 수를 더하거나 빼기 위해서는 접두사가 서로 같도록 하여야 하며, 이렇게 하면 계산된 결과 역시 같은 접두사를 가지게 된다. 예를 들어 1.5 MΩ에서 330 kΩ을 빼려면 두 수 중 어느 하나를 다른 쪽 접두사와 같도록 변환해야한다. 330 kΩ을 0.33 MΩ으로 변환하면 이 예는 다음과 같이 표현된다.

$$1.5 \text{ M}\Omega - 0.33 \text{ M}\Omega = 1.17 \text{ M}\Omega$$

반대로 1.5 MΩ을 1500 kΩ으로 변환하면 다음과 같이 표현된다.

$$1500 \text{ k}\Omega - 330 \text{ k}\Omega = 1170 \text{ k}\Omega$$

두 결과는 서로 동등하며 어느 쪽 결과도 올바르다.

계산기에서는 두 수를 같은 멱으로 일일이 바꿀 필요 없이 미터법 접두사를 공학 표기 수로 입력하면 된다. 그러면 계산기가 자동으로 소수점 위치를 조절해준다. TI-36X 계산기에서 수 입력을 위한 키 누름은 다음과 같다.

공학표기로 결과를 보려면 3rd ENG/+ 를 누르면 된다. 그러면 화면에 1.17^{06}이란 결과가 표시될 것이고 이는 1.17 MΩ과 동등한 값이다.

복습 질문

6. 10^3, 10^6, 10^9, 10^{12}를 의미하는 공학 접두사는 각각 무엇인가?
7. 10^{-3}, 10^{-6}, 10^{-9}, 10^{-12}를 의미하는 공학 접두사는 각각 무엇인가?
8. 어떤 단위를 보다 큰 미터법 접두사에서 작은 미터법 접두사로 변환할 때 어떤 방법으로 소수점이 움직이겠는가?
9. 0.022 μF와 1500 pF를 더하여 그 결과를 nF 단위로 표시하라.
10. 270 kΩ과 1.5 MΩ을 더하여 그 결과를 kΩ 단위로 표시하라.

SI 체계와 전자공학 단위 2-3

19세기에 이르러 국제표준의 필요성이 명백해졌다. 1875년 프랑스가 주최한 파리회의에서 18개국이 무게와 측정단위의 표준 기본문을 작성하고 유지하는 협정에 조인했다. 오늘날 사용되는 국제단위체계(Le Système International d'Unites, 약어로 SI)는 바로 이 협정을 근간으로 한다.

이 절에서는 SI 체계에 대해 알아보고 전압, 전류, 저항, 전력에 사용되는 SI 단위를 배우기로 한다.

측정단위

모든 물리량은 어떤 측정단위로 측정된다. 측정단위는 물리량의 크기를 명시하는 수단이다. 예를 들어 속력은 시간당 킬로미터로 측정될 수 있다. 사용상의 일관성을 유지하기 위해 측정단위는 모든 사람들에게 똑같은 의미로 해석되어야 한다. 간혹 새로운 표준이 등장하고 기존의 측정기술이 개선됨에 따라 다양한 단위의 정의가 수정 또는 개선되기도 한다.

오늘날 사용되는 측정단위의 주요한 시스템은 국제단위체계(*Le Système International d'Unites*, 약어로 SI)로 불리는데, 이 SI 체계는 7개의 **기본 단위**와 2개의 **보조 단위**로 구성되어 있고 모든 측정의 "기본 요소"이다. 표 2-5는 기본적인 SI 단위를 열거하고 있으며 표 2-6는 보조 SI 단위를 보여준다. 기본단위의 정의는 부록 A에 수록되어 있다.

기본 SI 단위와 보조 SI 단위에 덧붙여 27개의 파생단위가 존재한다. 파생단위는 그 정의에 둘 이상의 기본단위 또는 보조단위를 사용하는 것이다. 예를 들어 에너지의 SI 단위는 1-3절에서 배운 줄(joule)이다. 줄은 킬로그램, 미터, 초를 사용한다. 파생단위의 또 다른 예로 속도를 들 수 있는데, 속도는 시간(1초)당 움직인 거리(미터)로 측정되고 이때 초와 미터는 모두 기본단위이다. 비율은 어떠한 형태이든 시간단위를 포함해야 한다.

기본 전자량과 단위

전류(I)

전류는 SI 표준에서 정의하는 기본 전기단위이다. **전류**(current)는 그림 2-2에서 설명하는 대로 1초당 1 쿨롱과 동등한 전하의 흐름의 비율로서 정의된다(이는 1초 동안 6.25 $\times 10^{18}$개의 막대한 양의 전자가 어느 한 지점을 지나는 것에 상응한다).

표 2-5 기본 SI 단위	양	기본단위	약어
	길이	미터	m
	질량	킬로그램	kg
	시간	초	s
	전류	암페어	A
	온도	켈빈	K
	광도	캔델라	cd
	물질의 양	몰	mol

표 2-6 보조 SI 단위	양	기본단위	약어
	평면각	라디안	r
	입체각	스테라디안	sr

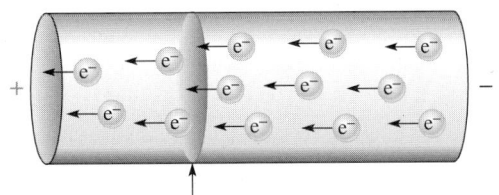

그림 2-2

전류는 시간당 어느 한 지점을 지나는 전하량으로 정의된다.

1 쿨롱의 전자가 1초간 도선의 단면을 통과할 때 그 전류가 1 암페어이다.

전류의 단위는 **암페어(A)**이다. 비율은 항상 시간개념을 포함하고 있다는 점을 기억하자. 전류를 정의하는 공식은 다음과 같다.

$$I = \frac{Q}{t} \tag{2-1}$$

여기서 I는 암페어 단위의 전류이고, Q는 쿨롱 단위의 전하량이며, t는 초 단위의 시간이다. 이 공식은 일반적으로 전하량이 전류자체보다 중요하지 않기 때문에 실제 회로에서는 거의 활용되지 않는다. 실용적인 이유로 인해 전하량보다는 전하가 특정 지점을 통과하는 비율이 더 우선시된다. 따라서 SI 기본전기단위(전류)는 그 정의 내에 또 다른 기본단위(시간)를 포함한다.

전류를 직접 측정하는 것은 간단하다. 전류는 회로에 전류계를 일렬로 두고 측정한다. 따라서, 전류는 전류계를 거쳐서 측정해야지 가로질러서 측정해서는 안 된다는 것이다. 전형적인 전자회로에서 전류는 1 암페어보다 훨씬 작다. 그러나 전력 응용에서는 수 암페어는 보통이다.

전압(V)

또 다른 중요한 전기량으로 배터리로써 실험한 알렉산드로 볼타(Alessandro Volta)의 이름을 딴 **전압(voltage)**이 있다. 전압은 단위 양전하를 음전위에서 더 높은 양전위로 움지이는 데 필요한 일이다. 이 정의에서 일은 자동차를 언덕 위로 움직일 때와 마찬가지로 전하를 움직이는 데 소요되는 에너지이다.

전압의 측정단위는 **볼트(V)**이며, 암페어를 제외한 다른 모든 전기단위처럼 전압도 유도단위이며 길이나 부피, 전류의 기본단위로부터 유도할 수 있다. 전압을 정의하는 식에는 일(또는 에너지)과 전하가 모두 포함된다.

$$V = \frac{W}{Q} \tag{2-2}$$

여기서 V는 볼트 단위의 전압을, W는 줄 단위의 일 또는 에너지를, 그리고 Q는 쿨롱 단위의 전하를 의미한다. 이와는 다르게 전압을 단위 양전하가 더 높은 양전위에서 더 낮은 음전위로 움직일 때 발생하는 일(또는 방출되는 에너지)이라고 생각할 수 있으며, 이는 자동차를 언덕 아래로 굴러가게 하는 에너지에 상응한다. 발생한 일은 전

역사적 고찰

전류의 단위인 암페어는 프랑스 앙드레 마리 암페어(1775-1836)의 이름을 따서 만들어졌다. 1820년 암페어는 19세기 전기 및 자기 분야에서 기초적인 이론을 발전시켰다. 그는 전하흐름(전류)을 측정하는 계기를 만든 최초의 사람이다.

역사적 고찰

전위의 단위인 전압은 이탈리아 알렉산드로 볼타(1745-1827)의 이름을 따서 만들어졌다. 그는 정전기를 발생시키는 장치를 발명했으며 메탄가스를 발견하였다. 또한 서로 다른 금속들간의 반응을 조사하였고 1800년 최초의 배터리를 발명했다.

그림 2-3

접지 기호

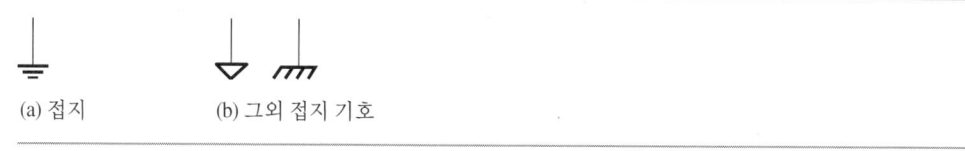

(a) 접지   (b) 그외 접지 기호

하에 작용된 일이란 점을 기억하기 바란다. 이 때문에 전압의 정의는 줄과 쿨롱 단위를 모두 포함한다.

전압은 언제나 회로의 두 지점 사이에서 측정한다. 그러나 보통 특정 지점에서의 전압을 말하기도 하는데, 이 경우 전압은 **접지**(ground)라고 하는 곳을 두 번째 지점으로 하여 측정하게 된다. 접지의 가장 일반적인 기호는 그림 2-3(a)에서 볼 수 있다. 이러한 특이한 기호는 실제로 지구의 전위이다. 전자공학에서 사용되는 다른 접지 기호는 그림 2-3(b)에 나타나 있다.

저항(R)

저항(resistance)은 전류에 대한 방해이다. 전자공학에서 가장 흔하게 볼 수 있는 부품인 **저항기**(resistor)는 회로경로에 일정한 양의 방해를 가하여 전류가 잘 흐르지 못하게 한다. 이러한 방해의 양과 함께 저항기가 소비하는 전력의 양으로써 저항기를 규정한다. 저항기에 대한 더 자세한 설명은 제3장에서 다루게 될 것이고, 지금은 저항이 전류에 대한 방해라는 사실만 기억해 두기 바란다.

저항의 단위는 조지 시몬 옴(Georg Simon Ohm)을 기려 **옴**(Ω)으로 표기한다. 조지 시몬 옴은 독일의 과학실험실에서 전기를 연구했던 수학 및 과학 교사였다. 옴 단위는 길이, 질량, 시간의 기본 단위에서 유도될 수 있다.

옴은 그의 이름을 담고 있는 유명한 법칙을 기술했다. 옴의 법칙은 전압, 전류, 저항 사이의 관계를 설명하는데, 이 법칙에 기초한 저항의 정의식은 다음과 같다.

$$R = \frac{V}{I} \tag{2-3}$$

여기서 R은 옴 단위의 저항이고, V는 볼트 단위의 전압이며, I는 암페어 단위의 전류이다. 옴의 법칙에 관한 보다 자세한 설명은 제4장에서 다루게 된다.

전력(P)

전력(power)은 에너지가 열 혹은 소리나 빛 등과 같은 형태로 전환되거나 변환되는 속도를 가리킨다. 전력은 물리학의 모든 영역에서 광범위하게 활용된다.

전력의 단위는 스코트랜드의 과학자이자 발명가인 제임스 와트(James Watt)의 이름을 빌어 **와트**(**W**)로 표기한다. 저항기와 같은 부품에 대한 전력은 그 부품이 열에너지를 얼마나 빨리 소비할 수 있는지를 설명한다. 전력의 정의식은 다음과 같다.

$$P = \frac{W}{t} \tag{2-4}$$

여기서 P는 와트 단위의 전력이고, W는 줄 단위의 에너지이며, t는 초 단위의 시간이다.

표준

전류, 전압, 또는 저항을 측정할 때마다 사용하는 계측기가 정확한 결과를 제시하는지 여부를 파악하는 일은 매우 중요하다. 정확한 측정치를 얻기 위해서는 해당 계측기가 정확하게 조정되어 있고 그와 같은 조정정보가 최신의 상태로 유지되어야 한다.

전자공학을 다루는 대부분의 기관에서 계측기의 정확도를 증명하는 데 사용할 수 있는 전류, 전압, 저항에 관련한 고정밀 표준을 가지고 있다. **정확도**(accuracy)란 측정된 값과 인정되는(또는 진짜) 값 사이의 차이를 말한다.

실용표준(working standard)이란 시험장비 또는 부품의 정기적인 조정과 보증에 사용되는 계측기 또는 장비를 가리킨다. 실용표준의 예로는 매우 높은 정확도를 갖고 있으며 실험실에서 저항 측정치를 비교하는 데 사용되는 표준저항기를 들 수 있다. 실용표준은 정확도를 유지하기 위해 더 높은 표준을 통해 주기적인 조정과 보증을 필요로 한다.

모든 표준은 장기 안정성, 정확도, 환경 조건과 무관한 특성을 가져야 한다. 결국, 정확한 측정은 국가표준연구원의 해당 문서를 통하여 찾아볼 수 있다. 미국에서 이러한 기구는 국가표준기술연구소(National Institute for Standards and Technology, NIST)이다.

복습 질문

11. 기본단위란 무엇인가?

12. 기본단위는 몇 가지가 정의되어 있는가?

13. 유도단위란 무엇인가?

14. 전류, 전압, 저항, 전력의 단위는 무엇인가?

15. 실용표준이란 무엇인가?

측정 수치 2-4

어떤 양을 측정할 때마다 사용계측기의 제한 때문에 결과에 불확실성이 존재하게 된다. 측정된 양을 근사치로 표현할 경우 정확한 것으로 알려진 자릿수를 유효자릿수라고 한다. 측정된 양을 적을 때 유지해야 하는 자릿수의 개수가 유효자릿수이고 불확실한 지리수는 두 개 이상 되어서는 안 된다.

이 절에서는 측정된 데이터를 적절한 개수의 유효자릿수로 나타내는 방법을 배운다.

오차, 정확도, 정밀도

실험에서 획득하는 데이터는 그 데이터의 정확도가 시험장비의 정확도와 측정이 이루어지는 조건에 따라 달라지므로 완전하지 못하다. 적절한 측정 데이터를 얻기 위해서는 측정에 따른 오차를 고려해야 한다. 실험오차는 실수가 아니다. 계산을 수반하지 않는 모든 측정치는 실제 값의 근사치이다. 오차(error)는 어떤 물리량의 진짜(또는 가장 안정된)의 값과 측정된 값 사이의 차이를 말한다. 오차가 작다면 그 때의 특정치를 정확하다고 말할 수 있다. 정확도는 측정된 값과 인정된(또는 진짜) 값 사이의 차이이다. 예를 들어 10.00 mm 게이지 블록의 두께를 마이크로미터로 측정했을 때 10.8 mm를 얻었다면, 이 측정치는 정확하지 못하다고 해야 한다. 이는 게이지 블록이 실용표준으로 간주할 수 있기 때문이다. 이와는 달리 10.02 mm로 측정되었다면, 이번에는 표준과 일치한 것으로 볼 수 있으므로 정확하다고 말할 수 있다.

측정치의 양과 관련한 또 다른 용어로 정밀도(precision)가 있다. 정밀도란 어떤 물리량의 측정에 대한 반복성으로(또는 지속성으로)의 척도이다. 일련의 판독을 통해 일정한 측정치를 얻는 것은 가능하지만 계측기 오차로 인해 각각의 측정이 부정확한 경우가 있을 수 있다. 예를 들어 계측기가 조정되어 있지 않아 부정확하지만 일관된(정밀한) 결과를 얻는 것이 가능하다. 그러나 반대로 정밀하지도 않으면서 정확한 기구는 존재할 수 없다.

유효자릿수

올바른 것으로 알려진 측정치의 자릿수를 유효자릿수(significant digits)라고 한다. 대다수 계측기가 적정한 수의 유효자릿수를 제공하지만 계측기에 따라서는 유효하지 자릿수까지 포함하므로 이를 기록할 지 결정을 사용자에게 돌리는 경우도 있다. 이러한 현상은 **부하**라고 하는 효과(6-4절에서 다룬다) 때문에 발생한다. 계측기는 회로에서 그 자신의 존재 때문에 실제 측정치를 변화시킬 수 있다. 따라서 측정눈금이 부정확한 때를 인식해야 하며 부정확하다고 판단된 자릿수는 기록하지 않아야 한다.

유효자릿수와 관련한 또 다른 문제는 수를 수학적으로 연산할 때 일어난다. 유효자릿수의 개수는 처음 측정치의 범위를 넘어설 수 없다. 가령, 1.0 V를 3.0 Ω으로 나눌 때 계산기는 0.33333333의 결과를 내놓을 것이다. 처음 수치가 각각 2개의 유효자릿수를 포함하므로 답은 똑같은 유효자릿수의 개수를 유지하여 0.33 A로 기록해야 한다.

기록된 자릿수가 유효한지의 여부를 판단하는 규칙은 다음과 같다.

규칙 1: 0이 아닌 자릿수는 항상 유효한 것으로 간주된다.

규칙 2: 첫 번째로 0이 아닌 자릿수의 왼쪽에 존재하는 0은 유효하지 않다.

규칙 3: 0이 아닌 두 자릿수 사이의 0은 언제나 유효하다.

규칙 4: 소수의 소수점 오른쪽의 0은 유효하다.

규칙 5: 자연수의 소수점 왼쪽의 0은 측정치에 따라 유효할 수도, 유효하지 않을 수도 있다. 예를 들어 12,100 Ω은 3, 4, 또는 5개의 유효한 숫자를 포함한다. 유효자릿수를 명확히 하기 위해서는 과학표기(또는 미터법 접두사)를 사용해야 한다. 이를테면 12.10 kΩ은 4개의 유효숫자를 포함한다.

측정치를 기록할 때 불확실한 한 자릿수는 남겨놓고 나머지 다른 불확실한 자릿수는 버려야 할 때도 있다. 어떤 수에서 유효자릿수의 개수를 파악하려면 소수점을 무시하고 0이 아닌 첫 번째 자릿수에서 시작하여 오른쪽의 마지막 자릿수를 끝으로 왼쪽에서 오른쪽으로 자릿수의 개수를 센다. 센 자릿수는 모두 수에서 오른쪽 마지막 0(이들은 유효할 수도 아닐 수도 있다)을 제외하고는 유효하다. 다른 정보가 없다면 오른쪽 0의 유효성은 불확실하다. 대개 자리 표시로서 측정과 무관한 0은 유효하지 않은 것으로 간주된다. 유효한 0을 표시해야 할 경우 혼란을 피하기 위해 과학표기나 공학표기로 수치를 나타내어야 한다.

예제 2-7

문제

측정된 수치 4300을 2, 3, 및 4개의 유효자릿수로 표현하는 방법을 보여라.

풀이

소수에서 소수점 오른쪽의 0은 유효하다. 따라서, 2개의 유효한 자릿수를 보이려면 4.3×10^3(오른쪽에 0이 없음)으로 써야 한다. 또한, 3개의 유효자릿수로 나타내려면 4.30×10^3이고 4개는 4.300×10^3이다.

질문

수치 10,000을 3개의 유효자릿수를 나타내도록 하려면 어떻게 해야 하는가?

예제 2-8

문제

다음 측정치에서 각각의 유효자릿수에 밑줄을 그어라.

    (a) 40.0　　　　　(b) 0.3040

    (c) 1.20×10^5　(d) 120,000

    (e) 0.00502

풀이

(a) 40.0은 세 개의 유효자릿수를 갖고 있다(규칙 4).

(b) 0.3040은 네 개의 유효자릿수를 갖고 있다(규칙 2, 3).

(c) 1.20×10^5은 세 개의 유효자릿수를 갖고 있다(규칙 4).

(d) 120,000은 최소한 2개 이상의 유효자릿수를 갖고 있다. 그 수는 (c)와 같지만 이 경우의 0은 불확실하다(규칙 5). 이런 표기는 측정된 물리량을 기록하는 데 추천할만한 방법이 아니므로 과학표기나 미터법 접두사를 사용하도록 한다(예제 2-7 참조).

(e) 0.00502는 세 개의 유효자릿수를 갖는다(규칙 2, 3).

질문

측정치 10과 10.0 사이의 다른 점은 무엇인가?

반올림

측정치는 언제나 근사치를 포함하므로 하나보다 많은 불확실 자릿수를 수반하지 않는 유효한 자릿수로만 나타내어야 한다. 나타낸 자릿수의 개수는 측정치 정밀도의 척도가 된다. 따라서, 마지막 유효자릿수의 오른쪽에서 하나 이상의 자릿수를 떼내어 수치를 **반올림**(round off)해야 한다. 반올림 방법을 결정하기 위해 버린 자릿수 가운데 최대 자릿수만을 사용해야한다. 반올림 규칙은 다음과 같다.

규칙 1: 반올림된 최대 자릿수가 5보다 크다면 마지막으로 유지한 자릿수를 1만큼 증가시킨다.

규칙 2: 버린 자릿수가 5보다 작을 때는 마지막으로 유지한 자릿수를 그대로 놓아둔다.

규칙 3: 버린 자릿수가 5이면 마지막으로 유지한 자릿수가 짝수가 되는 경우에만 그 자릿수를 증가시킨다. 이 규칙을 "짝수로의 반올림(round-to-even)" 규칙이라고 한다.

예제 2-9

문제

다음 수치들을 세 개의 유효자릿수로 반올림하라.

(a) 10.071   (b) 29.961   (c) 6.3948

(d) 123.52   (e) 122.52

풀이

(a) 10.1   (규칙 1)

(b) 30.0   (규칙 1)

(c) 6.39   (규칙 2)

(d) 124   (규칙 3)

(e) 122   (규칙 3)

질문

짝수로의 반올림 규칙을 사용하는 이유는 무엇인가?

대부분의 전자공학 작업에서 부품이 가지는 허용한계는 1%보다 크다(보통 5%나 10%이다). 대다수 계측기는 이보다 더 높은 정확도를 갖지만 측정치가 1000분의 1보다 높은 정확도로 측정되는 경우는 흔하지 않다. 이런 이유로 해서 극히 정확한 작업을 제외한 모든 작업에서는 측정된 물리량을 나타내는 수치는 3개의 유효자릿수로 충분하다. 일부 중간결과에 수반한 문제를 해결해야 한다면 계산기에 모든 자릿수를 입력하고 결과를 기록할 때 계산결과에서 3개의 유효자릿수로 반올림하도록 한다.

복습 질문

16. 소수점 오른쪽에 0을 나타내기 위한 규칙은 무엇인가?

17. 짝수로의 반올림 규칙이란 무엇인가?

18. 도면에서 1000 Ω의 저항기가 1.0 kΩ으로 표시된 것을 흔히 보게 된다. 저항기의 값에 대해 이것이 의미하는 사실은 무엇인가?

19. 전력공급기가 10.00 V로 설정되어야 한다면 계측기에 요구되는 정확도에 관해 이것이 의미하는 사실은 무엇인가?

20. 측정치에서 정확한 개수의 유효자릿수를 나타낼 때 과학표기나 공학표기를 어떻게 활용할 수 있는가?

기초 대수 2-5

과학 및 공학에서 대수방정식은 다양한 물리량 사이의 관계를 표현하는 데 사용된다. 대수방정식은 실세계 문제를 풀기 위해 전자공학에서 필수적이다. 방정식은 물리량 사이의 관계를 보여주는 간편한 방법이라고 생각할 수 있다.

이 절에서는 미지의 변수를 알아내기 위해 선형대수방정식을 푸는 방법을 배우게 된다.

상수와 변수

변수(variable)는 변하는 양이다. 이 값은 해당 값을 나타내는 기울임꼴 문자로 표시하는 것이 일반적이다. 전자공학에서는 변수가 될 수 있는 물리량이 다양하며, 전압, 전력, 시간 등이 이에 속한다. 일반적으로 사용되는 변수는 관련한 문자가 해당 물리량의 이름의 첫 번째 문자인 경우가 많다. 가령, V는 전압을 뜻하고, P는 전력, t는 시간을 가리키는 식이다. 변수는 개별 변수를 나타내는 밑첨자와 함께 사용되기도 한다. 예를 들어 R_1, R_2, R_3는 세 개의 다른 변수이며 각각이 회로에서 다른 저항기를 나타낸다.

상수(constant)는 절대 변하지 않는 양이다. 몇 가지 낯익은 상수의 예를 들어 보면 원주율(3.14)과 광속(3.00×10^8 m/s)이 있다. 낯익은 상수는 특정한 문자로 지시되는데, 원주율은 그리스 문자 π로, 광속은 c로 나타내는 식이다.

항과 식

항(term)이란 덧셈 또는 뺄셈 기호로 분리되지 않는 변수 및/또는 상수 집단을 말한다. 항은 다른 양 앞에 쓰여진 수치를 갖기도 하는데, 이 수치를 **계수**(coefficient)라고 한다. $3ax^2$으로 표현되는 항에서 계수는 다른 양 앞의 수치인 3이 된다. 또 다른 형태의 항으로 $2\pi fL$ 또는 πr^2 등이 있다. 또는 이와 달리 12와 같은 단순 수치도 하나의 항이 될 수 있다.

유사항은 같은 변수와 멱수를 포함하는 항으로 계수는 다를 수 있다. 가령, 식 R_1 + $2R_1$ + $4R_1$은 동일 변수 R_1을 포함하지만 각각 다른 계수를 갖는다.

식(expression)은 하나 이상의 항으로 구성된다. 수치식은 수치와 부호만으로 이루어지지만 문자식은 하나 이상의 변수를 포함한다. 수학자들은 식이 포함하는 항의 개수에 따라 식을 분류하기도 한다. 항이 하나인 식은 **단항식**(monomial)이라고 하고, 항이 둘인 경우는 **이항식**(binomial)이며, 항이 두 개보다 많은 식은 **다항식**(polynomial)으로 분류한다. 따라서, 식 R_1 + R_2 + R_3은 항이 세 개이므로 다항식이다.

예제 2-10	

문제

다음 식에서 항의 개수를 밝혀라.

(a) I^2R b) $V_1 + V_2 + V_3$

(c) $3I_1 - 1.2$ (d) $\dfrac{1}{2\pi fC}$

(e) $22 - 5$

풀이

(a) 1   (b) 3

(c) 2   (d) 1

(e) 2

질문

위 식 중 문자식인 것은?

방정식

방정식(equation)은 하나의 식(또는 양)을 다른 식과 동등하도록 설정하는 수학적 문장이다. 예를 들어 뉴턴의 제2법칙으로 알려진, 물리에서 중요한 법칙을 잘 알고 있을 것이다. 가속도, 힘, 및 질량 사이의 관계를 서술하는 뉴턴의 제2법칙은 기본적인 방정식을 보여주는 훌륭한 예이다. 뉴턴의 제2법칙을 평문으로 구술하면 "어떤 물체의 가속도의 크기는 그 물체에 가해지는 순수 힘을 물체의 질량으로 나눈 것으로 결정된다"라고 할 수 있다. 이 문장을 방정식 형태로 바꾸면 $a = F/m$이라는 대수방정식이 된다. 이 방정식에서는 세 개의 변수(a, F, m)가 보이지만 실제로는 이들 중 하나(보통 질량)는 상수이다.

선형방정식

지수가 없는 변수로 구성된 방정식을 선형방정식이라고 한다. 뉴턴의 제2법칙은 선형방정식의 한 예일 뿐이다. 선형방정식은 직선으로 그릴 수 있다(그리는 방법은 다음 절에서 설명). 선형방정식은 몇 개의 기본적인 수학 형태로 표현이 가능하다. 선형방정식의 가장 잘 알려진 형태는 **기울기-절편 형태**(slope-intercept form)로서 다음과 같이 쓴다.

$$y = mx + b$$

이 방정식은 직선에 대한 일반적인 식이다. 문자 x와 y는 변수를 나타내고, m은 **기울기**(직선의 경우 상수)로서 x와 y의 기울기가 얼마나 급한지를 측정한다. 문자 b는 절편으로 알려진 상수로서 직선이 y축과 만나는 지점을 알려준다.

전자공학에서 가장 중요한 방정식으로 취급되는 옴의 법칙을 포함하여 전자공학에서 접하게 될 많은 방정식이 선형방정식의 형태를 띤다. 이러한 방정식은 선형방정식의 정형을 이해하고 있다면 보다 이해하기 쉬울 것이다.

선형방정식의 풀이

선형방정식(또는 같은 문제의 다른 방정식)이 하나의 미지수만 포함한다면 그 미지수를 풀기 위해 방정식을 재구성할 수 있다. 선형방정식의 재구성 방법은 간단하지만 등호의 양측에서 "균형 유지"가 필요하다. 이것은 한 방정식의 한쪽에서 수행되는 수학계산이 다른 쪽에서도 똑같이 처리되어야 함을 의미한다.

방정식을 풀기 위해 선택되는 단계가 언제나 "한결같지는" 않고 특정한 방정식에 의존한다. 물론 이 경우에도 특정한 기본규칙을 따르는 것은 필수이다. 보통 대수의 분배규칙을 이용하여 괄호를 제거하는 방법으로 방정식의 정리를 시작하는 것이 좋다. 이 중요한 규칙은 다음과 같은 기호관계로 표현된다.

$$a(b + c) = ab + ac$$

분배규칙을 풀어 설명하면 "곱셈이 덧셈으로 분배된다"고 할 수 있다. 분배의 반대동작이 **인수분해**이다. 변수가 3개인 경우 인수분해를 기호 형태로 표현하면 다음과 같이 쓸 수 있다.

$$ab + ac = a(b + c)$$

방정식을 푸는 그 다음 단계는 미지수를 포함하는 항을 그 방정식의 한쪽으로 놓고 미지수를 포함하지 않는 항은 다른 쪽으로 몰아 놓는 것이 보통이다. 이를 위해서 방정식의 양쪽에서 동일 항을 더하거나 뺄 수 있다. 그런 다음 미지수를 포함하는 항에서 그 미지수를 인수분해하고 적절한 수학계산(즉, 덧셈, 뺄셈, 곱셈, 나눗셈)을 수행하여 그 미지수를 단일 변수로 고립시킬 수 있다. 방정식을 계산할 때 덧셈과 뺄셈을 먼저 하고 곱셈과 나눗셈을 그 다음에 한다. 간혹 방정식에 따라 이와 다른 순서가 필요할 수도 있지만, 어떤 경우든 동일한 연산이 방정식의 양쪽에 대해 수행되어 항등성을 유지하는 점에는 변함이 없다.

미지수를 푸는 과정의 예로서 온도계에서 섭씨 10℃(섭씨)를 읽었다고 가정하자. 온도를 °F(화씨)로 알고 싶다면 두 단위 사이의 변환을 위한 방정식을 활용해야 한다.

$$°C = \frac{5}{9}(°F - 32°)$$

여기서 °F가 미지수이기 때문에 이 방정식을 재구성하여 °F에 대해 풀어야 한다. 이를 위해 미지수가 왼쪽에 나타나도록 방정식을 쓰는 것이 일반적인 관행이다. 따라서 당면한 첫째 목표는 이 방정식의 왼쪽에 °F를 쓰고 다른 모든 것들은 오른쪽에 몰아 넣는 것이다. 그러면 °C 자리에 알려진 값(10°)을 대입하고 미지수에 대해 방정식을 풀 수 있다.

분배규칙을 적용하여 풀이를 시작할 수도 있지만 여기서는 양쪽에 9/5를 곱하여 오른쪽에서 분수 5/9를 제거하면 보다 쉽게 풀 수 있다.

$$\frac{9}{5} \times °C = \frac{\cancel{9}}{\cancel{5}} = \frac{\cancel{5}}{\cancel{9}}(°F - 32°)$$

오른쪽의 분수가 사라졌기 때문에 이 연산의 효과는 왼쪽으로 그 분수를 옮기는 것과 같다. 이제 괄호를 벗기고 방정식의 양쪽에 32를 더할 수 있다.

$$\frac{9}{5} \times °C + 32° = °F - \cancel{32°} + \cancel{32°}$$

이렇게 함으로써 미지수를 고립시키는 효과를 거둘 수 있지만 미지수가 오른쪽에 있다. $a = b$는 $b = a$를 의미하므로 이 방정식은 다음과 같은 전통적인 형태로 쓸 수 있다.

$$°F = \frac{9}{5} \times °C + 32°$$

이로써 첫 번째 목적은 완수되었다. 이제 알려진 섭씨 온도 10°를 대입하면 상응하는 화씨 온도를 알아낼 수 있다.

$$°F = \frac{9}{5}(10°) + 32° = 18° + 32° = 50°$$

문 제

다음 방정식에서 왼쪽의 x를 고립시켜라. 그런 다음 y의 값이 14일 때 x에 대해 방정식을 풀어라.

$$y = 4\left(\frac{3x}{2} + 5\right)$$

풀 이

분배규칙을 적용하여 괄호를 벗긴다.

$$y - 4\frac{12x}{2} + 20$$

분수를 정리하고 양쪽에서 20을 뺀다.

$$y - 20 = 6x$$

방정식의 양쪽을 6으로 나누고 왼쪽과 오른쪽을 바꾼다.

$$x = \frac{y - 20}{6}$$

y를 알려진 값(14)으로 대체한다.

$$x = \frac{14 - 20}{6} = \frac{-6}{6} = -1$$

검산으로 이 값을 처음 방정식에 대입하여 $y = 14$임을 확인할 수 있다.

질 문

$y = 20$이라면 x의 값은 얼마가 되는가?

예제 2-12는 병렬 저항기를 위한 곱-나누기-합 규칙(product-over-sum rule)으로 알려진 일반적인 전자공학 공식을 소개한다. 이 규칙에 대해서는 병렬회로에 관한 5-5절에서 공부하게 될 것이다. 곱-나누기-합 규칙으로 시작하는 것이 R_2에 대한 방정식을 유도하는 유일한 방법은 아니지만 이 예제는 미지수에 대해 방정식을 푸는 과정을 보여준다.

문 제

두 개의 병렬저항(R_1, R_2)의 총저항(R_T)은 다음과 같이 방정식 형태로 표현된 곱-나누기-합 규칙으로 주어진다.

$$R_T = \frac{R_1 R_2}{R_1 + R_2}$$

두 개의 저항기를 이용하여 300 Ω의 전체 저항을 얻으려 한다고 가정하자. R_1이 820 Ω이라면 R_2의 값은 무엇인가? 먼저 곱-나누기-합 규칙을 이용하여 R_2에 대한 방정식을 구하라.

풀이

방정식의 양쪽을 $R_1 + R_2$로 곱하여 오른쪽의 분수를 제거한다. 이때 두 항이 분모 자리에 있기 때문에 괄호를 사용해야 함을 잊지 말자. 명확한 표현을 위해 분모항도 괄호로 둘러싸도록 한다.

$$R_T(R_1 + R_2) = \frac{R_1 R_2}{(R_1 + R_2)}(R_1 + R_2)$$

분배규칙을 왼쪽에 적용하여 괄호를 벗긴다.

$$R_T R_1 + R_T R_2 = R_1 R_2$$

미지수(R_2)를 갖는 두 항을 오른쪽에 놓기 위해 양쪽에서 $R_T R_2$를 뺀다.

$$R_T R_1 + R_T R_2 - R_T R_2 = R_1 R_2 - R_T R_2$$

오른쪽의 항에서 미지수를 인수분해한다.

$$R_T R_1 = R_2(R_1 - R_T)$$

방정식의 양쪽을 $(R_1 - R_T)$로 나누고, 괄호를 제거하고, 왼쪽과 오른쪽을 바꾼다.

$$R_2 = \frac{R_T R_1}{R_1 - R_T}$$

이제 방정식이 왼쪽에 미지수가 있는 형태로 되었다. 문제에서 주어진 값을 대입하여 R_2의 값을 구한다.

$$R_2 = \frac{R_T R_1}{R_1 - R_T} = \frac{300\,\Omega \times 820\,\Omega}{820\,\Omega - 300\,\Omega} = \mathbf{473\,\Omega}$$

질문

요구되는 총저항이 350 Ω이고 R_1은 여전히 820 Ω이라면 R_2의 값은 얼마가 되어야 하는가?

비선형방정식

전자공학에서는 방정식이 하나 이상의 변수에 지수를 갖는 경우가 빈번하다. 1이 아닌 지수가 방정식에 포함될 때 그 방정식을 비선형방정식이라고 한다. 비선형방정식에 대한 설명은 전기회로에서 공통적으로 사용되는 방정식으로 한정할 것이다. 예를 들어 전압(V)과 저항(R)이 알려져 있을 때 저항기에서 소비되는 전력을 알아내는 문제를 살펴보면, 저항기의 전력은 다음의 방정식으로 계산할 수 있다.

$$P = \frac{V^2}{R}$$

종종 이런 방정식을 다른 변수에 대해 풀기 위해 재구성을 해야 할 때가 있다. 즉, 전력과 저항을 알고 전압에 대해 풀어야 한다면 방정식 조작을 위한 기본규칙은 선형방정식과 상당부분 비슷하다. 다만 양쪽에 동일하게 수행해야 하는 요구사항이 핵심이다. 이 경우에는 먼저 양변에 R을 곱한다.

$$PR = V^2$$

이제 미지수가 왼쪽에 나타나도록 재구성한다.

$$V^2 = PR$$

마지막으로 방정식의 양변에 제곱근을 씌운다.

$$V = \sqrt{PR}$$

왼쪽에서 제곱항에 제곱근을 취하면 변수의 지수가 사라진다는 데 유의하라.

문제　　　　　　　　　　　　　　　　　　　　　　　　　예제 2-13

동조회로라고 부르는 형태의 회로에서 f_r이 공진주파수, L이 인덕턴스, C가 커패시턴스이다. 공진주파수에 대한 방정식은 다음과 같다.

$$f_r = \frac{1}{2\pi\sqrt{LC}}$$

이 방정식을 재구성하여 L이 왼쪽에 오고 다른 변수들은 오른쪽에 오도록 하여 방정식을 L에 대해 풀어라.

풀이

양변을 $\sqrt{LC}$로 곱한다. 이는 실질적으로 $\sqrt{LC}$를 왼쪽으로 "옮기는" 것이 된다.

$$\sqrt{LC}\,f_r = \frac{1}{2\pi}$$

그런 다음 양변을 f_r로 나눈다.

$$\sqrt{LC} = \frac{1}{2\pi f_r}$$

양변을 제곱하고,

$$LC = \frac{1^2}{(2\pi f_r)^2} = \frac{1}{4\pi^2 f_r^2}$$

양변을 C로 나눈다.

$$L = \frac{1}{4\pi^2 f_r^2 C}$$

질문

위 방정식을 C에 대해 푼다면 결과는 어떻게 될까?

복습 질문

21. 항이란 무엇인가?

22. 계수란 무엇인가?

23. 분배와 인수분해 사이의 차이점을 설명하라.

24. 도선의 저항을 구하기 위한 공식은 $R = \rho L/A$이다. 이 방정식을 L에 대해 풀어라.

25. 555 타이머(집적회로의 한 종류)에 대한 총 시간은 방정식 $T = 0.693(R_A + 2R_B)$로 주어진다. 이 방정식을 R_B에 대해 풀어라.

2-6 그래프 그리기

데이터를 표현하는 한 가지 중요한 수단은 선형그래프이다. 그래프는 데이터의 시각적 표현으로서 한 변수의 효과를 다른 변수에 대해 알 수 있게 한다. 그래프는 두 양 사이의 크기, 기울기, 방향의 변화를 보여주기 때문에 전자공학에서 정보의 표시에 광범위하게 사용된다.

이 절에서는 선형그래프를 그리는 방법을 배운다.

두 변수 사이의 관계는 순서있는 그리고 짝을 이루는 데이터를 그래프에 그려서 시각화할 수 있다. 데이터는 실험에서 취득하거나 방정식에서 얻을 수 있다. 어느 경우든 그래프는 데이터를 시각화하고 이해하는 데 대단히 효과적인 수단이다. 예를 들어 앞서 살펴보았던 °F와 °C 사이의 관계를 표현하는 방정식은 아래와 같다.

$$°C = \frac{5}{9}(°F - 32°)$$

이 방정식의 순서있는 그리고 짝을 이루는 데이터를 표 2-7에 나타내었다.

표 2-7

온도(°C)	온도(°F)
−17.8°	0°
0°	32°
15.6°	60°
23.9°	75°
37.8°	100°

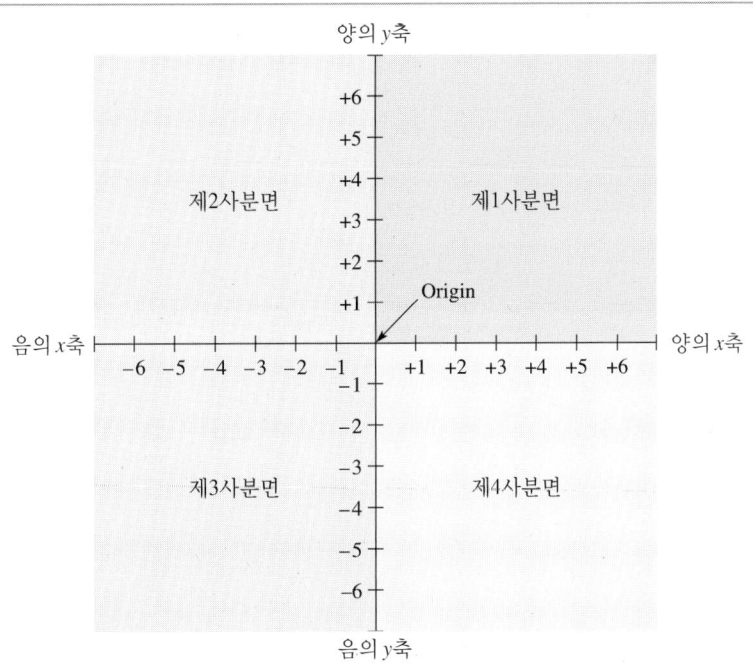

그림 2-4
직각좌표계

직각좌표계

선형도면은 수평 및 수직 수직선(數直線)을 사용하는 표준 도면 그리기 방법으로 그린다. 수평선을 x축(또는 **가로좌표**)이라고 하고, 수직축을 y축(또는 **세로좌표**)이라고 한다. 두 직선의 교점을 **원점**이라 부른다. 이 체계를 직각좌표계(Cartesian coordinate system)라고 하는데 이는 이 좌표계를 창안한 르네 데카르트(René Descartes)의 이름을 딴 것이다.

이 두 축이 공간을 네 개의 사분면으로 나누는데, 각 사분면은 그림 2-4에 나타낸 대로 시계반대방향으로 번호가 부여된다. 이 좌표계에서는 x나 y의 양수와 음수가 모두 표시될 수 있다. x축은 원점에서 오른쪽으로 양의 값을 갖고 y축은 원점의 위로 양의 값을 갖는다. 제1사분면은 x와 y 값 모두가 양일 때 사용되고, 제2사분면은 x가 음수이고 y가 양수일 때이다. 제3사분면은 x와 y가 모두 음수이며, 제4사분면은 x가 양수이고 y가 음수이다. 경우에 따라 그래프에 양수만 있을 수도 있는데 이 경우에는 제1사분면만이 도면에 표시된다.

독립변수와 종속변수

실험 또는 다른 근원으로부터의 데이터는 특정한 방법으로 그래프에 표시된다. 뉴턴의 제2법칙의 방정식을 떠올려 보자. 2-5절에서 다룬 이 방정식은 $a = F/m$으로 표현되며, 여기서 a는 가속도, F는 힘, m은 질량이다. 어떤 학생이 5.5 kg의 질량에 힘을 다르게 가하면서 가속도를 측정한 실험 데이터를 갖고 있다고 가정해보자. 질량은 변

그림 2-5

특정 실험에서 힘의 함수로서의 가속도 표시. 질량은 상수로서 5.5 kg이다.

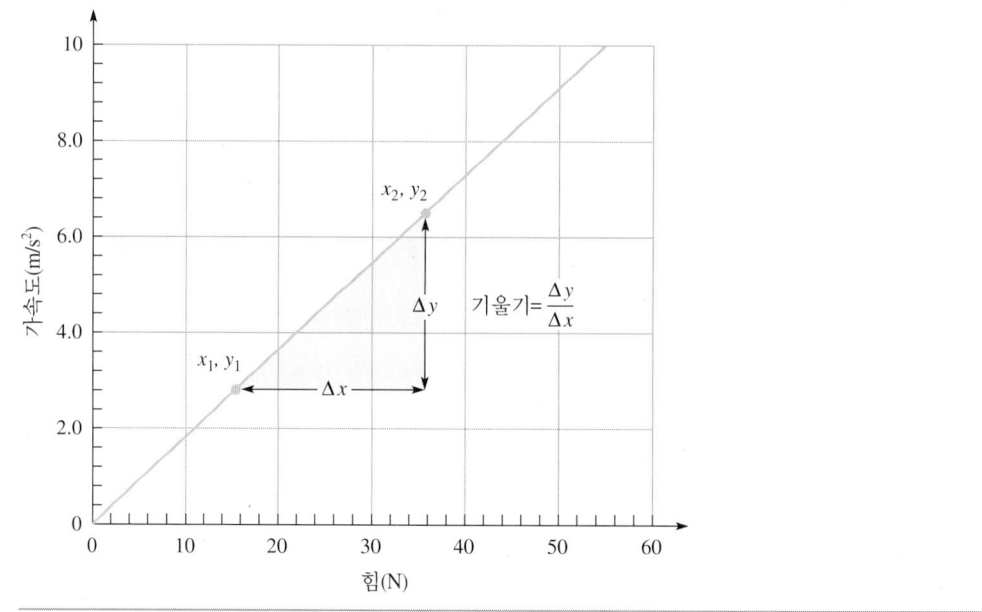

하지 않으므로 상수로 간주된다. 그러나 힘은 실험자에 의해 제어(또는 변경)되므로 이를 **독립변수**(independent variable)라고 부른다. 수학에서 독립변수는 또 다른 변수인 **종속변수**(dependent variable)에 미치는 효과를 살펴보기 위해 제어(또는 변경)되는 변수를 의미한다. 이 경우에 있어 종속변수는 **가속도**이고 가속도는 힘에 대한 반응이다. 다시 말해, 종속변수는 독립변수의 변화에 영향을 받는다.

뉴턴의 제2법칙에 대한 실험 데이터가 그림 2-5에 나타나 있다(이 데이터는 실험오차로 인해 약간씩 차이가 날 수 있다). 표시결과는 예상했겠지만 직선의 형태를 띤다. 이 직선은 여느 직선과 마찬가지로 이전 절에서 살펴보았던 일반적인 기울기-절편 형태로 표현할 수 있다. 기울기-절편 방법으로 직선을 표현하는 일반적인 형태를 다시 한 번 쓰면 다음과 같다.

$$y = mx + b$$

따라서 뉴턴의 제2법칙을 기울기-절편 형태로 쓴다면 y는 가속도(종속변수)를, x는 힘(독립변수)을 나타낸다. y절편(b)은 아무런 힘도 미치지 않을 경우 가속이 없어 y절편이 원점에 위치하기 때문에 0이 된다. 이 직선의 기울기는 경사가 얼마나 되는가의 척도이다. 기울기를 알아내려면 그림 2-5에 보이는 것처럼 y 변수의 변화량(수학표기 Δy로 표현)을 x 변수의 대응하는 변화량(수학표기 Δx로 표현)으로 나눈다. 두 지점이 (x_1, y_1)과 (x_2, y_2)라면 그때의 기울기는 다음과 같이 쓸 수 있다.

$$m = \frac{y_2 - y_1}{x_2 - x_1} = \frac{\Delta y}{\Delta x}$$

그림에서 회색 삼각형이 기울기를 측정한 구간을 나타낸다. 이 기울기는 가속도 나누기 힘의 단위를 갖는다.

　과학과 전자공학에서 많은 방정식이 선형방정식의 형태로 존재하지만 그렇지 않은 경우도 있다. 그러나 선형방정식은 언제나 직선으로 그릴 수 있고, 여기서 보여준 기울기-절편 형태로 표현될 수 있음을 기억하기 바란다.

그래프 눈금 결정

눈금은 x축이나 y축을 따라 매겨진 각 등분의 값이다. 선형그래프에서 각 등분은 동등한 가중치를 갖는다. 어떤 축에든 값을 할당할 때는 각 등분에 할당된 값을 동일한 분량씩 증가시켜야 한다. 대다수 그래프에서 눈금은 x축과 y축에 대해 모두 같을 필요는 없다. 사용에 알맞은 눈금을 결정하려면 그려 넣을 최대 수치를 적절한 축상의 등분 개수로 나눈 뒤 그 결과와 같거나 큰 눈금을 선택한다. 일반적으로 등분 당 1, 2, 5 단위 배수의 수치가 선호된다. 예를 들어 최대 수치 x가 370이고 10개의 등분이 존재한다면 눈금은 37보다 커야 한다. 이 경우 50이 적당한 눈금이다.

　그래프를 준비할 때 참고할 단계는 다음과 같다.

단계 1: 그릴 도면의 종류를 결정한다. 선형도면이 가장 자주 사용되므로, 여기서는 선형도면을 논의한다.

단계 2: 모든 데이터를 비좁지 않을 정도로 그래프 위에 그릴 수 있는 눈금을 선택한다. 데이터가 좌표 길이의 절반 미만을 차지하지 않는 한 두 축을 0에서부터 시작한다.

단계 3: 각 축을 따라 주요 등분에 번호를 기록한다. 그래프가 혼란스러워질 우려가 있으므로 작은 등분에는 번호를 붙이지 않는다. 각 등분은 같은 가중치를 가져야 한다. (주의: 실험 데이터 자체는 등분 번호를 매기는 데 사용하지 않는다.)

단계 4: 각 축에 이름표를 붙여 측정되는 물리량과 측정단위를 나타낸다. 일반적으로 측정단위는 괄호로 둘러싼다.

단계 5: 작은 점으로 데이터 지점을 찍는다. 추가적인 데이터 집단을 표시한다면 별개의 구별 가능한 기호(세모 등)를 사용하여 각 집단을 구별한다.

단계 6: 데이터의 추세를 나타내는 부드러운 선을 그린다. 데이터 지점을 고려하는 것이 일반적이지만 실험오차에 의한 미소한 변화는 무시한다. (예외: 조정곡선 및 기타 불연속 데이터는 "점-대-점" 형태로 연결한다.)

단계 7: 그래프의 이름을 넣어 그래프가 나타내는 정보의 의미를 알린다. 완전한 그래프는 그 자체만으로 설명이 가능해야 한다.

예제 2-14

표 2-8

시간(s)	전압(V)
2.0	8.0
5.0	5.9
8.0	4.1
14	2.1
20	1.2
25	0.65

문제

어떤 학생이 전기회로의 스위치를 닫고 그 이후 특정 시각에 어떤 부품 양단의 전압을 읽은 뒤, 각각의 데이터를 표 2-8에 기록했다. 이 절에서 제시된 순서대로 데이터를 그래프로 그려라.

풀이

단계 1: 각 축을 따라 10등분을 갖는 선형도면을 선택한다. 모든 데이터가 양수이기 때문에 제1사분면이면 충분하다. 전압은 시간에 종속적이므로 시간을 x축에 그리고, 전압은 y축에 그린다.

단계 2: 25 s/10 등분 = 2.5 s/등분과 같거나 크도록 x축 눈금을 선택한다. 각 등분마다 5씩 증가시키면서 눈금을 매긴다면 적당한데, 이렇게 하면 답답해 보이지 않도록 그래프에 모든 데이터를 그릴 수 있다. y축에 적당한 눈금은 8 V/10 등분 = 0.8 V/등분보다 큰 수치이다. 이 눈금으로는 1 V/등분을 선택한다.

단계 3: 각 축을 따라 주요 등분에 번호를 매긴다. 이 단계까지의 과정을 그림 2-6에 표시해 놓았다.

단계 4: x축 이름으로 시간(s)을, y축에는 전압(V)을 붙여 측정되는 물리량과 측정단위를 알린다. 측정단위는 괄호 안에 적는다.

단계 5: 각 데이터 지점에 점을 찍는다.

단계 6: 데이터 추세를 나타내는 부드러운 선을 그린다.

단계 7: 그래프의 이름을 기입한다. 완전한 그래프의 모습을 그림 2-7에 보였다.

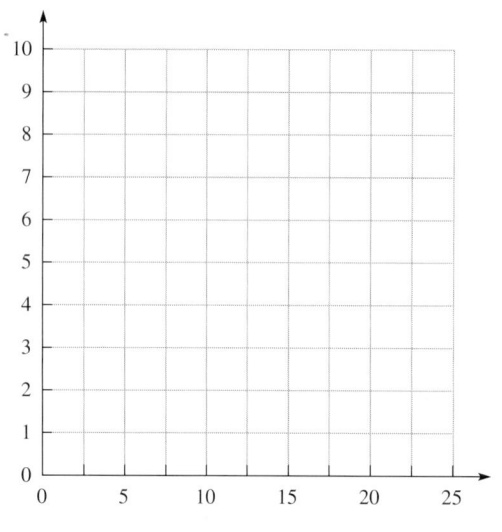

그림 2-6 그래프 준비하기

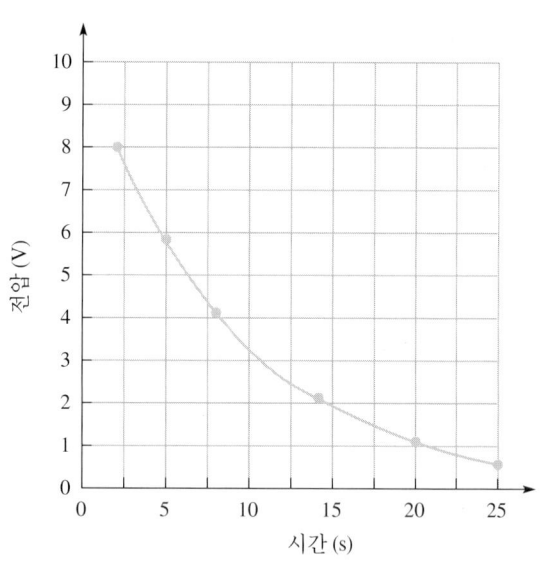

스위치를 닫은 후 전기부품에 대한 전압 대 시간

그림 2-7 완전한 그래프

질문

(a) 그래프로부터 10 s가 경과된 시점에 부품에 나타날 전압을 예측하라.

(b) 그래프로부터 전압이 0.1 V가 되는 시점은 언제가 되겠는가?

복습 질문

26. 어느 축(x 또는 y)이 가로좌표인가?

27. 어느 축(x 또는 y)이 세로좌표인가?

28. 독립변수가 의미하는 것은 무엇인가?

29. 종속변수가 의미하는 것은 무엇인가?

30. 그래프에는 어떤 이름표가 있어야 하는가?

주요 용어

- **계수(coefficient)** 항 앞에 나타나는 수치.
- **공학표기(engineering notation)** 크거나 작은 수치를 일반 숫자(1과 1000 사이의)에 10의 멱을 곱하여 표현하는 방법. 지수는 3으로 나누어질 수 있는 값만을 취할 수 있다.
- **과학표기(scientific notation)** 크거나 작은 수치를 1과 10 사이의 일반 숫자에 10의 멱을 곱하여 표현하는 방법.
- **독립변수(independent variable)** 다른 변수에 대한 효과를 관측하기 위해 조절(또는 변경)되는 변수.
- **변수(variable)** 값이 변하는 양.
- **볼트(volt)** 전압의 단위. 1 볼트는 쿨롱당 1 줄이다.
- **상수(constant)** 변하지 않는 양.
- **암페어(ampere)** 전류의 단위로서 기본적인 전기단위. 1 암페어는 초당 1 쿨롱이다.
- **오차(error)** 어떤 물리량의 진짜(또는 가장 인정된) 수치와 측정치 사이의 차이.
- **옴(ohm)** 저항의 단위. 1 옴은 암페어당 1 볼트이다.
- **와트(watt)** 전력의 단위. 1 와트는 초당 1 줄이다.
- **유효자릿수(significant digits)** 측정치에서 정확하다고 알려진 자릿수.
- **정밀도(precision)** 일련의 데이터 지점의 반복가능성(또는 지속성)에 대한 척도.
- **정확도(accuracy)** 측정치와 측정의 인정치(또는 참값) 사이의 차이.
- **종속변수(dependent variable)** 다른 변수의 변화에 영향을 받는 변수.

요점

❑ 과학표기와 공학표기에서는 아주 크거나 아주 작은 수치의 표기를 간단히 하기 위해 10의 멱을 사용한다.

❑ 미터법 접두사(특히 공학 접두사)는 크거나 작은 단위의 표현에 널리 사용된다.

❏ SI 체계는 미터법 체계에서 모든 측정의 "기본 요소"를 형성하는 7개의 기본단위와 2개의 보조단위를 근간으로 한다

❏ 측정치를 기록할 때 최소 유효 불확실 자릿수는 남겨둘 수 있지만 다른 불확실한 자릿수는 버려야 한다.

❏ 하나의 미지수를 갖는 선형방정식은 등호 양변에 동등한 연산을 수행하여 재구성할 수 있다.

❏ 그래프는 한 변수가 다른 변수에 미치는 효과를 볼 수 있도록 데이터를 시각적으로 표현한 것이다.

공식

전류의 정의:

$$I = \frac{Q}{t} \tag{2-1}$$

전압의 정의:

$$V = \frac{W}{Q} \tag{2-2}$$

저항의 정의:

$$R = \frac{V}{I} \tag{2-3}$$

전력의 정의:

$$P = \frac{W}{t} \tag{2-4}$$

단원 확인 문제

1. 10^{-12}에 해당하는 미터법 접두사는?
   - (a) 밀리
   - (b) 마이크로
   - (c) 나노
   - (d) 피코

2. 1 마이크로초는 몇 나노초인가?
   - (a) 10
   - (b) 100
   - (c) 1,000
   - (d) 1,000,000

3. 각도를 측정하는 두 SI 단위를 무엇이라 하는가?
   - (a) 보조단위
   - (b) 각도단위
   - (c) 기본단위
   - (d) 유도단위

4. 다음 중 기본 전기단위는 무엇인가?
   - (a) 쿨롱
   - (b) 볼트
   - (c) 암페어
   - (d) 초

5. 0.1050에는 유효자릿수가 몇 개 있는가?

   (a) 2   (b) 3

   (c) 4   (d) 5

6. $2\pi f L$항의 계수는?

   (a) 2   (b) π

   (c) f (d) L

7. 방정식 $X_L = 2\pi f L$을 L에 대해 풀면 그 결과는?

   (a) $L = \dfrac{1}{2\pi f X_L}$ (b) $L = \dfrac{2\pi f}{X_L}$

   (c) $L = 2\pi f X_L$ (d) $L = \dfrac{X_L}{2\pi f}$

8. 직각좌표계의 제1사분면은 어느 꼭지점에 위치하는가?

   (a) 위 왼쪽   (b) 위 오른쪽

   (c) 아래 왼쪽   (d) 아래 오른쪽

9. 다른 변수에 미치는 효과를 관측하기 위해 조절(또는 변경)되는 변수를 무엇이라고 하는가?

   (a) 독립변수   (b) 제어변수

   (c) 유효변수   (d) 종속변수

10. x축과 y축이 교차하는 지점을 무엇이라고 하는가?

    (a) 교차점   (b) 영점

    (c) 시작점   (d) 원점

질문

1. 0.000 050은 공학표기로 어떻게 쓰는가?
2. 1 마이크로초는 몇 피코초인가?
3. 메가 접두사가 나타내는 10의 멱은?
4. 나노 접두사가 나타내는 10의 멱은?
5. 기가 접두사가 나타내는 10의 멱은?
6. 피코 접두사가 나타내는 10의 멱은?
7. SI 체계에서 유도단위의 의미는?
8. 전압이 기본단위인가 아니면 유도단위인가?
9. 실용표준이란?
10. NIST가 남낭하는 업무는 무엇인가?
11. 측정 표준에서 요구되는 세 가지 속성은 무엇인가?
12. 정밀하지만 부정확한 측정이 가능한가? 답을 설명하라.
13. 정확하지만 부정밀한 측정이 가능한가? 답을 설명하라.
14. "짝수로의 반올림" 규칙이란 무엇인가?
15. 이항(binomial)이란 무엇인가?

16. 대수에서 분배규칙이 의미하는 것은?

17. 직각좌표계에서 사분면의 번호는 어떻게 붙이는가?

18. 독립변수를 나타내는 데 일반적으로 사용되는 축은?

19. 선형도면에서 직선이 모든 데이터 지점을 통과해야 하는가? 설명하라.

문제

기본 문제

1. 다음의 각 고정소수점 수치를 과학표기로 표현하라.

(a) 73,000   (b) 0.000 22

(c) −92,000,000   (d) −0.005 1

(e) 470,000

2. 문제 1의 각 수치를 공학표기로 표현하라.

3. 다음의 각 과학표기 수치를 고정소수점으로 표현하라.

(a) 1.6×10^5 (b) 5.6×10^{-3}

(c) -8.0×10^5 (d) -7.1×10^{-2}

(e) 4.2×10^{-1}

4. 문제 3의 각 수치를 공학표기로 변환하라.

5. 다음 각 수치를 미터법 접두사를 이용하여 표기하라.

(a) 220,000 Ω   (b) 0.000 047 F

(c) 5000 W   (d) 0.000 000 055 s

(e) 1.5×10^6 Hz   (f) 10×10^{-3} H

6. 미터법 접두사로 기록된 각 수치를 공학표기의 수치로 표현하라.

(a) 56 kΩ   (b) 50 ps

(c) 100 kW   (d) 37 ms

(e) 5.0 GW   (f) 22 μs

7. 다음을 표시한 단위로 변경하라.

(a) 2.2 MΩ을 kΩ으로   (b) 100 ns를 μs로

(c) 10,000 kW를 MW로   (d) 220 Ω을 kΩ으로

(e) 4.0 mV를 μV로   (f) 100 ps를 μs로

8. 다음 각 수치에 포함된 유효자릿수의 개수는?

(a) 1.00×10^3 (b) 0.0057

(c) 1502.0   (d) 0.000 036

(e) 0.105   (f) 2.6×10^2

9. 다음 각 수치를 세 개의 유효자릿수로 반올림하라. 단, "짝수로의 반올림" 규칙을 사용한다.

(a) 50,505   (b) 220.45

(c) 4646   (d) 10.99

(e) 1.005

10. 다음 각 방정식의 왼쪽에 x를 두도록 하라. 그런 다음 x에 대해 풀되 모든 문제에서

y의 값을 5로 가정하라.

(a) $y = 1.5\left(\dfrac{3x - 2}{6}\right)$ (b) $y = 2x - 9$

(c) $y = \dfrac{x - 3}{4}$ (d) $y = \dfrac{4}{x + 3}$

11. 도선의 저항을 구하는 방정식이 $R = \rho l/A$일 때, 이 방정식을 l에 대해 풀어라(즉, l이 왼쪽에 와야 한다).

12. 분로($\mathcal{分路}$) 계측기의 저항을 구하는 방정식이 $R_s = R_m/(N - 1)$일 때, 이 방정식을 N에 대해 풀어라(즉, N이 왼쪽에 와야 한다).

13. 특성 임피던스의 방정식이 $Z_0 = \sqrt{L/C}$일 때, 이 방정식을 C에 대해 풀어라(즉, C가 왼쪽에 와야 한다).

14. 어떤 저항기에서 소모되는 전력의 방정식이 $P = I^2R$일 때 이 방정식을 I에 대해 풀어라(즉, I가 왼쪽에 와야 한다).

15. 발광 다이오드의 전류(I_D)를 전압(V_D)을 증가시키면서 기록하였다. 표 2-9에 주어진 데이터를 2-6절에서 제시된 방법을 따라 그래프로 그려라. 전압이 독립변수이다.

표 2-9

전압, $V_D(V)$	전류, I_D(mA)
1.00	0.0
1.50	0.0
1.75	0.065
2.00	2.9
2.25	7.21
2.50	11.8

16. 전계효과 트랜지스터의 드레인 전류(I_D)를 게이트-소스 전압(V_{GS})을 증가시키면서 기록하였다. 여기서 게이트-소스 전압은 음수이므로 데이터를 제2사분면에 그려야 한다. 표 2-10에 주어진 데이터를 2-6절에서 제시된 방법을 따라 그래프로 그려라. 독립변수는 게이트-소스 선압이다.

표 2-10

전압, $V_{GS}(V)$	전류, I_{GS}(mA)
0.00	1.26
−0.20	0.92
−0.40	0.68
−0.60	0.42
−0.80	0.27
−1.00	0.13
−1.20	0.03
−1.40	0.00

기본-플러스 문제

17. 덧셈. 답을 공학표기로 표현하라.

    (a) $6.5 \times 10^2 + 1.60 \times 10^3$ (b) $910 \times 10^3 + 1.5 \times 10^6$

    (c) $12,000 + 4.5 \times 10^3$ (d) $0.0050 + 3.5 \times 10^{-4}$

18. 뺄셈. 답을 공학표기로 표현하라.

    (a) $3.2 \times 10^4 - 1.60 \times 10^4$ (b) $1.50 \times 10^5 - 12 \times 10^4$

    (c) $9.10 \times 10^{-3} - 8.0 \times 10^{-4}$ (d) $6.45 \times 10^{-9} - 4.5 \times 10^{-10}$

19. 덧셈:

    (a) $470 \ k\Omega + 2.2 \ M\Omega$ (b) $10,000 \ pF + 0.01 \ \mu F$

    (c) $120 \ MHz + 0.550 \ GHz$ (d) $650 \ pF + 10 \ nF$

20. 뺄셈:

    (a) $5.10 \ k\Omega - 330 \ \Omega$ (b) $500 \ nF - 10,000 \ pF$

    (c) $1.0 \ \mu F - 200 \ nF$ (d) $3.3 \ s - 300 \ ms$

21. 피타고라스의 정리는 $c = \sqrt{a^2 + b^2}$ 으로 표현된다. 이 방정식을 a에 대해 풀어라(즉, a가 왼쪽에 와야 한다).

22. 원뿔의 체적 V에 대한 공식이 $V = \pi r^2 h/3$으로 주어질 때, 이 방정식을 r에 대해 풀어라(즉, r이 왼쪽에 와야 한다).

23. 코일의 인덕턴스가 $L = N^2 \mu A/l$로 주어질 때, 이 방정식을 N에 대해 풀어라(즉, N이 왼쪽에 와야 한다).

24. 코일의 자기장에 저장된 에너지가 $W = LI^2/2$로 주어질 때, 이 방정식을 I에 대해 풀어라(즉, I가 왼쪽에 와야 한다).

25. 방정식 $C_T = 1/(1/C_1 + 1/C_2)$는 직렬 커패시터의 총 커패시턴스 C_T를 계산한다. 이 방정식을 C_1에 대해 풀어라(즉, C_1이 왼쪽에 와야 한다).

26. LM318 op-amp의 입력전류를 차동 입력전압을 변화시키면서 그린다. 표 2-11에 주어진 데이터를 2-6절에 제시된 방법에 따라 그래프로 그려라.

표 2-11

차동전압(V)	입력전류(nA)
−0.8	575
−0.7	80
−0.6	−24
−0.4	−100
−0.2	−105
0	−109
+0.4	−90
+0.6	−175
+0.7	−390

27. 표 2-7에 주어진 데이터를 2-6절에 제시된 방법에 따라 그래프로 그려라.

예제 질문

2-1: (1) 11,480　 (2) 5.1　 (3) 0.000 33　 (4) $-0.000\ 005\ 2$　 (5) $-290,000$

2-2: 6,250,000,000,000,000,000

2-3: (c)와 (e)

2-4: 5 ms

2-5: ⊟ 키는 자릿수 입력 전에 누른다.

2-6: 0.22 MΩ

2-7: 10.0×10^3

2-8: 10은 두 개의 유효자릿수를 가지고 10.0은 세 개를 갖는다.

2-9: 5보다 큰 수가 5개 있고 5보다 작은 수가 5개 있다(0은 세지 않는다). 이상적으로 5 는 반올림된 수치를 너무 높거나 너무 낮게 가중치화하는 것을 피하기 위해 절반씩 유지되어야 한다. 즉, 이것이 짝수로의 반올림 규칙이다.

2-10: (e)를 제외한 모든 식이 문자식이다.

2-11: 0

2-12: 611 Ω

2-13: $C = 1/4\pi^2 f_r^2 L$

2-14: (a) 3.3 V　 (b) 약 35 s

복습 질문

1. 부동소수점은 소수점이 고정된 위치에 있지 않음을 의미한다.

2. 10의 멱 표기는 크거나 작은 수치를 간단하게 기록하도록 해준다.

3. 1

4. 공학표기는 고정소수점 수치에 10의 3배수 멱을 곱한 것을 사용한다. 과학표기는 1과 10 사이의 고정소수점 수치와 10의 멱을 사용한다.

5. 공학 지수는 표준 미터법 접두사로 쉽게 변환할 수 있다.

6. 10^3 = 킬로, 10^6 = 메가, 10^9 = 기가, 10^{12} = 테라

7. 10^{-3} = 밀리, 10^{-6} = 마이크로, 10^{-9} = 나노, 10^{-12} = 피코

8. 오른쪽으로

9. 23.5 nF

10. 1770 kΩ

11. 기본단위는 SI 체계에서 정의된 7개의 단위 중 하나로서 2개의 보조 단위와 함께 모 든 측정단위를 규정할 수 있다.

12. 7

13. 유도단위는 둘 이상의 기본 및 보조단위로 이루어진 단위이다.

14. 전류의 단위는 암페어이고, 전압의 단위는 볼트이며, 저항의 단위는 옴이고, 힘의 단 위는 와트이다.

15. 실용표준은 주기적인 조정과 시험장비의 인증에 사용되는 계측기 또는 장비를 말

한다.

16. 0을 표기하면 이는 유효한 것으로 간주되기 때문에 유효한 경우에만 남겨 놓아야 한다.

17. 떨어져 나가는 자릿수가 5이면 마지막으로 남는 자릿수가 짝수가 되는 경우에만 이를 증가시키고 그렇지 않으면 증가시키지 않는다.

18. 소수점 오른쪽의 0은 저항기가 100 Ω(0.1 kΩ)에 근사할 만큼 정확하다는 것을 의미한다.

19. 계측기가 네 개의 유효자릿수까지 정확해야 한다.

20. 과학표기와 공학표기는 소수의 오른쪽 자릿수를 몇 자리까지라도 표현할 수 있다. 소수의 오른쪽 수는 언제나 유효한 것으로 간주된다.

21. 항은 변수 및/또는 상수의 집단으로서 양수기호나 음수기호로 분리되지 않는 것이다.

22. 계수는 항 앞에 붙이는 수치이다.

23. 분배는 식을 확장하여 괄호를 벗기는 작업이다. 분배법칙의 일반적인 형태는 다음과 같다.

$$a(b + c) = ab + ac$$

인수분해는 그 반대 연산이다. 인수분해에서 공통변수는 둘 이상의 항에서 제거된다. 인수분해의 일반적인 형태는 다음과 같다.

$$ab + ac = a(b + c)$$

24. $L = \dfrac{RA}{\rho}$

25. $R_B = \dfrac{1}{2}\left(\dfrac{T}{0.693} - R_A\right)$

26. x축

27. y축

28. 독립변수는 다른 변수에 미치는 효과를 관측하기 위해 조절(또는 변경)되는 변수이다.

29. 종속변수는 다른 변수의 변화에 영향 받는 변수이다.

30. 각 축에는 측정되는 물리량과 측정단위를 알 수 있도록 이름이 붙어야 한다. 일반적으로 측정단위는 괄호로 둘러싼다. 제목 역시 전체 도면에 포함되어야 한다.

단원 확인 문제

1. (d)	**2.** (c)	**3.** (a)	**4.** (c)	**5.** (c)
6. (a)	**7.** (d)	**8.** (b)	**9.** (a)	**10.** (d)

이 장의 참고 자료는 아래 웹사이트에서 얻을 수 있다.

http://www.prenhall.com/SOE

전기량과 측정

서론

앞 장에서 전류, 전압, 저항의 단위를 배웠다. 이 장의 첫 부분에서는 배터리 발전기 전원 공급장치와 같은 여러 유형의 전압원에 대해 논의할 때 이들 단위를 더 살펴보고자 한다. 이 장의 마지막에는 저항기 컬러 코드 규칙을 소개하고, 계측기의 두 가지 유형인 VOM(volts-ohms-milliammeter)와 DMM(digital multimeter)을 설명한다. 계측기는 전자공학의 기본 측정 도구이기 때문에 익숙하게 사용할 수 있어야 한다. 전류를 측정하는 전류계는 적절하게 연결되지 않을 경우 시험 중인 회로를 손상시키거나 회로에 의해 손상을 입을 수도 있다.

주요 목표

각 목표의 번호는 절의 번호이다. 이 장을 마치고 나면 여러분은 다음과 같은 일들을 할 수 있어야 한다.

3-1 도체, 절연체, 반도체의 원자구조를 비교하기

3-2 직류(dc)와 교류(ac)를 비교하고 교류와 관련된 용어를 설명하기

3-3 배터리가 화학 에너지를 전기 에너지로 변환하는 방법을 설명하고 발전기와 전원공급장치를 기술하기

3-4 네 개 혹은 다섯 개의 띠를 가진 저항기의 컬러 코드를 읽기

3-5 전류나 전압, 저항을 측정하기 위해 디지털 멀티미터와 전압저항전류계를 사용하는 방법을 설명하기

실험실습 디렉토리

다음 실험은 이 장을 위한 것이다. 실험실습 매뉴얼은 "*The Science of Electronics: DC/AC Lab Manual*, by David M. Buchla(ISBN 0-13-087566-X). © 2005 Prentice Hall이다.

◆ **실험 4**
저항

◆ **실험 5**
직류전압 측정

- 전해질(electrolyte)
- 직류(direct current)
- 부하(load)
- 회로도(schematic)
- 교류(alternating current)
- 정현파(sinusoidal wave)
- 주파수(frequency)
- 헤르쯔(hertz, Hz)
- 주기(period)
- 실효치 전류(RMS current)
- 실효치 전압(RMS voltage)
- 전원공급장치(power supply)
- 효율(efficiency)
- 고유저항(resistivity)
- 디지털 멀티미터(DMM)
- 전압저항전류계(VOM)

대부분의 사람들은 물체의 세 가지 상태인 고체, 액체, 기체는 알고 있지만 네 번째 상태를 아는 사람은 드물다. 하지만 관찰 가능한 우주의 99% 이상이 바로 이 네 번째 상태로 존재한다. 이 네 번째 상태의 이름을 말할 수 있겠는가? 이것은 인조 불빛에서는 흔하지만 지구의 높은 상공에서의 오로라를 제외하고는 지구에서는 어디에서도 흔히 관찰할 수 없다. 또한, 이 상태는 너무 뜨거워서 전자가 모든 원자로부터 떨어져 있다. 과학자들은 이러한 상태를 플라즈마라고 부른다. 플라즈마(plasma)는 완전히 이온화된 기체이지만 일반 기체와는 너무나 다르게 행동하기 때문에 일반 기체와 구분된다. 전하의 움직임이 자유롭기 때문에 플라즈마는 훌륭한 전도체이다. 태양, 태양풍, 그리고 지구를 감싸고 있는 방사능대는 모두 플라즈마에 속한다. 지구상에서 플라즈마를 찾을 수 있는 가장 흔한 장소로는 '네온' 간판이다.

최근 입자 물리학자들은 분자 가속기 안에서 몇 마이크로초 동안에 불과하지만 물질의 다섯 번째 상태를 만들었다고 발표했다. 이 상태는 양성자와 중성자는 물론 더욱 색다른 입자들의 기본 구성원이 되는 쿼크(quark)와 글루온(gluon)의 플라즈마로 이루어져 있다. 쿼크-글루온 플라즈마는 "빅뱅(big bang)" 이후 몇 마이크로초 동안 존재하였다고 믿어지고 있다.

3-1   도체, 절연체, 반도체

전기는 움직이는 전하로 구성되어 있다. 전기의 경로를 생각한다면 대부분 전선을 떠올릴 것이다. 금속고체에서 전자들은 움직이는 전하를 형성한다. 그러나 전하는 어떠한 액체나 기체 또는 공간을 통해서도 움직일 수 있다.

이 절에서는 도체와 절연체 그리고 반도체의 원자구조에 대해 좀더 자세히 배워보기로 한다.

도체

1-5절에서 도체는 전하의 자유운동을 하게 하는 물질이며 고체, 액체 또는 기체로 구성될 수 있다는 사실을 공부했다. 거의 모든 회로는 전기의 이동경로로서 구리나 알루미늄 같은 금속 고체를 사용한다. 컴퓨터 기판 위의 전선이나 선로는 전기신호의 전달을 위한 고체 도체의 가장 일반적인 형태이다. 전선은 단선이거나 여러 줄로 꼬여 있다. 꼬인 전선은 계측기 리드선이나 램프 코드로 사용된다. 같은 크기에서 꼬인 전선은 단선 전선과 동등한 전류 용량을 가지지만 단선 전선보다 구부리기 쉽다.

전기회로에서 구리는 훌륭한 전도체이기 때문에 가장 널리 사용되는 물질이며 쉽게 전선으로 만들 수 있고 부식에 견디고 가격이 싸다. 구리는 그 원자구조 때문에 좋은 전도체이다. 양이온은 하나 이상의 최외각 전자를 "잃어버린" 원자라는 것을 기억하자. 구리와 같은 고체금속은 양이온의 규칙적인 배열을 가지고 있어서 1-5절에서 설명한 금속결정을 형성한다. 이러한 최외각전자들은 움직임이 자유로우나 그림 3-1에서 보듯이 전체적인 전기적 중성을 유지하기 위하여 자신들을 퍼지게 하는 경향이

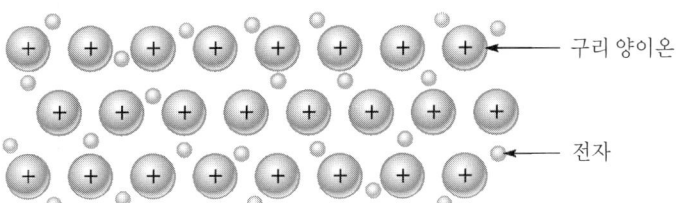

그림 3-1

구리의 금속결합

있다. 음전하를 가진 전자는 금속의 양이온을 서로 붙잡고 있어서 금속결합을 형성하고 있다. 자유 전자의 "바다"는 구리의 훌륭한 전기적 특성을 설명하며 금속광택 및 그외 특징의 원인이 된다.

다른 고체금속은 구리와 비슷한 구조를 가지고 있다. 대부분의 고체금속은 훌륭한 전도체이고 특정한 전기전자적인 용도에 적합한 다른 특징들을 가지고 있다. 예를 들어 금은 굉장히 좋은 전선으로 이용될 수 있는데, 특유의 내부식성 때문에 스위치 접촉부분이나 플러그의 금속판으로 사용된다. 두 개 이상의 금속 혼합물인 합금 역시 많은 전자적인 용도를 가지고 있다. 전기작업에서 사용되는 대부분의 땜납은 납과 주석의 합금이며 회로 기판이나, 케이블, 커넥터에서 고체를 연결시킬 때 널리 사용된다.

액체에서, 움직이는 전하는 전자가 아닌 양이온과 음이온으로 구성된다. 전해질(electrolyte)이라고 알려져 있는 물체는 수용액에서 이온을 형성하며 좋은 전도체가 된다. 수용액에서 이온을 형성하는 일반적인 물질은 산, 염기, 및 염의 3가지로 분류된다. 산의 가장 흔한 예는 납산 배터리에 사용되는 황산이고, 염기의 예는 수산화나트륨(잿물)이며, 염의 예는 보통 쓰이는 식용소금이다. 소금물과 더불어 용융 소금 또

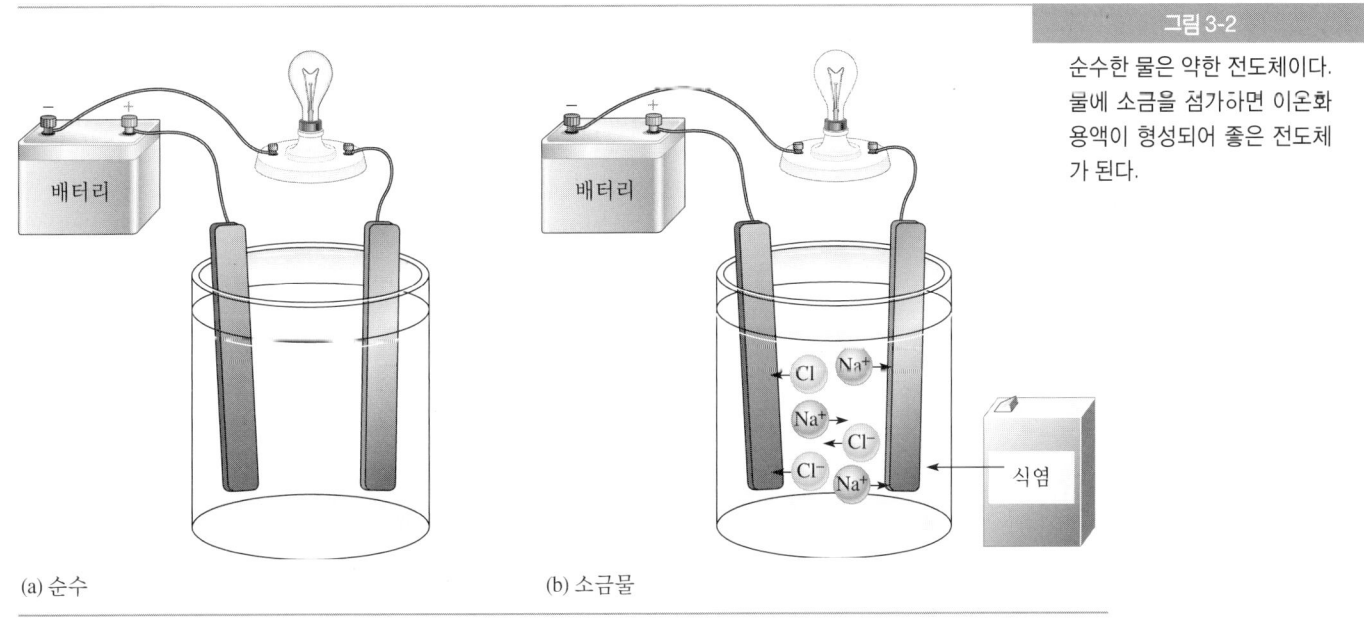

(a) 순수　　　　　　　(b) 소금물

그림 3-2

순수한 물은 약한 전도체이다. 물에 소금을 첨가하면 이온화 용액이 형성되어 좋은 전도체가 된다.

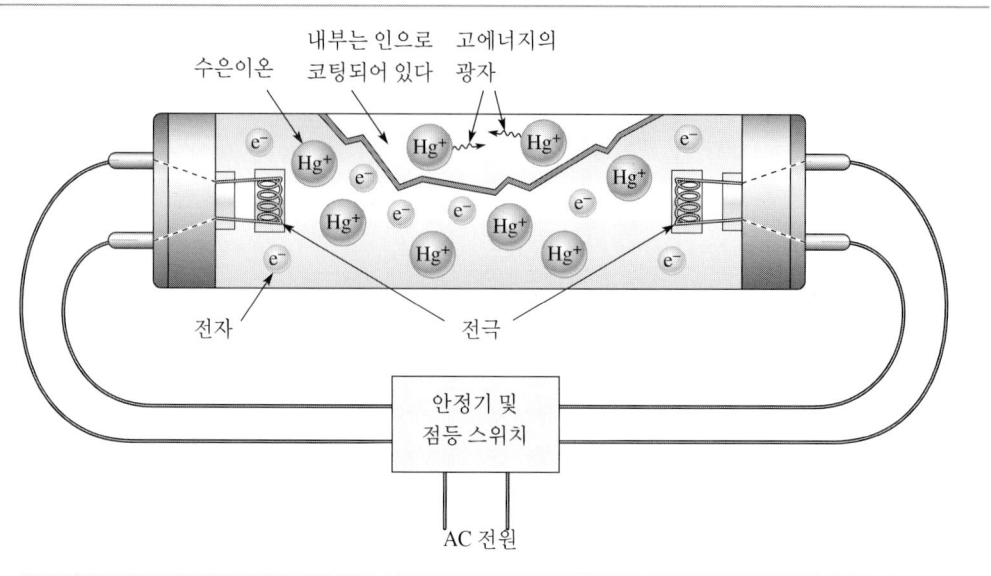

그림 3-3

형광등에서 수은이온은 고에너지의 광자를 방출하는데, 이 광자는 코팅된 인에 의해 가시광선으로 변환된다.

한 전기를 전도할 수 있다. 흥미롭게도 순수한 물은 좋은 전도체가 아니지만 순수한 물의 약간의 자연이온화 때문에 약간의 전도성을 띨 수 있다. 일반적인 식용소금은 나트륨이온(Na^+)과 염소이온(Cl^-)의 결정구조로 구성되어 있다. 식용소금을 물에 넣으면 결정은 깨지고 분리된 이온은 용액에 들어간다. 용액에서 나트륨이온과 염소이온은 전하 운반자이다. 용액은 이들 이온의 운동으로 인해 전기를 전도할 수 있게 된다. 이 과정이 그림 3-2에 도시되어 있다.

기체도 이온이나 전자로 나뉘어지면 전기를 전도할 수 있다. 액체 용액과는 달리 기체의 전하 운반자는 전자를 포함한다. 기체 전도체의 좋은 예로 형광등이 있다(그림 3-3). 형광등의 관은 낮은 압력의 아르곤 기체(그림에는 보이지 않음)와 소량의 수은을 포함한다. 형광등을 켜는 순간에는 전류를 흐르게 하는 자유전자나 이온이 없다. 교류전압은 램프의 점등을 제어하고 전류를 조절하는 안정기를 통해서 전극으로 전달된다. 전극의 전압은 급속히 전극을 가열시켜 전자를 가열시키며 이 과정을 시작한다. 이러한 전자는 전극 사이의 전압차로 인해 전극 사이에서 앞뒤로 급격히 움직인다. 전자는 관 안의 수은원자를 이온화시켜 고에너지 광자를 방출하게 한다. 최종적으로 수은에서 나온 고에너지 광자는 전구의 안쪽에 코팅되어 있는 인 물질과 상호작용한다. 현대의 램프에서는 이러한 모든 일이 순식간에 일어나며 빛은 스위치를 올리는 것과 거의 동시에 나타난다.

절연체

1-5절에서 절연체는 전하의 자유운동을 방해하는 물질이라고 설명하였다. 따라서, 절연체는 부도체로 간주된다. 완벽한 절연체는 없기 때문에 많은 물질이 부도체로 분류되는 약한 전도체이다. 이러한 물질의 원자는 다른 원자와 결합을 형성하여 그 구조

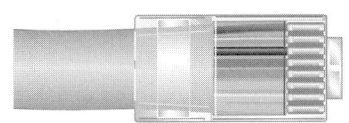

그림 3-4
커넥터가 있는 소형 전선 케이블

에 어떤 "여분의" 전자도 남기지 않는 경향이 있다. 전기적 절연물질의 가장 흔한 예로 플라스틱을 들 수 있다. 세라믹, 종이, 유리도 절연체로 사용되는 일반적인 고체 절연물질이다.

플라스틱은 전선에서 절연층으로 널리 사용된다. 절연피복은 다른 전도체로부터 분리시키며 전기쇼크 위험 방지에 중요하다. 종종 이중 코팅을 함으로써 전선을 습기로부터 격리하고 불연성을 제공하기도 한다. 둘 이상의 전선으로 전선 케이블을 만들기 위하여 그림 3-4에서 보는 바와 같이 외피로 둘러싼 채 함께 다발로 엮기도 한다. 개별전선은 색으로 구분한다.

전도체의 경우처럼 절연체도 고체, 액체 또는 기체일 수 있다. 고체가 전자공학에서 가장 일반적이지만 물질의 세 가지 형태는 각각 특정한 용도로 사용된다. 유리, 고무나 운모는 전자공학에서 흔히 사용되는 고체이다. 특별한 기름은 절연성과 열전도성이 있기 때문에 대형 설비 시스템 변압기에 널리 사용되는 액체이다. 가장 일반적인 기체는 단연코 공기이다. 공기는 보통의 조건에서 절연체이지만 충분한 전압차이가 공기 층을 가로질러 인가되면 전도체가 될 수 있다. 번개는 공기가 항복현상을 일으켜 전도체가 되는 극적인 예이다. 비교적 작은 전압차이를 갖는 고체 전도체는 필요한 절연을 얻기 위해 공기로써 다른 전도체와 분리시키기도 한다.

반도체

1-5절에서 반도체는 최외각에 네 개의 전자를 가지고 있고 전도체(금속)와 절연체(비금속) 사이의 특징을 가지고 있는 결정질이라고 설명했다. 화학적으로 규소는 비금속처럼 행동하지만 금속광택을 비롯해서 금속에 가까운 전기적 성향을 띤다. 전자공학에서는 반도체로서 규소를 가장 널리 사용하며, 순수한 규소는 좋은 전도체가 아니지만 특정 불순물을 첨가하면 좋은 전도체가 된다.

반도체의 결정구조에 첨가할 수 있는 불순물에는 두 가지가 있다. 그 중 하나가 최외각에 다섯 개의 전자를 가지고 있는 인이다. 네 개의 최외각 전자는 결정에서 인접하는 규소원자와 결합하고 한 개의 전자가 남아 전기를 전도하므로 이를 n형 **불순물**(n은 negative를 의미한다)이라고 부른다. 또 다른 불순물은 바깥쪽에 세 개의 전자만 가지는 붕소이다. 붕소는 p형 **불순물**(p는 positive를 의미한다)이라고 하는데, 붕소가 규소 결정에 혼합될 때 규소의 결합위치 한 곳에서 결합전자를 잃어버린다. 전자를 잃어버린 이 위치를 **홀**(hole)이라고 부른다.

| 그림 3-5 | 다이오드는 (a)에서 나타낸 것처럼 두 가지 유형의 반도체 물질을 하나로 접하여 만든다. |

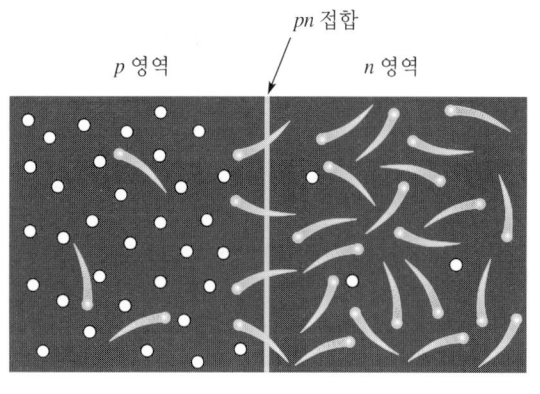

(a) 접합이 이루어지는 순간 *pn* 접합 부근에서 *n*형 영역의 자유전자가 접합을 넘어 확산되면서 접합 부근의 *p*형 영역의 홀에 안착한다. 그림에서 자유전자는 이동성을 표시하기 위해 꼬리를 달고 있는 것으로 나타나 있다.

(b) 접합을 넘어 확산하여 홀과 결합하는 모든 전자에 대해 *n*형 영역에는 양전하가 남고 *p* 영역에는 음전하가 형성된다. 이러한 현상은 장벽전압이 더 이상의 확산을 억제할 때까지 계속된다.

그림 3-6

최초의 트랜지스터.Lucent Technologies, Inc./Bell Labs—**http://www.bell-labs.com**

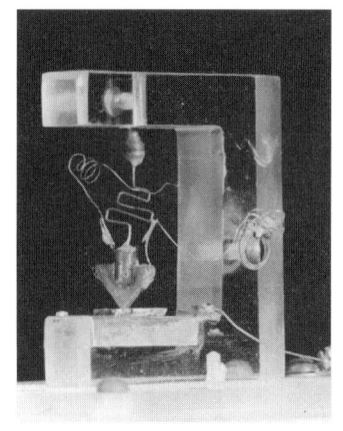

*p*형 물질과 *n*형 물질이 하나의 고체로 제조할 때 *n*쪽의 일부 전자들이 *p*쪽의 홀을 채우기 위해 이동하여 중간에 **공핍영역**(depletion region)이라고 부르는 영역을 형성한다. 이 과정이 그림 3-5에 나타나있다. 그 결과 이 물질은 흥미로운 전기특성을 가지게 된다. 공핍영역 때문에 이 소자는 특정 방향의 전압에 대해 좋은 전도체가 되지만 반대 방향의 전압에 대해서는 좋은 절연체가 된다. 결과적으로 전류는 오직 한 방향으로 흐른다. 이와 같은 소자를 **다이오드**(diode)라고 부르며 매우 중요한 전자소자이다. 다이오드는 전류를 오직 한 방향으로 흐르게 하기 때문에 교류를 직류로 변환하는 핵심 부품으로서 전원공급장치에서 사용된다. 다이오드의 한 가지 종류로서 **발광다이오드(LED)**가 있는데, 이는 전류가 이 다이오드를 통과할 때 빛을 방출하기 때문이다.

다양한 전자소자가 반도체를 기반으로 만들어지지만 가장 중요한 소자는 **트랜지스터**(transistor)이다. 벨 연구소(1-1절 참조)가 만들어낸 최초의 트랜지스터는 *p*형과 *n*형 물질의 세 개의 층을 사용한 반도체였다. 트랜지스터는 전화기를 통해 대화할 때 발생하는 전기패턴과 같은 미세한 신호를 크게 증폭시킬 수 있었다. 그림 3-6은 최초의 트랜지스터를 보여준다. 이 장치는 능동소자인데 이것의 의미는 직류원에서 얻은 작은 전력을 신호전력으로 변환시킬 수 있다는 것이다. (이에 비해 저항기와 같은 수동소자는 신호전력을 증가시킬 수 없다.)

트랜지스터는 장거리 전화 서비스의 개선에 중요했던 소규모 증폭기의 토대를 마련했다. 오늘날에는 매우 다양한 트랜지스터가 나오고 있다. 트랜지스터는 응용분야가 다양한데, 예를 들어 집적회로에서 트랜지스터는 중요한 요소이다. 전형적인 트랜지스터는 *npn*이나 *pnp*처럼 세 겹의 반도체가 샌드위치 모양으로 형성된다. 반도체 부품에 대해서는 전자소자를 다루는 교과과정에서 자세하게 다루게 될 것이다.

복습 질문

1. 금속성 고체의 구조를 형성하는 입자의 유형은 무엇인가?
2. 금속이 좋은 전도체인 이유는 무엇인가?
3. 좋은 전도체가 되는 액체의 이름은 무엇인가?
4. 전선에 절연코팅을 하는 두 가지 목적은 무엇인가?
5. 반도체란 무엇인가?

전류와 전기회로 3-2

2-3절에서 전류는 전하가 한 지점을 지나는 비율로 정의되었다. 1 암페어의 정의는 1초 동안 한 지점을 지나가는 1 쿨롱의 전하이다.

이 절에서는 직류와 교류의 차이점을 알아보고 교류와 관련된 용어를 배운다.

전류의 방향

전류는 한 지점을 지나는 전하의 흐름이다. **전류**라는 용어는 흐름을 암시하므로 "전류 흐름"이라고 말한다면 중언부언이 된다. 전류의 초기 정의는 전기는 양에서 음으로 흐르는 보이지 않는 물질이라는 벤자민 프랭클린의 신념에 바탕을 두고 있다. 오늘날 우리는 **관습 전류**(conventional current)를 양에서 음으로 흐른다는 이러한 초기 가정에 근거하여 정의한다. 기술자들은 지금도 이러한 전류의 정의를 사용하고 있으며 많은 학교와 교과서에서는 이러한 관점으로 그려진 화살표로 전류를 나타낸다.

지금은 금속성 전도체에서 실제로 움직이는 전하가 음전하로 대전된 전자라는 사실이 알려져 있다. 전자는 음에서 양으로 움직이므로 관습 전류의 정의된 방향과 정반대이다. 전도체에서의 전자 이동을 **전자 흐름**(electron flow)이라 부른다. 많은 학교와 교과서에서는 전자 흐름을 관습 전류의 반대 방향으로 그려진 화살표로써 표시한다.

불행히도 회로의 동작을 표현할 때 관습 전류를 보이는 것이 더 나을지, 아니면 전자 흐름을 보이는 것이 더 나을지에 관해서는 오랜 기간 동안 논쟁거리가 되었지만 결론으로 얻어진 것은 없다. 전류의 관념적인 그림을 얻기 위해서 어떤 방향을 사용하는지는 중요하지 않다. 실제로 전류 측정을 하기 위해 직류전류계를 연결하는 올바른 방법은 하나뿐이다. 이 책은 실용적인 지침서로서 저술되었기 때문에 화살표로 전류의 방향을 구체화하기보다는 직류전류계의 올바른 극성을 보여준다. 모든 전류 경로는 그림 3-7에 보인 계측기 기호로써 표시한다. 이 기호는 Multisim에서 사용되는 기호와 비슷하다. 이 기호는 비교 목적으로 상대적인 전류를 보여주기 위해 또는 특

그림 3-7

전류를 보여주는 특별한 계측기 기호. 눈금의 개수는 상대적인 전류의 크기를 나타낸다.

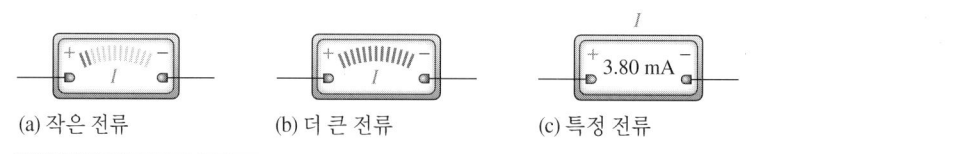

(a) 작은 전류   (b) 더 큰 전류   (c) 특정 전류

정 크기의 전류를 보여주는 데 사용할 수 있다. 회로에서 계측기를 볼 때는 계측기의 극성을 확인하는 것이 중요하다.

이 책에 제시된 많은 회로도는 전압원의 극성을 양의 단자를 위로 표시하고 있으며 다른 책은 이를 아래로 표시하고 있다. 회로를 어느 방향으로 그리느냐 하는 것은 별로 중요하지 않지만 계측기를 연결할 때는 극성에 주의하여야 한다.

직류와 교류

직류(dc)

한 방향으로 일정한 전류를 직류전류(direct current) 또는 간단히 dc라고 부른다. 회로에서 일정하게 인가된 전압은 배터리와 같은 전원으로부터 직류전류를 발생시킨다. 회로에 전류가 흐르기 위해서는 회로가 완전해야 하는데, 이는 회로에서 전원과 부하 그리고 폐쇄경로를 가져야 함을 의미한다. 부하(load)란 회로의 나머지 부분이 제공하는 전력을 사용하는 소자이다.

그림 3-8(a)에는 부하인 전구와 전원인 배터리로 된 간단하지만 완전한 직류회로가 나타나있다. 이 회로의 전류는 그림 3-8(b)에서 보는 것처럼 일정하다. 전도체가 전선이므로 회로 자체 내에서 전자는 움직이는 전하를 이루고 있지만 배터리 안에서는 이온이 이동한다. 전자의 흐름은 배터리의 음극으로부터 부하를 거쳐 배터리의 양극으로 되돌아가는데, 여기에서 이들 전자가 이온과 결합함으로써 화학반응이 완결된다(3-3절에서 설명한다).

폐회로 수도 계통은 기본 회로와 유사하다. 경로는 그림 3-9에 나타낸 바와 같이 펌프와 터빈으로 된 폐회로이다. 펌프는 입력측에서 출력측으로 압력을 증가시키는

그림 3-8

완전한 직류회로. 전류는 전원이 배터리이기 때문에 직류이다.

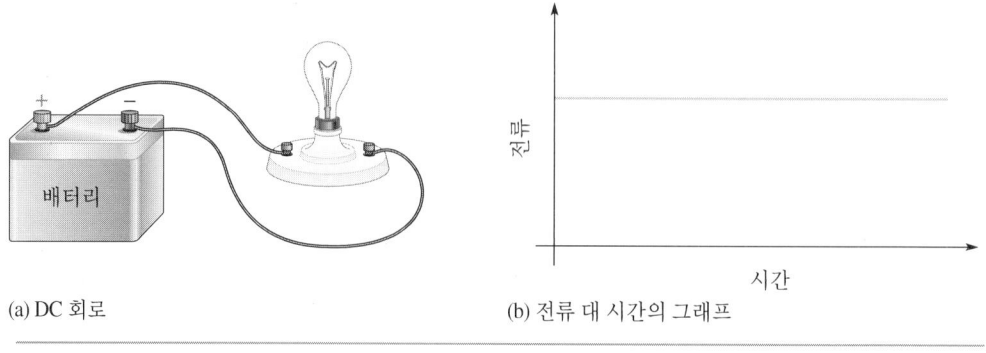

(a) DC 회로   (b) 전류 대 시간의 그래프

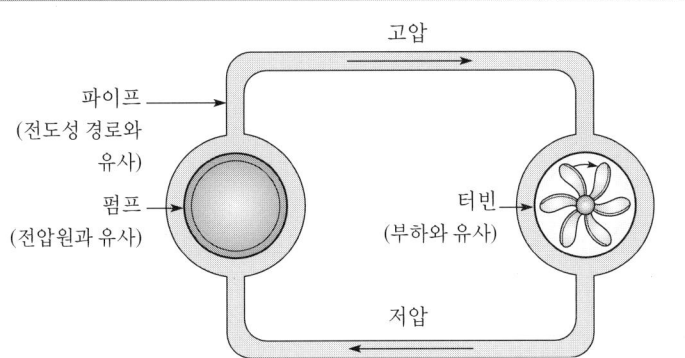

그림 3-9

전기회로와 유사한 수도 계통

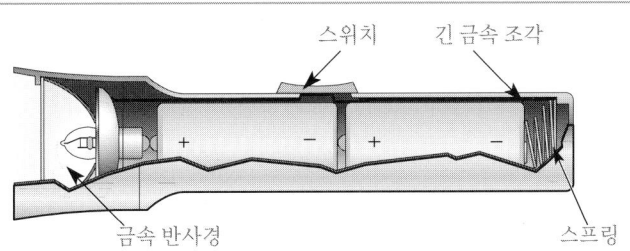

그림 3-10

손전등 회로

데, 이것은 전기회로의 전압원과 유사하다. 펌프는 파이프를 통하여 물(전류)을 밀어내는데, 이는 회로의 전도성 경로를 나타낸다. 전기회로와 마찬가지로 최종적인 산출물은 유용한 일이다. 이 경우는 터빈이 부하이다. 물론 전압이 물 펌프의 경우처럼 실제적인 "압력"은 아니지만 이 수도계통을 통해 회로에서 일어나는 과정을 머리 속에 그려볼 수 있다.

직류회로의 친근한 예로서 그림 3-10에 보이는 것과 같이 두 개의 배터리가 들어가는 손전등을 들 수 있다. 전구로 공급되는 전압은 두 배터리 전압의 총합이다. 전압을 증가시키기 위해 두 배터리를 연결하는 이와 같은 방식을 **직렬도움**(series aiding)이라고 한다. 둘 가운데 하나의 배터리가 역방향이면 전압은 0에 가깝게 된다. 이를 **직렬저지**(series opposing)라고 부른다. 전자는 오른쪽 배터리의 음극을 떠나 스프링, 긴 금속조각, 스위치, 금속 반사경을 거쳐 전구로 이동한다. 전구의 다른 쪽 끝은 왼쪽 배터리의 양극에 연결되어 있다. 모든 회로에서 전도성 물질을 통해 연속적인 경로가 있어야 한다. 스위치는 이러한 경로를 열고 닫는 데 이용되며 손전등을 켜고 끈다. '**열려 있다**'라는 용어는 경로가 끊겨 있거나 전류가 흐를 수 없음을 의미하며, '**닫혀 있다**'는 용어는 경로가 연속적이어서 전류가 흐를 수 있음을 의미한다.

대부분의 회로의 경우, 회로도로 전기연결을 보여주는 것이 더 쉽다. **회로도**(schematic)는 표준기호를 사용하여 각종 소자의 논리적인 연결을 나타내는 그림이다. 손전등 회로도가 그림 3-11에 나타나 있다. 이 그림에는 두 개의 배터리기호가 하나의 배터리기호처럼 나타나 있는데, 이 기호는 긴 선이 양극을 나타내는 하나 이상의

그림 3-11

손전등 회로도

그림 3-12

LED 손전등 회로도. *R*은 전류를 제한하는 저항기이다.

배터리에 해당한다. 이 배터리기호는 일반적인 직류전원의 기호로도 사용된다. 스위치는 손전등을 켜고 끄는 기계적인 제어장치이다. 이 회로도에서 보이는 스위치 기호는 닫힌 위치에서 단극단투(single-pole-single-throw, SPST)형이다. 단극이라는 말은 스위치에 단 하나의 이동가능한 팔이 있다는 것을 말하고 단투라는 용어는 스위치에 단 하나의 접점이 있다는 사실을 말한다. 스프링과 금속 반사경과 같은 손전등의 다른 세부 사항들은 회로도에 명시되지 않는다.

발광다이오드(LED) 손전등은 기본 손전등을 변형한 것이다. LED 손전등은 다이오드에서 발광한 순수한 붉은 빛이 야간시력 손실을 막아주기 때문에 밤에 작업하는 천문학자에게 유용하다. 그림 3-12는 이 변형 손전등의 회로도를 보여준다. 이 회로도는 전압원, 완전경로, 부하로 이루어진 회로의 기본요건을 갖추고 있다. 이 경우 부하는 저항기 *R*과 LED이다. 이 회로도는 이 저항과 LED를 보여준다. LED가 빛을 발산하는 것을 나타내기 위해 화살표를 LED로부터 나가도록 그린다. 이 회로는 실험실에서 재미있게 구성해 볼 수 있다. LED는 다른 많은 장치의 표시기로서 유용한데, 이 책의 별책 부록 실험설명서에서는 전류가 존재한다는 것을 보기 위하여 "시각적 도구"로서 선택된 실험에 이들을 사용한다.

교류(ac)

전기공급회사에서는 방향을 바꾸는, 즉 앞뒤로 교번하는 전류를 공급한다. 전자실험에 사용되는 AC 발전기(교류발전기라고 한다)와 여러 함수 발생기는 교류(ac)를 발생한다. 교류는 한 사이클 동안 0에서 양의 최고점으로 오른 다음 0을 거쳐 음의 최고점으로 내려간 후 다시 0으로 돌아간다. 한 사이클은 양과 음의 **교번**(반 사이클)으로 구성된다. 교류의 주기적 패턴은 수학에서 삼각함수의 사인함수와 같은 모양을 가지

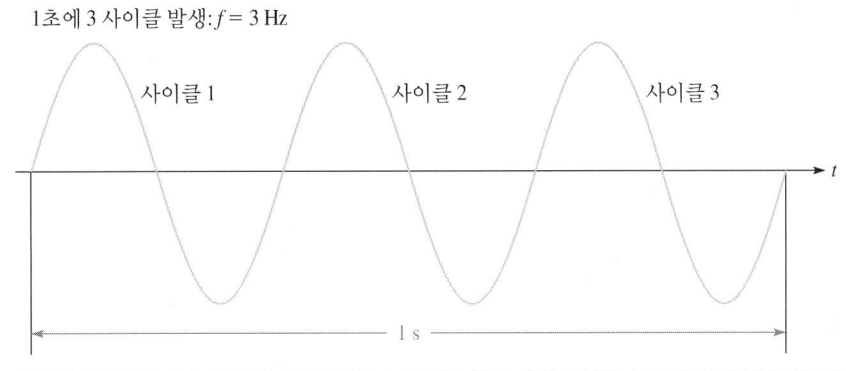

그림 3-13

Hz 주파수의 예

1초에 3 사이클 발생: f = 3 Hz

사이클 1   사이클 2   사이클 3

1 s

그림 3-14

주기 정의의 예. 한 순환에 1/3 초가 필요하므로 주기는 1/3 초이다.

$T = \frac{1}{3}$ s

1 s

고 있으므로 **정현파**(sinusoidal wave, 줄여서 sine wave)라고 부른다. 정현파는 9-1절에서 보다 자세히 설명할 것이다.

북미에서 교류는 하나의 완전한 사이클을 1초당 60회 반복하고, 그 외 다른 나라에서는 1초당 50회 반복한다. 1초 동안 반복되는 완전한 사이클 횟수를 **주파수**(frequency) f 로 정의한다. 주파수는 독일의 물리학자 헤인리히 헤르츠(Heinrich Hertz)의 이름을 따서 **헤르츠**(Hz) 단위로 측정한다. 그림 3-13은 주파수의 정의를 설명하고 있다.

정현파의 **주기**(period, T)는 1사이클 동안 소요되는 시간이다. 예를 들어 1초 동안 3개 사이클이 일어난다면 각 사이클에는 1/3초가 소요된다. 이것을 그림 3-14에서 설명하고 있다. 이 정의에서 주파수와 주기 사이에는 간단한 관계가 있음을 알 수 있다.

$$f = \frac{1}{T} \tag{3-1}$$

그리고

$$T = \frac{1}{f} \tag{3-2}$$

여기서 f는 Hz 단위의 주파수이고 T는 초 단위의 주기이다.

그림 3-15(a)에 교류회로의 예가 나타나 있다. 이 그림과 그림 3-10의 손전등 사이의 차이는 전원이 명확히 나타나 있지 않으며, 어쩌면 멀리 떨어진 전력회사의 발전

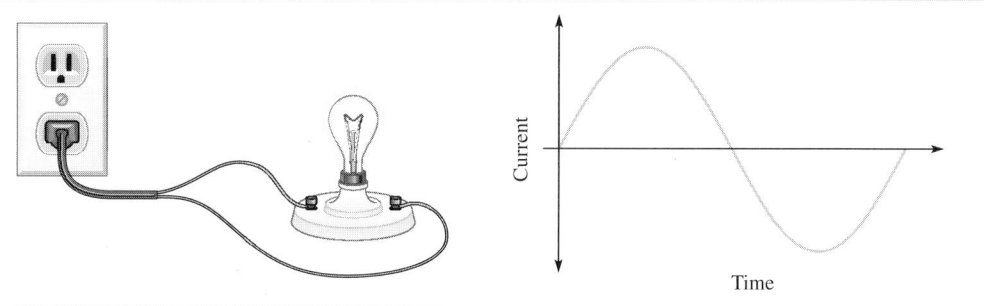

그림 3-15

완전한 교류회로. AC는 전기 공급업체에서 공급된다.

소에 위치하고 있는지도 모른다는 점이다. 모든 회로는 전원과 완전한 경로, 부하를 요구한다. 직류 손전등 회로와 교류 전등회로는 모두 이들 필수적인 요소를 가지고 있다는 데 유의하라.

AC와 DC의 비교

일정한 전류(dc)와 주기적인 전류(ac)는 어떻게 비교할까? ac에서 전하는 1초 동안 여러 번 흐름방향을 바꾸므로 전류는 지속적으로 변한다. 전류가 한 방향으로 움직인 뒤 다른 방향으로 움직인다는 사실은 평균이 0이라는 것을 의미하지만 그렇다 하더라도 부하에는 여전히 에너지가 공급된다. 사이클의 한 특정 지점을 묘사하기 위해 특정 순간의 전류를 **순시전류**(instantaneous current)라고 부른다. 순시전류는 0을 포함하여 음의 최고점에서부터 양의 최고점 사이의 어느 값도 될 수 있다.

ac를 이해하고 이를 dc와 비교하기 위해 기술자들은 공급되는 등가 전기 에너지 개념을 바탕으로 하여 전류와 전압의 측정방법을 고안하였다. 이미 배운 대로 전압과 전류의 곱은 전력이다. ac를 **rms**(root-mean-square) 전류와 **rms** 전압으로 규정하면 이들의 곱은 같은 직류전류와 직류전압의 전력과 동일하다. 달리 언급되지 않는 이상 모든 ac는 이 방법으로 규정한다. 따라서, ac(rms) 1 A는 dc 1 A와 등가이고 1 Vrms는 1 Vdc와 등가이다. rms 전류나 rms 전압은 9-1절에서 보다 자세히 설명할 것이다. 당장은 ac가 rms 값으로서 표현될 때 ac와 dc가 직접적으로 비교될 수 있다는 것을 기억하기 바란다.

예제 3-1

문제

다음 각각의 경우에 대해 직류(dc)를 구하라.

(a) 4 s 동안에 50 C이 한 지점을 지난다.

(b) 0.1 s 동안에 0.5 mC이 한 지점을 지난다.

(c) 20 ms 동안에 0.06 C이 한 지점을 지난다.

풀 이

$$\text{(a) } I = \frac{Q}{t} = \frac{50 \text{ C}}{4 \text{ s}} = \textbf{12.5 A}$$

$$\text{(b) } I = \frac{Q}{t} = \frac{0.5 \text{ mC}}{0.1 \text{ s}} = \textbf{5 mA}$$

$$\text{(c) } I = \frac{Q}{t} = \frac{0.06 \text{ C}}{20} = \textbf{3 A}$$

질 문

50 mA(dc)의 전류가 1C의 전하를 한 지점을 지나서 이동시키는 데 얼마의 시간이 걸리는가?

복습 질문

6. 부하란 무엇인가?
7. 전류의 두 가지 유형은 무엇인가?
8. 전기공급업체에서 공급하는 전류의 유형은 무엇인가?
9. 1 s 안에 60 Hz는 전류의 방향을 몇 번 바꾸는가?
10. 순시전류와 rms 전류의 차이점은 무엇인가?

전압원 3-3

일반적으로 전압원은 특정 형태의 에너지(전압)를 다른 에너지(전압)로 변환하는 능력을 공통적으로 가지고 있다. 전자 시스템에서 전압을 생성시키는 세 가지 방법은 배터리와 발전기, 전자식 전력공급장치이다.

이 절에서는 배터리가 화학 에너지에서 전기 에너지로 어떻게 변환되는지를 공부하며 발전기와 전력공급장치에 대해서 배운다.

배터리

배터리(battery)는 화학 에너지를 전기 에너지로 변환하는 전압원이다. 전압이 전하당 에너지(혹은 일)라는 사실을 상기하라. 1.5 V의 배터리는 전극 사이를 움직이는 1 쿨롱의 전하당 1.5 줄의 에너지를 제공한다. 저항이 이 배터리의 전극 끝에 가로질러 연결되었다면 저항을 통하여 움직이던 1 쿨롱의 전하는 저항을 가열하기 위해 1.5 줄의 에너지를 소모할 것이다. 배터리는 외부 회로에 흐르는 전하의 에너지원으로 간주할 수 있다. 이러한 전하는 모터를 돌리는 데 또는 외부 회로에서 가열하기 위해 자신의 에너지를 소모한다.

갓 만들어진 배터리에서는 화학 에너지(화학반응을 통한)가 배터리(반응물)의 물질을 정전기 형태의 위치 에너지로 변환한다. 매우 짧은 시간 안에 양극에서 전압이 형성되고, 화학반응을 통해 배터리가 해야 하는 일은 반응이 멈출 때까지 증가한다. 그런 다음 배터리는 평형상태에 있게 된다.

음극의 전자가 배터리의 양극으로 갈 수 있으려면 전자가 흘러갈 외부전도경로가 있어야 한다. 외부경로가 마련되면 화학반응이 배터리의 각 극에서 발생하고 배터리에 있는 물질에 의해 제공된 추가적인 전하에 의해 일이 발생한다. 외부경로가 존재하는 한 화학반응은 지속될 수 있고 배터리는 계속해서 일을 한다. 물론 종국에 가서는 배터리 내부의 반응물이 고갈된다.

배터리의 다양한 유형과 배터리 내에서 발생되는 다양한 화학반응은 화학과 전기 사이의 밀접한 관계를 암시한다. 모든 배터리는 화학 에너지를 전기 에너지로 변환한다. 이미 알고 있듯이 전하당 에너지(또는 일)는 볼트로 측정되는 전압으로 정의되고 배터리는 각 단위 전하에 에너지를 공급한다. 배터리는 전하를 저장하는 것이 아니라 화학적 위치 에너지를 저장하므로 "배터리를 충전한다"는 표현은 맞지 않다.

배터리에서 일어나는 화학반응의 유형은 **산화-환원**(oxidation-reduction) 반응이라고 알려져 있다. 이것은 하나의 물질에서 다른 물질로 전자가 전달되는 일종의 화학반응이다. 배터리에서 전자전달은 반응물들 사이의 물리적인 접촉이 없으므로 배터리 자체가 아닌 오직 외부회로에서 발생할 뿐이다. 사실상 외부회로의 연결은 산화-환원 반응을 일어나게 하는 메커니즘이다.

그림 3-16은 단일 셀 구리-아연 배터리를 화학 실험실에서 만들 수 있는 방법을 보여준다. 구리 전극과 아연 전극은 각각 황산아연($ZnSO_4$)과 황산구리($CuSO_4$)의 용액에 담겨 있고 다공질 장벽에 의해 분리되어 있다. 이 장벽은 이온이 통과할 수 있도록 되어 있어 셀의 전하 균형이 유지된다. 용액에는 자유전자가 없으므로 전자의 반응은 외부경로가 마련되어 있어 반응이 진행된다. 음극인 아연에서 전자가 나오고 이 전자

그림 3-16

구리-아연 배터리. 반응은 오직 외부경로가 전자의 이동을 위해 제공될 경우에만 발생한다.

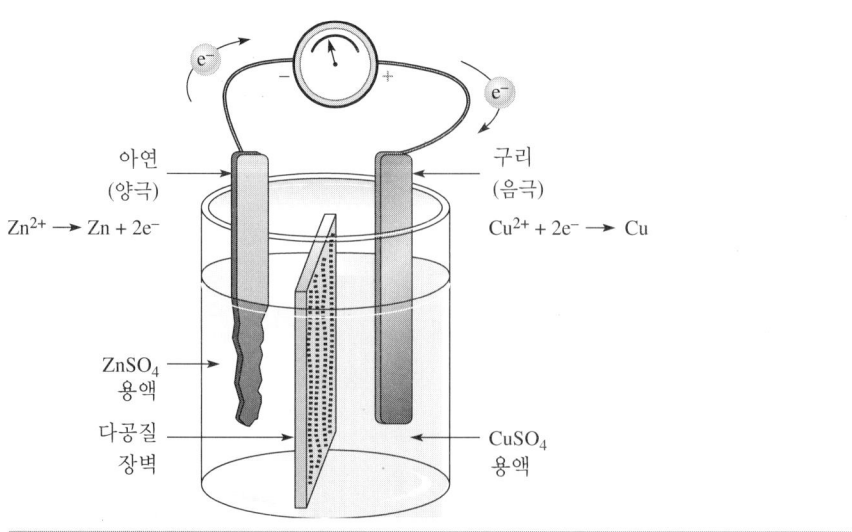

아연
(양극)

구리
(음극)

$Zn^{2+} \rightarrow Zn + 2e^-$

$Cu^{2+} + 2e^- \rightarrow Cu$

$ZnSO_4$
용액

다공질
장벽

$CuSO_4$
용액

는 양극에서 구리이온과 결합하여 금속구리를 형성한다. 그림에 나타나 있는 화학반응은 전극에서 발생한다. 배터리는 유형마다 다르게 반응하지만 전자가 외부회로를 통해 이동한다는 점은 모든 배터리에 대해 공통이다.

그림 3-16에서 설명된 것과 같은 **셀**(cell)은 배터리의 기본 단위이다. 단일 셀은 어떤 일정한 전압을 갖는다. 구리-아연 셀의 경우 전압은 1.1 V이다. 다른 물질의 조합은 상이한 전압을 제공한다.

납-산 배터리

구리-아연 배터리보다 더 유용한 셀은 황산에 잠겨있는 납 전극과 납-산화물 전극을 사용한다. 이러한 납-산 배터리는 자동차 시동을 걸 때 필요한 매우 높은 전류를 공급할 수 있으므로 자동차에서 널리 사용된다. 이 배터리는 "충전"이라고 하는 역화학반응이 가능하기 때문에 특히 유용하다. 셀 전압이 대략 2.1 V이기 때문에 표준 12 V의 자동차 배터리를 만들기 위해서는 이와 같은 셀 6개가 필요하며 완전히 충전되면 대략 12.6 V의 전압을 갖는다.

납-산 배터리에서 황산은 용액에서 이온을 형성한다(H^+와 SO_4^{2-}). 이러한 이온은 용액을 통하여 납과 납-산 조각으로 전하를 운반하며 이곳에서 산 이온과 납 금속을 황산납($PbSO_4$)과 물로 변환하는 반응이 일어난다. 음극에선 전자가 화학 반응의 산화부분으로서 방출되고 부하를 거쳐 양극으로 이동한다. 양극에서 전자는 화학 반응의 환원부분을 진행하도록 한다. 황산납이 양쪽 조각에서 형성되는데, 이 황산납이 더 이상의 산화-환원 반응을 방해하고 결국 배터리가 방전된다.

셀이 방전되면 원래 산의 많은 부분이 물로 변환된다. 이는 배터리 내부의 산 밀도를 낮춘다. 배터리를 시험하는 한 가지 방법은 산의 비중을 측정하는 것이다. 산 비중이 낮다면 그 배터리는 방전된 것이다. **비중**(specific gravity)은 어떤 물질의 밀도를 물의 밀도와 비교하는 무차원 숫자이다. 납-산 배터리는 외부 전압을 인가하여 충전할 수 있다. 이는 전류를 역방향으로 흐르게 하여 금속조각과 산을 초기상태로 복원시킨다.

배터리의 암페어-시 정격

화학 에너지의 제한된 원천 때문에 배터리는 주어진 전류를 발생할 수 있는 시간에 제약을 받는다. 이러한 용량은 **암페어-시**(Ah)로 측정된다. 암페어-시 정격(Ah)은 배터리가 어떤 양의 전류를 정격 전압으로 부하에 전달할 수 있는 시간 길이를 가리킨다. 배터리가 전압을 공급할 수 없게 되면 전압은 일정 수치 이하로 하락한다. 암페어-시 정격이 배터리의 중요한 특성은 아니지만 주어진 상황에서 배터리의 지속력을 알려주는 좋은 지침이 된다. 표 3-1은 일반 배터리에서의 암페어-시 정격을 예시한다.

1 Ah의 정격은 배터리 하나가 1 A의 전류를 일정한 전압으로 1시간 동안 부하로 공급할 수 있음을 의미한다. 이 배터리는 반 시간 동안에는 2 A를 공급할 수 있다. 배

배터리 형태	전압(V)	전형적인 배터리 정격(Ah)
1235 (9 V)	9.0	0.4
AA 구리-아연	1.5	0.95
C 구리-아연	1.5	3.0
D 구리-아연	1.5	5.9
AA 알칼리	1.5	2.85
C 알칼리	1.5	8.35
D 알칼리	1.5	18.0
자동차용 납-산	12.6	125

표 3-1

배터리의 암페어-시 정격. 대표적인 몇몇 배터리의 암페어-시 정격이다. 이 특성은 변동이 심하며, 특히 자동차 배터리에서 그렇다. AA, C, D는 단일 셀 배터리이다.

터리가 공급하는 전류가 클수록 배터리의 수명은 짧아진다. 실제로 배터리 하나는 보통 규정된 전류값과 출력전압으로 평가된다. 예를 들어 12 V의 납-산 배터리는 3.5 A에서 70 Ah로 평가되고 이는 20 시간 동안 3.5 A를 생산할 수 있음을 의미한다. 이와 관련한 수식은 다음과 같다.

$$Ah = It \tag{3-3}$$

여기서 Ah는 암페어-시 단위의 배터리의 암페어-시 정격을 말하고, I는 암페어 단위의 전류를, t는 시간 단위의 시간을 말한다.

예제 3-2

문제

정격이 120 Ah인 배터리가 얼마나 오랫동안 10 A를 공급할 수 있겠는가?

풀이

배터리의 암페어-시 정격은 전류에 시간을 곱한 값이다.

$$Ah = It$$

이 식을 t에 대해 풀면

$$t = \frac{Ah}{I} = \frac{120 \text{ Ah}}{10 \text{ A}} = \mathbf{12 \text{ h}}$$

위의 수식에서 암페어 단위는 상쇄되고 시간 단위만 남는다는 데 유의하라.

질문

전류가 20 A일 때 100 Ah의 용량을 갖는 완전히 충전된 배터리는 얼마나 지속되겠는가?

발전기

발전기는 중요한 또 다른 유형의 전압원이다. 발전기는 자기장 내에서 전선 코일을 회전시킴으로써 역학 에너지를 전기 에너지로 변환한다. 코일이 회전함에 따라 전압

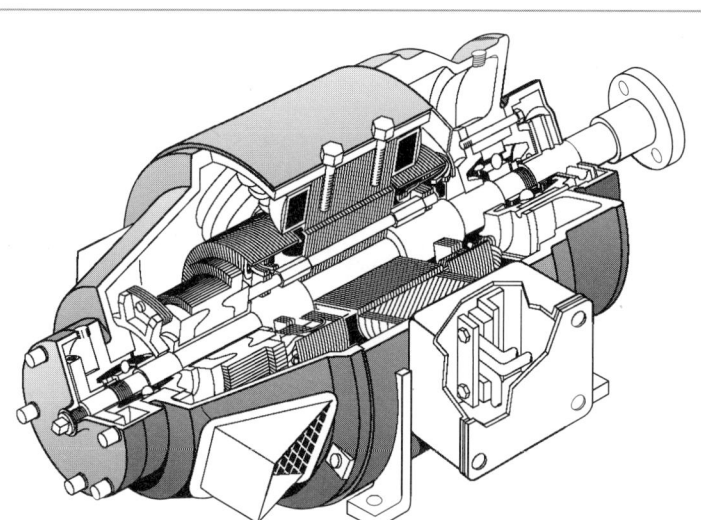

그림 3-17
직류 발전기의 단면도

이 발생한다. 발전기를 회전시키는 역학 에너지는 여러 원천에서 공급될 수 있다. 수력발전소에서 낙하하는 물은 발전기를 돌리는 데 사용된다. 대부분의 발전소에서는 증기터빈이 발전기를 회전시킨다. 이 경우 석탄 등의 연료를 태우거나 핵 반응으로부터 열을 생산하여 터빈회전을 위한 증기를 만들어 낸다.

발전기는 교류나 직류를 생산하도록 설계할 수 있다. 거의 모든 대규모 전력 발전기는 교류 방식이다. 직류 발전기는 반도체나 유리산업과 같은 여러 제조공정에서 사용된다. 그림 3-17은 직류 발전기의 구조를 보여준다. 덧붙여 말하자면, ac와 dc는 교류(alternating current)와 **직류**(direct current)를 설명하기 위해 유도된 용어지만 때로는 전압에도 적용된다. "ac 전압"이라는 말을 들어본 적이 있을 것이다. 말 그대로 이것은 "교류전류전압"을 의미하지만, 보통 교류전압으로 이해되고 있다. 교류 발전기와 직류 발전기는 제8장에서 자세히 논의한다.

전자식 전력공급장치

모든 회로는 작동에 에너지원이 필요하다. 대부분의 전자 회로와 시스템에서 에너지원으로 dc가 요구된다. 배터리는 일정한 수준의 전압을 제공하기 때문에 휴대폰이나 휴대용 컴퓨터와 같은 작은 이동성 시스템에서 사용되지만 비싼 데다 규모가 큰 시스템에서 사용하기에는 유효수명이 짧다. 규모가 큰 비이동성 시스템에서도 전력 공급원으로 dc가 요구된다.

전력공급장치(power supply)는 일반적으로 교류전압을 일정한 전압으로 바꾸기 때문에 **전압변환기**(voltage converter)라고도 한다. 직류전력 공급장치는 전기설비에서 공급받은 교류를 정밀하게 조절된 직류로 변환시킨다. 심지어 공급전압이 변하거나 부하가 변하더라도 출력전압은 자동적으로 내부의 조절회로에 의해 일관되게 유지된다.

그림 3-18

실험실 전력 공급기 (Tektronix Inc. 제공)

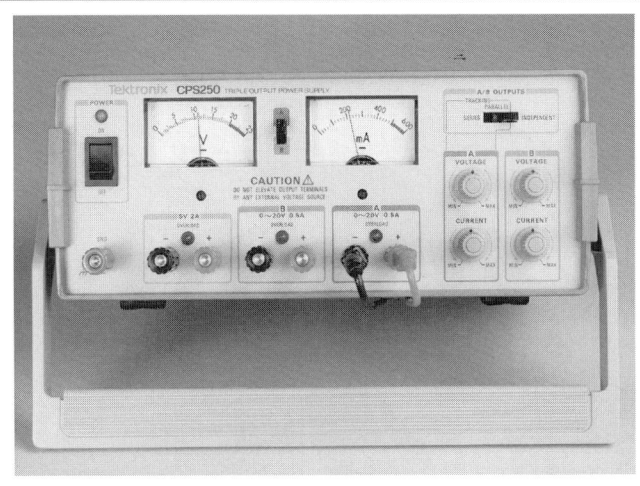

응용분야에 따라서는 직류 대신 조절된 교류를 요구하기도 한다. 교류전력 공급기는 사용자에게 출력 진폭과 주파수를 변경하는 수단을 제공한다. 교류전력 공급기를 응용하는 예는 설비전압의 변동에 대한 응답을 결정하기 위해 전자 시스템을 테스트하는 경우에서 찾을 수 있다.

회로를 테스트하는 것은 실험실 작업에서 필수적인 부분이므로 직류전력 공급기는 전자공학 실험실의 기본적인 기구이다. 그림 3-18은 전형적인 직류규정 전력 공급기를 보여준다. 이 전력 공급기는 세 개의 출력 장치를 가지고 있으며 각 장치는 모두 정밀한 조절이 가능하다. 세 가지 출력 장치 중 하나는 논리회로를 작동하기 위한 전형적인 전압인 5.0 V로 고정되어 있으며 다른 두 개의 전압은 각각을 독립적으로 또는 둘을 함께 변경할 수 있다. 전력 공급기 계측기는 사용자가 전압과 전류를 확인하거나 연결하기 전에 공급기를 설정하는 데 사용된다.

전력공급 효율

전자식 전력 공급기의 중요한 특성으로 효율이 있다. 효율(efficiency)은 출력전력(P_{OUT})과 입력전력(P_{IN})의 비율이다. 전력은 와트(W) 단위로 측정한다는 것을 기억하자. 효율은 보통 백분율로 표현한다.

$$효율 = \frac{P_{OUT}}{P_{IN}} \times 100\% \tag{3-4}$$

예를 들어 입력전력이 100 W이고 출력전력이 60 W라면 효율은 (60 W/100 W) × 100% = 60%이다.

모든 전력 공급기는 자체동작을 위한 전력이 필요하다. 대부분의 실험실 전력 공급기는 입력으로 벽 콘센트의 교류전원을 사용한다. 공급기의 출력은 대체로 조절된 직류이다. 출력전력은 전체 전력 중 일부가 전력 공급기 회로의 작동을 위해 내부적으로 사용되어야 하므로 입력전력보다는 언제나 작다. 입력전력과 출력전력 사이의

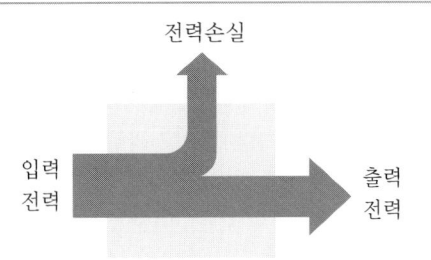

그림 3-19

입력전력은 출력전력과 전력 손실로 나뉜다. 전력손실은 열로 소모된다.

차이를 전력손실(power loss)이라고 한다.

출력전력은 입력전력에서 내부적인 전력손실을 뺀 값이다. 고효율이란 열로서 전력 공급기 내부에서 소모되는 전력이 매우 작기 때문에 주어진 입력전력에 대한 출력전력의 비율이 높음을 의미한다. 전력 공급기의 효율은 내부 회로가 어떤 유형인가에 따라 달라진다. 고효율 장치는 밀폐된 공간에서 열이 축적되는 것을 방지하기 위해 컴퓨터와 같은 제품에서 요구된다.

예제 3-3

문제

전력 40 W를 공급하는 전력 공급기가 70%의 효율을 가진다면 입력전력은 얼마인가?

풀이

$$\text{효율} = \frac{P_{\text{OUT}}}{P_{\text{IN}}} \times 100\%$$

$$P_{\text{IN}} = \frac{P_{\text{OUT}}}{\text{효율}} \times 100\% = \frac{40 \text{ W}}{70\%} \times 100\% = \mathbf{57.1 \text{ W}}$$

질문

전력 공급기로 들어가는 입력전력이 500 W이고 효율이 85%라면 출력전력은 얼마인가?

복습 질문

11. 모든 배터리에서 발생하는 화학반응은 무엇인가?

12. 납-산 배터리를 다룰 때 눈 보호대를 착용해야 하는 이유는 무엇인가?

13. 배터리의 암페어-시 정격은 무엇인가?

14. 발전기에 입력되는 에너지는 어떤 형태인가?

15. 전력 공급기가 200 W의 입력전력을 받아 60 W를 열로 소비했다면 효율은 얼마인가?

3-4 저항과 저항기

저항은 전류에 대해 반대이며 물질의 기본적인 특성이다. 특정한 크기의 저항을 가지도록 고안된 장치를 저항기라고 한다.

이 절에서는 저항에 대해 자세히 알아보고 저항기 컬러 코드를 읽는 방법을 배운다.

저항

2-3절에서 정의한 바와 같이 저항은 전류에 대한 반대이다. 저항은 그리스 문자 Ω으로 기호화된 옴 단위로 측정된다. 1 옴(Ω)의 저항은 물질 양단에 1 볼트의 전압을 인가할 때 1 암페어의 전류가 흐르는 경우에 존재한다.

초전도체라고 부르는 물질의 특별한 집단을 예외로 하면 모든 물질은 저항을 가진다. 도체는 낮은 저항을 가지는 금속성 물질인 반면 절연체는 높은 저항을 가지는 물질이다. **초전도체**(superconductor)는 저항이 전혀 없이 전류를 운반할 수 있지만, 보통은 극저온 상태로 유지되어야 하는 특화된 물질이며 일반 회로나 시스템에서는 이와 같은 성질을 볼 수 없다(가장 좋은 초전도체는 금속 산화물로 구성된 세라믹이다).

저항기

저항기(resistor)는 금속리드나 단자 사이에 일정한 크기의 저항을 가지도록 고안된 소자이다. 저항기의 주된 목적은 전류를 제한하고 전압을 나누며 경우에 따라서는 열을 생성하기 위함이다. 저항기는 다양한 모양과 크기를 갖지만 크게 고정저항기와 가변저항기로 나눌 수 있다. 고정저항기 하나와 가변저항기 두 개를 그림 3-20에서 보여준다. 가변저항기는 다시 세 개의 단자를 갖는 **전위차계**(potentiometer)와 두 개의 단자를 갖는 **가감저항기**(rheostat)로 세분화된다. 하지만 그림 3-20에서 보이는 것처럼 전위차계는 중간 단자를 다른 쪽 단자에 연결하면 가감저항기로 사용할 수 있다. 전위차계는 전압을 조절하는 데 사용되고 가감저항기는 전류를 조절하는 데 사용된다.

고정저항기

고정저항기는 제조자에 의해 설정된 여러 종류의 저항 값과 전력정격을 갖는 것이 시판되고 있다. 고정저항기는 다양한 물질을 사용하여 다양한 방법으로 제작할 수 있

그림 3-20	
저항 기호	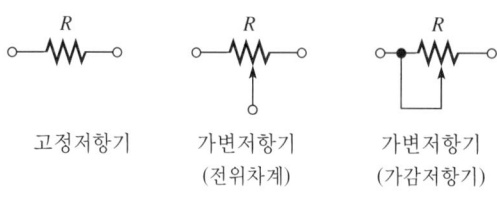

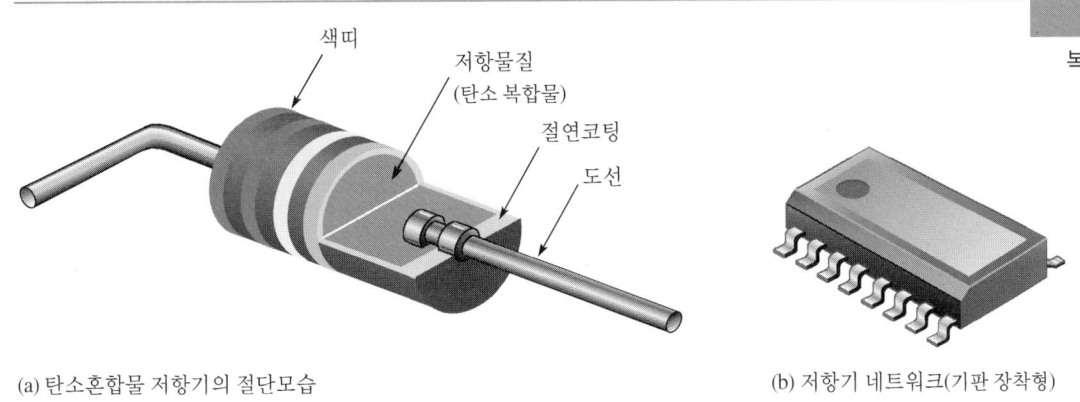

그림 3-21

복합 탄소 저항기

(a) 탄소혼합물 저항기의 절단모습   (b) 저항기 네트워크(기판 장착형)

다. 고정저항기의 일반적인 형태는 탄소혼합물 형태로서 잘 빻은 탄소, 절연필터, 송진접착제의 혼합물로 만들어진다. 그림 3-21(a)에서 전형적인 탄소혼합물 저항기의 구조를 보여준다. 절연 필터에 대한 탄소 비율이 저항 값을 결정한다. 혼합물은 막대를 형성하며 여기에 전선 리드가 추가된다. 전체 저항기는 보호를 위해 절연 코팅으로 둘러싸인다.

그림 3-21(b)는 전형적인 기판 장착형 저항기 네트워크이다. 기판장착 저항기는 전체가 장착 기판의 표면 한 곳에 집중되도록 설계되어 있어 리드를 위한 구멍이 필요하지 않다. 기판장착 저항기도 여러 가지 형태가 있다.

정밀 저항기는 장시간의 온도 안정성이나 저소음이 요구되는 회로와 같은 민감한 응용분야에서 사용된다. 잘 알려진 정밀 저항기로서 금속필름 형태가 있다. 이 유형은 탄소혼합물 저항기보다 높은 정확성과 온도 안정성을 가지지만 가격이 비싸다. 금속필름 저항기는 고른 고순도 세라믹 막대에 저항성 필름 물질을 증착하는 방식으로 제조된다. 저항성 필름으로는 탄소(탄소필름)나 니켈-크롬(금속 필름)이 사용된다.

낮은 저항 정밀 응용을 위한 또 다른 유형의 저항기로서 전선으로 감은 저항기가 있다. 전선패 저항기는 작은 정밀 저항기나 고전력 저항기로서 사용할 수 있다. 전선패 저항기는 훌륭한 저주파의 특징을 가지고 있지만 고주파 응용에 사용하기에는 적합하지 않다. 전선패 저항기는 절연막대 주위에 저항성 전선을 감아 만들 수 있다. 그림 3-22는 두 가지 다른 유형의 전선패 전력 저항기를 보여주고 있다.

그림 3-22

전형적인 전선패 저항기

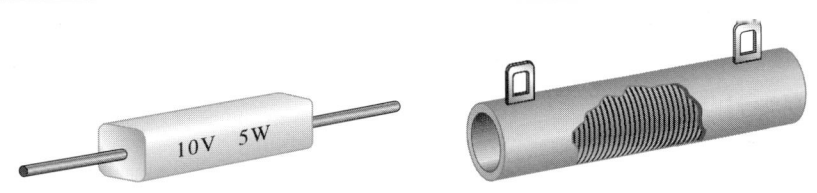

그림 3-23

전위차계

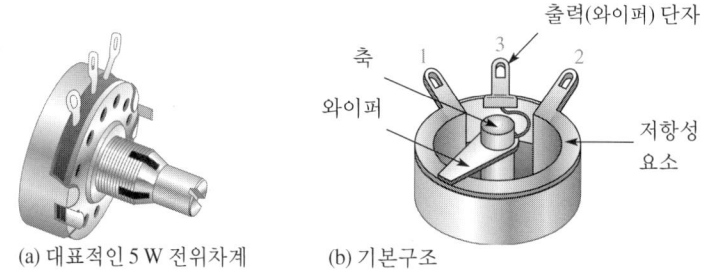

(a) 대표적인 5 W 전위차계   (b) 기본구조

그림 3-24

전형적인 다중권선 전위차계

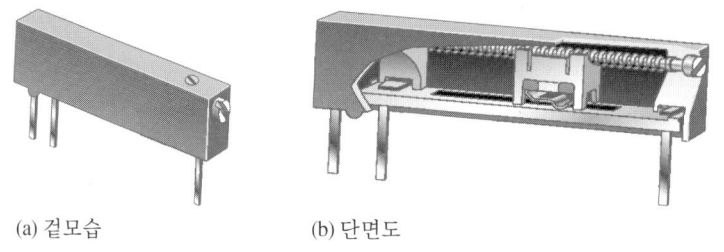

(a) 겉모습   (b) 단면도

가변저항기

가변저항기는 탄소혼합물이나 필름, 전선패를 포함한 다양한 유형이 있을 수 있다. 전위차계는 그림 3-23에서 보이는 것과 비슷한 가동자와 연결된 축을 회전할 수 있도록 만들어져 있다. 중간 단자는 가동자 팔에 연결되어 있고 이 팔의 위치는 축을 돌려 조절한다. 보다 정밀한 조절이 요구되는 응용에서는 그림 3-24에서 보이는 것과 같이 다중권선 직선배열을 여러 번 돌리는 전위차계를 사용할 수 있다.

가변저항기는 음량 조절이나 속도 조절, 또는 전압, 전류 등의 조절이 요구되는 다양한 응용에서 사용된다. 범용적인 가변저항기는 탄소혼합물 유형이지만, 전선패 저항기도 흔히 사용된다.

저항성 센서는 온도나 빛의 세기와 같은 물리적인 파라미터가 변할 때 자신의 저항을 "자동으로" 변화시키는 가변저항기의 또 다른 유형이다. 저항성 센서의 한 예로 서미스터(thermistor, thermal resistor)가 있다. 서미스터는 작은 구슬처럼 생긴 소자지만 온도에 따라 큰 저항 편차를 보인다. 서미스터는 작은 크기, 저비용, 감도 때문에 자동온도 조절장치에서 온도 센서로서 널리 이용된다. 서미스터의 저항은 실용 온도 범위에 대해 1000배까지 변할 수 있다.

저항기 사양

저항기의 가장 중요한 사양은 저항치와 전력정격이다. 저항기의 물리적인 크기는 전력정격과 관계가 있으며 큰 저항기는 전력을 더 많이 소비한다. 다른 사양으로는 동작 온도범위와 안정성이 있다. 탄소혼합물 저항기는 대략 1 Ω에서 100 MΩ에 이르는 아주 넓은 범위를 가질 수 있으며, 1/8 W에서 2 W의 전력정격으로 제공된다. 전력 저항기는 1000 W까지 전력정격이 가능하다.

가변저항기 또한 저항치와 전력정격으로 규정된다. 저항치는 외부 단자 사이에서 측정한 최대값을 가리킨다. 전력정격은 크기에 의해 결정되는데, 가변저항기는 50 mW의 작은 트림 전위차계부터 약 2 W의 큰 전위차계에 걸친 전력정격을 가진다.

전위차계의 또 다른 사양은 **테이퍼**(taper)인데, 테이퍼는 선형과 비선형의 두 가지 형태가 존재한다. 선형 테이퍼는 저항이 컨트롤의 각도 위치에 비례하여 결정되는 데 비해 비선형 테이퍼는 저항이 각도의 위치에 비례하지 않는다.

저항기 컬러 코드

여러 작은 저항기는 저항 값과 허용오차를 나타내기 위해 컬러 표시가 된 띠를 가지고 있다. 허용오차가 5% 또는 10%인 저항기는 그림 3-25에서 보여주는 것처럼 4개의 띠로 부호화되어 있다.* 5%의 허용오차는 컬러 코드 값의 ±5% 이내가 실제의 저항 값이라는 것이다. 표 3-2는 컬러를 어떻게 해석하는지 알려준다. 4개의 색띠를 갖는 저항기에서 금색이나 은색을 살펴보면 저항기의 허용오차를 알 수 있다.

4개의 색띠를 갖는 저항기의 컬러를 읽는 법은 다음과 같다.

1. 마지막 색띠를 기준으로 첫 번째 색띠는 저항 값의 첫 번째 자리 숫자이다. 마지막 색띠는 금색이나 은색 띠의 반대쪽에 있다.
2. 두 번째 색띠는 두 번째 자리 숫자이다.
3. 세 번째 띠는 승수 띠라고 하는데 표 3-2에 보이는 것처럼 10의 멱수를 가리킨다. 이 값은 전체 저항을 가리키는 앞의 두 자리 숫자에 곱해진다.
4. 네 번째 색띠는 허용오차를 가리키며, 금색은 5%, 은색은 10%의 허용오차이다. 허용오차 색띠는 컬러 표시가 나타낸 수치와 실제 저항 값 사이의 최대편차를 가리킨다.

10 Ω 이하의 저항 값에서 세 **번째** 색띠는 금색이나 은색이다. 금색은 $10^{-1} = 0.1$의 승수를 말하고 은색은 $10^{-2} = 0.01$을 의미한다. 예를 들어 빨강, 보라, 금색의 컬러 표

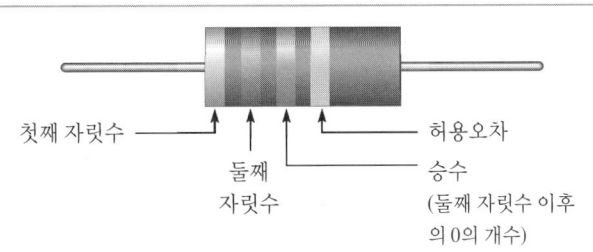

그림 3-24

4색띠 저항기

첫째 자릿수 ——

둘째 자릿수

허용오차

승수
(둘째 자릿수 이후 의 0의 개수)

---

* 지금은 쓰이지 않지만 허용오차 20%의 저항기는 3개의 띠를 사용했다.

표 3-2

저항기 컬러 코드

	색	자릿수	승수	허용오차
저항 값, 처음 세 개의 색띠: 첫째 색띠—첫째 자릿수 둘째 색띠—둘째 자릿수 *셋째 색띠—승수(둘째 자릿수 이후의 0의 개수)	검정색	0	10^0	
	다갈색	1	10^1	1%(5개 색띠)
	빨간색	2	10^2	2%(5개 색띠)
	주황색	3	10^3	
	노란색	4	10^4	
	초록색	5	10^5	
	파란색	6	10^6	
	보라색	7	10^7	
	회색	8	10^8	
	흰색	9	10^9	
넷째 색띠—허용오차	금색	±5%	10^{-1}	5%(4개 색띠)
	은색	±10%	10^{-2}	10%(4개 색띠)
	띠 없음	±20%		

*저항 값이 10 Ω 미만인 경우 세 번째 색띠가 금색이나 은색이다. 금색은 승수 0.1이고 은색은 승수가 0.01이다.

시는 ±5%의 허용오차를 가진 2.7 Ω을 나타낸다. 세 번째 위치에 있는 금색은 승수로 읽혀지는 반면에 네 번째 위치에 있는 금색은 허용오차로 읽혀진다. 금색과 은색은 자릿수로 사용되지 않는다.

문제

그림 3-26에 보이는 각 색띠 저항기의 저항 값을 옴과 백분율 허용오차로 표시하라.

(a)   (b)   (c)   (d)

그림 3-26

풀이

(a) 자릿수: 첫 번째 색띠는 청록색 = 5, 두 번째 색띠는 다갈색 = 1
  승수: 세 번째 색띠는 빨간색 = $\times 10^2$ = $\times 100$

허용오차 : 네 번째 색띠는 금색 = 5%의 허용오차

$R = 5,100 \,\Omega \pm 5\%$

(b) 자릿수 : 첫 번째 색띠는 회색 = 8, 두 번째 색띠는 빨간색 = 2

승수 : 세 번째 색띠는 노란색 = $\times 10^4 = \times 10{,}000$

허용오차 : 네 번째 색띠는 은색 = 10%의 허용오차

$R = 820{,}000 \,\Omega \pm 10\%$

(c) 자릿수 : 첫 번째 색띠는 노란색 = 4, 두 번째 색띠는 보라색 = 7

승수 : 세 번째 색띠는 검정색 = $\times 10^0 = \times 1$

허용오차 : 네 번째 색띠는 은색 = 10%의 허용오차

$R = 47 \,\Omega \pm 10\%$

(d) 자릿수 : 첫 번째 색띠는 다갈색 = 1, 두 번째 색띠는 검정색 = 0

승수 : 세 번째 색띠는 검정색 = $\times 10^{-1} = \times 0.1$

허용오차 : 네 번째 색띠는 금색 = 5%의 허용오차

$R = 1.0 \,\Omega \pm 5\%$

질문

어떤 저항기의 첫 번째 색띠가 다갈색, 두 번째가 검정색, 세 번째가 다갈색, 네 번째가 금색이다. 옴의 값과 허용오차는 얼마인가?

예제 3-5

문제

다음 저항기 각각의 컬러 표시를 결정하라. 모두 5%의 허용오차로 4개 색띠라고 가정한다.

    (a) 330 Ω (b) 15 Ω

    (c) 680 kΩ (d) 5.1 MΩ

풀이

(a) 330 Ω $\pm 5\%$ = 주황색, 주황색, 다갈색, 금색

(b) 15 Ω $\pm 5\%$ = 다갈색, 청록색, 검정색, 금색

(c) 680 kΩ $\pm 5\%$ = 파란색, 회색, 노란색, 금색

(d) 5.1 MΩ $\pm 5\%$ = 청록색, 다갈색, 청록색, 금색

질문

910 Ω $\pm 10\%$의 4개 색띠 저항기의 컬러 표시는 무엇인가?

5%의 허용오차를 갖는 저항기는 저렴하게 제작할 수 있어서 대부분의 응용에서 사용된다. 이미 오래 전 특정한 값으로 5%와 10%를 표준화하여 값들 사이에 중복을 허용하였다. 이 책에서는 이러한 값에 익숙해질 수 있도록 표준 값을 사용한다. 부록 B에서는 표준적인 5%와 10%의 값 목록을 나열해 놓고 있다.

보다 정밀한 값이 회로에서 요구되면 1%나 2%의 허용오차를 가진 정밀저항기를 사용할 수 있다. 이는 4개 대신 5개의 표시 색띠를 가지고 있다. 색띠의 끝을 기준으로 첫 번째 색띠는 저항 값의 첫째 자릿수이고, 두 번째는 둘째 자릿수, 세 번째는 셋째 자릿수, 네 번째는 승수, 마지막 다섯 번째 색띠는 허용오차를 나타낸다. 여기서 각 색은 표3-2의 자릿수, 승수와 같은 의미를 가지고 있다.

5개 색띠 저항기에서 네 번째 색띠는 승수이고, 보통 검정색, 다갈색, 빨간색, 주황색, 금색, 은색 중의 하나이다. 네 번째 색띠로서 금색은 $10^{-1} = 0.1$을, 은색은 $10^{-2} = 0.01$의 승수를 가리킨다. 다섯 번째(허용오차) 색띠로는 다갈색 또는 빨간색만이 나타날 수 있다. 다섯 번째 색띠로서 다갈색은 1%를, 빨간색은 2%의 허용오차를 나타낸다.

예제 3-6

문제

그림 3-27에서 보이는 각 색띠 저항기의 저항 값을 옴과 백분율 허용오차로 나타내어라.

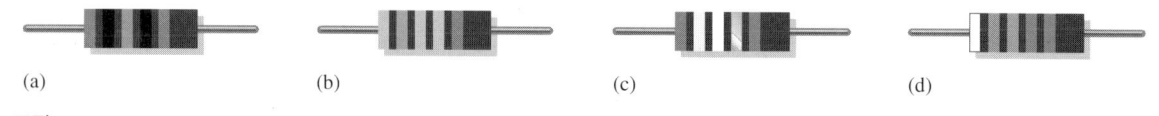

(a)   (b)   (c)   (d)

그림 3-27

풀이

이들은 모두 5개 색띠 저항기이다. 그러므로 처음 세 개의 색띠는 자릿수를 나타낸다.

(a) 자릿수: 첫째 색띠는 다갈색 = 1, 둘째 색띠는 검정색 = 0, 셋째 색띠는 녹색 = 5
승수: 넷째 색띠는 검정색 = $\times 10^0$ = $\times 1$
허용오차: 다섯째 색띠는 다갈색 = 1% 허용오차
$R = 105\ \Omega \pm 1\%$

(b) 자릿수: 첫째 색띠는 보라색 = 7, 둘째 색띠는 회색 = 8, 셋째 색띠는 보라색 = 7
승수: 넷째 색띠는 금색 = $\times 10^{-1}$ = $\times 0.1$
허용오차: 다섯째 색띠는 다갈색 = 1% 허용오차
$R = 78.7\ \Omega \pm 1\%$

(c) 자릿수: 첫째 색띠는 빨간색 = 2, 둘째 색띠는 노란색 = 4, 셋째 색띠는 흰색 = 9
승수: 넷째 색띠는 은색 = $\times 10^{-2}$ = $\times 0.01$
허용오차: 다섯째 색띠는 빨간색 = 2% 허용오차
$R = 2.49\ \Omega \pm 1\%$

(d) 자릿수: 첫째 색띠는 흰색 = 9, 둘째 색띠는 청록색 = 5, 셋째 색띠는 주황색 = 3
승수: 넷째 색띠는 다갈색 = $\times 10^1$ = $\times 10$
허용오차: 다섯째 색띠는 다갈색 = 1% 허용오차
$R = 9.53\ k\Omega \pm 1\%$

질문

$5.62\ k\Omega \pm 1\%$의 5개 색띠 저항기의 컬러 표시는 무엇인가?

전선저항

구리가 훌륭한 전도체이고 전자회로에서 널리 사용되고 있지만 구리에도 약간의 저항은 있다. 대부분의 경우 전선의 저항은 무시할 수 있지만 경우에 따라서는 전선저항이 회로에 영향을 줄 수 있다. 저전압 실외등이 전원에서 멀수록 빛이 어두워지는 현상을 본 적이 있을 것이다. 이는 전선저항이 회로에 영향을 주는 대표적인 경우이다. 전선의 지름을 늘리거나 전선의 길이를 줄이면 그만큼 저항이 작아지므로 이 문제를 완화시킬 수 있다.

적절한 전선의 크기는 그 전선이 어디에 쓰이느냐 따라 다르다. 전선의 지름은 **미국전선규격(American Wire Gauge, AWE)**이라고 하는 표준규격번호에 따라 정해진다. 규격번호가 클수록 전선은 작아진다. 예를 들어 12 규격은 가정배선에서 흔히 사용되는 전선이고 24 규격은 전화회로에서 사용된다. 사람의 머리카락처럼 작은 전선이 40 규격이고 더 작은 크기도 특별한 응용에서 사용된다. AWG는 전선의 단면적과 관계가 있는데, 전선 단면적의 일반적인 영국식 단위는 서큘러 밀(circular mil)이며 약어로 CM이라 한다. 1 서큘러 밀은 지름이 천분의 1 인치(1 밀)에 해당하는 전선의 단면적이다. 서큘러 밀의 정의를 그림 3-28에서 설명하고 있다.

전선의 단면적에 대해 일반적인 또 다른 단위로 제곱 밀리미터가 있다. 1미터는 1000 밀리미터이므로 1 제곱밀리미터는 1 제곱미터 면적의 백만분의 1 배($10^{-3} \times 10^{-3}$)가 된다. 표 3-3에는 단면적과 흔히 사용되는 몇 가지 AWG 전선의 1000 피트당 저항 값이 주어져 있다.

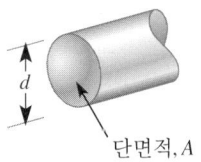
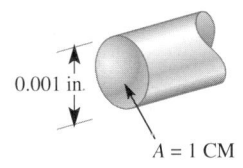

단면적, A

$A = 1$ CM

그림 3-28

서큘러 밀

	단면적		
AWG 번호	서큘러 밀(CM)	제곱밀리미터(mm²)	구리전선의 Ω /1000 피트*
10	10,380	5.261	0.999
12	6,530	3.310	1.500
14	4,110	2.083	2.525
16	2,580	1.308	4.016
18	1,600	0.811	6.385
20	1,022	0.518	10.15
22	642	0.325	16.14
24	404	0.204	25.67
26	253	0.128	40.81

표 3-3

선택된 크기의 구리전선에 대한 단면적과 1000 피트당 저항 값

*저항은 20° C 에서의 값이다.

두 전선이 정확히 같은 크기와 AWG 수치를 가졌더라도 각자 다른 물질로부터 만들어졌다면 두 전선의 저항은 서로 다르다. 이는 고유저항(resistivity)이라 불리는 특징에서 비롯된 것이다. ρ(그리스 문자 rho)는 전기를 전도하는 능력과 관계가 있는 각 물질의 고유 값이다(예를 들어 모든 구리는 같은 고유저항을 가지고 있다). 고유저항은 한 변이 1 cm인 정육면체의 마주보는 면을 가로질러 저항을 측정하여 결정한다. 고유저항은 다양한 단위로 명시되므로 문제를 해결하는 데 있어서 단위들이 일관되도록 신경 써야 한다. 미터법 체계에서 고유저항의 단위는 옴-미터(Ω-m) 또는 옴-제곱밀리미터/미터(Ω-mm²/m)이다. 후자의 단위는 전선계산을 하는 작업에서 보다 편리하다. 이에 상응하는 전선의 영국식 체계로는 피트당 옴 서큘러 밀(Ω-CM/ft)이 있다. 이러한 단위들은 근본적으로 모두 저항과 길이 단위의 곱이다. 표 3-4에는 몇 가지 일반적인 전도체의 고유저항이 주어져 있다.

전선의 저항은 앞서 언급한 세 가지 요소(단면적 A, 길이 L, 고유저항 ρ)에 따라 좌우된다. 이 세 가지 요소는 전선저항에 대한 다음의 수식으로 연관되어 있다.

$$R = \frac{\rho l}{A} \tag{3-5}$$

표 3-4	고유저항, ρ		
몇 가지 일반적인 전도체의 고유저항 물질	(Ω-m)	(Ω-mm²/m)	(Ω-CM/ft)
알루미늄	2.67×10^{-8}	0.0267	16.4
구리	1.72×10^{-8}	0.0172	10.4
금	2.2×10^{-8}	0.022	13.5
은	1.63×10^{-8}	0.0163	10.0

예제 3-7

문제

AWG #24의 700 ft 구리전선의 저항은 얼마인가?

풀이

이 문제는 비례식으로 풀 수 있다. 표 3-3에서 AWG #24 구리전선의 저항은 25.67 Ω/1000 ft이다. 이는 700 ft가 다음의 저항을 갖는다는 것을 의미한다.

$$R = 700\,\text{ft} \times \frac{25.67\,\Omega}{1000\,\text{ft}} = \mathbf{18.0\,\Omega}$$

이 문제는 식 (3-5)를 사용해서도 풀 수 있다.

$$R = \frac{\rho l}{A}$$

영국식 단위를 사용하면 구리의 고유저항은 10.4 Ω-CM/ft(표 3-4 참조)이다. 그리고 단면적은 404 CM(표 3-3 참조)이다. 이를 대입하면,

$$R = \frac{\rho l}{A} = \frac{10.4 \; \Omega\text{-CM/ft} \times 700 \; \text{ft}}{404 \; \text{CM}} = \mathbf{18.0 \; \Omega}$$

이다. 이 방법 외에도 저항은 미터법 단위를 사용해서 구할 수 있다. 1 미터가 0.3048 피트이므로 700 ft는 213.4 m이다. 구리의 고유저항은 0.0172 Ω-mm²/m이다. AWG #24 구리전선의 단면적은 0.204 mm² (표 3-3 참조)이다. 이를 대입하면,

$$R = \frac{\rho l}{A} = \frac{0.0172 \; \Omega\text{-mm}^2/\text{m} \times 213.4 \; \text{m}}{0.204 \; \text{mm}^2} = \mathbf{18.0 \; \Omega}$$

이 된다. 식 (3-5)의 경우 단위가 어떻게 소거되는지에 유의하라.

질문

AWG #10의 500 피트 알루미늄 전선의 저항은 얼마인가?

복습 질문

16. 초전도체란 무엇인가?

17. 가감저항기와 전위차계의 차이점은 무엇인가?

18. 전위차계에서 선형 테이퍼는 무엇을 뜻하는가?

19. 4개 색띠 저항기에서 세 번째 색띠가 금색이라면 이는 어떤 의미인가?

20. 1.0 Ω ± 5%의 저항기의 4개 색띠 표현은 어떻게 되는가?

기본 전기 측정 3-5

회로를 시험하고 고장을 수리하기 위하여 기본적인 전자측정계기를 사용하는 방법에 대해 알아둘 필요가 있다. DMM은 가장 널리 사용되는 전자측정계기이다. 그러나 볼트-옴-밀리암미터(VOM)라 불리는 오래된 아날로그 계측기도 여전히 일부 응용에서 사용되고 있다.

이 절에서는 디지털 멀티미터(DMM)와 VOM의 사용법에 대해 알아보기로 한다.

DMM

DMM(digital multimeter)은 넣 가시 기본 전기량을 측정할 수 있는 계기이며 화면에 숫자로 측정치를 나타내준다. 모든 멀티미터는 교류와 직류의 전압과 전류, 그리고 저항을 측정한다. 기종에 따라서는 주파수 같은 전기량, 심지어는 온도도 측정할 수 있다. 전형적인 DMM이 그림 3-29에 나타나 있다.

역사적 고찰

현대적인 디지털 멀티미터(DMM)의 시초는 세 자리 디스플레이를 갖춘 디지털 볼트미터(DVM)였다. 정확도는 장기 안정성은 거의 고려하지 않은 0.25%가 요구되었다. 오늘날 DMM은 화면에 8과 1/2개의 자릿수를 표시할 수 있으며 정확도는 백만분의 일 단위까지 가능하다. DVM이 소개된 해에 휴렛-팩커드에서 새로운 유형의 전류계를 발표하였다. 이는 표준 이동코일 방식 대신 전류로 생성된 자기장의 강도를 감지하여 전류를 측정하는 방식으로 클립으로 고정시키는 형태였다.

DC 전압 측정

전압을 측정하기 위해 측정할 부품의 양쪽에 계측기 리드선을 연결한다(이런 연결방식은 뒤에 설명하겠지만 병렬연결이다). DMM은 보통 극성을 자동으로 조절하여 값을 화면에 나타낸다. 빨간 전압 잭에는 빨간 리드선을 사용하고 접지를 위해서는 까만 리드선을 사용하는 것이 편리하다. 이렇게 하면 양이나 음의 값을 쉽게 해석할 수 있다. 많은 DMM이 **자동범위선택**(autoranging) 기능을 가지고 있는데, 이러한 DMM은 값을 나타내기 위해 자동적으로 최적 범위를 선택한다. 그 범위는 특정한 설정으로 나타낼 수 있는 최대 전압이다. 값이 저렴한 계측기는 **수동범위선택**(manual ranging) 방식인데, 이것은 사용자가 측정을 위해 적절한 범위를 선택하여야 함을 의미한다.

전압을 측정하기 위해서는 먼저 선택 스위치를 DC VOLTS에 놓는다. 이때 사용하는 계측기가 수동범위선택 방식인 경우 예상 값보다 큰 범위를 선택한다(자동범위선택에서는 필요하지 않다). 간혹 직류볼트는 문자 *V*로 나타내고 위에 직류전압임을 상기시키기 위해 직선을 긋는다. 적절한 기능(DC VOLTS)과 범위를 선택했으면 회로에 계측기를 연결한다. 대부분의 계측기는 리드선이 회로에 연결된 방식에 상관없이 전압을 표시할 것이다. 양의 계측기 리드선이 더 큰 양의 전압에 연결된다면 전압 표준 측정 값은 양의 값으로 표시되고, 그 반대인 경우 음의 값으로 나타난다. 기본 회로에서 전압을 특정하는 예를 그림 3-30에서 보여준다.

그림 3-29

DMM

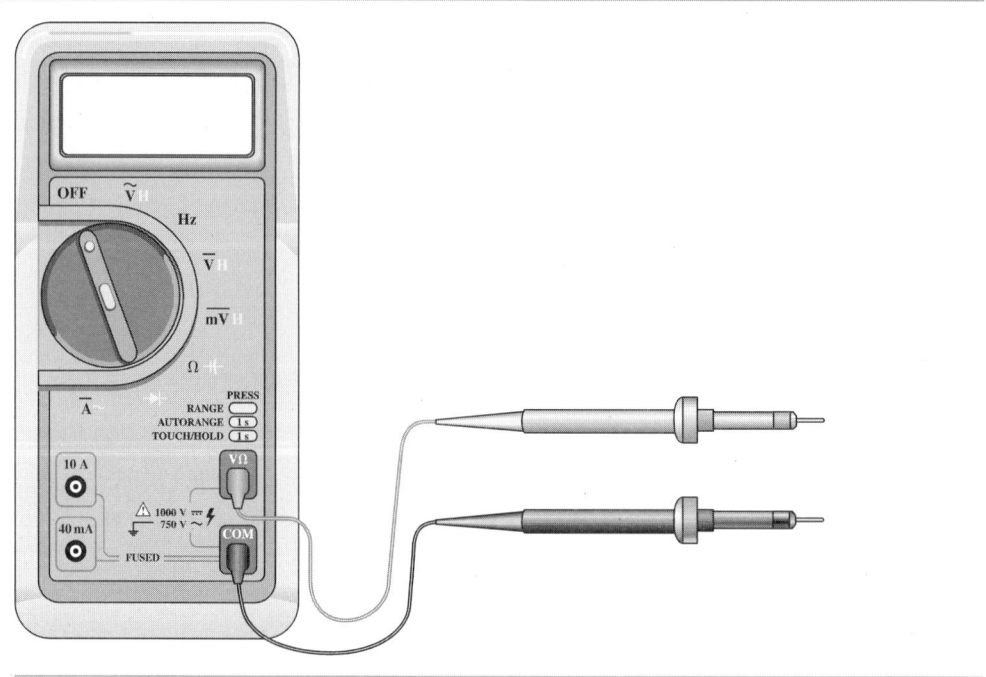

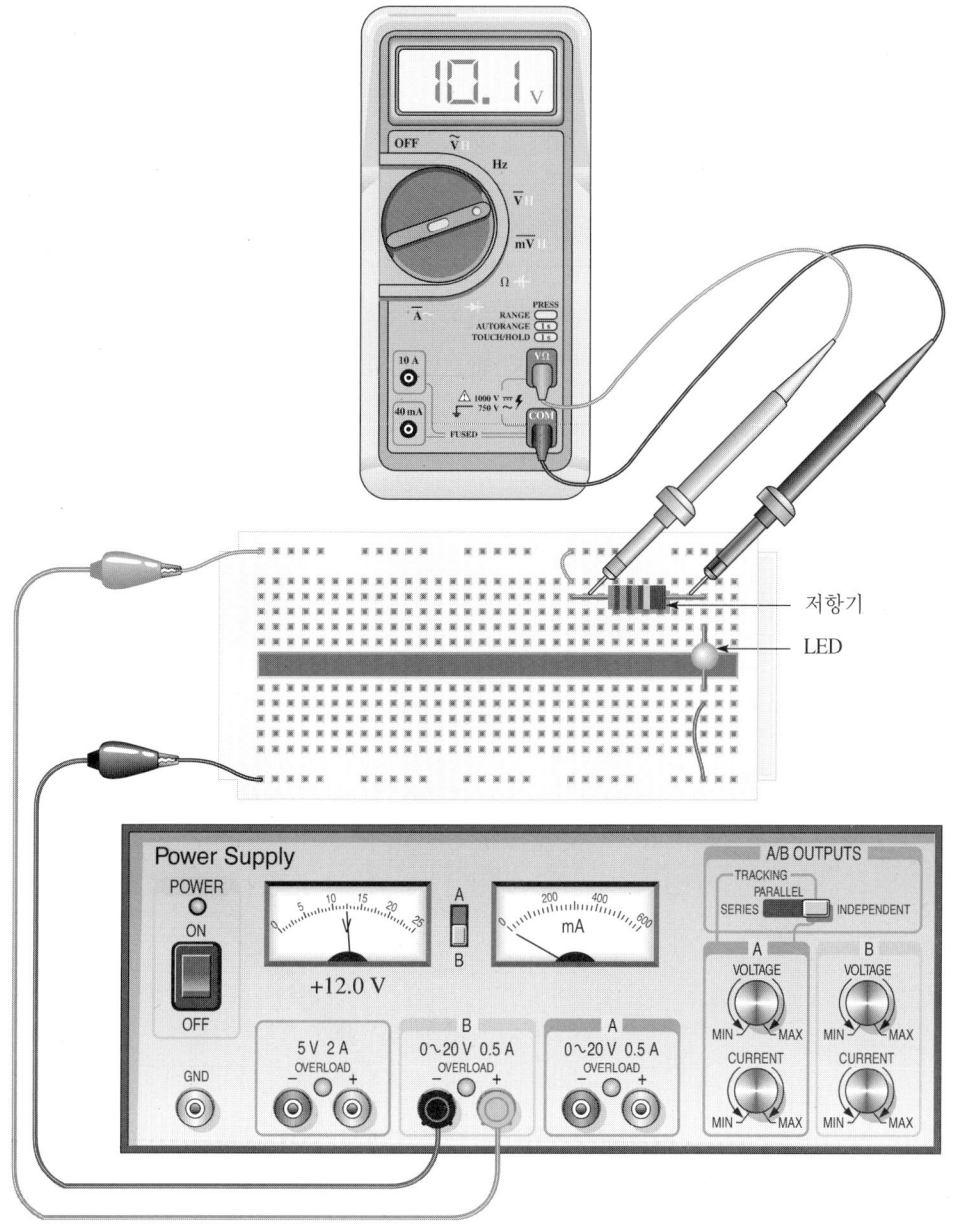

그림 3-30

DC 전압 측정. 계측기는 대상 부품의 양끝에 직접 연결한다. 여기서 측정된 값은 저항기에 대한 전압강하이다.

저항기

LED

AC 전압 측정

AC 전압 측정은 선택 스위치기 AC VOLTS 위치에 있어야 한다는 것을 제외하면 직류 측정과 같은 방식으로 이루어진다. 계측기에 따라서는 교류를 작은 사인함수 곡선으로 나타내기도 있다. 직류 측정의 경우처럼 계측기를 회로에 접촉하기 전에 필요한 기능과 범위를 선택한다. 교류는 양극과 음극 사이를 오가기 때문에 극성은 중요하지 않고 모든 값이 양으로 표시된다. 교류에서는 측정치가 **실효치**(rms value)로 표시된다는 것을 기억하기 바란다.

교류전압 측정에서 고려해야 할 또 다른 중요사항이 주파수이다. DMM은 측정할 수 있는 주파수의 범위가 기종에 따라 큰 차이를 보이므로 대개의 경우 협소한 주파수 범위에 대해서만 정확도를 보장받을 수 있다. 일반적인 주파수 범위는 45 Hz에서 1 kHz까지지만 계측기에 따라 1 MHz까지 측정가능하기도 하다. 측정가능 범위가 확실하지 않다면 계측기의 정확도 사양을 확인해야 한다.

전류 측정

DMM에서 AC나 DC 기능을 선택한 뒤 별도의 전류 잭에 탐침을 꽂는다. 모든 전류 측정에서 시험 회로에 계측기를 직렬로 연결한다. 교류를 측정하고 있다면 화면에 실

그림 3-31

전류 측정. 계측기는 경로의 한 부분이다. 탐침은 그림에서 보이는 것처럼 계측기의 저전류 (40 mA) 잭과 공통(COM) 잭으로 이동시킨다.

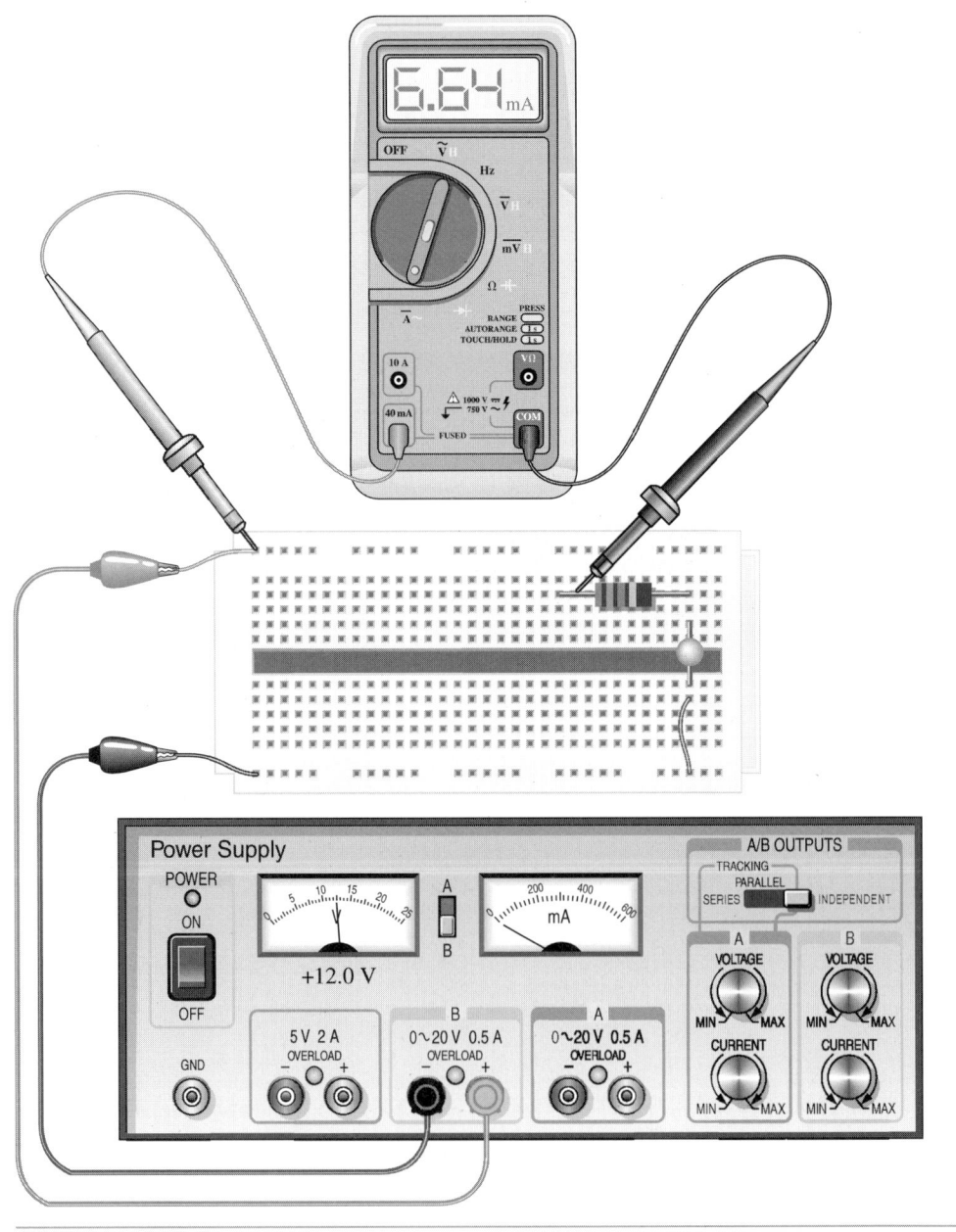

효치가 나타난다는 사실을 유념하자. 전류 측정은 그림 3-31에서 설명한다. 주의할 것은 잘못해서 계측기가 가로질러 연결되면 엄청난 양의 전류가 계측기를 통해 흘러들어 퓨즈를 태우거나 계측기에 손상을 주게 된다.

교류를 측정하는 유용한 계측기는 회로에 계측기를 댈 필요가 없어 손상을 방지할 수 있는 클램프-온(clamp-on) 전류계이다. 이 계측기는 독립적인 장치일 수도 있고 구식 DMM의 일부일 수도 있다. 그림 3-32는 클램프-온 전류계를 사용하고 있는 기술자의 모습을 보여주고 있다. 감지 소자는 단일 전도체 주위에서 열고 닫을 수 있는 한 조의 집게이다. 이 계측기는 전류에 의해 형성되는 자기장의 변화를 감지하고 이를 실효치 전류 눈금으로 변환한다.

전류계로 미지의 전류를 측정하려면 시작범위를 가장 높은 전류 범위로 맞춘다. 값 표시가 더 낮은 범위 내에 있다면 보다 정확한 표시를 위해 그 범위를 선택한다. 유연한 전선에서 매우 낮은 전류를 측정하려고 한다면 전선을 집게로 몇 번 감아서 감도를 증가시킬 수 있다. 그런 다음 표시 값을 감은 횟수로 나눈다.

저항 측정

DMM은 미지의 저항에 내부 전류원을 이용하여 정확한 고정전류를 흘려서 저항을 측정한다. 이것은 미지 저항에 그 저항과 비례하는 전압 강하를 생기게 한다. 이 전압은 계측기에 의해 내부적으로 저항 값으로 변환된 뒤 화면에 표시된다.

저항은 언제나 회로에서 분리된 시험중인 저항기의 한쪽 또는 양 종단에 걸쳐 측정된다. 이렇게 하는 이유는 회로에 또 다른 경로나 전압이 존재하여 계측기가 잘못된 측정치를 나타내거나 심하면 계측기를 손상하는 상황을 방지하기 위한 것이다. 그림 3-33은 저항 값을 읽는 모습을 보여주고 있다.

DMM은 옴미터 기능의 일부분으로서 연결여부 시험에 자주 활용된다. "삐" 소리가 나면 탐침 사이에 선류성도가 있다는 의미이므로 화면을 볼 필요도 없이 회로의 연결여부를 신속하게 확인할 수 있다. 연결여부 시험장비는 회로기판에서 도선의 연결상태를 추적하고 단락 또는 개방 경로를 시험하는 간편한 도구이다. 계측기에 따라서는 선택범위의 1% 미만과 10% 미만의 수치 차이를 구분하기 위해 두 가지 음정을 사용하기도 한다.

DMM의 해상도와 정확도

DMM의 두 가지 중요한 사양은 해상도와 정확도이다.

선명도

DMM에서 보여주는 자릿수 개수는 일반적으로 3 1/2 또는 5 1/2처럼 정수와 분수로 표현된다. 정수란 화면에서 보여줄 수 있는 숫자를 가리키고, 분수는 화면에 최고 자

그림 3-32

한 기술자가 클램프-온 전류계로 전류를 측정하고 있다.

안전 노트

안전한 멀티미터 사용
모든 멀티미터는 어느 한 전극과 접지 사이에서 안전하게 인가할 수 있는 제한된 전압(보통 1000 Vdc 또는 750 Vac)을 갖는다. 직류 한계는 계측기가 실효치 전압이 아닌 극대치 전압으로 평가되어야 하므로 교류한계보다 클 것이다. 계측기를 사용하기 전에 제조자의 적용비율을 확인해야만 한다. 이는 계측기의 비율을 초과하는 측정은 위험하기 때문이다.

계측기를 사용하기 전에 시험 리드선이 적절한 소켓에 있고 정확한 기능이 선택되었는지 확인할 필요가 있다. 계측기의 기능 스위치가 볼트 위치에 맞춰진 상태에서 시험 리드선이 전류량 소켓에 있다면 계측기를 전압원 양쪽에 연결할 때 퓨즈가 손상(혹은 더 나쁘게)될 것이다. 계측기 사용안전에 대한 보다 많은 정보는 www.fluke.com에서 "멀티미터 안전의 ABC"란 활용지침을 받아 참고하기 바란다.

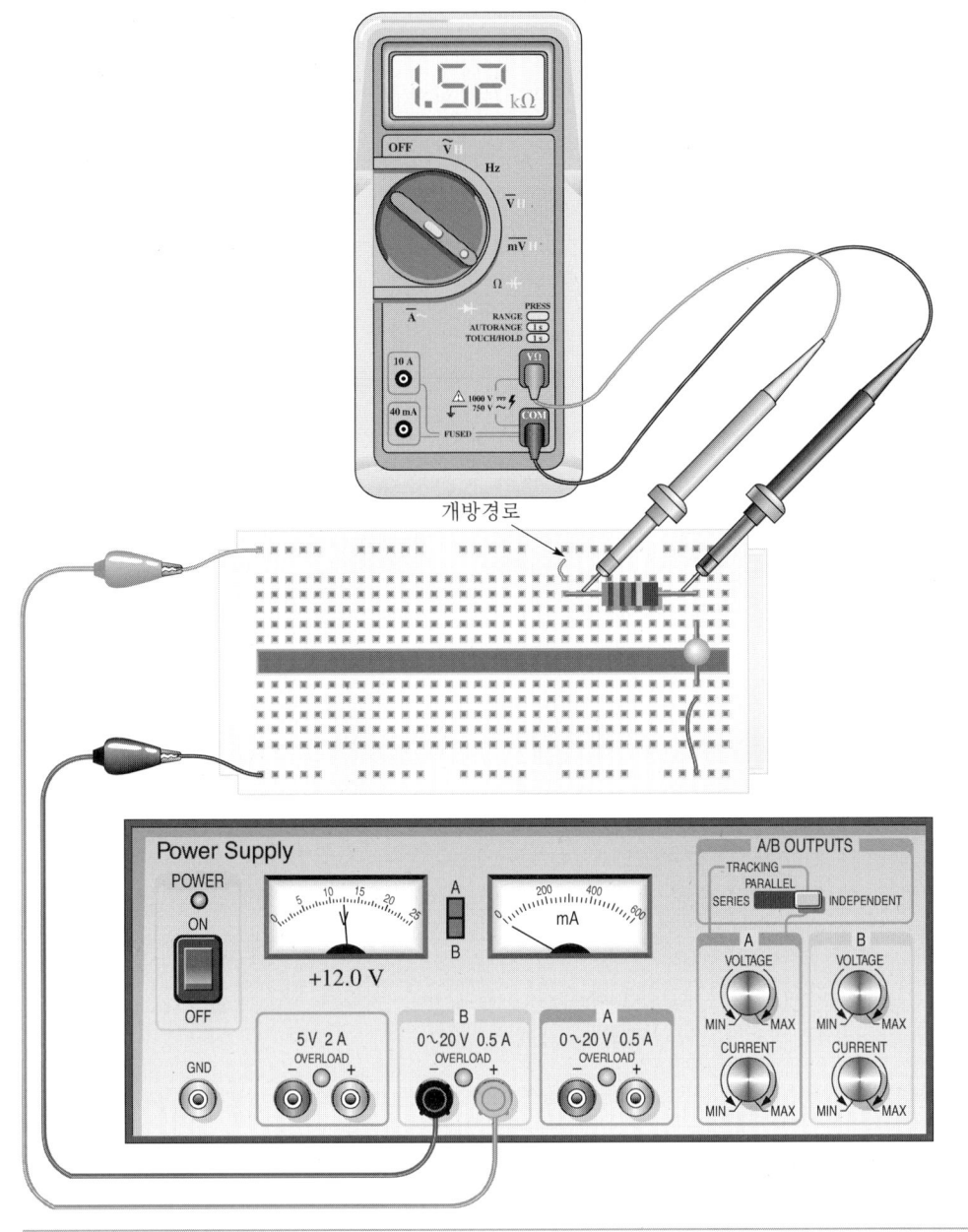

그림 3-33

저항 측정. 점퍼 전선을 제거하여 경로를 차단한다. 전원공급기를 끄는 것만으로는 경로를 차단할 수 없다.

릿수에 소수를 모두 보여줄 수 없을 때 나타난다. 분수 1/2은 최고 자릿수(MSD)가 0이나 1이 될 수 있음(보통 빈칸을 띄운다)을 의미한다. 3 1/2의 자릿수 표시는 0000부터 1999 사이의 숫자로 나타날 수 있으며, 이는 2000분의 1, 즉 0.05%의 선명도를 나타낸다.

해상도는 계측기에서 표시할 수 있는 전압, 전류 혹은 저항의 가장 작은 차이로 표현할 수도 있다. 예를 들어 20 V 범위의 3 1/2 자릿수 계측기는 10 mV의 해상도를 가진다. 같은 계측기에서 2 V 범위는 1 mV의 해상도를 제공한다. 흔히 제조자의 명세서에서 이런 기준으로 사용 가능한 범위와 해상도를 알아낼 수 있다.

정확도

DMM의 정확도는 다양한 방식으로 명시된다. 보통은 회로의 동작을 반영하기 위해 표시수치의 백분율에 횟수를 더하거나 빼는 방식으로 제시되지만, ppm(parts per million)이나 그 밖의 다른 방법으로도 명시된다. 그러나 정확도는 계기에 규정된 예열시간이 주어지고, 명시된 온도범위 내에서 동작하며, 계기보정 후 경과된 시간이 유효할 때에만 올바른 것으로 간주된다. 제조자들은 정확도 명세가 유효한 것으로 간주할 수 있는 동작온도나 범위(보통 25℃)를 명시한다.

VOM

볼트-옴-밀리암미터(volt-ohm-milliammeter, 줄여서 VOM)는 전압과 전류, 저항을 측정하는 휴대용 아날로그 멀티미터이다. 오늘날 VOM은 DMM으로 교체되는 추세이지만 응용분야에 따라서는 기술자들이 VOM을 선호하기 때문에 여기서 간단히 소개하기로 한다. VOM은 화면에 보이는 숫자 대신에 바늘로 표시수치를 나타내며 눈금 자 위의 적절한 눈금과 값을 읽는다.

 VOM의 모습은 그림 3-34와 같다. VOM에는 전류량계, 전압량계와 저항계 기능이 들어가 있다. 그림에서 보는 것처럼 VOM은 기능(볼트, 옴, 밀리앰프 중 하나)과 범위(판독 눈금 중 하나)의 선택을 위한 다용도 스위치를 가지고 있다. 이 계측기는 다양한 스위치의 위치에 상응하는 복합적인 눈금자를 보유한다. 올바른 판독눈금은 선택범위뿐 아니라 기능에 의해서도 결정된다. 눈금자를 읽기 편리하도록 색 표시가 되어 있는 경우도 있다. 판독눈금이 범위 스위치보다 10배 정도 크거나 작을 때가 있는데,

그림 3-34

VOM

이런 경우에는 해당 배수를 감안하여 표시수치를 판독해야 한다.

대부분의 VOM에서 저항눈금은 다른 눈금과 다르다. 일반적으로 저항눈금이 가장 크며 읽는 방법은 오른쪽에서 왼쪽으로 읽는다. 더군다나 저항눈금은 비선형으로 배열되어 있어서 마지막 눈금 영역에서 값이 촘촘해진다. 저항 값을 읽으려면 먼저 계측기 리드선을 서로 단락시키고 영점조절 전위차계를 저항 값 0으로 맞춘다. 그런 다음 탐침을 측정할 저항기에 걸쳐서 대고 표시수치를 읽는다.

DMM에서 설명한 전압과 전류의 측정방법은 VOM에서도 그대로 적용된다. DMM에서처럼 어떤 기능에서는 탐침을 VOM의 전면에 있는 별도의 잭에 꽂아야 한다.

예제 3-8	**문제**

다음의 각 설정을 보고 그림 3-35의 계측기 표시수치를 결정하라.

　(a) 기능 스위치가 R × 100 위치에 있다.

　(b) 기능 스위치가 전압 6 V의 위치에 있다.

　(c) 기능 스위치가 전류량 3 A의 위치에 있다.

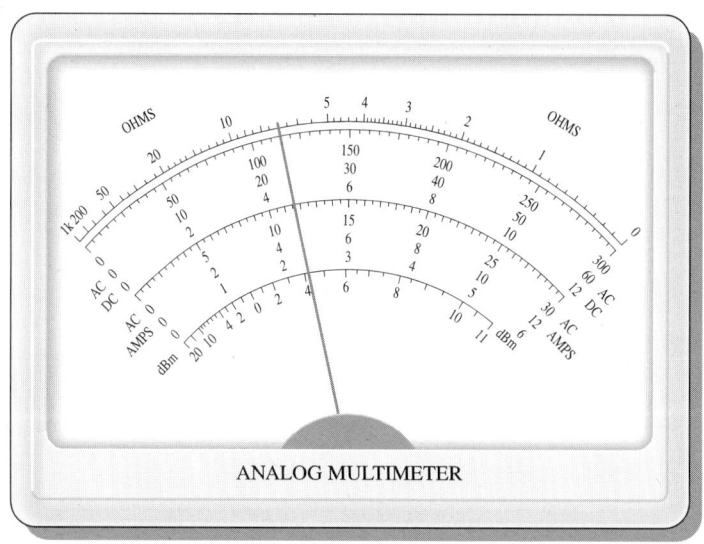

그림 3-35

풀 이

　(a) 저항눈금은 맨 위의 눈금에서 7 부근이다. R × 100 위치가 선택되었으므로 표시수치는 7 × 100 = 700 Ω이다.

　(b) 6 V의 범위가 선택되었지만 6 V 눈금이 없기 때문에 60 V 눈금으로 읽는다. 따라서 표시수치를 읽은 후에 소수점을 옮길 필요가 있다. 즉, 표시수치는 23이지만 이를 10으로 나누어야 한다. 결과적으로 전압은 2.3 V이다.

(c) 3 A의 위치가 선택되었지만 3 A 눈금이 없기 때문에 30 A 눈금으로 읽는다. 따라
서 표시수치는 11.6이지만 이를 10으로 나누어야 한다. 결과적으로 전류는 1.16
A가 된다.

질문
그림 3-35에서 기능 스위치가 R × 1000 위치에 있다면 표시수치는 어떻게 되는가?

복습 질문

21. 기본 DMM 또는 VOM으로 측정할 수 있는 것은 무엇인가?

22. 전류 측정에서 DMM을 연결할 때 선행해야 하는 두 가지 조치는 무엇인가?

23. 저항을 측정하기 위해 DMM을 사용할 경우 전압원을 분리해야 하는 이유는 무엇인가?

24. 3 1/2 자릿수 DMM에서 표시될 수 있는 자릿수의 범위는 어떻게 되는가?

25. 일반적인 VOM에서 다른 눈금에 비해 저항눈금은 어떤 차이점이 있는가?

주요 용어

- **고유저항(resistivity)**　전기를 전도시키는 능력과 관계가 있는 각 물질에 대한 상수. 미터법 단위로 옴-미터(Ω-m) 또는 옴-제곱밀리미터/미터(Ω-mm^2/m)이다. 전선에 대한 영국식 단위는 1 피트당 옴-서큘러 밀이다(Ω-CM/ft).

- **교류(ac)**　양의 값과 음의 값 사이에서 방향을 바꾸는, 즉 "교번하는" 전류.

- **디지털 멀티미터(DMM)**　교류 및 직류 전압, 교류 및 직류 전류, 저항을 측정할 수 있는 계기로 화면에 결과를 숫자로 보여준다.

- **볼트-옴-밀리암미터(VOM)**　전압, 전류, 저항을 측정할 수 있는 휴대용 아날로그 멀티미터이며 표시수치를 보여주기 위해 바늘을 사용한다.

- **부하(load)**　회로의 나머지 부분이 제공하는 전력을 사용하는 요소.

- **실효치 전류(rms current)**　교류의 한 가지 척도. 부하로 직류와 동일한 전력을 운반할 때의 전류 크기이다.

- **실효치 전압(rms voltage)**　교류의 한 가지 척도. 주어진 부하에 지속적인(직류의) 전압과 동일한 전력을 전달할 때의 전압 크기이다.

- **전력공급장치(power supply)**　일반적으로 교류공급전압을 일정한 전압으로 변환하는 직류장치를 가리킨다. AC 전력공급장치는 설비전압을 교류출력으로 변환한다.

- **전해질(electrolyte)**　용액에서 이온을 형성하는 따라서 좋은 전도체가 되는 물질.

- **정현파(sinusoidal wave)**　교류의 주기적인 패턴으로 수학의 삼각법 사인함수와 같은 모양을 갖는다.

- **주기(period)** 주기적인 파형이 완전한 한 사이클을 이루거나 반복하는 데 걸리는 시간.

- **주파수(frequency)** 1초에 발생하는 완전한 사이클의 횟수로 헤르츠로 측정된다.

- **직류(dc)** 한 방향으로 일정하게 흐르는 전류.

- **헤르츠(hertz)** 주파수의 측정 단위로 1 헤르츠는 1 초당 1 사이클과 동등하다.

- **회로도(schematic)** 다양한 구성요소의 논리적인 연결을 보여주기 위해 표준기호를 사용하는 그림.

- **효율(efficiency)** 장치의 출력전력(P_{OUT})과 입력전력(P_{IN})의 비율.

요점

❑ 전도체는 고체, 액체, 기체일 수 있다.

❑ 이온을 형성하는 액체의 세 가지 일반적인 분류는 산, 염기, 염류이다.

❑ 반도체로 만드는 세 가지 중요한 전자소자는 다이오드, 트랜지스터, 집적회로이다.

❑ 한 방향의 균일한 전류를 직류(dc)라고 한다.

❑ 방향을 바꾸는, 즉 앞뒤로 "교번하는" 전류를 교류(ac)라고 한다.

❑ 1초 동안 발생하는 교류의 완전한 사이클의 횟수를 주파수라고 하며 헤르츠(Hz)로 측정된다.

❑ 교류는 일반적으로 실효치 전류와 전압으로 명시되며 직류와 동등한 전류와 전압에 상응하는 전력을 기준으로 한다.

❑ 배터리는 산화-환원 반응으로 알려진 화학반응의 유형을 이용하여 저장된 화학 에너지를 전기 에너지로 변환한다.

❑ 배터리의 용량은 암페어-시(Ah)로 측정되며 해당 정격 전압으로 배터리가 전류를 부하로 전달하는 데 소요되는 시간을 결정한다.

❑ 직류전력공급기는 교류공급전압을 대부분의 전자장치에서 요구되는 균일한 전압으로 변환한다.

❑ 효율은 출력전력(P_{OUT})과 입력전력(P_{IN})의 비율이다.

❑ 저항기는 리드선 사이에 일정한 크기의 저항을 갖도록 설계된 부품이다. 작은 저항기는 저항 값과 허용오차를 명시하기 위해 색 표시가 된 띠를 가지고 있다.

❑ 멀티미터는 디지털 멀티미터(DMM) 유형과 볼트-옴-밀리미터(VOM)라고 하는 아날로그 유형이 있다.

공식

반복적인 파형의 주파수:

$$f = \frac{1}{T} \qquad (3\text{-}1)$$

반복적인 파형의 주기:

$$T = \frac{1}{f} \qquad (3\text{-}2)$$

배터리의 암페어-시 정격:

$$Ah = It \qquad (3\text{-}3)$$

전력공급장치의 효율:

$$효율 = \frac{P_{OUT}}{P_{IN}} \times 100\% \qquad (3\text{-}4)$$

전선저항:

$$R = \frac{\rho l}{A} \qquad (3\text{-}5)$$

단원 확인 문제

1. 전해질의 한 가지 예는
   (a) 소금물   (b) 순수한 물
   (c) 수은 증기   (d) 유리

2. 오직 한 방향으로 전류를 흐르게 하는 장치는
   (a) 전도체   (b) 반도체
   (c) 디이오드   (d) 집적회로

3. 관습적인 전류의 방향은
   (a) 음에서 양이다   (b) 양에서 음이다
   (c) 위의 모두

4. (같은 전압에서) 직류와 동일한 가열 값을 가지는 교류는
   (a) 평균 전류   (b) 피크 전류
   (c) 순간 전류   (d) 실효 전류

5. 배터리에 저장된 에너지의 형태는
   (a) 열의 형태이다   (b) 전기의 형태이다
   (c) 화학의 형태이다   (d) 역학의 형태이다

6. 자동차의 배터리가 방전되었을 때 산의 밀도는
   (a) 더 낮다   (b) 변하지 않는다
   (c) 더 높다

7. 80 Ah 정격의 배터리가 0.5 A를 공급한다면, 예상 지속시간은

   (a) 약 40 h

   (b) 약 80 h

   (c) 약 120 h

   (d) 약 160 h

8. 발전기에서 전기 에너지로 변환되는 에너지의 형태는

   (a) 열 에너지   (b) 전기 에너지

   (c) 화학 에너지   (d) 역학 에너지

9. 전력공급장치에서 전기 에너지로 변환되는 에너지의 형태는

   (a) 열 에너지   (b) 전기 에너지

   (c) 화학 에너지   (d) 역학 에너지

10. 200 W가 전력공급장치에 공급되고 이 중 40 W가 열로 방출되었을 때 효율은

    (a) 20%   (b) 40%

    (c) 60%   (d) 80%

11. 서미스터는

    (a) 빛의 강도가 증가하면 저항이 감소한다

    (b) 빛의 강도가 감소하면 저항이 감소한다

    (c) 온도가 증가하면 저항이 감소한다

    (d) 온도가 감소하면 저항이 감소한다

12. 허용오차 5%를 가지는 4개 색띠 360 Ω의 저항기는

    (a) 빨간색, 청록색, 검정색, 금색 띠를 갖는다

    (b) 빨간색, 청록색, 다갈색, 금색 띠를 갖는다

    (c) 주황색, 파란색, 검정색, 금색 띠를 갖는다

    (d) 주황색, 파란색, 다갈색, 금색 띠를 갖는다

13. 5개 색띠 저항의 다섯 번째 색띠가 다갈색이라면

    (a) 저항기는 1%의 허용오차를 갖는다

    (b) 저항기는 2%의 허용오차를 갖는다

    (c) 승수가 1이다

    (d) 승수가 10이다

14. 4개 또는 5개 색띠 저항기에서 첫 번째 위치에 절대 나타날 수 없는 색은

    (a) 다갈색   (b) 금색

    (c) 흰색   (d) 회색

15. 눈금을 가리키는 바늘의 위치를 읽는 계측기는

    (a) DMM   (b) VOM

    (c) VMM   (d) IBM

질문

1. 고체금속이 좋은 전기 전도체인 이유는 무엇인가?

2. 액체에서 전하 운반자는 무엇인가?

3. 수은증기 램프에서 전하 운반자는 무엇인가?

4. 반도체를 제조할 때 사용되는 불순물의 두 가지 종류는 무엇인가?

5. 오직 한 방향으로만 전류를 흐르게 하는 요소는 무엇인가?

6. 트랜지스터를 능동 소자로 만드는 특징은 무엇인가?

7. 플라즈마란 무엇인가?

8. 손전등에서 부하는 무엇인가?

9. 손전등에서 전자는 어떻게 움직이는가?

10. 단극단투 스위치란 무엇인가?

11. 주파수의 측정단위는 무엇인가?

12. 교류를 직류와 어떻게 비교하는가?

13. 실효치는 무엇을 의미하는가?

14. 교류 실효치 100 mA의 교류는 직류로 어떤 값에 해당하는가?

15. "배터리를 충전한다"는 것이 틀린 표현이라 생각하는 이유는 무엇인가?

16. 자동차 배터리(납-산)에서 내부적으로 전하를 운반하는 두 가지 이온은 무엇인가?

17. 100 Ah의 배터리가 5 A의 전류를 대략 얼마 동안 공급하겠는가?

18. 교류 전력공급장치의 사용분야를 한 가지만 들어라.

19. 매우 효율적인 전력공급장치가 유리한 이유는 무엇인가?

20. 저항의 측정단위는 무엇인가?

21. 초전도체란 무엇인가?

22. 전위차계가 가감저항기로 사용될 수 있는가? 그렇다면 어떻게 하면 되는가?

23. 가감저항기가 전위차계로 사용될 수 있는가? 그렇다면 어떻게 하면 되겠가?

24. 저항성 센서란 무엇인가?

25. 전위차계에서 **테이퍼**는 무엇인가?

26. 5개 색띠 저항기에서 몇 번째 색띠가 승수를 나타내는가?

27. 5개 색띠 저항기에서 다섯 번째 색띠의 빨간색은 무엇을 의미하는가?

28. 4개 색띠 저항기에서 세 번째 색띠의 주황색은 무엇을 의미하는가?

29. 은색은 4개 색띠 저항기에서 첫 번째나 두 번째 색띠로 나타날 수 있는 색인가?

30. 4개 색띠 저항기에서 세 번째 위치의 검정색 띠는 무엇을 의미하는가?

31. AWG의 원어는 무엇인가?

32. 전선저항은 AWG 번호가 높을수록 증가하는가, 아니면 감소하는가?

33. 자동범위선택 계측기는 무엇인가?

34. 계측기에서 주파수응답 사양을 아는 것이 중요한 이유는 무엇인가?

35. 한 회로 내에서 전류를 측정하려면 멀티미터를 어떻게 연결하는가?

36. DMM의 화면에서 3 1/2 자릿수 표시는 무엇을 의미하는가?

37. 대부분의 VOM에서 저항 눈금이 다른 눈금에 대해 갖는 차이점은 무엇인가?

문제

기본 문제

1. 매 초마다 20 C이 한 지점을 지날 때의 직류(dc)를 구하라.

2. 15 A의 직류가 전선을 따라 흐른다면 10초 동안 한 지점을 지나는 쿨롱은 얼마인가?

3. 전류가 12.5 mA일 때 25 mC이 한 지점을 지나는 데 걸리는 시간은 얼마인가?

4. 50 mA의 전류가 1시간 동안 부하에 공급되었다면, 배터리의 한쪽 전극으로부터 다른 쪽 전극으로 이동하는 전체 전하량은 얼마인가?

5. 80 Ah 배터리는 4 A의 전류를 얼마나 오랫동안 제공할 수 있는가?

6. 24시간 동안 4 A가 제공될 때 배터리의 암페어-시 정격은 얼마인가?

7. 입력전력이 25 W이고 전력공급장치의 효율이 60%라면 얼마의 전력이 부하로 전달되겠는가?

8. 어떤 전력공급장치가 200 W의 입력전력과 165 W의 출력전력을 갖는다.
   (a) 효율은 얼마인가?
   (b) 손실된 입력의 백분율은 얼마인가?

9. 500 W의 전원이 공급되고 75%의 효율을 가진 전력공급장치의 출력전력은 얼마인가?

10. 다음 4개 색띠 저항기에서 각각의 컬러 표시를 결정하라.
    (a) 620 kΩ ± 5%   (b) 150 Ω ± 10%
    (c) 2.2 MΩ ± 10%   (d) 91 Ω ± 5%

11. 다음 4개 색띠 저항기의 저항과 허용오차는 얼마인가?
    (a) 주황색, 파란색, 빨간색, 금색   (b) 파란색, 회색, 노란색, 은색
    (c) 빨간색, 빨간색, 금색, 금색   (d) 다갈색, 검정색, 파란색, 은색

12. 다음 5개 색띠 저항기의 저항과 허용오차는 얼마인가?
    (a) 노란색, 다갈색, 보라색, 검정색, 다갈색
    (b) 청록색, 다갈색, 다갈색, 금색, 다갈색
    (c) 다갈색, 파란색, 검정색, 다갈색, 빨간색
    (d) 흰색, 회색, 회색, 은색, 다갈색

13. 다음 5개 색띠 저항기에서 각각의 컬러 표시를 결정하라.
    (a) 57.6 kΩ ± 1%   (b) 910 Ω ± 2%
    (c) 26.1 Ω ± 1%   (d) 75.0 kΩ ± 2%

14. 1마일(5280 feet) 길이를 갖는 AWG #26 구리 전선의 저항을 결정하라.

15. 저항이 1.2 Ω인 AWG #14 구리 전선의 대략적인 길이를 결정하라.

16. 0.27 Ω의 저항을 갖는 AWG #10 알루미늄 전선의 대략적인 길이를 미터 단위로 표현하라.

기본-플러스 문제

17. 문제 16의 알루미늄 전선을 AWG #12 구리 전선으로 교체한다면 대략의 저항은 얼마가 되겠는가?

18. AWG #26 구리 전선 1000 m에 대한 저항이 특정한 응용에서 명시된 것 이상으로 10 Ω의 저항을 갖는다. 명시된 사양 내에서 AWG #26 규격의 구리를 AWG #24 규격의 구리로 교체할 수 있는가? 대답을 증명해보라.

19. 3.5 m 길이의 AWG #22 전선의 저항이 1.94 Ω이라면 탄소강철 전선의 고유저항을 Ω-mm^2/m로 계산하라.

20. 문제 19의 탄소강철의 고유저항을 Ω-CM/ft의 단위로 나타내어라.

예제 질문

3-1: 20 s

3-2: 5 h

3-3: 425 W

3-4: 100 Ω ± 5%

3-5: 흰색, 다갈색, 다갈색, 은색

3-6: 청록색, 파란색, 빨간색, 다갈색, 다갈색

3-7: 0.79 Ω

3-8: 7000 Ω

복습 질문

1. 양이온

2. 특정한 원자에 구속되지 않은 다량의 전자가 있다.

3. 전해질

4. 다른 전도체로부터의 분리와 쇼크 안전사고에 대한 예방

5. 최외각에 4개의 전자를 가지고 전도체와 절연체의 사이의 중간적 특징을 보이는 결정물질

6. 부하는 회로의 나머지 부분에서 공급되는 전력을 사용하는 요소이다.

7. 직류와 교류

8. 교류

9. 120

10. 순간전류는 음의 극점에서 양의 극점으로 시간에 따라 변화한다. 실효치 전류는 같은 양의 직류에 상응하는 값이다.

11. 산화-환원 반응

12. 납-산 배터리는 치명적인 눈 손상을 일으키는 산을 포함하고 있으며, 배터리 가스는 폭발력이 있다.

13. 배터리의 암페어-시 정격은 특정 전압정격에서 배터리가 일정량의 전류를 부하로 운반할 수 있는 시간을 가리킨다.

14. 역학 에너지

15. 70%

16. 초전도체는 극저온에서 저항을 상실하는 특수물질이다.

17. 가감저항기는 전류를 조절하는 두 개의 전극을 갖는 가변저항기이며, 전위차계는 전압을 조절하는 세 개의 전극을 갖는 가변저항기이다.

18. 전위차계의 선형 테이퍼는 자체의 저항이 조절각도의 위치에 비례함을 의미한다.

19. 승수는 10^{-1}이다.

20. 다갈색, 검정색, 금색, 금색

21. 직류 및 교류 전압, 저항, 직류 및 교류 전류

22. 계측기는 직렬로 삽입해야 하고 리드선은 전류 잭에 꽂아야 한다.

23. 틀린 값을 읽게 된다(계측기에 손상을 입힐 수도 있다).

24. 계측기는 0000에서 1999 사이의 숫자를 표시할 수 있는데, 이는 2000분의 1의 해상도를 나타낸다.

25. VOM에서 저항눈금은 "역방향으로" 읽고 비선형 간격이다. 일반적으로 영점은 오른쪽에 있다.

단원 확인 문제

1. (a)	**2.** (c)	**3.** (b)	**4.** (d)	**5.** (c)
6. (a)	**7.** (d)	**8.** (d)	**9.** (b)	**10.** (d)
11. (c)	**12.** (d)	**13.** (a)	**14.** (b)	**15.** (b)

옴의 법칙과 와트의 법칙

제 4 장

이 장의 참고 자료는
아래 웹사이트에서
얻을 수 있다.

http://www.prenhall.com/SOE

서론

전압, 저항, 전류, 전력은 전기의 기본 물성치다. 이 장에서는 이들 물성치의 정의에 대해 다루고, 물성치 사이의 관계 및 두 가지 중요한 법칙에 대해서 배울 것이다. 첫째는 옴의 법칙으로서, 이는 전압, 전류, 그리고 저항 사이의 관계를 보여준다. 둘째는 와트의 법칙으로서 이는 이들 물성치와 전력의 관계를 보여준다.

이 두 법칙은 매우 밀접한 관계를 갖고 있고 전기적 문제와 관련될 때 많이 적용될 것이다. 이 장에서는 저항 회로와 이들 두 가지 중요한 법칙을 자세히 다루고, 전자 장치의 학습에 적용되는 개념 및 저항의 비선형성에 대한 토의로 마무리한다.

주요 목표

각 목표의 번호는 절의 번호이다. 이 장을 마치고 나면 여러분은 다음과 같은 일들을 할 수 있어야 한다.

4-1 옴의 법칙을 글로 표현하고 그 의미를 토론하기

4-2 실제적인 회로에 옴의 법칙을 적용하여 전류, 전압, 또는 저항을 구하기

4-3 킬로와트시를 정의하고 이를 실제 상황에 적용하기

4-4 와트의 법칙을 글로 표현하고 그 의미를 토론하기

4-5 와트 법칙을 실제적 회로 문제에 적용하기 및 저항에 필요한 정확한 와트 값 구하기

4-6 DC 저항과 AC 저항 사이의 차이 설명하기 및 비선형 *IV* 곡선을 갖는 장치에서의 DC 저항 및 AC 저항치 계산하기

컴퓨터 시뮬레이션 디렉토리

다음 그림에는 관련된 Multisim 회로 파일이 있다. Multisim 파일을 열기 위해서는 http://www.prenhall.com/SOE에 있는 웹사이트로 가서, 이 책의 표지를 클릭하고, 이 장을 선택한 다음, "Multisim"을 클릭하고 해당 파일을 클릭한다.

◆ 그림 4-3
  115쪽

◆ 그림 4-4
  116쪽

◆ 그림 4-8
  120쪽

실험실습 디렉토리

다음 실험은 이 장을 위한 것이다.

◆ 실험 6
  옴의 법칙

◆ 실험 7
  전력과 효율

주요 용어

- 옴(ohm)의 법칙
- 컨덕턴스(conductance)
- kWh
- 와트(watt)의 법칙
- 마력(horsepower)
- 방열판(heat sink)
- DC 저항
- AC 저항

Sci Hi
과학
하이라이트

레이저의 한 가지 재미있는 응용은 짧은 레이저 펄스를 발생하기 위해 LLNL(Lawrence Livermore National Laboratory)에서 개발된 레이저이다. 지금까지 달성된 세계 최고 펄스 전력 기록은 Petawatt 레이저이다(미터법 접두사 peta는 10^{15}을 의미한다). Petawatt 레이저는 500 femto초(500 × 10^{-15}초) 동안 500 J의 펄스를 발생할 수 있다. 이러한 숫자에 대해 흥미로운 것은 이들 숫자가 에너지와 전력 사이의 차이를 보여준다는 점이다. 에너지(500 J)는 통상적으로 2시간 동안 TV 수상기가 사용하는 것이다. Petawatt 레이저의 경우, 이러한 에너지 양이 아주 높은 전력, 즉 약 10^{12} 와트인 짧은 시간에 전달된다. 10^{12} 와트는(이 극히 짧은 시간 동안) 미국에서 생산된 전력 전체보다 더 많은 전력이다.

주어진 에너지에 대해 시간이 짧을수록 전력은 높아진다. 왜냐하면 전력은 에너지가 변환되는 비율이고 시간이 짧다는 것은 비율이 더 높다는 것에 해당하기 때문이다. Petawatt와 같은 대단히 짧은 펄스 레이저의 응용에서 최소의 열 손상으로써 물질을 절단할 수 있는 절단 공구를 개발하는 것이 포함된다. 또한, 에너지 연구 및 국토 방위에도 응용된다. 미래에는 이보다 더 강력한 레이저가 나올 것이다.

4-1 옴의 법칙

Georg Simon Ohm이 전압, 전류, 저항 사이의 관계를 공식으로 만들었는데 그를 기념하기 위해 이 법칙을 옴의 법칙이라 부른다.

이 절에서는 옴의 법칙을 말로 설명하고 그 의미를 논의하는 것을 배우게 된다.

전압과 전류 및 저항을 이미 2-3절에서 정의하였지만 이들이 중요하기 때문에 아래에 다시 정의한다.

- 전압은 단위 전하가 한 점에서 다른 점으로 이동할 때 획득한 일 또는 방출한 에너지이며 단위는 볼트이다. 전압은 회로를 따라 전하를 이동시키는 구동 "힘"처럼 작용한다.
- 전류는 전하가 흐르는 비율이며, 단위는 암페어이다.
- 저항은 전류에 대한 방해이며, 단위는 옴이다.

그림 4-1

전압이 증가하면 전류가 증가한다.

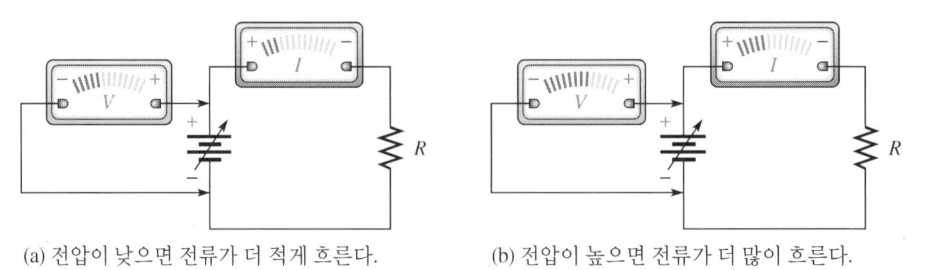

(a) 전압이 낮으면 전류가 더 적게 흐른다.　　(b) 전압이 높으면 전류가 더 많이 흐른다.

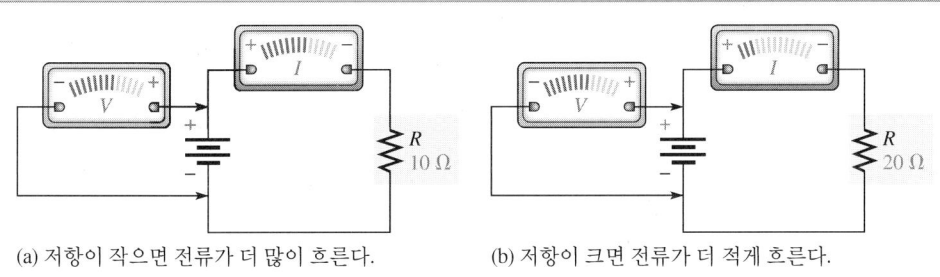

그림 4-2
저항이 증가하면 전류는 감소한다.

(a) 저항이 작으면 전류가 더 많이 흐른다.　　(b) 저항이 크면 전류가 더 적게 흐른다.

그림 4-2

저항이 증가하면 전류는 감소한다.

저항기 양단의 전압이 증가하면 전류가 증가한다. 반면에 전압이 감소하면 전류가 감소하게 된다. 이러한 개념이 그림 4-1에 나타나 있다.

회로의 저항이 증가하면 전류가 감소하게 된다. 이러한 개념이 그림 4-2에 나타나 있다.

역사적 고찰

옴이라는 저항의 단위는 Georg Simon Ohm의 이름을 따서 붙여졌다. Georg Simon Ohm은 Bavaria에서 1784년에 태어났고 1854년까지 살았다. 그는 저항, 전류, 전압 사이의 관계를 밝히는 데 애썼으며, 이러한 그의 노력이 오늘날 옴의 법칙이라고 알려진 수학 관계식으로 결실이 맺어졌다.

전류의 공식

세 개의 물리적인 양인 전류, 저항, 전압은 서로 관계가 있다. 옴은 이 관계를 다음과 같이 수학 공식으로 만들었다.

$$I = \frac{V}{R} \tag{4-1}$$

여기서 I는 암페어(A) 단위의 전류이고, V는 볼트(V) 단위의 전압이고, R은 옴(Ω) 단위의 저항이다.

옴의 법칙(Ohm's law)은 전류는 전압에 비례하고 저항에 반비례하는 것을 보여준다. 이 기초적인 법칙은 전자공학에서 가장 중요한 법칙이다. 예제 4-1은 저항과 전압을 알 때 전류를 구하는 방법을 설명하고 있다.

예제 4-1

문제

그림 4-3의 회로에서 전류계의 예상 눈금을 구하라.

풀이

$$I = \frac{V}{R} = \frac{15\ \text{V}}{47\ \Omega} = \mathbf{0.319\ A}$$

TI-36X를 위한 계산 순서는 다음과 같다.

　1　5　÷　4　7　=

화면에 0.319148936이라고 표시된다(FLO를 선택하면). 일반적으로 소수점 아래 세 자리까지의 결과 값을 사용하기 때문에 계산기의 옵션을 변경해주어야 한다. TI-36X에서 결과값을 소수점 아래 세 자리까지 나타내는 방법은 다음과 같다.

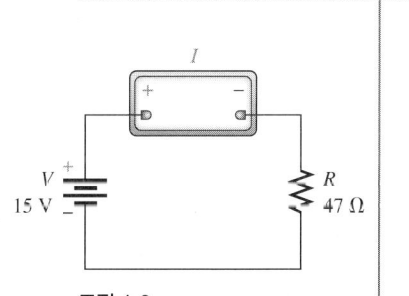

그림 4-3

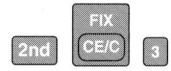

이것은 2-4절에서 논의했던 반올림과는 다르나 비유효자릿수 몇 개를 삭제하는 것으로서 유용한 방법이다. 계산기를 위와 같이 설정하면 앞으로 계산기 설정을 새로 바꿀 때까지는 모든 계산에서 이 설정을 유지하게 된다. 이 책에서는 주어진 모든 계산기 순차에 대해 이 모드를 사용하며, 답을 유효자릿수 세 자리까지 반올림할 것이다.

질문

전압을 20 V로 올리면 저항에 흐르는 전류는 얼마가 되는가?

컴퓨터 시뮬레이션

웹사이트에서 Multisim 파일 F04-03DC를 열고 멀티미터를 이용하여 이 예제 회로의 전류를 확인하라.

고전력 회로에서 그리고 전기 설비에서는 수 암페어 또는 그 이상의 전류 값도 보통이지만 대부분의 전자 회로는 매우 작은 전류로 동작한다. 예제 4-2는 저항 값이 훨씬 크고, 따라서 전류 값은 훨씬 작게 되는 경우를 보여준다. 이 예제에서 주의해야 할 것은 전원의 극성이 예제 4-1과 반대로 되어 있다는 점이다. 앞서 설명했듯이, 표시된 방향은 별 의미는 없지만 실제 회로에서 계기가 제대로 연결되도록 극성을 관찰하는 것이 중요하다. 전류계의 음극 단자는 반드시 전압원의 음극 단자에 연결해야 하며, 전류계의 손상을 피하기 위해서는 반드시 그림과 같이 직렬로 연결해야 한다.

예제 4-2	**문제**

그림 4-4의 회로에 대한 예상 전류를 구하라.

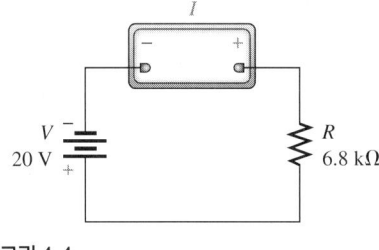

그림 4-4

풀이

$$I = \frac{V}{R} = \frac{20 \text{ V}}{6.8 \text{ K}\Omega} = \textbf{2.94 mA}$$

미터법 접두사 k(킬로)는 10^3을 나타내므로 계산기에 [EE] [3] 으로 입력해야 한다. 완전한 키

순차는 [2] [0] [÷] [6] [.] [8] [EE] [3] [=] 이다. 이 순차를 입력하고 나서 [3rd] [ENG +] 를 눌러

서 ENG를 선택하고 [2nd] [FIX CE/C] [3] 을 눌러 숫자 표시를 소수점 아래 세 자리로 제한할 수 있

다. 그러면 2.941^{-03}이 표시되는데, 이것은 유효 숫자 세 자리로 반올림하면 2.94 mA로 해석된다.

질문

전압을 10 V로 낮추면 저항에 흐르는 전류는 얼마가 되는가?

컴퓨터 시뮬레이션

웹사이트에서 Multism 파일 F04-04DC를 열고 멀티미터를 이용하여 이 예제 회로의 전류를 확인
하라.

전압의 공식

식 (4-1)에서 양변에 R을 곱하고, V를 왼쪽으로 이항하여 재정리하면, 전류와 저항을
알고 있는 경우, 옴의 법칙을 이용하여 전압을 구할 수 있다.

$$I = \frac{V}{R}$$

$$IR = \frac{V}{R} R$$

$$V = IR \tag{4-2}$$

위의 식을 이용하면 전류의 단위가 암페어이고 저항의 단위가 옴인 경우 전압을
볼트 단위로 계산할 수 있다. 하지만 전자회로에서 전류는 mA, 저항은 kΩ인 경우가
많기 때문에 주의하여야 한다. 이런 경우 밀리(10^{-3})와 킬로(10^3)가 서로 곱해지면 1이
되기 때문에 별도의 단위 환산이 필요하지 않으며 전압의 단위는 미터법 접두사가
없는 볼트가 된다.

문제 예제 4-3

그림 4-5에서 전류는 5.0 mA, 저항은 2.7 kΩ이다. 전압원의 전압을 구하라. (그림에서 배터리
기호 위의 화살표는 조절가능 전압원을 의미한다.)

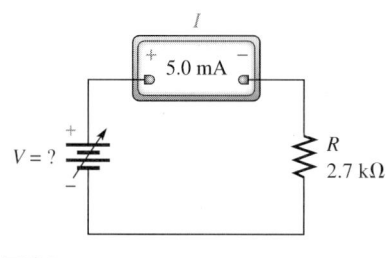

그림 4-5

풀 이

$$V = IR = (5.0 \text{ mA})(2.7 \text{ k}\Omega) = \mathbf{13.5 \text{ V}}$$

미터법 접두사 밀리(milli)와 킬로(killo)가 상쇄되기 때문에, 계산기 사용 시 이를 고려한 키 입력이 불필요하다. 그러나 접두사를 살려서 계산하기를 원한다면 키 입력 과정은 다음과 같다.

이미 예제 4-2에서 결과값을 소수점 아래 세 자리까지 맞추어 놓았다. 그래서 결과 값은 13.500^{00}으로 나타난다. $10^0 = 1$이므로 간단히 13.5가 된다.

원래 문제의 밀리와 킬로를 마음속으로 상쇄시켰다면, 계산기 과정은 다음과 같이 간단해진다.

질 문

위의 회로에서 전류가 6.0 mA이면 전압은 얼마가 되는가?

저항의 공식

흔히 전류와 전압이 주어졌을 때 저항을 구하기 위해 옴의 법칙이 필요한 경우가 있다. 전압의 공식인 식 (4-2)의 양변을 전류 I로 나누면 저항에 관한 공식이 만들어진다.

$$V = IR$$

$$\frac{V}{I} = \frac{\cancel{I}}{\cancel{I}}R$$

$$R = \frac{V}{I} \tag{4-3}$$

전압의 단위가 볼트이고 전류의 단위가 암페어일 경우 저항의 단위는 옴이 된다.

이러한 전압과 전류 그리고 저항에 대한 세 개의 공식($I = V/R$, $V = IR$, $R = V/I$)은 물론 모두 등가이다. 그림 4-6은 전압과 전류 그리고 저항의 관계를 이해하고 기억하는 데 도움이 될 것이다.

그림 4-6

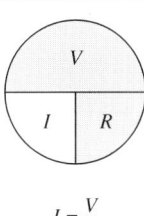 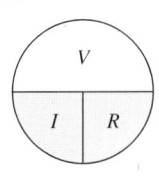 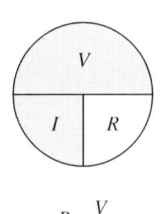

$$I = \frac{V}{R} \qquad V = IR \qquad R = \frac{V}{I}$$

3가지 등가 형태의 옴의 법칙을 기억하는 데 도움을 주는 그림

예제 4-4

문제

그림 4-7은 소형 휴대용 헤어 드라이어의 회로이다. 이 회로의 전압은 12 V이고 전류 값은 14 A이다. 이 경우 헤어 드라이어의 저항 값을 구하라.

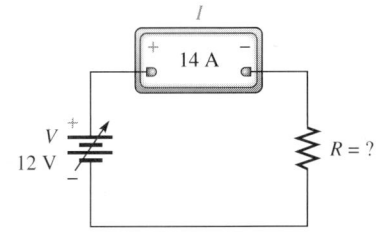

그림 4-5

풀이

$$R = \frac{V}{I} = \frac{12\,V}{14\,A} = \mathbf{0.857}\,\Omega$$

계산기 순서는 다음과 같다.

질문

전압을 10 V로 조절하고, 저항은 변화가 없는 경우, 전류는 얼마인가?

예제 4-4와 같은 전기회로에서 흔히 저항은 작다. 반면에 전자회로에서는 저항이 일반적으로 훨씬 크다. 예제 4-5는 매우 높은 저항의 경우를 보여준다.

예제 4-5

문제

그림 4-8의 회로에서 저항기의 저항은 얼마인가?

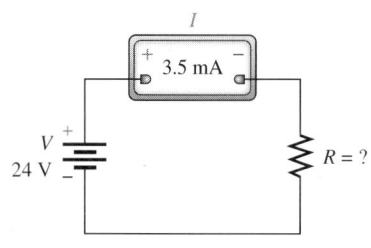

그림 4-8

풀이

$$R = \frac{V}{I} = \frac{24\ V}{3.5\ mA} = \mathbf{6.86\ k\Omega}$$

계산기 순서는 다음과 같다.

2 4 ÷ 3 . 5 EE +/- 3 =

표시되는 값은 6.857^{03}이다. 이것은 $6.86 \times 10^3\ \Omega$, 즉 6.86 kΩ이 된다. 이들은 등가이지만, 일반적으로 미터법 접두사를 붙인 뒤의 것을 사용한다.

질문

전압이 24 V이고 전류가 350 μA이면 저항은 얼마가 되는가?

컴퓨터 시뮬레이션

웹사이트에서 Multisim 파일 F04-08DC를 열고 멀티미터를 이용하여 이 문제의 저항을 확인하라.

전류와 전압의 그래프

표 4-1	
V (V)	I (mA)
1.0	3.03
2.0	6.06
3.0	9.09
4.0	12.1
5.0	15.2
6.0	18.2
7.0	21.2
8.0	24.2
9.0	27.3
10.0	30.3

옴의 법칙이 보여주듯이, 전압과 저항은 회로의 전류를 결정한다. 많은 경우 저항은 고정된 양이다. 저항이 고정 값인 330 Ω이고, 전압은 1 V에서 10 V까지 변화하는 회로를 가정해보자. 전압이 1 V일 경우 전류는 1 V 나누기 330 Ω이 된다.

$$I = \frac{V}{R} = \frac{1\ V}{330\ \Omega} = 0.00303\ A = 3.03\ mA$$

전압을 2배인 2 V로 하면 전류도 2배가 된다. 따라서,

$$I = \frac{V}{R} = \frac{2\ V}{330\ \Omega} = 6.06\ mA$$

이를 통해 전압이 1 V씩 상승할 때 전류 값도 3.03 mA씩 비례해서 증가하는 것을 알 수 있다. 만약 실험을 통해 전류 값의 데이터를 작성해보면 표 4-1의 값들과 비슷한 결과를 얻을 수 있다. 이것을 TI-36X 계산기를 통하여 계산해 보면 다음과 같다.

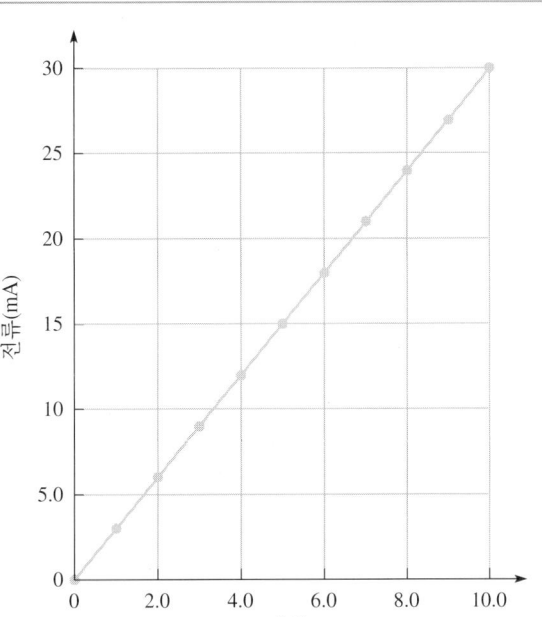

그림 4-9
330 Ω에서 전류와 전압 사이의 그래프

계산기를 통한 결과 값은 아래와 같이 3.030^{-03}이 나온다.

그런 다음에 결과를 자기 자신에게 더하고 첫 번째 답을 디스플레이에 상수로 설정하기 위해 다음과 같이 키를 누른다. 표의 나머지 항목을 구하기 위해 [=] 키를 누른다. 이렇게 하면 앞의 답에 상수를 더하는 것이 된다.

전류를 전압의 함수로 도시하면 그림 4-9와 같이 된다. 이미 2-6절에서 데이터를 도시하기 위한 올바른 방법에 대해 논의하였다. 종속변수는 y축에 표시하는데, 이 경우 종속변수는 전류이다. 독립변수는 x축에 표시하며, 이 경우 독립변수는 전압이다. 그래프는 직선으로 나타나며, 이것은 전류와 전압의 관계가 고정된 저항에 대해서 선형 관계를 갖는다는 것을 가리킨다. 다시 말해 저항 값이 상수인 한, 모든 고정 저항기에 대해 전압에 따른 전류의 그래프는 직선이 된다는 것이 사실이다.

컨덕턴스

그림 4-9에서 직선의 기울기는 y축의 변화량(Δy)을 이에 대응되는 x축의 변화량(Δx)으로 나눈 값($\Delta y / \Delta x$)이다. 그림 4-9와 같이 고정 저항인 경우는 직선의 기울기는 항상 일정하다. 직선의 기울기가 일정하기 때문에 직선의 임의의 지점에서 전류를 이에 대응하는 전압으로 나누면 기울기를 간단히 계산할 수 있다. 여기서 이 결과를 컨덕턴스(conductance)라 하고 기호 G로 표시한다. 컨덕턴스는 저항의 역수이며, 전류를 얼마나 잘 흐르게 하

는가의 척도이다. 컨덕턴스의 단위는 지멘스(siemens)이고 약자로 S 로 표시한다.

$$G = \frac{1}{R} \tag{4-4}$$

여기서 G는 지멘스(S) 단위의 컨덕턴스이고 R은 옴(Ω) 단위의 저항이다. 예를 들면 그림 4-9에서 저항 330 Ω은 3.0 mS의 컨덕턴스를 가지고, 이는 그래프에서 직선의 기울기이다.

비선형 저항

고정 저항기는 특정한 값의 저항을 가지며 그림 4-9에서 나타낸 바와 같은 IV 특성을 가지도록 설계된다. 그래프는 직선이고, 저항은 전압의 모든 변화에 대해 일정함을 의미한다.

　그러나 많은 전자 전기 회로들은 IV특성에서 일정한 기울기를 갖지 않는다. 전압의 변화에 따라 저항도 변화한다. 4-6절에서는 이에 대해 자세히 논의하며, 이 경우 저항을 어떻게 측정하는지도 보게 된다.

복습 질문

1. 옴의 법칙의 세 가지 형태는 무엇인가?
2. 고정 저항기에서 전압이 반으로 줄면 전류는 어떻게 되는가?
3. 전압이 고정되어 있는 회로에서 저항이 증가하면 전류는 어떻게 되는가?
4. 그림 4-9에서 왜 y축에 전류를 그리는가?
5. 저항과 컨덕턴스의 관계는 무엇인가?

4-2 옴의 법칙의 적용

옴의 법칙은 전자공학에서 가장 중요한 법칙이다. 일련의 문제와 풀이는 옴의 법칙의 응용을 보여주는 데 유용하다. 옴의 법칙은 AC나 DC 회로에도 적용될 수 있다는 것을 강조하기 위해 AC 및 DC 전원이 예제에 나타나 있다. 각 문제를 풀이를 보지 말고 스스로 풀어볼 것을 권유한다.

이 절에서는 실제 회로에 옴의 법칙을 적용하여 전류와 전압 또는 저항을 구하는 방법을 배우게 될 것이다.

DC 회로에서의 전류, 전압 또는 저항의 계산

앞에서 말했듯이 옴의 법칙을 사용하면 전류, 전압 또는 저항 중 두 개를 알 때 나머지 하나를 알 수 있다. 고정 저항기와 같은 선형요소만을 갖는 회로에 대해서 미지의 값을 계산하기 위해 전체 회로에 옴의 법칙을 적용할 수 있다.

예제 4-6

문제

그림 4-10의 회로 전류는 매우 작다. 일반적인 디지털 멀티미터(DMM)에서 전류는 0.009 DC를 나타내며, 이것은 0.009 mA를 의미한다. 이 멀티미터는 오직 한 개의 주요 자릿수만 표시된다. 대부분의 아날로그 미터기는 이를 정확하게 가리킬 수 없다. 저항이 공칭(컬러 코드된) 값이라고 가정하고 전류를 세 자리 주요 자릿수로 계산하라.

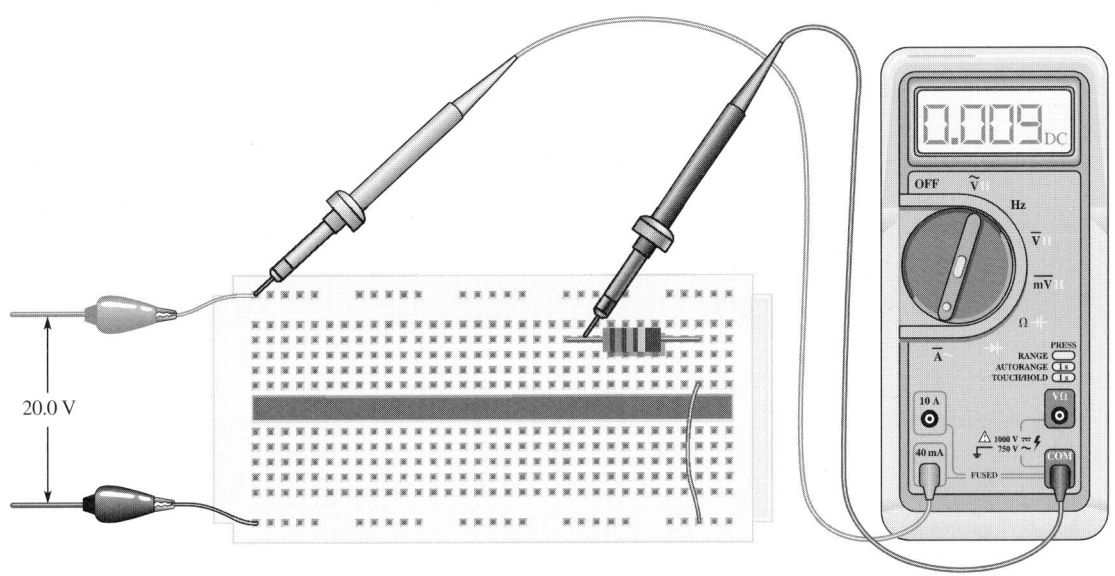

그림 4-10

풀 이

먼저 공칭(컬러 코드) 저항을 읽는다. 저항기의 색띠는 적색, 적색, 녹색, 황색이다. 첫 번째와 두 번째의 자릿수는 적색으로서 2이고, 세 번째의 승수는 녹색으로서 10^5이다. 그리고 오차는 5% 이내이다. 그러므로 저항 값은 2.2 MΩ ± 5%이다. 이 저항 값으로 전류를 계산하면 다음과 같다.

$$I = \frac{20.0 \text{ V}}{2.2 \text{ M}\Omega} = \mathbf{9.09 \ \mu A}$$

계산기 순시는 다음과 같다.

[2] [0] [÷] [2] [.] [2] [EE] [6] [=]

계산기의 ENG를 선택하면 출력 값은 9.091^{-06}이 된다. 이 결과의 지수는 미터법 접두사 마이크로(μ)와 등가이다. 이 결과를 3개의 주요 자릿수로 반올림하면 9.09 μA이다. 이 문제에서 미터법 접두사 마이크로(μ)는 접두사 메가(M)의 역수임에 유의하라.

질문

이 회로의 회로도를 그려라.

예제 4-7

문제

그림 4-11의 회로에서 저항기의 오차로 인한 전류계에서의 예상치 범위를 구하라. 저항기는 색띠로 정해진 오차범위 내에 있다고 가정한다.

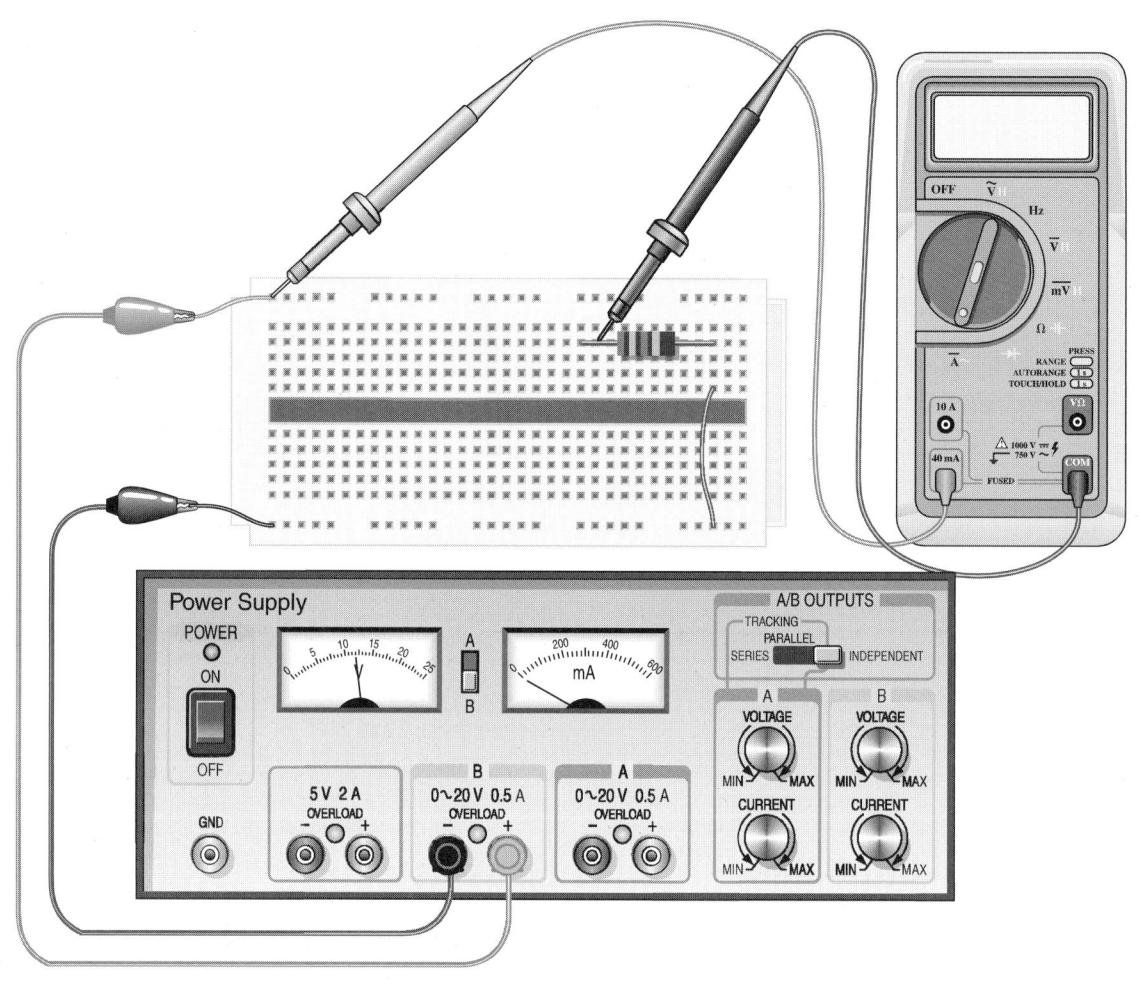

그림 4-11

풀이

먼저 공칭(컬러 코드) 저항을 읽는다. 저항의 띠는 빨간색, 보라색, 빨간색 그리고 금색이다. 첫 번째 자릿수는 빨간색의 2이고, 두 번째 자릿수는 보라색의 7 그리고 승수는 빨간색의 10^2 이고, 오차는 금색으로 5% 이내임을 의미한다. 그러므로 저항은 규정값 2.7 kΩ ± 5%가 된다.

오차에 근거한 최대 저항 값을 구하면,

$$2.7 \text{ k}\Omega + 0.05(2.7 \text{ k}\Omega) = 2.84 \text{ k}\Omega$$

계산기를 통해 저항 값의 계산을 쉽게 하는 방법은 다음과 같다.

공급 전압은 +12.0 V이므로 최소 전류는 다음과 같다.

$$I = \frac{V}{R} = \frac{12.0\,\text{V}}{2.84\,\text{k}\Omega} = 4.23\,\text{mA}$$

오차에 근거한 최소 저항 값을 구하면,

$$2.7\,\text{k}\Omega - 2.7\text{k}\Omega(0.05) = 2.56\,\text{k}\Omega$$

다시, 이를 계산기의 퍼센트 키를 이용하면 다음과 같다.

최대 전류 값을 구하면,

$$I = \frac{V}{R} = \frac{12.0\,\text{V}}{2.56\,\text{k}\Omega} = 4.68\,\text{mA}$$

그러므로 최대 전류 값의 범위는 **4.23 mA**에서 **4.68 mA**까지가 된다.

질 문
저항기의 오차 색띠가 금색 대신 은색이 되면, 전류 값의 범위는 어떻게 바뀌겠는가?

예제 4-8

문 제
그림 4-12의 회로에서 전원의 전압을 전류 값이 1.0 mA가 되도록 하려면 이 때의 전압은 얼마로 설정해야 하는가?

풀 이
먼저 저항을 구한다. 저항의 띠는 갈색, 녹색, 주황색 그리고 금색이다. 첫 번째 자릿수는 갈색의 1, 두 번째 자릿수는 녹색의 5, 그리고 승수는 주황색의 10^3이며, 저항의 오차는 금색으로 5% 이내임을 의미한다. 그러므로 저항기의 저항은 15 kΩ ±5%가 된다. 요구되는 전류 값이 1.0 mA이므로 필요한 전압은 다음과 같다.

$$V = IR = (1.0\,\text{mA})(15\,\text{k}\Omega) = \textbf{15.0 V}$$

계산기 순서는 다음과 같다.

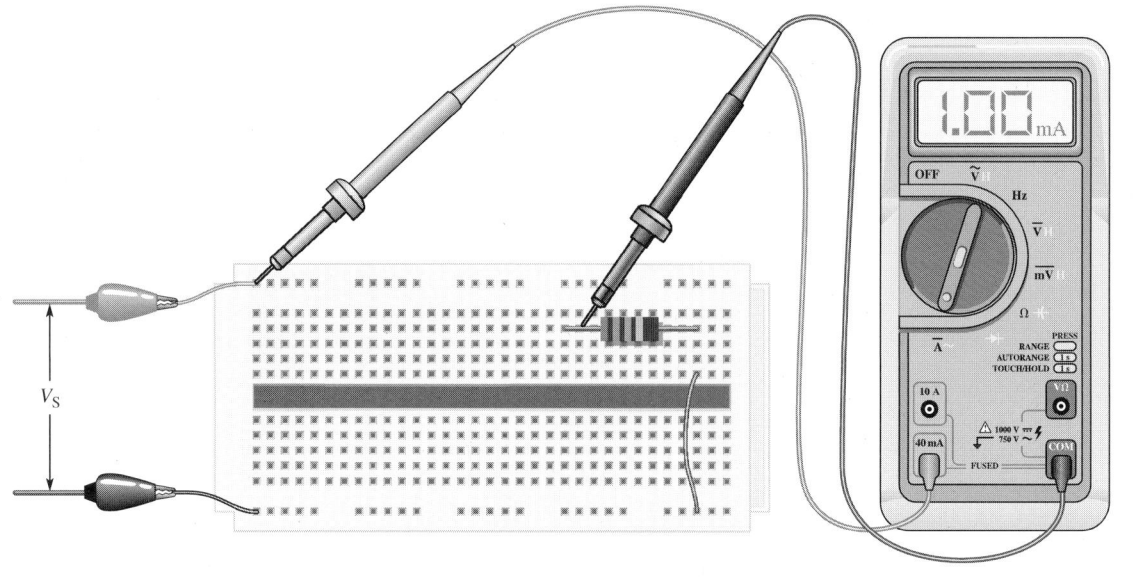

그림 4-12

계산기의 결과 전압은 15.000 V인데 간단히 15.0 V로 반올림된다. 물론 접두사 밀리와 킬로의 곱은 상쇄된다는 데 유의하면 키 입력은 간단해진다.

질문
그림 4-12 회로에서 얻고자 하는 전류 값이 1.5 mA인 경우 필요한 전압은 얼마가 되겠는가?

예제 4-9

문제
어떤 회로에서 공급 전압이 24 V이고 전류 값을 0.90 mA로 제한하고자 한다면 요구되는 저항 값은 얼마인가?

풀이
옴의 법칙을 이용하여 저항 값을 구하면,

$$R = \frac{V}{I} = \frac{24\ V}{0.90\ mA} = \textbf{26.7 k}\boldsymbol{\Omega}$$

계산기 순서는 다음과 같다.

질문
저항 값이 27 kΩ이고 오차가 5%일 경우, 이 저항의 색띠는 어떻게 되는가?

AC 회로에서의 전류, 전압 그리고 저항의 계산

옴의 법칙은 부하가 저항성인 경우 DC 및 AC 회로 모두 동일한 방법으로 적용된다
(나중에 비저항성 부하에 대해 다룰 것이다). AC 회로에서는 rms 값으로 통용된다(3-2절).
AC 파형을 기술하는 여러 방법이 있지만, 전압과 전류가 별도의 언급이 없는 한,
전자 및 전기 분야에서는 rms 값으로 가정된다. 다음 예제들에서는 rms 값을 사용
한다.

예제 4-10

문제

그림 4-13의 회로에서 AC 전류계는 극성 부호가 없다. 전압원이 2.0 Vrms로 설정되면, 전류계
가 나타내는 값은 얼마일까?

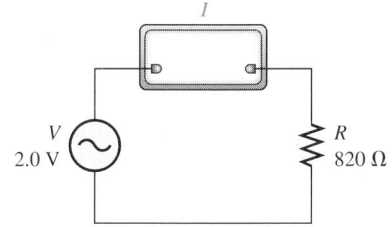

그림 4-13

풀 이

옴의 법칙을 적용하면,

$$I = \frac{V}{R} = \frac{2.0\,\text{V}}{820\,\Omega} = \mathbf{2.44\,mA}$$

전압이 rms로 주어졌기 때문에 전류 또한 rms 값이다. 별도의 언급이 없으면 rms로 가정되기
때문에 정답에 이를 기술할 필요는 없다.

질 문

교류(AC) 전원이 2.0 Vdc 전원으로 대체되었다면 전류는 얼마인가(그리고 전류계도 직류로 바
꾼다)?

예제 4-11

문제

클램프-온 전류계(3-5절에서 언급)가 그림 4-14에서 보는 바와 같이 115 Vac 연결된 회로 전류
를 측정하고 있다. 계기가 0.87 A를 가리키고 있다. 전구의 실효 저항은 얼마인가?

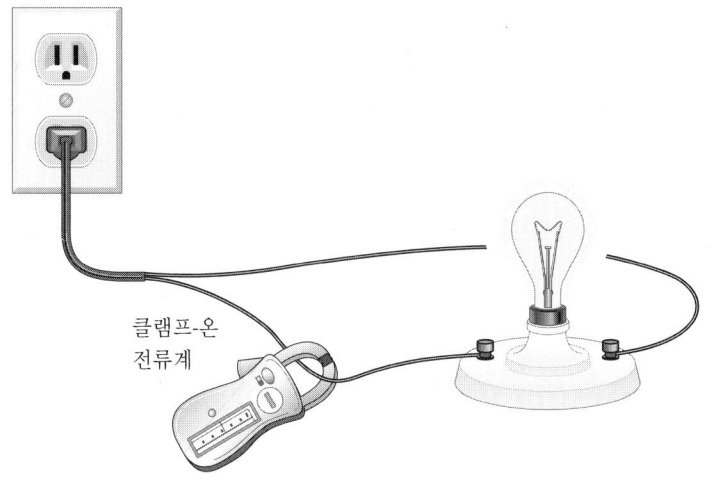

그림 4-14

풀이

$$R = \frac{V}{I} = \frac{115\,\text{V}}{0.87\,\text{A}} = \mathbf{132}\,\Omega$$

질문

전구가 달구어지기 시작하는 시간은 전구를 처음으로 켰을 때이다. 이 사실로부터 전구가 차가울 때 저항은 더 높은가, 아니면 더 낮은가?

복습 질문

6. 1.2 V의 전압이 인가된 4.7 MΩ의 저항기에 흐르는 전류는 얼마인가?

7. 회로를 흐르는 전류가 40 mA이면 220 Ω의 저항에 걸리는 전압은 얼마인가?

8. 전류가 7.06 mA라면 48 V가 인가된 미지의 저항 값은 얼마인가?

9. 115 Vac 전원이 10 A의 전류가 흐르는 전기 난로에 연결되어 있다면 난로의 저항은 얼마인가?

10. 12 Vdc 전원을 등가의 교류전원으로 대체하기 위해서는, 몇 볼트가 필요한가?

4-3 전기 에너지 및 전력

일과 에너지는 1-3절에서 소개되었다. 줄(joule)은 일 또는 에너지의 작은 단위이다. 전력은 와트(W)로 측정한다.

이 절에서는 kWh(killowatt-hour)와 이를 실제 상황에 적용하는 법을 배운다.

에너지

에너지는 일을 하기 위한 용량으로 정의된다. 에너지의 단위는 줄(joule)이고, 1 줄은 1 N의 힘이 1 m의 거리에 걸쳐 작용될 때 행해진 일과 등가이다. 1-3절에서 논의한 것처럼 에너지의 세 가지 주요한 형태는 위치, 운동 및 정지 에너지이다. 다시 말해 이들 주요 형태의 각각은 역학, 화학, 열, 빛과 같은 기본적인 형태로 나뉘어진다. 전기 에너지는 모터를 움직이거나 난로에서 열을 내는 것과 같은 다른 형태의 에너지로 변환될 수 있는 위치 에너지의 또 다른 기본적인 형태이다.

전력(power)은 열과 같은 또 다른 에너지로 변환되거나 전달되어지는 에너지 율로 정의된다. 우리는 비록 에너지를 "사용한다"고 말하지만 그것은 실제로 없어지는 것이 아니다. 일반적으로 에너지는 원치 않는 열로 변환된다는 사실로 설명된다(제1장의 과학 하이라이트를 참조). 전력은 통상적으로 기본 SI 단위인 와트(watt)로 측정된다. 1 와트는 1 J의 에너지가 1초 동안 사용될 때 소비되는 전력이다. 전력은 다음과 같은 방정식 형태로 정의된다.

$$P = \frac{W}{t}$$

여기서 P는 와트(W) 단위의 전력이고, W는 줄(J) 단위의 에너지이며 t는 초(s) 단위의 시간이다. 여기서 단위 와트는 W로 표시하고 양인 에너지는 W로 표시한다는 데 주의해야 한다. 전력과 시간의 곱이 에너지가 된다는 데 유의하라. 윗식을 다시 정렬하면

$$W = Pt$$

킬로와트시(kilowatt-hour)

줄보다 더 큰 에너지 단위는 킬로와트시(kilowatt-hour: kWh)이다. 사실 1 kWh는 3백 6십만 J이다. kWh는 전력 단위와 시간 단위의 곱임을 주목하라. 그래서 결과는 $W = Pt$이기 때문에 에너지라 할 수 있다. 킬로와트시는 1 킬로와트의 전력이 1시간 동안 유지될 때 사용되는 에너지의 총량이다. 이는 줄보다 더 큰 단위이기 때문에 킬로와트시는 가정 등의 전기 응용에서 사용될 수 있는 유용한 단위이다. 발전소는 킬로와트기 아니라 킬로와트시 단위로 요금을 청구한다(발전소는 전력회사기보다 에너지 회사라고 부르는 것이 더 적절하다).

문제 | **예제 4-12**

1 킬로와트가 3백 6십만 줄이라는 것을 증명하라.

풀이

$$1\,\text{kWh} = 1\,\cancel{\text{kWh}} \times \left(\frac{1000\,\text{W}}{\cancel{\text{kW}}}\right)\left(\frac{3600\,\text{s}}{\cancel{\text{h}}}\right) = 3.6 \times 10^6\,\text{Ws} = 3.6 \times 10^6\,\text{J}$$

각각의 괄호 안의 양은 변환 인수이다. 이들은 kWh 대신에 Ws 즉 J을 남겨놓고 단위가 상쇄되도록 한다.

질문

1 J은 몇 kWh인가?

위에서 언급했듯이, 발전소는 전력이 아닌 에너지로 고객에게 요금을 부과한다. 전력은 에너지 소비율이다. kWh의 양은 전력(kW)과 시간(h) 모두에 의존한다. 그래서 1시간에 1000 W의 부하는 10시간에 100 W 또는 100시간에 10 W의 부하와 동등한 에너지를 사용한다.

예제 4-13

문제

100 W의 전구를 하루(24시간) 동안 사용할 때 에너지(kWh)의 총량을 구하라.

풀이

$$W = Pt = 100\,\text{W} \times 24\,\text{h} = 2400\,\text{Wh} = 2.4\,\text{kWh}$$

질문

200 W의 전구를 8 시간 동안 사용한다면 얼마의 에너지(kWh)가 사용되는가?

가정용 전기제품

표 4-2는 몇몇 가전제품과 그들의 전력정격을 와트 단위로 보여준다. 여러분은 표 4-2의 전력정격을 사용함으로써 다양한 제품의 킬로와트에 사용 시간을 곱하여 최대 전력량(kWh)을 결정할 수 있다. kWh당 비용은 사용된 에너지의 총량, 서비스 형태(주택용, 상업용, 공업용)의 종류, 그리고 하루 중 이용 시간대 등을 포함한 다양한 인자에 의존한다.

제품	전력정격(W)
탈수기	4,800
식기세척기	1,200
환풍기	75
램프	100
오븐	800
전자레인지	12,200
냉장고	1,800
텔레비전	250
세탁기	400
온수기	2,500

표 4-2

표준 전력정격

예제 4-14

문제

하루 24시간의 주기 동안 특정 시간에 다음의 10가지 제품을 사용한다. 에너지가 1 kWh당 12 센트라면 24시간 동안 이들 제품이 사용한 에너지 양과 비용을 구하라.

탈수기: 1시간	식기세척기: 1시간
환풍기: 24시간	세 개의 램프: 각각 8시간
마이크로웨이브 오븐: 15분	전자레인지: 30분
냉장: 12시간	텔레비전: 5시간
세탁기: 1시간	온수기: 6시간

풀이

표 4-2에서의 와트를 사용 시간으로 곱하여 각각의 제품이 사용한 kWh를 결정한다.

탈수기:	$4.8 \text{ kW} \times 1 \text{ h} = 4.8 \text{ kWh}$
식기세척기:	$1.2 \text{ kW} \times 1 \text{ h} = 1.2 \text{ kWh}$
환풍기:	$0.075 \text{ kW} \times 24 \text{ h} = 1.8 \text{ kWh}$
램프:	$3 \times 0.100 \text{ kW} \times 8 \text{ h} = 2.4 \text{ kWh}$
마이크로웨이브 오븐:	$0.8 \text{ kW} \times 0.25 \text{ h} = 0.2 \text{ kWh}$
전자레인지:	$12.2 \text{ kW} \times 0.5 \text{ h} = 6.1 \text{ kWh}$
냉장고:	$1.8 \text{ kW} \times 12 \text{ h} = 21.6 \text{ kWh}$
텔레비전:	$0.25 \text{ kW} \times 5 \text{ h} = 0.5 \text{ kWh}$
세척기:	$0.4 \text{ kW} \times 1 \text{ h} = 0.4 \text{ kWh}$
온수기:	$2.5 \text{ kW} \times 6 \text{ h} = 15 \text{ kWh}$

이제 24시간 동안 사용한 전체 에너지를 얻기 위하여 모든 킬로와트시를 더한다.

$$\text{전체 에너지} = (4.8 + 1.2 + 1.8 + 2.4 + 0.2 + 6.1 + 21.6 + 0.5 + 0.4 + 15) \text{ kWh}$$
$$= 54.0 \text{ kWh}$$

12 센트/kWh를 이용하여 24시간 동안 제품이 사용한 에너지의 비용은

$$\text{에너지 비용} = 54.0\,\text{kWh} \times 0.12\,\$/\text{kWh} = \mathbf{\$6.48}$$

질문

뜨거운 샤워를 좋아하는 손님들이 있었다고 가정하자. 그래서 온수기 사용 시간이 6시간 대신에 8시간이 되었다. 이 뜨거운 물을 위하여 24시간 동안 더해진 비용은 얼마인가?

복습 질문

11. 에너지를 측정하는 두 가지 단위는 무엇인가?

12. 가정에서 소비되는 에너지를 측정할 때 왜 J보다 kWh가 더 편리한가?

13. joule/second에 대한 또 다른 이름은 무엇인가?

14. 5000 W 휴대용 난로를 2시간 동안 사용했다면, 열로 변환된 에너지의 양(kWh)은 얼마인가?

15. 에너지 비용이 15 센트/kWh일 때, 14번 문제에서 난로를 작동시키는 데 지불해야 하는 비용은 얼마인가?

4-4 와트의 법칙

전력(Power)은 소비된 에너지율로서 전기와 전자 회로에서 중요한 개념이다. James Watt의 이름을 따서 이름 붙여진 와트의 법칙은 전력에 대한 전기적 파라미터와 관련된 법칙이다.

이 절에서는 와트의 법칙을 말로 설명하고 그 의미를 논의하는 방법을 배운다.

저항의 전력소비

저항기에 전류가 흐를 때, 저항내의 전자와 원자의 충돌로 인한 운동 에너지는 열로 변환된다. 전력은 열의 생성률이며 전류와 전압의 곱으로 표현될 수 있다.

$$P = IV \tag{4-5}$$

여기서 P는 와트(w) 단위의 전력이고, I는 암페어(A) 단위의 전류이고, V는 볼트(V) 단위의 전압이다. 단위들을 주목하면, 전류는 단위 시간당 쿨롱이고 전압은 단위 쿨롱당 줄로 표현되며, 이때 그 곱인 전력은 단위 시간당 줄로 표현할 수 있다.

$$P = IV = \left(\frac{\text{쿨롱}}{\text{초}}\right)\left(\frac{\text{줄}}{\text{쿨롱}}\right) = \frac{\text{줄}}{\text{초}} = \text{와트}$$

식 (4-5)를 전류에 대한 옴의 법칙($I = V/R$)으로 대체함으로써, 전력에 대한 다른 등가 표현을 얻을 수 있다.

$$P = IV = \left(\frac{V}{R}\right)V$$

$$P = \frac{V^2}{R} \tag{4-6}$$

식 (4-5)를 전압에 대한 옴의 법칙($V = IR$)으로 대체함으로써 또 다른 등가 표현을 얻을 수 있다.

$$P = IV = I(IR)$$

$$P = I^2R \tag{4-7}$$

이 세 개의 식 (4-5, 4-6, 4-7)을 통틀어 와트의 법칙이라고 부른다. 주어진 저항의 전력을 계산하기 위하여 세 가지 식 중 알고 있는 양에 따라 어떠한 식이라도 사용할 수 있다. 예를 들어 전류와 전압을 알고 있다면 $P = IV$를 사용할 수 있다. 옴의 법칙에서와 마찬가지로 와트의 법칙도 저항성 부하에 대해서 직류와 교류 모두 적용이 가능하다. 다음의 예는 저항성 부하에 직류 회로와 교류 회로 모두에 대하여 와트의 법칙 세 가지가 어떻게 사용되는지를 보여준다.

예제 4-15

문제

그림 4-15의 회로 각각에 대하여 부하저항 R에서 소비되는 전력을 계산하라.

풀이

회로 (a)에서 V와 I를 알고 있으므로, 전력은 다음과 같이 결정된다.

$$P = IV = (0.1\text{ A})(10\text{ V}) = \textbf{1 W}$$

회로 (b)에서 V와 R을 알이므로 있고, 전력은 다음과 같이 결정된다.

$$P = \frac{V^2}{R} = \frac{20\text{ V}^2}{270\text{ }\Omega} = \textbf{1.48 W}$$

이 계산을 위한 계산기 순서는 다음과 같다.

2 0 x² ÷ 2 7 0 =

회로 (c)에서 I와 R을 알고 있고, 전원은 교류 전원임을 주목하라. 전류가 rms 값으로 기술되면, 계산은 직류 전원의 경우와 정확히 같다. 다음과 같이 전력을 결정할 수 있다.

$$P = I^2R = (34\text{ mA})^2(100\text{ }\Omega) = \textbf{116 mW}$$

계산기 순서는 다음과 같다.

3 4 EE +/- 3 x² × 1 0 0 =

질문

회로 (a)에서 전압이 2 배가 되면 전력은 얼마인가? (힌트: 전류의 영향을 고려하라.)

마력

에너지에 두 가지 단위(줄과 킬로와트시)가 널리 사용되는 것처럼 전력도 마찬가지이다(와트와 마력). 와트는 상대적으로 작은 단위이다. 모터나 엔진 그밖에 또 다른 기계의 전력을 측정하기 위해 흔히 사용되는 단위가 **마력(hp)**이다. 1 hp는 746 W와 같다. 마력의 기원은 스코틀랜드에서 찾을 수 있다. 매우 힘센 말을 시험하는데, 그 말은 짐을 들어올리는 데 전력의 단위로 746 W를 낼 수 있었다. 그래서 마력은 말이 할 수 있는 기계적인 일에 기초한 것으로 오늘날 자동차, 선박 등 여러 가지 기계에 널리 사용되고 있다. 비록 기본 SI 단위는 아니지만, 마력이 모터와 함께 하는 작업에서 의심의 여지없이 사용되고 있을 것이다. 마력 정격의 관점에서 보면 746 W를 내는 모터는 1 hp 모터로 간주된다.

비록 부하에는 746 W가 전해졌더라도 실제는 (모터의 효율에 따라) 선로로부터 1000 W 정도를 소비한다.

복습 질문

16. 와트의 법칙의 세 가지 형태는 무엇인가?
17. 전류가 저항에 흐를 때 전기 에너지에는 무엇이 일어나는가?
18. 110 V 용으로 고안된 150 W의 전구에 흐르는 전류는 얼마인가?
19. 5.0 V 전원에 100 Ω 저항기가 연결되면서 소비되는 전력은 얼마인가?
20. 55.6 mA의 전류가 흐르는 270 Ω 저항기에서 소비되는 전력은 얼마인가?

4-5 와트의 법칙 응용

와트의 법칙은 전자공학에서 두 번째로 중요한 법칙이다. 일련의 실제적인 예제들은 이 법칙을 설명하는 유용한 방법이다. 예제 중 몇몇은 와트의 법칙을 사용하여 전력 이외의 파라미터를 구하도록 요구한다. 해답을 보지 말고 각각의 예제를 풀려고 노력하라.

이 절에서는 저항에서 요구되는 정확한 와트의 값을 구하는 것을 포함하여 실제 회로 문제들에 와트의 법칙을 응용하는 방법을 배울 것이다.

전력의 측정

많은 전기전자 시스템에서 전력의 측정은 매우 중요하다. 통신 시스템을 예로 들면, 송신기의 여러 지점에서 발생하는 전력은 송신 시스템의 성능을 말해준다. 매우 높은 주파수일 경우, 어떤 특별한 센서는 시스템 내 전력의 작은 부분을 잡아내기 위해 사용된다. 센서가 따뜻해지는 정도로써 전력을 측정한다. 높은 전력은 칼로리미터 (calorimeter)라 불리는 장치를 사용하여 측정할 수 있다. 이것은 저항기가 움직이는 유체 속에 잠겨 있으며 입구와 출구 사이에 유체의 온도 상승으로 저항이 소비하는 전력량을 나타낸다.

대부분의 응용에서 전력을 측정하기 위한 특별한 장비는 없다. 대신에 전력은 전류, 전압 또는 저항 중에 적어도 2개를 알고, 와트의 법칙을 적용하여 계산한다.

문제

그림 4-16의 교류 회로에서 전구가 소비하는 전력을 계산하라. 코드는 110 Vac로 측정되고 있는 플러그에 꽂혀 있다. 전류와 전압은 모두 실효값(rms)이고, 전류 측정을 위해 사용된 디지털 멀티미터(DMM)는 10 A 눈금으로 맞춰져 있음을 주목하라.

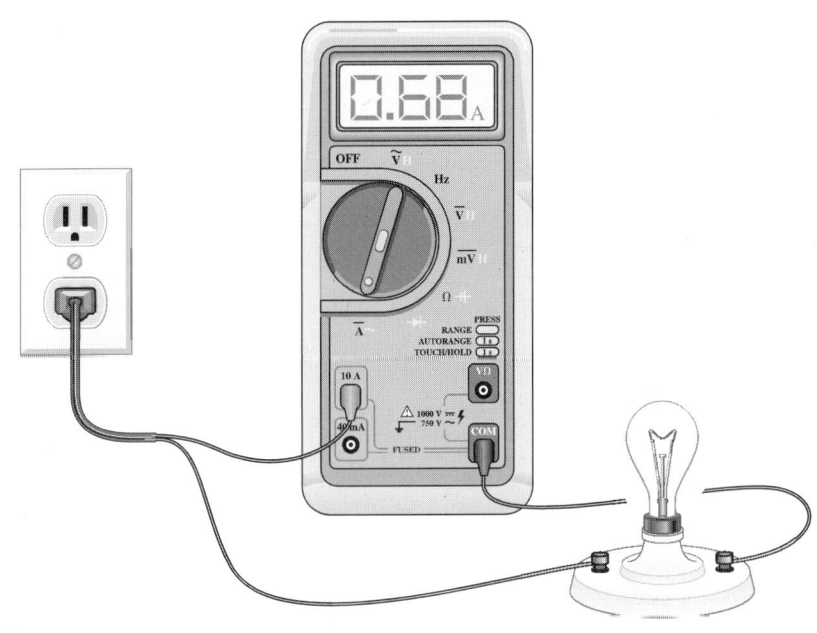

그림 4-16

풀이

디지털 멀티미터는 0.68 A를 가리키고 있다. 이제 전압과 전류를 모두 알았기 때문에 다음 식으로부터 전력을 구할 수 있다.

$$P = IV = (0.68 \text{ A})(110 \text{ V}) = \mathbf{74.8 \text{ W}}$$

질문

만약 전구를 100 W짜리 전구로 바꾼다면, 디지털 멀티미터(DMM)의 값은 어떻게 되겠는가?

안전 노트

전기기구 또는 다른 전기 부하를 회로에 연결할 때 한 가지 고려해야 될 부분은 전체 부하에 대한 전선과 회로 차단기의 크기이다. 미국 전기 코드(National Electrical Code)는 안전한 작동을 위해 많은 다른 조건과 함께 다양한 전선의 굵기에 따른 최대 허용전류를 정해놓고 있다. 이 코드는 전기기구에 대해 두 가지 형태의 회로를 인식한다. 오븐과 같은 단일 기구를 위한 전용 회로 그리고 동일 회로에 다수 기구의 연결을 허용하는 회로.

전기기기의 전력 정격

전기기기 및 공구는 이들이 일을 할 수 있는 정격에 기초하여 제조자에 의해 전력 정격이 주어져 있다. 오븐이나 온수기 같은 몇몇 전기기기는 최종적으로 열을 만들지만 대부분의 전기기기에서의 열은 전기 에너지가 운동 에너지 또는 저장 에너지와 같은 유용한 형태로 변환될 때 발생하는 원치 않는 부산물이다. 예를 들어 전기 에너지는 모터에서는 기계적 에너지로 변환되고, 공기압축기에서는 저장 에너지로 그리고 냉장고에서는 열을 이동시키는 데 사용된다. 이들 경우의 각각에서 약간의 에너지는 열로 잃게된다.

저항기의 전력정격

전기기기와 달리 저항기의 전력정격은 저항기가 안전하게 제거할 수 있는 원치 않는 열량의 척도이다. 모든 저항기는 전류가 흐르면 어느 정도의 전기 에너지는 열로 변환된다. 기술자들이 직면하는 실제적인 문제 중 하나는 교체가 필요한 경우에 적당한 교체물이 선정되도록 저항기에 의해 소비되는 전력을 계산하는 것이다. 열은 저항을 포함한 전자부품에 큰 해가 된다. 실제로 저항기는 아주 신뢰할 수 있는 소자이고, 그 정격이 초과되지 않는 한 교체되는 일은 드물다. 안전을 보장하기 위하여 계산된 전력보다 큰 전력정격을 항상 선택해야 한다. 실제 회로 조건들은 요구되는 안전 요인에 영향을 줄 수 있다. 그러나 일반적으로 그 다음의 더 큰 표준 크기이면 충분하다. 예를 들어 계산된 전력이 0.75 W라면 1 W 저항을 선택해야 한다.

저항기가 소비할 수 있는 전력의 총량은 저항기의 옴의 값이 아니라 그의 물리적인 크기와 관련이 있다. 더 큰 표면적은 주위에 더 많은 원하지 않는 열을 방출시킬 수 있다. 그림 4-17에 보여지는 금속 필름 저항기는 1/8 W에서 1 W의 범위의 크기에

그림 4-17

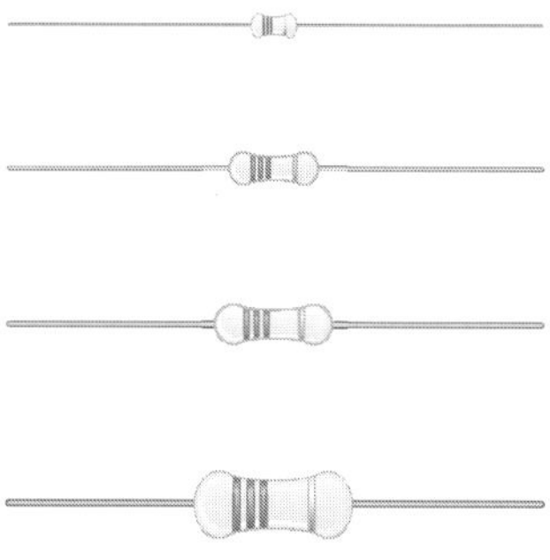

표준 전력 정격 1/8 W, 1/4 W, 1/2 W, 그리고 1 W를 가지는 금속 필름 저항기의 상대적인 크기

더 높은 전력정격을 가지는 대표적인 저항기 | 그림 4-18

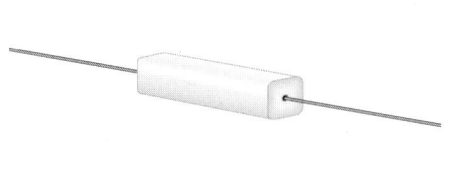

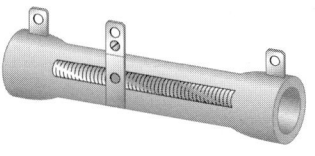

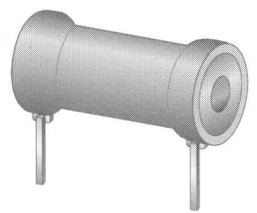

(a) 축방향 리드 전선 태엽 | (b) 조절 가능 전선 태엽 | (c) PC 기판 삽입을 위한 방사형 리드

서 이용 가능하다. 작은 1/8 W와 1/4 W 저항기가 가장 널리 사용되는 크기이다. 저항기의 다른 유형은 더 큰 전력 정격에 이용 가능하다. 그림 4-18은 이런 저항기의 일부를 보여주고 있다.

예제 4-17

문제

110 V 회로에 개별적으로 켤 수 있는 램프 24개가 있다. 각각의 램프는 100 W 전구이다. 회로가 15 A의 전류 차단기에 의해 보호되고 있다면 차단기 정격을 초과하기 전에 얼마나 많은 램프를 켤 수 있는가?

풀이

각각의 램프에 흐르는 전류는 다음과 같다.

$$I = \frac{P}{V} = \frac{100\,W}{110\,V} = 0.91\,A$$

차단기 제한이 초과되기 전에 얼마나 많은 램프가 켜지는지 결정하기 위해 전체 전류 15 A를 각 램프에 흐르는 전류로 나누어라.

$$\frac{15\,A}{0.91\,A/램프} = \textbf{16 개의 램프}$$

계산기는 결과로 16.484를 보일 것이다. 이 결과는 전체 정수로 절사되었고 17번째 램프는 차단기 제한을 초과할 것이다.

질문

만약 램프를 모두 75 W 전구로 대체한다면, 전류가 차단기의 용량과 같아지기 전에 얼마나 많은 램프를 켤 수 있는가?

예제 4-18

문제

사운드 시스템의 스피커를 가상 실험하기 위한 테스트 목적으로 필요한 저항이 16 Ω이다. 이 저항의 테스트를 위하여 이용 가능한 가장 큰 전력 정격이 20 W이다. 전력 정격을 초과하지 않고 저항에 인가할 수 있는 가장 큰 전압은 얼마인가?

풀 이

$$P = \frac{V^2}{R}$$

$$PR = V^2$$

양변을 서로 바꾸고 제곱근을 취하면,

$$V = \sqrt{PR} = \sqrt{(20\,\text{W})(16\,\Omega)} = \textbf{17.9 V}$$

계산기 순서는 다음과 같다.

질 문

전압이 15 V로 되면, 저항기에서 소비되는 전력은 얼마인가?

예제 4-19

문 제

전원 공급기에서는 때때로 전류를 제한하는 저항기를 사용한다. 0.5 Ω의 저항이 2 W의 전력 정격을 가진다고 가정하자. 전력정격이 초과되기 전에 전원이 공급할 수 있는 최대 전류는 얼마인가?

풀 이

$$P = I^2R$$

$$\frac{P}{R} = I^2$$

양변을 서로 바꾸고 제곱근을 취하면,

$$I = \sqrt{\frac{P}{R}} = \sqrt{\frac{2\,\text{W}}{0.5\,\Omega}} = \textbf{2 A}$$

계산기 순서는 다음과 같다.

질 문

전원으로부터 1.5 A의 전류가 공급된다면, 저항기에서 소비되는 전력은 얼마인가?

문제

대표적인 소신호 트랜지스터에서 소비될 수 있는 최대 전력이 0.5 W이다. 트랜지스터에 걸리는 전압이 15 V라면 전력 정격이 초과되기 전의 최대 전류는 얼마인가?

풀이

$$P = IV$$

$$I = \frac{P}{V} = \frac{0.5\ \text{W}}{15\ \text{V}} = \mathbf{33.3\ mA}$$

질문

전류가 25 mA라면, 트랜지스터에서 소비되는 전력은 얼마인가?

방열판

트랜지스터와 같은 몇몇 소자들은 정상적인 패키지가 안전하게 방산할 수 있는 것보다 더 많은 열을 방산해야 한다. "초과" 열 에너지를 방산하는 일반적인 방법은 열을 전도하고 주위로 방사하는 데 도움을 주기 위해 부품을 열적으로 연전도성 표면(주로 금속)에 연결하는 것이다. 이 표면을 방열판(heat sink)이라고 한다. 종종 방열판은 그의 표면적을 증가시키고, 주위로 열을 방출시키는 것을 돕기 위해 지느러미를 붙인다. 그림 4-19는 몇 가지 대표적인 방열판을 보여준다.

그림 4-19

전형적인 소형 방열판

복습 문제

21. 전기 드릴과 같은 전동 공구를 돌리기 위한 전기 에너지에는 어떤 일이 일어나는가?
22. 왜 물리적으로 더 큰 저항기가 같은 형태의 더 작은 저항기보다 더 큰 전력정격을 가지는가?
23. 금속 필름 저항기의 전력정격 범위는 얼마인가?
24. 2 V의 전압이 걸릴 때, 1 W를 소비하는 저항기의 옴 값은 얼마인가?
25. 방열판이란 무엇인가?

비선형 저항 4-6

여러분이 지금까지 본 것처럼, 고정 저항기는 전력정격을 초과되지 않는다면 그에 걸리는 전압과 독립적으로 특정한 양의 저항을 갖도록 설계되어 있다. 여러 유용한 기기는 고정 저항기의 선형 특성을 가지지 않는다.

이 절에서는 DC 저항과 AC 저항 사이의 차이를 배우고, 비선형 IV 곡선을 갖는 기기에 대해 DC 저항 및 AC 저항을 계산할 것이다.

그림 4-20

텅스텐 전구의 *IV* 특성곡선. 각 점에서의 DC 저항은 전압을 전류로 나누어 구한다.

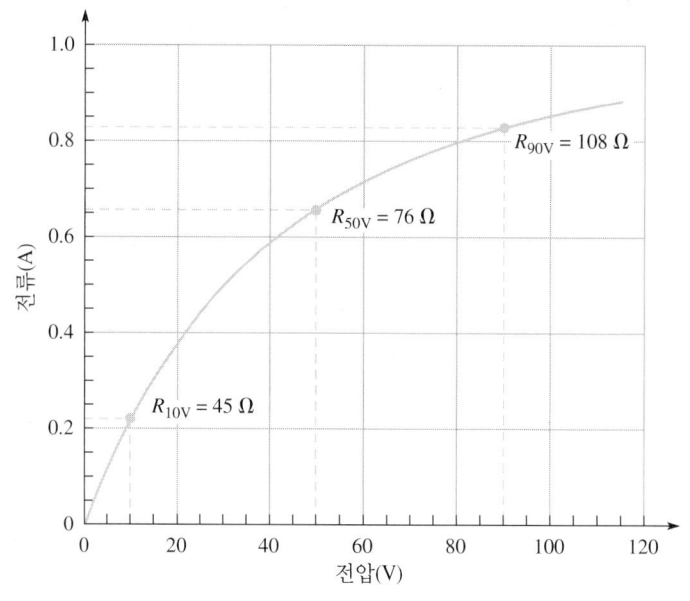

DC 저항

일반적인 백열전구는 그것이 차가울 때보다 뜨거울 때 더 큰 저항 값을 갖는다. 그림 4-20은 차가울 때는 단지 10.5 Ω의 실제 저항 값을 갖는 백열전구에 대하여 *IV* 특성 곡선의 모양을 보여준다. 모든 텅스텐 필라멘트 전구는 이와 유사한 특성을 가진다. 전압이 증가하면서 전류는 저항을 굉장히 감소시키는 열효과를 일으킨다. 그림에 보인 전구에서 10 V일 때 저항이 45 Ω(10 V/0.22 A)이다. 90 V에서는 같은 전구가 108 Ω(90 V/0.83 A)의 저항을 갖는다. 비록 저항이 일정하지 않더라도 저항이 결정된 점에서 전압이 정해지면 옴의 법칙이나 와트의 법칙은 여전히 적용될 수 있다.

비선형 저항은 커브상의 몇몇 점에서 전압을 그에 상응하는 전류로 나눔으로써 결정되기 때문에 이 결과를 **dc** 저항이라고 부르며, 그림에서 *R*로 나타내고 있다. 고정 저항기에 대해서는, *IV* 특성이 직선이기 때문에 dc 저항 값은 상수이다. 비선형 저항기에 대해서는 *IV* 곡선이 직선이 아니기 때문에 dc 저항 값은 측정된 위치에 따라 다르다.

예제 4-21

문제

다음의 전압이 그림 4-20의 *IV* 특성곡선을 가지는 전구에 인가될 때 백열전구에 의해 소비되는 전력은 얼마인가?

(a) 30 V   (b) 60 V   (c) 90 V

풀이

(a) 30 V에서 전류가 0.50 A(그림 4-20 그래프에서)이다. 와트의 법칙을 적용하여 30 V

서 전력(P_{30V})은 다음과 같다.

$$P_{30V} = IV = (0.50 \text{ A})(30 \text{ V}) = \textbf{15.0 W}$$

(b) 60 V에서 전류가 0.72 A이다(그래프 참조). 와트의 법칙을 적용하여 60 V에서의 전력은 다음과 같다.

$$P_{60V} = IV = (0.72 \text{ A})(60 \text{ V}) = \textbf{43.2 W}$$

(c) 앞의 논의로부터 저항을 알았기 때문에 와트의 법칙 중 다른 식을 사용할 수 있다.

$$P_{90V} = \frac{V^2}{R} = \frac{90 \text{ V}^2}{108 \text{ }\Omega} = \textbf{75 W}$$

풀 이

(c)에 대한 계산기 순서는 다음과 같다.

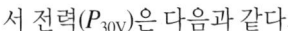

질 문

전구에 110 V의 정격전압이 걸리면 얼마의 전력이 소비되는가?

AC 저항

앞서 언급한 것처럼, DC저항은 특성곡선에서 주어진 점에서의 전압을 그 점에서의 해당 전류로 나눔으로써 얻어진다. 비선형 저항기와 AC 신호(뒤에 상세히 공부할 것이다)가 포함된 전자 소자를 다룰 때 저항을 구하는 또 다른 방법을 아는 것이 중요하

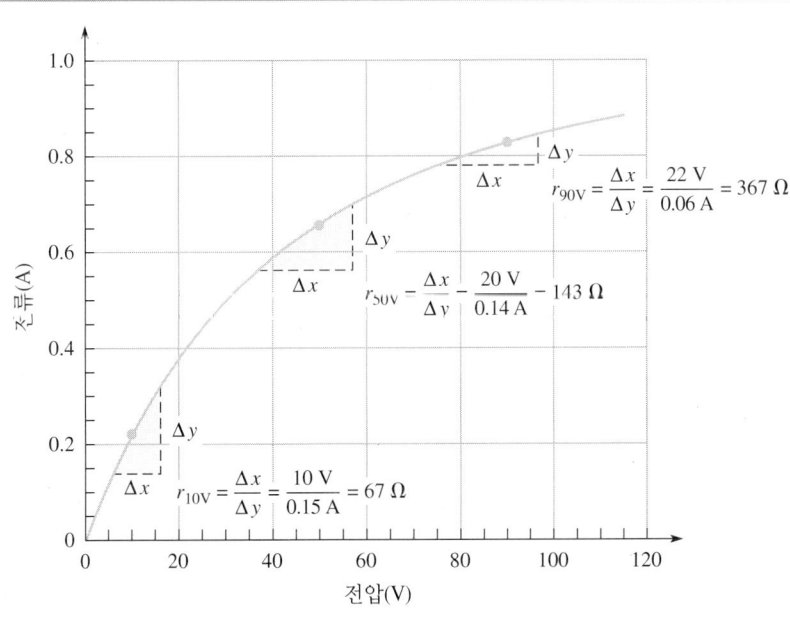

그림 4-21

각 점에서 AC 저항은 전압의 작은 변화를 그 점에 대응하는 전류의 작은 변화로 나눔으로써 알 수 있다.

다. ac 저항은 한 점에서 전압의 작은 **변화량**을 그에 대응하는 전류의 작은 **변화량**으로 나눈 것으로 정의한다. 그림 4-21은 ac 저항을 예로 보여준다. ac 저항은 측정하는 점에서의 기울기의 역수이고, 이는 소문자 *r*로 나타낸다.

복습 질문

26. 왜 형광등이 처음 켜졌을 때 전력소모가 더 많을 것 같다고 생각하는가?

27. dc 저항은 무엇인가?

28. ac 저항은 무엇인가?

29. *IV* 곡선에서 수평선은 무엇을 나타내는가?

30. 텅스텐 전구의 ac 저항에 걸리는 전압이 증가할 경우 일어나는 변화는 무엇인가?

단원 복습

주요 용어

- **AC 저항(AC resistance)**　기기의 *IV* 곡선의 한 점에서 전압의 작은 **변화량**을 그에 대응하는 전류의 작은 **변화량**으로 나눈 저항. AC 저항은 소문자 *r*로 표현한다.

- **DC 저항(DC resistance)**　몇몇 점에서의 전압을 그에 대응하는 전류로 나눔으로써 구한 소자의 저항. DC 저항은 문자 *R*로 표현한다.

- **마력(hp)**　모터의 전력을 나타내기 위해 흔히 사용하는 단위. 1 hp는 746 W와 같다.

- **방열판(heat sink)**　열을 보내고 방출하기 위하여 고안된 금속판.

- **옴의 법칙(ohm's law)**　전기에서 가장 기초적인 법칙으로, 회로에 흐르는 전류는 인가된 전압에 비례하고, 저항에 반비례한다.

- **와트의 법칙(Watt's law)**　전력에 대하여 전류, 전압, 저항의 관계를 기술하는 법칙.

- **컨덕턴스(conductance)**　저항의 역수; 물질이 전류를 흐르게 하는 능력의 척도. 컨덕턴스의 단위는 지멘스(siemens, S)이다.

- **킬로와트시(kWh)**　1 킬로와트가 1시간 동안 유지될 때의 등가적인 에너지량으로서 360만 J과 같다.

요점

❑ 옴의 법칙은 전압, 전류 및 저항 사이의 관계를 정의한다.

❑ 컨덕턴스는 저항의 역수이고, 지멘스로 측정된다.

❑ 고정 저항기는 선형 *IV* 곡선을 가진다.

❑ 전기 에너지는 다른 에너지 형태로 변환될 수 있는 위치 에너지의 한 형태이다.

❑ 와트의 법칙은 전력과 전압, 전류 그리고 저항 사이의 관계를 나타낸다.

❏ 전력정격은 저항이 안전하게 내보낼 수 있는 원치 않은 열의 총량이다.

❏ 저항기가 방산할 수 있는 전력의 양은 저항의 크기와 관련이 있으며 그의 옴 값과는 관련이 없다.

❏ 방열판은 열을 전도하고 방사하기 위하여 고안된 금속판이다.

❏ DC 저항은 *IV* 곡선상의 한 점에서 전압을 그에 대응하는 전류로 나눈 값으로 결정한다.

❏ AC 저항은 한 점에서 전압의 작은 변화를 그에 대응하는 전류의 작은 변화로 나눈 값으로 정의한다.

공식

옴의 법칙:

$$I = \frac{V}{R} \tag{4-1}$$

$$V = IR \tag{4-2}$$

$$R = \frac{V}{I} \tag{4-3}$$

컨덕턴스(정의):

$$G = \frac{1}{R} \tag{4-4}$$

와트의 법칙:

$$P = IV \tag{4-5}$$

$$P = \frac{V^2}{R} \tag{4-6}$$

$$P = I^2 R \tag{4-7}$$

단원 확인 문제

1. 전류에 대한 옴의 법칙은
   (a) 전입에 저항을 곱한다.
   (b) 전압을 저항으로 나눈다.
   (c) 저항을 전압으로 나눈다.
   (d) 전압을 전력으로 나눈다.

2. 저항에 대한 옴의 법칙은
   (a) 전압에 전류를 곱한다.
   (b) 전류에 전력을 곱한다.

(c) 전류를 전압으로 나눈다.

(d) 전압을 전류로 나눈다.

3. 전압에 대한 옴의 법칙은

(a) 전류에 저항을 곱한다.

(b) 전류를 제곱한 뒤 저항을 곱한다.

(c) 전류를 저항으로 나눈다.

(d) 저항을 전류로 나눈다.

4. 15 Ω의 저항을 가진 전기난로가 110 V 회로에 연결되어 있다. 전류는 얼마인가?

(a) 133 mA   (b) 1.33 A

(c) 7.33 A   (d) 15 A

5. 저항에 걸리는 전압이 2배로 커지면, 전류는

(a) 절반으로 된다.   (b) 변화가 없다.

(c) 2배가 된다.   (d) 4배가 된다.

6. 회로에서 저항이 2배로 되면 전류는

(a) 절반으로 된다.   (b) 변화가 없다.

(c) 2배가 된다.   (d) 4배가 된다.

7. 컨덕턴스는 다음 어느 것의 역수인가?

(a) 전력   (b) 전류

(c) 전압   (d) 저항

8. 와트의 법칙은

(a) $P = I^2V$ (b) $P = IR$

(c) $P = \dfrac{V^2}{R}$ (d) 모두 맞다

9. 110 V 회로에 50 W의 전구가 연결되었다면 전류는 근사적으로 얼마인가?

(a) 0.45 A   (b) 2.2 A

(c) 4.5 A   (d) 22 A

10. 저항에 걸리는 전압이 2배로 되면 저항에서 소비되는 전력은

(a) 절반으로 된다.   (b) 변화가 없다.

(c) 2배가 된다.   (d) 4배가 된다.

11. 발전소에서 고객에게 요금을 부과하는 기준은 무엇인가?

(a) 전력   (b) 에너지

(c) 킬로와트   (d) 전자

12. 전력의 단위는

(a) 마력   (b) 줄

(c) 킬로와트시   (d) 모두 맞다

13. 고정 저항의 IV 특성곡선은

(a) 직선이다.

(b) 증가하는 기울기를 가지는 직선이다.

(c) 감소하는 기울기를 가지는 직선이다.

14. 텅스텐 전구의 저항은
    (a) 모든 전압에 대하여 상수이다.
    (b) 전압에 따라 감소한다.
    (c) 전압에 따라 증가한다.

15. AC 저항이 DC 저항과 같은 경우는?
    (a) 모든 저항성 소자의 경우
    (b) 형광등의 경우
    (c) 고정 저항기의 경우

질문

1. 회로에서 전압이 증가하면 전류는 어떻게 되는가?

2. 회로에 3 V 전원과 25 Ω의 전체 저항이 연결되었을 때 전류는 얼마인가?

3. 전류 15 mA가 330 Ω 저항에 흐르면 저항에 걸리는 전압은 얼마인가?

4. 12 V 배터리로부터의 전류를 1 mA로 제한하기 위하여 필요한 저항의 크기는 얼마인가?

5. 3.6 kΩ의 저항에 5.0 V의 전원이 인가되면 저항에 흐르는 전류는 얼마인가?

6. 2.2 MΩ 저항에 10 V가 걸린다면 저항에 흐르는 전류는 얼마인가?

7. 전류가 35 μA이면 470 kΩ의 저항에 걸리는 전압은 얼마인가?

8. 전구에 1.5 A의 전류가 흐르고 24 V의 전압이 걸린다면 저항의 크기는 얼마인가?

9. 110 V 전원으로부터의 전류를 10 μA로 제한하고자 할 때 필요한 저항은 얼마인가?

10. 68 kΩ의 저항에 25 V의 전압이 걸리면 전류는 얼마인가?

11. 10 Ω 저항기의 컨덕턴스는 얼마인가?

12. 270 kΩ 저항기의 컨덕턴스는 얼마인가?

13. 저항기에 대한 컨덕턴스가 21.3 mS라면 저항은 얼마인가?

14. 저항기가 3.03 μS의 컨덕턴스를 갖는다면 저항은 얼마인가?

15. 킬로와트시(kWh)란 무엇인가?

16. 1 kWh는 몇 줄인가?

17. 마력은 무엇인가?

18. 전기요금이 단위 kWh당 12 센트인 경우 7 W의 전등을 24시간 켜놓았을 때 전기요금은 얼마인가?

19. 전기요금이 단위 kWh당 12 센트인 경우 250 W의 TV를 6시간 동안 보았을 때 전기요금은 일마인가?

20. 110 V 선에 연결하였을 때 4.0 A의 전류를 사용하는 전기톱의 전력정격은 얼마인가?

21. 탈수기를 220 V 선에 연결하여 4.8 kW를 사용하면 전류는 얼마인가?

22. 시중에서 살 수 있는 저항이 1/4 W를 소비할 때 5 V의 회로에 사용할 수 있는 가장 작은 저항은 얼마인가?

23. 1/2 Ω의 저항기가 5 W를 소비하고 있다고 가정하자. 저항에 흐르는 최대전류는 얼마인가?

24. 20 Ω의 저항기에 5 V의 전원이 연결되면, 소비되는 전력의 양은 얼마인가?

25. 백열전구가 뜨거워질 때 일어나는 저항의 변화는 무엇인가?

26. 어떤 저항기의 *IV* 곡선이 직선이라면, 이의 DC 저항 및 AC 저항에 대해 무엇을 말할 수 있는가?

문제

기본 문제

1. 다음 각 경우에 대해 전류를 구하라.

    (a) $V = 10$ V, $R = 270$ Ω

    (b) $V = 110$ V, $R = 50$ Ω

    (c) $V = 20$ V, $R = 82$ kΩ

    (d) $V = 6.1$ V, $R = 4.7$ MΩ

2. 다음 각 경우에 대해 전류를 구하라.

    (a) $V = 15$ V, $R = 10$ kΩ

    (b) $V = 30$ V, $R = 2.2$ MΩ

    (c) $V = 110$ V, $R = 2.0$ kΩ

    (d) $V = 5.0$ V, $R = 560$ Ω

3. 다음 각 경우에 대해 전압을 구하라.

    (a) $I = 4.0$ mA, $R = 1.5$ kΩ

    (b) $I = 2.94$ μA, $R = 5.1$ MΩ

    (c) $I = 0.2$ A, $R = 550$ Ω

    (d) $I = 121$ mA, $R = 82$ Ω

4. 다음 각 경우에 대해 전압을 구하라.

    (a) $I = 60$ μA, $R = 220$ kΩ

    (b) $I = 12$ μA, $R = 1.5$ MΩ

    (c) $I = 4.2$ A, $R = 52.4$ Ω

    (d) $I = 1.11$ mA, $R = 27$ kΩ

5. 다음 각 경우에 대해 저항을 구하라.

    (a) $I = 90$ nA, $V = 90$ mV

    (b) $I = 66.7$ μA, $V = 18$ V

    (c) $I = 22$ A, $V = 220$ V

    (d) $I = 2.56$ mA, $V = 10$ V

6. 다음 각 경우에 대해 저항을 구하라.

    (a) $I = 8.2$ mA, $V = 22$ V

    (b) $I = 550$ μA, $V = 36$ V

    (c) $I = 40$ mA, $V = 5.0$ V

    (d) $I = 55$ mA, $V = 66$ V

7. 각 저항기의 컨덕턴스는 얼마인가?

    (a) 10 Ω

(b) 2.7 kΩ

(c) 10 MΩ

8. 각 저항기의 컨덕턴스는 얼마인가?

(a) 5.1 Ω

(b) 200 kΩ

(c) 1.0 MΩ

9. 다음 각 조건에 대해 고정 저항기를 갖는 회로에 흐르는 전류에 무슨 일이 일어날까?

(각 조건은 다른 것과 독립적이라고 가정하라.)

(a) 전압이 원래 값의 1/3로 줄어든다.

(b) 전압이 3배로 된다.

(c) 고정 저항기가 2배의 것으로 대체된다.

(d) 고정 저항기가 절반의 것으로 대체된다.

10. 그림 4-22의 회로 각각에 대해, 전류의 예상치를 구하라.

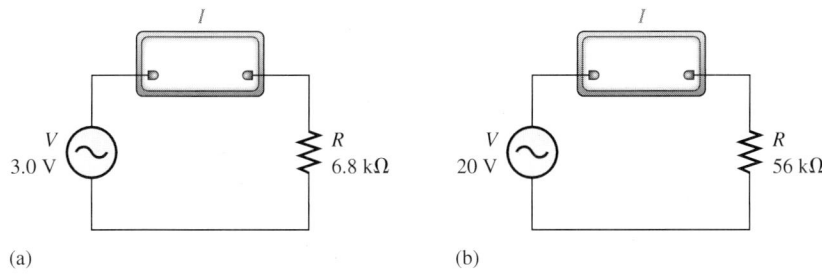

그림 4-22

11. 그림 4-23의 각 회로에 대해, 전압을 구하라.

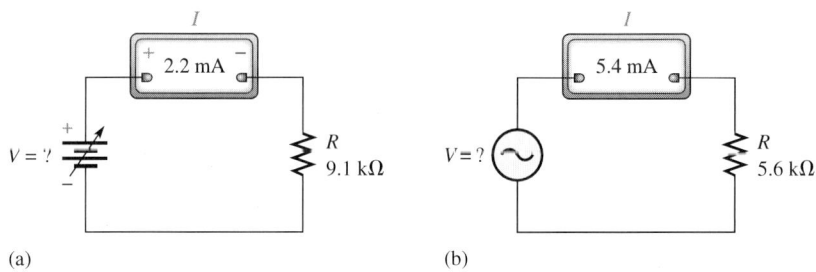

그림 4-23

12. 그림 4-24의 각 회로에 대해, 저항을 구하라.

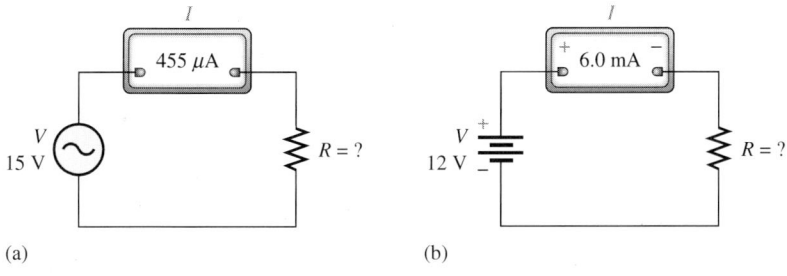

그림 4-24

13. 그림 4-25의 회로에 대해, 전류의 최대치와 최소치를 구하라. 단, 저항의 변동은 오차율에 기인한다고 가정한다. 전원은 +7.0 V이다.

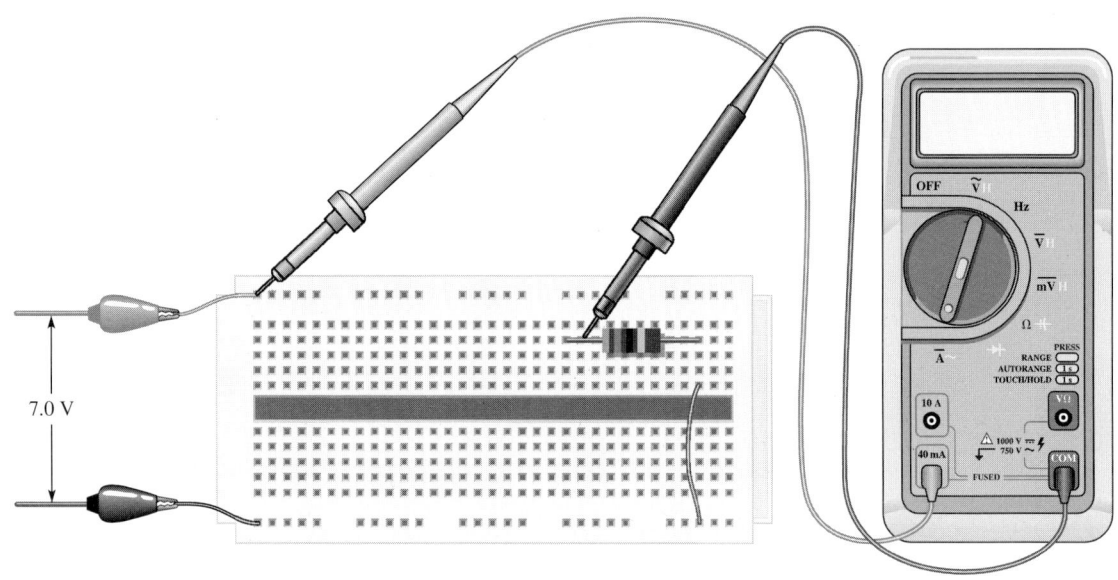

그림 4-25

14. 그림 4-25에서 전류의 최소 전력정격은 얼마여야 하는가?

15. 트레일러의 후미등은 정격이 12 V에 10 W이다. 전구에 흐르는 전류를 구하라.

16. 220 V 전기의 복건조기는 정격이 4.0 kW이다. 이 건조기가 켜져 있을 때 전류는 얼마인가?

17. 다음 각 경우에 대해 저항기에서 소비되는 전력을 구하라.

    (a) $I = 10$ A, $V = 110$ V   (b) $I = 18$ mA, $R = 330$ Ω

    (c) $V = 10$ V, $R = 27$ Ω (d) $I = 30$ mA, $R = 560$ Ω

18. 다음 각 경우에 대해 저항기에서 소비되는 전력을 구하라.

    (a) $I = 1.5$ A, $V = 12$ V   (b) $I = 120$ mA, $R = 15$ Ω

    (c) $V = 5.0$ V, $R = 33$ Ω (d) $I = 16$ V, $R = 270$ Ω

19. 110 V를 위해 설계된 60 W 전구에 흐르는 전류는 얼마인가?

20. 110 V를 위해 설계된 250 W 전구에 흐르는 전류는 얼마인가?

21. 200 W 전구를 10시간 켜놓았을 때 사용되는 에너지는 kWh로 얼마인가?

22. 작은 LED에서 소비될 수 있는 최대 전력은 약 40 mW(LED에 따라 다름)이다. LED 양단의 전압이 2.0 V이면, 전력정격을 초과하기 전의 최대 전류는 얼마인가?

23. 전기 요금이 kWh당 12 센트인 경우 정격이 2500 W인 전기 온수기를 12시간 동안 동작시킬 때 총요금을 계산하라.

24. 전기 요금이 kWh당 12 센트인 경우 정격이 12,200 인 전기레인지를 2시간 동안 동작시킬 때 총요금을 계산하라.

25. 다음의 8가지 전기기구를 하루 24시간 동안 규정된 시간만큼 사용한다고 가정하고 24

또 에너지는 1 kWh당 12 센트에 팔 때 시간 주기에 이들 전기기구가 사용한 에너지와 요금을 구하라. 표 4-2를 참조하라.

의료 건조기: 45분   식기세척기: 2시간

마이크로웨이브 오븐: 30분   레인지: 1시간

냉장고: 12시간   TV: 2시간

세탁기: 30분   온수기: 8시간

26. 어떤 모니터의 정격이 1/2 hp이다. 이 모터의 정격은 와트로는 얼마인가?

27. 10 kΩ 저항기의 *IV* 곡선을 그려라.

기본-플러스 문제

28. 100 Ω, 2 W 저항기가 정격 전력을 초과하지 않고 흘릴 수 있는 최대 전류는 얼마인가?

29. 330 Ω, 1/2 W 저항기에 인가할 수 있는 최대 전압은 얼마인가?

30. 전기 단가가 kWh당 10 센트인 경우 효율이 75%인 1 hp 모터를 2시간 동안 동작시킬 때의 요금은 얼마인가?

31. 전계효과 트랜지스터(FET)는 어떤 응용에서 "전자 가변 저항기"로서 사용될 수 있는 반도체 소자이다. 저항은 V_{GS}라고 부르는 전압에 의해 제어된다. V_{GS}가 더 음수로 되면 저항은 증가한다. 그림 4-26에는 FET 양단에 아주 낮은 전압이 걸린 실제 FET에 대한 한 조의 4가지 *IV* 곡선이 나타나 있다. 각 곡선으로부터 DC 저항을 계산하라. (힌트: *IV* 곡선의 기울기가 컨덕턴스를 나타낸다는 것을 상기하라.)

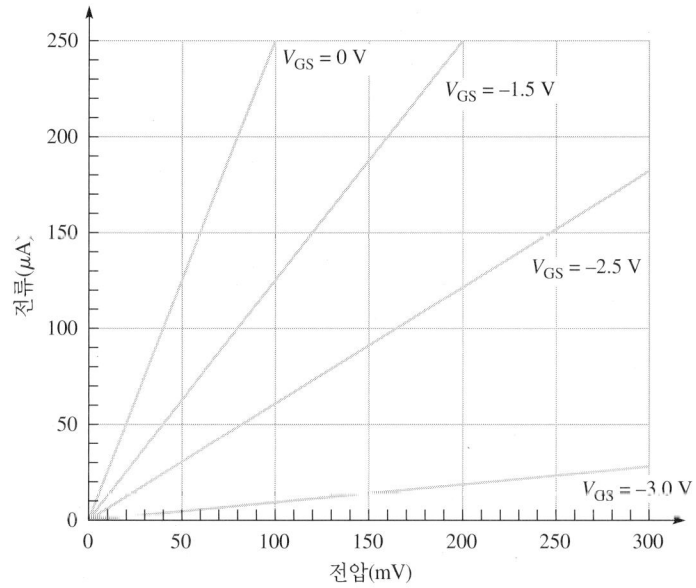

그림 4-26

해답

예제 질문

4-1: 0.425 A

4-2: 1.47 mA

4-3: 16.2 V

4-4: 11.7 A

4-5: 68.6 kΩ

4-6: 그림 4-27을 참조하라.

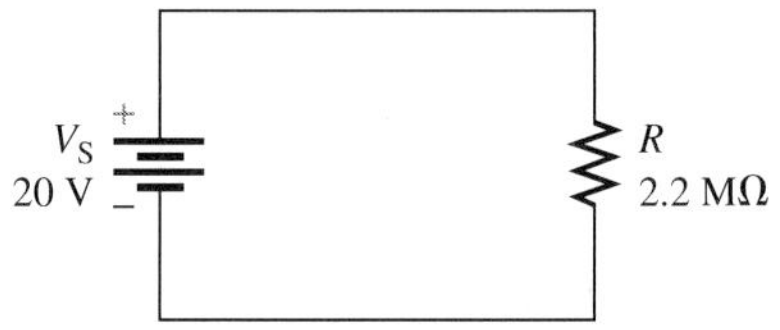

4-7: 4.04 mA에서 4.94 mA까지

4-8: 22.5 V

4-9: 적색, 자주색, 적색, 금색

4-10: 2.44 mA

4-11: 16.4 V에서 20.0 V까지

4-12: 이것은 3.6×10^6 J/kWh의 역수, 즉 278×10^{-9} kWh/J이다.

4-13: 1.6 kWh

4-14: $0.60

4-15: 4.0 W

4-16: 0.909 A

4-17: 22개의 전구

4-18: 14 W

4-19: 1.12 W

4-20: 375 mW

4-21: 100 W

그림 4-27

복습 질문

1. $I = \dfrac{V}{R}$, $V = IR$, $R = \dfrac{V}{I}$

2. 전류도 절반으로 된다.

3. 감소한다.

4. 전류는 종속변수이다.

5. 컨덕턴스는 저항의 역수이다.

6. 255 nA

7. 8.8 V

8. 6.8 kΩ

9. 11.5 Ω

10. 12 Vrms

11. 줄과 킬로와트시

12. kWh는 줄보다 훨씬 큰 단위이다. 대표적인 가정용 전기 에너지 사용은 수백만 줄이다.

13. 와트(watt)

14. 10 kWh

15. $1.50

16. $P = IV$, $P = V^2/R$, $P = I^2R$

17. 열로 변환된다.

18. 1.36 A

19. 0.25 W

20. 834 mW

21. 드릴의 운동 에너지와 열로 변환된다.

22. 대기로 열을 방사하기 위해 더 넓은 표면적을 갖는다.

23. 1/8 W에서 1 W까지

24. 4 Ω

25. 전자 소자로부터 열을 전도하여 주위로 방사하기 위해 설계된 표면(일반적으로 금속)

26. 차가울 때는 저항이 낮고 전류가 높기 때문에

27. 전압을 전류로 나눈다.

28. 전압의 변화를 전류의 변화로 나눈다.

29. 무한대 저항

30. 증가한다.

단원 확인 문제

1. (b)	**2.** (d)	**3.** (a)	**4.** (c)	**5.** (c)
6. (a)	**7.** (d)	**8.** (c)	**9.** (a)	**10.** (d)
11. (b)	**12.** (a)	**13.** (a)	**14.** (c)	**15.** (c)

직렬 회로와 병렬 회로

제5장

서론

어떤 회로가 전류에 대해 단일경로를 가질 때, 이를 직렬 회로라 부른다. 어떤 회로에서 2개 이상의 경로가 공통전압원에 연결되어 있을 때 이를 병렬 회로라고 부른다. 직렬 회로에서는 회로의 모든 소자에 흐르는 전류가 같다. 병렬 회로에서는 각각의 요소에 걸리는 전압이 같다. 이 장에서는 직렬 저항성 회로와 병렬 저항성 회로 모두를 배운다. 저항성 회로는 한 개 이상의 전압 전원과 저항기 또는 저항기로서 작용하는 소자를 포함하는 것이다. 또한 중요한 회로 법칙들을 소개한다.

주요 목표

각 목표의 번호는 절의 번호이다. 이 장을 마치고 나면 여러분은 다음과 같은 일들을 할 수 있어야 한다.

5-1 직렬 회로를 알아보고 직렬 저항기의 총 저항 계산하기

5-2 옴의 법칙을 사용하여 직렬 회로에서의 전류, 전압 또는 저항 계산하기

5-3 키르히호프의 전압 법칙을 적용하기

5-4 전압 분배기 공식을 적용하여 직렬 회로에서의 전압 구하기

5-5 병렬 회로를 알아보고 병렬저항기의 총 저항 계산하기

5-6 옴의 법칙을 사용하여 병렬 회로에서의 전류, 전압 또는 저항 계산하기

5-7 키르히호프의 전류 법칙을 적용하기

컴퓨터 시뮬레이션 디렉토리

다음 그림에는 관련된 Multisim 회로 파일이 있다.

실험실습 디렉토리

다음 실험은 이 장을 위한 것이다.

◆ **실험 8**
　전압 분배기

◆ **실험 9**
　병렬 회로

측량학은 지구 표면의 일부를 측정하는 학문 분야이다. 측량학에서 한 가지 중요한 측정은 차분 수준 측량이라고 하는 것이다. 차분 수준 측량은 미지 지점의 고도를 구하는 데 사용된다. 측량기사는 이미 알고 있는 기준점에서 시작하여 하나의 경로를 따라 일련의 고도 측정을 행한다. 미지 지점의 고도를 구한 후에 측량기사는 또 한번의 측정을 행하여 다시 출발점으로 향해 "루프를 닫는다." 정확도 검사로서 고도의 전체 상승은 전체 하강과 같아야 한다. 통상적인 측량 작업에서 정확도는 경로가 1 마일인 경우 오차가 0.5 인치보다 더 작아야 한다.

측량에서 또 다른 일반적인 문제는 재산을 명시할 목적으로 토지의 경계를 측정하는 것이다. 예를 들어 경계가 사각형이면 네 개의 꼭지점 각각은 거리와 각 변의 방향을 재면 그 위치를 알 수 있다. 데이터를 분석할 때 측량기사는 마지막 변의 끝점이 첫 번째 변의 시작점에 있도록 하여 "루프를 닫는다." 이것은 시작 지점과 끝 지점이 반드시 동일해야 한다고 말하는 것과 같다.

이들 측량 문제와 유사한 것이 회로 해석에서도 생긴다. 회로에서 루프를 돌아 다시 시작점으로 돌아오는 경우 전압 상승과 전압 강하는 크기가 같아야 한다. 경로는 아무렇게나 잡아도 되지만 단일 경로에 걸쳐 반드시 시작점으로 되돌아와야 한다. 개념은 기본적이지만 이것은 회로 해석에서 중요한 발상이다.

5-1 직렬 저항기

직렬 회로(series circuit)는 전압 전원으로부터 부하를 거쳐 돌아오는 하나의 완전한 경로이다. 두 개 이상의 저항이 직렬로 연결되어 있을 때 총 저항은 개별 저항의 합이다.

이 절에서는 직렬 회로를 확인하고 직렬 저항기의 총 저항을 계산하는 것을 배운다.

    직렬 회로는 단 하나의 전류 경로를 가진다는 사실로 항상 확인할 수 있다. 그림 5-1은 세 개의 저항기(R_1, R_2, R_3)가 직렬로 연결되어 있는 것을 보여준다. 세 가지 회로 모두 전기적으로는 같으나 다르게 그려져 있다. 물론 이들 3개 저항기의 직렬 연결을 그리는 다른 방법이 있다. 직렬 연결에서 기억해야 할 중요한 점은 전원에서 저항기를 거쳐 다시 전원으로 돌아오는 전류의 경로가 유일하다는 것이다.

그림 5-1
세 개 저항기의 직렬 연결. 그림은 비록 다르지만 각각의 저항성 회로는 전기적으로는 같다.

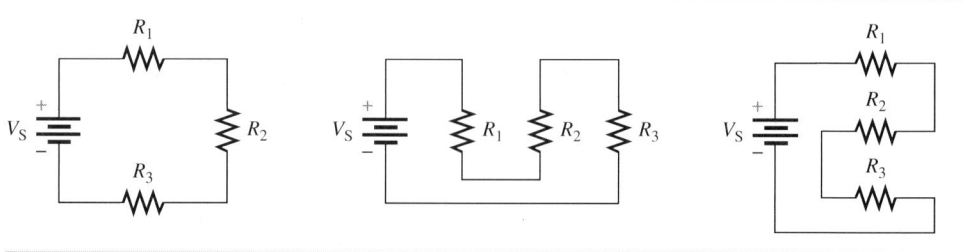

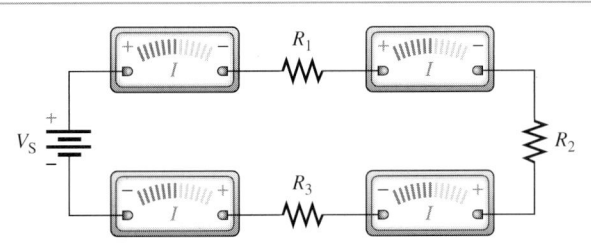

그림 5-2

직렬 회로에서 각 전류계는 동일한 값을 가진다. 전류계의 극성을 주의하자.

직렬 회로에서 전류는 모든 소자에서 동일하다.

이 개념은 직렬 회로 문제를 풀 때 매우 유용하고, 전자공학 문제를 푸는 데 자주 응용될 것이다. 그림 5-2는 전류계 4개가 직렬 회로에 연결되어 있는 것을 보여주고 있다. 모든 전류계에서 동일한 값을 읽을 수 있고, 이는 회로 전체에 걸쳐 전류가 같음을 의미한다.

전압 전원은 어떤 저항성 회로에서도 일정한 전류를 유지한다. 이 전류의 크기는 전원전압과 회로의 총 저항에 달려 있다. 직렬 회로의 경우에 회로 안에 아무리 많은 저항이 있다고 할지라도 총 저항은 각각의 저항의 합과 같다. 이는 다음 식과 같이 표현된다.

$$R_T = R_1 + R_2 + R_3 + \ldots + R_n \tag{5-1}$$

여기서 R_T는 직렬 저항기의 총 저항을 나타내고, R_n은 회로에 있는 마지막 저항기의 저항 값을 나타낸다. 첨자 n은 계수를 나타내는 전자공학 공식에 흔히 사용된다. 이는 어떤 양(+)의 정수를 나타낸다. 식 (5-1)에서 n은 직렬 회로에서 저항의 개수와 같다. 예를 들어 만약 직렬 회로에 5개의 저항기가 있다면 $n = 5$이며 식 (5-1)을 다음과 같이 쓸 수 있다.

$$R_T = R_1 + R_2 + R_3 + R_4 + R_5$$

이 경우, 총 저항은 5개의 저항기의 합과 같다.

문제

예제 5-1

다음의 저항기로 된 직렬 회로의 총 저항을 구하라: 1.0 kΩ, 2.7 kΩ, 3.3 kΩ, 10 kΩ

풀이

총 저항은 4개의 저항기의 합과 같다.

$$R_T = R_1 + R_2 + R_3 + R_4 = 1.0\ k\Omega + 2.7\ k\Omega + 3.3\ k\Omega + 10\ k\Omega = \mathbf{17\ k\Omega}$$

TI-36X를 이용한 계산 순서는 다음과 같다.

$$\boxed{1}\ \boxed{.}\ \boxed{0}\ \boxed{EE}\ \boxed{3}\ \boxed{+}\ \boxed{2}\ \boxed{.}\ \boxed{7}\ \boxed{EE}\ \boxed{3}\ \boxed{+}\ \boxed{3}\ \boxed{.}\ \boxed{3}\ \boxed{EE}\ \boxed{3}\ \boxed{+}\ \boxed{1}\ \boxed{0}\ \boxed{EE}\ \boxed{3}\ \boxed{=}$$

모든 저항기의 값 단위가 kΩ이므로, 지수 없는 수를 입력하기를 선호할지 모른다. 결과는 각각의 저항이 가지는 kΩ과 같은 단위를 가진다.

질 문
만약 10 kΩ 저항 대신에 5.6 kΩ 저항을 사용할 경우 총 저항은 어떻게 되나?

직렬 저항기의 저항 측정

저항을 측정할 때는 언제나 모든 전압 전원을 분리해야 한다. 그래야 저항치에 영향을 미치지 않는다. 직렬 저항기의 총 저항 측정은 저항기를 일렬로 연결한 각 끝에 멀티미터의 리드를 대고 측정한다. 예제 5-2는 이 방법을 설명한다.

예제 5-2

문 제
프로토보드(protoboard)에 그림 5-3의 저항기를 직렬로 연결하는 방법과, DMM으로 총 저항을 측정하는 방법을 보여라. (프로토보드 배선은 실험 설명서에 논의되어 있다.)

R_1 R_2 R_3 R_4

그림 5-3

풀 이
저항기는 많은 방법으로 직렬 연결할 수 있으나 경로는 오직 하나만 존재한다. 그림 5-4는 이들 저항기를 연결하는 한 가지 방법을 보여준다. DMM을 저항기 열의 두 끝에 연결하여 총 저항을 읽는다. 저항을 측정할 때는 반드시 전압 전원을 분리시키는 것이 중요하다.

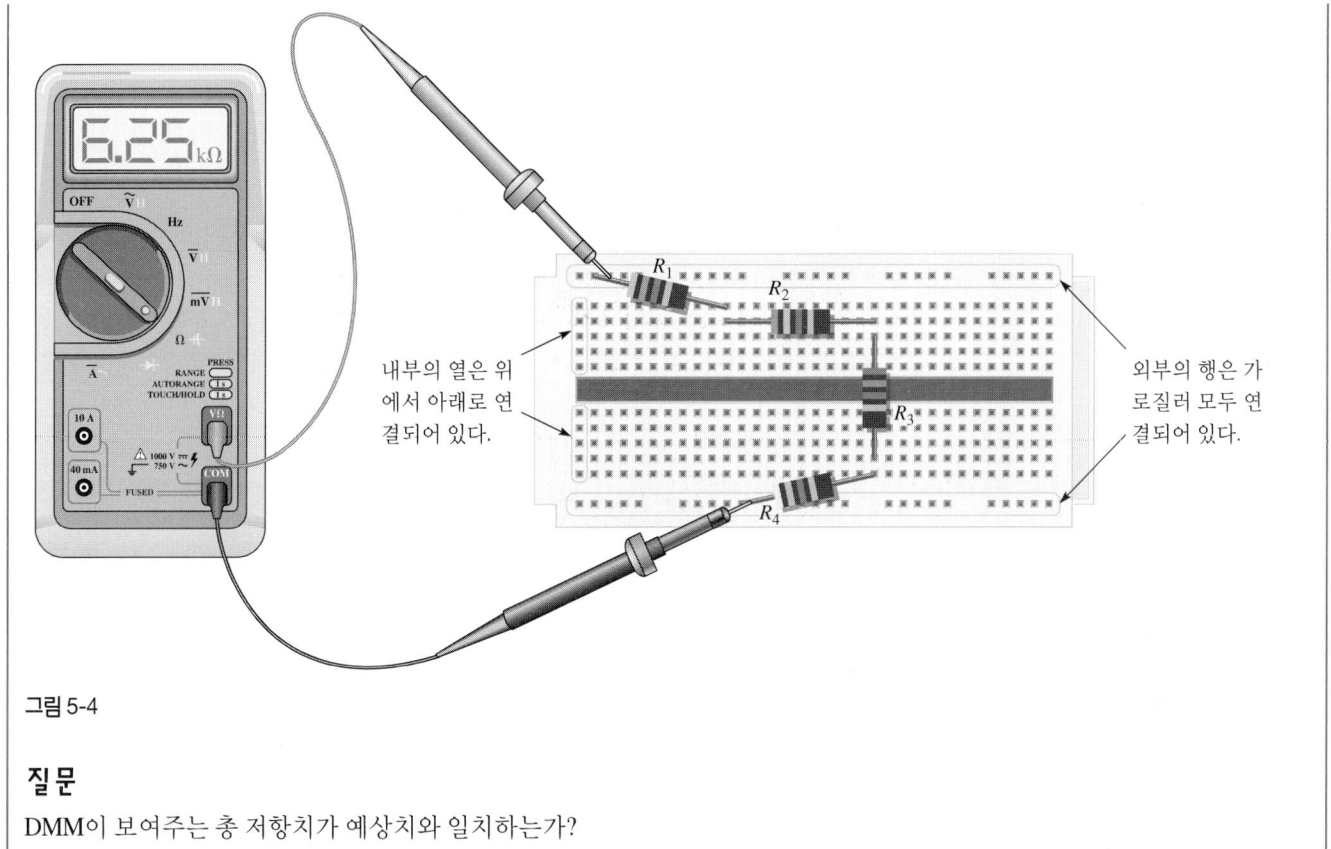

내부의 열은 위
에서 아래로 연
결되어 있다.

외부의 행은 가
로질러 모두 연
결되어 있다.

그림 5-4

질문

DMM이 보여주는 총 저항치가 예상치와 일치하는가?

동일 값 저항기의 직렬

가끔 값이 같은 두 개 이상의 저항기가 직렬로 연결된 회로를 볼 수 있다. 같은 값의
저항기로 된 직렬 회로에서 총 저항을 구하기 위해서는 간단히 저항기 하나의 값에
저항기 개수를 곱하면 구할 수 있다. 물론, 이는 개별 값들을 더한 것과 같다.

$$R_T = nR \tag{5-2}$$

여기서 n은 값이 같은 저항기의 개수이며, R은 저항기들 중의 하나의 저항이다.

예제 5-3

문제

330 Ω짜리 저항기 5개를 직렬 연결한 경우 총 저항은 얼마인가?

풀이

주어진 값을 식 (5-2)에 대입하면, 다음과 같다.

$$R_T = nR = 5(330\ \Omega) = \mathbf{1.65\ k\Omega}$$

질문

동일 값 저항 3개의 총 저항이 14.1 kΩ인 경우, 하나의 저항기 한 개의 저항은 얼마인가?

복습 질문

1. 직렬 회로에서의 전류에 대해서 설명하라.
2. 다음은 직렬 회로에서의 저항기들이다: 470 Ω, 560 Ω, 1.2 kΩ, 1.5 kΩ. 총 저항은 얼마인가?
3. 세 개의 저항기가 각각 5.6 kΩ이라고 가정하자. 만약 하나의 다른 저항기와 세 개의 저항기를 직렬 연결했을 때 총 저항이 25 kΩ이라면 다른 저항기의 값은 얼마인가?
4. 6개의 220 Ω짜리 저항기가 직렬로 연결되어 있을 때 총 저항은 얼마인가?
5. 1.5 MΩ과 560 kΩ이 직렬로 연결되어 있을 때 총 저항은 얼마인가?

5-2 직렬 회로에 옴의 법칙 적용하기

옴의 법칙은 전체 직렬 회로 또는 그 회로 내 개별 소자에 대해 적용할 수 있다. 풀이를 보기 전에 예제를 풀려고 노력하라.

이 절에서는 직렬 회로에서 옴의 법칙을 사용하여 미지의 전류, 전압 또는 저항을 계산하는 것을 배운다.

첨자 표기법

그림 5-5

전원전압, 전류계, 그리고 두 개의 저항기로 이루어진 직렬 회로

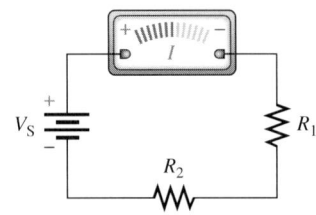

직렬 회로는 하나의 전압 전원과 단일 전류 경로를 형성하기 위해 연결된 두 개 이상의 소자로 구성된다. 예를 들어 그림 5-5의 회로는 전압 전원, 전류계, 그리고 두 개의 저항기로 구성되어 있다.

전류계는 회로의 전류를 표시해준다. 이는 전체 전류(I_T) 또는 어느 한 저항기의 전류(I_1 또는 I_2)를 의미한다. 첨자는 특정 소자를 구별한다. 이 경우, R_1은 전류 I_1을 가지고, R_2는 전류 I_2를 가진다. 이미 언급했듯이, 전체 전류는 임의의 하나의 저항기에 흐르는 전류와 같다.

$$I_T = I_1 = I_2 \qquad (5\text{-}3)$$

소자를 지날 때 전압 차이가 생기는데, 이를 **전압 강하**(voltage drop)라고 부른다. 소자를 지날 때의 전압 강하는 첨자로써 표시한다. 예를 들어 R_1 양단의 전압은 V_1으로 표시하고, R_2 양단의 전압은 V_2로 표시한다. 총 전압을 V_T라고 할 수 있지만, 이는 일반적으로 전원전압 V_S로 나타낸다.

직렬 회로에 옴의 법칙 적용하기을 적용할 때 총 전류와 총 전압 또는 총 저항을 사용할 수 있다. 만약 총 전류를 구하는 데 관심이 있다면 다음과 같이 옴의 법칙을 쓸 수 있다.

$$I_\text{T} = \frac{V_\text{T}}{R_\text{T}}$$

옴의 법칙을 적을 때 같은 첨자를 사용한다는 데 유의해야 한다. 모든 변수에서 공통의 첨자를 강조하기 위해서 여기서는 전원전압을 V_T로 나타낸다. 이는 다음과 같이 쓴 옴의 법칙과 정확하게 같다.

$$I_\text{T} = \frac{V_\text{S}}{R_\text{T}}$$

V_S가 보다 더 널리 사용되기 때문에, 앞으로의 예에서는 V_S를 사용하게 될 것이다. V_S는 총 인가 전압임을 기억할 필요가 있다.

각 변수에 공통의 첨자를 쓰는 개념은 R_1과 같은 단일 소자에도 적용될 수 있다. 그래서 R_1에 흐르는 전류는 다음과 같이 주어진다.

$$I_1 = \frac{V_1}{R_1}$$

물론, I_1은 회로가 직렬 회로이기 때문에 I_T와 같다. 사실상, 어떤 소자에서의 전류도 총 전류와 같다. 그림 5-5의 직렬 회로의 경우 다음과 같이 전류를 표현할 수 있다.

$$I_\text{T} = \frac{V_\text{S}}{R_\text{T}} = \frac{V_1}{R_1} = \frac{V_2}{R_2}$$

직렬 회로에서 전체 회로 또는 개별 소자에 대하여 옴의 법칙을 적용할 수 있다. 또한 각각의 저항기를 더하여 직렬 저항기의 총 저항을 구할 수 있다. 이 두 가지 개념으로 무장하면, 회로 내에서 다른 미지량을 쉽게 구할 수 있다. 다음의 예제는 그 과정을 설명한다. 전자공학의 여러 문제에서처럼 이들 예제를 풀기 위한 출발점은 한 개뿐이 아니다. 보여준 풀이는 문제에 접근하는 유일한 방법이 아니라는 것을 기억하라.

예제 5-4

문제

그림 5-6의 회로에서 R_1 양단의 전압과 총 전류를 구하라.

풀이

단계 1: 총 저항을 계산한다.

$$R_\text{T} = R_1 + R_2 + R_3 = 470\,\Omega + 150\,\Omega + 270\,\Omega = 890\,\Omega$$

단계 2: 옴의 법칙을 적용하여 총 전류를 구한다.

$$I_\text{T} = \frac{V_\text{S}}{R_\text{T}} = \frac{10\,\text{V}}{890\,\Omega} = \textbf{11.2 mA}$$

직렬 회로이기 때문에 이는 저항기 각각에 흐르는 전류이다.

$$I_\text{T} = I_1 = I_2 = I_3 = 11.2\,\text{mA}$$

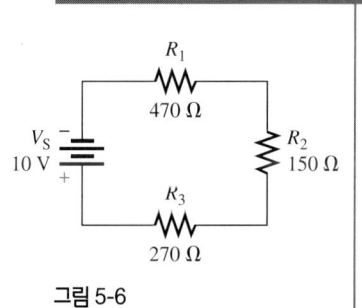

그림 5-6

단계 3: R_1에 걸리는 전압을 구하기 위해, 옴의 법칙을 재정렬하여 V_1에 대해 푼다.

$$V_1 = I_1R_1 = (11.2\,\text{mA})(470\,\Omega) = \mathbf{5.28\,V}$$

질문

V_2와 V_3은 얼마인가?

컴퓨터 시뮬레이션

웹사이트에 있는 Multisim 파일 F05-06DC를 열어라. 멀티미터를 사용하여 전류를 확인하라.

예제 5-5

문제

그림 5-7의 회로에 대해, 주어진 값이 표 5-1에 있다. 표에 표시된 미지값을 계산하라.

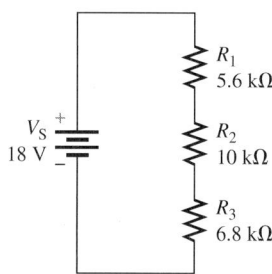

그림 5-7

표 5-1

$I_1 =$	$R_1 = 5.6\,\text{k}\Omega$	$V_1 =$
$I_2 =$	$R_2 = 10\,\text{k}\Omega$	$V_2 =$
$I_3 =$	$R3 = 6.8\,\text{k}\Omega$	$V_3 =$
$I_T =$	$R_T =$	$V_S = 18\,\text{V}$

풀이

단계 1: 세 개의 저항기의 저항을 합하여 총 저항을 계산한다.

$$R_T = T_1 + R_2 + R_3 = 5.6\,\text{k}\Omega + 10\,\text{k}\Omega + 6.8\,\text{k}\Omega = 22.4\,\text{k}\Omega$$

단계 2: 총 전압과 총 전류를 계산하고, 옴의 법칙을 사용하여 총 저항을 구한다.

$$I_T = \frac{V_S}{R_T} = \frac{18\,\text{V}}{22.4\,\text{k}\Omega} = 0.804\,\text{mA}$$

직렬 회로이기 때문에 전류는 모든 소자에서 동일하다. I_1, I_2 및 I_3에 대한 이 값을 넣어라.

단계 3: 옴의 법칙을 사용하여 V_1, V_2 및 V_3를 계산한다.

$$V_1 = I_1R_1 = (0.804\,\text{mA})(5.6\,\text{k}\Omega) = 4.50\,\text{V}$$

$$V_2 = I_2R_2 = (0.804\,\text{mA})(10\,\text{k}\Omega) = 8.04\,\text{V}$$

$$V_3 = I_3R_3 = (0.804\,\text{mA})(6.8\,\text{k}\Omega) = 5.46\,\text{V}$$

표 5-2로서 나타나 있다.

표 5-2

I_1 = **0.804 mA**	R_1 = **5.6 kΩ**	V_1 = **4.50 V**
I_2 = **0.804 mA**	R_2 = 10 kΩ	V_2 = **8.04 V**
I_3 = **0.804 mA**	R_3 = 6.8 kΩ	V_3 = **5.46 V**
I_T = **0.804 mA**	R_T = **22.4 kΩ**	V_S = 18 V

질문

R_2에 10 kΩ 대신 1.0 kΩ 저항을 사용하면, 각 저항에 걸리는 전압은 어떻게 되는가?

문제

그림 5-8 회로의 회로에 대해, 주어진 값이 표 5-3에 있다. 표에서 미지의 값을 계산하라. 전원 전압이 주어지지 않은 것에 주의하라. 게다가 표에는 총 전력 및 각 저항기에서 소비되는 전력을 위한 열이 포함되어 있다.

표 5-3

I_1 =	R_1 = 100 kΩ	V_1 =	P_1 =
I_2 =	R_2 = 120 kΩ	V_2 =	P_2 =
I_3 =	R_3 = 82 kΩ	V_3 = 6.52 V	P_3 =
I_T =	R_T =	V_S =	P_S =

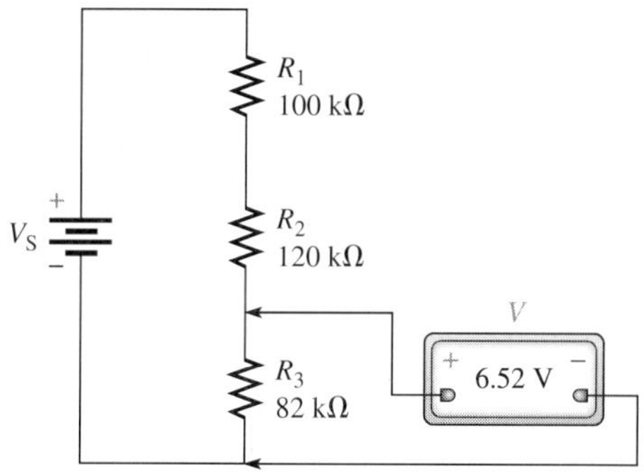

그림 5-8

풀이

단계 1: 3개 저항기의 저항을 합하여 총 저항을 계산한다.

(참고: 대안으로서 전류를 먼저 계산할 수도 있다.)

$$R_T = R_1 + R_2 + R_3 = 100\,\text{kΩ} + 120\,\text{kΩ} + 82\,\text{kΩ} = 302\,\text{kΩ}$$

단계 2: 알고 있는 V_3와 알고 있는 저항 R_3으로써 옴의 법칙을 사용하여 전류를 계산한다.

$$I_3 = \frac{V_3}{R_3} = \frac{6.52\,\text{V}}{82\,\text{kΩ}} = 79.5\,\mu\text{A}$$

직렬 회로이기 때문에 모든 소자에 흐르는 전류가 같다.

$$I_3 = I_T = I_1 = I_2 = 79.5\,\mu\text{A}$$

단계 3: 옴의 법칙을 사용하여 V_1과 V_2를 계산한다.

$$V_1 = I_1R_1 = (79.5\,\mu\text{A})(100\,\text{kΩ}) = 7.95\,\text{V}$$

$$V_2 = I_2R_2 = (79.5\,\mu\text{A})(120\,\text{kΩ}) = 9.54\,\text{V}$$

V_S는 연습 문제로 남겨 둔다.

단계 4: 와트의 법칙을 사용하여 P_1, P_2 및 P_3를 계산한다.

$$P_1 = I_1 V_1 = (79.5\ \mu\text{A})(7.95\ \text{V}) = 632\ \mu\text{W}$$

$$P_2 = I_2 V_2 = (79.5\ \mu\text{A})(9.54\ \text{V}) = 758\ \mu\text{W}$$

$$P_3 = I_3 V_3 = (79.5\ \mu\text{A})(6.52\ \text{V}) = 518\ \mu\text{W}$$

P_T는 연습 문제로 남겨 둔다.

표 5-4는 V_S와 P_T를 제외하고 완성된 표를 보여준다.

표 5-4

$I_1 = \mathbf{79.5\ \mu\text{A}}$	$R_1 = 100\ \text{k}\Omega$	$V_1 = \mathbf{7.95\ V}$	$P_1 = \mathbf{632\ \mu\text{W}}$
$I_2 = \mathbf{79.5\ \mu\text{A}}$	$R_2 = 120\ \text{k}\Omega$	$V_2 = \mathbf{9.54\ V}$	$P_2 = \mathbf{758\ \mu\text{W}}$
$I_3 = \mathbf{79.5\ \mu\text{A}}$	$R_3 = 82\ \text{k}\Omega$	$V_3 = 6.52\ \text{V}$	$P_3 = \mathbf{518\ \mu\text{W}}$
$I_T = \mathbf{79.5\ \mu\text{A}}$	$R_T = \mathbf{302\ \text{k}\Omega}$	$V_S =$	$P_S =$

질문

V_S와 P_T의 값은 얼마인가?

복습 질문

6. 12 V 배터리에 직렬로 세 개의 1.0 kΩ 저항기가 연결되어 있다. 각각의 저항기에 흐르는 전류는 얼마인가?

7. 그림 5-9의 회로에서 총 전류는 얼마인가?

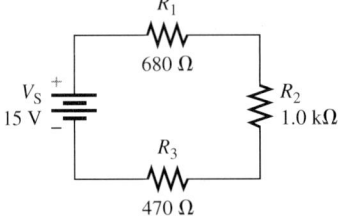

그림 5-9

8. 그림 5-9에 보인 회로의 V_1은 얼마인가?

9. 4개의 동일한 값을 가지는 저항기가 20 V 전원에 직렬로 연결되어 있다. 전류는 50 mA이다. 각각의 저항기의 값은 얼마인가?

10. 그림 5-10의 회로에서 전류를 100 mA로 제한하는 R_2의 값은 얼마인가?

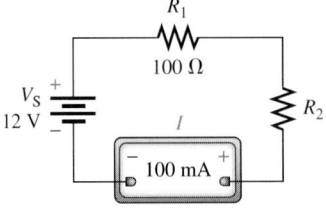

그림 5-10

키르히호프(Kirchhoff)는 회로 이론에서 옴의 연구를 연장시킨 물리학자이다. 그는 회로에 관하여 두 개의 기초적인 법칙을 개발하였으며, 천문학을 포함한 다른 과학에도 중요한 기여를 하였다.

이 절에서는 키르히호프의 전압 법칙을 적용하는 것을 배우게 될 것이다.

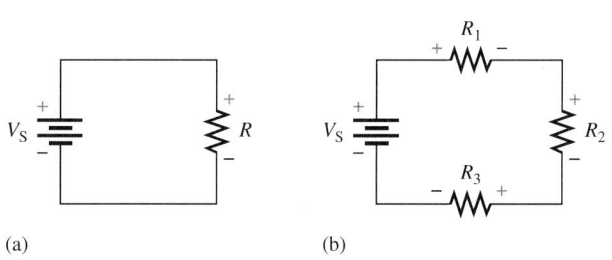

그림 5-11

전원전압과 부하 저항기 양단의 거친 전압 강하의 극성은 항상 반대이다.

(a) (b)

간단한 저항성 회로에서 그림 5-11(a)에 나타낸 바와 같이 저항기 양단의 전압 강하의 극성은 항상 전원전압의 극성과 반대이다. 그림 5-11(b)에 나타낸 바와 같이 여러 개의 저항기에서 각 저항기 양단의 극성은 여전히 전원과 반대이다.

그림 5-11의 각 소자 양단의 극성을 보는 한 가지 방법은 "상승" 그리고 "강하"의 관점에 있다. 만약 전원전압을 "상승"이라고 정의하면 저항기 양단의 전압은 "강하"를 나타낸다. 키르히호프는 폐회로에서 전압 강하의 합은 전원전압과 같다는 것을 관찰하였다. 이 관찰로부터, 그는 회로 문제를 푸는 데 널리 사용되는 법칙을 개발하였다. 키르히호프의 전압 법칙은 일반적으로 다음과 같이 기술된다.

단일 폐회로에서 모든 전압 강하의 합은 그 폐회로의 총 전원전압과 같다.

키르히호프의 전압 법칙(KVL)을 식의 형태로 쓰면 다음과 같다.

$$V_S = V_1 + V_2 + V_3 + \ldots + V_n \qquad (5\text{-}4)$$

여기서 n은 전압 강하의 개수를 말한다.

그림 5-12의 두 회로는 식 (5-4)를 설명해준다. 전원의 극성은 중요하지 않다. 이 그림에서는 KVL이 3개의 저항으로 된 직렬 회로에 대해 적용되었지만, 식을 작성할 때 단일경로를 따르기만 하면 어떤 회로에도 적용할 수 있다.

키르히호프의 전압 법칙을 고려하는 또 다른 방법은 대수적 합의 관점에 있다. 대수적 합은 간단히 부호를 계속 유지하면서 수를 더하는 것을 의미한다. 전압 상승은 하나의 부호(일반적으로 양)를 할당받고 전압 강하는 그 반대의 신호를 할당받는다. 전압은 양(+)이 아니면 음(-)이며, 항상 각 소자에 걸쳐서 측정된다. 이런 형식의 키

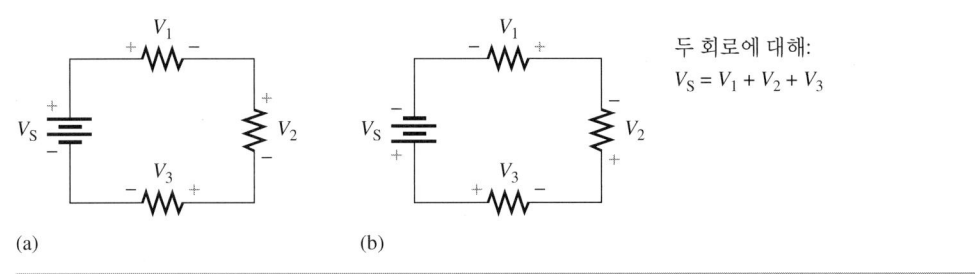

그림 5-12

n개의 전압 강하의 합은 폐회로 내에서의 총 전원전압과 같다. 이 회로에서 $n = 3$이다.

두 회로에 대해:
$$V_S = V_1 + V_2 + V_3$$

(a)　　　　　　　　　　　　(b)

르히호프의 전압 법칙은 다음과 같이 기술된다.

단일 폐회로의 경로를 따라가면서 전압을 대수적으로 합하면 0이다.

이 형식의 KVL에서 전원의 대수적 부호는 저항기 양단의 전압 강하의 부호와 반대이다. 만약 폐회로에 두 개 이상의 전원이 있다면, 총 전원전압은 그들이 서로 협력하는지 또는 반대하는지에 달려 있다. 다중 전원은 6-5절에서 논의할 것이다.

예제 5-7

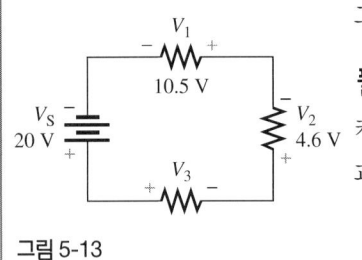

그림 5-13

문제

그림 5-13의 회로에서 V_3를 계산하라.

풀이

키르히호프의 전압 법칙 중 하나는 단일 폐회로 내의 전압 강하의 합은 그 폐회로의 총 전압과 같다라는 것을 말한다.

$$V_S = V_1 + V_2 + V_3$$
$$V_3 = V_S - (V_1 + V_2) = 20\,V - (10.5\,V + 4.6\,V) = \mathbf{4.9\,V}$$

등가의 전압 법칙은 단일 폐회로를 따라가면서 전압을 대수적으로 합하면 0이라는 것이다.

$$V_S - V_1 - V_2 - V_3 = 20\,V - 10.5\,V - 4.6\,V - V_3 = 0$$
$$V_3 = \mathbf{4.9\,V}$$

질문

만약 전원전압이 두 배로 되면, V_1, V_2 및 V_3는 얼마인가?

 **컴퓨터 시뮬레이션**

웹사이트에 있는 Multisim 파일 F05-13DC를 열어라. 멀티미터를 사용하여 전압 강하를 측정하고 KVL이 진실인지 확인하라.

문제

문제의 해답을 구하기 위해 옴의 법칙과 키르히호프의 전압 법칙 모두를 사용할 수 있다. 표
5-5는 그림 5-14의 회로에서 알고 있는 값을 나타낸다. 미지의 값을 구하여 표를 완성하라.

표 5-5

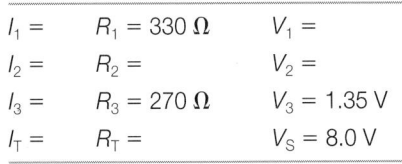

$I_1 =$	$R_1 = 330\,\Omega$	$V_1 =$
$I_2 =$	$R_2 =$	$V_2 =$
$I_3 =$	$R_3 = 270\,\Omega$	$V_3 = 1.35\,V$
$I_T =$	$R_T =$	$V_S = 8.0\,V$

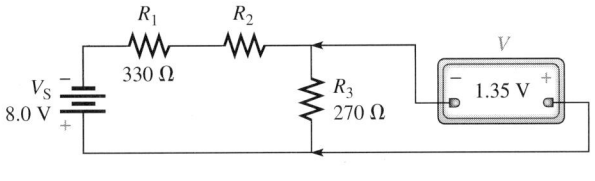

그림 5-14

풀이

단계 1: 옴의 법칙을 사용하여 R_3의 전류를 계산한다.

$$I_3 = \frac{V_3}{R_3} = \frac{1.35\,V}{270\,\Omega} = 5.00\,mA$$

직렬 회로이기 때문에 각 소자의 전류는 모두 같다.

$$I_3 = I_1 = I_2 = I_T = 5.00\,mA$$

단계 2: R_1에 걸리는 전압을 계산한다.

$$V_1 = I_1R_1 = (5.00\,mA)(330\,\Omega) = 1.65\,V$$

단계 3: 키르히호프의 전압 법칙을 이용하여 R_2에 걸리는 전압을 계산한다.

$$V_S = V_1 + V_2 + V_3$$
$$V_2 = V_S - (V_1 + V_2) = 8.0\,V - (1.65\,V + 1.35\,V) = 5.0\,V$$

단계 4: 옴의 법칙을 사용하여 R_2의 값을 계산한다.

$$R_2 = \frac{V_2}{R_2} = \frac{5.0\,V}{5.0\,mA} = 1.0\,k\Omega$$

단계 5: 저항기를 더하여 총 저항을 계산한다.

$$R_T = R_1 + R_2 + R_3 = 330\,\Omega + 1.0\,k\Omega + 270\,\Omega = 1.60\,k\Omega$$

결과는 표 5-6에 있다.

표 5-6

$I_1 =$ **5.0 mA**	$R_1 = 330\,\Omega$	$V_1 =$ **1.65 V**
$I_2 =$ **5.0 mA**	$R_2 =$ **1.0 kΩ**	$V_2 =$ **5.00 V**
$I_3 =$ **5.0 mA**	$R_3 = 270\,\Omega$	$V_3 = 1.35\,V$
$I_T =$ **5.0 mA**	$R_T =$ **1.60 kΩ**	$V_S = 8.0\,V$

질문

풀이가 정확한지를 확인할 수 있는 수학적 검산법은 무엇인가?

흥미롭게도, 키르히호프의 전압 법칙은 개방 회로에도 적용된다. 개방 회로는 경로가 불완전하고 전류가 흐르지 않는 것을 의미한다. 만약 (끊어진 퓨즈와 같이) 고장난 소자로 인해 개방경로가 되면 전원전압은 개방된 양단에 나타낸다.

복습 질문

11. 키르히호프의 전압 법칙이란 무엇인가?
12. 동일한 값을 갖는 세 개의 저항기가 12 V 전원에 연결되어 있다. 각 저항기에 걸리는 전압은 얼마인가?
13. 그림 5-15에 나타낸 바와 같이 저항기에 걸리는 전압을 측정하였다. V_S는 얼마인가?
14. 세 개의 저항기가 있는 직렬 회로에서 전원전압은 20 V이다. 만약 두 개의 전압 강하가 8.0 V와 6.0 V이면 세 번째 전압 강하는 얼마인가?
15. 만약 100 V 전원을 가진 직렬 회로가 개방되어 있으면, 개방 양단에 전압이 존재할까? 만약 그렇다면 그 전압은 얼마인가?

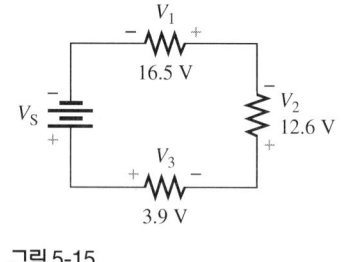

그림 5-15

5-4 전압 분배기

회로 해석 목적 상, 저항성 직렬 회로의 저항기는 전원전압을 그들 사이에서 "분배하는 것"으로 생각할 수 있다. *전압 분배기*라는 말은 이러한 생각에서 유래되었다. 직렬 저항기를 전압 분배기로 생각하면, 저항기의 전압 강하를 계산할 수 있다.

이 절에는 직렬 회로에서 전압을 구하기 위해 전압 분배기 식을 적용하는 방법을 배운다.

만약 두 개의 서로 다른 값의 저항기가 직렬 회로에 있다면 큰 값의 저항기는 비례적으로 큰 전압 강하를 가진다. 예를 들어 하나의 저항기가 다른 저항기의 두 배 크기라면 큰 저항기는 작은 저항기의 두 배의 전압을 가진다. 이유는 직렬 회로에 적용된 옴의 법칙을 조사하면 명확하다. 저항기 모두에 동일한 전류가 흐르기 때문에 전압 강하는 저항에 비례한다. 이는 수학적으로 보여줄 수 있다.

R_1의 전류는 I_1이고, R_2의 전류는 I_2이다.

$$I_1 = I_2$$

전류에 대한 옴의 법칙을 대입하면,

$$\frac{V_1}{R_1} = \frac{V_2}{R_2}$$

양변에 R_1을 곱하고, 양변에 V_2를 나누어서 재정리하면,

$$\frac{V_1}{V_2} = \frac{R_1}{R_2}$$

위의 마지막 식은 직렬 회로에서 전압 강하비(V_1/V_2)가 저항비(R_1/R_2)와 같음을 보여준다. 같은 의미로, 전압 강하는 저항에 비례한다고 말할 수 있다. 그림 5-16의 회로는 이 개념을 설명한다. R_1의 저항이 R_2의 두 배이다. 총 저항이 12 kΩ이면 각각의 저항기에 흐르는 전류는 다음과 같다.

$$I_T = \frac{V_S}{R_T} = \frac{12 \text{ V}}{12 \text{ k}\Omega} = 1.0 \text{ mA}$$

R_1에 걸리는 전압은 옴의 법칙을 사용하면,

$$V_1 = I_1 R_1 = (1.0 \text{ mA})(8.0 \text{ k}\Omega) = 8.0 \text{ V}$$

그리고 R_2에 걸리는 전압은,

$$V_2 = I_2 R_2 = (1.0 \text{ mA})(4.0 \text{ k}\Omega) = 4.0 \text{ V}$$

큰 값의 저항기에서의 전압 강하는 저항비(2:1)에 비례하여 작은 저항기의 전압 강하의 두 배이다.

그림 5-16은 또 다른 중요한 점을 설명한다. 총 저항은 12 kΩ이다. 저항기 R_1은 총 저항의 2/3를 나타내고, 저항기 R_2는 총 저항의 1/3을 나타낸다. R_1에 걸리는 전압은 전원전압의 2/3이고, R_2에 걸리는 전압은 전원전압의 1/3이다. 이 관찰은 옴의 법칙의 직접적인 결과이다.

그림 5-17은 두 개의 저항기를 가지는 다른 직렬 회로를 보여준다. R_x는 두 개의 저항기 중 하나의 저항을 말하고, R_T는 총 저항(저항기의 합)이다. R_x에 흐르는 전류는

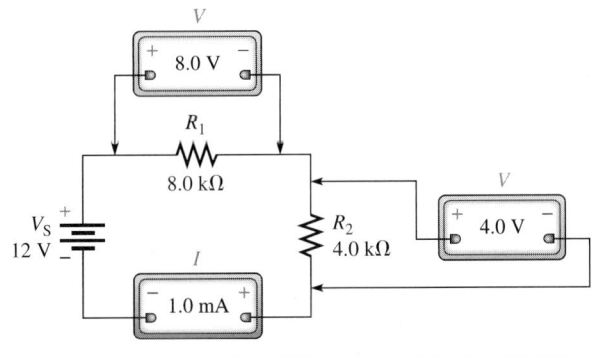

그림 5-16

두 개의 저항기를 가진 직렬 회로. R_1의 값은 R_2의 두 배이며, 두 배의 전압을 가지다. (편의성 비표준 저항기를 사용하였다.)

그림 5-17

두 개의 저항기를 갖는 직렬 회로

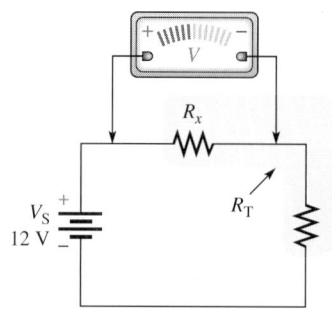

회로의 총 전류와 같다. 그러므로 옴의 법칙에서,

$$I_x = I_T$$

전류에 대한 옴의 법칙을 대입하면,

$$\frac{V_x}{R_x} = \frac{V_S}{R_T}$$

R_x를 양변에 곱하면,

$$V_x = \left(\frac{V_S}{R_T}\right)R_x$$

재정리하면,

$$V_x = \left(\frac{R_x}{R_T}\right)V_S \tag{5-5}$$

식 (5-5)는 일반적인 전압 분배기의 식이다. 괄호 안을 말하면 R_x를 총 저항으로 나눈 분수를 말한다. 전압 분배기(voltage divider)는 하나 이상의 전압이 걸려 있는 두 개 이상의 저항기로 구성된다. 비록 전압 분배기의 식이 여기서도 두 개의 저항에 대해 전개되었지만, 저항이 직렬로 연결되어 있다면 몇 개라도 상관없이 적용될 수 있다. 이 식은 다음과 같이 설명할 수 있다.

직렬 회로에서의 임의의 저항 양단의 전압 강하는 총 저항에 대한 각 저항의 비에 전원 전압을 곱한 것과 같다.

예제 5-9

문제

그림 5-18의 각각의 저항기에 대해서

(a) 각 저항기를 총 저항의 분수로 나타내어라.
(b) 전압 분배기 식을 사용하여 각 저항기 양단의 전압 강하를 구하라.

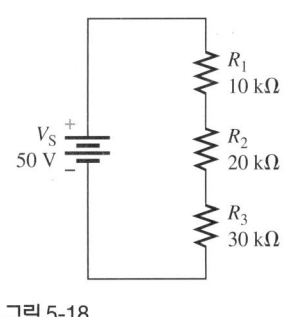

풀이

(a) 총 저항은

$$R_T = R_1 + R_2 + R_3 = 10\,k\Omega + 20\,k\Omega + 30\,k\Omega = 60\,k\Omega$$

각 저항기를 총 저항의 분수로 나타내면 다음과 같다.

R_1의 경우

$$\left(\frac{R_1}{R_T}\right) = \left(\frac{10\,k\Omega}{60\,k\Omega}\right) = \frac{1}{6}$$

R_2의 경우

$$\left(\frac{R_2}{R_T}\right) = \left(\frac{20\,k\Omega}{60\,k\Omega}\right) = \frac{2}{6} = \frac{1}{3}$$

R_3의 경우

$$\left(\frac{R_3}{R_T}\right) = \left(\frac{30\,k\Omega}{60\,k\Omega}\right) = \frac{3}{6} = \frac{1}{2}$$

따라서, R_1은 총 저항의 1/6을 나타내고, R_2는 총 저항의 1/3을 나타내고, R_3은 총 저항의 1/2을 나타낸다.

(b) 전압 분배기 식으로 각 저항기의 전압 강하를 구한다. 각각의 경우에 R_x는 적당한 저항기로 대체한다.

R_1에 걸리는 전압은,

$$V_1 = \left(\frac{R_1}{R_T}\right)V_S = \left(\frac{10\,k\Omega}{60\,k\Omega}\right)50\,V = \mathbf{8.33\,V}$$

R_2에 걸리는 전압은,

$$V_2 = \left(\frac{R_2}{R_T}\right)V_S = \left(\frac{20\,k\Omega}{60\,k\Omega}\right)50\,V = \mathbf{16.7\,V}$$

R_3에 걸리는 전압은,

$$V_3 = \left(\frac{R_3}{R_T}\right)V_S = \left(\frac{30\,k\Omega}{60\,k\Omega}\right)50\,V = \mathbf{25.0\,V}$$

R_1 양단 전압에 대한 계산기 순서는 다음과 같다.

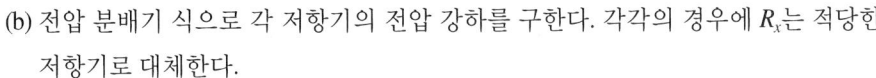

이 경우에 계산기에서 괄호는 실제 입력할 필요는 없으나, 전체 저항에 대한 저항의 비율을 명확히게 보여주고 있다. 또한, 수를 입력하기 전에 접두사 kilo(k)를 소거한다면 계산기 입력을 더욱 간단하게할 수 있다. 단순화시킨 계산기 입력 순서는 다음과 같다.

질문

4개의 같은 값의 저항기가 직렬로 연결되어 있는 경우, 각 저항기에 걸리는 전압을 전원전압의 분수로 나타내어라.

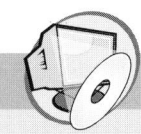

컴퓨터 시뮬레이션

웹사이트에 있는 Multisim 파일 F05-18DC를 열어라. 멀티미터를 사용하여 전압 강하를 확인하라.

예제 5-10

그림 5-19

문제

전압 분배식을 사용하여 그림 5-19의 저항 R_1과 R_2에 걸리는 전압을 구하라.

풀이

전체 저항은 다음과 같다.

$$R_T = R_1 + R_2 + R_3 = 9.1\,\text{k}\Omega + 4.7\,\text{k}\Omega + 3.3\,\text{k}\Omega = 17.1\,\text{k}\Omega$$

R_1에 걸리는 전압은,

$$V_1 = \left(\frac{R_1}{R_T}\right)V_S = \left(\frac{9.1\,\text{k}\Omega}{17.1\,\text{k}\Omega}\right)15\,\text{V} = \mathbf{7.98\,V}$$

R_2에 걸리는 전압은,

$$V_2 = \left(\frac{R_2}{R_T}\right)V_S = \left(\frac{4.7\,\text{k}\Omega}{17.1\,\text{k}\Omega}\right)15\,\text{V} = \mathbf{4.12\,V}$$

질문

R_3에 걸리는 전압은 얼마인가?

가변 전압 분배기로서의 전위차계

3-4절에서 전위차계는 세 개의 단자로 된 가변저항기임을 보았다. dc 전원전압에 연결되어 있는 전위차계가 그림 5-20(a)에 나타나있다. 양 끝의 두 개의 단자는 1과 2, 가변단자, 즉 와이퍼는 3으로 표시되어 있다. 전위차계는 직렬로 연결된 두 개의 저항으로 동작하고, 그림 5-20(b)와 같이 전체 저항을 두 부분으로 나누는 것으로 표현할 수 있다. 단자 1과 3 사이의 저항이 한 부분(R_{13})이 되고, 단자 3과 2 사이의 저항이 다른 한 부분(R_{32})이 된다. 이 R_{13}과 R_{32}의 합은 항상 전위차계의 전체 저항을 나타

그림 5-20

전압 분배기로서의 전위차계

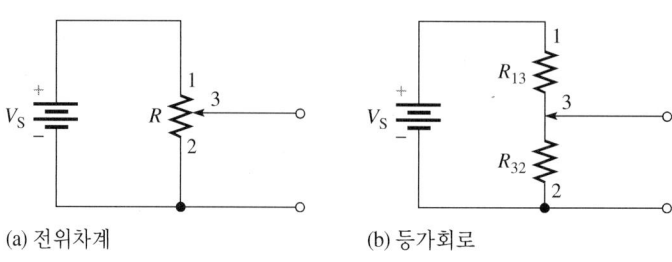

(a) 전위차계 (b) 등가회로

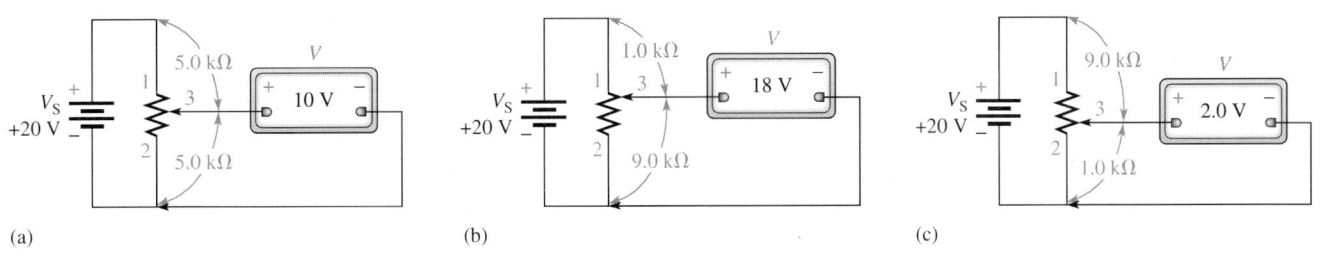

그림 5-21

전압 분배기의 조정. 중앙의 가변단자의 위치에 따라 전체 저항이 어떻게 나눠지는지가 결정된다.

(a)   (b)   (c)

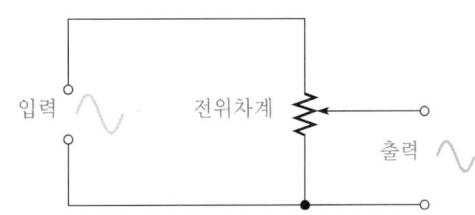

그림 5-22

전위차계는 음량 조절기로 사용된다. 신호는 오디오 신호이고 출력도 같은 신호이지만, 전위차계의 조절에 의해 진폭이 줄어든다.

입력   전위차계   출력

낸다. 그러므로 전위차계는 실제로 가변저항이 두 개인 전압 분배기이다.

그림 5-21은 가변단자 (3)이 움직일 때, 어떤 일이 발생하는지를 보여준다. 10 kΩ의 전위차계의 단자 1과 2에는 20 V의 전원전압이 연결되어 있다. 출력전압은 단자 2와 3에서 측정한다. (a) 부분에서 가변단자를 정확하게 중심에 놓으면, R_{13}과 R_{32}는 각각 5.0 kΩ으로 같아지고, 출력전압은 전체 전원전압의 반인 10 V를 얻을 수 있다. (b) 부분과 같이 가변단자를 위로 올리면 단자 2와 3 사이의 저항은 증가하고 단자 1과 3 사이의 저항은 감소한다. 이때 10 kΩ의 저항은 1 kΩ과 9 kΩ으로 나뉘어지고, 출력전압은 입력전압의 90%인 18 V가 된다. 가변단자를 (c) 부분과 같이 아래로 내리면 단자 3과 2 사이의 저항은 감소하고 전압은 비례적으로 감소하게 된다. 이때 저항이 9.0 kΩ과 1.0 kΩ이 되면, 출력 전압은 2.0 V가 된다.

전자공학에서 전위차계가 전압 분배기로 응용되는 경우는 흔히 있다. 그 중 하나로 음향 시스템에서의 음량 조절을 들 수 있다. 입력신호는 전위차계의 외부 단자에 연결되어 있는 오디오(ac) 신호이고, 출력은 그림 5-22처럼 조절 가능한 단자와 전위차계의 한 부분으로부터 얻어진다. 전위차계를 조절함으로써 출력 진폭이 그 조절에 비례하여 변하게 된다.

복습 질문

16. 전압 분배기 식은 무엇인가?
17. 값이 다른 두 개의 저항기가 직렬로 연결되어 있다면, 더 큰 전압 강하를 나타나는 저항은 어느 쪽인가?
18. 1.0 kΩ과 9.0 kΩ 저항기가 100 V 전원에 직렬로 연결되어 있다면, 각각에 걸리는 전압은 얼마인가?

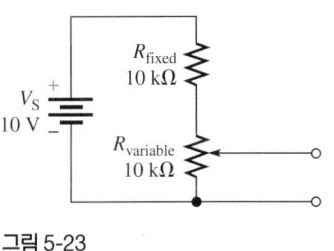

그림 5-23

19. 전위차계는 어떻게 전압 분배기로서 연결되어 있는가?

20. 그림 5-23에 보인 바와 같이 10 kΩ의 전위차계가 10 kΩ의 고정 저항 값을 가지는 저항기, 그리고 10 V의 전원과 직렬로 연결되어 있다면, 얻을 수 있는 최대, 최소의 출력 전압은 얼마인가?

5-5 병렬 저항

병렬 회로는 두 개 이상의 저항기(또는 다른 소자)가 공통 전원전압에 연결되어 있는 것이다. 각각의 저항기는 별개의 전류경로를 제공한다. 두 개 이상의 저항기가 병렬로 연결되어 있다면, 전체 저항은 최소값의 저항기의 값보다 작아진다.

이 절에서는 병렬 회로를 이해하고 병렬저항기의 전체 저항 값을 계산하는 법을 배운다.

병렬 회로에서는 전원전압에서부터 임의의 저항기(또는 부하)까지 완전한 경로를 따라가서 다른 저항기를 거치지 않고 전원전압으로 돌아올 수 있다. 그림 5-24는 병렬 회로의 세 가지 예를 보여주고 있다. 그림 5-24(a)는 두 저항이 dc 전원에 병렬로 연결되어 있고, 그림 5-24(b)는 두 저항이 ac 전원에 연결되어 있다. 그림 5-24(c)는 4개의 저항기를 보여주고 있다. 이상적으로는, 병렬 회로에 연결될 수 있는 저항의 개수에는 제한이 없다. 그러나 실제로는 전원이 공급할 수 있는 전류량에 의해 제한을

| 그림 5-24 | 병렬 회로의 예 |

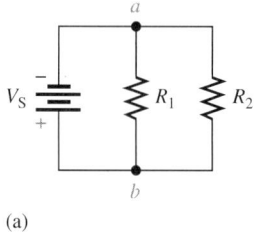
(a)

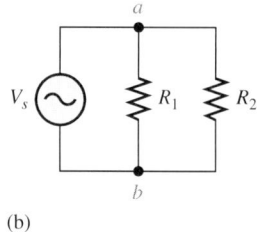
(b)

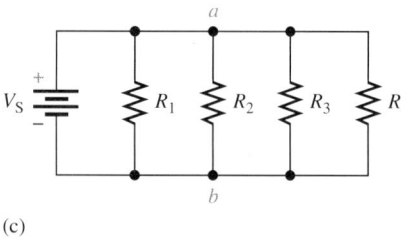
(c)

| 그림 5-25 |

다양한 개수의 입력을 갖는 고유 모양 NAND 게이트 기호

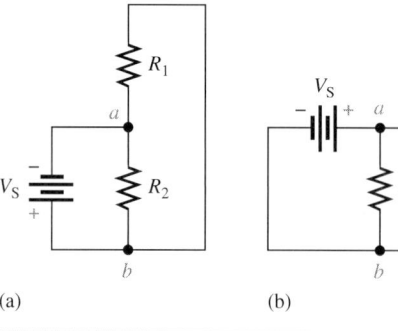
(a)　　　(b)

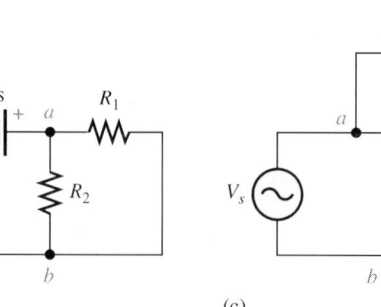
(c)

받는다. 각 회로에서 전원전압은 두 개 이상의 소자에 직접적으로 병렬 연결되어 있음을 주목하라.

그림 5-24에 보인 전통적인 방법으로 그려졌다. 각각의 병렬 회로 경로를 가지(branch)라고 한다. 처음 두 개의 회로는 두 개의 가지를, 세 번째 회로는 4개의 가지를 가진다. 그림 5-25는 다른 예를 보여주는데, 비전통적인 방법으로 그려졌다. 3개의 회로가 모두 병렬 회로임은 각자가 확인하길 바란다. 물론, 이외에도 많은 다른 변화형도 있다.

마디

두 개 이상의 회로 요소(예로서 저항기, 전원전압)에 대해 공통 경로를 가지는 회로 연결점을 마디(node)라 한다. 마디는 가끔 두 개 이상의 전도체가 만나는 **접점(junction)**으로 생각한다. 그러나 전기분야에서는 좀 더 넓은 의미를 가진다. 공통의 전도성 경로와 함께 연결된 모든 지점은 단일 마디를 형성한다. 그림 5-24와 5-25의 각 회로는 정확하게 두 개의 마디를 가지고 있고, a와 b로 표시되어 있다. 사실, 모든 병렬 회로는 정확하게 두 개의 마디를 가지고 있고, 5~7장에서 마디에 관해 좀 더 살펴볼 것이다.

두 개 이상의 저항기가 병렬로 연결되면, 이들은 동일한 두 개의 마디 사이에 연결된다는 것을 뜻한다. 예제 5-11은 실험실에서 어떻게 저항기를 병렬로 연결할 수 있는지를 보여주고 있다. 모든 저항기는 동일한 두 개의 마디 사이에 연결된다는 데 유의하라.

문제

그림 5-26의 저항기를 프로토보드에 병렬로 연결하는 방법과 DMM을 이용하여 전체 저항을 측정하는 방법을 보여라.

R_1 R_2 R_3 R_4

그림 5-26

풀이

저항기를 병렬로 연결할 수 있는 방법이 많이 있지만, 이 모든 방법에서 저항기는 두 개의 마디 사이에 연결되어져야 한다. 한 가지 방법은 그림 5-27처럼 연결하는 것이다. 저항기의 위쪽은 프로토보드를 통해 서로 연결하고, 아래는 전선으로 모두 연결한다. DMM은 전체 저항을 읽기 위해 그림 5-27과 같이 R_1의 양단에 연결한다.

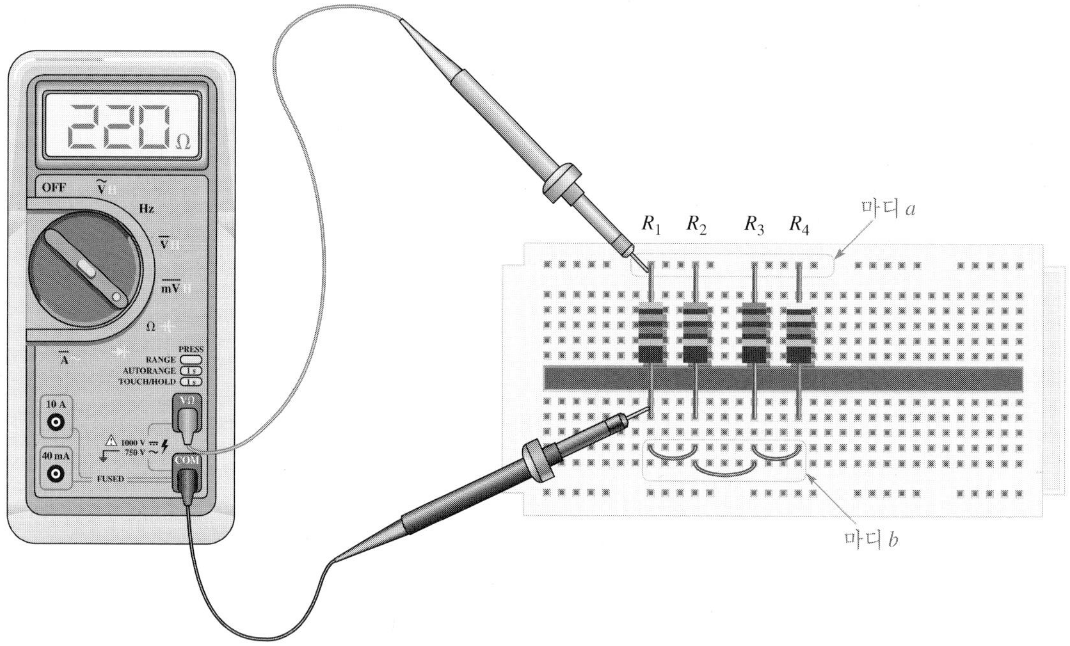

그림 5-27

질문

전체 저항을 읽기 위해 DMM을 다른 저항의 양단에 연결할 수 있는가?

총 저항

병렬 회로에서 총 저항은 회로에 있는 개별 저항기 중에서 제일 작은 저항기보다 작다. 그 이유를 알아보기 위해, 그림 5-28(a)와 같이 전원전압에 한 개의 저항기가 연결되어 있는 회로를 고려해보자. 그림 5-28(b)처럼 두 번째 저항기가 전원전압에 병렬로 연결되면 전원전압의 전류는 부가된 전류 경로로 인해 증가한다. 옴의 법칙은 일정한 전압에서 총 저항이 감소하면 총 전류가 증가한다는 것을 보여준다. 즉, 일정전압에서,

$$R\downarrow = \frac{V}{I\uparrow}$$

총 전류 I가 증가하면 총 저항 R은 감소한다.

그림 5-28

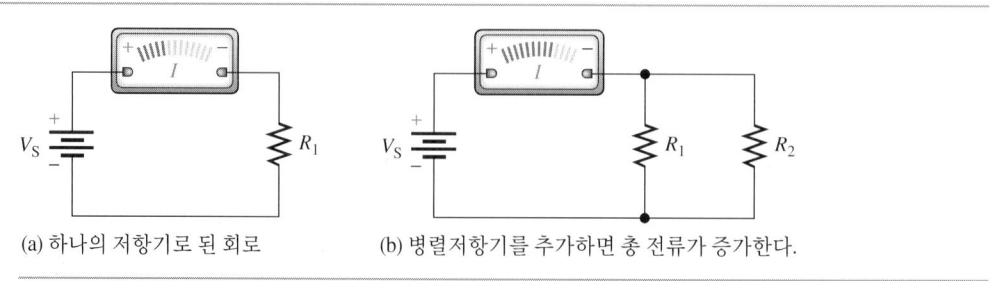

(a) 하나의 저항기로 된 회로   (b) 병렬저항기를 추가하면 총 전류가 증가한다.

이것을 컨덕턴스의 관점에서 보면 병렬저항에 대한 해석을 더욱 쉽게 할 수 있다. 다음 식과 같이 저항의 역수를 컨덕턴스라는 것을 상기하라.

$$G = \frac{1}{R}$$

병렬로 연결된 저항기는 전도성 경로의 관점에서 생각해 볼 수 있다. 즉, 저항기가 병렬로 연결되어 있다면, 전체 컨덕턴스는 개별 컨덕턴스의 합이다.

$$G_T = G_1 + G_2 + G_3 + \ldots + G_n \tag{5-6}$$

여기서 G_T는 병렬저항기의 전체 컨덕턴스를 나타내고, G_n은 마지막 n번째 저항기의 컨덕턴스를 나타낸다. 첨자 n은 저항기의 개수를 나타낸다.

병렬저항기에 대한 식 (5-6)과 직렬저항기에 대한 식 (5-1) 사이의 유사성에 주목하라. 직렬 회로에서는 각각의 저항기를 더함으로써 전체 저항을 알아낼 수 있고, 병렬 회로에서는 각각의 컨덕턴스를 더함으로써 전체 컨덕턴스를 알아낼 수 있다.

병렬 회로의 저항을 계산하기 위해 컨덕턴스를 $1/R$로 대체하자. 그러면 식 (5-6)은 다음과 같이 된다.

$$\frac{1}{R_T} = \frac{1}{R_1} + \frac{1}{R_2} + \frac{1}{R_3} + \ldots + \frac{1}{R_n} \tag{5-7}$$

많은 사람들이 식 (5-7)의 우변을 풀고 그 답의 역수를 취함으로써, 병렬 회로의 전체 저항을 알아내기를 선호한다. 이것은 계산기의 경우 다음과 같은 일반적인 과정을 따른다.

단계 1: R_1 값을 입력하고 `1/x` 키(어떤 계산기에서는 제2 기능키)를 누른다. x^{-1}은 $1/x$를 의미한다.

단계 2: `+` 키를 누르고, R_2 값을 입력한 뒤 `1/x` 키를 누른다.

단계 3: 모든 저항기이 값을 입력할 때까지 2번 과정을 반복한다.

단계 4: 우변 연산을 완성하기 위해 `=` 키를 누르면, 화면에는 전체 컨덕턴스 값이 나온다.

단계 5: 전체 저항을 계산하기 위해 다시 `1/x` 키를 눌러 화면에 나온 답의 역수를 구한다. 이제 화면에는 전체 저항이 나타날 것이다.

식 (5-7)은 앙변에 억수를 취함으로써 간단하게 전체 서항을 얻을 수 있나. 이 방법은 병렬 회로에서 쓰이는 일반적인 식이다.

$$R_T = \cfrac{1}{\cfrac{1}{R_1} + \cfrac{1}{R_2} + \cfrac{1}{R_3} + \ldots + \cfrac{1}{R_n}} \tag{5-8}$$

식 (5-8)은 계산기로 전체 저항을 구할 때 사용할 수 있으나, 식 (5-7)로 풀 때보다 더 많은 키 조작이 요구된다. 예제 5-12는 전체 저항을 구하기 위해 이 두 가지 방법을 모두 적용한 예제이다.

| 예제 5-12 | **문제** |

그림 5-29에서 저항기의 전체 저항을 구하라.

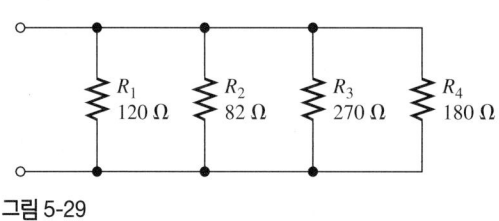

그림 5-29

풀이

4 개의 저항기 값을 식 (5-8)에 대입시켜 보자.

$$R_T = \cfrac{1}{\cfrac{1}{R_1} + \cfrac{1}{R_2} + \cfrac{1}{R_3} + \cfrac{1}{R_4}} = \cfrac{1}{\cfrac{1}{120\,\Omega} + \cfrac{1}{82\,\Omega} + \cfrac{1}{270\,\Omega} + \cfrac{1}{180\,\Omega}} = \mathbf{33.6\,\Omega}$$

전체 저항은 가장 작은 저항 값 82 Ω보다 작다.

계산기 순서는 다음과 같다.

`1` `÷` `(` `1` `2` `0` `1/x` `+` `8` `2` `1/x` `+` `2` `7` `0` `1/x` `+` `1` `8` `0` `1/x` `)` `=`

정확한 연산을 위해 괄호로 분모를 묶어야 한다.

식 (5-7)을 이용하면 좀 더 적은 키 조작으로 연산이 가능하다. 마지막에 답의 역수를 취해 주기만 하면 된다. 키 조작의 순서는 다음과 같다.

`1` `2` `0` `1/x` `+` `8` `2` `1/x` `+` `2` `7` `0` `1/x` `+` `1` `8` `0` `1/x` `=`

질문

만일 이 회로에 100 Ω의 저항기가 병렬로 연결되면, 전체 저항은 얼마인가?

병렬저항기의 특수한 경우

이제 병렬저항기의 두 가지 특수한 경우에 대해 논의해 보자. 첫 번째는 정확하게 두 개의 저항기가 병렬로 연결되어 있는 경우이다. 식 (5-8)은 이런 경우에 다음과 같이 바꿀 수 있다.

$$R_T = \frac{R_1 R_2}{R_1 + R_2} \tag{5-9}$$

이 식은 두 개의 저항기에 대한 곱 나누기 합(product-over-sum)으로 알려져 있다. 저항기가 병렬로 3개 이상 연결되어 있을 때는 적용할 수 없다. 예를 들면 4.7 kΩ과 10 kΩ의 저항기 두 개가 병렬로 연결되어 있다면, 전체 저항은 다음과 같다.

$$R_T = \frac{R_1 R_2}{R_1 + R_2} = \frac{(4.7 \text{ k}\Omega)(10 \text{ k}\Omega)}{4.7 \text{ k}\Omega + 10 \text{ k}\Omega} = 3.20 \text{ k}\Omega$$

다음은 흔한 경우는 아니지만 병렬로 연결된 모든 저항기가 같은 값을 가지는 경우이다. 이 경우 식 (5-8)은 다음과 같이 간단화된다.

$$R_T = \frac{R}{n}$$

예제 5-13

문제

자동차의 뒷유리창에 있는 서리 제거 장치에는 15개의 저항성 전선이 병렬로 배치되어 있다. 전체 저항이 1.4 Ω이라면, 저항성 전선 하나의 저항은 얼마인가?

풀이

$$R_T = \frac{R}{n}$$

$$R = nR_T = (15)(1.4 \text{ }\Omega) = \textbf{21 }\Omega$$

질문

만일 12 V가 인가된다면 서리 제거 장치에서 소모되는 전체 전력은 얼마인가?

병렬저항기의 표기

병렬저항기를 나타내는 방법은 문자 또는 수치 사이에 두 개의 평행한 수직선을 긋는 것이다. 즉, R_1, R_2 및 R_3가 모두 병렬로 연결되어 있다면, $R_1 \parallel R_2 \parallel R_3$로 표기할 수 있다. 또한 값 사이에 수직선을 그릴 수 있다. 예를 들어 R_1, R_2 및 R_3의 값이 1.0 kΩ, 2.0 kΩ 그리고 3.3 kΩ이라면 1.0 kΩ ∥ 2.0 kΩ ∥ 3.3 kΩ으로 표기하여 저항이 모두 병렬연결임을 나타낼 수 있다.

복습 질문

21. 병렬 회로에 존재하는 마디의 수는 얼마인가?
22. 병렬 회로에 저항기 하나를 병렬로 추가하면 전체 컨덕턴스는 어떻게 되는가?
23. 병렬 회로에 저항기 하나를 병렬로 추가하면 전체 저항은 어떻게 되는가?
24. 1.5 MΩ과 1.0 MΩ의 두 저항기가 병렬로 연결되어 있을 때 전체 저항은 얼마인가?
25. 150 Ω 저항기 세 개가 병렬로 연결되어 있다면, 전체 저항은 얼마인가?

5-6 병렬 회로에 옴의 법칙 적용하기

옴의 법칙은 전체 회로 또는 개별 소자를 위해 병렬 회로에 적용될 수 있다. 풀이를 보기 전에 주어진 예제를 공부해 보길 바란다.

이 절에서는 병렬 회로에서 옴의 법칙을 적용하여 미지의 전류, 전압 또는 저항을 계산하는 방법을 배운다.

병렬 회로는 두 개 이상의 소자가 전원전압과 직접 연결되어 있다. 그 결과 소자는 정확하게 전원전압과 같은 크기의 전압을 가지게 된다. 병렬 회로의 경우 이것은 옴의 법칙을 적용하기 위한 핵심 개념이다. 이 개념은 다음과 같이 표현할 수 있다.

$$V_S = V_1 = V_2 = V_n$$

여기서 n은 회로의 마지막 소자를 나타낸다.

병렬 회로에서 각각의 가지에는 같은 전압이 걸리므로, 어떤 가지에 흐르는 전류는 다른 가지의 전류와는 독립적이다. 병렬 회로에서 어떤 가지에 흐르는 전류는 전원전압의 전압을 그 가지에 있는 저항으로 나누면 구할 수 있다. 다음 예제는 병렬 회로에서 미지의 전압, 전류 또는 저항을 구하는 것을 보여준다.

예제 5-14

문제

그림 5-30의 회로에서 각각의 저항기에 걸리는 전압과 전류를 구하라. 표 5-7을 완성하라.

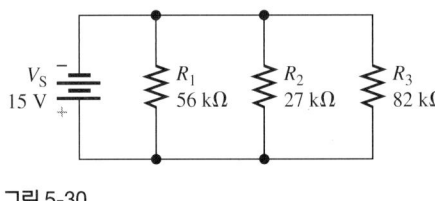

그림 5-30

표 5-7

$I_1 =$	$R_1 = 56\ \text{k}\Omega$	$V_1 =$
$I_2 =$	$R_2 = 27\ \text{k}\Omega$	$V_2 =$
$I_3 =$	$R_3 = 82\ \text{k}\Omega$	$V_3 =$
$I_T =$	$R_T =$	$V_S = 15\ \text{V}$

풀이

단계 1: 식 (5-8)을 이용하여 전체 저항을 구한다. (참고: 대안으로서 전압의 크기를 먼저 구할 수도 있다.)

$$R_T = \cfrac{1}{\cfrac{1}{R_1} + \cfrac{1}{R_2} + \cfrac{1}{R_3}} = \cfrac{1}{\cfrac{1}{56\ \text{k}\Omega} + \cfrac{1}{27\ \text{k}\Omega} + \cfrac{1}{82\ \text{k}\Omega}} = 14.9\ \text{k}\Omega$$

단계 2: 이 회로는 병렬 회로이므로, 모든 저항기에 걸리는 전압은 전원전압과 같다.

$$V_1 = V_2 = V_3 = V_S = 15\ \text{V}$$

단계 3: 각각의 전류를 구하기 위해, 각각의 저항기와 전체 저항에 옴의 법칙을 적용한다.

$$I_1 = \frac{V_1}{R_1} = \frac{15\ \text{V}}{56\ \text{k}\Omega} = 0.268\ \text{mA}$$

$$I_2 = \frac{V_2}{R_2} = \frac{15\ \text{V}}{27\ \text{k}\Omega} = 0.556\ \text{mA}$$

$$I_3 = \frac{V_3}{R_3} = \frac{15\ \text{V}}{82\ \text{k}\Omega} = 0.183\ \text{mA}$$

$$I_T = \frac{V_S}{R_T} = \frac{15\ \text{V}}{14.9\ \text{k}\Omega} = 1.007\ \text{mA}$$

완성된 표는 표 5-8과 같다.

표 5-8

I_1 = **0.268 mA**	R_1 = 56 kΩ	V_1 = **15 V**
I_2 = **0.556 mA**	R_2 = 27 kΩ	V_2 = **15 V**
I_3 = **0.183 mA**	R_3 = 82 kΩ	V_3 = **15 V**
I_T = **1.007 mA**	R_T = **14.9 kΩ**	V_S = 15 V

질문

만일 또 다른 저항기 하나가 병렬로 연결된다면, 표 5-8의 네 개의 전류 중 값이 변하는 것은 어떤 것인가? 자신의 해답에 대해 설명하라.

문제   예제 5-15

그림 5-31의 병렬 회로에서 미지의 값들을 계산하고, 표 5-9를 완성하라.

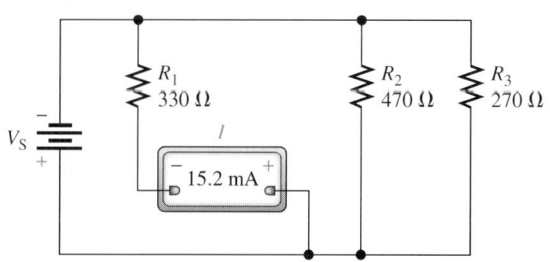

표 5-9

I_1 = 15.2 mA	R_1 = 330 Ω	V_1 =
I_2 =	R_2 = 470 Ω	V_2 =
I_3 =	R_3 = 270 Ω	V_3 =
I_T =	R_T =	V_S =

그림 5-31

풀이

단계 1: 식 (5-8)을 이용하여 전체 저항을 구한다. (참고: R_T 또는 V_1을 먼저 구할 수 있다.)

$$R_T = \cfrac{1}{\cfrac{1}{R_1} + \cfrac{1}{R_2} + \cfrac{1}{R_3}} = \cfrac{1}{\cfrac{1}{330\ \Omega} + \cfrac{1}{470\ \Omega} + \cfrac{1}{270\ \Omega}} = 113\ \Omega$$

단계 2: 옴의 법칙으로부터 V_1을 계산한다.

$$V_1 = I_1 R_1 = (15.2 \text{ mA})(330 \text{ } \Omega) = 5.02 \text{ V}$$

단계 3: 이 회로는 병렬 회로이므로, 전원전압과 각 소자에 걸리는 전압이 V_1로 모두 같다.

$$V_S = V_2 = V_3 = V_1 = 5.02 \text{ V}$$

단계 4: 옴의 법칙을 사용하여 전류를 구한다.

$$I_2 = \frac{V_2}{R_2} = \frac{5.02 \text{ V}}{470 \text{ } \Omega} = 10.7 \text{ mA}$$

$$I_3 = \frac{V_3}{R_3} = \frac{5.02 \text{ V}}{270 \text{ } \Omega} = 18.6 \text{ mA}$$

$$I_T = \frac{V_T}{R_T} = \frac{5.02 \text{ V}}{113 \text{ } \Omega} = 44.4 \text{ mA}$$

완성된 표는 표 5-10과 같다.

표 5-10

I_1 = 15.2 mA	R_1 = 330 Ω	V_1 = **5.02 V**
I_2 = **10.7 mA**	R_2 = 470 Ω	V_2 = **5.02 V**
I_3 = **18.6 mA**	R_3 = 270 Ω	V_3 = **5.02 V**
I_T = **44.4 mA**	R_T = **113 Ω**	V_S = **5.02 V**

질문

만일 470 Ω의 저항기가 개방된다면 전체 전류는 얼마인가?

컴퓨터 시뮬레이션

웹사이트에 있는 Multisim 파일 F05-31DC를 열어라. 멀티미터를 사용하여 병렬 회로에 있는 각각의 가지에 흐르는 전류를 확인하라.

예제 5-16

문제

그림 5-32의 병렬 회로에서 미지의 값을 구하라. 이 문제에서는 전체 저항이 3.19 kΩ이지만 저항 R_3의 값은 모른다. 표 5-11을 완성하라.

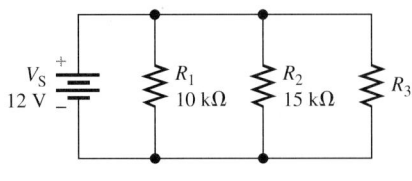

그림 5-32

표 5-11

I_1 =	R_1 = 10 kΩ	V_1 =
I_2 =	R_2 = 15 kΩ	V_2 =
I_3 =	R_3 =	V_3 =
I_T =	R_T = 3.19 kΩ	V_S = 12 V

풀이

단계 1: 각 병렬저항기의 역수의 합은 전체 저항의 역수와 같다는 식 (5-7)을 기억하라. 저항기가 세 개인 경우는 다음과 같이 된다.

$$\frac{1}{R_T} = \frac{1}{R_1} + \frac{1}{R_2} + \frac{1}{R_3}$$

재정리하면,

$$\frac{1}{R_3} = \frac{1}{R_T} - \left(\frac{1}{R_1} + \frac{1}{R_2}\right)$$

양변에 역수를 취하면,

$$R_T = \frac{1}{\dfrac{1}{R_T} - \left(\dfrac{1}{R_1} + \dfrac{1}{R_2}\right)} = \frac{1}{\dfrac{1}{3.19\,\text{k}\Omega} - \left(\dfrac{1}{10\,\text{k}\Omega} + \dfrac{1}{15\,\text{k}\Omega}\right)} = 6.81\,\text{k}\Omega$$

계산기 순서는 다음과 같다.

[1] [÷] [(] [1] [÷] [3] [.] [1] [9] [EE] [3] [−] [(] [1] [÷] [1] [0] [EE] [3] [+] [1] [÷] [1] [5] [EE] [3] [)] [)] [=]

단계 2: 이 회로는 병렬 회로이므로 각 소자에 걸리는 전압은 V_S로 모두 같다.

$$V_1 = V_2 = V_3 = V_S = 12\,\text{V}$$

단계 3: 옴의 법칙을 적용하여 각각의 저항기에 걸리는 전류를 구한다.

$$I_1 = \frac{V_1}{R_1} = \frac{12\,\text{V}}{10\,\text{k}\Omega} = 1.20\,\text{mA}$$

$$I_2 = \frac{V_2}{R_2} = \frac{12\,\text{V}}{15\,\text{k}\Omega} = 0.80\,\text{mA}$$

$$I_3 = \frac{V_3}{R_3} = \frac{12\,\text{V}}{6.81\,\text{k}\Omega} = 1.76\,\text{mA}$$

전체 전류는 제외하고 완성된 표는 표 5-12와 같다.

표 5-12

I_1 = **1.20 mA**	R_1 = 10 kΩ	V_1 = **12 V**
I_2 = **0.80 mA**	R_2 = 15 kΩ	V_2 = **12 V**
I_3 = **1.76 mA**	R_3 = **6.81 kΩ**	V_3 = **12 V**
I_T =	R_T = 3.19 kΩ	V_S = 12 V

질문

전체 전류는 얼마인가?

복습 질문

26. 그림 5-33의 회로에서 전원전압은 얼마인가?

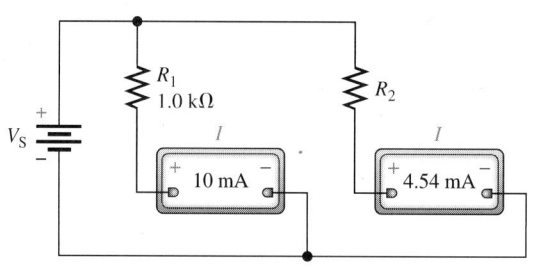

그림 5-33

27. 그림 5-33의 회로에서 R_2의 저항은 얼마인가?

28. 그림 5-33의 회로에서 전체 저항은 얼마인가?

29. 두 개의 병렬 저항에 대한 전체 저항이 9.65 kΩ이다. 하나의 저항기가 15 kΩ이라면, 다른 저항기의 저항은 얼마인가?

30. 가정용 배선에서 병렬 회로가 쓰이는 까닭은 무엇인가?

5-7 키르히호프의 전류 법칙

키르히호프는 전압 법칙과 더불어 키르히호프의 전류 법칙으로 알려진 전류에 관한 두 번째 기본 법칙을 개발하였다.

이 절에서는 키르히호프의 전류 법칙에 관하여 공부할 것이다.

앞서 마디는 초기에 회로에서 두 개 이상의 소자에 공통인 회로 연결점이라고 정의하였다. 그림 5-34(a)는 직렬 회로에서의 마디를, 그림 5-34(b)는 병렬 회로에서의 마디를 보여주고 있다. 직렬 회로에서 마디의 개수는 얼마든지 많을 수 있지만, 각 마디에는 단 두 개의 소자가 연결될 뿐임을 기억하라. 병렬 회로에서는 전체 회로에 단

그림 5-34	
직렬 회로와 병렬 회로에서 마디	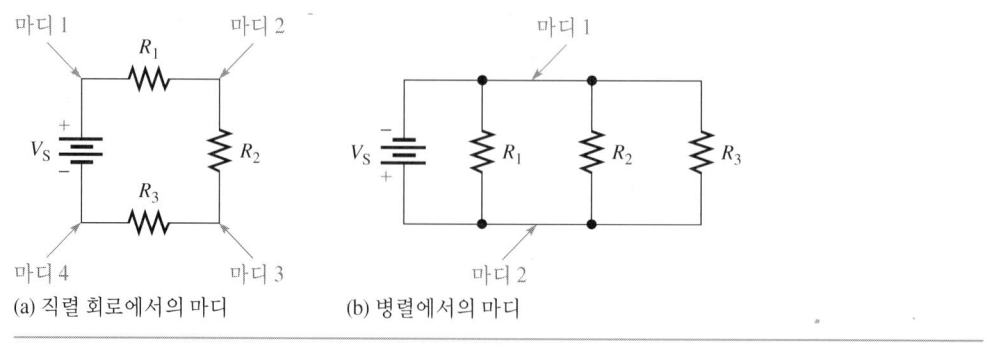

(a) 직렬 회로에서의 마디 (b) 병렬에서의 마디

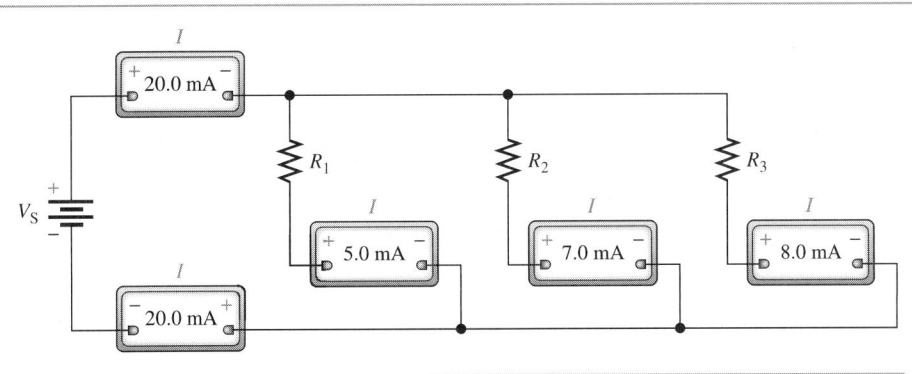

그림 5-35

전원으로부터 나오는 전류 또는 전원으로 들어가는 전류는 병렬 가지에 흐르는 전류의 합과 같다.

두 개의 마디만이 존재하고, 모든 소자는 이들 두 마디 사이에 연결되어 있다.

키르히호프의 전류 법칙(KCL)은 다음과 같이 표현된다.

어떤 마디로 들어오는 전류의 합은 그 마디를 나가는 전류의 합과 같다.

직렬 회로에서는 하나의 마디에 연결된 소자는 두 개를 초과할 수 없다. 이러한 이유로 한 개의 소자에 흐르는 전류는 다음 소자에 흐르는 전류와 같아야 한다. 사실상 KCL은 직렬 회로 내의 어디에서도 전류가 같음을 보여준다.

병렬 회로에서는 두 개의 마디 사이에 연결되는 소자 수는 얼마든지 가능하다. 전원으로부터 어떤 마디로 들어오는 전류는 많은 가지를 통해 나간다. 이렇게 가지를 통해 나간 전류는 다른 마디로 들어가고 다시 전원으로 돌아온다. 그림 5-35는 세 개의 가지를 가지는 병렬 회로를 보여주고 있다(전류계 자체는 마디에 영향을 주지 않는다). 전체 전원 전류(전원으로부터 나가거나 들어오는 전류)는 가지 전류의 합과 같음을 기억하라.

키르히호프의 전류 법칙은 전자공학에서 문제를 푸는 데 도움을 줄 수 있고, 문제의 답에 접근하기 위해 다른 방법을 사용할 때 훌륭한 확인 수단이 된다.

예제 5-17

문제

그림 5-36의 병렬 회로에서 I_3를 구하라.

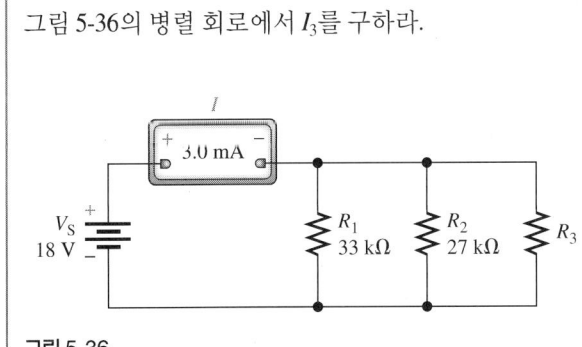

그림 5-36

풀이

단계 1: 병렬 회로이므로 $V_1 = V_2 = V_3 = V_S = 18$ V이다.

단계 2: R_1과 R_2에서의 전류를 옴의 법칙을 사용하여 구해보면,

$$I_1 = \frac{V_1}{R_1} = \frac{18\ V}{33\ k\Omega} = 0.545\ mA$$

$$I_2 = \frac{V_2}{R_2} = \frac{18\ V}{27\ k\Omega} = 0.667\ mA$$

단계 3: KCL을 적용하여 I_3를 구한다. 하나의 마디로 들어가는 전류는 전원 전류이고 이 마디로부터 나오는 전류는 가지 전류이다.

$$I_S = I_1 + I_2 + I_3$$
$$I_3 = I_S - (I_1 + I_2) = 3.0\ mA - (0.545\ mA + 0.667\ mA) = \mathbf{1.79\ mA}$$

질문

R_3의 값은 얼마인가?

예제 5-18

문제

그림 5-37의 병렬 회로에서 KCL을 이용하여 I_3를 구하고 표 5-13을 완성하라.

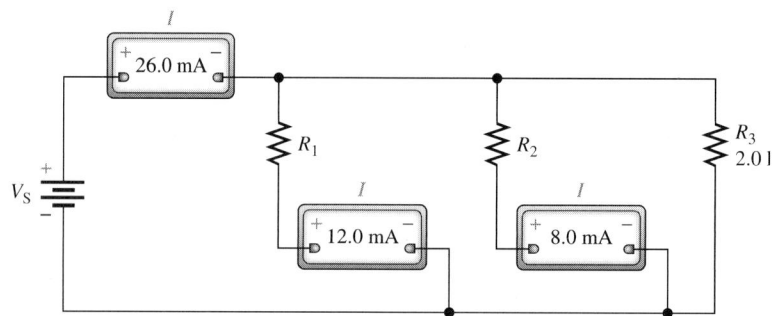

그림 5-37

표 5-13

$I_1 = 12.0\ mA$	$R_1 =$	$V_1 =$
$I_2 = 8.0\ mA$	$R_2 =$	$V_2 =$
$I_3 =$	$R_3 = 2.0\ k\Omega$	$V_3 =$
$I_T = 26.0\ mA$	$R_T =$	$V_S =$

풀이

단계 1: KCL을 사용하여 R_3에 흐르는 전류를 계산한다.

$$I_S = I_1 + I_2 + I_3$$
$$I_3 = I_S - (I_1 + I_2) = 26.0\ mA - (12.0\ mA + 8.0\ mA) = 6.0\ mA$$

단계 2: 옴의 법칙으로 V_3를 계산한다.

$$V_3 = I_3 R_3 = (6.0\,\text{mA})(2.0\,\text{k}\Omega) = 12\,\text{V}$$

단계 3: 병렬 회로이므로,

$$V_S = V_1 = V_2 = V_3 = 12\,\text{V}$$

단계 4: 옴의 법칙으로 저항을 계산한다.

$$R_1 = \frac{V_1}{I_1} = \frac{12\,\text{V}_1}{12\,\text{mA}} = 1.0\,\text{k}\Omega$$

$$R_2 = \frac{V_2}{I_2} = \frac{12\,\text{V}_1}{8.0\,\text{mA}} = 1.5\,\text{k}\Omega$$

$$R_T = \frac{V_S}{I_T} = \frac{12\,\text{V}_1}{26\,\text{mA}} = 0.462\,\text{k}\Omega$$

이들 결과가 표 5-14에 나타나 있다.

표 5-14

I_1 = 12.0 mA	R_1 = **1.0 k**Ω	V_1 = **12 V**
I_2 = 8.0 mA	R_2 = **1.5 k**Ω	V_2 = **12 V**
I_3 = **6.0 mA**	R_3 = 2.0 kΩ	V_3 = **12 V**
I_T = 26.0 mA	R_T = **0.462 k**Ω	V_S = **12 V**

질문

전체 저항이 병렬 저항 공식으로 구한 값과 일치하는지 확인하라.

전류 분배기

직렬 회로에서 모두 저항기에 흐르는 전류의 크기는 같지만, 전압은 다르다는 것을 기억하라. 병렬 회로에서는 모든 저항기에 걸리는 전압은 같지만 전류의 크기는 다르다. 모든 병렬 회로에서는 마디로 들어가는 전류는 각각의 가지 전류로 분배된다. 전류 분배기는 두 개 이상의 병렬저항기로 구성되어 입력전류보다 더 작은 전류를 각 가지에 보낸다. 모든 병렬저항기에서의 전압은 같으므로 전류는 저항이 작아짐에 따라 비례적으로 커지게 된다. 전류 분배기는 다음과 같이 표현할 수 있다.

병렬 회로에서 총전류는 각 가지 전류로 분배되고, 이 전류의 크기는 각 가지 저항에 반비례한다.

알다시피, 병렬 회로에서의 전체 저항은 항상 가장 작은 저항보다 더 작아진다. 만약 어떤 병렬 회로가 R_T의 전체 저항을 가진다면, 어떤 한 저항기에서의 전체 전류의 분수꼴은 간단하게 R_T/R_x로 표현된다. 여기서 R_x는 고려중인 저항기의 저항이다. R_x에 흐르는 전류는 전체 전류에 대하여 표현하면 다음 식과 같이 주어질 수 있다.

$$I_x = \left(\frac{R_T}{R_x} \right) I_T \tag{5-10}$$

식 (5-10)과 전압 분배기 식 (5-5)가 유사함을 주목하라. 그리고 괄호 안의 값의 크기는 항상 1보다 작음을 기억하라.

| 예제 5-19 | **문제** |

문제

어떤 마디로 들어가는 전원 전류가 10 mA라고 가정하자. 그 마디에 연결되어 있는 세 개의 저항기는 $R_1 = 1.5\text{ k}\Omega$, $R_2 = 2.7\text{ k}\Omega$ 그리고 $R_3 = 3.3\text{ k}\Omega$의 값을 가진다. R_1과 R_2에 흐르는 전류는 얼마인가?

풀이

전체 저항을 계산한다.

$$R_T = \frac{1}{\dfrac{1}{R_1} + \dfrac{1}{R_2} + \dfrac{1}{R_3}} = \frac{1}{\dfrac{1}{1.5\text{ k}\Omega} + \dfrac{1}{2.7\text{ k}\Omega} + \dfrac{1}{3.3\text{ k}\Omega}} = 0.746\text{ k}\Omega$$

식 (5-10)을 적용한다.

$$I_1 = \left(\frac{R_T}{R_1} \right) I_T = \left(\frac{0.746\text{ k}\Omega}{1.5\text{ k}\Omega} \right) 10\text{ mA} = \mathbf{4.97\text{ mA}}$$

$$I_2 = \left(\frac{R_T}{R_2} \right) I_T = \left(\frac{0.746\text{ k}\Omega}{1.5\text{ k}\Omega} \right) 10\text{ mA} = \mathbf{4.97\text{ mA}}$$

질문

R_3에 흐르는 전류는 얼마인가?

복습 질문

31. 마디란 무엇인가?
32. 키르히호프이 전류 법칙에 대해 설명하라.
33. 키르히호프의 전류 법칙이 적용되는 회로에는 어떤 종류가 있나?
34. 만일 두 개의 가지를 가지는 병렬 회로가 한쪽 가지에는 120 mA, 다른 쪽 가지에는 48 mA의 전류가 흐른다면 전원 전류는 얼마인가?
35. 전류 분배기 규칙이란 무엇인가?

주요 용어

- **가지(branch)**   병렬 회로에서의 하나의 전류 경로.
- **마디(node)**   두 개 이상의 소자에 대해 하나의 공통 경로를 가지는 회로 연결점.
- **병렬 회로(parallel circuit)**   공통전압원에 연결된 두 개 이상의 전류 경로를 가지는 회로.
- **전류 분배기(current divider)**   하나의 마디로 들어가는 전류가 여러 개의 가지로 분배되는 병렬 회로.
- **전압 분배기(voltage divider)**   하나 이상의 출력전압을 가지며 직렬저항기로 구성되는 회로.
- **직렬 회로(series circuit)**   단지 하나의 전류 경로를 가지는 회로.
- **키르히호프의 전류 법칙(Kirchhoff's current law)**   하나의 마디로 들어가는 총전류는 그 마디를 빠져나가는 전류의 합과 같다는 회로 법칙.
- **키르히호프의 전압 법칙(Kirchhoff's voltage law)**   하나의 폐회로를 돌면서 계산한 모든 전압 강하의 합은 그 폐회로에 공급되는 전체 전원전압의 크기와 같다는 회로 법칙. 즉, 폐회로를 따라 모든 전압을 대수적으로 합하면 영이 된다.

요점

❏ 직렬 회로는 항상 하나의 전류 경로만을 가진다는 사실로써 구별할 수 있다.

❏ 직렬 회로에서 모든 소자에 흐르는 전류는 같다.

❏ 직렬 회로에서 전체 저항은 각 저항기의 합이다.

❏ 전압 분배기는 하나 이상의 출력전압을 가지며 두 개 이상의 직렬저항기로 구성된다.

❏ 전압 분배기 규칙은 직렬 회로에서 어떤 저항기에서의 전압 강하는 전체 저항에 대한 그 저항의 비에 전원전압을 곱한 것과 같다는 것을 의미한다.

❏ 전위차계는 가변 전압 분배기이다.

❏ 병렬 회로는 모든 소자에 같은 전압이 걸린다.

❏ 병렬 회로에서는, 각 병렬 전류 경로를 가지라 부른다.

❏ 마디는 두 개 이상의 소자가 만나는 회로상의 접합점이다.

❏ 병렬 회로는 정확하게 두 개의 마디를 가진다.

❏ 병렬 회로에서 모든 소자에 걸리는 전압은 같다.

❏ 병렬저항기의 전체 컨덕턴스는 각 컨덕턴스의 합이다.

❏ 병렬저항기 전체 저항은 가장 작은 저항보다 작다.

❏ 병렬 회로에 두 개의 저항기만이 존재한다면, 전체 저항은 이들 저항기의 곱에 대한 합의 비로 나타낼 수 있다.

❏ 병렬저항기를 나타내는 빠른 방법은 저항기 사이에 두 개의 수직선을 나란히 적는 것이다.

❏ 전류 분배기 규칙은 병렬 회로의 전체 전류는 각 가지로 분배되고, 이들 전류는 각 가지의 저항에 반비례한다는 것을 의미한다.

공식

직렬저항기의 전체 저항:

$$R_T = R_1 + R_2 + R_3 + \ldots + R_n \tag{5-1}$$

같은 크기를 가지는 직렬저항기의 전체 저항:

$$R_T = nR \tag{5-2}$$

직렬 소자에 흐르는 전류:

$$I_T = I_1 = I_2 \tag{5-3}$$

키르히호프 전압 법칙:

$$V_S = V_1 + V_2 + V_3 + \ldots + V_n \tag{5-4}$$

전압 분배기:

$$V_x = \left(\frac{R_x}{R_T}\right)V_S \tag{5-5}$$

병렬저항기의 전체 컨덕턴스:

$$G_T = G_1 + G_2 + G_3 + \ldots + G_n \tag{5-6}$$

병렬저항 규칙:

$$\frac{1}{R_T} = \frac{1}{R_1} + \frac{1}{R_2} + \frac{1}{R_3} + \ldots + \frac{1}{R_n} \tag{5-7}$$

병렬저항기의 전체 저항:

$$R_T = \frac{1}{\dfrac{1}{R_1} + \dfrac{1}{R_2} + \dfrac{1}{R_3} + \ldots + \dfrac{1}{R_n}} \tag{5-8}$$

두 개의 저항기가 병렬로 연결된 경우의 전체 저항:

$$R_T = \frac{R_1 R_2}{R_1 + R_2} \tag{5-9}$$

전류 분배기 규칙:

$$I_x = \left(\frac{R_T}{R_x} \right) I_T \tag{5-10}$$

단원 확인 문제

1. 직렬 회로는 항상

   (a) 두 개 이상의 경로를 가진다.

   (b) 모든 소자 양단의 전압이 동일하다.

   (c) 정확하게 두 개의 마디를 가진다.

   (d) 모든 소자를 통하여 흐르는 전류가 같다.

2. 세 개의 동일한 저항기가 전원전압에 직렬로 연결되어 있다. 각 저항기에 걸리는 전압은

   (a) 전원전압과 같은 크기이다.

   (b) 전원전압의 세 배이다.

   (c) 전원전압의 1/2이다.

   (d) 전원전압의 1/3이다.

3. 2.0 kΩ의 저항기가 1.0 kΩ의 저항기가 전원전압에 직렬로 연결되어 있다. 2.0 kΩ의 저항기에 흐르는 전류는?

   (a) 1.0 kΩ 저항기에 흐르는 전류의 1/2이다.

   (b) 1.0 kΩ 저항기에 흐르는 전류와 같다.

   (c) 1.0 kΩ 저항기에 흐르는 전류의 두 배이다.

   (d) 정답이 없다.

4. 여러 개의 동일한 저항기가 직렬로 연결되어 있다면, 전체 저항은

   (a) 한 개 저항기의 저항과 총 저항 개수를 곱한다.

   (b) 한 개 저항기의 저항을 총 저항 개수로 나눈다.

   (c) 모든 저항의 곱을 저항 개수로 나눈다.

   (d) 모든 저항의 합을 저항 개수로 나눈다.

5. 직렬 회로에 있는 4개의 직렬 저항기 중 하나를 제거하고 회로를 다시 연결하면, 전원으로부터 흐르는 전류는

   (a) 전보다 작아질 것이다.

   (b) 전과 같을 것이다.

   (c) 전보다 커질 것이다.

6. 4개의 저항기가 15 V의 전원전압에 직렬로 연결되어 있다. 만일 처음 3개의 저항기가 각각 3 V의 전압 강하를 보였다면, 네 번째 저항기는 몇 V의 전압 강하를 보이겠는가?

   (a) 3 V   (b) 6 V

   (c) 9 V   (d) 대답하기에 정보가 부족하다.

7. 직렬 회로에서 모든 전압 강하와 전원전압의 값을 측정하고, 극성에 유의해서 모두 더해보면,

 (a) 0이 된다.

 (b) 전원전압과 같다.

 (c) 가장 작은 전압 강하와 같다

 (d) 가장 큰 전압 강하와 같다.

8. 병렬 회로는 항상

 (a) 한 개 이상의 경로를 가진다.

 (b) 모든 소자에 같은 전압이 걸린다.

 (c) 정확하게 두 개의 마디를 가진다.

 (d) 위의 모두 해당한다.

9. 세 개의 동일한 저항기가 전원전압에 병렬로 연결되어 있다. 각 저항기에 걸리는 전압은

 (a) 전원전압과 크기가 같을 것이다.

 (b) 전원전압의 세 배 크기를 가질 것이다.

 (c) 전원전압의 1/2일 것이다.

 (d) 전원전압의 1/3일 것이다.

10. $2.0 \text{ k}\Omega$의 저항기와 $1.0 \text{ k}\Omega$의 저항이 전원전압에 병렬로 연결되어 있다. $2.0 \text{ k}\Omega$ 저항기에 흐르는 전류는

 (a) $1.0 \text{ k}\Omega$ 저항기에 흐르는 전류의 1/2이다.

 (b) $1.0 \text{ k}\Omega$ 저항기에 흐르는 전류와 크기가 같다.

 (c) $1.0 \text{ k}\Omega$ 저항기에 흐르는 전류의 두 배이다.

 (d) 해당사항 없다.

11. 여러 개의 동일한 저항기가 병렬로 연결되어 있다면, 전체 저항은

 (a) 한 개의 저항 값과 저항 개수를 곱한다.

 (b) 한 개의 저항 값을 저항 개수로 나눈다.

 (c) 모든 저항 값의 곱을 저항 개수로 나눈다.

 (d) 모든 저항 값의 합을 저항 개수로 나눈다.

12. 병렬 회로에 연결되어 있는 4개의 저항기 중 하나를 제거하면, 전원으로부터 흐르는 전류의 크기는

 (a) 전보다 작아진다.

 (b) 전과 같다.

 (c) 전보다 커진다.

13. 4개의 동일한 저항기가 12 V의 전원전압에 병렬로 연결되어 있다. 각 저항기에 걸리는 전압은

 (a) 3 V   (b) 6 V

 (c) 12 V   (d) 48 V

14. 회로의 한 접점으로 들어오고 나가는 모든 전류의 값을 측정해보면, 접점으로 들어오

는 전류는

(a) 나가는 전류보다 작다.

(b) 나가는 전류와 같다.

(c) 나가는 전류보다 크다.

15. 33 kΩ, 27 kΩ, 1.5 kΩ의 저항기 세 개가 병렬로 연결되면, 전체 저항은

(a) 1.5 kΩ보다 작다.

(b) 1.5 kΩ보다 크고 33 kΩ보다 작다.

(c) 33 kΩ보다 크다.

질문

1. 저항기 1.2 MΩ과 470 kΩ을 직렬로 연결했을 때 전체 저항은 얼마인가?

2. 저항기 330 Ω과 1.0 kΩ을 직렬로 연결했을 때 전체 저항은 얼마인가?

3. 다음 저항기의 직렬 회로에서 전체 저항은 얼마인가? 270 kΩ, 560 kΩ, 1.0 MΩ.

4. 다음 저항기의 직렬 회로에서 전체 저항은 얼마인가? 910 Ω, 1.0 kΩ, 1.5 kΩ.

5. 6개의 4.7 kΩ 저항기가 직렬로 연결되어 있다. 총 저항은 얼마인가?

6. 3개의 330 Ω 저항기가 5개의 470 Ω 저항기와 직렬로 연결되어 있다. 전체 저항은 얼마인가?

7. 4개의 저항기가 각각 1.0 kΩ이라고 가정하자. 여기에 저항기 한 개를 직렬로 연결해서 전체 저항 4.27 kΩ을 얻기 위해서 얼마의 저항이 필요한가?

8. 저항을 측정할 때 전원전압을 왜 끊어야 하는가?

9. 15 V의 전원전압이 직렬로 연결된 2개의 10 kΩ 저항기에 인가될 때, 각각의 저항기에 흐르는 전류는 얼마인가?

10. 키르히호프의 전압 법칙이란 무엇인가?

11. 전원전압이 5.0 V이고 2개의 저항기가 직렬로 연결되어 있다. 첫 번째 저항기에 3.0 V가 걸린다면, 두 번째 저항기에 인가되는 전압은 얼마인가?

12. 직렬 저항기 회로에서 전원전압을 원래 값의 1/2로 바꾸면 전류는 어떻게 되는가?

13. 동일 저항기 3개가 전원전압과 함께 직렬로 연결되어 있다. 3개의 저항기 중 하나에 6 V의 전압이 걸리면 전원전압은 얼마인가?

14. 저항기 10 kΩ과 저항기 27 kΩ이 직렬로 연결되어 있다. 2.0 V가 저항기 10 kΩ에 걸리면 27 kΩ에 걸리는 전압은 얼마인가?

15. 전압 분배기 공식을 글로써 어떻게 설명하는가?

16. 직렬 회로의 전체 저항의 1/3이 어떤 저항기의 값이라면 선원선압이 12 V일 때, 그 저항기에 걸리는 전압은 얼마인가?

17. 가변 전압 분배기를 구성하기 위해 전위차계는 어떻게 연결되는가?

18. 회로에서 가지란 무엇인가?

19. 270 Ω의 저항기와 470 Ω의 저항기가 병렬로 연결되었다면, 전체 컨덕턴스는 얼마인가?

20. 270 Ω의 저항기와 470 Ω의 저항기가 병렬로 연결되었다면, 전체 저항은 얼마인가?

문제

21. 680 kΩ의 저항기와 1.0 MΩ의 저항기가 병렬로 연결되었다면, 전체 컨덕턴스는 얼마인가?

22. 병렬로 연결된 저항기를 나타내는 속기 방법은 무엇인가?

23. 키르히호프의 전류 법칙이란 무엇인가?

24. 전류원으로부터 300 mA의 전류가 나간다. 두 저항기가 병렬로 연결된 회로에서 한 가지에 200 mA의 전류가 흐른다면, 나머지 한 가지에 흐르는 전류는 얼마인가?

25. 24번 질문에서 전류원으로 돌아가는 전류는 얼마인가?

26. 병렬 회로에서 곱-나누기-합 규칙을 적용시킬 수 있는 경우는 언제인가?

기본 문제

1. 그림 5-38의 저항기에 대한 전체 저항을 구하라.

2. 그림 5-38에서 R_2를 주황색, 흰색, 주황색, 금색 저항기로 바꾸면, 전체 저항은 얼마가 되는가?

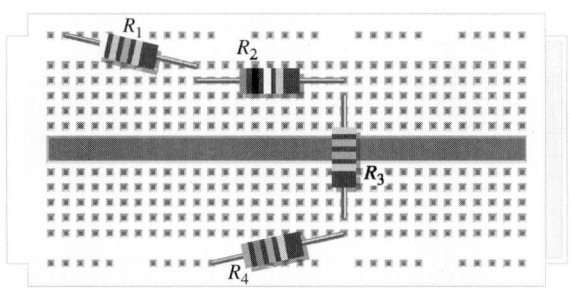

그림 5-38

3. 그림 5-39의 전체 저항은 88 kΩ이다. R_3의 저항은 얼마인가?

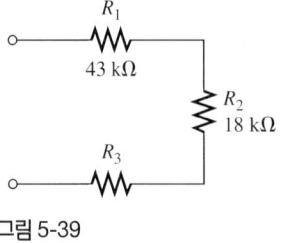

그림 5-39

4. 그림 5-39의 저항기 R_3의 컬러 코드가 갈색, 적색, 주황색, 금색이다. R_T는 얼마인가?

5. 그림 5-40의 저항기에 대해 R_T를 계산하라.

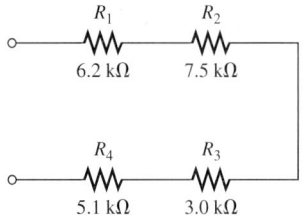

그림 5-40

6. 그림 5-41의 저항기에 대해 R_T를 계산하라.

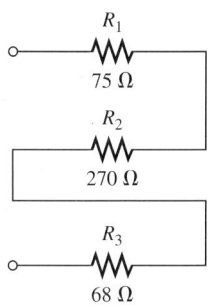

그림 5-41

7. 10 V 전원이 그림 5-40의 단자 사이에 연결될 때 회로에 흐르는 전류는 얼마인가?

8. 15 V 전원이 그림 5-41의 단자 사이에 연결될 때 회로에 흐르는 전류는 얼마인가?

9. 값이 동일한 3개의 저항기가 10 V 전원과 직렬로 연결되었을 때 전원 전류가 1.0 mA 로 측정되었다. 각 저항기의 값은 얼마인가?

10. 표 5-15에는 그림 5-42의 회로에 대해 알고 있는 값들이 나열되어 있다. 이 표에 나열 된 나머지 모르는 값을 계산하라.

표 5-15

$I_1 =$	$R_1 = 2.7\ k\Omega$	$V_1 =$
$I_2 =$	$R_2 = 6.2\ k\Omega$	$V_2 = 6.64\ V$
$I_3 =$	$R_3 = 5.1\ k\Omega$	$V_3 =$
$I_T =$	$R_T =$	$V_S =$

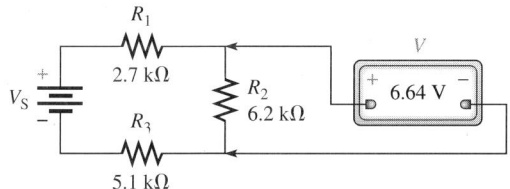

그림 5-42

11. 그림 5-43의 회로에 대해 V_3을 계산하라.

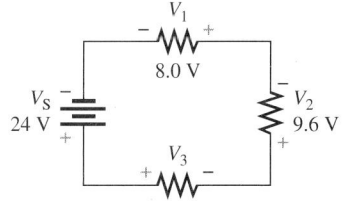

그림 5-43

12. 어떤 직렬 회로의 전체 저항이 1000 Ω이다. 330 Ω 저항기에서 전원전압의 몇 분의 1 이 강하하겠는가?

13. 전압 분배기 공식을 이용하여 그림 5-44의 출력 전압을 계산하라.

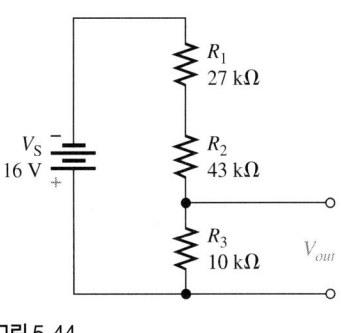

그림 5-44

14. 그림 5-45의 전압 분배기에 대해 최소 및 최대 출력 전압을 계산하라.

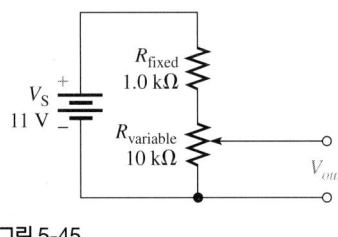

그림 5-45

15. 그림 5-46에서 저항기의 점 *A*와 *B* 사이의 전체 저항을 구하라.

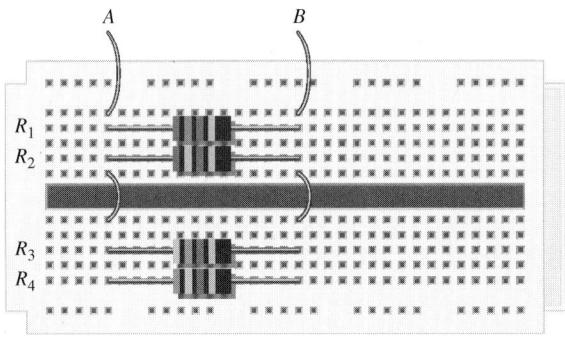

그림 5-46

16. 그림 5-46에서 R_4를 보라색, 녹색, 갈색, 금색 저항기로 바꾸었을 때 점 *A*와 *B* 사이에서 읽은 전체 저항은 얼마인가?

17. 그림 5-47의 회로에 대한 R_T는 얼마인가?

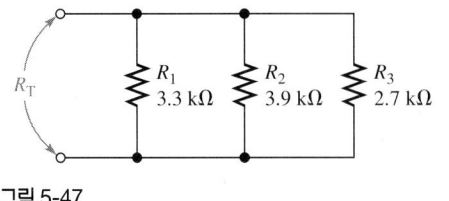

그림 5-47

18. 그림 5-48의 전체 저항이 64 Ω이다. R_3의 저항은 얼마인가?

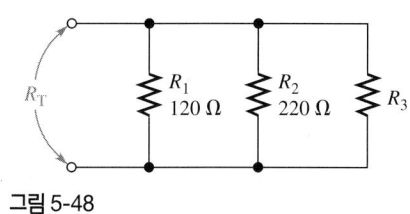

그림 5-48

19. 그림 5-48에서 R_3이 개방(무한대 저항)되었다고 가정하라. 저항계는 R_T를 얼마로 읽겠는가?

20. 어떤 가열 장치가 12개의 300 Ω짜리 저항성 전선을 병렬로 사용하고 있다. 이 가열 장치의 전체 저항은 얼마인가?

21. 그림 5-49의 회로에 대한 전체 전원 전류는 얼마인가?

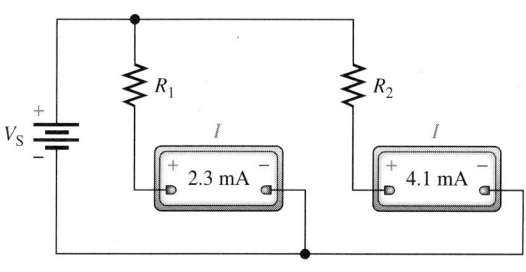

그림 5-49

22. 표 5-16에는 그림 5-50의 회로에 대해 알고 있는 값들이 나열되어 있다. 이 표에 나열된 나머지 모르는 값을 계산하라.

표 5-16

$I_1 =$	$R_1 = 82\ \Omega$	$V_1 =$	$P_1 =$
$I_2 =$	$R_2 = 150\ \Omega$	$V_2 =$	$P_2 =$
$I_3 =$	$R_3 = 100\ \Omega$	$V_3 =$	$P_3 =$
$I_T =$	$R_T =$	$V_S = 3.0\ \text{V}$	$P_T =$

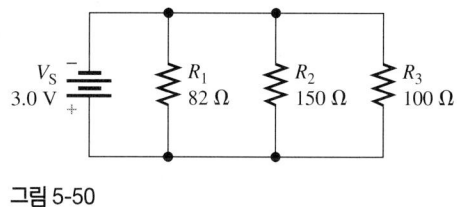

그림 5-50

23. 그림 5-51에 보인 병렬 회로에 대해 I_1과 R_1의 값을 구하라.

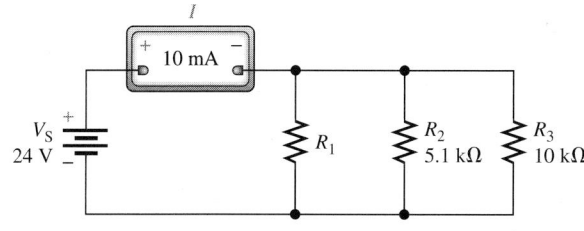

그림 5-51

24. 표 5-17에는 그림 5-52의 회로에 대해 알고 있는 값들이 나열되어 있다. 이 표에 나열된 나머지 모르는 값을 계산하라.

표 5-17

$I_1 =$	$R_1 = 6.2\ \text{k}\Omega$	$V_1 =$
$I_2 =$	$R_2 = 15\ \text{k}\Omega$	$V_2 =$
$I_3 =$	$R_3 = 10\ \text{k}\Omega$	$V_3 =$
$I_T = 3.94\ \text{mA}$	$R_T =$	$V_S = 30\ \text{V}$

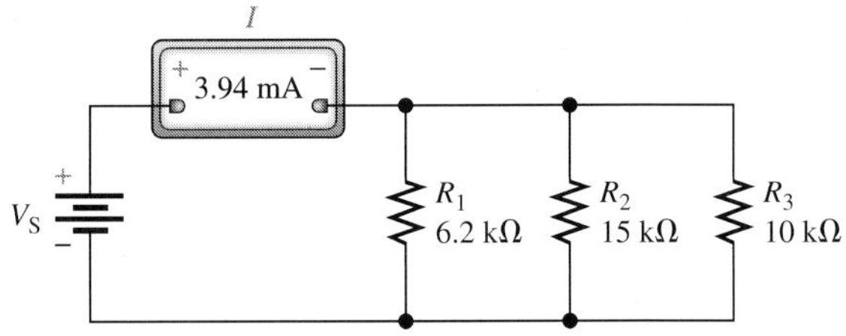

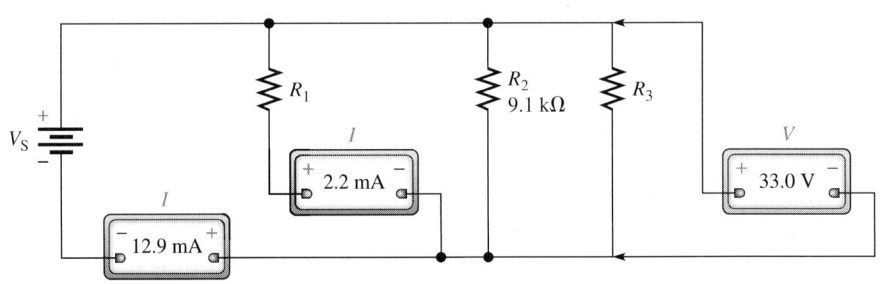

그림 5-52

기본–플러스 문제

25. 값이 같은 네 개의 저항기가 직렬로 12 V 전원에 연결될 때 전원으로부터의 전류가 100 mA라면 저항기 한 개의 값은 얼마인가?

26. 24 V 전원으로부터 6.0 V 출력을 내는 두 개의 저항기로 된 전압 분배기를 그려라. 단, 큰 값의 저항기는 10 kΩ으로 한다.

27. 10 kΩ 전위차계를 사용하여 12 V 전원을 최소 4.0 V와 최대 8.0 V 사이의 전압으로 분배하는 가변 전압 분배기를 그려라.

28. 두 개의 저항기가 병렬로 연결되어 있다고 가정하라. 두 번째 저항기의 값이 첫 번째 저항기의 두 배이다. 전체 저항은 100 Ω이다. 첫 번째 저항기의 값은 얼마인가?

29. 그림 5-53에서 I_3을 계산하라.

그림 5-53

30. 그림 5-53에서 R_3을 계산하라.

31. 어떤 병렬 회로의 전체 저항이 200 Ω이다. 전체 전류가 40 mA이면 병렬 회로의 일부를 이루는 680 Ω 저항기를 통하여 흐르는 전류는 얼마인가?

32. 그림 5-54의 회로의 퓨즈는 0.1 A에서 끊어진다. R_2의 값이 얼마가 되면 과도 전류가 흐르게 될까?

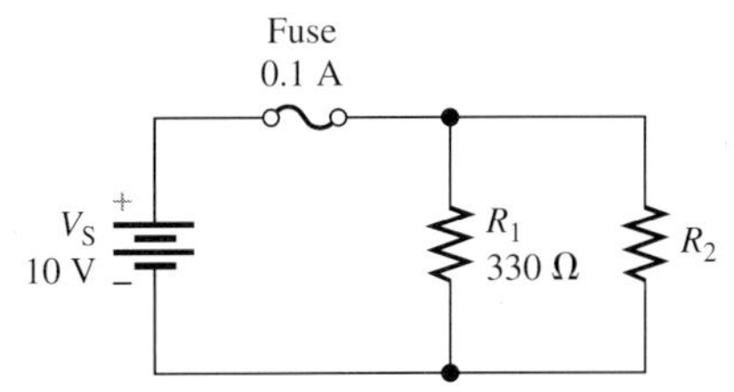

그림 5-54

33. 가정용 전등과 플러그의 배선은 항상 병렬로 되어 있다. 115 V 전원전압이 세 개의 100 W 램프에 가해지고 있다고 가정하자. (a) 각 램프의 전류는 얼마인가? (b) 전체 전류는 얼마인가?

34. 1000 W짜리 히터 두 개가 병렬로 115 V에 연결되어 있다. 20 A 회로 차단기가 정전시키지 않고 전체 전류를 흐르게 할 수 있을까? 해답에 대해 그 이유를 설명하라.

예제 질문

5-1: 12.6 kΩ

5-2: 그렇다

5-3: 4.7 kΩ

5-4: $V_2 = 1.69$ V이고 $V_3 = 3.03$ V이다.

5-5: 회로에 흐르는 전류는 1.34 mA로 증가한다. 그러면 $V_1 = 7.52$ V, $V_2 = 1.34$ V, $V_3 = 9.13$ V로 된다. 합계는 18 V가 된다는 데 유의하라.

5-6: 24.0 V, 1.91 mW

5-7: $V_1 = 21$ V, $V_2 = 9.2$ V, $V_3 = 9.8$ V

5-8: 한 가지 방법은 계산된 전압 강하를 더하면 전원전압이 된다는 KVL을 검사해보는 것이다.

5-9: 1/4

5-10: 2.89 V

5-11: 그렇다. DMM으로 모든 저항기의 양단 전압을 재어 보면 동일하다는 것을 알 수 있다.

5-12: 25.1 Ω

5-13: 6.86 W

5-14: I_1만 유일하게 영향을 받는다. 왜냐하면 가지 전류는 다른 가지와는 독립이기 때문이다

5-15: 새로운 전체 전류는 I_1과 $I_3 = 33.8$ mA의 합이다.

5-16: 3.76 mA

5-17: 10 kΩ

5-18: 증명은 다음과 같다.

$$R_T = \cfrac{1}{\cfrac{1}{R_1} + \cfrac{1}{R_2} + \cfrac{1}{R_3}} = \cfrac{1}{\cfrac{1}{1.0\,\text{k}\Omega} + \cfrac{1}{1.5\,\text{k}\Omega} + \cfrac{1}{2.0\,\text{k}\Omega}} = 462\,\Omega$$

5-19: 2.26 mA

복습 질문

1. 전류는 회로를 통하여 흐르는 것과 동일하다.

2. 3.73 kΩ

3. 8.2 kΩ

4. 1.32 kΩ

5. 2.06 MΩ

6. 4.0 mA

7. 6.98 mA

8. 4.74 V

9. 100 Ω

10. 20 Ω

11. 이것을 설명하는 동일한 방법이 두 가지가 있다. (1) 어떤 회로에서 단일 폐로를 따라 모든 전압 강하를 더하면 그 폐로의 전원전압과 같다. 또는 (2) 어떤 회로의 단일 폐로를 따라 전압을 대수적으로 더하면 0이 된다.

12. 4.0 V

13. 33.0 V

14. 6.0 V

15. 그렇다. 전압의 크기는 전원전압(100 V)과 동일하다. (이것을 KVL로써 나나낼 수 있다.)

16. $V_x = \left(\dfrac{R_x}{R_T} \right) V_S$

17. 더 큰 저항기

18. 1.0 kΩ 양단에는 10 V, 9.0 kΩ 양단에는 90 V가 걸린다.

19. 입력 전압은 고정 단자 양단에 연결된다. 출력 전압은 가변 단자 양단과 고정 단자 중 한 곳에서 취한다.

20. 가장 작은 전압은 0 V이고 가장 큰 전압은 5.0 V이다.

21. 정확하게 두 개

22. 증가한다.

23. 감소한다.

24. 0.60 MΩ (또는 600 kΩ)

25. 50 Ω

26. 10 V

27. 2.2 kΩ

28. 688 Ω

29. 27 kΩ

30. 병렬 회로로 하면 각 부하의 전류는 다른 부하와 독립적이기 때문이다.

31. 회로의 접합점

32. 한 노드로 들어가는 전류의 합은 그 노드를 떠나는 전류의 합과 같다.

33. 모든 회로

34. 168 mA

35. 병렬 회로에서 전체 전류는 가지 저항에 반비례하는 가지 전류로 분배된다.

단원 확인 문제

1. (d)	**2.** (d)	**3.** (b)	**4.** (a)	**5.** (c)
6. (b)	**7.** (a)	**8.** (d)	**9.** (a)	**10.** (a)
11. (b)	**12.** (a)	**13.** (c)	**14.** (b)	**15.** (a)

조합 직렬/병렬 회로

서론

전자공학에서 대부분의 회로는 직렬회로도 아니고 병렬회로도 아니다. 그 대신 회로는 직렬요소와 병렬요소의 조합인데 이를 조합회로라 한다. 일반적으로 이러한 조합회로는 다양한 간략화 방법을 통해 해석이 가능하다. 이 장에서는 다양한 형태의 조합회로를 푸는 방법과 특정 회로에 이들 방법을 적용하는 것을 배운다.

이 장의 참고 자료는 아래 웹사이트에서 얻을 수 있다.

http://www.prenhall.com/SOE

주요 목표

각 목표의 번호는 절의 번호이다. 이 장을 마치고 나면 여러분은 다음과 같은 일들을 할 수 있어야 한다.

6-1 기본적인 조합회로를 등가의 직렬 또는 병렬형태로 분해하여 전류, 전압, 저항에 대해 푸는 방법을 설명하기

6-2 저항기가 다양한 배치를 이루는 복잡한 회로에서 전류와 전압을 알아내기

6-3 테브닌(Thevenin)의 정리를 이용하여 선형 조합회로를 부하의 관점에서 본 등가회로로 대체하기

6-4 전압 분배기에서 다양한 저항기의 부하효과를 계산하고 회로에서 계측기의 저항성 부하효과를 설명하기.

6-5 중첩방법을 회로에 적용하여 복수 전원을 갖는 회로의 전류와 전압을 계산하기

6-6 휘트스톤 브리지(Wheatstone bridge)를 설명하고 테브닌의 정리를 이용히여 불평형 휘트스톤 브리지에서 부하전류를 계산하기

6-7 일반적인 방법으로 고장회로를 수리하는 데 필요한 분석, 계획, 측정 절차를 설명하기

컴퓨터 시뮬레이션 디렉토리

다음 그림에는 관련된 Multisim 회로 파일이 있다.

◆ 그림 6-14
212쪽

◆ 그림 6-21
216쪽

◆ 그림 6-42
234쪽

실험실습 디렉토리

다음 실험은 이 장을 위한 것이다.

◆ 실험 10
직렬-병렬 조합회로

◆ 실험 11
테브닌의 정리

◆ 실험 12
휘트스톤 브리지

주요 용어

- 등가회로(equivalent circuit)
- 테브닌의 정리
  (Thevenin's theorem)
- 단자등가(terminal equivalency)
- 중첩방법
  (superposition method)
- 휘트스톤 브리지
  (wheatstone bridge)
- 변환기(transducer)

직무에 대하여…

자기가 종사하는 분야에서 기술적 능력이 경쟁력을 갖춰야 한다. 다루는 제품에 대해서는 되도록 많은 것을 알고 있어야 한다. 자신의 지식을 작업에서 발생하는 문제의 해결에 적용할 수 있어야 하고, 보다 심도 깊은 지식을 획득할 수 있어야 한다. 더불어, 주어진 업무를 수행하는 데 필요한 도구의 사용법에 능통해야 한다. 자신의 기술석 능력을 항상시키기 위해 개별적으로 학습하거나 고용인이나 지역학교에서 제공하는 교육 기회를 활용하는 것도 좋은 방법이다.

모든 과학적 측정에는 "부하효과"라는 것이 수반된다. 어떤 측정방법도 측정되는 물리량에 영향을 주지 않고 측정하는 방법은 없다. 측정이 정확하기 위해서는 부하의 연결에 따른 효과가 극히 작아야 함은 분명하다. 단순한 생각으로는 측정행위 자체로 측정에 어떤 영향을 미칠 것이라고 생각되지 않을 것이다. 실내온도를 재기 위해 가져다 놓은 온도계가 과연 온도측정에 영향을 미칠 수 있을까?

이 문제를 좀더 구체적으로 한 번 생각해 보자. 온도계는 자체 온도를 갖고 있고 에너지를 주변과 교환하여 온도상의 평형을 이루어야 한다. 온도계와 교환되는 에너지의 총량은 방 안의 전체 에너지에 비하면 미미하기 때문에 이 경우 부하효과는 나타나지 않는다. 그러나 이 문제를 거의 완전한 진공상태의 온도를 재는 극한상황에서 생각한다면 그 결과는 상당히 달라진다. 즉, 에너지를 온도계와 교환하는 진공 내의 분자가 그 온도계의 존재로 인해 실제로 영향받는 현상이 목격되는 것이다.

좀 더 색다른 예를 자동차의 속도를 측정하는 레이더 권총의 효과에서 찾을 수 있다. 레이더는 에너지를 갖고 있으므로 이 레이더 에너지의 극히 미미한 부분이 측정 대상이 되는 자동차의 속도를 올리는(또는 내리는) 방향으로 진행하게 된다(이는 대상이 접근하느냐 멀어지느냐에 따라 다르다). 재미있는 것은 아직까지 자신에게 발부된 속도위반 딱지를 거부하기 위한 변명으로 이 사실을 인용하는 운전자가 없었다는 점이다.

레이더 권총의 예에서 보듯이 대부분의 측정에서 부하는 영향을 전혀 미치지 않지만, 그럼에도 불구하고 부하효과는 엄연히 존재한다. 전기전자 측정 역시 예외는 아니다. 대다수의 전기계측기는 측정을 위해 대상 회로에서 일정량의 에너지를 전용해야 한다. 간혹 이러한 부하효과로 인해 회로나 측정치에 상당한 영향을 주는 경우가 있다. 양호한 전기 측정을 위해서는 부하 효과가 하나의 인자인 때를 인식하고 현재 작업에 적합한 계측기를 선택할 수 있어야 한다.

6-1 등가회로

많은 전자회로는 회로요소의 직렬 또는 병렬 조합을 포함한다. 이들을 등가형태로 분해하면 회로의 전류, 전압, 저항을 쉽게 구할 수 있다.

이 절에서는 기본적인 조합회로를 등가의 직렬 또는 병렬형태로 분해하여 전류, 전압, 저항에 대해 푸는 방법을 배운다.

등가 직류회로

복잡한 회로를 보다 단순한 회로로 분해할 수 있는 경우가 많다. 직렬 혹은 병렬로 구성되어 있는 저항기가 보다 복잡한 회로의 일부라면 이 조합을 등가의 단일 저항기로 대체하여 분석작업을 수행할 수 있다. 그러나 이렇듯 회로를 단순화시키는 작업에는 몇 가지 요구가 뒤따르기 마련이다. 등가회로(equivalent circuit)란 다른 회로와 전

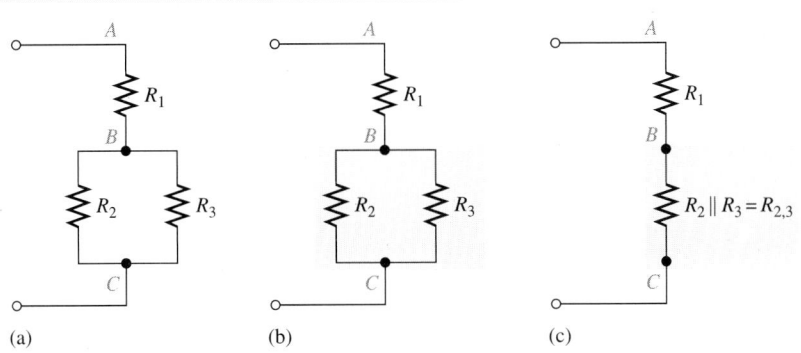

그림 6-1

(b) 그림에서 회색 상자는 (c) 그림의 동일부분과 등가인 저항을 포함한다.

기적으로 동등한 특정을 갖지만 원래 회로보다는 간단한 회로를 말한다. 전자공학에서 등가회로는 분석목적으로 자주 사용된다.

분석을 시작하기에 앞서 회로에서 직렬이나 병렬로 조합된 저항기 집단을 찾아낸다. 그런 다음 등가 단일 대체 저항기를 알아내어 그 조합을 단순화시킨다. 그림 6-1(a)의 저항기 배치를 보면 통상적인 직렬이나 병렬의 구성이 아닌 직병렬 조합으로 되어 있는 것을 알 수 있다. 저항기 R_2와 R_3는 동일한 두 마디(B와 C) 사이에 연결되어 있으므로 병렬연결이다. 그림 6-1(b)의 회색 상자는 이들 저항기의 병렬연결을 나타낸다. 그림 6-1(c)에서는 R_2와 R_3의 병렬연결이 $R_{2,3}$으로 표시된 단일 등가저항기로 대체된 것을 볼 수 있다. 이 등가저항기는 R_1과 직렬로 연결되어 있다.

전압원이 그림 6-2(a)와 같이 저항기에 연결되어 있다면 회색 상자로 표시된 R_2와 R_3를 등가저항으로 대체하는 것부터 시작한다. 이렇게 대체된 등가회로를 그림 6-2(b)에서 볼 수 있다. 이렇게 하여 만들어진 직렬회로는 앞 장에서 배운 방법으로 해석할 수 있다. 회색 상자 바깥의 모든 결과는 두 회로에서 동일하게 나타난다. 이 등가직렬회로에서 얻은 결과는 원래 회로에 적용하여 분석을 완결하는 데 사용할 수 있다.

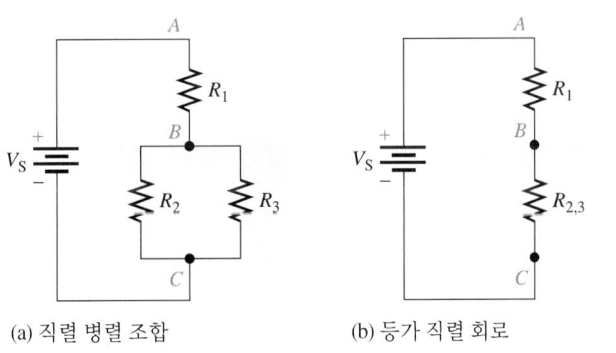

그림 6-2

회색 상자가 가리키는 두 저항은 같다.

(a) 직렬 병렬 조합 (b) 등가 직렬 회로

예제 6-1

문제

그림 6-3에서 보이는 직병렬 조합회로의 각 수치가 표 6-1에 정리되어 있다. 미지 값을 계산하여 표를 완성하라.

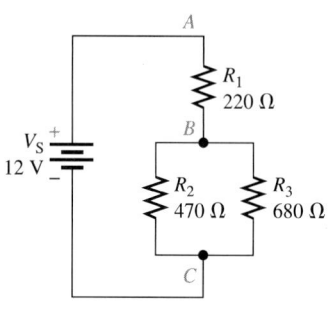

그림 6-3

표 6-1

$I_1 =$	$R_1 = 220\ \Omega$	$V_1 =$
$I_2 =$	$R_2 = 470\ \Omega$	$V_2 =$
$I_3 =$	$R_3 = 680\ \Omega$	$V_3 =$
$I_T =$	$R_T =$	$V_S = 12.0\ V$

풀이

다음의 단계는 이 문제를 푸는 한 가지 방법이다. 이 방법으로 얻은 해답을 검산하기 위해 다른 방법으로 문제를 풀 수도 한다. 처음 저항기에 표시된 아래첨자가 등가저항기에서는 결합된 형태로 나타난다는 점에 유의하기 바란다. 아래첨자를 이렇게 처리하는 방법은 회로법칙을 일관적으로 적용하고 오류를 줄이는 데 도움이 된다.

단계 1: 그림 6-4(a)처럼 병렬조합 $R_2 \parallel R_3$의 저항을 계산한다. 회색 상자에서 $R_{2,3}$으로 표시된 이 등가저항은 회로의 B 마디와 C 마디 사이의 저항이 된다.

$$R_{2,3} = \cfrac{1}{\cfrac{1}{R_2} + \cfrac{1}{R_3}} = \cfrac{1}{\cfrac{1}{470\ \Omega} + \cfrac{1}{680\ \Omega}} = 278\ \Omega$$

이렇게 대체된 저항치가 그림 6-4(b)에 표시되어 있다.

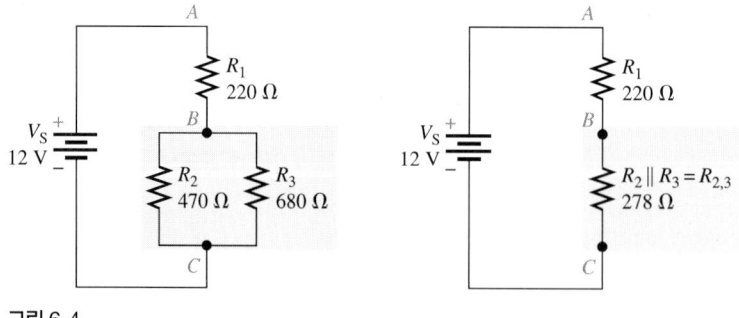

그림 6-4

단계 2: A 마디와 B 마디 사이의 전체 회로저항을 계산한다. 그림 6-4(b)의 회로가 직렬회로이기 때문에 전체 저항은 R_1과 $R_{2,3}$을 단순히 더한 것이 된다.

$$R_T = R_1 + R_{2,3} = 220\,\Omega + 278\,\Omega = 498\,\Omega$$

단계 3: 옴의 법칙을 이용하여 전원에서 나오는 전체 전류를 구한다.

$$I_T = \frac{V_S}{R_T} = \frac{12\,V}{498\,\Omega} = 24.1\,mA$$

단계 4: 등가회로에서 전류를 계산한다. 그림 6-4(b)의 등가직류회로에서 각 저항기에 옴의 법칙을 적용한다. 등가회로가 직렬회로이므로 동일한 전류가 R_1과 $R_{2,3}$에 흐른다(물론 이와 같은 해석은 직렬등가회로에만 해당하는 것이고 원래 회로에서는 다르다). 잘 알고 있겠지만 직렬요소에는 같은 크기의 전류가 흐른다.

$$I_1 = I_{2,3} = I_T = 24.1\,mA$$

단계 5: 등가회로에서 전압 강하를 계산한다. 옴의 법칙에 전류 값을 대입하여 V_1과 $V_{2,3}$를 구한다.

$$V_1 = I_1 R_1 = (24.1\,mA)(220\,\Omega) = 5.30\,V$$
$$V_{2,3} = I_{2,3} R_{2,3} = (24.1\,mA)(278\,\Omega) = 6.70\,V$$

이 단계에서 KVL이 등가회로에서도 유효한지 확인해도 좋을 것이다. 즉, $V_1 + V_{2,3} = V_S$임을 확인한다.

단계 6: 이제 등가회로의 전류, 전압, 저항을 알아냈다. 그림 6-3의 원래 회로로 돌아가면 B 마디와 C 마디 사이의 전압은 R_2와 R_3가 병렬연결이므로 각 저항기에 걸리는 전압이 같음을 알 수 있다. 따라서,

$$V_2 = V_3 = V_{2,3} = 6.70\,V$$

R_2와 R_3에 옴의 법칙을 적용하여 각각에 흐르는 전류를 구한다.

$$I_2 = \frac{V_2}{R_2} = \frac{6.70\,V}{470\,\Omega} = 14.3\,mA$$

$$I_3 = \frac{V_3}{R_3} = \frac{6.70\,V}{680\,\Omega} = 9.9\,mA$$

이 단계에서 위의 결과를 B 마디에 KCL을 적용했을 때의 결과와 비교하는 것도 좋다. (이 경우 약간의 절사오차가 발생할 수도 있다).

표 6-2

I_1 = **24.1 mA**	R_1 = 220 Ω	V_1 = **5.30 V**
I_2 = **14.3 mA**	R_2 = 470 Ω	V_2 = **6.70 V**
I_3 = **9.9 mA**	R_3 = 680 Ω	V_3 = **6.70 V**
I_T = **24.1 mA**	R_T = **498 Ω**	V_S = 12.0 V

모든 결과를 표 6-2에 정리해 놓았다.

질문

B 마디에 들어가고 나오는 전류는 얼마인가?

그림 6-5

(b) 그림의 회색 상자에는 그림 (c)의 같은 부분과 등가인 저항기가 있다.

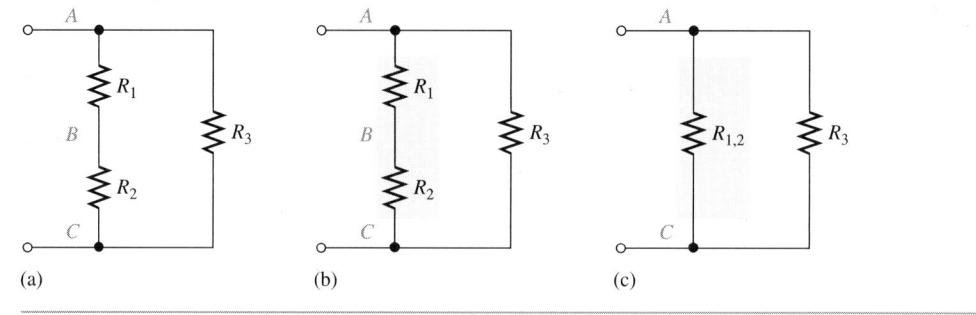

(a)　(b)　(c)

그림 6-6

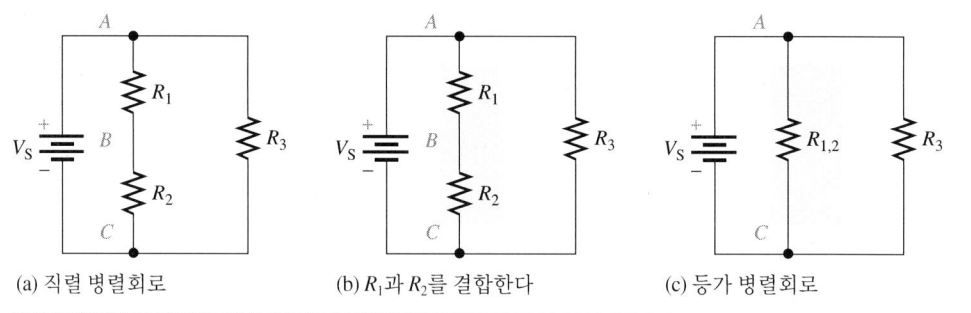

(a) 직렬 병렬회로　(b) R_1과 R_2를 결합한다　(c) 등가 병렬회로

등가 병렬회로

저항기 직병렬 조합의 또 다른 예를 그림 6-5(a)에서 보여준다. 이번에는 간략화 과정을 통해 저항기의 등가 병렬배치를 이끌어낸다. 이 경우 R_1과 R_2는 그림 6-5(b)의 회색 상자에서 보듯이 직렬로 연결되어 있고 이 둘의 합인 등가저항기 $R_{1,2}$로 대체될 수 있다. 등가저항기 $R_{1,2}$는 그림 6-5(c)와 같이 R_3와 병렬로 연결된다.

전압원이 그림 6-6(a)와 같이 세 개의 저항기에 연결되면 회로를 등가저항으로 단순화시키는 것으로 분석을 시작한다. 그림 6-6(b)에서 회색 상자의 저항기는 직렬로 연결되어 있으므로 그림 6-6(c)에서 보이는 것처럼 단일 저항기로 결합될 수 있다. 이 등가회로는 순수한 병렬회로이므로 모든 병렬회로에서 요구되는 것처럼 등가회로에는 단 두 개의 마디(A 및 C)가 존재한다. 앞의 경우처럼 회색 상자 밖의 결과는 두 회로에서 동일하게 나타난다. 그 뒤 등가 병렬회로에서 결정되는 결과를 원래 회로에 적용하여 분석을 마칠 수 있다.

예제 6-2

문제

그림 6-7에는 직병렬 조합회로가 ac 전원에 연결되어 있다. 이 회로에 주어진 수치가 표 6-3과 같을 때 각 저항기에 흐르는 전류와 각 저항기에 걸리는 전압을 계산하라.

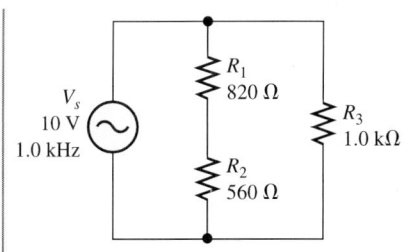

그림 6-7

표 6-3

$I_1 =$	$R_1 = 820 \ \Omega$	$V_1 =$
$I_2 =$	$R_2 = 560 \ \Omega$	$V_2 =$
$I_3 =$	$R_3 = 1.0 \ \text{k}\Omega$	$V_3 =$
$I_T =$	$R_T =$	$V_S = 10.0 \ \text{V}$

풀이

전원이 ac라는 것은 저항회로에서 해답을 구하는 것에는 영향을 미치지 않는다. 이 문제에서 모든 전류 및 전압은 rms 값이다. 이전에도 언급했듯이 조합회로 문제를 풀 때 2개 이상의 방법이 존재한다. 여기서 제시되는 풀이도 그 중 하나일 뿐이다.

단계 1: 그림 6-8(a)에서 직렬조합의 저항을 회색 상자 안의 R_1과 R_2를 더하여 계산한다.

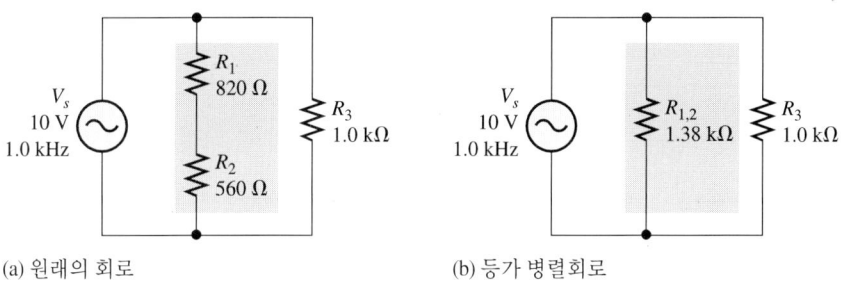

(a) 원래의 회로 (b) 등가 병렬회로

그림 6-8

$$R_{1,2} = R_1 + R_2 = 820 \ \Omega + 560 \ \Omega = 1.38 \ \text{k}\Omega$$

이 값은 그림 6-8(b)의 등가 병렬회로에 나타나 있다.

단계 2: 등가 병렬회로에서 전압을 결정한다. 이 등가회로는 다른 병렬회로처럼 분석할 수 있다. 병렬회로이므로 전원전압이 모든 요소에서 동일하다는 점을 기억하자.

$$V_{1,2} = V_3 = V_s = 10.0 \ \text{V}$$

단계 3: 등가회로에서 전류를 계산한다.

$$I_{1,2} = \frac{V_{1,2}}{R_{1,2}} = \frac{10.0 \ \text{V}}{1.38 \ \text{k}\Omega} = 7.25 \ \text{mA}$$

그리고

$$I_3 = \frac{V_3}{R_3} = \frac{10.0 \ \text{V}}{1.0 \ \text{k}\Omega} = 10.0 \ \text{mA}$$

단계 4: 등가 병렬회로로부터 아는 인수를 원래 회로에 적용한다. 여기서 등가저항기 $R_{1,2}$는 두 개의 직렬저항기로 구성되었으므로 직렬저항기 각각에 흐르는 전류는 등가저항기에서 측정되는 전류와 같다.

$$I_1 = I_2 = I_{1,2} = 7.25 \ \text{mA}$$

단계 5: 원래 회로의 직렬저항기 각각에 옴의 법칙을 적용한다.

$$V_1 = I_1 R_1 = (7.25 \text{ mA})(820 \text{ } \Omega) = 5.94 \text{ V}$$

그리고

$$V_2 = I_2 R_2 = (7.25 \text{ mA})(560 \text{ } \Omega) = 4.06 \text{ V}$$

각 저항기의 전류와 전압을 표 6-4에 정리해 놓았다.

표 6-4

I_1 = **7.25 mA**	R_1 = 820 Ω	V_1 = **5.94 V**
I_2 = **7.25 mA**	R_2 = 560 Ω	V_2 = **4.06 V**
I_3 = **10 mA**	R_3 = 1.0 kΩ	V_3 = **10 V**
I_{tot} =	R_{tot} =	V_S = 10.0 V

질문

그림 6-7의 회로에서 전체 전류와 전체 저항은 얼마인가?

이 절의 두 예제에서는 기본적인 직병렬 조합회로를 등가의 직렬회로나 병렬회로로 축소시키는 방법을 다루었다. 실제의 직병렬 회로에서는 보다 많은 소자가 포함되는 것이 일반적이지만 이 경우에도 기본개념은 동일하다. 경우에 따라서는 문제를 푸는 데 두 개 이상의 등가회로가 필요하기도 한다.

복습 질문

1. 등가회로란 무엇인가?
2. 그림 6-9의 회로에서 전원에서 바라볼 때의 전체 저항은 얼마인가?
3. 그림 6-9의 회로에서 전원에서 공급되는 전체 전류는 얼마인가?

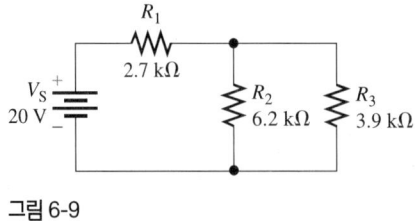

그림 6-9

4. 그림 6-10의 회로에서 전원에서 바라볼 때의 전체 저항은 얼마인가?
5. 그림 6-10의 회로에서 전원에서 공급되는 전체 전류는 얼마인가?

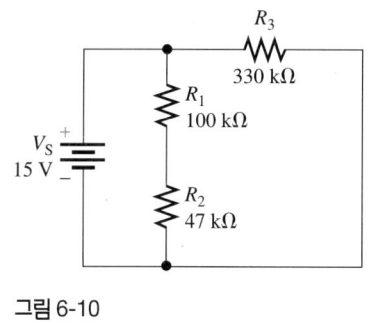

그림 6-10

조합회로 분석 6-2

앞 절에서 소개한 복합회로 단순화 방법은 두 개 이상의 등가회로를 만듦으로써 복잡한 회로에 적용할 수 있다. 때로는 전압 분배기 규칙을 적용하거나 키르히호프의 법칙을 활용하는 것이 보다 복잡한 회로를 해석하는 최선의 방법인 경우도 있다.

이 절에서는 저항기가 다양한 구성으로 배치된 복합회로에서 전류와 전압에 대해 푸는 방법을 배운다.

등가회로를 이용하여 복합회로를 분석할 때 등가회로에서 얻은 결과는 다시 원래 회로에 적용되어 분석을 완결하는 데 사용된다. 저항회로에서는 일반적으로 알려진 저항기를 대상으로 작업하므로 전체 저항을 알아내는 것부터 시작해야 한다. 전체 저항을 알고 나면 옴의 법칙을 통해 전체 전류를 계산하고 이를 다시 원래 회로에 적용할 수 있다. 등가회로가 직렬연결 저항기를 포함하는 경우가 많은데, 이런 경우라면 전압 분배기 규칙을 직렬부분에 적용할 수 있다. 전류에 신경쓰고 싶지 않다면 이 방법이 아주 유용할 것이다.

예제 6-3과 6-4에서는 5개 또는 6개의 저항기가 포함된 직병렬 조합회로에서 전체 저항 및 전압을 계산하는 방법을 알려준다. 이 두 예제에서 소개된 방법은 직렬/병렬 회로를 위한 기본적인 규칙에 더하여, 두 개 이상의 등가회로를 만들고 전압 분배기 규칙을 적용하는 방법을 통해 회로를 단순화시킨다.

문제

그림 6-11에 나타난 회로에서 전체 저항과 각 저항기에 걸리는 전압을 구하고 표 6-5를 채워라.

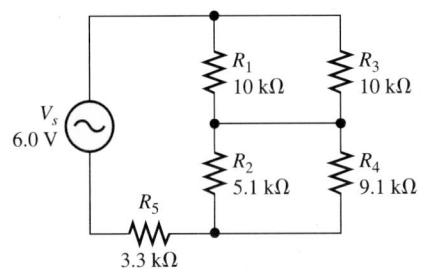

표 6-7

R_1 = 10 kΩ	V_1 =
R_2 = 5.1 kΩ	V_2 =
R_3 = 10 kΩ	V_3 =
R_4 = 9.1 kΩ	V_4 =
R_5 = 3.3 kΩ	V_5 =
R_{tot} =	V_S = **6.0 V**

그림 6-11

풀이

단계 1: 회로의 전체 저항을 계산한다. 계산할 때 회로를 다시 그려 직렬과 병렬 조합을 명확히 하는 것이 도움이 될 수 있다. 그림 6-12에서는 병렬연결이 강조되도록 회로를 다시 그렸다. 회로에는 A, B, C, D로 표시된 네 개의 마디가 있다. 저항기 R_1과 R_3는 동일한 두 개의 마디 A와 B 사이에 연결되어 있으므로 병렬연결이다. 마찬가지로 저항기 R_2와 R_4 역시 동일한 두 마디 B와 C 사이에 연결되어 있으므로 병렬연결이다. 병렬조합은 그림 6-13(a)에서 회색의 상자로 나타나 있다. 그림 6-13(b)는 등가의 직렬저항기로 회로를 다시 그렸다. 이제 $R_{1,3}$과 $R_{2,4}$의 값을 계산해 보자. R_1과 R_3가 같기 때문에 동일치 저항기에 대한 간단한 공식을 이용하여 전체 저항을 구할 수 있다.

$$R_{1,3} = \frac{R}{n} = \frac{10\,\text{k}\Omega}{2} = 5.0\,\text{k}\Omega$$

$$R_{2,4} = \cfrac{1}{\cfrac{1}{R_2} + \cfrac{1}{R_4}} = \cfrac{1}{\cfrac{1}{5.1\,\text{k}\Omega} + \cfrac{1}{9.1\,\text{k}\Omega}} = 3.27\,\text{k}\Omega$$

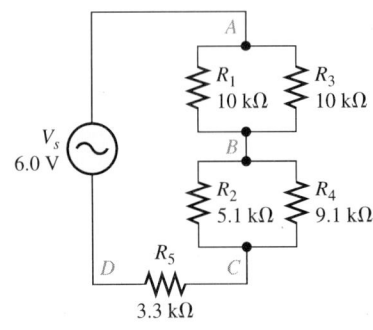

그림 6-12

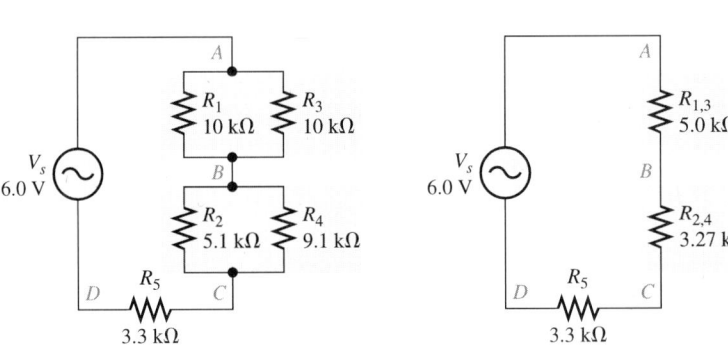

그림 6-13

등가회로에서 세 개의 저항기는 모두 직렬연결이다. 원래 회로의 네 개의 마디가 모두 그려져 있음에 유의하자.

등가 직렬회로의 저항기 값을 모두 더하여 전체 저항을 계산한다.

$$R_{tot} = R_{1,3} + R_{2,4} + R_5 = 5.0\,\text{k}\Omega + 3.27\,\text{k}\Omega + 3.3\,\text{k}\Omega = 11.6\,\text{k}\Omega$$

원래 회로에서부터 시작하여 다음의 계산기(TI-36X) 키누름 순서를 통해 전체 저항을 계산할 수 있다. 이 계산에서 중간 값들은 두 개의 메모리 공간에 저장된다.

`1` `0` `EE` `3` `÷` `2` `=` `STO` `1`
`1` `÷` `(` `5` `.` `1` `EE` `3` `1/x` `+` `9` `.` `1` `EE` `3` `1/x` `)` `=` `STO` `2`
`RCL` `1` `+` `RCL` `2` `+` `3` `.` `3` `EE` `3` `=`

단계 2: 각 등가 저항기에 걸리는 전압을 계산한다. 등가회로는 직렬회로이므로 전압 분배기 규칙을 적용할 수 있다. 식 (5-5)의 전압 분배기 규칙을 이용하여,

$$V_x = \left(\frac{R_x}{R_{tot}} \right) V_s$$

다음과 같이 계산한다.

$$V_{1,3} = \left(\frac{5.0 \text{ k}\Omega}{11.6 \text{ k}\Omega} \right) 6.0 \text{ V} = 2.59 \text{ V}$$

$$V_{2,4} = \left(\frac{3.27 \text{ k}\Omega}{11.6 \text{ k}\Omega} \right) 6.0 \text{ V} = 1.69 \text{ V}$$

$$V_5 = \left(\frac{3.3 \text{ k}\Omega}{11.6 \text{ k}\Omega} \right) 6.0 \text{ V} = 1.71 \text{ V}$$

단계 3: 이것으로 원래 회로의 저항기에 걸리는 전압을 알았다. $R_{1,3}$이 R_1과 R_3의 병렬조합이므로 각 저항기의 전압은 등가 저항기에 대해 구한 전압과 같다.

$$V_1 = V_3 = V_{1,3}$$
$$V_1 = 2.59 \text{ V}$$
$$V_3 = 2.59 \text{ V}$$

같은 원리를 R_2와 R_4에 걸리는 전압에 대해서도 적용한다.

$$V_2 = V_4 = V_{2,4}$$
$$V_2 = 1.69 \text{ V}$$
$$V_4 = 1.69 \text{ V}$$

이들 결과는 표 6-6에 정리되어 있다.

표 6-6

$R_1 = 10 \text{ k}\Omega$	$V_1 =$ **2.59 V**
$R_2 = 5.1 \text{ k}\Omega$	$V_2 =$ **1.69 V**
$R_3 = 10 \text{ k}\Omega$	$V_3 =$ **2.59 V**
$R_4 = 9.1 \text{ k}\Omega$	$V_4 =$ **1.69 V**
$R_5 = 3.3 \text{ k}\Omega$	$V_5 =$ **1.71 V**
$R_{tot} =$ **11.6 kΩ**	$V_S = 6.0 \text{ V}$

질문

각 저항기의 전류는 얼마인가?

예제 6-4

문제

그림 6-14에 나타낸 회로에 대해 전체 저항과 각 저항기에 걸리는 전압을 계산하고 표 6-7을 완성하라.

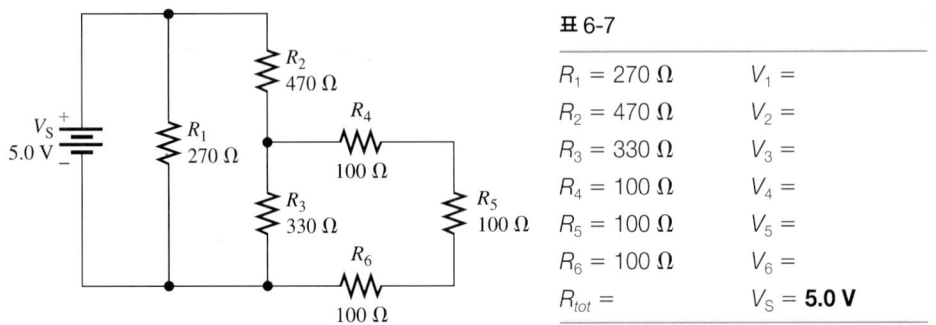

표 6-7

$R_1 = 270\ \Omega$	$V_1 =$
$R_2 = 470\ \Omega$	$V_2 =$
$R_3 = 330\ \Omega$	$V_3 =$
$R_4 = 100\ \Omega$	$V_4 =$
$R_5 = 100\ \Omega$	$V_5 =$
$R_6 = 100\ \Omega$	$V_6 =$
$R_{tot} =$	$V_S =$ **5.0 V**

그림 6-14

풀 이

단계 1: 그림 6-14에서 R_4, R_5, R_6의 직렬조합에 대한 등가저항을 결정한다. 단순화 작업을 시작할 곳은 한 곳뿐이다.

$$R_{4,5,6} = nR = (3)(100\ \Omega) = 300\ \Omega$$

이 등가 저항기로 대체된 회로를 그림 6-15에서 보여준다.

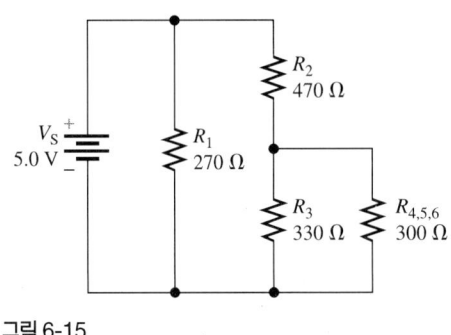

그림 6-15

단계 2: 등가저항기 $R_{4,5,6}$과 병렬로 연결된 R_3의 저항을 결정한다. 이 두 저항기는 동일한 두 마디에 모두 연결되어 있다. 이 조합으로 만들어지는 저항은,

$$R_{3,4,5,6} = R_3 \parallel R_{4,5,6} = \cfrac{1}{\cfrac{1}{R_3} + \cfrac{1}{R_{4,5,6}}} = \cfrac{1}{\cfrac{1}{330\ \Omega} + \cfrac{1}{300\ \Omega}} = 157\ \Omega$$

이 저항은 계산에 사용된 네 저항기의 아래첨자를 모두 포함하며 그림 6-16에서 회색 상자로 다시 그려져 있다.

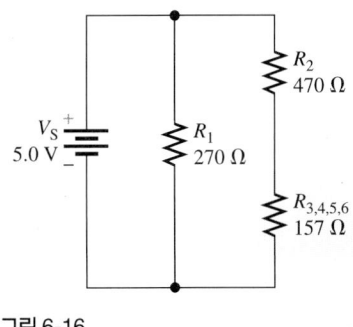

그림 6-16

단계 3: 등가저항 $R_{3,4,5,6}$은 R_2와 직렬연결이므로 $R_{3,4,5,6}$과 R_2를 더하여 오른쪽 가지의 저항을 계산한다. 이렇게 하여 구성된 등가저항 $R_{2,3,4,5,6}$이 그림 6-17에 나타나 있다.

$$R_{2,3,4,5,6} = R_2 + R_{3,4,5,6} = 470\ \Omega + 157\ \Omega = 627\ \Omega$$

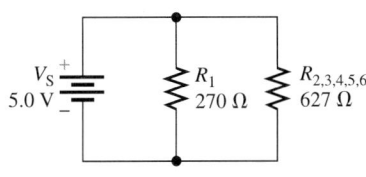

그림 6-17

원래 회로가 제5장에서 공부한 것과 같은 유형의 기본 병렬회로로 간략화되었다. 이 병렬회로의 전체 저항을 계산하는 수식은 다음과 같다.

$$R_T = \cfrac{1}{\cfrac{1}{R_{2,3,4,5,6}} + \cfrac{1}{R_1}} = \cfrac{1}{\cfrac{1}{627\ \Omega} + \cfrac{1}{270\ \Omega}} = 189\ \Omega$$

단계 4: 예제 6-3에서 전압 분배기 규칙을 활용하여 모든 전압을 계산하였다. 이 예제에서는 이보다 더 간단한 방법을 소개한다. 이 규칙을 올바르게 적용하는 데 필요한 조건은 직렬로 연결되어 있고 모든 저항기의 전압이 알려져 있는 등가회로의 저항기에 대해서만 이 규칙을 적용해야 한다는 것이다. R_1은 전압 분배기에 포함되지 않지만 전원에 직접 연결되어 있다. 따라서 R_1의 전압은,

$$V_1 = V_S = 5.0\ \text{V}$$

그림 6-16을 다시 보자. 전압 분배기 규칙을 등가회로의 이 가지에 적용하여 V_2와 $V_{3,4,5,6}$을 결정한다. 회로 자체는 직렬회로가 아니지만 두 직렬저항기에 전압 분배기 규칙을 적용하는 일은 여전히 가능하다.

$$V_2 = \left(\frac{R_2}{R_2 + R_{3,4,5,6}} \right) V_S = \left(\frac{470\ \Omega}{470\ \Omega + 157\ \Omega} \right) 5.0\ \text{V} = 3.75\ \text{V}$$

$$V_{3,4,5,6} = \left(\frac{R_{3,4,5,6}}{R_2 + R_{3,4,5,6}} \right) V_S = \left(\frac{157\ \Omega}{470\ \Omega + 157\ \Omega} \right) 5.0\ \text{V} = 1.25\ \text{V}$$

두 분수의 분모에 있는 저항은 회로의 전체 저항이 아니라 직렬경로의 전체 저항이다.

단계 5: 이제 $R_{3,4,5,6}$의 전압을 알았다. 그림 6-18은 원래 회로에서 아직 풀지 못한 부분을 보여준다. 단계 4를 통해 R_3에 1.25 V가 걸린다는 사실이 밝혀졌다.

$$V_3 = V_{3,4,5,6} = 1.25\ \text{V}$$

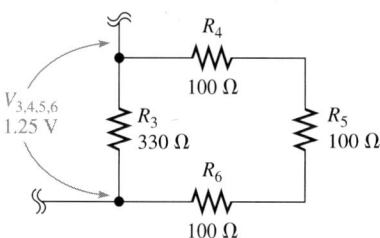

그림 6-18

R_4, R_5, R_6로 구성된 직렬부분에 1.25 V가 걸린다는 사실을 알았기 때문에 전압 분배기 규칙을 적용할 수 있다. 이 부분의 전체 저항은 300 Ω이다. 전압 분배기 규칙을 적용하면,

$$V_4 = \left(\frac{R_4}{R_4 + R_5 + R_6} \right) V_{3,4,5,6} = \left(\frac{100\ \Omega}{100\ \Omega + 100\ \Omega + 100\ \Omega} \right) 1.25\ \text{V} = 0.417\ \text{V}$$

R_4, R_5, R_6가 동일한 저항이므로 이들 각각에 걸리는 전압 역시 같다.

$$V_5 = 0.417\ \text{V}$$
$$V_6 = 0.417\ \text{V}$$

표 6-8에서 이들 결과를 정리한다.

표 6-8

$R_1 = 270\ \Omega$	$V_1 = \textbf{5.0 V}$
$R_2 = 470\ \Omega$	$V_2 = \textbf{3.75 V}$
$R_3 = 330\ \Omega$	$V_3 = \textbf{1.25 V}$
$R_4 = 100\ \Omega$	$V_4 = \textbf{0.417 V}$
$R_5 = 100\ \Omega$	$V_5 = \textbf{0.417 V}$
$R_6 = 100\ \Omega$	$V_5 = \textbf{0.417 V}$
$R_T = \textbf{189}\ \Omega$	$V_S = 5.0\ \text{V}$

질문

전압 분배기 규칙은 직렬회로를 위해 고안되었다. 직병렬 회로에 이 규칙을 적용하기 위해서는 어떤 조건이 필요한가?

컴퓨터 시뮬레이션

웹사이트에 있는 Multisim 파일 F06-14DC를 열고 멀티미터를 사용하여 모든 저항기의 전압을 확인하라.

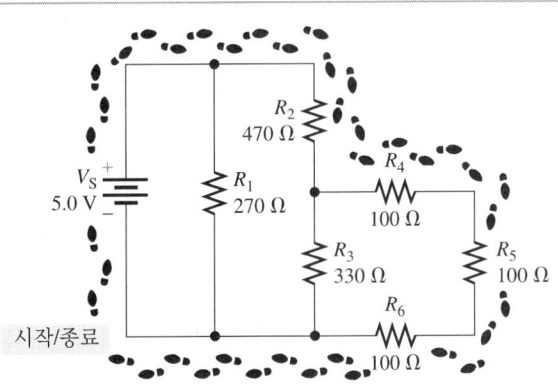

그림 6-19

회로를 한 바퀴 도는 어떤 경로라도 그 경로의 모든 전압의 합은 0 V가 된다. 경로와 방향은 임의적이다.

직병렬 조합회로에 키르히호프의 법칙 적용

키르히호프의 전압 및 전류 법칙(KVL과 KCL)은 모든 회로에 적용되며, 앞서 제시된 조합회로 역시 예외는 아니다. 예를 들어 그림 6-19에서 그림 6-4의 회로는 회로의 외곽을 따라 무작위로 형성된 폐경로를 나타내는 "발자국"으로 형상화되어 있다. 회로를 따라가는 방향과 시작지점은 어느 방향, 어느 위치라도 상관없다. 유일한 조건은 경로가 단일경로라야 하고 종료지점이 시작지점과 일치해야 한다는 것이다. 전압원을 지날 때 5.0 V의 변화를 발견하게 되는데, 이 경우는 음의 단자에서 양의 단자로 걸어가는 중이었기 때문에 전압 상승에 해당한다. 각 저항기를 지날 때는 전압 강하를 겪게 되는데, 이것은 전원의 양의 단자에서는 멀어지고 음의 단자와는 가까워지기 때문이다. 표 6-8에서 볼 수 있듯이 V_2는 3.75 V, V_4는 0.417 V, V_5는 0.417 V, V_6는

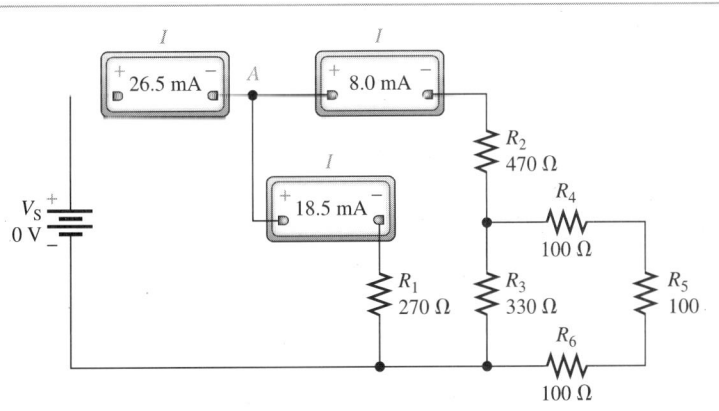

그림 6-20

KCL은 회로의 어떤 접점에도 적용할 수 있다.

0.417 V의 전압 강하가 일어나며, 예상대로 강하량과 상승량은 일치한다. 이 밖에도 또 다른 폐경로를 설정하여 KVL이 성립하는지 확인해 볼 수 있다.

KCL 역시 이 회로의 어떤 접점에도 적용할 수 있다. KCL은 기본적으로 특정 마디에 들어가고 나오는 전류가 같음을 서술한다. 가령, 전류계가 그림 6-20처럼 삽입되었다면 계측기는 A 마디에 들어가고 나오는 전류가 같음을 지시할 것이다.

알려져 있는 값이 무엇이냐에 따라 키르히호프의 전압 및 전류 법칙은 특정 회로의 해답을 찾는 과정을 단순화시킬 수 있다. 다음에 이어지는 예제는 KVL 및 KCL과 같은 법칙의 중요성을 설명한다.

예제 6-5

문제

그림 6-21에서 R_3의 전류를 결정하라.

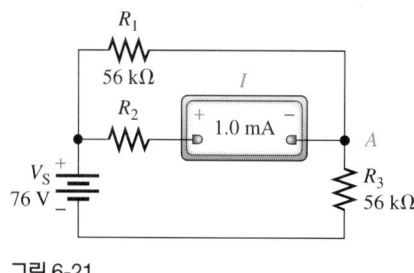

그림 6-21

풀이

R_1과 R_2는 병렬연결이고 R_3는 이 조합과 직렬로 연결되어 있다. 이들 저항기 중 어느 것도 전류와 저항이 알려져 있지 않으므로 곧바로 옴의 법칙으로 전압 강하를 계산할만한 곳이 없다. R_2가 알려지지 않았으므로 전체 저항 역시 알 수 없다. A 마디에 KCL을 적용하여 R_2의 전류를 알아낸다. 전체 전류는 R_3가 전원과 직렬로 연결되어 있으므로 이곳을 지나가야 한다. 전체 전류는 R_1과 R_2 사이에서 나뉘게 되고,

$$I_1 + I_2 = I_T$$

R_2의 전류가 1.0 mA이므로,

$$I_1 = I_T - I_2 = I_T - 1.0 \text{ mA}$$

이제 외곽 경로를 따라 KVL을 적용한다.

$$V_1 + V_3 = V_S$$

옴의 법칙을 적용하고 알려진 값으로 대체한다.

$$I_1 R_1 + I_3 R_3 = V_S$$
$$(I_T - 1.0 \text{ mA})56 \text{ k}\Omega + I_T 56 \text{ k}\Omega = 76 \text{ V}$$

$$I_T 56 \text{ k}\Omega - 56 \text{ V} + I_T 56 \text{ k}\Omega = 76 \text{ V}$$

이 수식을 I_T에 대해 풀면,

$$I_T 56 \text{ k}\Omega + I_T 56 \text{ k}\Omega = 76 \text{ V} + 56 \text{ V} = 132 \text{ V}$$

$$I_T = \frac{132 \text{ V}}{112 \text{ k}\Omega} = 1.179 \text{ mA}$$

$I_3 = I_T$이므로 R_3에 흐르는 전류는 **1.179 mA**가 된다.

질문

R_1에 흐르는 전류는 얼마인가?.

컴퓨터 시뮬레이션

웹사이트에 있는 Multisim 파일 F06-21DC를 열어서 멀티미터를 사용하여 모든 저항기에 걸리는 전압을 확인하라.

복습 질문

6. 그림 6-22의 회로에서 직렬연결된 저항기와 병렬연결된 저항기를 찾아라.

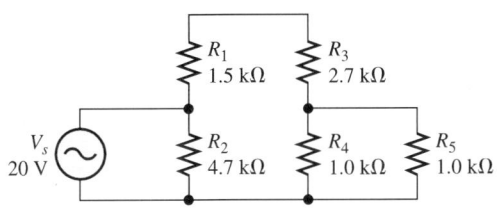

그림 6-22

7. 그림 6-22의 회로에서 전원에서 바라본 전체 저항은 얼마인가?
8. 그림 6-22의 전원에서 발생하는 전체 전류는 얼마인가?
9. 그림 6-22의 R_1, R_3, R_5에 걸리는 전압은 얼마인가?
10. 그림 6-22의 외곽 경로에 대해 키르히호프의 전압 법칙이 만족하는가?

테브닌의 정리 6-3

테브닌의 정리는 회로를 출력단자에서 전원 방향으로 간략화하는 매우 강력한 방법이다. 경우에 따라서는 등가의 직렬 또는 병렬회로로 풀 수 없는 회로가 테브닌의 정리를 적용하여 풀릴 수 있다.

이 절에서는 테브닌의 정리를 이용하여 선형조합회로를 부하의 관점에서 등가인 회로로 대체하는 방법을 배워보도록 한다.

그림 6-23

테브닌 등가회로의 일반적인 형태. 이 등가회로는 출력단자의 관점에서 모든 저항성 회로를 대체할 수 있다.

테브닌 등가회로

테브닌의 정리(Thevenin's theorem)는 두 개의 단자를 갖는 저항성 회로가 두 출력단자에서 바라볼 때 간단한 등가회로로 대체될 수 있다는 것을 말한다. 테브닌 등가회로는 사실 간단한 회로이다. 그림 6-23에서 보듯이 전압원(V_{TH})과 저항(R_{TH})이 직렬로 연결되어 있다. 테브닌 등가전압과 테브닌 등가저항은 원래 회로의 전압과 저항에 따라 달라진다. 테브닌의 정리는 주어진 회로에서 여러 부하의 효과를 알아내는 데 유용하다.

테브닌 등가회로에서는 원래 회로에서보다 부하전압이나 전류를 계산하는 것이 쉽다. 경우에 따라서는 등가 직렬 또는 병렬회로로 풀 수 없는 회로를 테브닌의 정리를 이용하면 풀 수 있는 경우도 있다.

등가전압 V_{TH}는 완전한 테브닌 등가회로의 한 부분이고 다른 부분은 R_{TH}이다. V_{TH}는 회로의 두 출력단자 사이의 무부하 전압(no-load voltage)으로 정의된다. 무부하란 부하가 제거되어 출력에 대해 회로가 열린 상태를 말한다.

$$V_{TH} = V_{NL} \tag{6-1}$$

R_{TH}를 계산하는 가장 일반적인 방법은 원래 회로를 출력단자의 관점에서 바라보고 저항을 계산하는 것이다. R_{TH}는 모든 전원이 내부저항으로 대체된 상태에서 두 출력단자 사이에 나타나는 전체 저항이다. 전압원의 내부저항은 대개 0 Ω으로 가정한다. 예제 6-6에서 테브닌의 등가회로를 구하는 방법을 설명한다.

예제 6-6

문제

그림 6-24의 회로에 대해 테브닌 등가회로를 결정하라.

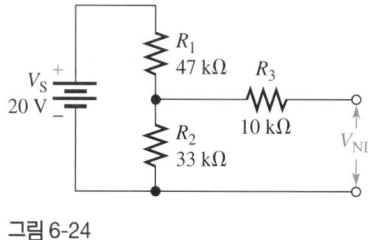

그림 6-24

풀 이

부하가 없는 상태에서 출력단자에 걸리는 전압이 테브닌 전압이다. 부하가 없는 상태에서는 전류가 흐를 경로가 없으므로 R_3에는 전류가 흐를 수 없다. 따라서, 무부하 출력전압 V_{NL}은 R_2에 걸리는 전압과 같다(이는 R_3에서 발생하는 전압 강하가 없기 때문이다). R_3를 무시하면 R_1과 R_2에 전압 분배기 정리를 적용할 수 있다.

$$V_{NL} = V_{TH} = V_S\left(\frac{R_2}{R_1 + R_2}\right) = 20\text{ V}\left(\frac{33\text{ k}\Omega}{47\text{ k}\Omega + 33\text{ k}\Omega}\right) = \textbf{8.25 V}$$

전원을 내부저항으로 대체하고 출력단자 사이의 저항을 계산하여 테브닌 저항을 결정한다. 앞서 설명했듯이 전압원의 내부저항은 0으로 가정하기로 한다. 그림 6-25(a)에서는 전압원을 단락시킨 상태에서 출력에서 회로를 보았을 때의 모습을 보여준다. 그림 6-25(b)는 직렬과 병렬구성을 강조하는 모습으로 동일회로를 다시 그린 것이다.

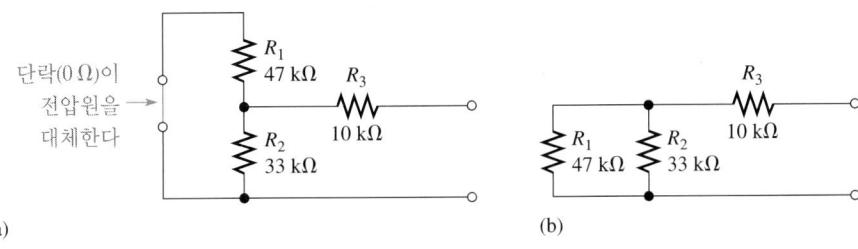

(a)　　　　　　　　　　　　　　　　　　　　(b)

그림 6-25

그림 6-25를 살펴보면 출력단자에서 본 저항이 다음과 같음을 알게 된다.

$$R_{TH} = R_3 + R_1 \| R_2 = 10\text{ k}\Omega + \cfrac{1}{\cfrac{1}{47\text{ k}\Omega} + \cfrac{1}{33\text{ k}\Omega}} = \textbf{29.4 k}\Omega$$

테브닌 등가회로의 값은 그림 6-26에 나타내었다.

R_{TH}
29.4 kΩ

V_{TH}
8.25 V

그림 6-26

‖ 표기는 저항기가 병렬로 연결되어 있다는 것을 나타내며 역수 합의 역수로 풀 수 있다는 것을 나타냄을 기억하자(5-5절 참조). 테브닌 서항을 위한 수식은 다음의 계산기 순시로 게산할 수 있다.

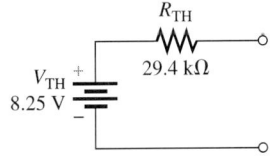

질 문

R_3가 10 kΩ 대신 15 kΩ일 때 테브닌 전압에 미치는 영향을 설명하라. 또한, 테브닌 저항에는 어떤 영향을 미치겠는가?

테브닌 저항 R_{TH}를 계산하는 또 다른 방법은 출력단자를 단락시키고 단락지점의 전류를 계산하는 것이다. 그런 다음 옴의 법칙을 적용한다.

$$R_{TH} = \frac{V_{NL}}{I_{SHORT}}$$

(6-2)

예제 6-7

문제

예제 6-6의 그림 6-24에서 다음 공식을 이용하여 회로의 테브닌 저항을 결정하라.

$$R_{TH} = \frac{V_{NL}}{I_{SHORT}}$$

풀이

V_{NL}은 V_{TH}이므로 V_{NL} = 8.25 V이다.

단락된 부하의 전류를 계산하기 위해 전원에서 바라본 저항을 먼저 계산한다. 이때의 회로를 그림 6-27에서 볼 수 있으며, 이 그림의 전류계는 단락된 부하의 전류(R_3의 전류와 같다)를 가리킨다.

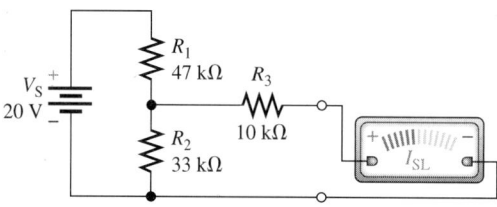

그림 6-27

전원에서 바라 본 전체 저항은,

$$R_T = R_1 + R_2 \parallel R_3 = 47\,k\Omega + 33\,k\Omega \parallel 10\,k\Omega = 54.7\,k\Omega$$

전원에서 생성되는 전체 전류는,

$$I_T = \frac{V_S}{R_T} = \frac{20\,V}{54.7\,k\Omega} = 0.366\,mA$$

R_3 양단의 전압 강하는,

$$V_3 = V_S - I_T R_1 = 20\,V - (0.366\,mA)(47\,k\Omega) = 2.81\,V$$

단락된 부하의 전류는,

$$I_{SL} = \frac{V_3}{R_3} = \frac{2.81\,V}{10\,k\Omega} = 0.281\,mA$$

테브닌 저항은,

$$R_{TH} = \frac{V_{NL}}{I_{SHORT}} = \frac{V_{TH}}{I_{SL}} = \frac{8.25\,V}{0.281\,mA} = \mathbf{29.4\,k\Omega}$$

이것은 예제 6-6에서 얻은 결과와 일치한다.

질문

29.4 kΩ의 부하 저항기가 그림 6-24의 회로에 연결되어 있다. 부하에 흐르는 전류는 얼마인가?

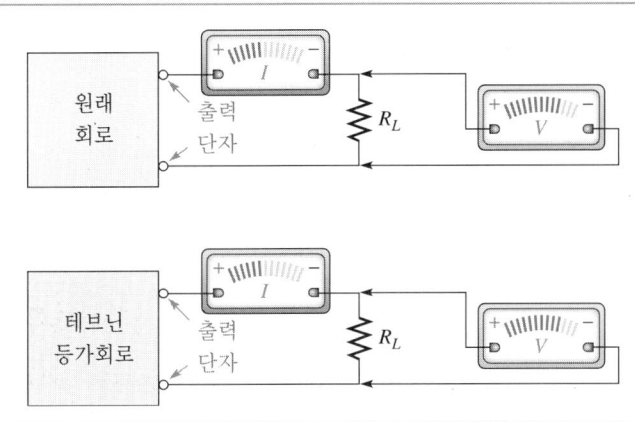

그림 6-28

어느 상자에 원래 회로가 있고 어느 상자에 테브닌 등가회로가 있는가? 계측기의 수치를 읽는 것만으로는 둘 사이를 구별할 수 없다.

테브닌 정리의 등가성

테브닌 등가회로가 원래 회로와 같지는 않지만 출력전압과 전류에 대해 동일한 결과를 나타낸다. 예를 들어 임의의 복잡한 저항성 회로를 출력단자만 드러나 있는 상자로 대체한다고 가정해 보자. 그런 다음 테브닌 등가회로를 출력단자만 나와 있는 또다른 상자와 다시 한 번 대체한다. 각 상자의 출력단자에 동등한 부하 저항기를 연결한다. 다음으로 그림 6-28처럼 각 출력에 전압계와 전류계를 연결하여 각 부하의 전압과 전류를 측정한다. 이렇게 측정된 값들은 서로 동일할 것이며 출력단자에서의 측정치만으로는 어느 상자에 원래 회로가 있고 어느 상자에 테브닌 등가회로가 있는지 알아낼 수 없을 것이다. 즉, 관측사의 시점에서 두 회로는 동등하다. 이러한 조건을 종종 단자등가(terminal equivalency)라고도 하는데, 이는 두 회로가 두 출력단자의 관점에서 볼 때 동일하게 반응하기 때문이다.

테브닌 저항의 간접 측정

간혹 내부회로를 관찰하여 테브닌 저항을 계산하는 것이 불가능할 때가 있다. 선형회로의 테브닌 저항을 측정하는 간단한 방법은 부하에 가변 저항기를 사용하는 것이다. 출력에서 테브닌 전압(무부하시)의 절반으로 떨어질 때까지 가변 저항기를 조정한다. 그런 뒤 가변 저항기를 측정한다. 측정된 저항은 테브닌 저항과 일치할 것이다! 이 경우 테브닌 전압은 테브닌 저항과 부하 저항기 사이에 똑같이 나눠져 있다. 전압 분배기 규칙에 의해 두 개의 직렬 저항기 양단의 전압 강하가 동일하다면 두 저항은 같다.

역사적 고찰

레옹 찰스 테브닌(Leon Charles Thevenin, 1857–1926)은 프랑스 파리 태생이다. 1876년 에이콜 폴리테크닉(Ecole Polytechnique)을 졸업하고 텔레그래프 기술자 집단(Corps of Telegraph Engineers)에 입사하였다. 이곳에서 처음에는 장거리 지하 전신선로의 개발에 참여하였다. 테브닌은 업무를 수행하면서 전기회로에서 발생하는 측정문제에 관심을 가졌고 나중에 가서 복합회로의 계산을 가능케 하는 그의 유명한 정리를 고안하였다.

복습 질문

11. 테브닌의 정리가 무엇인가?
12. 일반적으로 회로의 테브닌 전압을 측정하는 방법은 무엇인가?
13. 일반적으로 회로의 테브닌 저항을 간접적으로 측정하는 방법은 무엇인가?
14. 단자등가의 의미는 무엇인가?
15. 주어진 회로에서 $R_L = R_{TH}$라면 V_L에 대해 무엇을 말할 수 있는가?

6-4 부하효과

저항성 부하가 회로의 출력에 연결될 때 회로의 출력전압이 낮아지는 경향이 있다. 출력전압의 이러한 변화를 부하효과라고 한다. 부하효과의 정도는 부하 자체와 부하가 연결된 회로에 따라 다르다.

이 절에서는 전압 분배기에서 각종 저항기의 부하효과를 계산하는 것과 회로에 대한 전자계측기가 갖는 저항성 부하효과를 논의하는 것을 배운다.

전압 분배기 부하효과

5-4절에서 공부한 것처럼 전압 분배기는 전원과 직렬로 연결된 두 개 이상의 저항기를 가진 회로이다. 부하 저항기라고 하는 또 다른 저항기를 전압 분배기의 출력에 연결한다면 새롭게 형성된 이 회로는 조합회로가 된다. 원래 회로의 출력전압은 부하 저항기를 연결한 결과로 낮아지게 된다. 앞으로 보게 될 예제는 전압 분배기에 저항기를 하나 연결했을 때 발생하는 효과를 보여주지만, 부하효과는 전자공학의 다양한 측면에서 중요하고 저항기 외에도 여러 가지 소자가 포함된다. 부하효과가 미미하다면 대개 이를 무시할 수 있다. 그렇지 않고 상당한 효과를 미친다면 회로에 부정적인 영향을 끼치거나 잘못된 측정결과를 낳을 수 있다.

전기적인 부하효과를 이해하기 위해, 그리고 이 효과가 중요하다면 회로를 테브닌 등가회로로 단순화시키는 것이 도움이 된다. 전압 분배기 규칙을 등가회로에 적용하면 부하효과를 곧바로 구할 수 있다.

예제 6-8

문제

그림 6-29의 전압 분배기에 부하가 없을 때 출력전압을 결정하라. 그런 다음 1.0 kΩ과 10 kΩ의 부하를 출력단자에 연결했을 때 출력전압을 계산하라. 부하는 한 번에 하나씩 연결한다.

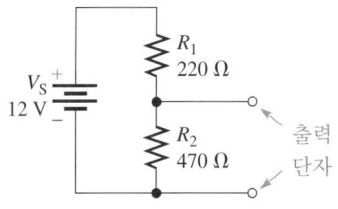

그림 6-29

풀 이

다양한 부하의 효과를 알아보는 가장 간단한 방법은 회로의 테브닌 등가회로를 만드는 것이다. 6-3절에서 테브닌 등가전압은 무부하의 출력단자에 걸리는 전압이라고 설명했다. 이 예제의 회로에서는 전압 분배기 규칙을 적용하여 테브닌 전압을 결정한다.

$$V_{TH} = V_S \left(\frac{R_2}{R_1 + R_2} \right) = +12 \text{ V} \left(\frac{470 \ \Omega}{220 \ \Omega + 470 \ \Omega} \right) = 8.17 \text{ V}$$

무부하 출력전압이 테브닌 전압이다.

$$V_{NL} = V_{TH} = \textbf{8.17 V}$$

전압원을 내부저항으로 대체하고 출력단자에서 본 저항을 계산하여 테브닌 저항을 결정한다. 전압원의 내부저항은 0 Ω(즉, 단락)으로 가정한다. 출력단자에서 바라볼 때 R_2를 거치는 경로와 R_1과 단락지점을 거치는 경로가 존재한다. 이것은 출력의 관점에서 볼 때 R_1이 R_2와 병렬로 연결되었음을 의미한다. 따라서,

$$R_{TH} = R_1 \, \| \, R_2 = 220 \ \Omega \, \| \, 470 \ \Omega = 150 \ \Omega$$

그림 6-30에서 이 회로의 테브닌 등가회로를 볼 수 있다.

이제 전압 분배기 규칙을 이용하여 다양한 부하의 효과를 시험해 볼 수 있다. 1.0 kΩ 부하의 경우 출력전압은,

$$V_{L(1.0 \, k\Omega)} = V_{TH} \left(\frac{R_L}{R_{TH} + R_L} \right) = 8.17 \text{ V} \left(\frac{1.0 \ k\Omega}{150 \ \Omega + 1.0 \ k\Omega} \right) = \textbf{7.11 V}$$

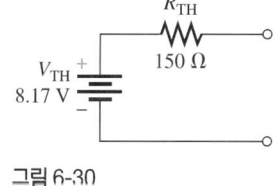

그림 6-30

출력이 거의 13% 정도 하락함을 알 수 있다.

10 kΩ 부하의 경우 출력전압은,

$$V_{L(10 \, k\Omega)} = V_{TH} \left(\frac{R_L}{R_{TH} + R_L} \right) = 8.17 \text{ V} \left(\frac{10 \ k\Omega}{150 \ \Omega + 10 \ k\Omega} \right) = \textbf{8.05 V}$$

이전보다 큰 부하 저항기를 연결했을 때 출력은 1.5% 밖에 떨어지지 않음을 알 수 있다. 부하가 만들어내는 전류의 크기가 부하효과를 결정한다. 결과적으로, 작은 저항은 보다 큰 전류를 이끌어내기 때문에 회로에 더 큰 부하효과를 미치게 된다.

질 문

100 kΩ 부하를 출력에 연결한다면, 출력전압은 얼마가 되는가?

완고한 전압 분배기

전자공학에서 전압 분배기는 광범위하게 사용된다. 대다수의 전압 분배기가 부하 연결시 10% 미만의 출력전압 강하를 유지해야 하는데, 이러한 기준을 만족하는 분배기를 "완고하다"고 말한다. 예제 6-8에서 보여주었듯이 전압 분배기의 저항성 부하효과는 분배기 자체의 테브닌 저항과 부하 저항기로 결정된다. 부하출력전압을 무부하 전압의 10% 미만으로 유지하기 위해서는 부하저항이 분배기의 테브닌 저항보다 최소한 10배 이상 커야 한다.

전압 분배기의 테브닌 등가회로를 계산하는 것이 부하효과를 알아내는 유일한 방법은 아니다. 고장을 수리할 때 분배기 저항기의 값을 부하 저항과 비교해서 부하가 연결된 전압 분배기의 출력을 예측할 수 있다. 이 경우 부하로 향하는 전류가 분배기의 전류에 비해 작다면 출력전압은 무부하 전압과 거의 같을 것이다.

예제 6-9

문 제

그림 6-31에서 무부하인 경우와 10 kΩ 부하 저항기인 경우에 대해 각 분배기의 출력전압을 비교하라. 각 부하에서 불변인 것으로 판정되는 것은 어느 것인가?

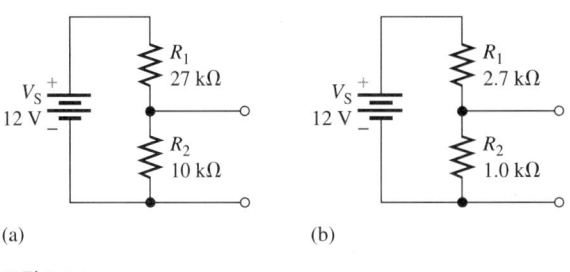

(a)   (b)

그림 6-31

풀 이

무부하시 출력전압은 저항비율이 같기 때문에 각 전압 분배기에서 같게 나타난다. 첫 번째 회로에서 전압 분배기 규칙을 적용하면 다음과 같이 무부하 출력전압을 얻는다.

$$V_{NL} = V_2 = V_S \left(\frac{R_2}{R_1 + R_2} \right) = 12\ V \left(\frac{10\ k\Omega}{27\ k\Omega + 10\ k\Omega} \right) = \mathbf{3.24\ V}$$

예제 6-8에서 확인했듯이 테브닌의 정리를 적용하여 출력전압을 알아낼 수 있다. 그러나 이번에는 다른 방법을 사용해 보기로 한다. 부하가 연결된 각 전압 분배기가 부하 저항기 R_L을 R_1과 직렬 연결된 R_2와 병렬로 조합하여 만든 직병렬 조합회로라고 생각해 보자. 그림 6-32(a)의 회색 상자에서 병렬 조합회로를, 그림 6-32(b)에서 등가 직렬회로를 볼 수 있다. 그런 다음 이 등가회로에 전압 분배기 규칙을 적용한다.

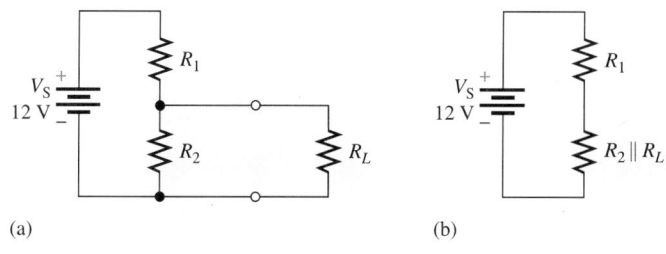

그림 6-32

그림 6-32(a)의 회로에서 R_L과 R_2의 병렬조합으로 5.0 kΩ의 등가저항기를 구성했다. 이 등가회로에 전압 분배기 규칙을 적용하면 R_L과 R_2의 병렬조합에 걸리는 전압은,

$$V_{2,L} = V_S\left(\frac{R_2 \| R_L}{R_1 + R_2 \| R_L}\right) = 12\text{ V}\left(\frac{5.0\text{ k}\Omega}{27\text{ k}\Omega + 5.0\text{ k}\Omega}\right) = \mathbf{1.88\text{ V}}$$

등가저항기가 병렬조합이므로 원래 회로의 출력전압 V_L은 같다. 10 kΩ 부하를 연결했을 때 40% 이상의 출력전압이 하락했으므로 이 분배기는 완고하지 않다.

그림 6-31(b)의 회로에서 R_L과 R_2의 병렬조합으로 909 Ω의 등가저항기를 구성했다. 이 등가회로에 전압 분배기 규칙을 적용하면 R_L과 R_2의 병렬조합에 걸리는 전압은,

$$V_{2,L} = V_S\left(\frac{R_2 \| R_L}{R_1 + R_2 \| R_L}\right) = 12\text{ V}\left(\frac{909\text{ }\Omega}{2.7\text{ k}\Omega + 909\text{ }\Omega}\right) = \mathbf{3.02\text{ V}}$$

이번에도 이 전압은 원래 회로의 V_L과 같다. 그림 6-31(b)의 분배기는 10 kΩ 부하를 연결했을 때 출력전압이 7%만 하락했으므로 완고하다고 볼 수 있다. 이것으로 완고한 분배기는 분배기 자체에 보다 작은 저항을 갖고 있음을 알 수 있다.

질문

82 kΩ 저항기를 부하로 사용한다면 그림 6-31(a)의 첫 번째 전압 분배기를 완고하다고 할 수 있는가?

계측기의 저항성 부하효과

오실로스코프(시간의 함수로 전압을 측정하는 장치)나 전압계 같은 전자계측기를 회로에 연결할 때마다 계측기는 회로에 "부하"로서 영향을 미친다. 회로는 계측기에 전류를 공급해야 하므로 계측기를 연결하는 조작은 어떤 유형으로든 회로를 변화시킨다. 계측기의 저항이 회로저항보다 상당히 크다면 저항성 부하효과가 미미하므로 무시할 수 있나. 예를 들어 전압계로 사용되는 DMM은 내부저항으로 수 메가옴을 가질 수 있으므로 대부분의 회로에서 이 계측기의 부하효과는 대단히 큰 저항회로를 측정하지 않는 이상 무시할 만한 수준이다.

매우 높은 저항을 갖는 회로에서 계측기의 부하효과는 회로전압을 변경할 것이고, 심각한 경우 회로가 오동작하도록 만들던가 아예 멈춰버리게 할 수도 있다. 이와 같은 현상은 전계효과 트랜지스터라고 하는 트랜지스터 증폭기에서 전압을 측정할 때

발생한다. 이 트랜지스터의 입력저항은 10 MΩ만큼 높다. 대부분의 계측기가 이 정도 크기의 저항에 걸리는 전압을 정밀하게 측정하지 못하지만 일부 계측기에 따라서는 측정치를 신뢰할 수 없을 정도로 왜곡시킬 수 있다. VOM 같은 계측기는 DMM보다 더 작은 내부저항을 갖는다. VOM은 측정할 전압을 심각하게 변경시킬 우려가 있기 때문에 매우 큰 저항에 대해서는 사용하지 말아야 한다.

오실로스코프 역시 회로에 부하효과를 미친다. 전형적인 오실로스코프에 대한 신호입력은 접지에 대해 1.0 MΩ의 저항을 갖는다. 단순한 생각으로는 이 저항이 오실로스코프가 회로에 연결될 때 나타날 저항성 부하일 것 같지만, 거의 모든 오실로스코프 생산업체가 입력신호를 약화시키는 프로브를 스코프에 추가한다. 이 프로브를 측정에 사용할 때 접지 대 저항이 일정한 크기(대부분 10배 정도)만큼 증가한다. 생산업체는 이를 위해 프로브 내부에 9.0 MΩ의 저항을 직렬로 연결하여 프로브의 표면적인 입력저항을 10 MΩ으로 증가시킨다. 오실로스코프로 작업을 하는 경우 감쇠용 프로브를 사용해야 하는 이유가 바로 이 때문이다(물론 다른 이유도 있다). 예외로 저저항 회로에서 매우 작은 신호를 측정해야 한다면 ×1 프로브가 적절하다.

예제 6-10

문제

어떤 학생이 이렇게 주장하고 있다. "내 회로는 키르히호프의 전압법칙이 소용없어. 세 번 측정했지만 저항기에 걸리는 전압을 더한 결과가 전원전압과 달라!" 이 학생이 이 회로를 세 번에 걸쳐 측정하는 모습을 그림 6-33에 나타내었다. 무슨 문제가 있는지 풀이를 보지 말고 설명해 보라.

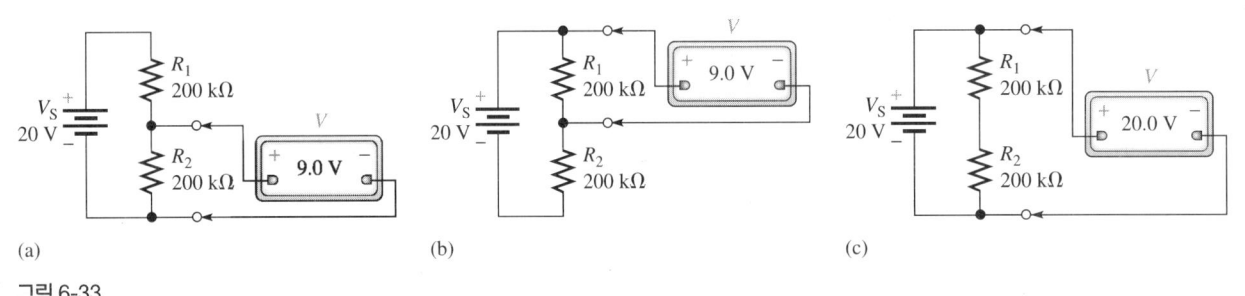

그림 6-33

풀이

계측기의 내부저항이 (a)와 (b)에서는 부하로 작용하지만 (c)에서는 그렇지 않다. 그 이유는 각 회로를 테브닌 등가회로로 구성해 보면 알 수 있다. (a)와 (b)에 대한 테브닌 회로는 그림 6-34(a)와 같다. 계측기 눈금이 전원전압의 90%를 가리키므로 회로저항의 90%를 가져야 한다. 따라서, 그림과 같으려면 계측기의 내부저항은 900 kΩ이 되어야 한다. 그림 6-33의 (c) 회로에 대한 그림 6-34(b)의 테브닌 회로를 보면 출력단자가 바뀌었기 때문에 다르다는 것을 알 수 있다. 여기서는 계측기가 전원에 직접 걸쳐져 있다. 전원의 내부저항은 0으로 간주하므로 테브닌 저항은 0이 되고 계측기는 전체 전원전압을 나타낸다.

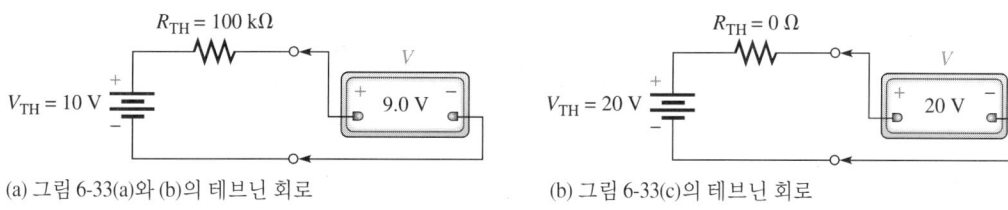

(a) 그림 6-33(a)와 (b)의 테브닌 회로

(b) 그림 6-33(c)의 테브닌 회로

그림 6-34

질문

그림 6-33의 저항기를 20 kΩ 저항기로 대체한다고 가정해보자. 같은 계측기를 측정에 사용한다면 각각의 경우에서 예측할 수 있는 전압은 얼마일까?

복습 질문

16. 전압 분배기가 "완고"한지 판별하는 일반적인 규칙은 무엇인가?

17. 일반적으로 계측기가 회로의 저항성 부하효과를 유발하는 상황을 걱정해야 하는 경우는 언제인가?

18. 높은 저항을 갖는 회로에서 전압을 측정할 때 VOM이 적절하지 못한 이유는 무엇인가?

19. 오실로스코프 프로브가 회로에서 스코프의 부하효과를 줄이는 원리는 무엇인가?

20. 그림 6-35에서 부하의 출력전압 9.0 V가 되게 하는 부하 저항기는 얼마일까?

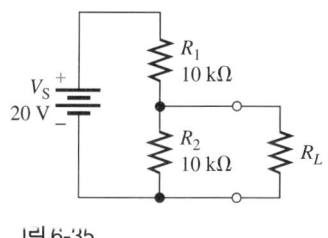

그림 6-35

다중전원 6-5

회로에 따라서는 두 개 이상의 dc 전압원을 요구한다. 가령 특정 형태의 증폭기가 적절한 동작을 위해 양의 전압원과 음의 전압원을 동시에 요구한다고 생각해보자. 이러한 회로는 중첩방법이라고 하는 방법을 사용하여 풀 수 있다.

이 절에서는 복수 개의 전원을 갖는 회로에서 전류와 전압을 구하기 위해 중첩방법을 적용하는 방법을 배운다.

중첩방법

중첩방법(superposition method)은 복수 개의 전원을 갖는 선형회로에서 한 번에 하나의 전원을 대상으로 하여 얻은 결과를 대수적으로 합산하여 전류와 전압을 알아내는 방법이다. 이때 나머지 전원은 내부 저항으로 대체된다. 이상적인 전압원은 내부저항이 없으므로 단락으로 대체된다. 이상적인 전류원은 무한대의 저항을 갖는다(즉, 개방된다). 이 절에서는 전압원만을 대상으로 하며, 설명을 단순화하기 위해 모든 전압원은 이상적인 것으로 가정한다.

중첩방법을 적용하는 단계는 아래와 같다.

단계 1: 한 번에 하나의 전압원을 선택하고 나머지 전압원은 내부저항(이상적으로는 0)으로 대체한다.

단계 2: 회로에는 선택한 전압원만 존재하는 것처럼 생각하고 필요한 전류나 전압을 구한다.

단계 3: 각 전원에 대해 단계 1과 2를 순서대로 반복한다.

단계 4: 실제 전류 또는 전압을 알아내기 위해 개별 전원에 기인한 전류 또는 전압을 대수적으로 합산한다. 여기서 대수적으로 합한다는 말은 부호있는 수치에 관한 규칙에 따라 양의 값과 음의 값을 더하는 것을 의미한다.

중첩방법이 그림 6-11에 설명되어 있다. 이 경우 전류의 부호를 올바르게 적기 위해 표시방법에 일관성을 유지하는 것이 중요하다. 이 예제에서는 문제를 풀 때 전류계를 둔 것처럼 대수적인 부호를 "자동적으로" 유지한다는 것을 주목하라.

| 예제 6-11 | **문제** |

그림 6-36에서 각 전류계에 나타나야 하는 전류를 계산하라. 여기서 전류계는 양 또는 음의 전류를 읽을 수 있으나 회로도에 나타낸 극성에 맞춰 전류계를 회로에 놓여 있다고 가정하라.

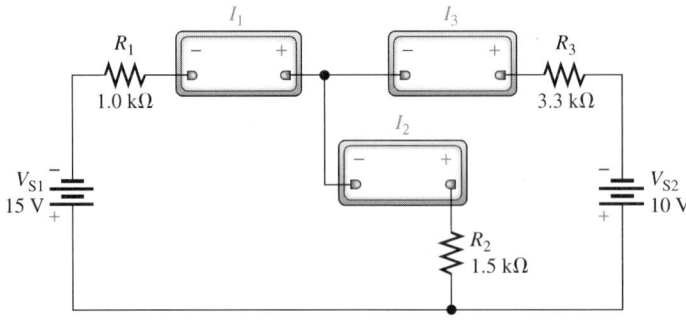

그림 6-36

다수의 수치를 기억해야 하므로 계산이 이루어지는대로 표 6-9에 기록한다.

표 6-9

전원	I_1의 눈금	I_2의 눈금	I_3의 눈금
V_{S1} 단독:			
V_{S2} 단독:			
V_{S1}과 V_{S2}			

풀이

단계 1: V_{S2}를 단락시키고 V_{S1}이 단독으로 동작하는 것처럼 각 전류계의 전류를 계산한다. 회로의 새로운 모습을 그림 6-37이 보여준다. 저항기 R_1은 R_2와 R_3의 병렬조합과 직렬로 연결된다. V_{S1}에서 보는 전체 저항은,

$$R_{T(S1)} = R_1 + R_2 \parallel R_3 = 1.0\,\text{k}\Omega + 1.5\,\text{k}\Omega \parallel 3.3\,\text{k}\Omega = 2.03\,\text{k}\Omega$$

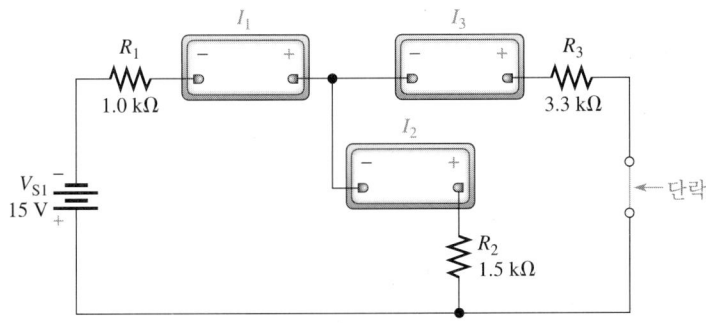

그림 6-37

전체 전류는,

$$I_{T(S1)} = \frac{V_{S1}}{R_{T(S1)}} = \frac{15\,\text{V}}{2.03\,\text{k}\Omega} = 7.39\,\text{mA}$$

이 전류는 I_1과 같다. R_2와 R_3에 걸리는 전압을 KVL을 적용하여 계산한다.

$$V_{2,3} = V_{S1} - I_1 R_1 = 15\,\text{V} - (7.39\,\text{mA})(1.0\,\text{k}\Omega) = 7.61\,\text{V}$$

옴의 법칙을 이용하여 R_2와 R_2의 전류를 계산한다.

$$I_2 = \frac{V_2}{R_2} = \frac{7.61\,\text{V}}{1.5\,\text{k}\Omega} = 5.08\,\text{mA}$$

$$I_3 = \frac{V_3}{R_3} = \frac{7.61\,\text{V}}{3.3\,\text{k}\Omega} = 2.31\,\text{mA}$$

표 6-10의 첫 번째 행에 이들 전류를 기록한다. 모든 전류계가 올바른 극성을 가지므로 모든 값은 양수이다.

단계 2: V_{S1}을 단락시키고 두 번째 전원을 활성화시킨다. 이 회로는 그림 6-38에서 볼 수 있다. 이 그림에서도 전류계의 극성은 변함이 없다. 이번에는 R_3가 전원과 직렬로 배치되고 R_1이 R_2와 병렬로 연결된다. V_{S2}에서 바라 본 전체 저항은,

$$R_{T(S2)} = R_3 + R_1 \parallel R_2 = 3.3\,k\Omega + 1.5\,k\Omega \parallel 1.0\,k\Omega = 3.9\,k\Omega$$

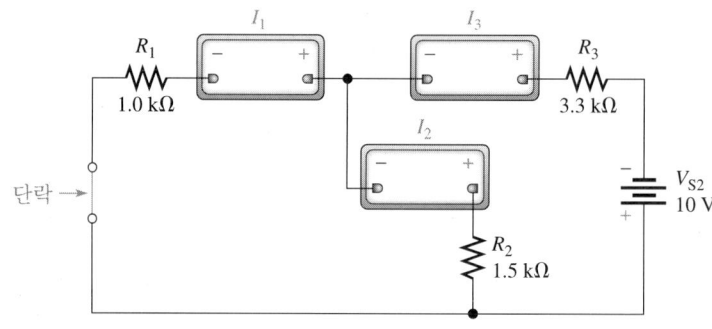

그림 6-38

V_{S2}에서 나오는 전체 전류는,

$$I_{T(S2)} = \frac{V_{S2}}{R_{T(S2)}} = \frac{10\,V}{3.9\,k\Omega} = 2.56\,mA$$

이 전류는 I_3와 크기는 같고 I_3 계측기에서 반대방향의 전류로서 나타나게 될 것이다. 이 때문에 이 전류는 음의 전류로 기록해야 한다.

KVL을 이용하여 R_1과 R_2에 걸리는 전압을 구한다.

$$V_{1,2} = V_{S2} - I_3 R_3 = 10\,V - (2.56\,mA)(3.3\,k\Omega) = 1.54\,V$$

옴의 법칙을 이용하여 I_1과 I_2를 구한다.

$$I_2 = \frac{V_1}{R_1} = \frac{1.54\,V}{1.0\,k\Omega} = 1.54\,mA$$

$$I_2 = \frac{V_2}{R_2} = \frac{1.54\,V}{1.5\,k\Omega} = 1.03\,mA$$

I_1 전류계는 계측기 극성으로 인해 음의 값을 나타낼 것이다. 따라서, 이 전류 역시 음의 전류로 기록한다. I_2 전류계는 올바른 극성을 나타내므로 I_2를 양의 값으로 기록한다. V_{S2}의 결과값을 표 6-10에 추가한다.

단계 3: 두 전원이 동시에 활성화될 때의 전류를 알아내기 위해 열의 값들을 대수적으로 더한다. 결과값은 표 6-10에서 볼 수 있다. I_3에 대한 최종결과가 음수로 판정되는데, 이는 전류계에서 처음 설정된 극성이 역전됨을 의미한다.

표 6-10

전원	I_1의 값	I_2의 값	I_3의 값
V_{S1} 단독:	+7.39 mA	+5.08 mA	+2.31 mA
V_{S2} 단독:	−1.54 mA	+1.03 mA	−2.56 mA
V_{S1}과 V_{S2}:	**+5.85 mA**	**+6.11 mA**	**−0.25 mA**

질문

두 전원이 모두 활성화된 회로에서 KCL이 유효함을 보여라.

다중전원을 다루는 다른 방법도 있지만 중첩원리는 적용하기가 가장 간단한 방법
이다. 앞의 예제에서는 중첩원리를 이용하여 다중전원 문제에서 전류를 계산하는 방
법을 설명하였다. 전압도 중첩원리를 이용하면 간단히 구할 수 있다.

예제 6-12

문제

앞의 문제에서 각 저항기에 걸리는 전압을 계산하라.

풀이

표 6-10의 데이터를 이용하여 옴의 법칙으로 전압을 계산한다.

$$V_1 = I_1 R_1 = (5.85 \text{ mA})(1.0 \text{ k}\Omega) = \textbf{5.85 V}$$

$$V_2 = I_2 R_2 = (6.11 \text{ mA})(1.5 \text{ k}\Omega) = \textbf{9.17 V}$$

I_3는 음수이기 때문에 회로에서 전류계가 나타내는 방향과 반대로 흐른다.

$$V_3 = I_3 R_3 = (-0.25 \text{ mA})(3.3 \text{ k}\Omega) = \textbf{-4.95 V}$$

질문

V_3가 음수인 것은 무엇을 의미하는가?

복습 질문

21. 중첩방법을 히로에 저용할 때 이상적인 전압원을 "비활성화"시키는 방법은 무엇인가?

22. 중첩방법을 회로에 적용할 때 이상적인 전류원을 "비활성화"시키는 방법은 무엇인가?

23. 중첩방법을 회로에 적용할 때 결과에서 음의 전류가 의미하는 것은 무엇인가?

24. 어느 한 전원으로부터의 전류가 한 방향으로 흐르고 다른 전원으로부터는 반대 방향
으로 흐른다면 최종적인 전류의 방향은 무엇에 의해 결정되는가?

25. 그림 6-39의 회로에서 R_2에 흐르는 전류를 결정하라.

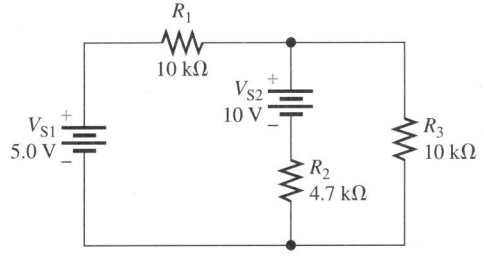

그림 6-39

6-6   휘트스톤 브리지

휘트스톤 브리지는 전자측정 회로에서 중요하게 사용되는 조합회로이다. 이 회로는 저항의 극미한 변화를 정확하게 측정해야 하는 계측기에서 폭넓게 사용된다.

이 절에서는 테브닌의 정리를 이용하여 불평형 휘트스톤 브리지의 부하전류를 계산하는 것을 배운다.

그림 6-40

휘트스톤 브리지

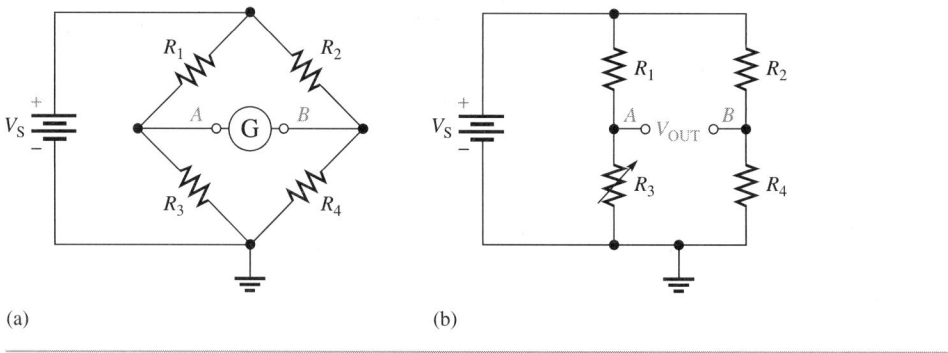

(a)   (b)

평형 휘트스톤 브리지

휘트스톤 브리지(Wheatstone bridge) 회로가 그림 6-40(a)에 나타나 있다. 전통적인 휘트스톤 브리지인 이 회로는 4개의 저항성 팔과 하나의 dc 전압원, 그리고 검류계라고 하는 특별한 형태의 전류검출기로 구성된다. 이 그림에서 원 안에 G가 표시된 검류계는 전류방향에 따라 왼쪽이나 오른쪽으로 기울 수 있는 바늘을 중앙에 가진 민감한 아날로그 전류계이다. 일반적으로 휘트스톤 브리지는 다이아몬드 모양으로 그려지지만, 주의깊게 보면 두 전압 분배기 사이에 출력단자가 있는 회로와 등가인 것을 알 수 있다. 예전에는 정밀한 저항 측정을 위해 이런 종류의 브리지를 연구용 계측기로 널리 사용했지만 요즘에는 온도 및 힘 계측기와 같은 자동화된 측정장치에 주로 사용한다. 대부분의 전자저울도 자동화된 휘트스톤 브리지를 활용한다.

많은 휘트스톤 브리지 응용에서의 주된 관심사는 출력전압이다. 출력전압은 그림 6-40(b)에서 보여주는 것처럼 전압 분배기 사이에서 측정된다. 브리지 저항기의 네 팔 가운데 하나는 이 그림에서 R_3를 가로지르는 화살표로 나타나 있는 것처럼 가변 저항기로 대체될 수 있다. 이 가변 저항기를 조정하여 출력단자의 전압을 0으로 만들면 브리지가 **평형상태**에 있게 된다. 가변 저항기는 회로에 삽입되는 정밀 저항기를 직렬로 구성하여 만들 수 있다. 휘트스톤 브리지를 사용하는 현대적인 계측장비는 A와 B 사이의 작은 출력전압을 읽을 수 있도록 전기적 평형상태를 이룬다. 고급 계측장비에서는 출력을 판독가능한 수치로 변환하는 데 필요한 회로를 추가하기도 한다.

평형 휘트스톤 브리지의 분석은 간단하다. 출력전압이 0이기 때문에 브리지 양쪽의 전압비율이 같아야 한다.

$$\frac{V_1}{V_3} = \frac{V_2}{V_4}$$

옴의 법칙을 대입하면,

$$\frac{I_1R_1}{I_3R_3} = \frac{I_2R_2}{I_4R_4}$$

평형상태에서는 검출기에 전류가 흐르지 않으므로 $I_1 = I_3$이고 $I_2 = I_4$이다. 위 식에서 전류를 소거하면,

$$\frac{R_1}{R_3} = \frac{R_2}{R_4}$$

항을 정리하면,

$$R_1R_4 = R_2R_3 \tag{6-3}$$

식 (6-3)이 평형 휘트스톤 브리지의 핵심을 담고 있으며 이는 다음과 같이 요약될 수 있다.

평형 휘트스톤 브리지에서 대각선 방향으로 마주보는 저항기의 두 곱은 같다.

전형적인 응용에서 미지 저항기를 알아내려면 저항기 중 하나를 제외한 나머지가 모두 알려져 있어야 한다. 브리지 저항기 중 하나가 조정가능한 정밀 저항기이므로 출력이 0 볼트가 될 때까지 이를 변화시킬 수 있다. R_1이 미지 저항기라고 한다면,

$$R_1 = R_3\left(\frac{R_2}{R_4}\right) \tag{6-4}$$

이 수식은 브리지가 평형인 경우에만 유효하다는 데 유의하라.

문제

예제 6-13

그림 6-41에 보이는 휘트스톤 브리지에서 R_1의 값은 얼마인가?

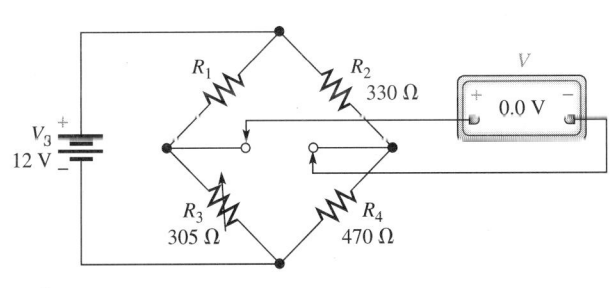

그림 6-41

풀이

출력전압이 0이므로 이 브리지는 평형상태이다. 따라서, 식 (6-4)를 적용하여 미지 저항기 R_1을 구한다.

$$R_1 = R_3 \left(\frac{R_2}{R_4} \right) = 305 \ \Omega \left(\frac{330 \ \Omega}{470 \ \Omega} \right) = \textbf{214} \ \boldsymbol{\Omega}$$

질문

그림 6-41의 회로에서 R_1 양단의 전압 강하는 얼마인가?

불평형 휘트스톤 브리지

많은 응용회로에서 기본적인 브리지를 변형하여 브리지의 각 팔에 물리량을 특정 크기의 저항으로 변환하는 저항성 변환기를 배치한다. 여기서 변환기(transducer)란 에너지를 한 형태에서 다른 형태로 변환하는 장치를 일컫는다. 에너지는 저항을 조금씩 이동시키는 힘의 형태로 존재할 수 있으므로 기계적인 일을 전기량으로 바꿀 수 있다. 저항성 변환기의 경우 변환기는 브리지 팔에 배치된다. 이 방법은 대부분의 전자저울을 비롯한 많은 측정에서 사용된다. 일반적으로 브리지는 불평형 브리지이지만 정밀한 측정이 필요할 때는 이 방법이 여전히 효과적으로 사용된다.

불평형 휘트스톤 브리지의 한 가지 예를 그림 6-42에서 보이고 있다. 설명을 쉽게 하기 위해 브리지 아래쪽에 접지를 그렸으며 A와 B로 표시된 지점을 출력으로 놓았다. 부하저항(R_L)은 출력단자에 걸쳐서 놓여있다. 부하 저항기가 휘트스톤 브리지에 추가되면 회로에는 더 이상 서로에 대해 병렬이거나 직렬인 저항기 짝이 없게 된다. 결과적으로, 이 회로에서는 등가의 병렬 또는 직렬조합으로 회로를 단순화시킬 수 없다. 이런 유형의 회로를 푸는 한 가지 방법으로서 그림 6-14에서 보는 것처럼 테브닌의 정리를 사용할 수 있다.

그림 6-42

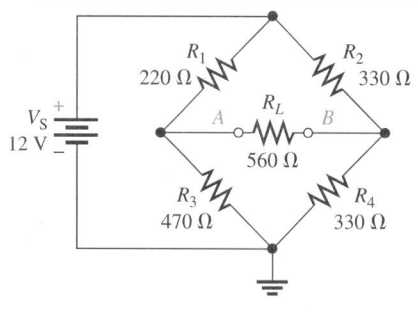

문제

그림 6-42의 휘트스톤 브리지에서 R_L에 흐르는 전류는 얼마인가?

풀이

부하전류를 알고 싶은 경우이므로 테브닌의 정리를 이용하면 회로의 나머지 부분을 등가회로로 대체할 수 있다. 테브닌 등가회로를 찾아내는 가장 손쉬운 방법은 문제를 두 부분으로 나누는 것이다. A 지점과 접지 사이 그리고 B 지점과 접지 사이를 각각 테브닌 회로로 만든다. 그런 다음 이 두 테브닌 등가회로를 하나로 결합한다. 이때 테브닌 전압과 저항은 부하 저항기를 제거한 상태에서 결정해야 한다는 사실을 유념하자. 제일 먼저 그림 6-43에서 보는 바와 같이 부하 저항기를 제거한다.

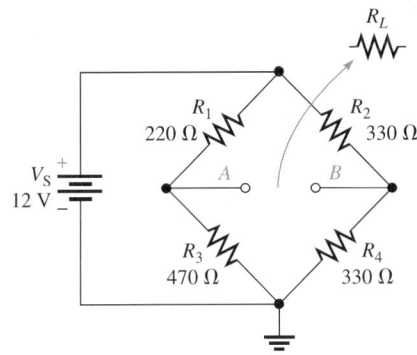

그림 6-43

부분 1: 이미 알고 있듯이 테브닌 등가회로는 직렬저항과 전압원으로 구성된다. 테브닌 전압은 A 지점과 접지 사이의 무부하 상태의 출력전압으로서, 전압 분배기 규칙을 사용하여 즉시 알아낼 수 있다. 이 브리지의 왼쪽은 예제 6-8에서 보았던 기본회로와 저항기 개수만 다를뿐 같은 회로이다. 이 경우 테브닌 전압은 R_3의 전압과 같다.

$$V_{TH} = V_3 = V_S \left(\frac{R_3}{R_1 + R_3} \right) = +12\,V \left(\frac{470\,V}{220\,\Omega + 470\,\Omega} \right) = 8.17\,V$$

예제 6-8에서 사용했던 것과 똑같은 방법으로 테브닌 저항을 구한다. 전압원은 그림 6-44에서 보듯이 내부저항(0 Ω)에 해당하는 단락으로 대체된다. 이와 같은 조작으로 R_2의 윗부분과 R_3의 아랫부분을 잇는 직접경로가 형성되므로 이 두 저항기는 더 이상 A 지점과 접지 사이의 저항이 아니다. A 지점과 접지 사이를 그림의 "눈" 위치에 서 비리보면 R_3를 통과하는 경로와 R_1과 단락을 통과하는 경로가 드러난다. 이것은 A와 접지 사이의 테브닌 저항은 단순히 R_1과 R_3의 병렬조합이라는 것을 말해준다.

$$R_{TH} = R_1 \| R_3 = 220\,\Omega \| 470\,\Omega = 150\,\Omega$$

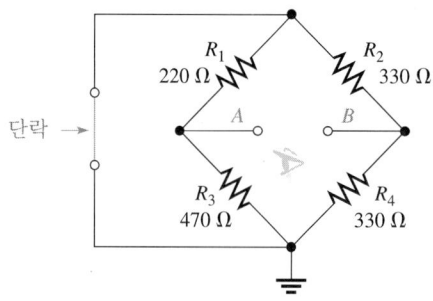

그림 6-44

부분 2: B 지점과 접지 사이의 테브닌 등가회로는 A 지점과 접지 사이의 테브닌 회로와 유사하다. 전압 분배기 규칙을 R_4에 적용하여 테브닌 전압을 구한다. 변수 V_{TH}에 프라임(′)을 붙인 기호를 사용하여 부분 1에서 얻은 테브닌 회로의 전압과 구별한다.

$$V'_{TH} = V_4 = V_S \left(\frac{R_4}{R_2 + R_4} \right) = +12 \text{ V} \left(\frac{330 \text{ }\Omega}{330 \text{ }\Omega + 330 \text{ }\Omega} \right) = 6.0 \text{ V}$$

지점 B와 접지 사이에서 본 저항은 R_2와 R_4의 병렬조합이다. 저항기 R_1과 R_3는 단락이 이들을 통과하기 때문에 브리지 오른편의 테브닌 저항에 속하지 않는다. 오른편의 테브닌 저항은,

$$R'_{TH} = R_2 \parallel R_4 = 330 \text{ }\Omega \parallel 330 \text{ }\Omega = 165 \text{ }\Omega$$

남은 일은 브리지 자리에 두 개의 테브닌 등가회로를 대신 넣고 A와 B 지점 사이에 부하를 연결하는 것이다. 이 모습을 그림 6-45에 나타내었다.

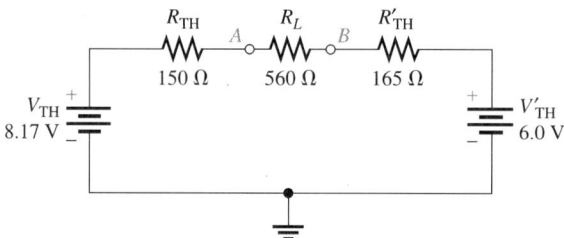

그림 6-45

이제 등가회로를 통해 R_L의 전류를 계산할 수 있다. 여기서 두 테브닌 전원은 직렬로 연결되어 있지만 서로 마주본다는 점을 주목하자. 순수 구동 전압은 두 전원의 차이로서 2.17 V에 해당한다. 이 차이는 다음의 전체 저항을 나타내는 세 저항기에 걸리는 전압이다.

$$R_T = R_{TH} + R_L = R'_{TH} = 150 \text{ }\Omega + 560 \text{ }\Omega + 165 \text{ }\Omega = 875 \text{ }\Omega$$

등가회로의 전류는 세 저항기에서 모두 같고 부하전류와도 일치한다. 따라서 옴의 법칙에 의해,

$$I_L = I_T = \frac{2.17 \text{ }\Omega}{875 \text{ }\Omega} = \textbf{2.48 mA}$$

질문

부하 저항기에 걸리는 전압은 얼마인가?

컴퓨터 시뮬레이션

웹사이트에 있는 Multisim 파일 F06-42DC를 열어서 멀티미터를 이용하여 부하 저항기의 전압을 확인하라.

복습 질문

26. 휘트스톤 브리지에서 평형조건은 무엇인가?

27. 전원전압이 절반으로 낮아진다면 평형 휘트스톤 브리지의 출력전압에 어떤 영향을 미칠까?

28. 변환기란 무엇인가?

29. 부하 저항기가 연결된 불평형 휘트스톤 브리지를 조합회로 분석을 통해 풀 수 없는 이유는 무엇인가?

30. 테브닌의 정리를 이용하여 불평형 휘트스톤 브리지를 푸는 방법을 설명하라.

조합회로 고장수리 6-7

고장수리는 동작불능인 회로나 시스템을 고치기 위한 논리적 사고의 응용과정이다.

이 절에서는 고장난 회로 수리하기 위한 분석, 계획, 측정과정을 배운다.

분석, 계획, 및 측정

어떤 회로의 문제를 해결할 때 제일 먼저 하는 일은 문제의 실마리(증상)를 알아내는 것이다. 몇 가지 질문에 대한 대답을 통해 분석을 시작한다. 가능성 있는 몇 가지 질문을 예로써 살펴보도록 하자. 회로가 동작한 적이 있는가? 그렇다면 어떤 조건에서 문제를 일으켰는가? 문제이 증상은 어떠한가? 이 문제를 일으킬만한 원인은 무엇인가? 이런 유형의 질문은 문제를 찾아내는 데 필요한 효과적인 계획을 이끌어낸다.

위에서 제시한 질문은 분석과정의 일부이다. 모든 문제에서 실마리는 문제에 대한 것이다. 따라서, 고장수리의 과정은 이러한 실마리를 분석하는 것에서 출발하여 고장수리를 위한 논리적인 계획을 수립하는 것으로 이어진다. 경우에 따라서는 실마리가 시각적으로 나타나기도 하지만(예를 들어 부품이 탄다든가 하는), 그렇지 못한 경우가

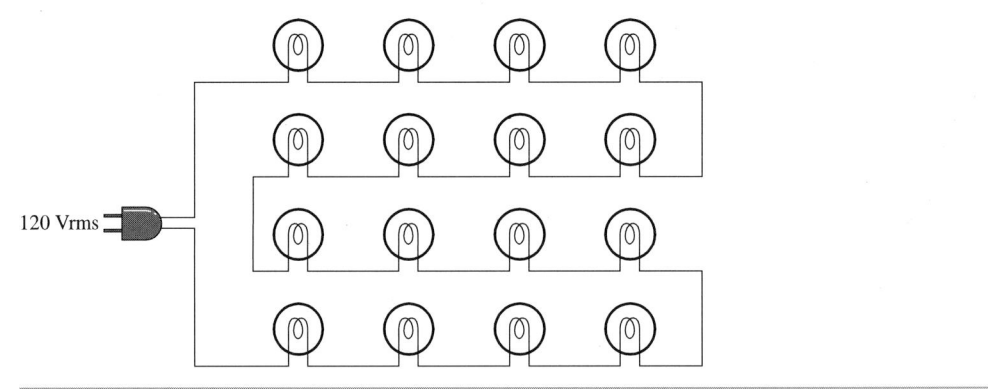

그림 6-46

직렬로 연결된 전구. 이들 중
하나가 끊어진 것일까?

120 Vrms

더 많다. 거치게 될 단계를 미리 생각해 두면 시간을 상당부분 단축할 수 있다. 이러한 계획의 일부로서 고장을 수리하려는 회로의 동작을 이해하는 것이 중요하다.

논리적 사고는 훌륭한 고장수리를 위한 가장 중요한 도구이지만 이것만으로는 문제를 해결할 수 없다. 따라서, 그 다음 단계로서 측정방법을 주의깊게 설계하여 발생 가능한 문제의 영역을 좁히는 일이 필요하다. 대개 이러한 측정방법이 문제를 해결하기 위해 취하는 접근방향에 대한 확신이나 새로운 방향의 이정표를 제시하곤 한다.

분석, 계획 및 측정의 한 부분이 되는 사고과정을 쉽게 이해하기 위해 한 가지 예를 들어 보자. 16개의 장식용 전구를 그림 6-46과 같이 120 V 전원에 직렬로 연결했다고 가정하자. 이 회로가 한 번 동작한 후 새로운 장소로 옮겨진 뒤 동작을 멈춰버렸다. 전원코드를 연결해도 전구가 켜지지 않는 것이다. 자, 이제 어디에서 문제가 발생했는지 어떻게 알아내야 할까?

이 현상을 이렇게 생각할 것이다. 옮기기 전에는 회로가 동작했으니까 새로운 장소에서 전압을 공급받지 못해 문제가 일어난 것일 수 있어. 아마도 배선이 엉성해서가 아니면 옮길 때 끊어졌겠지. 전구가 타버렸던가 아니면 소켓에서 좀 빠져 헐거워진 것일지도 몰라.

추론은 발생할 가능성 있는 원인과 문제를 고찰해야 한다. 이 회로가 동작하고 있었다는 사실은 원래 회로가 잘못 배선되었을 수 있다는 가능성을 배제한다. 직렬회로에서 두 곳에서 동시에 경로가 끊어질 가능성은 희박하다. 문제를 분석하였으니 이제는 해결할 방법을 계획할 차례이다.

계획의 첫 번째 단계는 새로운 장소의 전압을 측정(또는 시험)하는 것이다. 전압이 존재한다면 문제는 전선에 있는 것이다. 그렇지 않고 전압이 감지되지 않는다면 옥내 배전반의 차단기를 살펴본다. 내려진 차단기를 올리기 전에 차단기가 왜 작동했는지 그 이유를 생각해야 한다.

계획의 그 다음 단계에서는 전압이 존재하고 전선이 불량인 경우를 상정한다. 전선에서 전원을 차단하고 저항을 확인하여 문제가 발생할 수 있는 영역을 좁힌다. 이렇게 하지 않고 전원을 전선에 공급한 후 여러 지점의 전압을 측정할 수도 있다. 저항과 전압 중 어느 것을 측정해도 상관없으며 편리하게 시험해 볼 수 있는 것을 선택한다. 모든 가능성을 아우르는 고장수리 계획을 세운다는 것은 거의 불가능하다. 문제를 해결하려는 사람은 시험을 통해 그 때 그 때 계획을 바꿔나가야 할 것이다.

디지털 멀티미터(DMM)를 능숙하게 다룰 줄 안다고 가정해 보자. 전원에서 전압을 재보고 120 V라는 것을 알았다. 따라서 문제는 전선에 있는 것이므로 이렇게 생각할 것이다. "전압이 전체 전선에 걸리는 걸로 봐서 (켜진 전구가 없으니까) 회로에 전류가 흐르지 않는 것이 틀림없어. 전구든 전선이든 경로에 끊어진 곳이 있는 것이 거의 확실해." 전구마다 일일이 검사해 볼 마음이 없다면 중간 지점에서 회로를 절단하고 절반씩 저항을 확인해 본다.

방금 사용한 기술은 **절반분할**(half-splitting)이라고 하는 일반적인 고장수리 방법이다. 전체전구 절반의 저항을 측정함으로써 끊어진 곳을 찾는 데 필요한 노력을 줄일 수 있다. 그런 다음 두 구간의 전선에 대해 절반분할검사를 계속 반복하다 보면 몇 번 해보지 않고도 문제가 발생한 지점을 찾게 될 것이다. 회로에 따라서는 이 기술을 쓸 수 없는 경우도 있겠지만 그렇지 않다면 이 기술이 문제를 찾는 노력을 경감시켜 준다.

조합회로의 고장수리는 대개의 경우 이 직렬 전등 열의 예보다 훨씬 더 어렵다. 그렇더라도 회로가 제대로 작동하지 않을 때 고장수리 기사는 분석절차에 기반한 시험 계획을 세워야 함에는 변함이 없다. 예제 6-15에서 조합회로에 이러한 과정을 적용하는 것을 설명한다.

문제 | 예제 6-15

그림 6-47에 보인 전압계가 회로에 문제가 있음을 나타내는가? 그렇다면 문제를 찾아내는 데 필요한 단계는 무엇인가?

풀이

회로를 분석하는 것이 급선무이다. R_3와 R_4가 병렬로 연결되어 있고 이들의 조합저항을 재빨리 계산하면 990 Ω임을 알 수 있다. 전압계가 전원전압의 대략 1/3(16.7 V)을 가리켜야 하는데 실제로는 26 V라고 알려주므로 회로에 문제가 있다는 것을 알 수 있다. 물론 부품의 변동이나 계측기의 한계로 인해 측정치가 이상적인 결과와 다를 수 있다는 점은 염두에 두고 있어야 하나.

측정치 자체만으로는 어떤 문제인지 가르쳐 주지 않으므로 그 문제를 판별하기 위해서는 고장수리 계획을 세워야 한다. 별달리 고장수리 계획을 기록해 둘 필요는 없지만 계획을 논리적인 단계로 구성해야 한다. 이 문제를 두고 이렇게 생각할 것이다. "전압이 존재한다는 사실은 전류경로가 존재한다는 걸 의미하지. 따라서 R_1이나 R_2가 단락되었든지, 아니면 R_3나 R_4가 개방된 걸 거야." 이 말고도 전원전압이 너무 높게 설정되었을 가능성도 고려해 볼 수 있다. 물론 이것이 발생 가능성이 있는 유일한 문제는 아니지만 그 외의 것들(저항 값이 잘못 표시된 저항기라든가 하는)은 가능성이 상대적으로 낮고, 이전에는 잘 작동하던 회로라면 더욱 그렇다.

　문제점을 찾아내는 유일한 방법은 **측정**을 몇 차례 해 보는 것이다. 이 예제에서는 전압 측정으로 문제점을 곧바로 끄집어 낼 수 있다. 전원전압을 확인한 다음 R_1과 R_2에서 일어나는 전압 강하를 확인한다. R_1과 R_2를 거치는 직렬경로에 문제가 없다면 각 저항기에 13 V가 걸리는 것을 확인하게 될 것이다. 각 저항기에서 측정된 전압이 이와 같다면 전원을 제거하고 R_3와 R_4의 저항을 확인하여 문제의 영역을 좁힌다.

질문
R_4가 개방되었다면 그림 6-47의 전압계에 나타나야 하는 이상적인 값은 얼마인가?

복습 질문

31. 고장수리 기사가 고장난 회로의 분석단계에서 던질 수 있는 중요한 세 가지 질문은 무엇인가?

32. 새로 만들어진 회로이고 이전에 동작시킨 적은 없으나 이전에 동작하는 회로에서는 발생할 가능성이 없는 문제는 어떤 종류인가?

33. 절반분할검사란 무엇인가?

34. 그림 6-48의 회로가 정상적으로 동작한다면 전압계에 나타나야 하는 값은 얼마인가?

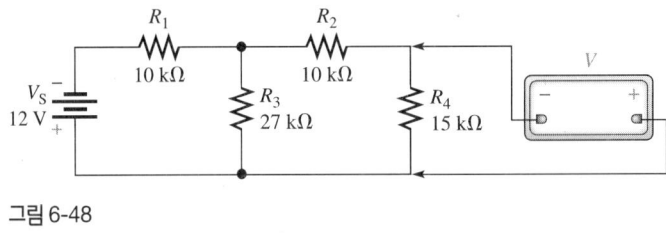

그림 6-48

35. 그림 6-48에서 R_4가 개방되었다면 전압계에 나타나야 하는 값은 얼마인가?

단원 복습

주요 용어

- **단자등가(terminal equivalency)** 　두 출력단자에서 바라보았을 때 동일한 반응을 나타내는 서로 다른 두 회로.

- **등가회로(equivalent circuit)** 　다른 회로와 전기적으로 동등한 특성을 갖지만 일반적으로 원래 회로보다 간단한 회로.

- **변환기(transducer)** 　에너지를 어떤 한 형태에서 다른 형태로 변환하는 장치.

- **중첩방법(superposition method)** 　다중전원을 갖는 선형회로에서 한 번에 하나씩 전원을 선택하여 그 결과를 대수적으로 합산하는 방법으로 전류와 전압을 구하

는 방법.

- **테브닌의 정리 (Thevenin's theorem)**   단자가 2개인 임의의 저항성 회로는 두 출력 단자에서 보았을 때 전압원(V_{TH})과 직렬저항(R_{TH})으로 대체할 수 있음을 설명하는 정리.
- **휘트스톤 브리지(Wheatstone bridge)**   정밀 저항측정에 사용되는 회로. 4개의 저항기와 dc 전압원 및 검류기로 구성된다.

요점

❏ 많은 조합회로는 전기적으로 동일하지만 원래 회로보다 단순한 등가회로를 구하여 풀 수 있다.

❏ 키르히호프의 전압 및 전류 법칙은 조합회로를 풀 때 요긴하게 사용된다.

❏ 테브닌 전압은 회로의 두 출력단자 사이의 개방된 회로전압이다.

❏ 테브닌 저항은 모든 전원을 전원의 내부저항으로 대체했을 때 두 출력단자 사이에 나타나는 전체 저항이다.

❏ 부하효과는 측정장치 또는 부하 저항기가 회로에 연결될 때 발생한다.

❏ 모든 측정에는 부하효과가 나타난다. 부하효과가 대단치 않은 수준일 수 있으나 상황에 따라서는 측정값에 중대한 영향을 미칠 수도 있다.

❏ 휘트스톤 브리지는 정밀 저항 측정에 사용되는 회로이다. 이 회로는 4개의 저항기와 dc 전압원 및 검류기로 구성된다.

❏ 평형 휘트스톤 브리지에서 대각선 방향 저항기의 두 곱은 같다.

❏ 휘트스톤 브리지는 브리지 팔에 저항성 변환기를 사용하는 형태로 널리 활용된다. 예로서 대부분의 전자저울은 이를 이용한다.

❏ 테브닌의 정리는 불평형 휘트스톤 브리지의 부하에 흐르는 전류를 계산하는 데 적용할 수 있다.

❏ 고장수리에는 논리적 사고가 요구된다. 문제의 원인을 밝혀내기 위해서는 일반적으로 분석, 계획 및 측정이 필요하다. 측정된 결과는 고장수리 계획에 영향을 줄 수 있다.

공식

테브닌 전압:

$$V_{TH} = V_{NL} \tag{6-1}$$

테브닌 저항:

$$R_{TH} = \frac{V_{NL}}{I_{SHORT}} \tag{6-2}$$

평형 휘트스톤 브리지:

$$R_1R_4 = R_2R_3 \qquad\qquad (6\text{-}3)$$

$$R_1 = R_3\left(\frac{R_2}{R_4}\right) \qquad\qquad (6\text{-}4)$$

단원 확인 문제

1. 그림 6-49의 회로에서 양단 전압이 가장 큰 저항기는 어느 것인가?

   (a) R_1 (b) R_2

   (c) R_3 (d) R_2와 R_3 모두

2. 그림 6-49의 회로에서 가장 작은 전류가 흐르는 저항기는 어느 것인가?

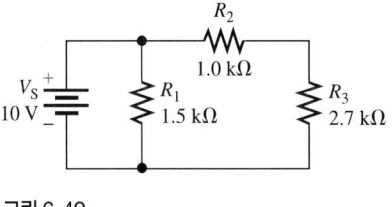

그림 6-49

   (a) R_1 (b) R_2

   (c) R_3 (d) R_2와 R_3 모두

3. 그림 6-49의 회로에 대해 다음 중 참인 진술은 어느 것인가?

   (a) 모든 저항기에 걸리는 전압의 합은 전원전압과 같다.

   (b) 각 저항기의 전류는 전원전류와 같다.

   (c) R_1과 R_2의 전류는 같다.

   (d) 위의 어느 것도 사실이 아니다.

4. 그림 6-49의 회로에서 R_1이 끊어졌다고 가정하자. 다음 중 결과로서 발생하는 현상은 무엇인가?

   (a) 전원전압이 감소한다.

   (b) 전체 전류가 감소한다.

   (c) R_2 양단의 전압이 감소한다.

   (d) R_1 양단의 전압이 감소한다.

5. 그림 6-50의 회로에서 가장 큰 전류가 흐르는 저항기는 어느 것인가?

   (a) R_1 (b) R_2

   (c) R_3 (d) 결정에 필요한 정보가 충분하지 않다.

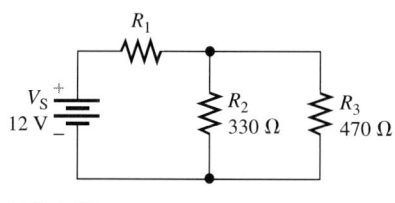

그림 6-50

6. 그림 6-50 회로에서 가장 큰 전압이 걸리는 저항기는 어느 것인가?

(a) R_1 (b) R_2

(c) R_3 (d) 결정에 필요한 정보가 충분하지 않다.

7. 그림 6-50의 회로에서 다음 중 참인 진술은 어느 것인가?

(a) R_1과 R_2는 직렬연결이다.

(b) R_1과 R_3는 직렬연결이다.

(c) R_2와 R_3는 병렬연결이다.

(d) 위의 진술 중 어느 것도 사실이 아니다.

8. 이상적인 전압원의 내부저항은 얼마인가?

(a) 0 Ω   (b) 50 Ω

(c) 600 Ω   (d) 무한대

9. 두 개의 10 kΩ 저항기로 구성된 전압 분배기에서 이들 중 하나에 부하 저항기가 연결되어 있다. 다음의 부하 저항기 중 출력전압에 가장 큰 영향을 미치는 것은 무엇인가?

(a) 100 kΩ   (b) 10 kΩ

(c) 1.0 kΩ   (d) 모두 같은 효과를 갖는다.

10. 부하 저항기가 전압 분배기의 출력과 연결되어 있을 때 출력전압의 변화는 무엇인가?

(a) 변화가 없다.   (b) 항상 감소한다.

(c) 항상 증가한다.   (d) R_L에 따라 증가하거나 감소한다.

11. 테브닌 등가회로의 구성은 무엇인가?

(a) 전압원과 병렬 저항기

(b) 전압원과 직렬 저항기

(c) 전압원, 병렬 저항기, 부하 저항기

(d) 전압원, 직렬 저항기, 부하 저항기

12. 무부하시 출력 전압원이 +50 V일 때 테브닌 전압은 얼마인가?

(a) +2.5 V   (b) +5.0 V

(c) +10 V   (d) 결정에 필요한 정보가 충분하지 않다.

13. 중첩방법을 두 개의 전압원이 연결된 회로에 적용할 때 두 전압원 중 하나를 대체하는 것은 무엇인가?

(a) 개방된 회로   (b) 테브닌 회로

(c) 부하 저항기   (d) 내부저항

14. 중첩방법을 이용하여 그림 6-51의 R_1에 흐르는 전체 전류를 구하라.

(a) 0 mA   (b) 1 mA

(c) 3 mA   (d) 위의 모두 아니다.

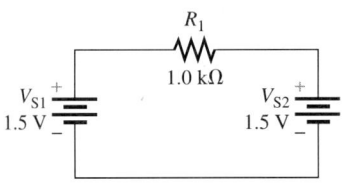

그림 6-51

15. V_{S2}의 극성이 그림 6-51과 반대라고 가정하자. R_1의 전류는 얼마인가?

(a) 0 mA   (b) 1 mA

(c) 3 mA   (d) 위의 모두 아니다.

16. 이중전원 회로에서 한 전원이 단독으로 작용하여 어느 한 가지에서 3.0 mA를 흐르게 하였다. 또 다른 전원이 단독으로 작용하여 동일한 가지에서 −2 mA를 흐르게 하였다. 두 전원에 의한 전류는 얼마인가?

(a) 1.0 mA   (b) 2.0 mA

(c) 3.0 mA   (d) 5.0 mA

17. 평형 휘트스톤 브리지의 출력전압은 얼마인가?

(a) 브리지 가지의 저항기 크기에 따라 다르다.

(b) 부하 저항기의 크기에 따라 다르다.

(c) 전원전압과 같다.

(d) 0이다.

18. 고장수리 기사가 오류가 발생한 회로에 대해 제일 먼저 착수해야 할 작업은 무엇인가?

(a) 고장회로에 전력을 공급한다.

(b) 증상을 분석한다.

(c) 가능한 한 많이 측정한다.

(d) 도움을 요청한다.

질문

1. 그림 6-52 회로에서 전체 저항을 계산하기 위한 절차를 서술하라.

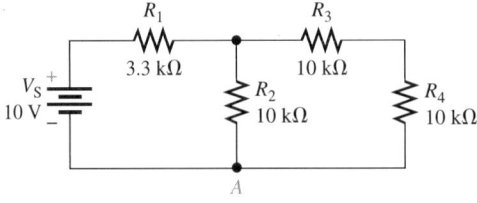

그림 6-52

2. 그림 6-52에서 A로 표시된 마디로 흘러 들어가는 전류와 나가는 전류가 존재한다. 키르히호프의 전류 법칙에 따라 전류의 흐름을 밝혀라.

3. 그림 6-52의 회로 외곽을 따라 경로를 형성할 때 전압의 상승 및 강하를 밝혀라.

4. 그림 6-52의 회로에서 R_2, R_3, R_4를 따라 경로를 형성할 때 전압의 상승 및 강하를 밝혀라.

5. 그림 6-52의 회로에서 V_S, R_1, R_2를 따라 경로를 형성할 때 전압의 상승 및 강하를 밝혀라.

6. 등가저항기가 다른 저항과 병렬로 연결되었을 때 이 조합에 걸리는 전압에 대해 설명하라.

7. 등가저항기가 다른 저항과 직렬로 연결되었을 때 이 조합에 흐르는 전류에 대해 설명하라.

8. 그림 6-53의 회로에서 다른 저항기에 대해 병렬로 연결된 두 개의 저항기가 존재하는가? 그렇다면 어느 것인가?

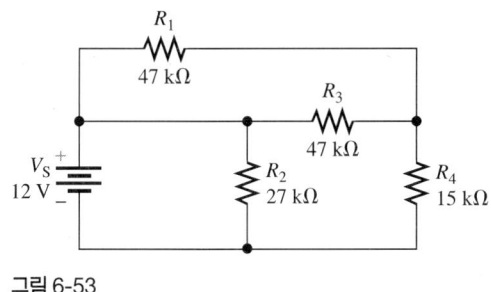

그림 6-53

9. 그림 6-53의 회로에서 다른 저항기에 대해 직렬로 연결된 두 개의 저항기가 존재하는가? 그렇다면 어느 것인가?

10. 그림 6-53의 회로에서 전체 전원전류가 흐르는 저항기가 존재하는가? 그렇다면 어느 것인가?

11. 그림 6-53의 회로에서 전체 저항을 알지 못해도 결정할 수 있는 전류가 존재하는가? 그렇다면 어느 것인가?

12. 그림 6-53에서 전원이 12 Vrms로 설정된 ac 전원으로 교체되었다고 가정하자. 이것으로 회로의 전류와 전압에 어떤 영향을 주겠는가?

13. 테브닌 회로에서 두 가지 구성요소는 무엇인가?

14. 대브닌 등기회로를 이떤 지항성 회로에 대해 만든 뒤 이 회로를 원래 회로와 비교한다면 외부 출력단자에서 측정할 수 있는 전기적인 차이는 얼마인가?

15. 테브닌 등가회로를 어떤 저항성 회로에 대해 만든 뒤 이 회로를 원래 회로와 비교할 때 내부적인 차이가 존재할 수 있는가?

16. 부하 저항기를 저항성 회로에 연결할 때 그 부하저항이 테브닌 저항과 똑같다면 출력전압이 절반으로 하락할 것이다. 그 이유를 설명하라.

17. 그림 6-54의 조합회로에서 R_1이 테브닌 전압에 대해서는 효과를 갖지만 테브닌 저항

에 대해서는 효과가 없다. 효과가 없는 이유를 설명하라.

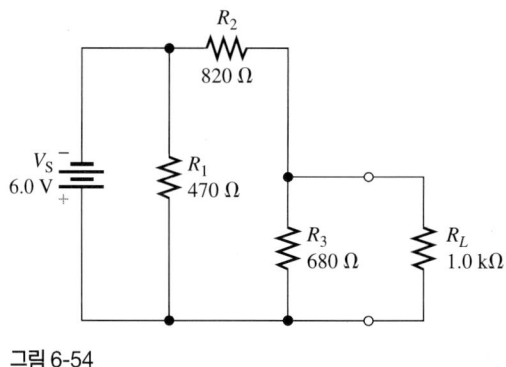

그림 6-54

18. 부하가 전압 분배기의 저항기 중 하나에 연결될 때 그 저항기에 걸리는 전압에 어떤 일이 발생하겠는가?

19. V_S를 절반으로 나누는 세 가지 전압 분배기가 그림 6-55에 나타나 있다. 부하 저항기가 10 kΩ 저항기일 때 출력전압에 변화가 없는 분배기가 존재하는가? 그렇다면 어느 것인지 밝혀라.

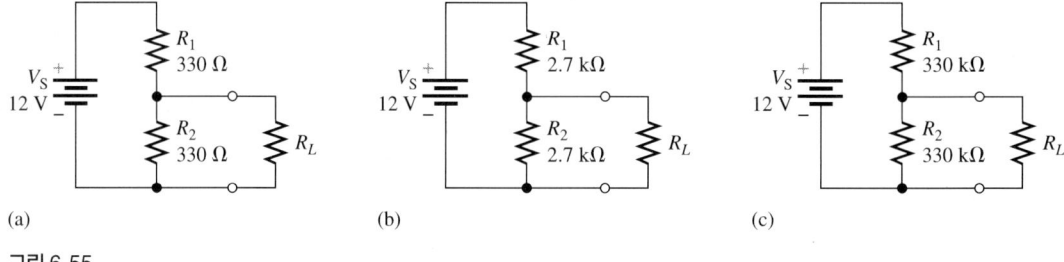

(a)   (b)   (c)

그림 6-55

20. 그림 6-55의 세 가지 전압 분배기에서 부하 저항기가 1.0 MΩ 저항기일 때 출력전압에 변화가 없는 분배기가 존재하는가? 그렇다면 어느 것인가?

21. 그림 6-55에서 부하 저항기를 전압계의 내부저항으로 생각한다면 세 가지 회로 중 어느 것이 무부하시 전압 분배기가 나타내는 전압을 가장 정확하게 출력하겠는가? 그 이유를 설명하라.

22. 중첩방법을 적용할 수 있는 회로의 종류를 밝혀라.

23. 중첩방법을 적용할 때 전압과 전류의 부호를 기록해야 하는 이유를 설명하라.

24. 평형 휘트스톤 브리지에서 대각선 방향의 저항기에 대해 설명하라.

25. 휘트스톤 브리지의 테브닌 등가회로를 형성할 때 필요한 단계를 서술하라.

26. 고장을 수리할 때 가장 먼저 동작을 중단한 회로의 증상을 분석해야 하는 이유는 무엇인가?

27. 직렬로 12개의 전구가 연결되어 있는데 그들 중 하나가 끊어졌다. 이 회로에 110 Vac를 연결할 때 끊어진 전구에 걸리는 전압이 얼마여야 하는가? 그 이유를 설명하라.

기본 문제

1. 그림 6-52의 회로에 대해 표 6-11에 기입되지 않은 값을 계산하라.

표 6-11

$I_1 =$	$R_1 = 3.3\ \text{k}\Omega$	$V_1 =$
$I_2 =$	$R_2 = 10\ \text{k}\Omega$	$V_2 =$
$I_3 =$	$R_3 = 10\ \text{k}\Omega$	$V_3 =$
$I_4 =$	$R_4 = 10\ \text{k}\Omega$	$V_4 =$
$I_\text{T} =$	$R_\text{T} =$	$V_\text{S} = 10.0\ \text{V}$

2. 그림 6-53의 회로에 대해 표 6-12에 기입되지 않은 값을 계산하라.

표 6-12

$I_1 =$	$R_1 = 47\ \text{k}\Omega$	$V_1 =$
$I_2 =$	$R_2 = 27\ \text{k}\Omega$	$V_2 =$
$I_3 =$	$R_3 = 47\ \text{k}\Omega$	$V_3 =$
$I_4 =$	$R_4 = 15\ \text{k}\Omega$	$V_4 =$
$I_\text{T} =$	$R_\text{T} =$	$V_\text{S} = 12.0\ \text{V}$

3. 그림 6-55(a)에 나타난 회로에 대해 출력전압이 정확히 5.0 V가 되도록 하는 R_L의 값을 계산하라.

4. 그림 6-55(b)에 나타난 회로에 대해 출력전압이 정확히 5.0 V가 되도록 하는 R_L의 값을 계산하라.

5. 그림 6-56의 회로에 대해 표 6-13에 기입되지 않은 값을 계산하라.

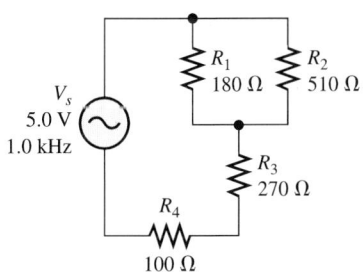

그림 6-56

표 6-13

$I_1 =$	$R_1 = 180\ \Omega$	$V_1 =$
$I_2 -$	$R_2 - 510\ \Omega$	$V_2 =$
$I_3 =$	$R_3 = 270\ \Omega$	$V_3 =$
$I_4 =$	$R_4 = 100\ \Omega$	$V_4 =$
$I_{tot} =$	$R_{tot} =$	$V_\text{S} = 5.0\ \text{V}$

6. 그림 6-57의 회로에 대해 표 6-14에 기입되지 않은 값을 계산하라.

표 6-14

$I_1 =$	$R_1 = 4.7\ \text{k}\Omega$	$V_1 =$
$I_2 =$	$R_2 = 1.0\ \text{k}\Omega$	$V_2 =$
$I_3 =$	$R_3 =$	$V_3 =$
$I_4 =$	$R_4 = 270\ \Omega$	$V_4 =$
$I_{tot} = 8.41\ \text{mA}$	$R_{tot} =$	$V_\text{S} = 16\ \text{V}$

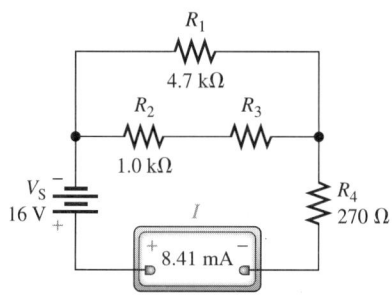

그림 6-57

7. 어떤 전압 분배기가 두 개의 10 kΩ 직렬 저항기와 24 V 전원 하나로 구성되어 있다. 270 kΩ 부하 저항기를 이들 저항기 중 하나에 연결한다면 출력전압은 얼마가 되겠는가?

8. 56 kΩ 부하에 대해 문제 7을 반복하라.

9. 내부저항 R_M으로 200 kΩ을 갖는 계측기가 그림 6-58에 보이는 전압 분배기의 출력전압에 연결되어 있다. 이 계측기를 회로에 연결한 결과의 출력전압은 얼마인가?

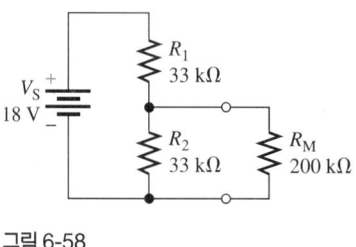

그림 6-58

10. 그림 6-58의 전압 분배기에 대한 테브닌 등가회로를 그려라. 출력단자는 개방된 두 개의 동그라미이고 계측기 저항 R_M은 부하를 나타낸다.

11. 그림 6-59의 회로에서 출력단자는 개방된 동그라미이다.

(a) 테브닌 전압을 계산하라.

(b) 테브닌 저항을 계산하라.

(c) 테브닌 전압을 절반으로 떨어지게 하는 부하 저항기의 값을 결정하라.

(d) (c)에서 알아낸 부하 저항기에서 소모될 전력을 결정하라.

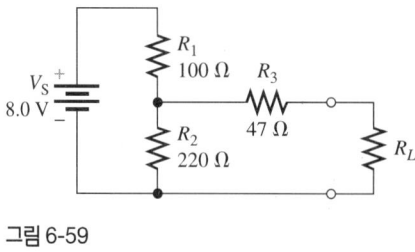

그림 6-59

12. 그림 6-59의 부하 저항기가 220 Ω이라고 가정하자. 이 부하에 걸리는 전압은 얼마

인가?

13. 그림 6-59의 부하 저항기를 단락시켰다고 가정하자. 이 부분에 흐르는 전류는 얼마
인가?

14. 중첩방법을 이용하여 그림 6-60의 전류계에 나타나야 하는 전류를 각 전원이 단독으
로 작용할 때와 전체 전원이 동시에 작용할 때로 나누어 계산하라. 계산결과를 표 6-

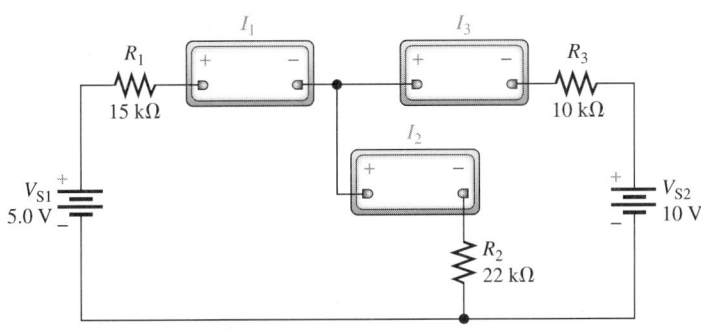

그림 6-60

표 6-15

전원	I_1의 값	I_2의 값	I_3의 값
V_{S1} 단독:			
V_{S2} 단독:			
V_{S1}과 V_{S2}			

15에 기입하라. 계측기와 전원의 극성을 확인하고 계측기는 양과 음의 전류를 측정할

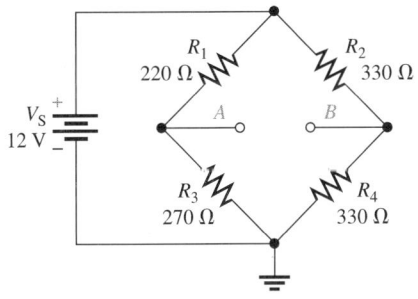

그림 6-61

수 있다고 가정한다.

15. 그림 6-61에 보이는 휘트스톤 브리지의 A, B 단자 사이에 걸리는 전압을 계산하라.

16. 100 Ω 부하 저항기가 그림 6-61에 나타난 휘트스톤 브리지의 A, B 단자 사이에 연결
되어 있다. 테브닌의 정리를 이용하여 이 부하에 흐르는 전류를 계산하라.

17. 그림 6-62의 휘트스톤 브리지를 평형상태로 만들려면 R_3의 값이 얼마로 되어야 하
는가?

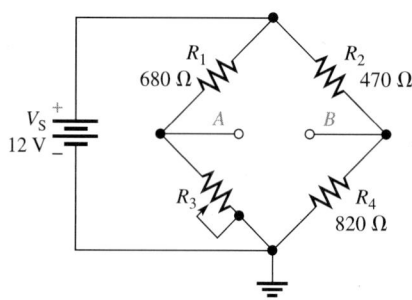

그림 6-62

18. 테브닌의 정리를 이용하여 그림 6-63에 보이는 휘트스톤 브리지의 부하에 흐르는 전류를 계산하라.

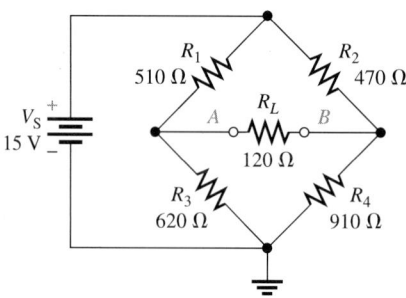

그림 6-63

19. 그림 6-64의 전압계가 2.97 V를 표시하고 있다. 이 회로에서 발생할 가능성이 가장 높은 문제는 무엇인가?

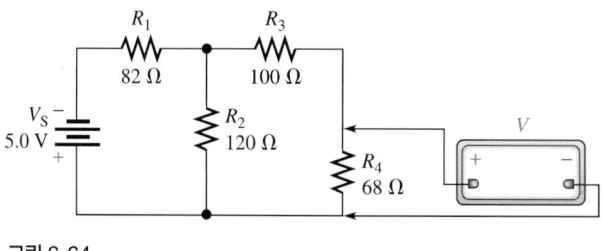

그림 6-64

20. 그림 6-64의 전압계가 0 V를 표시하고 있다. 이 회로에서 발생할 수 있는 문제를 3개 이상 지적하라.

기본-플러스 문제

21. 그림 6-65에서 R_2의 값을 결정하라. 힌트: 바깥쪽 경로를 따라 KVL을 적용한다.

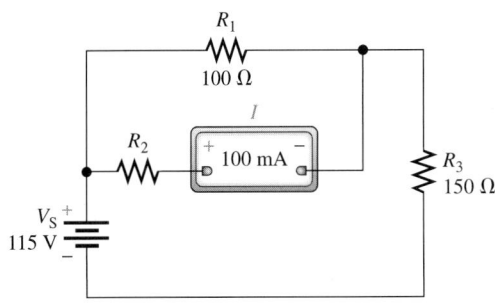

그림 6-65

22. 그림 6-66의 전압 분배기가 무부하시 5.9 V의 전압을 갖는다. 부하 저항기가 출력단자에 연결되어 있을 때 전압이 5.1 V로 떨어졌다. R_2와 R_L의 값을 결정하라.

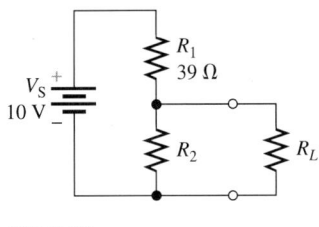

그림 6-66

23. 그림 6-66의 저항기 R_2가 39 Ω의 값을 갖는다. 최소전압이 4.5 V인 출력에 연결할 수 있는 가장 작은 부하저항은 얼마인가?

24. 문제 23의 분배기 저항기를 위한 최소 전력정격은 얼마인가?

25. 중첩방법을 이용하여 그림 6-67의 R_2에 흐르는 전류를 구하라.

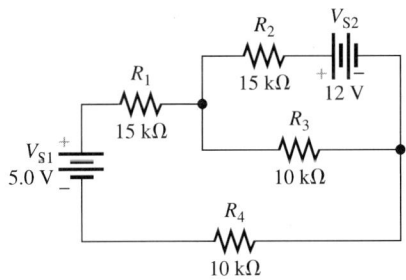

그림 6-67

26. 그림 6-68의 휘트스톤 브리지에서 부하 전류를 1.0 mA로 제한하는 R_L의 값은 얼마인가?

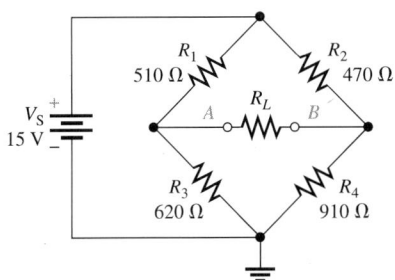

그림 6-68

28. 그림 6-68의 회로에서 R_L을 단락시켰을 때 A와 B 사이에 흐르는 전류는 얼마인가?

해답

예제 질문

6-1: 24.1 mA

6-2: I_{tot} = 17.25 mA; R_{tot} = 580 Ω

6-3: $I_1 = I_3$ = 0.259 mA, I_2 = 0.331 mA, I_4 = 0.186 mA, $I_5 = I_{tot}$ = 0.517 mA

6-4: 조합회로 내의 직렬저항기나 직렬 연결된 등가저항기에 적용할 수 있다.

6-5: I_1 = 0.179 mA

6-6: R_3는 테브닌 전압에 아무런 영향을 미치지 않는다. 10 kΩ 대신 15 kΩ이라면 테브닌 저항은 34.4 kΩ이 된다.

6-7: I_L = 0.140 mA

6-8: $V_{L(100\ k\Omega)}$ = 8.16 V

6-9: 부하 전압이 10% 미만 만큼 떨어지기 때문에 그렇다.

6-10: 9.89 V

6-11: $I_1 = I_2 + I_3$. 5.85 mA = 6.11 mA + (−0.25 mA)

6-12: 가정한 극성은 실제 극성의 반대이다.

6-13: 4.95 V

6-14: 1.39 V

6-15: 26.2 V

복습 질문

1. 다른 회로와 전기적으로 동일한 회로로서 일반적으로 원래 회로보다 단순하다.

2. 5.09 kΩ

3. 3.93 mA

4. 102 kΩ

5. 197 μΩ

6. R_1과 R_3는 직렬로 연결되고 R_4과 R_5는 병렬로 연결된다.

7. 2.35 kΩ

8. 8.51 mA

9. V_1 = 6.38 V, V_3 = 11.49 V, V_5 = 2.13 V

10. −20 V + 6.38 V + 11.49 V + 2.13 V = 0 V

11. 모든 2단자 저항회로는 저항(R_{TH})과 직렬로 연결된 전압원(V_{TH})으로 대체할 수 있다.

12. 부하를 연결하지 않고 출력단자의 전압을 측정한다.

13. 출력에 가변 저항기를 설치하고 그 저항기의(무부하시) 테브닌 전압이 절반으로 떨어질 때까지 저항기 값을 조정하는 방법으로 간접 측정한다. 그런 다음 가변 저항기를 측정한다.

14. 서로 다른 두 회로가 두 출력단자의 관점에서 동일하게 반응할 때 단자등가가 이루

어진다.

15. V_L은 V_{TH}의 절반이다.

16. 어떤 저항기가 출력에 연결될 때 부하전압이 10% 미만 밖에 변하지 않는다면 그 전압 분배기는 완고하다.

17. 계측기의 내부저항은 측정할 회로저항보다 훨씬 커야 한다. 그렇지 않다면 부하효과를 고려해야 한다.

18. VOM의 내부저항은 일반적으로 너무 작아 높은 저항의 회로를 정밀하게 측정할 수 없다.

19. 오실로스코프 프로브는 프로브의 감쇄 배수만큼 스코프의 입력회로의 저항을 증가시킨다.

20. $R_L = 45\ k\Omega$

21. 전압원을 단락시킨다(내부저항으로 대체한다).

22. 전류원을 개방시킨다(내부저항으로 대체한다).

23. 실제 전류는 가정한 전류의 반대 방향이다.

24. 최종적인 전류는 두 전류 중 큰 값의 전류 방향으로 흐른다.

25. 0.773 mA

26. 대각선 방향의 저항의 곱은 같다.

27. 아무 일도 일어나지 않고 0 V가 유지된다.

28. 어떤 물리량을 한 형태에서 다른 형태로 전환하는 장치이다.

29. 부하 저항기가 연결된 불평형 휘트스톤 브리지는 직렬 또는 병렬 조합을 포함하지 않는다.

30. 테브닌의 정리를 통해 회로를 단순한 직렬형태로 재구성할 수 있다.

31. 이 회로가 작동한 적이 있는가? 어떤 조건일 때 동작을 멈췄나? 문제의 증상은 어떠한가?

32. 부품의 값이 부정확하든가, 잘못된 부분이 교체되었던가, 배선이 끊겼거나(핀이 구부러졌다던가 하는 이유로) 부품이 기판에 잘못 삽입될 수 있다.

33. 절반분할검사는 고장수리 문제를 절반으로 나눈 뒤 그 지점에서 다시 문제의 탐지를 시도하는 과정이다.

34. 4.07 V

35. 8.76 V. R_2와 R_4를 통과하는 어떤 경로도 없기 때문에 계산된 전압은 R_3의 전압과 같으며 전압 분배기 규칙을 적용하여 알아낼 수 있다.

단원 확인 문제

1. (a)	2. (d)	3. (d)	4. (b)	5. (a)
6. (d)	7. (c)	8. (c)	9. (c)	10. (b)
11. (b)	12. (b)	13. (d)	14. (a)	15. (c)
16. (a)	17. (d)	18. (b)		

자기와 자기회로

서론

전자공학 분야의 발전상이 널리 알려져 있음에도 불구하고 자기의 중요성은 간과되는 경향이 있다. 자기장에 저장된 에너지는 모터, 발전기, 및 변압기에서 다른 형태로 변환된다. 자기는 전기와 협조하며, 실제로 자기는 개별적인 것이 아니라 전기의 양상이다. 영구자석에 대한 매혹적인 사실 중 하나는 자석을 둘로 쪼개었을 때 나뉜 두 조각 역시 각기 또 다른 자석이 된다는 것이다. 영구 자석을 원자수준까지 계속해서 쪼갤 수 있다면 원자의 전자와 양성자가 그 자체로 극미한 자석으로 작용한다는 사실을 발견하게 될 것이다. 알다시피 전류는 전하의 흐름이고, 이 흐름은 자기장을 생성한다. 이 장에서는 자기와 함께 자기와 전기 사이의 관계를 배운다. 솔레노이드와 계전기를 소개한다. 끝으로 계전기 논리 그림이 프로그램가능 논리 제어기라는 특수한 컴퓨터를 이용하는 제어응용에 어떻게 사용되는지 보여주기 위한 수단으로서의 사다리그림에 대해 살펴본다.

주요 목표

각 목표의 번호는 절의 번호이다. 이 장을 마치고 나면 다음과 같은 일들을 할 수 있어야 한다.

7-1 자기 물리량에 사용되는 핵심용어를 정의하고 각각의 측정에 사용되는 SI 단위를 설명하기

7-2 어떻게 자성체가 자화되는지와 자성체의 특성을 설명하기

7-3 전기회로의 기본법칙과 자기회로의 기본법칙 사이의 차이를 구분하고 자기법칙을 문제해결에 적용하기

7-4 변압기의 구조와 동작원리를 설명하기

7-5 솔레노이드, 솔레노이드 밸브, 스위치 및 계전기의 작동원리를 설명하기

7-6 기본적인 사다리그림을 읽고 설명하기

실험실습 디렉토리

다음 실험은 이 장을 위한 것이다.

◆ 실험 13
  자기장

◆ 실험 14
  자기장치

- 자속(flux)
- 자속밀도(flux density)
- 기자력(magnetomotive force)
- 자계강도(magnetic field intensity)
- 자구(magnetic domains)
- 투자율(permeability)
- 상대투자율(relative permeability)
- 자기저항(reluctance)
- 히스테리시스(hysteresis)
- 보자성(retentivity)
- 자화곡선(magnetization curve)
- 사다리그림(ladder diagram)

지구가 자기장을 갖고 있다는 사실이 알려지고 난 뒤 몇 세기가 흘렀다. 2000년 이상 전 중국에서 최초의 나침반을 발명했음이 인정되고 있지만 그들이 자신이 만든 나침반이 지구 자기장에 응답한다는 사실을 이해했다는 증거는 없다. 이 중국 나침반은 천연자석을 나무조각 위에 설치한 것이었다. 이 나무조각과 자석을 물 위에 띄워 놓으면 남북을 향해 정렬한다. 이후 유럽의 탐험가들은 나침반을 이용하여 대략적인 북극을 찾아냈다(지구의 자기적 극점이 자전축, 즉 실제 극점에서 천여 마일 떨어져 있다는 사실은 차치하자). 콜럼버스(Columbus) 시대의 과학자들은 지구가 자기장을 얻게 된 과정을 알고 싶어했다. 이들 중 일부는 지구 내부의 영구적인 철이 거대한 자석 역할을 하여 자기장을 형성한다고 생각했다.

오늘날의 지질학자들은 지진연구의 부산물로서 지구 내부에 단단한 내핵을 감싸는 풍부한 철 성분의 액체 핵이 있다고 믿는다. 이 고체 내핵은 태양의 표면온도만큼이나 뜨거워서 주변의 액체 물질을 가열한다. 가열된 외핵은 지구 내부에서 일어나는 열대류 현상과 지구의 자전 때문에 끊임없이 움직인다. 이 액체가 움직이면서 전도물질이 태양이나 지구 내부의 원인으로 발생하는 약한 자기장을 통과하고 이로 인해 전류가 생성된다. 이 전류가 지구의 전기장을 발생한다.

최근에 와서 캘리포니아대학교 산타크루즈(U.C.-Santa Cruz)의 게리 글래츠마이어(Gary Glatzmaier)와 UCLA 대학의 폴 로버츠(Paul Roberts)가 지구 자기장을 설명하는 복잡한 수학 모형을 고안하였다. 이 모형에 따르면 지구 자기장은 먼 과거부터 여러 번 역전되었다. 실제로 이러한 자기역전 현상은 잔여자기가 남아 있는 고대암석에서 그 증거가 발견되고 있다.

7-1 자기 물리량

전류가 존재하면 자기장이 존재한다. 오늘날에는 이 사실을 모르는 사람이 없지만 19세기에는 그렇지 못했다. 따라서 자기장을 설명하기 위해 전혀 새로운 용어와 단위가 도입되어야 했다. 자기단위에는 다양한 종류가 존재하는데, 그 중에서 SI 단위를 가장 일반적으로 사용한다.

이 절에서는 자기 물리량에 관한 핵심용어와 각종 자기 물리량을 측정하기 위한 SI 단위를 배운다.

그림 7-1

도선에 흐르는 전류가 나침반 바늘에 미치는 영향. 나침반 바늘은 전류를 전송하는 도체를 중심원으로 하여 감싸는 자기장 선들의 방향으로 정렬한다.

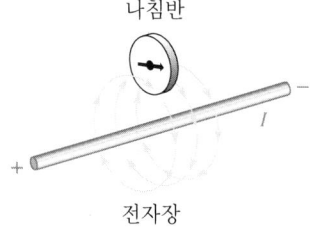

나침반

전자장

나침반 바늘은 자신을 지구 자기장에 정렬시키는 작은 자석이다. 나침반 옆에 다른 자석을 갖다 놓으면 나침반의 바늘은 더 강력한 자석으로 인해 방해를 받게 될 것이다. 또는 그림 7-1에서 보는 바와 같이 나침반 인근의 전선에 충분히 강한 전류가 존재할 경우에도 방해를 받게 된다. 이러한 현상은 덴마크 교수 한스 크리스천 에르스텟(Hans Christian Oersted)이 전기학을 강의할 때 처음으로 지적하였다. 에르스텟의 발견이 전류가 자기장을 생성한다는 것을 보여주었다. 이 중요한 발견으로 인해 자기장과 전기가 서로 관련이 있음이 알려지게 되었다.

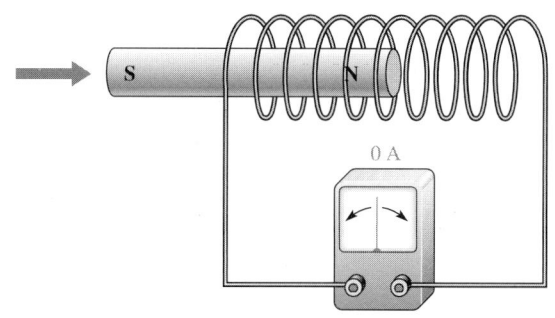

그림 7-2
자석을 움직이면 코일에 전류
가 유도된다. 유도된 전류의
방향은 자석이 안쪽으로 이동
하는가 바깥쪽으로 이동하는
가에 따라 다르다. 자석의 움
직임을 멈추면 전류는 흐르지
않는다.

전류가 자기장을 생성할 수 있다면 그 반대로 자기장이 전류를 생성할 수 있지 않을까? 이 생각을 실행에 옮기는 기초실험을 그림 7-2에서 보여주고 있다. 이 실험에서 검류계(민감한 양방향성 전류계)를 그림처럼 코일에 연결하고 자석을 코일 근처로 이동시키면 전압이 코일에 형성된다. 이 전압은 다시 검류계에서 감지할 수 있는 전류를 유도한다. 결과적으로 이 실험을 통해 자기장과 전류 사이의 관계가 상호보완적이라는 것을 알 수 있다.

에르스텟의 실험과 움직이는 자석 실험은 모두 **변화**라는 공통점을 갖는다. 에르스텟의 나침반 실험에서 전류는 근본적으로 움직이는 전 하이므로 이 움직임이 자기장을 생성한다. 코일 내 자석 실험에서는 자석을 움직여서 자기장의 변화를 일으키지 않는 이상 전류는 생성되지 않는다. 자성체 내 전자의 이동 때문에 자기장이 정지 자석을 둘러싼다. 이 경우 움직이는 전자가 전류를 만들어 자기장을 생성한다.

모터와 발전기는 전기와 자기 사이의 이러한 관계를 이용한다. 모터는 자기장을 움직여 전류를 회전운동으로 변환한다. 이와 반대로 회전하는 자기장이 전류를 생성할 수도 있는데, 교류발전기가 이에 해당한다. 하지만 이런 장치들은 전자기적 구성요소의 범주에 속하는 두 가지 예일 뿐이다. 여러 가지 측면에서 전기회로와 비슷한 자기회로를 살펴보면 전자기 장치의 동작을 이해하는 데 도움이 될 것이다.

자속과 자속밀도

자기장은 자기력이 존재하는 지점을 나타내는 선을 그려서 묘사한다. 이러한 선은 철가루를 자기장 영역에 뿌려서 눈으로 확인할 수 있다. 자기장이 충분히 강력하다면 철가루는 자기징을 따라 징렬한다. 이 경우 자기징의 빙향을 알 수는 없으나 나타닌 철가루 무늬를 통해 자기장의 기본적인 형상을 볼 수 있다. 자기장의 방향은 나침반 바늘이 가리키는 방향이 될 것이다. 그림 7-3은 서로 다른 두 종류의 자기장에 뿌려진 철가루가 형성한 모습을 보여준다.

자기장의 강도와 형상은 자속(flux)이라고 하는 가상적인 선을 도입하여 설명한다. SI 단위에서 자속은 웨버(Wb)로 측정한다. 단위 웨버는 10^8개의 선을 갖는 자속으로

역사적 고찰
자속의 단위인 웨버는 독일인 과학자 빌헬름 에듀어드 베버(Wilhelm Eduard Weber, 1804 – 1891)를 기려 명명되었다. 베버는 절대적인 전기단위체계를 세웠고 후일 빛의 전자기이론을 발전시키는 데에도 지대한 공헌을 하였다.

<table>
<tr><td>그림 7-35</td><td>철조각이 자기장을 따라 자기장 선의 전형적인 모습을 보여준다.</td></tr>
</table>

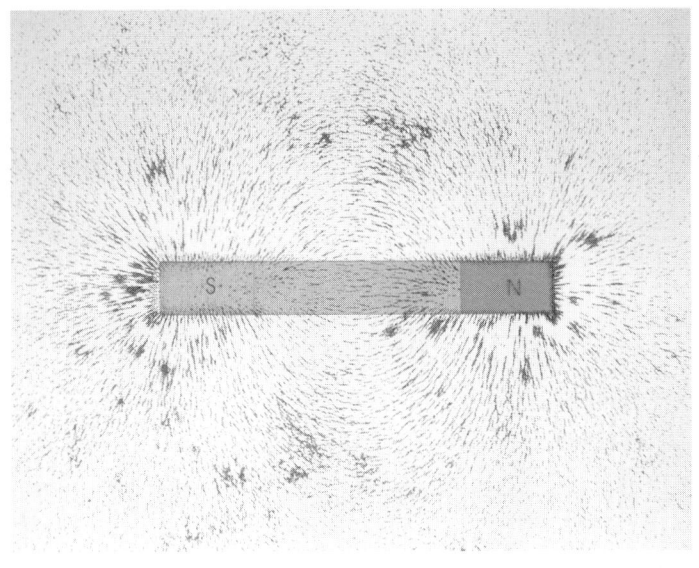

(a) 막대자석

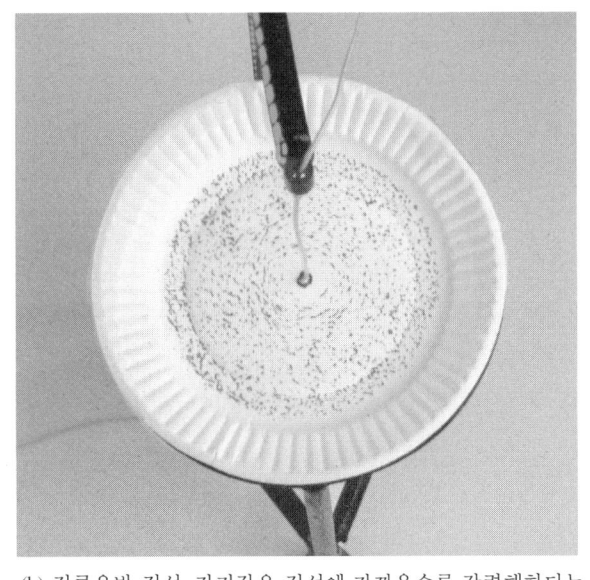

(b) 전류운반 전선. 자기장은 전선에 가까울수록 강력해하다는 데 유의하라.

서 매우 큰 단위에 해당한다. 따라서 일반적인 상황에서는 밀리웨버나 마이크로웨버가 사용된다. 자속은 그리스문자 ϕ를 써서 표기한다.

자속선이 조밀하게 그려지면 자속밀도가 높다고 이야기한다. 자속밀도(flux density)란 그림 7-4에 나타낸 것처럼 주어진 영역에 수직인 자속선의 개수에 비례하는 값이다. 자속 밀도는 문자 B로 표기한다. 자속밀도를 수식으로 정의하면,

$$B = \frac{\phi}{A} \tag{7-1}$$

여기서 B는 Wb/m^2(또는 테슬라, T) 단위의 자속밀도이고, ϕ는 Wb 단위의 자속, A는 m^2 단위의 면적을 가리킨다. 자속밀도에 대한 SI 단위는 니콜라 테슬라(Nikola Tesla)의 이름을 딴 테슬라 T이며 단위 Wb/m^{2}와 같다. 두 단위는 공통적으로 사용된다.

<table>
<tr><td>그림 7-4</td></tr>
</table>

자속밀도는 영역에 수직인 선의 개수로 결정된다.

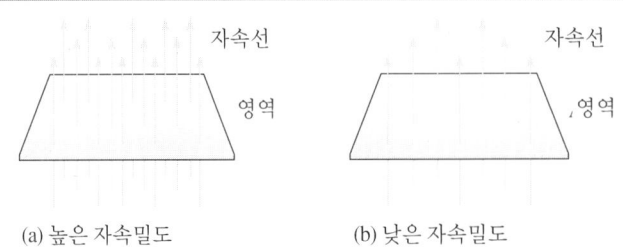

(a) 높은 자속밀도   (b) 낮은 자속밀도

문제

길이가 1.00 cm 이고, 너비가 0.50 cm인 사각단면을 갖는 철심의 자속밀도는 얼마인가?

풀이

각 변의 길이를 센티미터에서 미터로 바꾸고 그 곱을 계산하여 단면적을 구한다. 1.00 cm = 0.0100 m이고 0.50 cm = 0.0050 m이다.

$$A = lw = (0.0100 \text{ m})(0.0050 \text{ m}) = 5.0 \times 10^{-5} \text{ m}^2$$

이를 식 (7-1)에 대입하고 mWb를 Wb로 변환하면,

$$B = \frac{\phi}{A} = \frac{0.002 \text{ Wb}}{5.0 \times 10^{-5} \text{ m}^2} = 40 \text{ Wb/m}^2 = \mathbf{40 \text{ T}}$$

질문

면적을 두 배로 크게 하고 선 개수는 동일하다면, 자속밀도는 어떻게 되겠는가?

문제

표 7-1을 채워서 그림 7-5에 나타낸 두 자기철심의 자속과 자속밀도를 비교하라. 이 그림은 자성체의 단면을 나타낸다. 그림에서 각 점은 100개의 자계선 또는 1 μWb를 나타내는 것으로 가정한다.

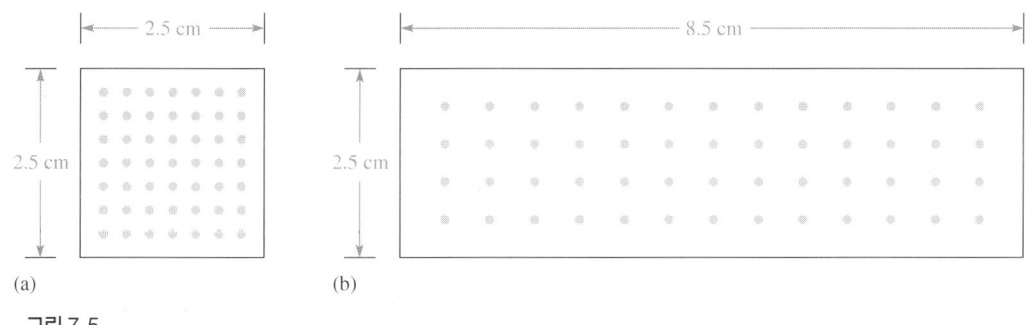

그림 7-5

표 7-1

	자속(μWb)	면적(m^2)	자속밀도(T)
그림 7-5(a)			
그림 7-5(b)			

풀이

자속은 단순히 자기장의 선 개수이다. 그림 7-5(a)에는 49개의 점이 있다. 각각이 1 μWb를 나타내므로 자속은 49 μWb이다. 그림 7-5(b)에는 52개의 점이 있으므로 자속은 52 μWb이다.

자속밀도를 계산하기 위해서는 먼저 면적을 m^2로 계산해야 한다. 그림 7-5(a)의 면적은,

$$A = lw = (0.025 \text{ m})(0.025 \text{ m}) = 6.25 \times 10^{-4} \text{ m}^2$$

그림 7-5(b)의 면적은,

$$A = lw = (0.025 \text{ m})(0.085 \text{ m}) = 2.12 \times 10^{-3} \text{ m}^2$$

식 (7-1)을 이용하여 자속밀도를 계산한다. 그림 7-5(a)의 자속밀도는,

$$B = \frac{\phi}{A} = \frac{49 \text{ } \mu\text{Wb}}{6.25 \times 10^{-4} \text{ m}^2} = 78.4 \times 10^{-3} \text{ Wb/m}^2 = 78.4 \times 10^{-3}\text{T}$$

그림 7-5(b)의 자속밀도는,

$$B = \frac{\phi}{A} = \frac{52 \text{ } \mu\text{Wb}}{2.12 \times 10^{-3} \text{ m}^2} = 24.5 \times 10^{-3} \text{ Wb/m}^2 = 24.5 \times 10^{-3}\text{T}$$

여기서 얻은 결과를 표 7-2에 기입하였다. 이 결과는 더 큰 자속의 철심이 반드시 더 큰 자속 밀도를 갖는 것이 아니란 점을 시사한다.

표 7-1

	자속(μWb)	면적(m²)	자속밀도(T)
그림 7-5(a)	49	6.25×10^{-4}	78.4×10^{-3}
그림 7-5(b)	52	2.12×10^{-3}	24.5×10^{-3}

질 문

그림 7-5(a)와 같은 자속이 5.0 cm 3 5.0 cm인 철심에 존재한다면 자속밀도는 어떻게 바뀌는가?

기자력

모든 자기장은 움직이는 전하에 의해 생성된다. 원자수준에서 보면 핵 주변의 궤도를 도는 전자의 움직임이 자기장을 일으킨다. 이 자기장은 전자의 순수한 특성이다. 대부분의 물질에서 단일 전자의 움직임으로 발생하는 자기장은 같은 원자에서 반대 방향으로 움직이는 또 다른 전자의 영향으로 상쇄된다. 영구자석이 자기장을 갖는 이유는 이렇게 상쇄되지 않은 여분의 자기장이 있기 때문이다.

전류가 흐르는 도선에서 자기장 선은 수많은 전자가 동시에 움직이기 때문에 발생한다. 다시 말해, 자기장 선이 도선을 감싸는 이유가 바로 전에 설명한 대로 전자의 집단적인 이동 때문이라는 것이다. 도선을 감아 코일을 만든다면 코일 내 감은 회수에 따른 증대효과로 인해 자속이 증가하게 된다. 전기회로에서의 전류와 자기회로에서의 자속은 모두 효과로 볼 수 있다. 전압이 전기회로에서 전류를 일으키는 것처럼 **기자력**(magnetomotive force: mmf)이라고 하는 물리량이 자기회로에서 자속을 일으킨다. 그러나 물리적인 관점에서 볼 때 기자력이란 용어는 이것이 실제로 힘이라기보다는 전하이동(전류)의 직접적인 결과이기 때문에 잘못된 것이다. 기자력은 다음의 공식으로 표현된다.

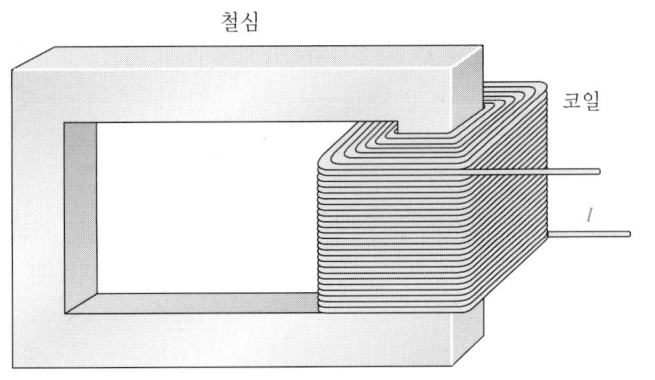

그림 7-6

간단한 자기회로의 모습. 코일의 전류가 철심에서 자속을 발생시킨다.

철심

코일

I

$$F_m = NI \qquad (7\text{-}2)$$

여기서 F_m은 기자력(At)이고, N은 전선을 코일로 감은 횟수이며, I는 전류(A)를 의미한다. 전선의 감은 횟수는 단위가 없는 수치이지만 기자력을 위한 단위로 암페어/회수로 나타내는 것이 일반적이고, 암페어만 단독으로 사용하기도 한다.

자기회로의 가장 단순한 형태는 그림 7-6에서 보는 것과 같은 철심 등의 강자성체를 감은 전선코일이다. 위에서 설명했듯이 전선의 전류와 감은 횟수가 기자력을 결정한다. 기자력은 전기회로에서 전압과 비슷한 개념으로 볼 수 있다.

예제 7-3

문제

그림 7-6의 코일로 감은 횟수가 100 회이고 여기에 2 A의 전류가 흐를 때 F_m을 계산하라.

풀이

식 (7-2)를 적용하면,

$$F_m - NI = (100\,t)(2\,A) = \textbf{200 At}$$

질문

전류가 두 배로 되고 감은 횟수는 절반으로 줄어든다면 기자력은 얼마로 변하겠는가?

자계강도

또 다른 중요한 물리량으로 단위길이 당 기자력으로 정의되는 **자계강도**(자기력이라고도 한다)가 있다. 자계강도는 문자 H로 표기된다. 자계강도는 주어진 전류가 어떤 물질에서 특정 수준의 자속밀도를 형성하기 위해 투입하려는 노력을 나타내는 독립변수로 생각할 수 있다. 자계강도를 정의하는 공식은 다음과 같다.

$$H = \frac{F_m}{l} \tag{7-3}$$

여기서 F_m은 기자력(At)이고 l은 경로의 평균길이(m)이다.

F_m의 정의를 식 (7-3)에 대입하면 H에 대한 또 다른 형태의 공식을 얻게 된다.

$$H = \frac{NI}{l} \tag{7-4}$$

예제 5-5

문제

그림 7-7의 사각형 철심에서 F_m과 H를 계산하라. 전선의 감은 회수는 250회이고, 코일전류는 1.5 A이다. 철심의 평균 길이와 너비는 각각 8.0 cm와 5.0 cm이다.

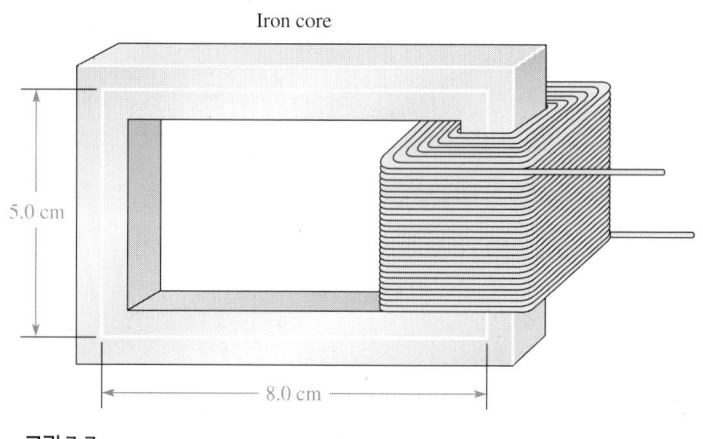

Iron core

5.0 cm

8.0 cm

그림 7-7

풀 이

식 (7-2)를 적용하여 F_m을 계산한다.

$$F_m = NI = (250\ t)(1.5\ A) = \mathbf{375\ At}$$

주변길이를 모두 더해 철심의 평균길이를 구한다.

$$l = 2 \times 8.0\ cm + 2 \times 5.0\ cm = 26\ cm = 0.26\ m$$

식 (7-4)를 적용한다.

$$H = \frac{F_m}{l} = \frac{375\ At}{0.26\ m} = \mathbf{1.44 \times 10^3\ At/m}$$

질 문

감은 횟수가 400으로 증가하면 자계강도는 얼마가 되는가?

복습 질문

1. 자속과 자속밀도 사이의 차이점은 무엇인가?
2. 자속의 측정단위는 무엇인가?
3. 자속밀도의 측정단위는 무엇인가?
4. 기자력이란 무엇인가?
5. 기자력의 측정단위는 무엇인가?

자성체 **7-2**

철, 니켈, 코발트 및 몇몇 세라믹 등 많은 물질이 자성체로 분류된다. 자성체는 모터 및 발전기를 포함한 여러 가지 전기전자제품, 컴퓨터 디스크, 비디오 및 오디오 테이프, 컴퓨터 모니터에서 사용되고 있다.

이 절에서는 자성체가 자화되는 원리와 자성체의 성질에 대해 배운다.

모든 물질은 자기특성에 따라 다음 네 가지 중 하나로 분류할 수 있다.

- 강자성체
- 페라이트
- 상자성체
- 반자성체

강자성체와 페라이트는 모두 자석에 이끌리며 스스로 자석으로 만들어질 수 있다. 강자성체에는 철, 코발트 및 강철과 같은 합금이 포함된다. 페라이트는 강자성체와 세라믹 또는 플라스틱 물질로 만들어지는 혼합물이다(예는 일반적인 냉장고 자석이다). 강자성체와 페라이트는 모두 훌륭한 자속 전도체이다. 한편 강자성체는 전기도 통할 수 있는 데 비해 페라이트는 비전도체이다.

상자성체와 반자성체는 비자성체로 간주된다. 두 물질의 가장 큰 차이점은 상자성체는 자석에 약한 끌림 반응을 보이는 데 비해 반자성체는 약한 밀침 반응을 보인다는 것이다. 탄소흑연, 창연, 물, 및 금이 반자성체에 속한다. 반자성체는 자기장에 반발하는 특성이 있기 때문에 공중 부양실험이나 센서와 같은 응용에서 흥미있는 물질이다.

자구

강자성체는 전자의 궤도운동과 회전으로 원자구조 내에 생성되는 작은 자구를 갖는다. 자구(magnetic domain)는 그의 자기장을 자연적으로 정렬시키도록 한 수백만 개의

그림 7-8

ⓐ 자화되지 않은 강자성체 자구와 ⓑ 자화된 강자성체 자구

ⓐ 자구(N ◁▷ S)는 자화되지 않은 물질에서 방향이 불규칙적이다.

ⓑ 물질이 자화되면 자구는 정렬된다.

전자로 구성된다. 이 구역을 남극과 북극을 가진 아주 작은 자석으로 볼 수 있다. 강자성체가 외부자기장에 노출되지 않은 상태에서는 그림 7-8(a)처럼 자구가 무질서하게 배열된다. 이와 같은 강자성체를 자기장에 노출시키면 자구는 그림 (b)처럼 자기 자신을 정렬시키게 된다. 결과적으로 이때부터 이 물체는 실질적으로 자석이 된다. 클립이 작은 자석에 줄줄이 매달릴 수 있는 현상도 이런 이유로 해석할 수 있다.

일부 철합금의 가장 흥미로운 현상 중의 하나는 정렬된 자구의 방향을 유지할 수 있는 능력이다. 이 자구가 자기장을 벗어난 이후에도 정렬상태를 유지한다면 영구자석이 된다. 비자성체는 자구를 갖지 못하므로 자석이 될 수 없다.

투자율

주어진 물질에서 자기장이 형성될 수 있는 용이성을 정의하는 중요한 인수를 투자율(permeability)이라고 말한다. 어떤 물질의 투자율(μ)은 주어진 자계강도(H)에 대해 발생하는 자속밀도(B)의 총량을 가리킨다. 투자율을 효과(B)와 원인(H)을 결부시키는 물질의 고유값이라고도 해석할 수 있다. 자속밀도는 투자율과 자계강도와의 사이에 다음과 같은 관계가 있다.

$$B = \mu H \tag{7-5}$$

이 식을 직선의 형태로 해석할 수 있는데, 이 경우 H는 독립변수, B는 종속변수, μ는 직선의 기울기에 해당한다는 데 유의하라. 투자율에 가장 많이 사용되는 단위는 Wb/At-m(웨버/암페어-감은 횟수-미터)이다.

공기, 나무, 또는 물과 같은 비자성체에 대한 투자율은 상수이므로 이들 물질에서 주어진 기자력으로 인해 발생하는 자속밀도 B는 그림 7-9에서 아래의 직선으로 표현된다. 자성체의 자속밀도는 그림 7-9에서 위의 곡선이 나타내는 것처럼 낮은 자속밀도 수치에 대해서는 자계강도에 비례하지만 그 이상의 기자력에 대해서는 보다 완만해지는 특성을 보인다. 주어진 자계강도(H)에 대해 자성체의 자속밀도(B)는 비자성체의 자속밀도보다 상당히 크다.

그림 7-9는 자성체와 비자성체 사이의 또 다른 중요한 차이를 보여주고 있다. 비자성체의 투자율은 H와 B 사이의 직선관계에서 나타난 것처럼 작지만 지속적이다. 이에 비해 자성체의 H와 B 사이의 관계는 지속적이지 않지만 어느 정도 자속밀도에 의

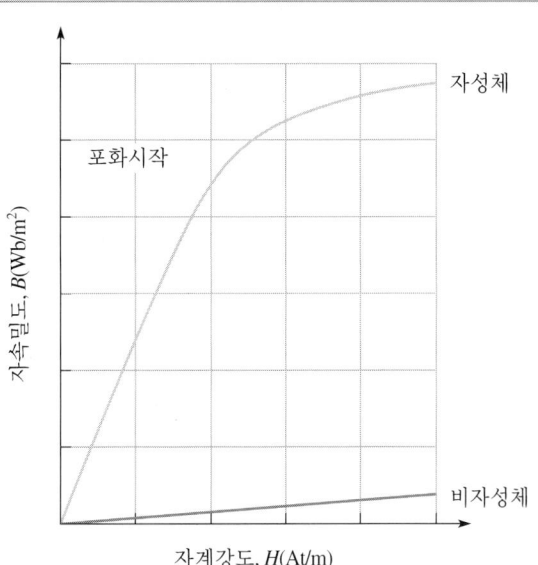

그림 7-9
비자성체와 자성체의 *B-H* 곡선비교

존적이다. 비선형성이 나타나기 시작하는 지점에서 자성체는 포화(saturation)되기 시작한다. 이것은 자속밀도가 기자력의 상승에도 불구하고 일정하게 유지되려고 한다는 것을 의미한다. 식 (7-5)는 이 곡선의 처음(직선) 부분에서만 성립한다. 자성체의 투자율은 비자성체보다 상당히 크기 때문에 *B-H* 곡선도 비자성체에 비해 자성체의 경우가 더 급하다. 그림 7-9의 곡선은 이 두 종류의 물질에 대한 대표적인 특성을 보여주는 것일 뿐이며, 각종 물질에서 상당한 차이가 있다.

상대투자율

이미 알고 있듯이 투자율은 물질의 종류에 따라 다르다. 진공의 투자율(μ_0)은 $4\pi \times 10^{-7}$ Wb/At-m이고 다른 물질에 대한 기준으로 사용될 수 있다. 전형적인 강자성체는 진공에 비해 수백에서 수천 배까지 높은 투자율을 가지며, 이는 자기장이 이와 같은 물질에서 상대적으로 쉽게 형성될 수 있다는 것을 시사한다. 진공의 경우 식 (7-5)는 다음과 같이 수정된다.

$$B = \mu_0 H = (4\pi \times 10^{-7} \text{ Wb/At-m})H$$

어떤 물질의 상대투자율(relative permeability μ_r)이란 진공투자율(μ_0)에 대한 절대투자율(μ)의 비율을 말한다. μ_r이 비율이므로 상대투자율은 단위를 갖지 않는다.

$$\mu_r = \frac{\mu}{\mu_0}$$

자기저항

전기회로에서 저항은 전류에 대한 방해임을 상기하라. 자기회로에서 이와 비슷한 단위를 자기저항이라고 한다. 자기저항(reluctance)은 어떤 물질에서 자기장이 형성되는 것을 방해하는 성질이다. 자기저항의 SI 단위는 암페어-감은 횟수/웨버(At/Wb)이다. 자기저항의 값($\mathcal{R}$)은 자화경로의 길이(l)에 정비례하고 물질의 투자율(μ)과 단면적(A)에 반비례한다. 자기저항을 정의하는 식은 다음과 같다.

$$\mathcal{R} = \frac{l}{\mu A} \tag{7-6}$$

여기서 $\mathcal{R}$은 자기저항(At/Wb)이고, μ는 투자율(Wb/At-m), A는 면적(m^2)을 나타낸다. 자기저항에 관한 식 (7-6)은 전선의 저항을 정의한 식 (3-5)와 유사하다. 식 (3-5)를 다시 써 보면,

$$R = \frac{\rho l}{A}$$

저항률(ρ)의 상대개념은 전도도(σ)이다. $1/\sigma$ 대신 ρ을 대입한 전선의 저항 공식은,

$$R = \frac{l}{\sigma A}$$

전선저항에 관한 위의 마지막 수식을 식 (7-6)과 비교해 보자. 길이(l)와 면적(A)은 두 식에서 같은 의미를 갖는다. 전기회로의 전도성(σ)은 자기회로의 투자율(μ)과 유사하다. 또한, 전기회로의 저항(R)은 방해성질이라는 면에서 자기회로의 자기저항($\mathcal{R}$)과 유사하다. 자기회로의 자기저항은 물질의 크기와 종류에 따라 다르지만 보통 50,000 At/Wb 이상이다.

예제 7-5

문제

철로 만들어진 원환체(도넛 모양의 철심)의 자기저항을 계산하라. 원환체의 내부 반지름은 1.75 cm이고 외부 반지름은 2.25 cm이다. 철의 투자율은 2×10^{-4}Wb/At-m이다.

풀이

면적과 길이를 계산하기 전에 cm 단위를 m 단위로 변환한다. 주어진 크기에서 두께(지름)는 0.5 cm = 0.005 m이므로 단면적은,

$$A = \pi r^2 = \pi(0.0025)^2 = 1.96 \times 10^{-5}\,m^2$$

길이는 2.0 cm, 즉 0.020 m의 평균 반지름에서 측정된 원환체의 원주와 같다.

$$l = C = 2\pi r = 2\pi(0.020\,m) = 0.125\,m$$

이 값들을 식 (7-6)에 대입하면 자기저항은,

$$\mathcal{R} = \frac{l}{\mu A} = \frac{0.125 \text{ m}}{(2 \times 10^{-4} \text{ Wb/At-m})(1.96 \times 10^{-5} \text{ m}^2)} = \mathbf{31.9 \times 10^6 \text{ At/Wb}}$$

질문

투자율이 5×10^{-4} Wb/At-m인 주조강을 철심 대신 사용한다면, 자기저항은 얼마가 되는가?

히스테리시스

자성체가 갖는 또 다른 성질인 히스테리시스(hysteresis)는 자속밀도가 자계강도(H)의 작용에 비해 느릴 때 자성체 내에서 발생하는 효과이다. 히스테리시스는 어원이 역사 (history)이다. 히스테리시스를 갖는 물질은 기억능력을 가진 것처럼 행동한다. 그림 7-6에 나타낸 것과 같이 코일로 감긴 철심을 가정해 보자. 이 경우 기자력(mmf)은 코일에 흐르는 전류를 변화시켜 증가 또는 감소시킬 수 있다. 코일의 전류 방향을 반대로 하면 mmf의 방향도 반대가 될 것이다.

그림 7-10은 자화되지 않은 철심의 히스테리시스 효과를 추가하여 그림 7-9에서 설명한 개념을 확장한다. 자계강도(H)가 0에서부터 증가함에 따라 그림 7-10(a)의 곡선처럼 자속밀도(B) 역시 이에 비례하여 증가한다. H가 어떤 값에 도달하면 B의 값은 수평상태를 유지한다. 이 상태에서 H가 계속 증가하면 그림 7-10(b)처럼 H가 특정값(H_{sat})에 도달

자성체 히스테리시스 곡선의 전개과정. H는 자계강도이고 B는 자속밀도이다.　　　　　그림 7-10

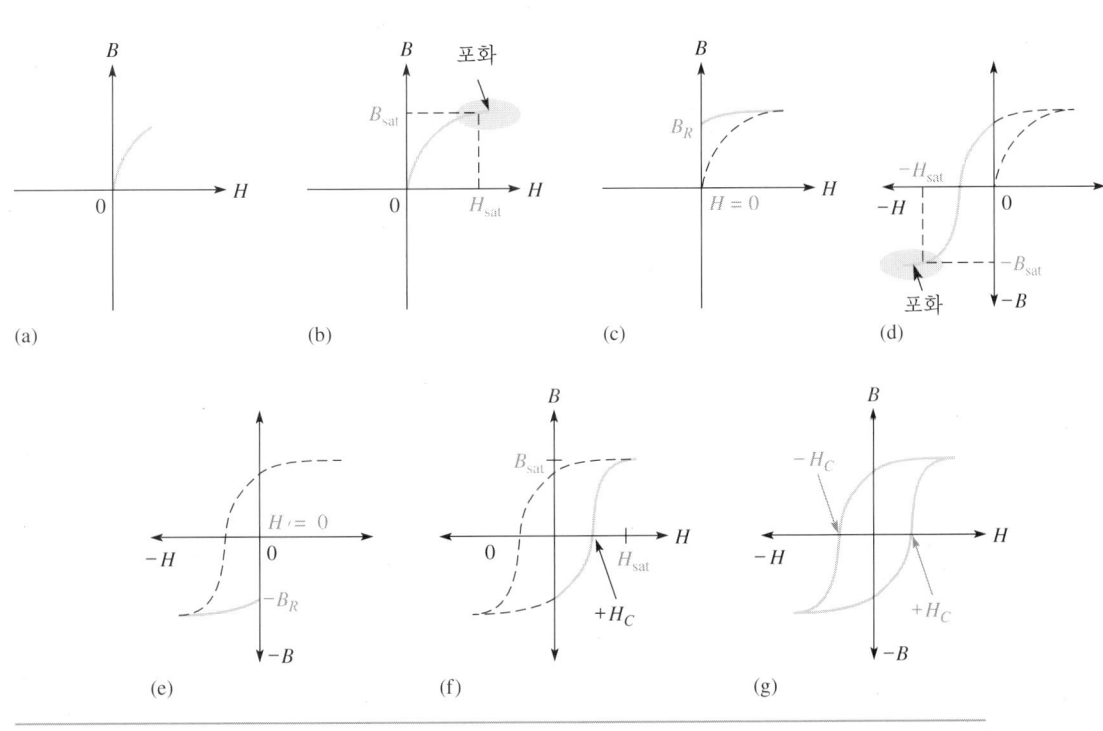

할 때 B 역시 포화값(B_{sat})에 도달하게 된다. 일단 포화상태에 들어가면 H 값이 상승하더라도 B는 더 이상 증가하지 않는다(이러한 현상은 그림 7-9의 자성체 성질에서 이미 보았다).

그 이후로 H가 0으로 감소하면 B도 그림 7-10(c)와 같이 다른 경로를 따라 잔여값(B_R)으로 회귀하게 된다. 이 현상은 물질의 자화가 자계강도가 제거된 후($H = 0$)에도 계속 유지되기 때문이다(이 현상을 잔여자기라고 한다). 사실상 이제 이 물질은 "영구" 자석으로 볼 수 있다. 보자성(retemtivity)은 자화력이 없어도 잔여자기의 일정량을 보존하려는 성질이다. 어떤 물질의 보자성은 B_{sat}에 대한 B_R의 비율로 나타낸다.

자계강도의 반대방향은 곡선에서 H의 음의 값으로 나타나며 전선코일의 전류방향을 역전시킬 때 형성된다. 음의 방향으로 H를 증가시키면 그림 7-10(d)에서처럼 자속밀도가 음의 극대치에 도달하는 값($-H_{sat}$)에서 포화현상이 일어난다.

자계강도가 제거될 때($H = 0$) 자속밀도는 그림 7-10(e)처럼 음의 잔여값($-B_R$)에 접근한다. 자속밀도는 $-B_R$ 값에서 출발하여 그림 (f)의 곡선을 따라 자계강도가 반대방향의 H_{sat}과 일치하는 순간 양의 극대치로 되돌아간다.

그림 7-10(g)에서는 완전한 B-H 곡선을 보여주는데, 이 곡선을 히스테리시스 곡선이라고 한다. 여기서 자속밀도를 0으로 만드는 데 필요한 자계강도를 강제력(coercive force) H_C라고 한다.

낮은 보자성을 갖는 물질은 자기장을 보존하는 능력이 좋지 못하지만 높은 보자성의 물질은 B의 포화치에 근접한 B_R의 값을 나타낸다. 응용분야에 따라 자성체의 보자성은 이로울 수도 있고 그렇지 못할 수도 있다. 영구자석과 자기테이프에서는 자화력이 없는 상태에서 자기장을 유지하기 위해 높은 보자성이 요구된다. 그러나 ac 모터에서는 전류가 역전할 때마다 잔여자기장을 극복해야 하고 이는 에너지 낭비를 불러오기 때문에 높은 보자성은 바람직하지 못하다. 좁은 히스테리시스 곡선은 낮은 에너지 손실을 의미하고 모터에는 이와 같은 특성이 적합하다.

자기관련 용어의 요약

표 7-3에서 지금까지 자기를 설명하면서 소개한 용어와 단위를 정리한다.

표 7-3	용어	정의	기호	SI 단위
자기관련 용어, 정의 및 단위	자속	자기장 내의 선 개수와 관련한 물리량. 단위 웨버는 108개의 선에 해당한다.	ϕ	웨버(Wb)
	자속밀도	자속선이 어떤 면적에 수직일 때 면적당 자속	B	테슬라(T)
	기자력	자기자속의 형성 원인	F_m	암페어-감은 횟수(At)
	자계강도	단위길이당 기자력	H	암페어-감은 횟수/미터(At-m)
	투자율	주어진 물질이 자기장을 형성하는 능력	μ	웨버/암페어-감은 횟수-미터 (Wb/At-m)
	상대투자율	주어진 물질이 진공에 비해 자기장을 형성하는 능력	μ_r	단위 없음
	자기저항	자속 형성을 방해하는 물질의 성질	$\mathscr{R}$	암페어-감은 횟수/웨버(At/Wb)

복습 질문

6. 자성체와 비자성체 사이의 차이점은 무엇인가?
7. 물질이 높은 투자율을 갖는다는 사실은 무엇을 의미하는가?
8. 자기저항과 유사한 전기단위는 무엇인가?
9. 보자성이란 무엇인가?
10. 자성체의 히스테리시스는 무엇을 나타내는가?

자기회로 7-3

자기회로는 전기회로와 중요한 유사점을 갖는 동시에 중요한 차이점 역시 갖는다. 전기회로와 자기회로의 유사점과 차이점을 비교해 보면 두 회로형태에 관한 보다 깊은 이해를 이끌어 낼 수 있다.

이 절에서는 전기회로와 자기회로를 비교하고 자기회로의 기본법칙들을 문제해결에 적용하는 것을 배운다.

자기회로에 대한 옴의 법칙

전기회로에 다한 옴의 법칙에서 전류를 저항에 대한 전압의 비율로 표현할 수 있었다.

$$I = \frac{V}{R}$$

자기회로에서도 이와 유사한 법칙이 성립한다.

$$\phi = \frac{F_m}{\mathscr{R}} \qquad (7-7)$$

식 (7-7)은 자속(ϕ)이 전류와, 기자력(F_m)이 전압과, 자기저항($\mathscr{R}$)이 저항과 비슷하기 때문에 자기회로에 대한 옴의 법칙으로 알려져 있다. 전기회로에서 전압이 전류의 동인인 것처럼 기자력은 자기자속의 동인이다. 이와 비슷하게 전류의 방해는 저항이고 자속의 방해는 자기저항이다.

이들이 전기회로와 지기회로 사이의 중요한 유사점이긴 하지만 중요한 차이점도 몇 가지 존재한다. 그 중 하나는 전기회로에서는 전압이 존재하지 않는 경우 전류 역시 존재할 수 없다는 것이다. 이에 비해 자기회로에서는 기자력 없이도 (영구자석의 경우처럼) 자속이 존재할 수 있다. 또 다른 차이점은 전기회로에서는 전류를 차단하는 훌륭한 절연체가 존재하지만, 자기자속에 대해서는 그와 같은 절연체가 존재하지 않는다는 점이다. 자속은 공기 중에서도 형성될 수 있다. 전기저항은 본질적으로 전류에 독립적이지만 자기회로의 자기저항은 포화로 인한 더 높은 자속의 영향으로 증가하는 경향이 있다는 것도 또 다른 차이점이다. 식 (7-7)에서는 이런 효과가 감안되지 않았기 때문에 이 공식은 자기저항이 증가하고 포화가 나타나기 시작하기 전까지만 유효하다.

| **예제 7-6** | **문제** |

문제

150회 감긴 코일이 예제 7-5의 철심을 감싸고 있고 2 A의 전류가 이 코일에 흐른다면 얼마의 자속이 형성되겠는가?

풀이

철심의 자기저항이 31.9×10^6 At/Wb(예제 7-5 참조)이므로 mmf는,

$$F_m = NI = (150회)(2 \text{ A}) = 300 \text{ At}$$

이 값들을 식 (7-7)에 대입하면 자속은,

$$\phi = \frac{F_m}{\mathscr{R}} = \frac{300 \text{ At}}{31.9 \times 10^6 \text{ At/Wb}} = \mathbf{9.4 \ \mu Wb}$$

질문

이 코일이 크기는 같지만 투자율이 더 높은 철심에 감겨 있다면 자속은 어떻게 되겠는가?

그래프를 이용한 자속 구하기

이전 절에서 자계강도(H)와 자속밀도(B) 사이의 관계를 설명했다. 자계강도가 증가하다 보면 결국 철심은 자계강도가 증가하더라도 자속밀도는 거의 증가하지 못하는 지점에 도달하게 된다. 그림 7-11은 변압기에서 사용되는 일반적인 강자성체인 가열냉각 철의 $B\text{-}H$ 곡선을 한 예로 보이고 있다. 이와 같은 $B\text{-}H$ 곡선은 자화되지 않은 상태의 특정한 물질에 대한 자화곡선으로 지칭된다. 자화곡선은 특정한 종류의 철심에

| **그림 7-11** |

가열냉각 철에 대한 자화곡선

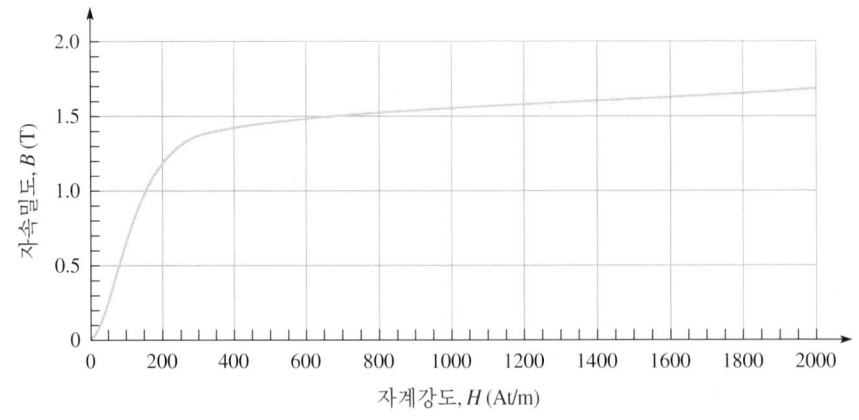

서 자속밀도를 결정할 때 유용한데, 이 곡선을 통해 주어진 자계강도와 대응하는 자속밀도 값을 곧바로 읽을 수 있기 때문이다.

문제

그림 7-12의 가열냉각 철심의 자속밀도는 얼마인가? 이 철심의 단면적은 균일하며 표시된 치수는 철심 중앙에 대한 것이다.

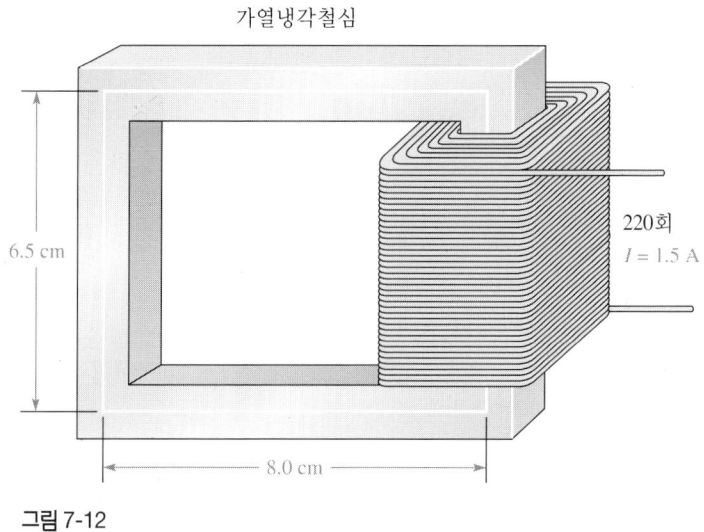

그림 7-12

풀이

철심의 평균길이를 미터로 환산하면,

$$l = 2(0.080 \text{ m} + 0.065 \text{ m}) = 0.29 \text{ m}$$

식 (7-4)에서 자계강도는,

$$H = \frac{NI}{l} = \frac{(220\text{회})(1.5 \text{ A})}{0.29 \text{ m}} = 1.14 \times 10^3 \text{ At/m}$$

자속밀도 B는 그림 7-11의 그래프에서 **1.6 T**로 판독된다. 이 부분이 포화영역이므로 이 경우 식 (7-7)은 유효하지 못하다.

질문

동일한 코일이 20% 더 많이 감겨 있고 전류가 같다면 자속밀도는 어떻게 되겠는가?

예제 7-7의 도식적 방법은 특정 수준의 자속밀도를 형성하는 데 필요한 전류를 계산할 때 쓸 수 있다. 이 밖에도 이 방법을 확장하여 두 가지 이상의 물질을 포함시킬 수 있다. 두 가지 이상의 물질은 직렬 전기회로의 저항처럼 합산되는 전체 자기저항을 갖는다. 뿐만 아니라 직렬 자기회로에서 기자력은 전기회로의 폐경로를 따르는 전압처럼 더할 수 있다. 가령 자기경로상의 두 물질(철과 공기 같은)이 존재할 때 각각의 물질이 전체 mmf에 기여하게 된다. 공기층은 모터와 발전기의 자기경로에서 자기장이 고정부분과 회전부분 사이에 걸쳐 있어야 하므로 공통적이다. 다음 예제에서 자기경로상의 두 물질이 전체 자기회로에 어떻게 영향을 미치는지 살펴보겠다.

예제 7-8

문제

그림 7-13의 철심에서 1.0 T의 자속밀도를 만들어 내기 위한 전류는 얼마인가? 이 철심은 한 지점에 1.0 mm의 공극을 갖는다.

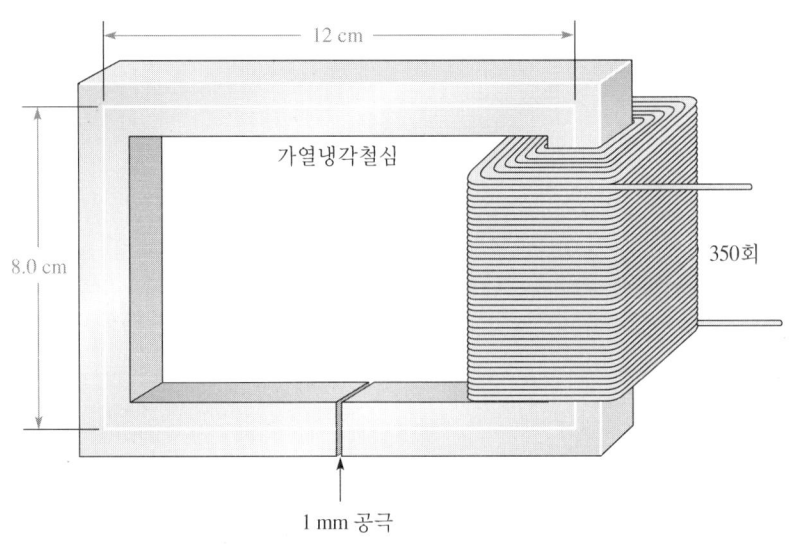

그림 7-13

풀이

이 문제를 해결하는 방법은 표에 필요한 변수를 나열하는 것이다. 표 7-4는 발견되는 순서대로 필요변수를 기록해 놓고 있다. 두 번째 열은 문제에서 주어진 1.0 T의 필요 자속밀도를 표시한다. 회로의 전류처럼 자속밀도 역시 (공극에서의 미소한 영향을 제외하고) 전체 경로에 대해 동일하므로 이 값을 각 물질마다 표에 기입한다. 전체라고 기재된 마지막 행 역시 같은 자속밀도이다.

표 7-4

물질	자속밀도(B)	자계강도(H)	경로길이(l)	기자력(F_m)
가열냉각 철	1.0 T			
공기	1.0 T			
전체	1.0 T	–	–	

이제 각 부분에 대한 전계강도를 구할 수 있다. 그림 7-11의 그래프를 판독하여 가열냉각 철에 대한 자계강도를 구한다. 1.0 T에 대해 자계강도는 150 At/m이다. 이 값을 표 7-4에 기입한다.

식 (7-5)를 사용하여 공극에 대한 자계강도를 계산한다. 진공과 공기는 거의 동일한 투자율을 갖는다.

$$B = \mu_0 H$$

$$H = \frac{B}{\mu_0} = \frac{1.0}{4\pi \times 10^{-7} \text{ Wb/At-m}} = 7.96 \times 10^5 \text{ At/m}$$

다음으로 주어진 단위를 미터로 바꿔서 경로길이를 표에 기입한다. 가열냉각 철의 경우 미미한 길이의 공극을 무시하면 전체 길이는,

$$l = 2(0.12 \text{ m} + 0.08 \text{ m}) = 0.40 \text{ m}$$

공극의 길이를 미터로 환산하면 0.001 m이다.

식 (7-3)을 재구성하여 기자력 F_m을 구한다.

$$H = \frac{F_m}{l}$$

$$F_m = Hl$$

가열냉각 철에 대한 기자력은,

$$F_m = Hl = (150 \text{ At/m})(0.40 \text{ m}) = 60 \text{ At}$$

공극에 대한 기자력은,

$$F_m = Hl = (7.96 \times 10^5 \text{ At/m})(0.001 \text{ m}) = 796 \text{ At}$$

앞서 언급했듯이 직렬 자기회로에서 기자력은 전기회로의 폐경로를 따르는 전압처럼 합산한다. 필요한 전체 기자력은,

$$F_m = F_{m(\text{iron})} + F_{m(\text{air})} = 60 \text{ At} + 976 \text{ At} = 856 \text{ At}$$

재미있는 일은 가열냉각 철의 길이가 공극의 400배에 가까운 데 비해 공극의 기자력이 철보다 훨씬 더 강력하다는 사실이다. 이것은 자기회로에서 공극을 가능한 한 작게 유지해야 하는 이유를 설명한다.

그림 7-13에서 주어진 감은 전체횟수가 350회이다. 식 (7-2)를 적용하여 필요한 자속밀도를 형성하기 위한 전류를 계산한다.

$$F_m = NI$$

$$I = \frac{F_m}{N} = \frac{856}{350} = \textbf{2.45 A}$$

완성된 표가 표 7-5에 나타나 있다.

표 7-4

물질	자속밀도(B)	자계강도(H)	경로길이(l)	기자력(Fₘ)
가열냉각 철	1.0 T	150 At/m	0.40 m	60 At
공기	1.0 T	7.96×10^5 At/m	0.001 m	796 At
전체	1.0 T	—	—	856 At

질문

공극이 2 mm로 넓혀진다면, 동일한 자속을 형성하기 위해 필요한 전류는 얼마인가?

복습질문

11. 자기회로에 대한 옴의 법칙은 무엇인가?
12. 자화곡선이란 무엇인가?
13. 저항과 자기저항은 어떤 점에서 유사한가?
14. 저항과 자기저항은 어떤 점에서 다른가?
15. 모터나 발전기에는 오직 작은 공극만이 있어야 하는 것이 왜 중요한가?

7-4 변압기

자기철심의 응용에서 가장 흥미롭고 중요한 것 중의 하나는 변압기이다. 변압기는 한 값의 ac 전압을 다른 값으로 변경할 수 있다.

이 절에서는 변압기의 구조와 동작에 대해 배운다.

변압기(transformer)는 자기적으로 결합된 두 권선 사이에 한쪽 권선에서 다른 쪽 권선으로 전자기적으로 전력을 전송하는 장치로서 둘 이상의 권선으로 구성된다. 소규모 전력용 기본 변압기를 그림 7-14에서 보여준다. 그림에서 한쪽 코일을 **1차권선**이라 하고 다른 쪽 코일을 **2차권선**이라고 한다. 1차권선에는 ac 전원전압을 가하고 2차권선에는 부하를 연결한다. 1차권선은 철심에 자속을 형성한다.

변압기 작용

변화하는 자기장이 전류를 생성할 수 있다는 사실을 상기하자. 이것이 바로 변압기 작용의 기본개념이다. 1차 쪽에서 변화하는 전류는 철심에 변화하는 자속을 유도한다. 다시 이 자속이 2차 코일에 전압을 유도한다. 변압기는 2차권선에서 전압을 유도하기 위해 철심 자속이 변화해야 하므로 ac 입력에 대해서만 동작할 수 있다.

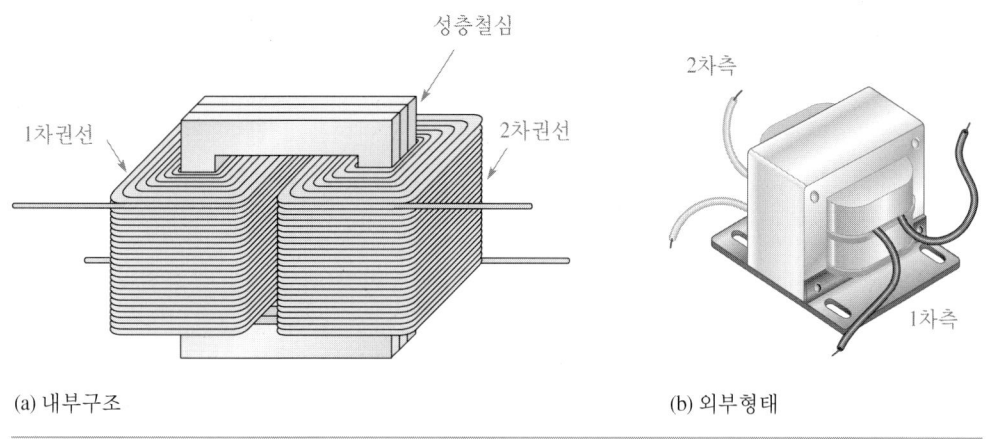

그림 7-14

소규모 전력용 변압기는 공통 철심에 감긴 두 개의 코일을 갖는다.

성층철심

2차측

1차권선   2차권선

1차측

(a) 내부구조   (b) 외부형태

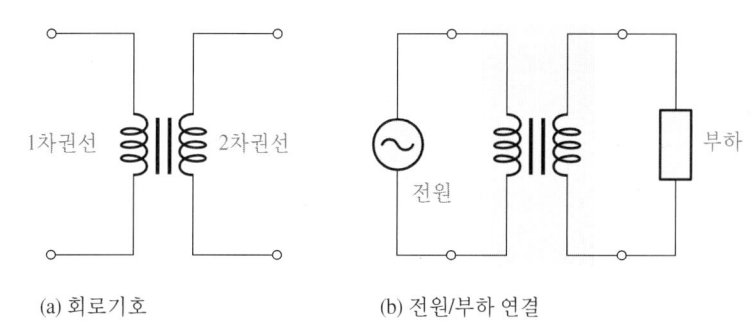

그림 7-15

변압기 회로도. 코일 사이의
수직선은 철심을 나타낸다.

1차권선   2차권선   전원   부하

(a) 회로기호   (b) 전원/부하 연결

2차전압은 1차전압에 비해 크거나, 작거나, 같을 수 있다. 이 전압의 크기는 1차권선의 감은 횟수에 대한 2차권선의 감은 횟수의 비율에 따라 달라진다. 어떤 변압기는 하나 이상의 2차권선을 갖는 경우도 있다. 주어진 2차권선의 횟수를 1차권선의 횟수로 나눈 것을 **권선비율**이라고 말하며 다음의 식으로 정의된다.

$$n = \frac{N_{sec}}{N_{pri}}$$

여기서 n은 권선비율을, N_{sec}는 2차권선의 감은 횟수를, N_{pri}는 1차권선의 감은 횟수를 나타낸다.

변압기가 1차권선수에 비해 2차권선수가 더 많으면 출력전압이 입력전압보다 크고, 이런 변입기를 **승입변입기**(step-up transformer)라고 한다. 승압변압기에시 권신비율은 1보다 크다. 변압기가 1차권선수에 비해 2차권선수가 더 적으면 출력전압이 입력전압보다 작으며, 이런 변압기를 **강압변압기**(step-down transformer)라고 한다. 강압변압기에서 권선비율은 1보다 작다. 권선비율이 변압기의 원리를 이해하는 데 도움이 되긴 하지만, 대다수의 변압기는 권선비율 대신 요구입력전압과 대응출력전압으로 표시된다.

권선비율과 전압비율 사이의 관계는 다음의 식으로 간단히 표현할 수 있다.

$$n = \frac{N_{sec}}{N_{pri}} = \frac{V_{sec}}{V_{pri}} \tag{7-8}$$

여기서 V_{sec}은 2차권선의 전압이고 V_{pri}는 1차권선의 전압이다. 식 7-8은 변압기에 관한 중요한 관계를 보여주며 간단히 전압비율이 권선비율과 같다고 설명한다.

변압기는 수동적인 장치이기 때문에 2차권선에서 얻는 전력은 1차권선에 공급된 전력을 넘을 수 없다. 변압기에 관한 많은 기본 계산에서는 100% 효율의 이상적인 변압기(즉, 전력손실이 없다)를 가정한다. 이러한 이상적인 변압기는 부하전력은 1차권선에 전달된 전력과 같다는 것으로 다음과 같이 표현된다.

$$P_L = P_{pri}$$

여기서 P_L은 부하에 전달되는 전력이고, P_{pri}는 1차권선에 전달되는 전력이다. 부하전력은 2차전압과 2차전류의 곱이고, 마찬가지로 1차권선에 전달되는 전력은 1차전압과 1차전류의 곱이다. 이 관계를 대입하면,

$$I_{pri}V_{pri} = I_{sec}V_{sec}$$

여기서 I_{sec}은 2차권선의 전류이고 I_{pri}는 1차권선의 전류이다. 이 공식은 전압이 높아지는 경우 전류는 낮아져야 한다는 사실을 의미한다.

예제 7-9

문제

120 V의 1차전압과 24 V의 2차전압을 갖는 변압기의 권선비율은 얼마인가?

풀이

$$n = \frac{V_{sec}}{V_{pri}} = \frac{24 \text{ V}}{120 \text{ V}} = \mathbf{0.2}$$

권선비율은 1보다 작고, 이는 전자전력 변압기에 대한 출력전압이 입력전압보다 작을 때 성립한다.

질문

1차권선과 2차권선 중 어느 쪽 전류가 더 높은가? 대답의 근거를 제시하라.

응용

변압기는 특정 값의 ac 전압을 다른 값으로 변환하는 데 일차적으로 사용된다. ac를 변환할 수 있기 때문에 초창기 전력공급회사에서는 dc보다 ac로 발전시설을 표준화시켰다. 전력변압기는 일반적인 가정용 전자제품에 공통적으로 사용할 수 있는 작은 크기부터 전력회사에서 사용되는 자동차만한 크기까지 다양하다.

변압기의 또 다른 중요응용분야는 고주파 회로이다. 공기철심과 페라이트 철심 변

그림 7-16
고주파 변압기

공기 또는 페라이트심

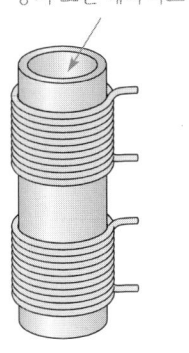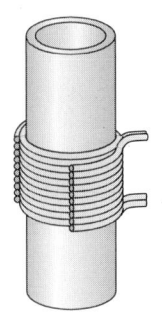

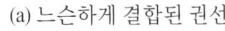
(a) 느슨하게 결합된 권선   (b) 단단히 결합된 권선. 절단면이
양쪽 권선을 모두 보여준다.

압기는 특정 증폭기 단계에서 다른 단계로 고주파 신호를 결합하는 데 사용되며 대개 전력변압기에 비해 상당히 작은 크기로 제작된다. 각 권선은 그림 7-16에서 보다시피 속이 비거나 페라이트로 채워진 절연외피에 감겨진다. 변압기의 전선에는 광택 코팅을 입혀서 감긴 전선 사이에 단락이 일어나지 않도록 한다. 모든 부품은 작은 금속제 용기에 들어갈 수 있으며 많은 변압기가 특정한 고주파수에 맞도록 "조정"가능하다.

분리변압기라고 하는 또 다른 유형의 변압기는 1의 권선비율을 갖는다. 이 변압기는 1차 및 2차 전압이 같고, 두 회로가 공통접지를 갖지 않도록 서로를 분리시킨다. 이런 분리는 어떤 측정응용에 유용하다.

복습 질문

16. 변압기 회로도에서 철심은 어떻게 표시하는가?
17. dc 전압을 변경하는 용도로 변압기를 사용하지 않는 이유는 무엇인가?
18. 권선비율이 무엇인가?
19. 어떤 변압기가 1보다 작은 권선비율을 갖는가?
20. 공기철심 변압기는 어느 용도로 사용되는가?

솔레노이드와 계전기 7-5

솔레노이드와 계전기는 코일을 사용하여 전류를 강자성체를 움직이는 자기력으로 변환한다. 솔레노이드는 강자성체를 이동시켜 밸브를 여는 등의 동작을 수행한다. 계전기는 전기적으로 제어되는 스위치이다.

이 절에서는 솔레노이드, 솔레노이드 밸브, 스위치 및 계전기의 동작에 대해 보다 자세히 배운다.

그림 7-17

기본적인 솔레노이드.

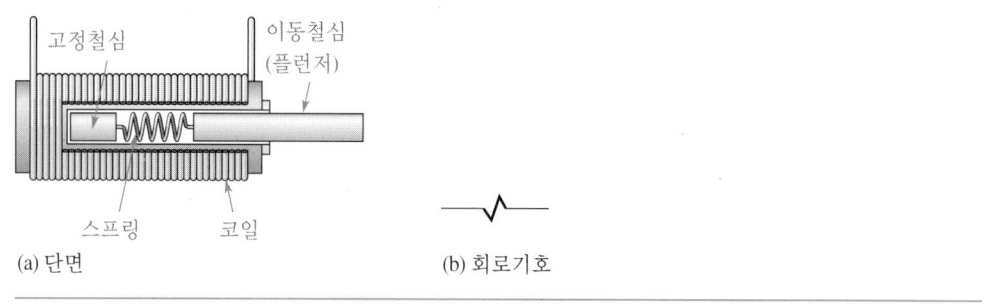

고정철심　　　이동철심
(플런저)

스프링　　　코일

(a) 단면　　　　　　　　　　　　　(b) 회로기호

솔레노이드

솔레노이드(solenoid)는 전기적인 신호를 기계적인 움직임으로 변환하도록 고안된 장치이다. 솔레노이드는 기본적으로 플런저(plunger)라고 하는 이동 가능한 부분이 갖춰진 자기철심에 코일이 감긴 전자석이다. 플런저에는 움직일 필요가 있는 물건을 부착한다. 솔레노이드를 사용하는 장치로는 자동차의 시동모터의 기어, 잔돈교환기 및 전자 자물쇠, 스피커 및 전자밸브(솔레노이드 밸브)가 있다. 솔레노이드의 기본구조와 회로기호가 그림 7-17에 나타나 있다.

정지(전원이 연결되지 않은) 상태에서 플런저는 스프링에 의해 밖으로 밀려나 있다. 코일을 통해 전류가 흐르기 시작하면 솔레노이드에 에너지가 공급된다. 이 전류는 고정철심과 이동철심을 동시에 자화시키는 전자기장을 형성한다. 이로 인해 두 자기철심이 서로를 향해 붙으며 플런저를 후퇴시키고 스프링을 압착한다. 코일에 전류가 흐르는 동안에는 플런저가 자기장의 인력에 의해 후퇴된 상태를 유지한다. 전류의 공급이 중단되면 자기장이 사라지면서 압착되었던 스프링의 힘이 플런저를 원래 위치로 복원시킨다.

스피커에서 솔레노이드는 전력증폭기에서 흘러나오는 신호(음악이나 목소리)에 비례하는 전류가 흐르는 코일이다. 이 코일은 영구자석과 상호 작용하여 신호에 따라 앞뒤로 움직이는 자기장을 만들어낸다. 이 자기장은 종이 원뿔뭉치를 진동시켜 전기 신호를 소리로 바꾼다.

솔레노이드에는 코일전압, dc 저항, 끌어당김 세기 및 코일 전력정격이 지정된다. 코일전압은 ac나 dc일 수 있다. 전류는 코일저항에 따라 다르지만 일반적으로 처음에 여기될 때 큰데 그 이유는 유도효과(11-4절에서 설명) 때문이다.

그림 7-18

기본적인 솔레노이드 밸브 구조

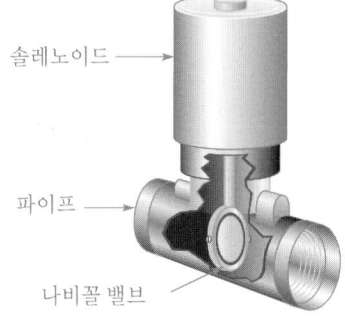

솔레노이드

파이프

나비꼴 밸브

솔레노이드 밸브

산업용 제어에서 **솔레노이드 밸브**(solenoid valve)는 공기, 물, 증기, 기름, 냉매 및 기타 유체의 흐름을 제어하는 용도로 널리 사용된다. 솔레노이드 밸브는 기계제어에서는 일반적인 공압 시스템 및 유압 시스템 모두에서 사용된다. 이 밖에 항공 및 의학 분야에서도 솔레노이드 밸드가 사용된다. 솔레노이드 밸브는 플런저를 이동시켜 배출

구를 열거나 닫고, 차단판을 일정한 면적만큼 회전시킬 수도 있다.

솔레노이드 밸브는 두 가지 기능장치로 구성된다. 솔레노이드 코일은 밸브를 열고 닫는 데 필요한 이동성을 제공하는 자기장을 공급한다. 밸브 몸체는 방수판을 통해 코일뭉치와 분리되어 있고 파이프와 나비꼴밸브를 포함한다. 그림 7-18은 전형적인 솔레노이드 밸브의 단면을 보여준다. 솔레노이드에 전원이 연결되면 나비꼴밸브를 돌려서 정상상태로 닫힌(NC: normally closed) 밸브를 열거나 정상상태로 열린(NO: normally open) 밸브를 닫는다.

솔레노이드 밸브는 정상상태로 열리거나 닫힌 밸브를 포함하여 다양한 구성으로 판매된다. 다양한 종류의 유체(가스나 물), 압력, 경로 개수, 크기 등의 규격이 솔레노이드 밸브에 대해 정해진다. 같은 밸브가 두 개 이상의 통로를 통제하고 두 개 이상의 솔레노이드를 이동시킬 수 있다.

스위치

스위치(switch)는 회로에서 하나 이상의 선로를 열거나 닫을 수 있는 제어요소이다. 제어되는 각 선로는 스위치의 한 **극**(pole)을 나타낸다. 따라서, 단극 스위치는 하나의 선로를 열거나 닫을 수 있고, 2극 스위치는 두 개의 선로를 열거나 닫을 수 있다. 여기서 극이란 스위치의 이동 가능한 팔을 의미한다. 스위치의 접점은 **투**(throw)라고 한다. 투(접점)의 개수는 스위치의 각 극마다 명시된다. 그림 7-19에서 기본적인 몇 가지 스위치와 함께 이들의 정의를 설명한다.

계전기

계전기(relay)란 전기적으로 제어되는 스위치이다. 계전기는 기계적인 움직임을 제공하기보다 코일을 사용하여 전기적인 접점을 열거나 닫는다는 점에서 솔레노이드와 차별된다. 모든 계전기는 최소한 하나의 이동 가능한 접점과 하나 이상의 고정된 접점을 포함한다. 일반적으로 접점은 부하에 상당한 크기의 전류를 전송한다. 제어전압이 코일을 여기시키는데, 이 전압은 전자식 스위칭이 단순화되도록 스위칭되는 전압보다 대개 더 낮다.

그림 7-20에서는 정상상태로 열린(NO) 고정접점, 정상상태로 닫힌(NC) 고정접점, 이동 가능한 접점을 갖춘 기본적인 계전기(이를 보통 단극-쌍투 계전기라고 부른다)의

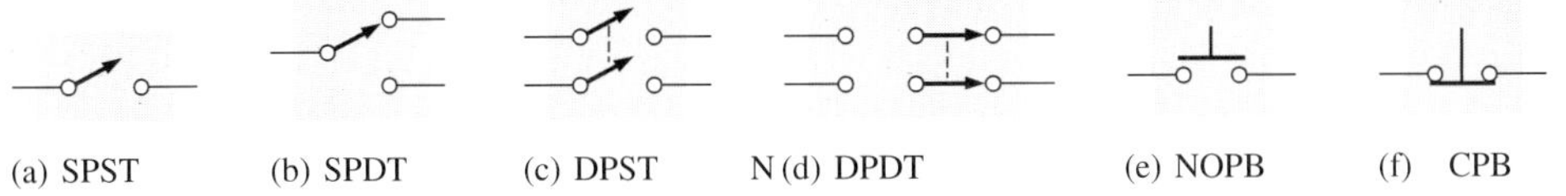

그림 7-19

스위치 정의

(a) SPST   (b) SPDT   (c) DPST   N (d) DPDT   (e) NOPB   (f) CPB

그림 7-20	기본적인 계전기 구조

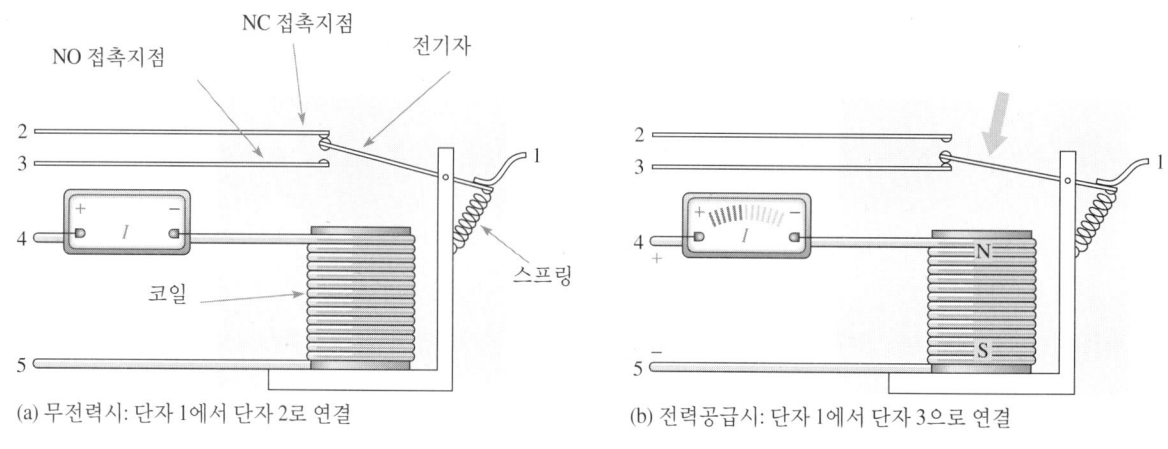

(a) 무전력시: 단자 1에서 단자 2로 연결   (b) 전력공급시: 단자 1에서 단자 3으로 연결

동작을 보여준다. 코일에 전류가 없을 때 전기자는 그림 7-20(a)에서 보이는 것처럼 스프링에 의해 상단 접점에 접촉된 상태를 유지하며 단자 1에서 단자 2로 통하는 연결을 제공한다. 제어전압이 가해지면 계전기에 전류가 흐르고 전자기장의 인력이 전기자를 끌어당긴다. 이로 인해 그림 7-20(b)에서 보이는 것처럼 전기자가 하단 접점에 연결되어 단자 1에서 단자 3으로 통하는 연결이 제공된다.

전형적인 소규모 계전기가 그림 7-21(a)에 그려져 있다. (b) 그림과 (c) 그림에서는 동일한 계전기를 그리는 두 가지 방법을 보여준다. 많은 산업용 회로도에서 채택하는 그림 7-21(c)의 기호를 사다리그림(다음 절에서 다룬다)이라고 부른다. 코일은 원으로 그리고, CR(Control Relay)은 제어계전기란 의미이며 대개 번호가 붙여진다. 코일은 물리적으로 접점과 분리되어 있으므로 특정한 접점을 지시하는 일반적인 방법으로 이중번호체계가 사용된다. 이 방법에서 첫 번째 번호는 접점과 연결된 계전기 코일을

그림 7-21	전형적인 계전기

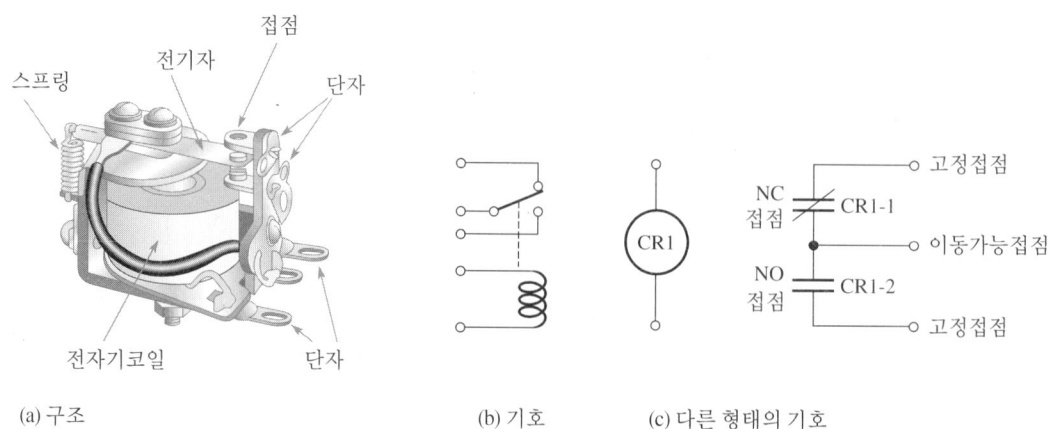

(a) 구조   (b) 기호   (c) 다른 형태의 기호

가리키고, 두 번째 번호는 접점을 나타낸다. 접점 중 하나는 언제나 이동 가능하다. 따라서, CR2-1이라는 표기는 2번 계전기의 첫 번째 접점을 가리킨다.

코일과 계전기의 전압과 전류 정격은 계전기에 있어서 중요한 사양이다. 그림 7-21과 같은 작은 계전기의 접촉전류정격은 5 A에서 10 A이다. 접촉기라고 하는 좀더 큰 계전기는 높은 전압과 전류를 스위칭하도록 설계된다. 경우에 따라서는 제어계전기가 접촉기를 닫는 데 사용되기도 하는데, 이 경우 제어계전기가 매우 높은 전류나 전압을 다루게 된다. 이동 가능한 접점의 수와 고정된 접점의 수는 모든 종류의 계전기에 대해 명시되어야 한다. 이동 가능한 접점의 수는 극의 개수로 주어지며 각 스위치의 고정 접점의 수는 투라고 부른다. 따라서 그림 7-21(b)와 (c)의 계전기 그림은 단극쌍투(SPDT: single-pole, double-throw) 계전기이다. 두 개의 고정 접점을 더 갖는 두 번째 이동 가능한 접점이 이 계전기에 추가되면 쌍극쌍투(DPDT) 계전기가 된다.

반도체 계전기

많은 응용분야에서 반도체 계전기가 코일과 이동가능 접점 없이도 전자기계식 계전기와 동일한 기능을 수행한다. 반도체 계전기는 움직이는 부분 없이 트랜지스터만 사용하는 계전기이다. 반도체 계전기는 속도, 진동에 대한 내성, 기대수명 면에서 확실한 우위를 갖는다. 그럼에도 불구하고 전자기계식 계전기는 더 확실한 이격, 고온 및 서지전류를 극복하는 능력, 동일한 계전기로 ac와 dc를 함께 스위칭하는 성능의 이점을 갖고 있다.

복습 질문

21. 솔레노이드의 용도는 무엇인가?
22. 솔레노이드 밸브의 두 부분은 무엇인가?
23. NO 솔레노이드 밸브에 전원을 가하면 열리는가 닫히는가?
24. 계전기의 두 부분은 무엇인가?
25. DPDT 계전기의 각 스위치에는 고정 접점이 몇 개 있는가?

프로그램가능 논리 제어기   7-6

여러 해 동안 산업 제어는 논리회로에서 동작하는 전자기계식 계전기에 의해 수행되었다. 계전기 회로는 사다리그림으로 그리는데, 사다리그림이라는 명칭은 이 그림이 세로 막대와 발디딤 계단으로 이루어진 사다리와 닮았기 때문이다. 사다리그림은 지금도 광범위하게 활용되고 있지만 지금은 현대식 컴퓨터기반 제어기인 프로그램가능 논리 제어기와 연관되어 있다.

이 절에서는 기본적인 사다리그림을 판독하고 설명하는 법을 배운다.

프로그램가능 논리 제어기(programmable logic controller, PLC)는 산업용 제어응용을 위해 설계된 특수한 컴퓨터이다. PLC가 1960년대 말에 등장했을 때 그 당시 산업계에서 폭넓게 활용되고 있던 계전기 제어회로의 상당부분을 대체하였다. PLC가 내부에 계전기를 포함하는 것은 아니지만 계전기 회로를 소프트웨어로 가상구현함으로써 계전기 회로에서 전자제어로의 전환이 쉽게 실현되었다.

PLC를 구동하는 프로그램은 PLC가 대체한 계전기 제어회로와 꼭 닮도록 설계되어 있다. 오늘날의 PLC는 이를 사용하는 현장기술자에게 쉽고 잘 이해하고 있으므로 여전히 계전기 논리를 모방하여 프로그램되고 있다. PLC 생산자마다 각각 고유한 논리도를 그리는 방법을 사용하므로 이 절에서 소개되는 그림은 일반적인 것이며 특정 생산자를 대표하는 것이 아니다. 이 주제를 다루는 데에만 몇 권의 책이 필요하므로 이 절에서 보여주는 그림은 이 주제를 간략히 소개하는 것을 목표로 한다. PLC를 사용할 때 계전기는 시뮬레이션된 계전기를 가리키나, 논리는 기계식 계전기에도 그대로 적용될 수 있다.

사다리그림

선로그림이라고도 하는 **사다리그림**(ladder diagrams)은 계전기 제어회로와 관련한 논리를 보여주는 가장 일반적인 방법이다. 기본적인 사다리그림을 보여주는 그림 7-22에서 두 라인입력 L1과 L2로 표기된 사다리의 수직다리는 사다리에 가로로 걸쳐 연결되는 계전기 코일이나 부하를 구동하는 전원전압과 연결된다. 사다리의 각 "계단"은 이 제어전압에 걸쳐 있으며 이 전원전압으로 구동되는 계전기 코일(CR로 표시)이나 부하를 포함해야 한다. 각 코일과 계전기는 이 전원전압을 이용하도록 설계되므로 코일과 부하를 직렬로 연결할 수 없다. (스위치나 접점은 다른 스위치와 직렬 또는 병렬로

그림 7-22

계전기 회로의 기본 사다리 그림

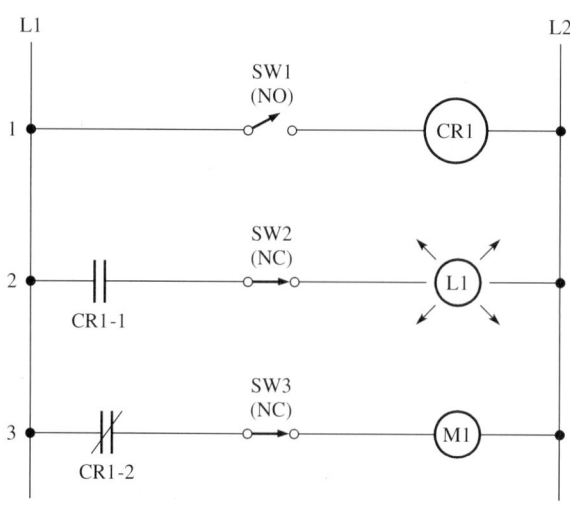

연결할 수 있지만 부하나 계전기 코일에 걸치도록 연결해서는 안 된다.) 사다리의 계단에 는 각각의 번호가 부여된다. 그림 7-22의 경우에는 2번 계단에 전구(L1으로 표시)가 있 고 3번 계단에는 모터(M1으로 표시)가 있다. 사다리그림을 그릴 때 따르는 관습으로 서 스위치와 기타 제어요소는 항상 계단 왼쪽에 그리고 코일이나 부하는 오른쪽에 그린다는 점을 염두에 두기 바란다. 사다리그림을 판독할 때는 가장 위 계단부터 시 작하여 아래 방향으로 차례대로 판독한다.

주어진 계전기의 접점은 앞 절에서 설명한 것처럼 숫자 두 개(계전기에 하나, 접점 에 하나)를 사용하여 표시한다. 접점을 통과하는 선은 정상상태로 닫혀 있음(NC)을 나타내는 데 비해 선이 없는 것은 정상상태로 열려 있음(NO)을 나타낸다.

그림 7-22의 사다리그림에서 SW1이 닫혀지면 계전기 CR1의 코일에 전류가 흐른 다. 이것은 정상상태로 닫힌(NC) 접점(CR1-1)을 닫히게 하여 SW2를 통과하는 경로를 완성하고 전구 L1을 켠다. 동시에 정상상태로 닫힌(NC) 접점(CR1-2)이 열리는데, 이 것은 SW3의 경로를 끊고 모터 M1의 작동을 멈춘다. SW2와 SW3는 이 예의 계전기 접점과 직렬로 연결된 정상상태로 동작하는 스위치이다.

문제

그림 7-23은 출입구 제어를 위한 사다리그림의 일부이다. OPEN 누름단추 스위치가 순간적 으로 눌러졌을 때 어떤 일이 발생하는지 설명하라. 접점 CR2-1은 닫힌 상태로 유지된다고 가 정하고 계전기 2의 코일은 그림에 나타내지 않았다.

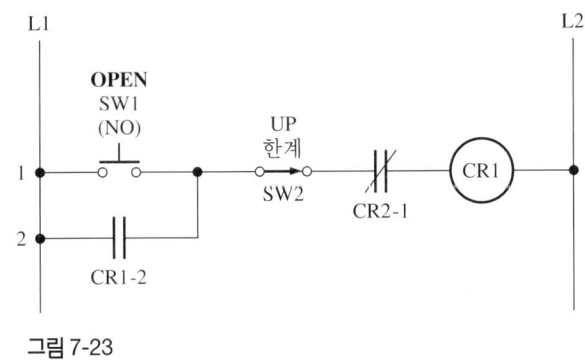

그림 7-23

풀이

누름단추 스위치는 UP 한계 스위치의 닫힌 접점 CR2-1을 거쳐 CR1의 코일로 연결되는 경 로를 완성하고, 이곳을 통해 전류가 흐른다. 이로 인해 NO 접점 CR1-2가 닫힌다. 이 현상을 걸쇠동작(latching action)이라고 하는데, 이는 누름단추를 떼더라도 접점 CR1-1을 지나 계 전기 코일에 이르는 경로가 계속해서 유지되기 때문이다.

질문

누름단추 SW1을 누른 후 CR1에 더 이상 전류가 흐르지 않을 두 가지 상황은 무엇인가?

그림 7-24

사다리그림의 동일 계단에 있
는 두 개의 부하

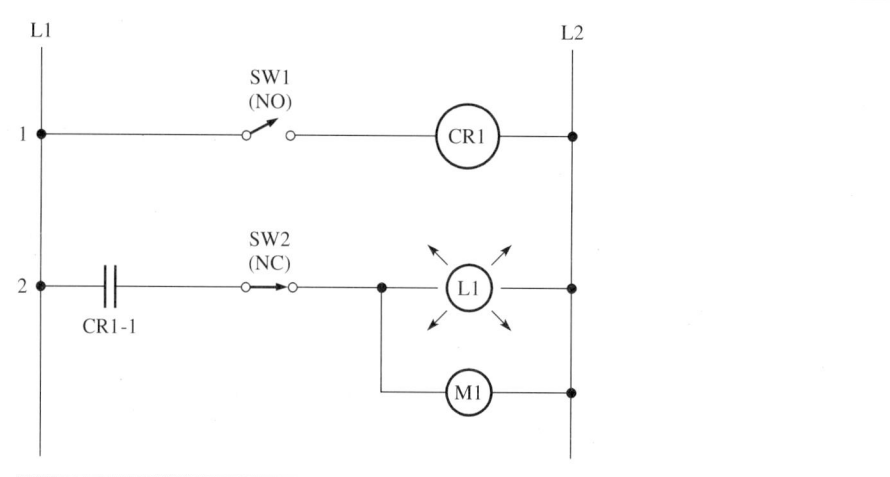

예제 7-10에서 스위치와 접점은 직렬연결과 병렬연결로 표시되어 있다. 두 스위치가 직렬연결일 때 계전기 코일이나 부하에 이르는 경로를 제공하기 위해서는 두 스위치가 모두 닫혀 있어야 한다. 스위치와 접점이 병렬연결이라면 둘 중 어느 하나는 닫혀 있어야 한다. 스위치와 계전기를 직병렬로 조합하면 다양한 논리를 구현할 수 있어 복잡한 동작을 제어하는 응용을 위한 논리에 자주 이용된다.

다중부하(전구 및 모터)도 사다리그림의 개별 계단에 표시할 수 있지만 부하는 그림 7-24에 나타나 있는 것처럼 병렬로 연결해야 한다. 이 경우 두 부하는 동시에 동작하거 동시에 멈춘다. 전구와 모터는 SW1을 닫을 때 동작할 것이다. 물론 이 접점의 전류정격은 두 부하를 다루기에 충분해야 한다.

예제 7-11

문제

그림 7-25의 부분 사다리그림에서 전구 L1에 전력을 공급할 방법을 제시하라. 그림을 간단히 하기 위해 세 개의 코일은 그리지 않았다.

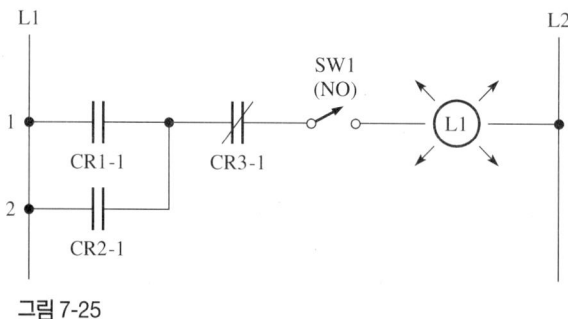

그림 7-25

풀이

정상상태로 열린 접점 CR1-1과 CR2-1은 병렬로 연결되어 있다. 따라서, 계전기 1과 2 중 어느 하나가 정상상태로 닫힌 접점 CR3-1로 이어진 경로를 제공할 수 있다. 계전기 3에는 전류가 공급되지 않아야 한다. 그렇지 않으면 이 경로는 끊어진다. 정상상태로 열린 SW1은 닫혀 있어야 한다.

질문

회로가 접점 CR2-1이 정상상태로 닫혀 있도록 변경된다면 전구가 어떻게 해서 켜지게 되는지 설명하라.

복습문제

26. 사다리그림의 모든 계단에 부하 또는 계전기 코일이 있어야 하는 이유는 무엇인가?

27. 정상상태로 닫힌 접점은 어떻게 표시하는가?

28. 두 스위치가 병렬로 연결되었다면 이것이 의미하는 것은 무엇인가?

29. 두 스위치가 직렬로 연결되었다면 이것이 의미하는 것은 무엇인가?

30. 사다리그림에서 어느 한 계단에 두 개의 부하가 연결된 것을 어떻게 표시해야 하는가?

주요 용어

- **기자력(magnetomotive force)**　자속의 동인. 도체의 감은 횟수와 도체에 흐르는 전류의 곱과 같다.

- **보자성(retentivity)**　어느 한 물질에서 자화된 후 자화력이 없어도 자화상태를 유지하는 능력.

- **사다리그림(ladder diagram)**　계전기 제어회로와 관련된 논리를 보여주는 그림. 두 개의 다리가 전압원에 연결되어 있고, 이들과 이어진 사다리의 각 "계단"에 계전기 코일이나 기타 부하가 연결된다.

- **상대투자율(relative permeability)**　주어진 물질에서 진공의 투자율(μ_0)에 대한 절대투자율(μ)의 비.

- **자계강도(magnetic field intensity)**　단위길이당 기자력.

- **자구(magnetic domain)**　어떤 종류의 사성체 내에서 그의 자기장을 자연적으로 징렬하도록 하는 수백만 개의 원자 집단.

- **자기저항(reluctance)**　어느 한 물질에서 자기장 형성에 저항하는 성질.

- **자속(flux)**　자기장의 크기와 형태를 설명하기 위한 가상적인 선.

- **자속밀도(flux density)**　주어진 영역에 수직으로 존재하는 자속선의 개수에 비례하는 값.

- **자화곡선(magnetization curve)**　특정 물질 자속밀도를 자계강도의 함수로 보여주는

B-H 곡선.

* **투자율(permeavility)** 주어진 물질에서 자기장이 형성될 수 있는 용이성을 정의하는 인수.
* **히스테리시스(hysteresis)** 자속밀도가 자계강도의 인가에 뒤쳐질 때 발생하는 자성체의 효과.

요점

□ 자기장 선은 자기장의 크기와 형상을 설명하는 데 사용된다. 이처럼 가상적인 선을 자속이라고 한다.

□ 자속은 기자력으로 인해 유발되고, 기자력은 도체의 감은 횟수와 도체에 흐르는 전류에 비례한다.

□ 강자성체는 원자구조 내에 전자의 궤도운동과 회전으로 형성된 미소한 자구를 갖는다.

□ 투자율은 자기장이 어떤 물질에서 주어진 기자력으로 얼마나 쉽게 형성될 수 있는지를 측정하는 물리량이다.

□ *B-H* 곡선은 어떤 물질에서 자계강도의 함수로 결정되는 자속을 묘사한다.

□ 자기저항은 어떤 물질에서 자기장의 형성을 방해하는 성질이다.

□ 자화된 어떤 물질에서 자화력 없이 자화상태를 유지하는 능력을 보자성이라고 한다.

□ 전기회로의 옴의 법칙과 등가인 법칙이 자기회로에도 작용한다. 이 법칙은 자속이 기자력에 정비례하고 자기저항에 반비례한다는 사실을 설명한다.

□ 변압기는 ac 회로에서 전압을 어떤 값에서 다른 값으로 변경하는 데 사용된다.

□ 동작에 자기장을 활용하는 중요한 두 가지 장치는 솔레노이드와 계전기이다.

공식

자속밀도:

$$B = \frac{\phi}{A} \tag{7-1}$$

기자력:

$$F_m = NI \tag{7-2}$$

자계강도:

$$H = \frac{F_m}{l} \tag{7-3}$$

또는

$$H = \frac{NI}{l} \qquad\qquad (7\text{-}4)$$

주어진 자계강도에 대한 자속밀도:

$$B = \mu H \qquad\qquad (7\text{-}5)$$

자기저항:

$$\mathcal{R} = \frac{l}{\mu A} \qquad\qquad (7\text{-}6)$$

자기회로에 대한 옴의 법칙:

$$\phi = \frac{F_m}{\mathcal{R}} \qquad\qquad (7\text{-}7)$$

변압기의 권선비와 전압비:

$$n = \frac{N_{sec}}{N_{pri}} = \frac{V_{sec}}{V_{pri}} \qquad\qquad (7\text{-}8)$$

단원 확인 문제

1. 자속밀도와 관련있는 것은 무엇인가?
   - (a) 물질의 면적
   - (b) 자기력 선의 개수
   - (c) (a)와 (b) 모두
   - (d) (a)와 (b) 어느 것도 아님

2. 코일의 전류가 두 배로 되면 기자력은 어떻게 되는가?
   - (a) 절반
   - (b) 변화 없음
   - (c) 두 배
   - (d) 네 배

3. 문자 H로 표기되는 물리량은 무엇인기?
   - (a) 자속
   - (b) 자속밀도
   - (c) 기자력
   - (d) 자계강도

4. 상대투자율의 단위는 무엇인가?
   - (a) Wb
   - (b) Wb/At-m
   - (c) At
   - (d) 단위 없음

5. 어떤 물질에서 자기장을 방해하는 성질은 무엇인가?
   - (a) 자기저항
   - (b) 저항
   - (c) 히스테리시스
   - (d) 보자성

6. 자화곡선은 무엇의 함수로 표현되는 자속밀도의 그림인가?
   - (a) 기자력
   - (b) 자계강도
   - (c) 투자율
   - (d) 경로길이

7. 암페어-감은 횟수는 무엇에 관한 단위인가?

(a) 기자력 (b) 자계강도

(c) 자속 (d) 자속밀도

8. 자속밀도의 단위는 무엇인가?

(a) 웨버 (b) 웨버/제곱미터

(c) 테슬라 (d) (b)와 (c) 모두 정답

9. 권선비가 5인 전자전력 변압기는

(a) 승압이다. (b) 강압이다.

(c) 결정에 필요한 정보가 충분하지 않다.

10. 공극이 내부에 자속이 형성된 철심에 추가되면 자속은 어떻게 되겠는가?

(a) 증가한다. (b) 변화가 없다.

(c) 감소한다.

11. 자기적으로 제어되는 스위치 장치는 무엇인가?

(a) 계전기 (b) 솔레노이드

(c) 솔레노이드 밸브 (c) 전기출입문자물쇠

12. 사다리그림에서 직렬로 연결된 두 개의 계전기 코일은

(a) 서로 독립적으로 동작시킬 수 있다.

(b) 서로 다른 전류가 흘러야 한다.

(c) 같은 번호가 부여된다.

(d) 허용되지 않는다.

13. 사다리그림에서 병렬로 연결된 두 개의 스위치는

(a) 서로 독립적으로 동작시킬 수 있다.

(b) 같은 조작으로 제어된다.

(c) 같은 번호가 부여된다.

(d) 허용되지 않는다.

문제 / 질문

1. 자기장을 유발하는 기본동인은 무엇인가?
2. 전기회로의 전압과 유사한 자기 물리량은 무엇인가?
3. 자계강도의 단위는 무엇인가?
4. 자구란 무엇인가?
5. 투자율과 상대투자율 사이의 차이점은 무엇인가?
6. 철심이 포화되었다고 말할 때 이것이 의미하는 것은 무엇인가?
7. 자기저항이 저항과 어떻게 비슷한가?
8. 자기저항의 단위는 무엇인가?
9. 잔여자기는 어떻게 발생하는가?
10. 높은 보자성이 요구되는 때는 언제인가?
11. 전기회로에서 자속과 유사한 성질은 무엇인가?
12. 자화곡선이란 무엇인가?

13. 모터나 발전기에서 좁은 공극이 갖는 이점은 무엇인가?

14. 솔레노이드의 회로기호는 무엇인가?

15. 솔레노이드 밸브란 무엇인가?

16. 스위치의 이동 가능한 팔을 무엇이라 부르는가?

17. 접점이란 무엇인가?

18. 전자기계식 계전기에 비해 반도체 계전기가 갖는 이점은 무엇인가?

19. 사다리그림에서 스위치는 어느 위치에 그리는가?

20. 사다리그림에서 일단의 계전기 접점에 부여된 번호가 3-2라면 이것이 의미하는 것은 무엇인가?

21. 사다리그림의 또 다른 이름은 무엇인가?

22. 사다리그림에서 문자 CR이 의미하는 것은 무엇인가?

기본 문제

1. 사각형 철심에서 자속밀도가 75 T이고 코어의 크기가 1.0 cm × 1.0 cm라고 한다면 자속은 얼마가 되겠는가?

2. 그림 7-26은 어떤 자기철심의 단면을 보여준다. 점 하나가 1 μWb라고 가정할 때 철심의 자속과 자속밀도를 계산하라.

3. 600회 감은 코일이 사각철심을 둘러싸고 있다고 가정하자. 이 코일에 650 mA의 전류

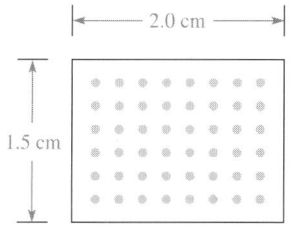

그림 7-26

가 흐른다면 기자력은 얼마인가?

4. 문제 3의 철심이 5.0 cm × 3.0 cm(평균)이라면 자계강도는 얼마인가?

5. 그림 7-27의 사각형의 가열냉각 철심이 단면적 1.0 cm², 길이 6.0 cm, 높이 4.0 cm의 크기를 갖는다. 이 철심의 투자율이 2 × 10⁻⁴ Wb/At-m라면 철심의 자기저항은 얼마인가?

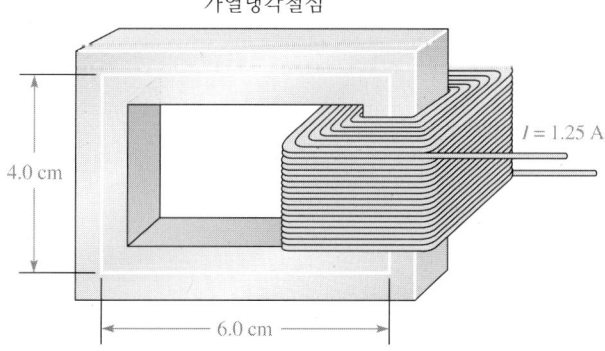

그림 7-27

6. 절대투자율이 600×10^{-6} Wb/At-m인 강자성체의 상대투자율은 얼마인가?

7. 그림 7-27의 균일 사각형 가열냉각 철심을 300회 감은 코일로 둘러싸고 이 코일에 1.25 A의 전류를 흘린다고 가정하자. 이 철심의 평균 길이와 너비가 4.0 cm × 6.0 cm 라고 할 때 F_m과 H를 계산하라.

8. 그림 7-27의 철심에 형성되는 자속밀도는 얼마인가? 가열냉각 철의 자화곡선은 그림 7-11에 있다.

9. 그림 7-27의 가열냉각 철심에 140 μWb의 자속을 형성하려고 한다. 이 철심은 균일한 1 cm^{2}의 단면적을 갖는다.

   (a) 필요한 mmf를 결정하라.

   (b) 전류가 1.25 A라면 감은 횟수가 얼마이어야 하는가?

10. 500회의 코일이 길이가 0.12 m인 닫힌 모양의 철심에 감겨 있다. 이 코일의 전류가 0.8 A일 때 mmf와 자계강도를 계산하라.

11. 가열냉각 철로 제작된 어떤 원환체의 안쪽 반경이 1.6 cm이고 바깥쪽 반경이 2.0 cm 이다. 가열냉각 철의 투자율이 2×10^{-4} Wb/At-m이라고 한다면 이 원환체의 자기저항은 얼마이겠는가?

12. 문제 11의 원환체에 200회의 코일이 감겨 있고 이 코일에 1.5 A가 흐른다고 한다면 자속밀도는 얼마인가?

13. 자계강도가 2000 At/m일 때 1.4 T의 자속밀도를 갖는 물질의 투자율은 얼마인가?

14. 문제 13의 물질의 상대투자율을 계산하라.

15. 300회 감기고 1.5 A가 흐르는 코일의 자기저항이 22.5×10^{6} At/Wb라고 한다면 자속은 얼마이겠는가?

16. 자기저항이 12×10^{6} At/Wb일 때 400회 감기고 2 A가 흐르는 철심에 형성되는 자속은 얼마인가?

17. 주조강 부분과 공극으로 구성된 철심이 있다. 주조강 단면에 어떤 값의 자속을 형성 시키기 위해 220 At의 mmf가 필요하고, 공극에 이 수준의 자속을 형성하기 위해 추가로 560 At의 mmf가 필요하다. 이 철심에 전선을 500회 감았다고 한다면 얼마의 전류를 흘려야 하는가?

18. 그림 7-28의 사다리회로를 보고 전구(4번 선에 있는)를 켜는 데 필요한 조건을 모두 나열하라.

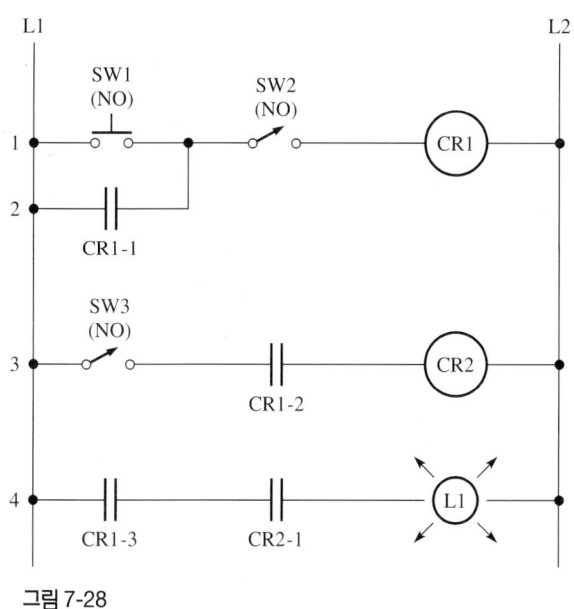

그림 7-28

19. 스위치 SW1을 사용하여 CR1을 여기시키는 사다리그림을 그려라. CR1은 두 번째 선의 전구를 끄고 3번 선의 전구를 켜기 위한 계전기이다. 3번 선의 전구에는 수동조작 스위치 SW2가 포함될 수 있다.

기본 – 플러스 문제

20. 그림 7-29의 가열냉각 철심에 1.5 T의 자속밀도를 생성시키기 위해 필요한 전류는 얼마인가? 이 철심은 한 곳에 2.5 mm의 공극을 갖고 있다.

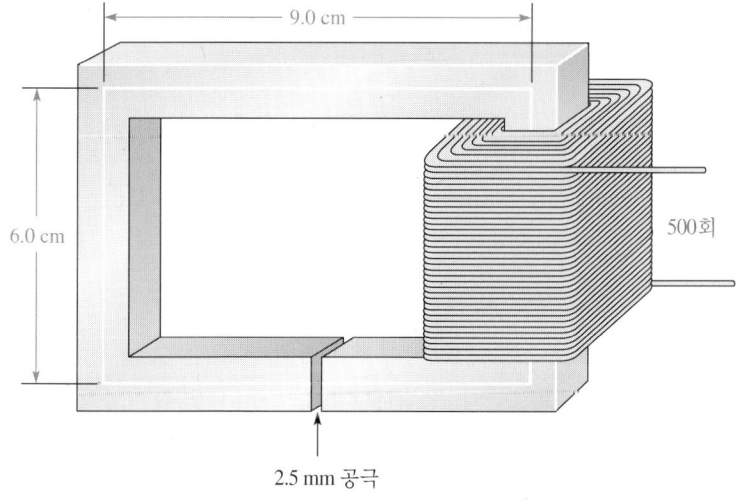

그림 7-29

21. 그림 7-30의 차고문 사다리그림에서 CLOSE 누름단추가 어떻게 동작하는지 설명하라. CR2가 동작하면 모터가 차고문을 닫는다.

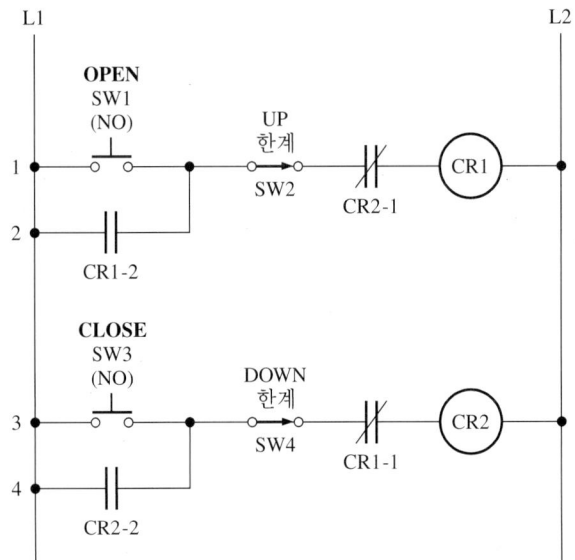

그림 7-30 차고문 제어

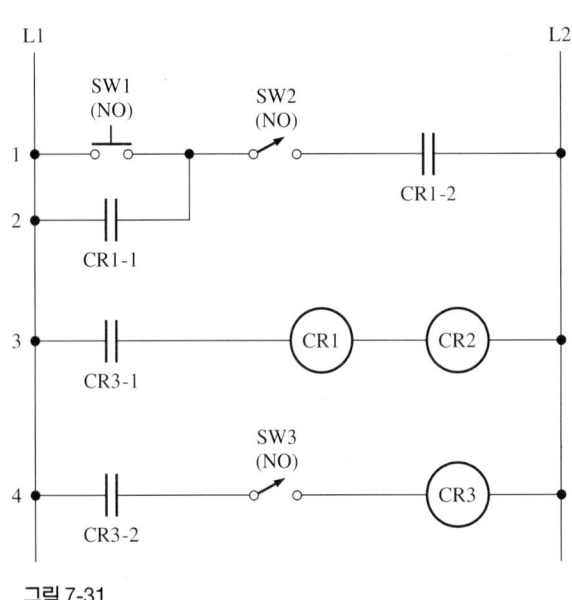

그림 7-31

22. 그림 7-31의 사다리그림에서 잘못된 점 세 곳을 지적하라.

23. 압력 스위치와 온도 스위치가 동시에 닫힐 때 모터 시동기를 동작시켜야 한다. 이 두 스위치를 포함하는 사다리그림을 그려라. 그림에는 압력 스위치를 위한 수동조작 무효 스위치와 개방시 모터에서 전력을 제거하는 정상상태로 닫힌 과부하 스위치를 포함시켜라.

24. 세 개의 NO 누름단추 중 어느 하나가 순간적으로 눌러졌을 때 전구를 켜는 사다리그림을 그려라. 이 전구는 누름단추 중 어느 하나라도 눌리면 켜진다. 전구를 끄기 위해서는 네 번째 NC 누름단추를 사용한다.

25. 분리변압기를 7-4 절에서 간단하게 설명했다. 인터넷이나 기타 자료를 활용하여 분리

변압기에 대한 더 상세한 정보(특히 의료용 분리변압기에 대해)를 조사하라. 조사결과를 간단한 보고서로 정리하라.

예제 질문

7-1: 자속밀도는 절반으로 줄어든다.

7-2: 자속밀도는 1/4로 줄어든다.

7-3: mmf에 어떤 변화도 없다.

7-4: 자계강도는 2.31×10^3 At/m로 증가한다(전류가 1.5 A에서 유지된다고 가정).

7-5: 자기저항은 12.8×10^6 At/Wb로 감소한다.

7-6: 자속은 같은 기자력에서 증가할 것이다.

7-7: 철심이 포화상태에 있기 때문에 자속밀도는 거의 낮아지지 않을 것이다.

7-8: 필요한 mmf는 1652 At이고 새로운 전류는 4.72 A이다.

7-9: 2차권선에서 전압이 낮아졌기 때문에 전류는 높아진다.

7-10: UP 한계 스위치가 열리거나 계전기 2(나타나 있지 않음)가 활성화된다.

7-11: 계전기 1 또는 계전기 2가 활성화되어야 한다. 그리고 계전기 3은 비활성화되고 SW1은 닫혀야 한다.

복습 질문

1. 자속은 선의 개수이고, 자속밀도는 주어진 영역에 수직인 선의 개수이다.

2. 웨버

3. 웨버/제곱미터 또는 테슬라

4. 기자력은 자기회로에서 자속을 유발하는 동인으로서 도체의 감은 회수와 여기에 흐르는 전류의 곱이다.

5. 암페어-감은 횟수

6. 자성체는 그의 원자기 지기장을 정렬시킨 구역을 갖지만 비지성체는 그렇지 못하다.

7. 높은 투자율을 갖는 물질은 자기장을 형성하는 것이 상대적으로 쉽다.

8. 저항

9. 어떤 물질에서 자화된 후 자화상태를 유지하는 능력

10. 어떤 물질에서 초기 자기장이 제거된 후 그 자기장을 유지하는 물질의 성질

11. 자속은 기자력을 자기저항으로 나눈 것과 같다.

12. 주어진 물질에 대해 자계강도 H의 함수로서 자속밀도 B를 그래프로 그린 것이다.

13. 두 물리량이 모두 방해성질을 갖는다. 저항은 전류를 방해하고 자기저항은 자속을 방해한다. 또한 직렬의 전기회로나 자기회로에서 이러한 방해성질은 모두 더하여 구한다.

14. 저항은 일반적으로 전류와 무관한 데 비해 자기저항은 자속이 증가함에 따라 증가하는 성질을 갖는다. 또한 저항과 달리 자속에 대한 진정한 절연체가 없다.

15. 자기회로의 공극은 경로에 상당한 값의 자기저항을 더한다.

16. 코일 사이의 두 수직선

17. 전압은 변하는 자속에 의해서만 2차권선 양단에 유도된다.

18. 2차권선수를 1차권선수로 나눈 값

19. 강압변압기

20. 고주파 응용

21 솔레노이드는 전기적인 신호를 기계적인 운동으로 변환한다.

22. 코일과 밸브몸체

23. 닫힌다.

24. 코일과 스위치 접점

25. 두 개

26. 부하나 계전기 코일이 없다면 전압원 양단이 단락된다.

27. 접점양단에 사선을 긋는다.

28. 경로를 완성하기 위해서는 어느 스위치라도 닫으면 된다.

29. 경로를 완성하기 위해서는 두 스위치를 모두 닫아야 한다.

30. 병렬로

단원 점검 문제

1. (c)	2. (c)	3. (d)	4. (d)	5. (a)
6. (b)	7. (a)	8. (d)	9. (a)	10. (c)
11. (a)	12. (d)	13. (a)		

모터와 발전기

제8장

이 장의 참고 자료는
아래 웹사이트에서
얻을 수 있다.

http://www.prenhall.com/SOE

서론

제7장에서는 자장을 만드는 방법과 기본적인 자기 양인 자속, 자속 밀도, 기자력 및 자기 저항을 소개하였다. 전기와 자기의 관련성은 19세기 초반 에르스텟(Oersted), 패러디 (Faraday), 그 외 사람들의 실험과 함께 확립되었다. 이러한 실험은 발전기와 모터의 기본 원리를 이해하는 기초가 된다. 발전기는 기계적인 에너지를 전기적인 에너지로 변환하기 위한 장치이고, 모터는 전기적인 에너지를 기계적인 에너지로 변환하는 장치이다.

모든 발전기와 모터의 동작에 기초가 되며 상호 관련이 있는 원리가 두 가지 있다. 첫 번째 원리는 전자유도이다. 도체와 자계 사이의 상대적인 운동에 의해 자기력선이 도체에 의해 쇄교되면 전압이 도체를 가로질러 유도되는데, 이 과정을 *발전기* 동작이라 한다. 두 번째 원리는 첫 번째 원리의 반대로서, 전류가 자계 내의 도체 속을 흐를 때, 힘이 도체를 가로질러 유도된다. 이 과정을 *모터* 동작이라 부른다. 이러한 두 개의 핵심 아이디어는 서로 독립적이지 않다. 즉, 모든 발전기와 모터는 전압을 발생시키는 동시에 모터의 힘을 경험하게 된다.

미국의 전기적인 에너지의 거의 대부분은 발전기로부터 직접 만들어지는데, 이 전기적인 에너지의 3분의 2가 모터를 돌리는 데 사용된다. 예를 들어 가정에서는 에어컨, 난방기, 냉장고, 세탁기, 헤어 드라이어, 식기세척기 등 많은 가전제품에서 모터가 사용되고 있다. 이 장에서는 발전기와 모터의 기초가 되는 원리에 대하여 배우게 될 것이다.

주요 목표

각 목표의 번호는 절의 번호이다. 이 장을 마치고 나면 여러분은 다음과 같은 일들을 할 수 있어야 한다.

8-1 패러디의 법칙을 적용하여 움직이는 도체에 유도된 전압을 계산하기

8-2 자장 안에서 움직이는 도체에 작용하는 힘을 계산하기

8-3 직류 발전기와 교류 발전기의 동작원리를 설명하기

8-4 직류 모터가 어떻게 전기적인 에너지를 기계적인 운동으로 변환하는지를 설명하기

8-5 동기모터와 유도모터를 비교하고 각각이 어떻게 전기적인 에너지를 기계적인 운동으로 변환하는지를 설명하기

실험실습 디렉토리

다음 실험은 이 장을 위한 것이다.

◆ 실험 15
  리드 스위치 모터를 구성하기

- 패러디의 법칙(Faraday's law)
- 발전기(generator)
- 교류 발전기(alternator)
- 고정자(stator)
- 회전자(rotor)
- 전기자(armature)
- 슬립 링(slip ring)
- 브러시(brushes)
- 전기자 반작용(armature reaction)
- 정류자(commutator)
- 동기모터(synchronous motor)
- 유도모터(induction motor)
- 다람쥐장(squirrel cage)
- 슬립(slip)

1959년 물리학자 리차드 파인만(Richard Feynman)은 정찬 후 대화에서 소형화에 대해 토론했다. 그는 로스앤젤레스고등학교의 학생이 "이거 어때(How's this)?"라는 말이 쓰여진 핀을 베니스(Venice) 고등학교에 보냈다고 했다. 베니스 고등학교 학생은 *i*의 점에 "그리 뜨겁진 않군(Not so hot)"이라고 쓴 후 그 핀을 돌려보냈다고 한다.

오늘날, 소형화 과학은 파인만이 묘사했던 핀 끝에 글자를 쓰는 것보다 훨씬 더 작은 공정에서 이루어지고 있다. 나노기술(nanotechnology)은 개별 분자로 구성된 부품을 다루는 분자 크기의 소형화에 대한 과학이다. 한 가지 흥미로운 연구 분야는 ATPase로 불리는 살아 있는 세포에 관한 것으로, 이것은 세포막을 가로질러 에너지를 전달한다. ATPase는 단백질로 이루어진 분자 모터로서, 거의 모든 살아있는 유기체 세포 내의 작은 몸체인 미토콘드리아에서 발견된다. 중앙 단백질은 전기 모터의 회전자(운동부)에 대응하고 3가지 단백질 채널은 전기 모터의 고정자 코일(고정부)에 대응한다. 세포에서 ATP(adenosine triphosphate) 연료를 ADP(adenosine diphosphate)로 변환하기 위해 중심축이 한 방향으로 회전한다. ADP로부터 ATP를 합성할 때 중심축은 반대 방향으로 회전한다.

나노기술에 대한 많은 흥미로운 전망들이 예견되어져 왔다. 미래에 나노기술은 세포들의 특정한 구성을 검사하기 위해 작은 양의 유체를 조종하는 분자모터 또는 몸 속에 약물을 투과하기 위한 새로운 방법으로 사용될지도 모른다. 어떤 과학자들은 더 작고, 더 빠른 전자장치의 맹렬한 추격 속에 실리콘 전자공학을 대체하기 위한 나노 전자장치들을 계획하고 있다.

8-1 움직이는 도체에 유도된 전압

1831년 이전에, 연속적인 전류를 유도하기 위해 알려진 방법은 오직 배터리에 의한 것뿐이었다. 1831년, 마이클 패러디가 자기장 내에서 움직이는 도체를 가로질러 전압이 유도된다는 것을 발견했다. 이 심오한 발견은 전자기 유도에 대한 법칙을 이끌어 냈다.

이 절에서는 패러디 법칙과, 움직이는 도체에서 유도된 전압을 계산하기 위해 이 법칙을 적용하는 것을 배운다.

상대운동

도선과 같은 도체가 자기장을 가로질러 움직일 때, 도체와 자기장 사이의 상대운동이 생긴다. 마찬가지로, 자기장이 고정된 도체를 지나 움직일 때 그것 역시 상대운동이다. 어느 경우에서나 이 상대운동은 그림 8-1에 나타낸 것처럼 도체에 유도전압(v_{ind})을 발생시킨다. 여기서 소문자 v는 순간전압을 의미한다. 유도된 전압의 양은 도체와 자기장의 상대속도에 의존한다: 즉, 상대운동이 더 빠르면, 더 큰 유도전압이 발생한다.

제7장을 상기해보면 자기장은 자속선에 의해 기술될 수 있다. 도체가 자기장 내에

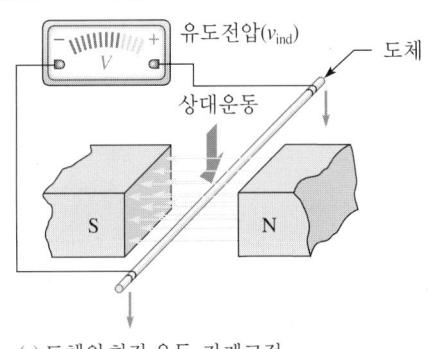
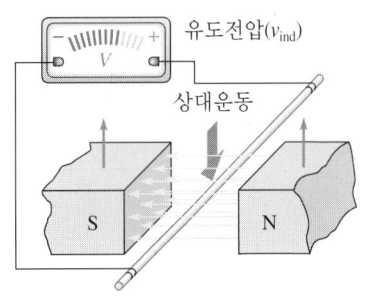

(a) 도체의 하강 운동; 자계고정　　　　(b) 자계의 상승 운동; 도체고정

그림 8-1

도체와 자기장 사이의 상대 운동

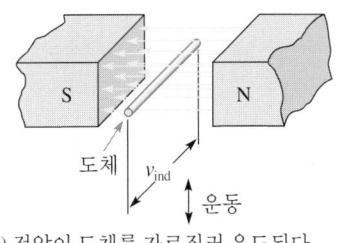
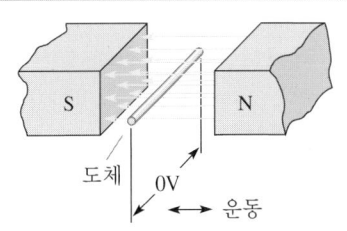

(a) 전압이 도체를 가로질러 유도된다.　　　　(b) 도체에 전압이 유도되지 않는다.

그림 8-2

전압을 유도하기 위한 도체의 상대운동은 자계에 수직이어 야 한다.

서 움직일 때, 전압은 오직 도체가 자력선을 가로질러 움직일 때에만 유도된다. 도체 가 자력선에 평행하게 움직일 때는 전압이 유도되지 않는다. 그림 8-2는 도체에 전압 이 유도되기 위해 필요한 상대운동을 보여준다. 그림 8-2(a)에 보여진 것처럼 도체가 위아래로 움직이면서, 자력선들을 자를 때, 전압이 도체를 가로질러 유도된다. 그림 8-2(b)에 보여진 것처럼 도체가 측면에서 측면으로 즉, 자기장에 평행하게 움직인다 면, 전압이 유도되지 않는다. 물론, 도선이 상하가 아닌 전후로 움직임으로써, 자력선 이 끊어지지 않는다면 전압은 유도되지 않을 것이다.

유도전압의 극성

만약 도체가 아래로 움직이면, 전압은 그림 8-3(a)에 표시된 극성으로 유도된다. 반면 에 도체가 위로 움직이면, 극성은 그림 8-3(b)에 표시된 것처럼 된다. 만약 도체가 자 계 내에서 먼저 아래로 움직인 후 이어서 위로 움직인다면, 유도된 전압의 극성 반전 을 관찰히게 될 것이다.

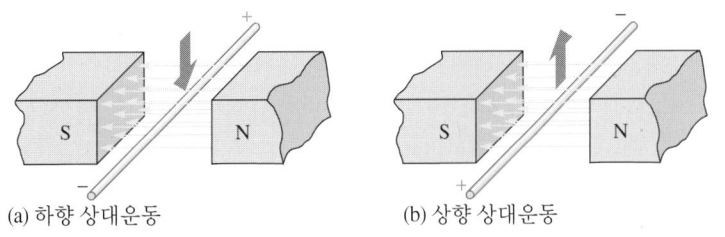

(a) 하향 상대운동　　　　(b) 상향 상대운동

그림 8-3

유도된 전압의 극성은 운동 방향에 의존한다.

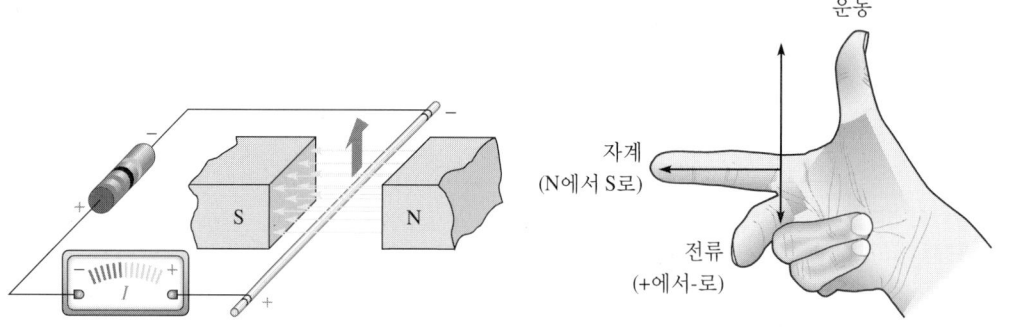

그림 8-4 움직이는 도체와 유도 전류 사이의 관계. 도체는 유도 전류로 인해 전압원처럼 행동한다.

(a) 도체가 자계 내에서 움직임에 따라 부하에 유도된 전류(i_{ind})

(b) 오른손 발전기 법칙. 오른손은 도체의 운동과 자계, 그리고 유도전류(+에서 -로) 사이의 직교관계를 나타내는 데 사용될 수 있다.

유도전류

움직이는 도체에 그림 8-4(a)처럼 폐로와 부하가 연결되면 전류가 부하에 흐를 것이다. 부하를 가로지르는 유도전압의 극성이 전류의 극성을 결정한다. 때때로 움직이는 도체의 전류 방향을 결정하는 것이 유용하다. 플레밍은 전자의 발견 전에 전류가 양에서 음으로 흐른다고 가정되었을 때 그의 오른손 법칙을 발견했다. 이 법칙엔 운동이 포함된다는 것을 명심하라. 그림 8-4(b)는 오른손 법칙을 보여준다. 엄지손가락은 도체의 운동방향을, 집게손가락은 자계의 방향(N극에서 S극으로)을, 가운데손가락은 전류의 방향을 가리킨다. 만약 전자의 흐름에 관하여 생각하고 싶다면, 왼손을 사용할 수 있다. 이때 가운데 손가락은 전류가 아닌 현재 전자의 흐름을 나타낼 것이다.

직선 도체에 대한 패러디의 법칙

자계에 대한 패러디의 연구는 그의 이름을 가진 법칙을 이끌어 냈다. 패러디의 법칙을 이용하여 움직이는 도선에 유도되는 전압을 계산할 수 있다. 도체에 유도되는 전압은 다음 4가지 요소에 의해 결정된다.

1. 자계의 세기
2. 자계 내의 도체 길이
3. 도체가 자계와 상대적으로 움직이고 있는 속도
4. 도체가 자계와 상대적으로 움직이고 있는 각도

식 (8-1)에 의해 표현되는 수학적인 법칙은 패러디의 법칙에 이어 노이만(Neuman)에 의해 발전되었다. 위에 열거된 요소들은 다음 식으로 요약될 수 있다.

$$v_{ind} = Blv \sin \theta \tag{8-1}$$

여기서 v_{ind}는 V를 단위로 하는 도체를 가로질러 유도된 순간전압이고, B는 T를 단위로 사용한 자속밀도이다. l은 m단위의 자계 내의 도체의 길이이다. v는 m/s의 단위인 도체와 자계 사이의 상대속도이고, θ는 자계와 도체의 운동 사이의 각도이다.

식 (8-1)에 나타낸 사인함수는 직각 삼각형으로부터 개발되어진 삼각함수의 하나이다. 임의 각도의 sin값은 계산기로 구할 수 있다(예제 8-2에 보인 것처럼). 만약 도체가 자기력선에 평행($\sin 0° = 0$)하게 움직인다면, 이 항은 0이 되고, 따라서 도체에 유도된 전압은 0 V가 될 것이다. 도체가 자계에 90°로 움직인다면, 유도전압은 최대값 ($\sin 90° = 1$)으로 된다. 운동이 자계 방향에 수직($\perp$)인 특별한 경우에는 식 (8-1)은 다음과 같이 된다.

$$v_{ind} = B_\perp lv \tag{8-2}$$

여기서 $B_\perp$는 자계가 운동 방향과 수직임을 나타낸다.

예제 8-1

문제

그림 8-2의 도체 길이가 15 cm이고, 자석의 극면 길이가 10 cm이다. 자속밀도가 0.75 T, 그리고 도체가 속도 1.0 m/s로 자계에 대해 위로 90° 움직인다면, 도체를 가로질러 유도되는 전압은 얼마일까?

풀이

비록 도체 길이가 15 cm이지만, 극면의 크기 때문에 10 cm(0.1m)만이 자계 내에 존재한다. 식 (8-2)에 대입하면,

$$v_{ind} = B_\perp lv = (0.75 \text{ T}) (0.1 \text{ m}) (1.0 \text{ m/s}) = 0.075 \text{ V} = \textbf{75 mV}$$

질문

만약 속도가 2.0 m/s 라면, 얼마의 전압이 도선에 유도되겠는가?

예제 8-2

문제

도선이 자계에 30°의 각도를 가지고 0.8 m/s의 일정한 속도로 움직이고 있고 자석의 극의 폭은 5 cm이다. 만약 도체를 가로지르는 유도전압이 10 mV라면, 자계의 자속밀도는 얼마인가?

풀이

식 (8-1)을 다시 정리해 보면,

$$v_{ind} = Blv \sin \theta$$

$$B = \frac{v_{ind}}{lv \sin \theta} = \frac{10 \text{ mV}}{(0.05 \text{ m})(0.8 \text{ m/s})(\sin 30)} = 0.5 \text{ Wb/m}^2 = 0.5 \text{ T}$$

TI-36X를 위한 계산기 버튼 누름은 다음과 같다

`1` `0` `EE` `+/-` `3` `÷` `(` `.` `0` `5` `×` `.` `8` `×` `3` `0` `SIN` `)` `=`

여러 계산기처럼, TI-36X는 표시된 값에 대해 사인함수를 수행한다. 따라서 `SIN` 키 전에 각도 (30°)를 입력해야 한다. 어떤 계산기들은 이 문제를 해결하기 위해 다른 절차나 키누름 설정을 사용한다; 만약 확실치 않다면 설명서를 확인하라.

질문
이 예제에서 도선이 자계에 수직으로 움직인다고 가정하면 얼마의 전압이 도선을 가로질러 유도되겠는가?

저항성부하가 자계선을 자르는 도체에 연결되어 있을 때, 유도전압은 옴의 법칙에 따라 부하에 전류를 야기시킨다. 이러한 동작의 결과로 생긴 전류가 8-3절에서 보게 될 전기 발전기의 기본이다. 임의 순간의 전류는 이탤릭 소문자 i로 나타낸다. 이 전류는 임의 순간의 전류의 순간값을 나타낸다. 이 전류는 그 순간에 이 전류를 야기시킨 순간전압에 따라 달라진다. 만약 도체가 위아래로 움직인다면, 유도전압과 전류의 극성은 반전될 것이다.

코일에 대한 패러디의 법칙

단일 도체에 대한 패러디의 법칙은 유도전압이 자계에 노출된 도체 길이에 관계된다는 것을 보여준다. 자계에 노출된 도체 길이를 증가시키는 간단한 방법 중의 하나는 도체를 코일 형태로 만드는 것이다. 자계에서 코일을 회전시키거나 코일에서 자계를 움직이면 전압이 코일에 유도된다. 자계에서 회전하는 코일에 대한 아이디어가 전기 발전기의 기본인 것이다.

1831년에 마이클 패러디는 코일 내에서 자석을 움직임으로써, 또한 고정된 자계 내에서 코일을 움직임으로써 전류를 발생시키는 실험을 수행했다. 두 경우 모두 상대 운동으로 인해 자계선이 도체에 의해 끊어지고, 따라서 코일 사이에서 전압이 생성된다. 코일을 가로지르는 유도전압의 양은 다음 2가지 요소에 의해 결정된다:

1. 코일 자속 변화율
2. 코일의 권선수

비록 이러한 요소들이 코일에 대한 것이라 할지라도, 이들은 식 (8-1)에 주어진 직선 도체에 대한 패러디 법칙에도 관계된다. 유도된 전압은 자계의 세기(B), 도체의 길이(l), 도체의 속도(v), 도체가 움직이는 각도(θ)에 의해 결정된다는 것을 상기하라. 도체의 길이를 제외하고, 이러한 요소들은 모두 코일에 대한 자계의 변화율과 관련된다. 변화하는 자계의 효과는 실험에서 쉽게 증명될 수 있다. 그림 8-5에서 막대자석이 코일 내에서 움직임에 따라 코일에 대한 자속변화를 야기한다. 그림(a)에서 자석은 일정한 속도로 움직이고, 그에 따라 일정한 유도전압이 만들어진다. 그림(b)에서는 자석이 코일을 통해 더 빠른 속도로 움직이고, 이에 따라 더 큰 유도전압을 생성한다.

코일의 권선수는 자계에 노출된 도체와 길이와 관계가 있다. 도체가 길면 길수록 더 많이 감을 수 있기 때문이다. 식 (8-1)을 보면 유도전압은 도체 길이 l에 비례한다. 코일에 의한 유도전압은 코일에 대한 두 번째 요소로 언급했던 것처럼 코일의 권선 수에 직접적으로 관계된다. 그림 8-6에 보인 간단한 실험은 이를 입증한다. 그림 (a)에서 자석은 코일을 통해 움직이고, 전압이 유도된다. 그림 (b)에서 자석이 더 많은 권선수를 갖는 코일을 같은 속도로 통과해 움직인다. 더 많은 권선 수는 더 많은 유도전압을 생성한다. 따라서, 코일에 대한 패러디의 법칙은 다음과 같이 기술할 수 있다.

자기력선이 끊어지는 속도가 유도전압에 비례하는 데모 실험   **그림 8-5**

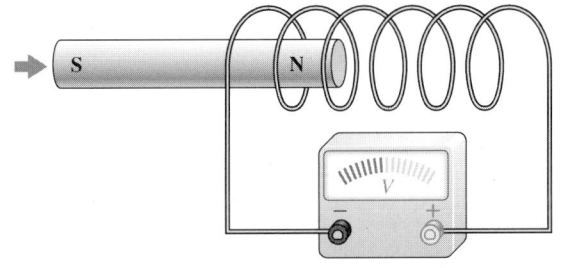
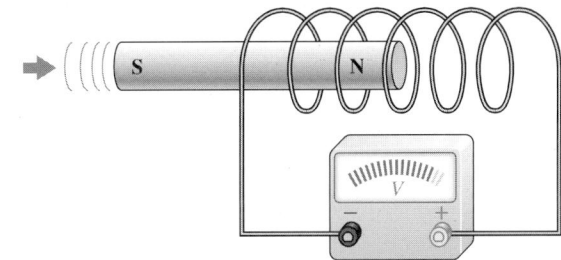

(a) 자석이 천천히 오른쪽으로 움직임에 따라 코일에서의 자계가 변화하고, 전압이 유도된다.

(b) 자석이 보나 빨리 오른쪽으로 움직이면 자계는 보다 빨리 변화하고, 더 큰 전압이 유도된다.

코일의 권선수는 유도된 전압과 관계가 있다.   **그림 8-6**

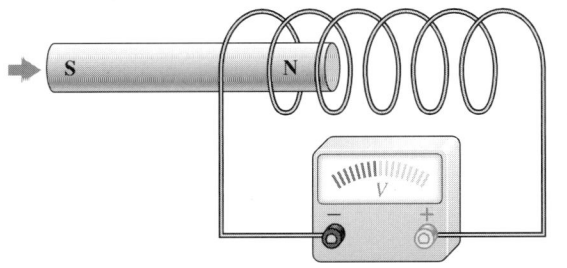
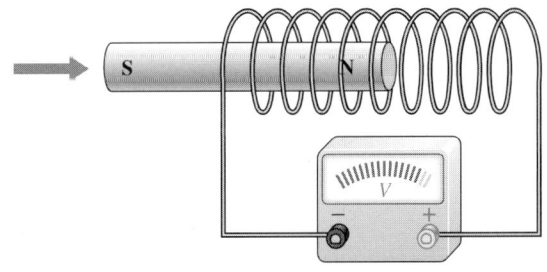

(a) 자석은 코일을 통해 움직이고 전압을 유도한다.

(b) 자석이 권선수가 더 많은 코일을 같은 속도로 통과해 움직일 때 더 많은 전압이 유도된다.

자계 내에서 움직이고 있는 코일을 가로질러 유도되는 전압은 코일의 권선수와 자속 변화율의 곱에 비례한다.

패러디의 시대에는 그의 이름을 가진 이 법칙의 즉각적인 실제 응용은 없었다. 오랜 기간 동안 패러디의 발견은 단지 과학적 호기심에 불과했다. 하지만 전압이 자계에서 움직이는 도체에 유도될 수 있다는 사실은 후에 발전기와 모터 개발에 직접적인 영향을 끼쳤다. 본질적으로, 모든 발전기는 도체와 자계 사이의 상대운동에 의해 기계적인 운동을 전기적인 전류로 변환시킨다. 패러디의 법칙은 회전하는 모든 전기 기계에 적용되는 기본적인 법칙 중의 하나이다.

복습 질문

1. 도체에 전압을 유도시키는 두 가지 요구조건은 무엇인가?
2. 움직이는 도체에서 유도전압의 양을 결정하는 4가지 요소는 무엇인가?
3. 고정된 도체에 전압이 어떻게 유도되어질 수 있는가?
4. 만약 자계에서 도체의 운동을 반전시키면 유도전압이나 전류의 극성에 무슨 일이 발생하는가?
5. 자계선에 평행하게 움직이는 도체에는 얼마의 전압이 유도되는가?

8-2 전류가 흐르는 도체에 작용하는 힘

자계선을 끊는 도체의 운동은 도체에 유도전압을 야기한다. 완전한 통로가 제공되면 전류는 움직이는 도체에 유도되고, 도체는 힘을 받게 되는데, 이것이 모터의 기본원리이다.

이 절에서는 자계 내에서 움직이는 도체에 작용하는 힘을 계산하는 방법을 배운다.

도체 부근의 자계

도체에 전류가 흐를 때 움직이는 전하에 의해 미약하나마 자계가 유도된다. 물론 그 움직임은 자계에 수직이다. 그림 8-7은 도체의 단면도를 보여준다. (완전한 경로는 나타나 있지 않다.) 자계선은 도선 주위의 동심원이다. N극 또는 S극은 존재하지 않는다. 도체 내에서 움직이는 전자는 자계를 생성한다. 자계선의 간격으로 나타낸 것처럼 자계는 도체 근처에서 더 강하다. 자계선상의 화살표 방향은 도체 가까이에 놓아둔 나침반이 지시하는 방향을 가리킨다.

만약 도체가 고정된 자계에 놓여 있다면, 고정된 자계는 전류에 의해 생성된 자계와 상호작용할 것이다. 그림 8-8은 이를 설명하고 있는데, 도체의 단면도를 보여준다. 이 상호작용의 결과로 자계선들이 도체의 한 측면에만 집중되는데, 이는 더 강한 자

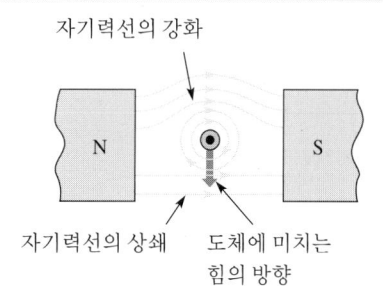

그림 8-7

전류가 흐르는 도체 주위의 자력선 도체는 단면도로서 그려져 있다.

자기력선

나침반

도체

도체 내 전자의 흐름 방향

그림 8-8

전류가 흐르는 도체 주위의 자기력선이 고정된 자석으로부터의 자계와 상호작용하여 도체에 힘이 작용한다. 전류는 자계에 수직이고, 종이 안으로 향한다.

자기력선의 강화

N　　　S

자기력선의 상쇄　도체에 미치는 힘의 방향

계를 생성하도록 강화하기 때문이다. 도체의 반대쪽 측면에서는 자선선이 서로 상쇄되고, 이로 인해 더 약한 자계가 생성된다. 이 상호작용 때문에 힘은 도체 그 자체에 작용된다. 강한 자계가 도체 위에 있기 때문에 힘은 아래로 향한다. 즉, 이 경우는 원인으로서의 전류와 결과로서의 힘을 보여준다.

본질적으로, 모든 모터는 일을 하기 위해 전기적인 전류를 힘으로 변환한다. 이는 자계 내에서 전류가 흐르는 도체를 따라 생성되는 힘에 기인한다. 이 힘의 양은 자속밀도(B), 도체 내 전류(I), 자계에 노출된 도체의 길이(l), 그리고 도체가 자계를 자르는 각도(θ)에 의해 결정된다. 이러한 요소들의 관계는 비오-사바르의 법칙(Biot-Savart's law)으로 알려져 있다. 식으로 표현하면,

$$F = BIl \sin \theta \tag{8-3}$$

여기서 F는 단위 뉴턴(N)인 힘이고, B는 단위 테슬라(T)의 자속밀도, I는 단위 암페어(A)인 전류, l은 m 단위의 자계 내에서 도체 길이이다. 그리고 θ는 도체와 자기력선 사이의 긱도이다.

도체가 자계선에 수직인 경우에, 식 (8-3)은 다음과 같이 된다.

$$F = B_{\perp} Il \tag{8-4}$$

$B_{\perp}$는 자계가 도체에 수직임을 나타낸다. 식 (8-4)에서 힘, 자계, 전류 사이의 관계는 모터에 대한 왼손법칙으로 나타낼 수 있다. 그림 8-9는 왼손을 사용한 관계를 보여준

그림 8-9

왼손 모터의 법칙(The left-hand motor rule). 왼손은 도체에 작용하는 힘, 자계, 유도 전류(양에서 음으로) 사이의 직각 관계를 보여주는 데 사용될 수 있다.

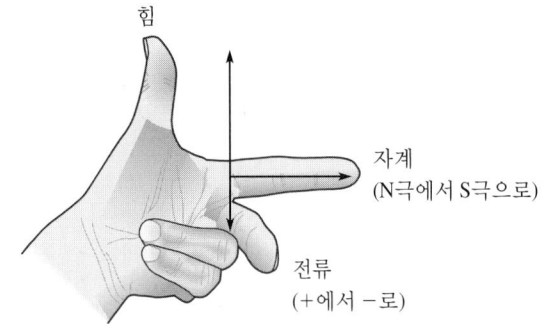

힘

자계
(N극에서 S극으로)

전류
(+에서 −로)

다. 보여진 것처럼 세 개의 변수는 각각 항상 서로에 대해 직각이다. 변수 중 두 개(자계와 전류)는 그림 8-4(b)에서 보여진 발전기 법칙과 같은 손가락으로 할당된다. 발전기에서 엄지손가락이 운동을 나타낸 반면 모터 법칙에서는 힘을 나타낸다. 자계는 또한 N극에서 S극으로 향한다. 또한, 전류는 양(+)에서 음(−)으로 향하는 전통적인 전류를 나타낸다. 만약 전자의 흐름을 보기 원한다면 오른손을 사용하라.

예제 8-3

문제

전체 도선에서 10 cm의 부분이 도선에 직각인 0.5 T의 강한 영구자석으로부터의 자계에 노출되어 있다. 만약 도선에 25A의 전류가 흐른다면, 자계에 기인한 힘은 얼마인가?

풀이

자계가 도선에 수직이므로 식 (8-4)를 사용할 수 있다.

$$F = B_\perp Il = (0.5 \text{ T})(25 \text{ A})(0.1 \text{ m}) = \mathbf{1.25 \text{ N}}$$

자계는 매우 강하고(0.5 T) 전류 값이 큼(25A)에도 불구하고, 단일 도체에 미치는 힘(1.25 N)이 작음에 유의하라.

질문

도선이 자계선과 60°의 각도로 움직인다면, 도선에 작용하는 힘은 얼마인가?

예제 8-4

문제

길이 0.20 m의 도선이 일정한 자계에 직각으로 놓여져 있다. 이 도선에 40 A의 전류가 흐르고, 15 N의 힘이 측정되었다. 자속밀도는 얼마인가?

풀이

자계가 도선에 수직이므로 식 (8-4)를 사용한다. 식을 재정리하면,

$$B_\perp = \frac{F}{Il} = \frac{15 \text{ N}}{(40 \text{ A})(0.20 \text{ m})} = \mathbf{1.88 \text{ T}}$$

이 값은 작은 발전기에서 볼 수 있는 것처럼 강한 전자석을 만드는 높은 자속밀도이다.

질문
전류가 30 A로 줄어들었다고 가정하면 도선에 작용하는 힘은 얼마인가?

식 (8-4)의 응용 중의 하나는 자석의 자속밀도 B를 결정하는 것이다. 힘, 전류, 도체의 길이는 직접 측정할 수 있다. 따라서, 이 식은 다음 예제에서 B를 풀기 위해 재정리한다.

평행한 도체 주위의 자계

대부분의 실제 전기회로에서 도선 주위의 자계는 인지하기에 너무 작다. 자계가 단일 도체 근처에서 작다 할지라도, 도체에 흐르는 전류를 증가시켜서 자계를 강하게 만들 수 있다. 도선 근처에서 자계를 증가시키기는 또 다른 방법은 전류가 흐르는 또다른 도체를 평행하게 위치시키는 것이다. 이것은 한 도체로부터의 자계가 다른 도체로부터의 자계와 상호작용하기 때문이다. 만약 두 도체에서의 전류가 같은 방향이라면 각 도체에서의 자계가 합쳐져서 자계는 더욱 강해진다. 그러나 도체 사이의 자계는 상쇄되는 경향이 있다. 이것은 그림 8-10(a)에 그려져 있다. 만약 전류의 방향이 두 도체에서 반대라면, 그 도체들 사이의 자계는 증대되는 경향이 있다. 강해진 자계는 그림 8-10(b)에서 나타낸 것처럼 도체들을 옆으로 밀어내는 자력을 생성한다.

고정된 자계인 경우, 힘은 자계의 상호작용에 의해 야기된다. 여러분은 고장력 전선이 진동하는 소리를 들은 적이 있을지도 모른다. 그 변하는 힘의 변화는 교류에 기인한다. 이것은 여러분이 듣는 진동과 소음을 발생한다.

코일 주위의 자계

이미 알고 있듯이 도체 내의 전류는 자계를 야기하고, 자계의 세기는 전류에 비례한다. 대부분의 실제적인 응용에서 전류가 흐르는 단일 도체 주위의 자계는 일반적으로

그림 8-10

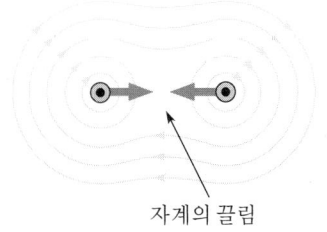

자계의 끌림

(a) 전류가 같은 방향일 때 도체 사이의 자계는 상쇄되는 경향이 있다.

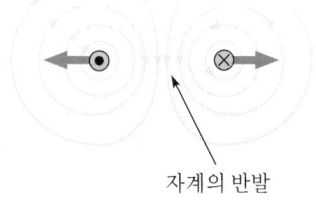

자계의 반발

(b) 전류가 반대 방향일 때 도체들 사이의 자계가 강화되어, 도체들을 서로 밀어낸다.

상호작용하는 평행한 도체들로부터의 자계. 점은 종이를 뚫고 나오는 화살촉을 나타내고, x는 종이로 들어가는 화살의 깃을 나타낸다.

그림 8-11

코일 주위의 자계

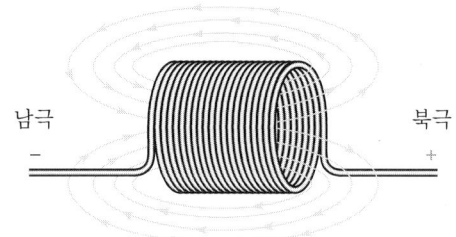

남극 ———— 북극

그림 8-12

물건 취급용 둥근 전자석들

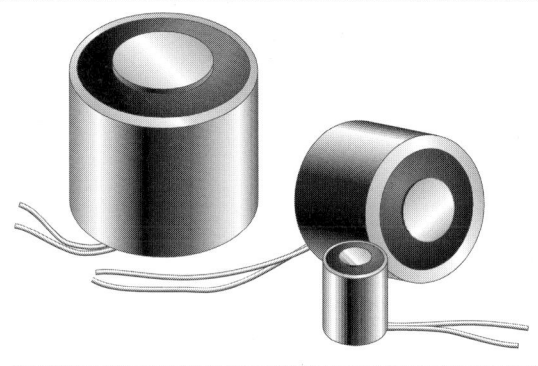

그리 강하지 않다. 그러나 도선을 코일로 감으면 그 코일은 같은 방향으로 전류가 흐르는 일련의 평행한 도체들처럼 동작한다. 따라서, 권선수에 따라 코일 주위의 자계가 강화된다. 즉, 각각의 권선은 코일의 전체 자계에 더해져서, 더 많은 권선수는 자계를 더 강하게 한다. 코일은 그림 8-11에 보여진 것처럼 막대자석과 유사하게 북극과 남극을 가진다.

연철조각이 코일 내부에 놓여지면, 철의 자기구역이 코일의 자계선과 같은 방향으로 정렬하게 되고, 전류가 흐르는 한 계속 더 강한 자석으로 남게 된다. 이것이 전자석을 만드는 방법인데, 솔레노이드(solenoid)나 다른 자기장치가 거의 항상 자기코어(magnetic core) 물질을 가지고 있는 이유이기도 하다. 작은 전자석은 이들이 자성체 재료를 쉽게 들고 놓을 수 있기 때문에, 로봇을 이용한 제조공장에 많이 이용되고 있다. 그림 8-12는 물건 취급에 이용되는 작은 전자석들을 보여준다.

복습 질문

6. 단일 도체 주위의 자계선 모양은 어떤 형태인가?
7. 단일 도체 주위의 자계 세기는 어떻게 결정되는가?
8. 전류가 같은 방향으로 흐르는 두 개의 평행한 도체에 작용하는 힘의 방향은 어디인가?
9. 코일의 전류 방향이 바뀌면 전자석의 극에는 무슨 일이 일어나는가?

10. 전자석의 세기를 제어하는 3가지 요소는 무엇인가?

발전기 8-3

도체와 자계 사이에 상대운동이 있을 때 전압이 가로질러 유도된다. 전기 발전기는 이
원리의 실제 응용이다.

이 절에서는 직류발전기와 교류발전기의 동작원리에 대해 배운다.

안전 노트

미국 전신 코드(NEC)는 발전기와
모터에 대한 많은 표준들을 포함
한다. 예를 들어 모터는 작동 중일
때보다 시동을 걸 때보다 많은 전
류를 소모하므로 모터의 회로는
종종 시동시 일시적인 과부하를
견디도록 설계되어진다. 과부하
보호장치는 NEC에 규정된 모터
와 발전기들에 대한 많은 명세 중
의 하나일 뿐이다.

전기 발전기는 기계적인 일을 전기로 변환하는 장치이다. 전압은 도체와 자계 사이
에 상대운동이 있을 때 도체에 유도된다는 것을 상기하라. 상대운동이 모든 전기 발
전기의 동작원리이다. 즉, 거의 모든 발전기의 운동은 회전운동이다. 출력은 교류 또
는 직류 어느 쪽으로도 가능하다. 영어로 교류발전기는 올터네이터(alternator)라 부른
다. 여기서 alternator는 *altern*ating current *generator*로부터 왔다.

실제 발전기의 경우 자계든 도체든 어느 한쪽이 회전한다. 대부분의 소형 발전기
에서는 자계는 고정되고, 도체가 회전한다. 이러한 형태를 고정 계자 발전기(stationary
field generator) 또는 고정 계자 교류발전기(stationary field alternator)라 부른다. 회전 계자
발전기(rotating field generator) 또는 회전 계자 교류발전기(stationary field alternator) 라고
부르는 두 번째 형태는 큰 힘을 필요로 하는 경우나 자동차와 같이 직류를 필요로 하
는 경우 등에서 널리 사용된다. 이러한 형태에서는 자계는 회전하고 도체가 고정된
다. 물리학적인 관점에서 보면 자계가 움직이든 도체가 움직이든 아무 문제가 되지
않는다. 즉, 어느 쪽이든 전압은 도체를 가로질러 유도된다. 곧 알게 되겠지만 실제적
인 구조 측면에서 보면 서로간에 장단점이 존재한다.

고정된 자계에서 도체의 원운동

도체가 자계 내에서 일정한 속도로 회전할 때 그림 8-13(a)에 나타낸 것처럼 사인파
전압이 발생된다. 원운동은 실질적인 모든 전기 발전기에서 발견되어진다. 도체는 밑

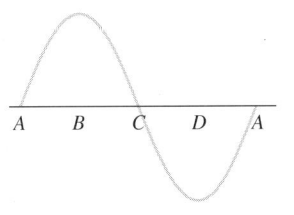

그림 8 13

자계 내에서 원 운동하는 도체
의 움직임은 도체에 사인파의
전압을 유도한다.

(a) 일정한 자계에서 도체의 원운동   (b) 유도된 전압은 사인파의 형태를
                                              갖는다.

(위치 A)에서 출발해서 자계선과 평행으로 움직이므로 전압은 전혀 유도되지 않는다. 도체가 B의 위치를 향해 움직임에 따라 자계선에 수직이 될 때까지 점점 더 빠른 속도로 자계선을 끊게 된다. 이 점에서 최대 전압이 유도된다. 도체가 C점을 향해 회전함으로써 자계선에 평행하게 될 때까지 자계선을 끊는 속도는 점점 느려지고, 다시 0 V로 된다. 도체가 D점으로 움직이면 도체는 다시 빠른 속도로 자계선을 자른다: 그러나 이 운동은 A점과 C점 사이의 운동방향과 반대이고, 따라서 극성도 반대가 된다. 도체가 D점에 이르렀을 때 이것은 다시 자계선에 수직으로 움직이고, 따라서 유도전압이 최대가 되는데, 이때는 다만 극성이 반대가 된다. 그런 다음 도체는 출발점으로 돌아오고 계속 이 과정을 반복한다. 전압 그래프는 사인파와 같은 모양의 전압파형을 그리게 된다. 이것이 그림 8-13(b)에 나타나 있다.

고정된 도체 가까이에서 자계의 원운동

움직이는 도체의 경우처럼 그림 8-14에서 설명된 것처럼 자계는 사인파 모양의 전압을 생성하기 위해 도체 가까이에서 회전될 수 있다. 회전하는 영구 자석은 자속에 수직인 고정된 도체를 통해 자계선을 뚫고 지나갈 것이다. 이 경우 도체는 영구자석으로부터의 자계선을 집중시키기 위해 철 구조 안에 있는 코일의 단일 루프이다. 이 변화하는 자계가 사인파의 전압이 도체에 유도되도록 한다.

교류발전기

교류발전기(alternator)는 교류를 출력하는 전기 발전기이다. 알고 있는 바와 같이 전압은 도체와 자계 사이에 상대운동이 있을 때 발생한다. 교류발전기는 기계적인 에너지를 전기적인 에너지로 변환하는 원리를 이용한다. 교류발전기의 고정된 부분은 고정자(stator)라 부르고, 회전하는 부분은 회전자(rotor)라 부른다. 고정자는 프레임(frame), 극(pole), 계좌권선(field winding), 그 외 고정된 부분들을 포함한다. 회전자는 디젤 엔

그림 8-14

회전하는 자석은 도체에 사인파의 전압을 발생시킨다. 그림의 도체는 자석에 수직인 코일의 단일 루프이다.

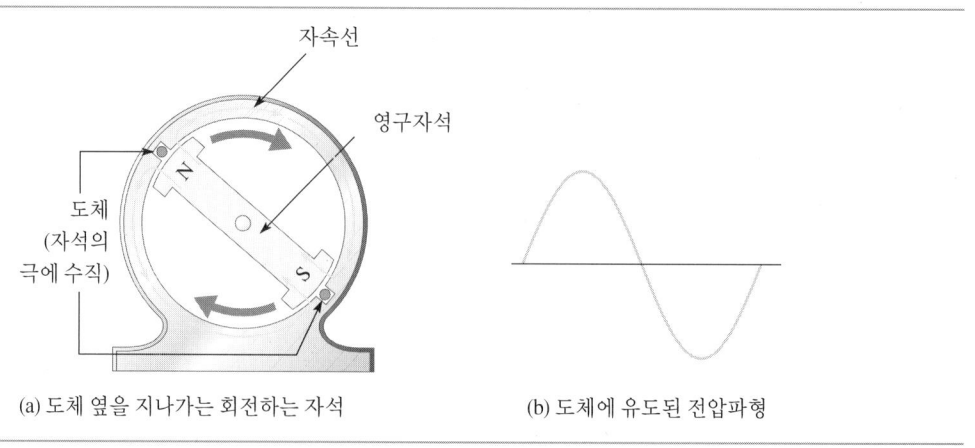

자속선

영구자석

도체
(자석의
극에 수직)

(a) 도체 옆을 지나가는 회전하는 자석

(b) 도체에 유도된 전압파형

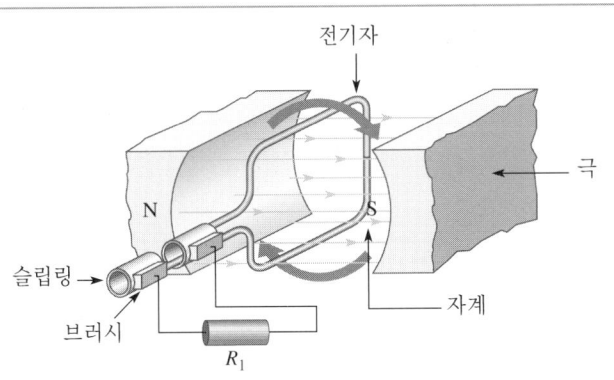

그림 8-15

단순화시킨 교류발전기. 실제적인 교류발전기의 전기자는 철심에 많은 권선수를 갖는다.

진처럼 **원동기**(prime mover)라 불리는 외부 동력원으로부터 공급되는 에너지에 의해 가동된다. 모든 발전기는 실제로 에너지 변환장치이다. 즉, 그들은 단순히 원동기의 에너지를 전기적인 에너지로 변환한다.

그림 8-15는 그 주요 전기적인 특징을 보여주는 아주 단순한 고정 자계 교류발전기 (stationary field alternator)를 보여준다. 즉, 기계적인 지지구조물은 나타내지 않았다. 이 단순한 그림은 자석의 두 극 - N극과 S극 - 을 보여준다. 이런 구조를 2극 교류발전기 (two-pole alternator)라 부른다. 도선의 코일은 두 극(단일 루프에 의해 나타낸) 사이에 있고, 힘을 가함으로써 돌게 된다. 자계에서 회전하는 단일 도체는 그 양끝에서 사인파 전압을 생성한다는 것을 상기하라. 도선은 한번 감은 코일로 형성하면 자계에 노출된 길이가 단일 도체의 두 배로 되어 전압은 두 배만큼 생성된다. 노출된 길이를 보다 많이 늘리기 위해서 단일 루프는 여러 번 감겨진 권선 코일로 만든다. 자계를 차단하는 전도성 코일을 **전기자 코일**(armature coil)이라 부른다. 전기자는 도체와 자계 사이의 상대운동으로 전압이 유도되는 교류발전기의 한 부분으로 정의된다. 고정 자계 교류발전기에서 전기자는 회전자이고, 회전 자계 교류발전기에서는 전기자가 고정자이다.

고정 자계 교류발전기이 경우 회전하는 코일의 양 끝은 전기자가 회전함에 따라 이들 사이에 유도전압이 발생한다. 회전코일의 각각의 끝은 슬립링(slip ring)이라 불리는 단단한 둥근 링에 연결되어 있다. 슬립링은 전기자와 함께 회전하고, 또한 회전자를 위한 전기 통로의 일부이다. 브러시(brush)라 불리는 고정도체가 움직이는 슬립링과 접촉해 있다. 브러시는 전도 물질(탄소 또는 탄소-그래파이트)로 구성되어 있고, 외부 회로에 회전하는 루프를 연결한다. 슬립링과 브러시의 결합은 전기자의 회전운동을 교류의 고정 전원으로 변환한다.

운동기구 계기판의 전력공급에 사용되는 초소형 교류발전기는 회전하는 전기자 코일의 계자로서 영구자석을 사용한다. 단순화를 위해 그림 8-15에는 영구자석이 나타나있다. 하지만 대형발전기의 경우 더 큰 자속밀도를 생성하는 전자석을 자주 사용한다. 전자석은 직류가 흐르는 코일로 만든다는 것을 상기하라. 자계를 제공하기 위해 만들어진 코일을 **자계 코일**(field coil)이라 부른다. 교류발전기는 자계 코일에 필요한 직류를 공급하기 위해 외부 전원을 사용하거나, 초기 자계를 위해 극에 있는 잔류 자기를 사용하기도 한다. 이후 발전기로부터의 전류가 증가함에 따라, 그 일부가 직류로 변환되고, 자계를 최대값으로 만들기 위해 자계 코일을 통해 연결된다.

자석의 구조

제7장에서 공부한 자기 경로의 공극(air gap)이 큰 자기저항이라는 사실을 상기하라. 실제적인 발전기와 모터에서 강한 자계를 위해 가능한 한 자기저항을 줄일 필요가 있다. 이를 위해 회전자는 자기 물질을 포함하며 이는 2극 고정 자계 발전기 또는 모터에 대한 그림 8-16에 나타낸 바와 같이 자기 경로의 일부이다. 이 자계는 전기자 전류가 전혀 없는 자계 코일에 의해 생성된다. 회전하는 전기자와 자계 극 사이의 공극만이 기계적인 이유로 필요하다. 전기자와 자계 극 사이의 공간은 자기저항을 최소화하기 위해 최소로 유지된다.

앞서 언급했던 것처럼, 자계를 위해 전자석을 사용하면, 자계는 극 주위를 둘러싸고 있는 자계 코일에 의해 생성된다. 이들이 전기자 코일에 대한 자계를 생성한다. 전기자는 또한 전기자 코일을 감기 위한 공간을 위해 홈이 파져 있다. 프레임은 자기회로의 일부분이고, 따라서 이것은 강자성체의 물질로 만든다. 이것은 낮은 자기저항 경로를 생성하도록 설계되는데, 높은 자속을 갖는 것이 필요하다. 베어링, 끝 마개, 브러시와 같은 교류발전기의 일부 부품은 그림 8-16에서 생략했다.

4극 교류발전기는 설계면에서 2극 교류발전기와 유사하다. 그러나 N극과 S극의 위치는 이제 서로 마주보지 않고 서로에 대해 90°로 배치된다. 그림 8-17은 4극 교류발전기와 그의 자기 경로를 보여주고 있다.

그림 8-16
자계극에 의해 생성된 2극 교류발전기에 대한 자기 경로

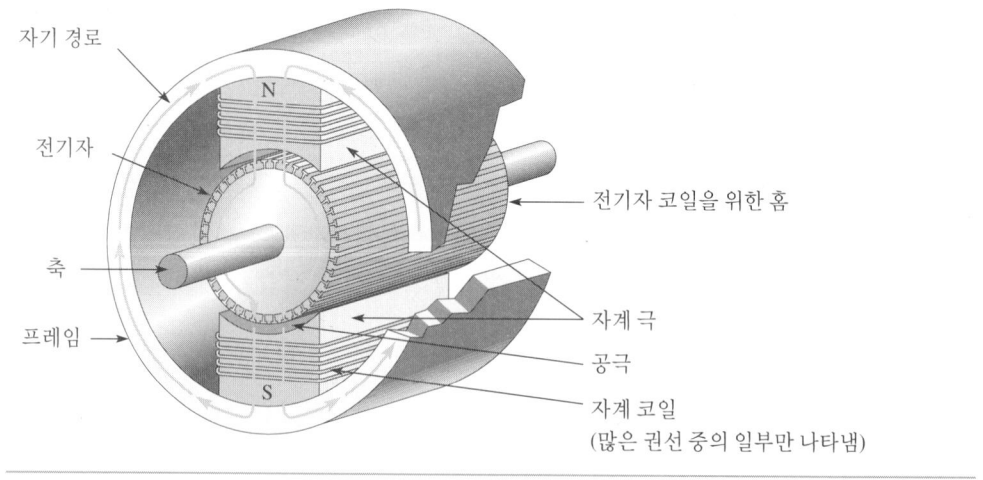

자기 경로
전기자
축
프레임
N
S
전기자 코일을 위한 홈
자계 극
공극
자계 코일
(많은 권선 중의 일부만 나타냄)

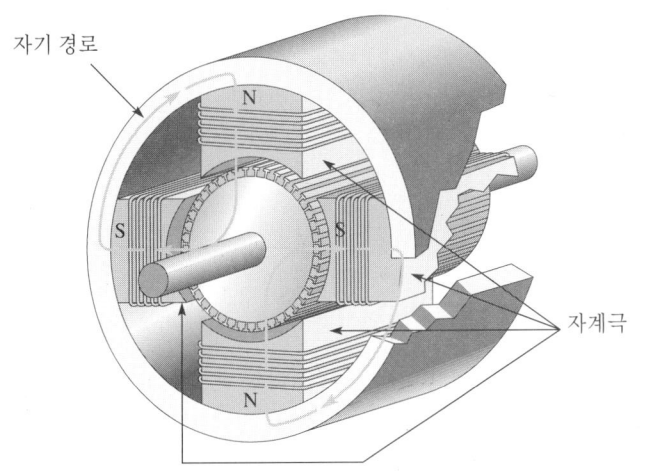

자기 경로

그림 8-17

자계극에 의해 생성된 4극 발전기 또는 모터에 대한 자기 경로. 4가지 경로 중에서 두 개만 나타나 있다.

자계극

교류발전기 주파수

2극 교류발전기에서 각 회전 동안 한 사이클이 만들어진다. 4극 교류발전기와 함께 전기자가 1회전할 때마다 N극과 S극 두 개의 자극을 지나간다. 따라서, 4극 교류발전기의 경우 각 회전당 2개의 전기적인 사이클이 있게 된다. 극의 개수와 회전자의 속도는 다음 식에 따라 출력 주파수를 결정한다.

$$f = \frac{N_S}{120} \tag{8-5}$$

여기서 f는 헤르츠단위의 주파수이고, N은 극의 개수, s는 rpm 단위의 회전자의 속도이다.

교류발전기에서 극의 개수는 변화될 수 있다. 2극 교류발전기는 터빈으로 구동되는 고속 교류발전기에서 일반적이다. 저속 교류발전기는 일반적으로 4개 이상의 극을 가시며 어떤 경우에는 100개만금 많다.

예제 8-5

문제

교류발전기가 1800 rpm으로 회전하고 4개의 극을 가졌다고 가정하면 출력 주파수는 얼마인가?

풀이

식 (8-5)에 대입하면,

$$f = \frac{Ns}{120} = \frac{(4)(1800 \text{ rpm})}{120} = \textbf{60 Hz}$$

질문

만약 주파수를 50 Hz로 낮추려면 회전자의 속도는 얼마인가?

그림 8-18

전기자 전류는 고정 자계 발전기 또는 모터에서 자계를 왜곡시킨다.

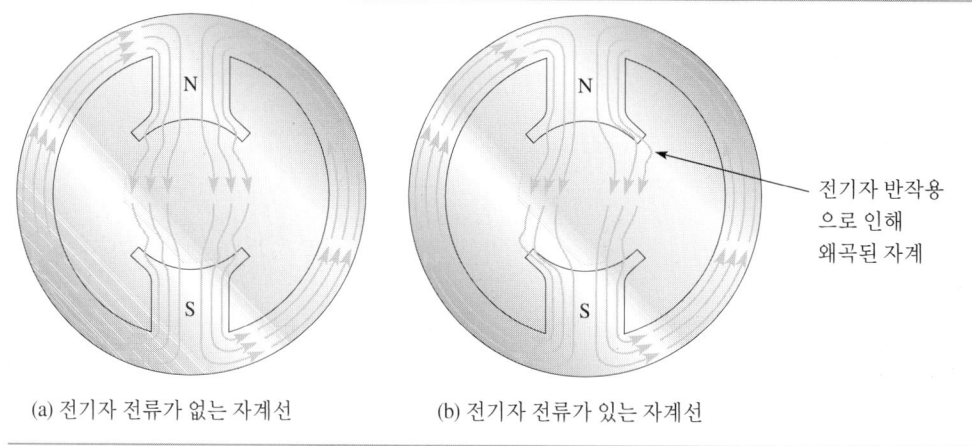

전기자 반작용으로 인해 왜곡된 자계

(a) 전기자 전류가 없는 자계선   (b) 전기자 전류가 있는 자계선

전기자 반작용

고정 자계 발전기에서 전기자가 회전할 때 옴의 법칙에 따른 전류가 부하에 흐르게 된다. 이 전기자 전류는 자계 극에 의해 만들어진 자계와 상호작용하는 자기 자신의 자계를 갖고 있다. 전기자에 의해 만들어진 자계는 자계 극에 의해 생성되는 것과 90° 각도를 이룬다. 두 자계의 상호작용은 자기의 결합에서 왜곡된 자계를 생성한다. 이 왜곡된 자계는 그의 원래 위치로부터 회전되는 경향이 있다. 전기자 전류에 의해 만들어진 추가 자계의 효과를 전기자 반작용(armature reaction)이라 부른다. 이것은 발전기 또는 모터 설계자에게 브러시에 스파크와 같은 문제를 야생시킨다.

전기자 반작용은 몇 가지 방법에 의해 최소화될 수 있다. 한 가지 흔한 방법은 주 자계 극에 수직인 자기 구조에 내극(interpole)이라 부르는 작은 자극을 추가하는 것이다. 단 이들은 자계에 대한 전기자의 영향에 반대방향으로 전기자와 직렬로 연결해야 한다. 그래서 전기자 자계가 증가하면, 그 내극 자계도 증가한다.

기본 직류발전기

도선 회전 루프로부터 나오는 본래의 파형은 교류 전류이다. 직류발전기는 오직 한 방향으로만 흐르는 전류를 제공해야 한다. 교류를 직류로 변환하는 과정을 정류라 부른다. 직류발전기는 여전히 전기자에서 교류파형을 발생한다. 이것이 기계적인 방법에 의해 맥동하는 직류로 변환된다. 결과의 파형을 평평하게 하는 것은 또 다른 소자에 의해 가능하다.

그림 8-19는 직류발전기를 단순화시킨 그림이다. 교류에서 직류로의 기계적인 변환은 슬립링을 두 부분으로 나눔으로써(2극 발전기에 대해) 행해진다. 이 "분할된" 슬립 링을 정류자(commutator)라 부른다. 기본적인 2극 배열에서 회전하는 루프의 각각

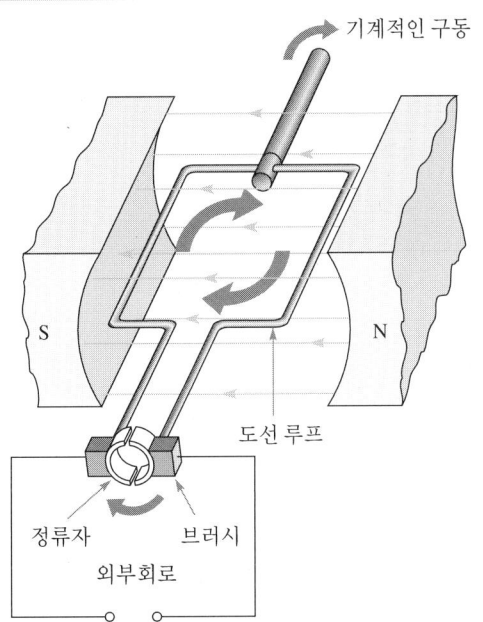

그림 8-19
단순화시킨 직류발전기

기계적인 구동

S   N

도선 루프

정류자   브러시

외부회로

의 끝은 정류자의 반쪽에 연결되어 있다. 이 정류자는 루프에서 유도전압의 극성이 바뀌는 것처럼 외부회로와의 연결이 반전된다. 루프가 자계에서 회전함에 따라 분리된 정류자도 또한 회전한다. 분리된 링의 각각의 반은 교류발전기에서처럼 브러시를 마찰한다. 루프의 극성은 분리된 링들이 반대편의 브러시와 접촉함에 따라 바뀌게 된다. 그래서 출력은 **정류된** 사인파(rectified sine wave)라 부르는 맥동 직류이다. 본질적으로, 교류발전기와 직류발전기의 유일한 차이는 교류발전기에 있는 슬립 링이 직류발전기에는 정류자로 대체되었다는 것이다.

정류된 사인파가 발생되는 과정이 그림 8-20에 나타나 있다. 루프가 자계에서 회전함에 따라 각도가 변화하면서 자속선을 자른다. 따라서 그 순간 *A*지점에서 도선 루프는 자계와 평행하게 움직인다. 따라서 그 순간 자속선을 자르는 속도는 0이 된다. 루프가 *A*지점에서 *B*지점으로 움직임에 따라 속도가 증가하면서 자속선을 자른다. *B*지점에서는 실질적으로 자계에 수직으로 움직이고, 따라서 최대의 자속선을 자르고 있다. 루프가 *B*지점에서 *C*지점으로 회전함에 따라 자속선을 끊는 속도는 *C*지점에서 최소(0)로 된다.

*C*시점에서는 루프 끝이 반내편 브러시에 집촉하기 때문에 유도진입의 극성이 분리된 정류자에 의해 반전된다. 이것은 출력이 첫 회전의 반에서 보여진 패턴을 반복하도록 야기한다. 루프가 *C*지점에서 *D*지점으로 회전함에 따라 자속선을 끊는 속도는 *D*에서 최대로 되고 다시 *A*에서 최소로 된다. 이와 같이 해서 두 번째 출력펄스가 관찰된다. 루프의 완전한 1회전 동안 그림 8-21에 나타낸 것처럼 두 개의 출력펄스가 관찰된다.

그림 8-20

단일 루프가 자계에서 회전함에 따라 맥동하는 전압이 발생된다.

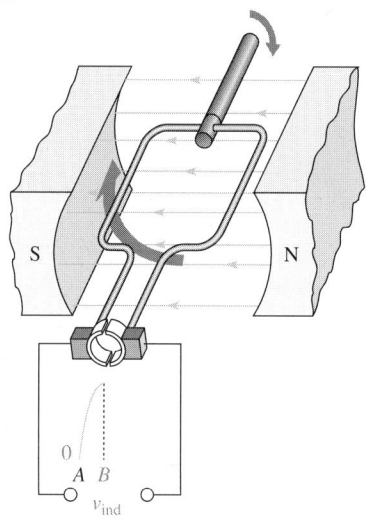

*B*지점: 루프는 자속선에 수직으로 움직이며 전압은 최대이다.

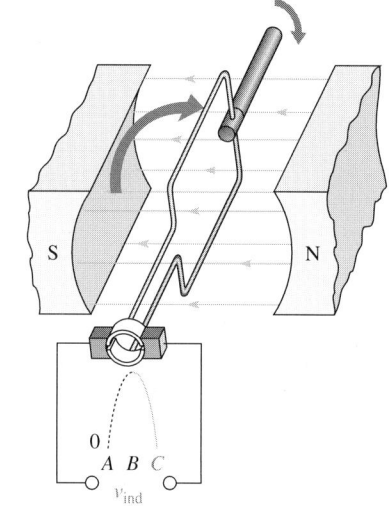

*C*지점: 루프는 자속선과 평행으로 움직이며 전압은 0이다.

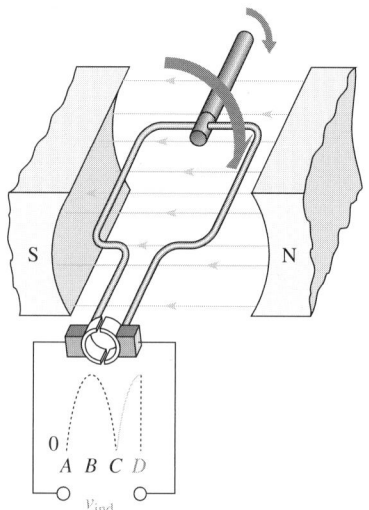

*D*지점: 루프는 자속선에 수직으로 움직이며 전압은 최대이다.

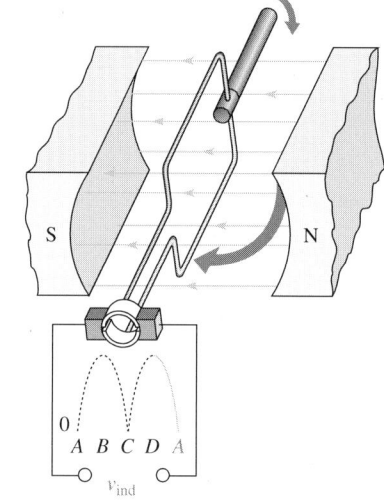

*A*지점: 루프는 자속선과 평행으로 움직이며 전압은 0이다.

그림 8-21

각각의 루프 회전은 두 개의 펄스를 생성한다. 여기에는 세 개의 회전이 나타나 있다

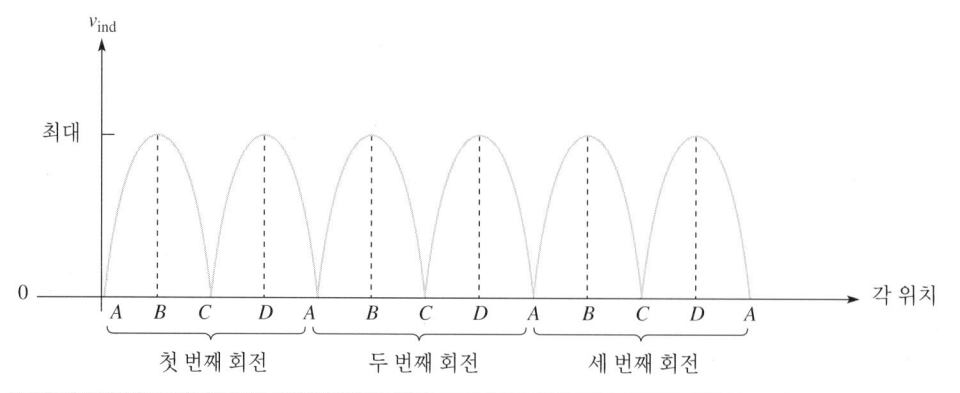

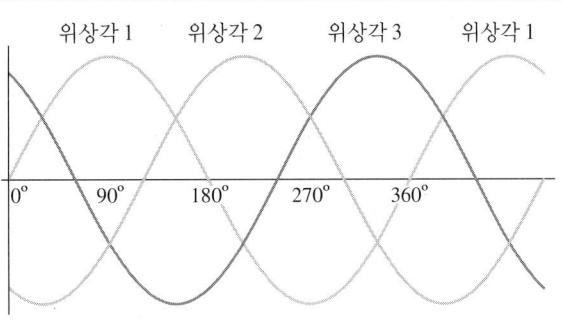

그림 8-22

삼상 교류

삼상 교류

지금까지 논의한 교류는 단상(1φ로 표현)인데, 이것은 접지에 대해 사인파형으로 변하는 하나의 전압만이 있음을 의미한다. 산업용용에서 더 유용한 것은 **삼상**전력(3φ로 표현)이고, 이것은 3개의 도선이 서로 한 사이클의 3분의 1의 위상차를 갖는 전압을 가져온다. 전력회사는 3개의 전압과 접지를 전달하기 위하여 4개의 도체를 사용한다. 삼상 교류가 그림 8-22에 도시되어 있다. 위상-1은 다른 두 개의 위상을 시작하기 위한 기준인 사인파 전압이다. 위상-2는 위상-1로부터 120°, 위상-3은 위상-1로부터 240° 만큼 이동되어있다. 단상전력은 가정이나 소전력 응용에 적당하지만 삼상전력은 큰 부하를 구동하는 경우에 훨씬 효율적이다.

삼상 교류발전기

삼상 교류발전기는 고정 자계에 비해 회전자계가 장점이 있으므로 회전자계 형식을 이용한다. 그 원리의 장점은 슬립링이 고정 자계 형식보다 주어진 출력을 위해 낮은 전압에서보다 낮은 전류를 다룰 수 있다는 것이다. 이것은 슬립링과 브러시의 수명을 연장한다. 또 다른 장점은 부하를 출력에 연결할 수 있다는 것이다. 삼상은 자동차의 전기 시스템에 필요한 직류를 잇기 쉽다는 짐에서 자동차 교류빌진기에도 사용된다. 직류로의 변환은 교류발전기의 케이스에 포함된 다이오드에 의해 이루어진다.

　삼상 교류발전기의 고정자는 서로 120°씩 떨어진 세 개의 극을 포함한다. 각각은 분리되어 있지만 동일한 권선을 가지고 있다 – 이 경우, 세 개의 전기자 권선이 있다. 고정자의 이 세 개의 전기자 권선은 서로 독립된, 그리고 120°의 위상차를 갖는 전압을 생성한다. 고정자 내에는 한 개 또는 더 많은 자계자석과 자계권선으로 구성된 회전자가 있다.* 이 자계코일은 직류가 필요하고, 직류는 일반적으로 **여기자**(exciter)라고 부르는 외부 전원으로부터 공급되며 슬립링과 브러시를 경유하여, 회전자로 공급된다. 교류발전기의 세 개의 출력은 여기자 전류에 의해 제어된다. 자동차의 경우에 이

---

*어떤 설계에서는 회전자계를 위해 영구 자석을 사용하고 슬립링, 브러시, 계자 권선 등은 사용하지 않는다. 단점으로는 전압을 일정하게 조절하기 어렵다는 것이다.

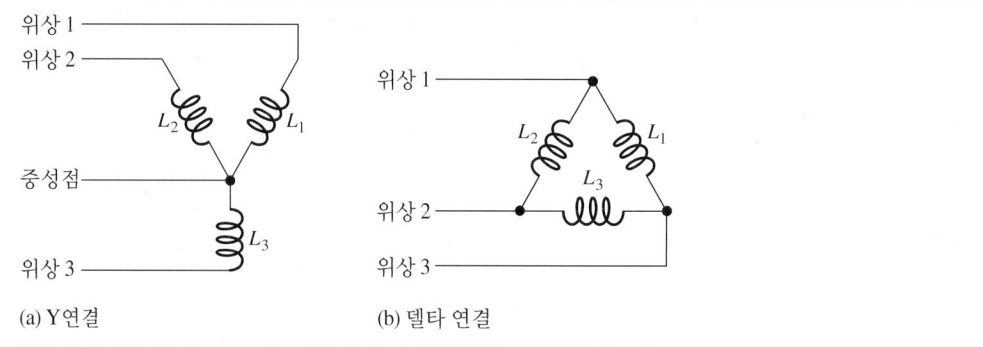

그림 8-23

삼상 교류발전기를 위한 델타
및 와이 연결

위상 1
위상 2
L_2 L_1
중성점
위상 3 L_3
(a) Y연결

위상 1
L_2 L_1
L_3
위상 2
위상 3
(b) 델타 연결

것은 전압 조절기가 하는 일이다. 여기자는 외부 직류 공급원이거나 교류발전기와 같은 축에 설치된 직류 발전기일 수 있다.

삼상 교류발전기의 전기자 코일은 와이(문자 Y를 생각하라) 또는 델타(그리스 문자 Δ처럼)로 알려진 두 개의 기본 형태 중 하나로 연결되어진다. 와이 형태가 좀 더 보편적이며 그림 8-23(a)에 나타나있다. 이것은 공통 리드로서 각 코일로부터의 단일 리드를 사용한다. 델타 연결은 직렬로 연결된 세 개의 코일을 가지며 그림 8-23(b)에 나타나 있다. 삼각형처럼 보이는 연결 결과로 인해 델타(그리스 문자 Δ로부터)라는 이름이 유래되었다. 델타 연결의 표준은 세 개의 도선만을 사용하지만, 4선 델타라 부르는 델타 연결의 변종은 한 코일의 중심 탭을 접지, 즉 중성점으로 사용한다.

복습 질문

11. 모든 교류발전기와 직류발전기에서 두 개의 기계적 부품을 무엇이라 부르는가?

12. 발전기의 종류 중 움직이는 전기자를 가지는 것은 무엇인가?

13. 교류발전기와 직류 발전기 사이의 원리적인 차이는 무엇인가?

14. 자동차에서 삼상 교류발전기의 장점은 무엇인가?

15. 자동차에서 교류발전기로부터의 교류가 직류로 어떻게 변환되는가?

8-4 직류 모터

모터는 자계 내에서 전류가 흐르는 도체에 작용하는 힘을 이용하여 전기적인 에너지를 기계적인 에너지로 변환한다. 직류 모터는 직류전원으로 동작되고, 자계 공급을 위해서는 전자석이나 영구자석을 사용한다.

이 절에서는 직류 모터, 그리고 이들이 전기적인 에너지를 기계적인 운동으로 변환하는 방법에 대해 배운다.

그림 8-24

직류 모터에서 전기자 회전의
단순화시킨 그림

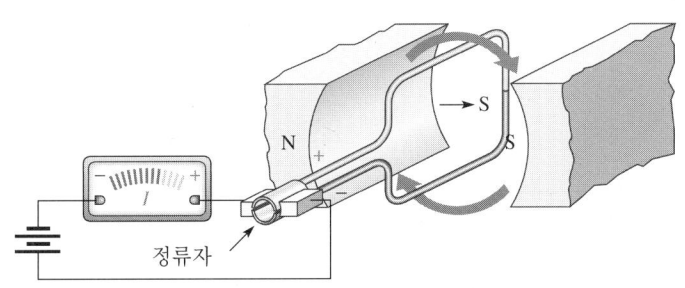

(a) 회전자의 N극은 자계의 S극을 끌어당기며 그 역도 또한 같다.

(b) 서로 다른 극이 일렬로 정렬되면 정류자가 극성을 바꾼다.
　 서로 다른 극이 옆에 오면 서로 밀어낸다.

기본 동작

모터의 작용은 자계의 상호작용의 결과이다. 직류 모터에서 회전자 자계는 고정자 권
선전류에 의해 만들어진 자계와 상호작용한다. 모든 직류 모터의 회전자는 전기자 권
선을 포함하고, 이것이 자계를 만든다. 회전자는 그림 8-24(a)에 설명되어있는 것처럼
반대 극 사이의 인력과 동일 극 사이의 척력 때문에 움직인다. 회전자는 회전자의 N
극과 고정자의 S극(그리고 역으로)의 인력 때문에 움직인다. 두 개의 극이 서로 가까
워지면, 회전자 전류의 극성은 정류자에 의해 갑자기 바뀌게 되고, 또한 회전자의 자
극이 바뀐다. 식류발선기의 경우처럼 성류사는 마치 서로 나른 극들이 사까이 있을
때 전기가 전류를 반전시키기 위한 기계적인 스위치로서의 역할을 한다. 이것이 그림
8-24(b)에 설명되어 있다. 같은 극이 서로 가까이 있기 때문에 이들은 서로 밀어내고,
따라서 회전자의 회전이 계속된다.

역기전력

직류 모터가 가동되기 시작하면, 자계가 자계권선으로부터 발생한다. 전기자 전류는
자계권선으로부터의 자계와 상호작용하는 또 다른 자계를 생성하고, 모터를 가동한
다. 전기자 권선이 자계의 영역에서 회전하기 때문에 발전기가 작동된다. 결과로 회
전하는 전기자는 본래의 전압에 반대되는 전압을 갖는다. 여기서 자기 발전된 전압을
역기전력(back electromotive force)이라 부른다. emf라는 말은 전압에 대해 한때 흔히

사용되었지만 물리학적인 의미의 "힘"이 아니기 때문에 애용되지는 않는다. 하지만 역 기전력은 아직 모터에서 자가 발전된 전압에 사용되어진다. 역기전력은 또한 counter emf라고도 불려지고, 모터가 일정한 속도로 돌고 있을 때 전기자 전류를 줄이는 역할을 한다.

모터의 정격

어떤 모터는 이들이 제공할 수 있는 토크로 분류하고, 다른 것은 이들이 생성하는 힘으로 분류한다. 토크와 힘은 어떤 모터에 대해서도 중요한 인수이다. 토크와 힘은 서로 다른 물리적인 인수이지만 하나가 주어지면 다른 하나는 그냥 얻을 수 있다.

토크의 개념은 8-3절에서 소개되었다. 토크는 물체를 회전시키는 경향이 있음을 상기하라. 직류모터에서 토크는 자속의 양과 전기자의 전류에 비례한다. 직류발전기의 토크는 다음 식으로 계산할 수 있다.

$$T = K\phi I_A \tag{8-6}$$

여기서 T는 N-m 단위의 토크이고, K는 모터의 물리적인 인수에 의존하는 상수이다. 그리고 ϕ는 Wb 단위의 자속이다. I_A는 A 단위의 전기자 전류이다.

토크는 발명가인 가스팰드 디 프로니(Gaspard de prony)의 이름을 따서 명명된 **프로니 브레이크**(prony brake)라는 장치를 이용해 쉽게 측정할 수 있다. 그림 8-25에 보인 것처럼 모터는 드럼을 돌리고, 드럼은 마찰 벨트에 연결되어 있다. 벨트는 모터의 부하로서 작동한다. 모터가 브레이크에 대항하며 회전함에 따라 피벗(pivot)에 대해 시계방향으로 팔을 회전시키려고 한다. (그림의 구조에서) 저울과 팔은 크기는 같고 반시계 방향인 토크에 의해 시계방향의 운동을 제한한다. 따라서,

---

그림 8-25

모터 토크를 측정하기 위한 프로니 브레이크 장치

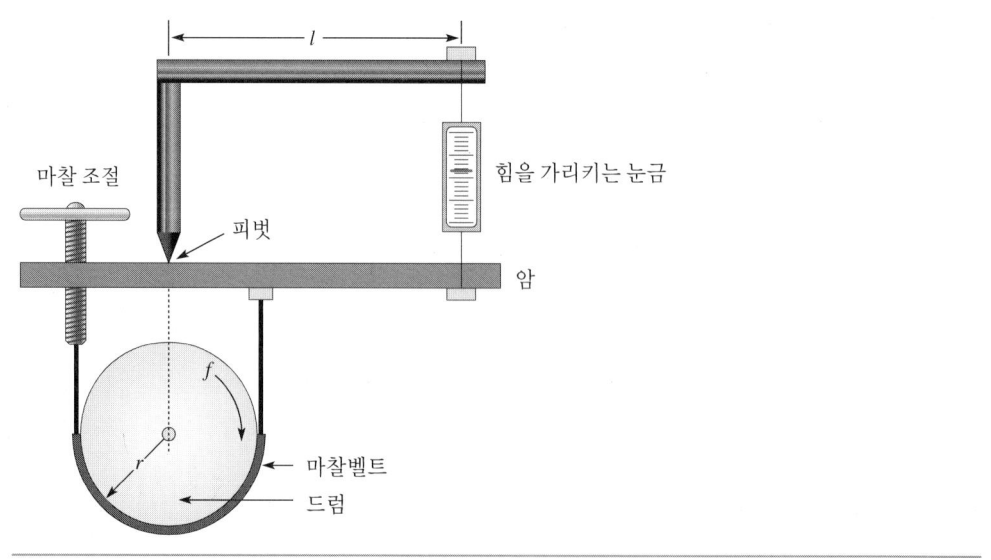

$$T = Fl = fr$$

여기서 T는 N-m 단위의 모터토크이고, F는 N 단위의 저울의 힘이다. l은 m 단위의 모멘트 팔(moment arm) 길이, f는 N 단위의 모터에 의한 힘, 그리고 r은 m 단위의 드럼 반지름이다.

힘은 일을 수행하는 속도로 정의된다는 것을 기억하라. 토크로부터 힘을 계산하기 위해 측정한 토크와 rpm 단위의 모터 속도를 알아야 한다. 일정한 속도로 회전하는 토크에 대해 힘을 결정하기 위한 식은

$$P = 0.105Ts \tag{8-7}$$

여기서 P는 W 단위의 힘이고 T는 N-m 단위의 토크, s는 rpm 단위의 모터속도이다.

문제	**예제 8-6**

문제

토크가 3.6 N-m 일 때 350 rpm으로 돌고 있는 모터에 의한 힘은 얼마인가?

풀이

식 (8-7)에 대입하면,

$$P = 0.105Ts = 0.105(3.6 \text{ N-m})(350 \text{ rpm}) = \textbf{132W}$$

질문

1 마력(hp)은 746 W이다. 이러한 조건하에서 이 모터는 몇 마력일까?

직류 모터의 특징 중 하나는 부하 없이 작동할 때, 그 토크는 모터를 제조정격 이상의 속도로 폭주하도록 할 수 있다는 것이다. 그러므로 직류모터는 자기파괴를 방지하기 위해 항상 부하와 함께 작동시켜야 한다.

직렬 직류모터

직렬 직류모터(series dc motor)는 자계코일 권선과 전기자코일 권선이 직렬로 연결되어 있다. 이 구조의 개략도가 그림 8-26에 나타나 있다. 내부저항은 일반적으로 크지

그림 8-26

직렬 직류 모터의 단순화시킨 그림

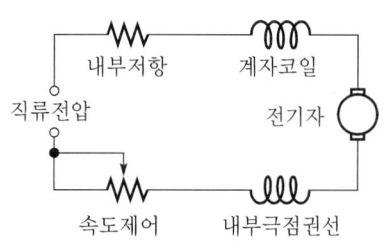

그림 8-27

전형적인 직렬 직류모터에 대
한 토크-속도 특성

않은데, 자계코일 저항, 전기자 권선 저항, 그리고 브러시 저항으로 이루어져 있다. 발전기의 경우처럼 직류모터도 또한 내부극 권선자, 그리고 속도제어를 위한 전류 제한을 포함한다. 직렬 직류 모터에서는 전기자 전류, 자계전류, 그리고 선로 전류가 모두 같다.

이미 알고 있듯이 자속은 코일의 전류에 비례한다. 자계권선에 의해 만들어진 자속은 직렬연결로 인해 전기자 전류에 비례한다. 따라서 모터에 부하가 연결되면 전기자 전류가 증가하고 자속 역시 증가한다. 식 8-6은 직류 모터의 토크가 전기자 전류와 자속에 비례함을 보여준다. 따라서, 직렬권선모터는 자속과 전기자 전류가 크기 때문에 전류가 높을 때 토크를 가지게 된다. 이러한 이유로 인해 직렬 직류모터는 (자동차의 기동 모터처럼) 높은 기동 토크가 필요할 때 사용된다.

직렬 직류모터에 대한 토크와 모터 속도의 그래프가 그림 8-27에 나타나 있다. 여기서 기동토크는 그 최대값이다. 낮은 속도일 때, 토크는 여전히 매우 높다. 그러나 속도가 증가하면 급격하게 떨어진다. 그림 8-27에서 볼 수 있듯이, 낮은 토크에서 속도는 매우 높다. 이러한 이유로 인해 직렬권선 직류모터는 항상 부하와 함께 작동시킨다.

병렬 직류모터

병렬 직류모터(shunt dc motor)는 그림 8-28의 등가회로에서 보여진 것처럼 전기자와 평행인 자계코일을 갖고 있다. 병렬 모터에서 자계코일은 일정한 전압원에 의해 전원이 공급되고, 그래서 자계코일에 의해 만들어진 자계는 일정하다.[*] 전기자에서의 발

그림 8-28

병렬 직류모터의 단순화된 개
략도

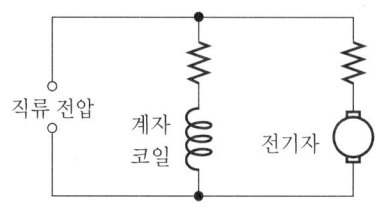

---

[*] 저항성 속도제어가 계자권선에 추가되는 것은 예외이다.

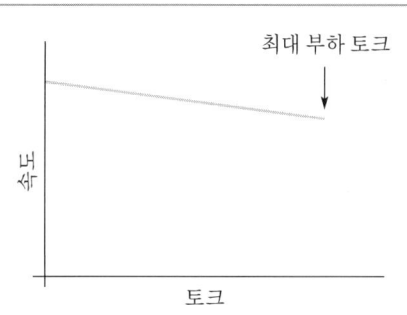

그림 8-29

전형적인 직렬 직류모터에 대한 토크-속도 특성

전기 작용에 의해 생성된 전기자 저항과 역기전력은 전기자 전류를 결정한다.

병렬 직류모터에 대한 토크-속도 특성은 직렬 직류모터와 많이 다르다. 부하가 인가되었을 때, 병렬 모터는 속도가 줄어들고, 역기전력도 줄어들고, 전기자 전류는 증가한다. 전기자 전류의 증가는 모터의 토크를 증가시킴으로써 추가된 부하를 보상하려는 경향이 있다. 모터는 비록 증가한 부하 때문에 느려졌지만, 토크-속도 특성은 그림 8-29에 나타낸 것처럼 병렬 직류모터에 비해 거의 직선적이다. 최대 부하시, 병렬 직류모터는 여전히 높은 토크를 가진다.

복합 직류모터

직류모터의 세 번째 형태는 복합 모터(compound dc motors)이다. 복합 모터의 코일은 직렬병렬 조합으로 감겨져 있다. 즉, 복합 모터는 직렬모터와 병렬모터의 장점을 결합한 것이다.

복습 질문

16. 직류모터에서 정류자의 목적은 무엇인가?

17. 역기전력은 어떻게 생성되는가?

18. 역기전력은 모터속도가 증가함에 따라 전기자 전류에게 어떤 영향을 미치는가?

19. 모터의 힘을 측정하기 위해 어떤 값들이 필요한가?

20. 가장 높은 기동 토크를 가진 직류모터의 형태는 무엇인가?

교류모터 8-5

교류모터에서, 고정자 자계는 권선에 흐르는 전류의 성질로 인해 고정되어 있지 않고 회전한다.

이 절에서는 동기모터와 유도모터를 비교한다. 또한 각각이 전기적인 에너지를 기계적인 에너지로 변환하는 방법을 설명한다.

교류모터의 분류

교류모터는 일반적으로 동기모터와 유도모터로 분류된다. 이러한 분류는 회전자의 차이에 관련된다. 고정자 권선은 기본적으로 두 종류가 동일하다. 동기모터(synchronous motor)는 고정자의 회전자계와 동기되어 (같은 속도로) 움직이는 회전자석으로서 작동하는 회전자를 가진 모터이다. 유도모터(induction motor)는 변압기(또는 유도)작용에 의해 회전자에 여자하는 모터이다. 세 번째 종류인 만능 모터(universal motor)는 때때로 교류모터에 포함되지만 정류자와 브러시가 다 갖춰진 특별히 설계된 직류모터이다. 이것은 교류 혹은 직류에서 사용할 수 있다. 동기 전동기와 유도모터는 둘 다 단상 또는 삼상 모터로 이용될 수 있다. 소형 모터(아주 작은 마력)와 가정용 모터(팬, 냉장고, 세탁기)는 단상이고 대개 유도모터이다. 산업적인 응용을 위한 큰 모터들은 대개 삼상이고 유도 또는 동기모터 중의 하나이다.

회전하는 고정자 자계

동기 모터 및 유도모터는 둘 다 고정자 권선에 대해선 유사한 구조를 가지고 있는데 고정자권선이 고정자의 자계가 회전하도록 한다. 이 회전하는 고정자 자계는 회전자계가 움직이는 부분 없이 전기적으로 생성되어지는 것을 제외하면 원형으로 움직이는 자석과 등가이다.

만약 고정자가 움직이지 않는다면 고정자의 자계는 어떻게 회전할 수 있을까? 회전자계는 교류전류 자체의 변화에 의해 생성된다. 그림 8-30에 보인 것처럼 삼상 고

그림 8-30

고정자에서의 회전 자계의 발생. 고정자 권선에 세 가지 위상각 적용하면 회전하는 화살표에 의해 보여진 것처럼 순수 자계를 생성한다.

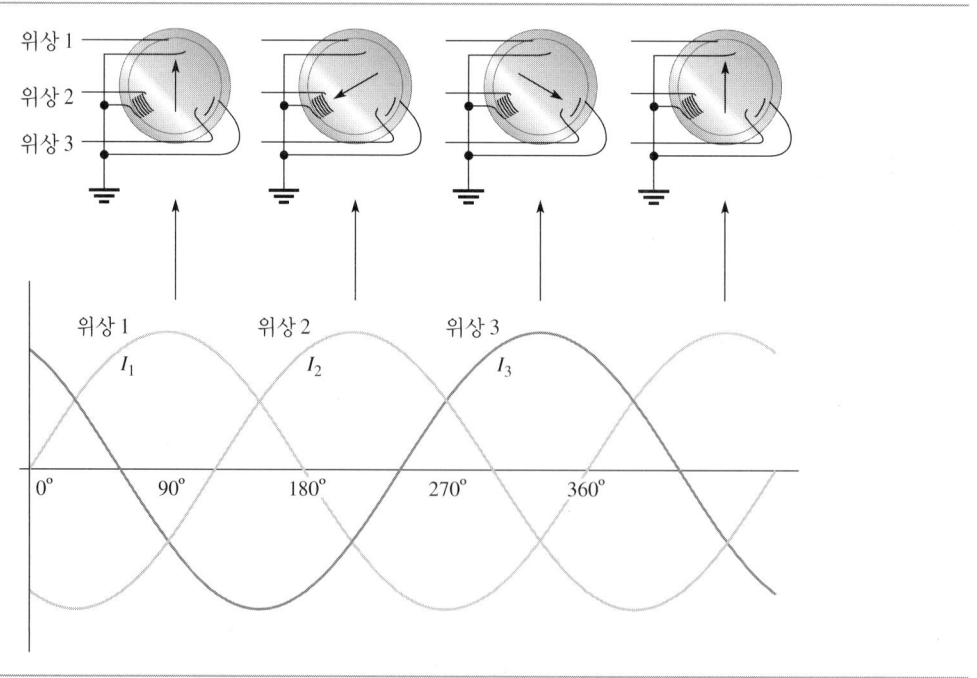

그림 8-31
다람쥐장 회전자의 그림

강자성 물질

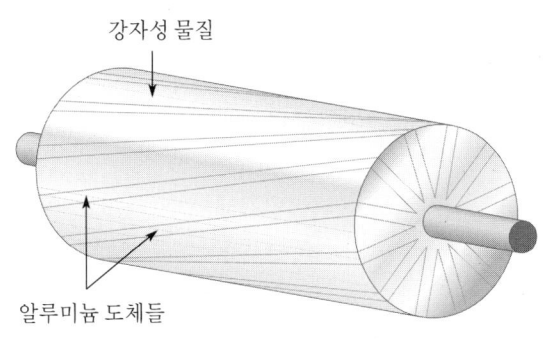

알루미늄 도체들

정자를 갖는 회전자계를 보자. 세 개의 위상 중 하나가 각기 다른 시간에 "지배함"을 인지하라. 위상 1이 90°일 때, 위상 1 권선의 전류가 최대이고, 다른 권선전류는 더 작아진다. 그러므로, 고정자 자계는 위상-1 고정자 권선을 향해 나아가게 된다. 위상-1의 전류가 감소함에 따라, 위상-2의 전류는 증가하고, 자계는 위상-2 권선을 향해 회전한다. 전류가 최대일 때 자계는 위상-2 권선을 향해 나아간다. 위상-2의 전류가 감소함에 따라 위상-3의 전류가 증가하고, 자계가 위상-3 권선을 향해 회전한다. 이 과정은 자계가 위상-1 권선으로 돌아옴으로써 반복된다. 그래서 자계는 인가된 전압의 주파수에 의해 결정된 속도로 회전한다. 좀 더 자세히 분석하면 자계의 크기가 불변이고, 다만 자계의 방향만 바뀐다는 것을 알 수 있다.

고정자 자계가 움직이면, 회전자는 동기 모터에서는 고정자 자계에 동기되어 움직이지만, 유도모터에서는 뒤로 쳐진다. 고정자 자계가 움직이는 속도를 모터의 **동기속도**(synchronous speed)라 불려진다.

유도모터

유도모터는 높은 신뢰성 때문에 소형 교류모터의 가장 일반적인 형태이다. 동작 이론은 본질적으로 단상과 삼상 모터에서 둘 다 똑같다. 두 형태는 앞서 기술한 회전 자계를 사용한다. 그러나 단상 모터는 모터 시동용 토크생성을 위해 기동권선 또는 다른 방법을 필요로 한다. 이에 반해 삼상 모터는 자기기동된다. 기동 권선이 단상 모터에 사용될 때, 이것은 모터 속도가 올라감에 따라 기계적인 원심분리 스위치에 의해 회로로부터 제거된다.

유도모터의 주요 장점은 마모되는 슬립링이나 브러시가 없다는 것이다. 본질적으로, 회전자의 전류는 변압기 작용에 의해 유도된다. 이로부터 유도모터라는 이름이 생겼다. 변화하는 자계가 전압을 유도할 수 있고, 이어 코일에 전류를 야기한다는 7-4절의 변압기에 대한 논의를 상기하라. 유도 전류는 회전자의 자계를 생성한다.

유도모터의 회전자의 철심은 회전자의 순환 전류를 위한 도체를 형성하는 알루미늄 프레임으로 구성되어 있다. (약간 큰 유도모터는 구리 막대를 사용한다.) 알루미늄 프레임은 그림 8-31에서 보여진 것처럼(20세기 초에 흔했던) 애완용 다람쥐의 운동용 휠과 외양이 유사하다. 그래서 이를 다람쥐장(squirrel cage)이라 부른다. 알루미늄 다람쥐장은 그 자체가 전기 경로이다. 즉, 이것은 회전자를 통한 낮은 자기 저항의 자기경로를 제공하기 위해 강자성 물질 속에 파묻었다. 게다가 회전자는 다람쥐장과 같은 알루미늄 조각으로 만든 냉각날개를 가지고 있다. 전체 장치는 진동 없이 쉽게 회전하도록 균형을 맞춰야 한다.

유도전동기의 동작

고정자로부터의 자계가 유도체인 다람쥐장을 움직일 때, 전류가 다람쥐장에서 발생된다. 이 전류는 고정자의 움직이는 자계에 반작용하는 자계를 만들어내고, 이는 회전자가 회전을 시작하도록 한다. 회전자는 움직이는 자계를 따라잡으려 하지만 슬립(slip)으로 인해 그럴 수 없다. 슬립은 고정자의 동기 속도와 회전자의 속도 사이의 차이로 정의된다. 회전자는 고정자 자계의 동기 속도를 결코 따를 수 없는데, 이는 만약 따라잡았다 했을 때, 이것은 어느 자계선도 자르지 못하고, 토크가 0이 될 것이기 때문이다. 토크가 없다면 회전자는 돌 수 없다.

처음에 회전자가 움직이기 시작하기 전에 역기전력은 없고, 그래서 고정자 전류는 높다. 회전자 속도가 높아짐에 따라 고정자 전류에 대항하는 역기전력을 생성한다. 모터 속도가 올라감에 따라 토크는 부하와 균형을 유지하게 되고, 전류는 회전자가 회전을 유지하도록 충분히 흐르게 된다. 이때 흐르는 전류는 역기전력 때문에 초기 기동전류보다 훨씬 작다. 모터 부하가 증가하면, 모터는 느려지고 역기전력도 줄게 된다. 이것은 모터의 전류를 증가시키며 부하에 인가할 수 있는 토크를 증대시킨다. 그래서 유도모터는 속도와 토크의 범위를 넘어서 동작할 수 있다. 최대 토크는 회전자가 동기 속도의 약 75%에서 돌 때 발생한다.

동기모터

동기모터는 선로전압의 변동에 관계없이, 회전하는 고정자 자계의 동기 속도로 작동되는 사실로부터 이름이 붙여졌다. 유도모터는 동기속도로 작동할 때, 전혀 토크를 발생할 수 없음을 기억하라. 그래서 유도모터는 부하에 의존하여 동기속도보다 더 느리게 작동해야 한다. 동기모터는 동기속도로 회전할 것이고, 다른 부하에 대해서는 다른 필요한 토크를 생성한다. 동기모터의 속도를 바꿀 수 있는 유일한 방법은 주파수*를 바꾸는 것이다.

동기모터가 모든 부하 상황에서 일정한 속도를 유지한다는 사실은 산업 응용이나

---

* 전력선 주파수(power line frequenciys)는 세계의 모든 지역에서 다 같지는 않다. 그래서 주요한 응용에서는 시스템을 모터의 속도를 고려해서 설계한다.

시계 또는 시간조건이 필요한 상황(망원경 구동 모터 또는 차트식 기록계)에서 중요한 장점이다. 사실, 동기모터의 최초응용은 전자시계였다(1917년).

대형 동기모터의 또 다른 중요한 이점은 효율이다. 비록 원가가 유도모터보다 비싸지만, 전력소비가 작아 몇 년이 지나면 종종 가격의 차를 보상할 것이다.

동기모터의 동작

본질적으로, 동기모터의 회전하는 고정자 자계는 유도모터의 것과 동일하다. 두 모터의 근본적인 차이는 회전자이다. 유도모터가 공급전원으로부터 전기적으로 절연된 회전자를 가지고 있는 반면, 동기모터는 회전하는 고정자 자계 다음에 오는 자석을 사용한다. 작은 동기모터는 영구자석을 회전자로 사용하고, 대형모터는 전자석을 사용한다. 전자석을 사용할 때, 직류는 교류발전기에서처럼 슬립링을 이용해서 외부전원으로부터 공급된다.

대형 모터에서 회전자는 **돌출극**(salient pole)이라 부르는 일련의 돌출 팔로 설계된다. 각각의 돌출극은 그림 8-32에 나타낸 것처럼 전자석으로 형성된 코일을 가지고 있다. 회전자의 N극은 고정자 자계의 회전하는 S극과 일렬로 될 수 있는데, 이는 S극이 부하에 따라 약간씩 뒤쳐지기 때문이다. 이 작은 쳐짐이 동기 모터의 토크를 생성한다.

동기모터를 기동하는 방법이 마련되어야 한다. 한가지 방법은 회전자가 동기속도로 회전할 때까지 유도모터로서 기동되게 하는 다람쥐장도체를 회전자에 포함시키는 것이다. 일단 모터 속도가 올라가면, 다람쥐장에는 아무 전압도 유도되지 않으며, 모터는 엄밀히 말해 동기모터로 작동한다.

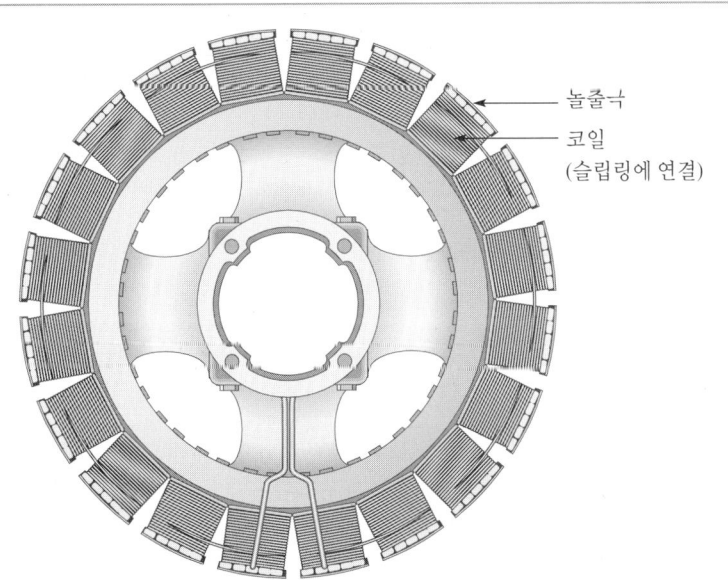

8-32

동기 모터의 전형적인 회전자

놀출극

코일
(슬립링에 연결)

복습 질문

21. 유도모터와 동기모터 사이의 주된 차이는 무엇인가?

22. 고정자가 움직임에 따라 고정자 자계의 크기는 어떻게 되는가?

23. 다람쥐장의 목적은 무엇인가?

24. 모터에서 슬립이란 무엇을 의미하는가?

25. 대형 동기모터의 두가지 장점은 무엇인가?

단원 복습

주요 용어

- **고정자(stator)** 모터나 발전기의 고정된 부분.

- **교류발전기(alternator)** ac 발전기.

- **다람쥐장(squirrel cage)** 유도모터의 회전자 내에 있는 알루미늄 프레임으로서 회전자 전류를 위한 전기적인 도체를 형성한다.

- **동기모터(synchronous motor)** 회전자가 고정자의 회전하는 자계와 같은 속도로 움직이는 모터.

- **발전기(generator)** 기계적인 일을 전기로 변환하는 장치.

- **브러시(brushes)** 전도성 접점으로서 보통 움직이는 슬립링과 접촉하는 탄소, 또는 탄소-그래파이트로 만든다. 이것은 전원으로부터 발전기 또는 모터의 회전자까지의 전기적인 경로를 제공한다.

- **슬립(slip)** 고정자의 동기 속도와 유도모터의 회전자 속도 사이의 차이.

- **슬립링(slip ring)** 회전자를 위한 전기적 경로의 한 부분이면서 발전기와 모터의 회전 코일에 연결되어 있는 고체 원형 링.

- **유도모터(induction moter)** 변압기 동작에 의해 회전자를 여자시키는 교류모터.

- **전기자(armature)** 교류발전기의 일부로서 도체와 자계 사이의 상대운동으로 인해 전압이 유도된다.

- **전기자 반작용(armature reaction)** 전기자 전류에 의한 추가 자계로 인해 자계 코일로부터의 자계가 왜곡되는 것.

- **정류자(commutator)** 회전자의 극성을 바꾸기 위해 직류발전기와 모터에서 사용되는 링조각.

- **패러디의 법칙(Faraday's law)** 자계에 상대적으로 움직이는 도선에 유도되는 전압이 자계의 세기, 도체의 길이, 도체의 속도, 도체가 자계에 대해서 이루는 각에 의해 결정되는 법칙. 코일의 경우 패러디의 법칙은 권선 수와 자속 변화율의 곱으로서 전압을 구해준다.

- **회전자(rotor)** 모터나 발전기의 움직이는 부분.

요점

❑ 도체가 자계선을 끊으며 움직일 때 도체에 전압이 유도된다.

❑ 자계에서 움직이는 코일에 전압이 유도된다. 이 유도 전압은 코일에 대한 자속 변화율과 코일의 권선수에 비례한다.

❑ 전류가 흐르는 도체 주위의 자계는 동심원 모양이다.

❑ 전류가 흐르는 코일 주위의 자계는 코일 양 끝에 N극과 S극을 갖는 막대자석 모양이다.

❑ 교류 발전기나 모터의 두 가지 주요 부품은 고정자와 회전자이다.

❑ 슬립링과 브러시는 회전하는 코일을 고정된 회로에 연결할 때 사용된다.

❑ 계자 코일은 자계를 발생시키는 데 사용된다.

❑ 전기자는 자계로부터의 자속을 차단한다.

❑ 전기자 반작용은 자계 코일에서 나온 자계를 왜곡시킨다.

❑ 정류된 사인파형은 사인파 모양의 맥동하는 직류 파형이다. 단, 음(−)의 부분이 반전되어 양(+)의 부분이 두 번 반복된다.

❑ 삼상 교류전류는 고전류의 산업용 모터에 더 효율적이다.

❑ 모터는 자계의 상호작용에 의해 전기적인 에너지를 기계적인 운동으로 변환한다.

❑ 모터는 만들어낼 수 있는 토크와 힘을 기초로 정격이 정해진다.

❑ 직렬 직류모터에는 자계코일, 전기자코일, 내극권선 등이 직렬로 연결되어 있다.

❑ 분권 직류모터에는 병렬로 연결된 계자 코일과 전기자 코일이 있다.

❑ 교류모터는 유도형과 동기형 중의 하나이다.

❑ 유도모터는 소형 가전제품처럼 작은 마력을 요구하는 경우에 주로 이용된다.

❑ 동기모터는 매우 효율적이며 일정한 속도로 회전한다.

공식

움직이는 도체에 유도된 전압(패러디의 법칙) :

$$v_{\text{ind}} = Bl \sin \theta \qquad (8\text{-}1)$$

자계에 수직인 움직이는 도체에 유도된 전압 :

$$v_{\text{ind}} = B_{\perp} lv \qquad (8\text{-}2)$$

자계에서 전류가 흐르는 도체에 작용하는 힘 :

$$F = Bll \sin \theta \qquad (8\text{-}3)$$

자계에 수직인 전류가 흐르는 도체에 작용하는 힘 :

$$F = B_\perp Il \tag{8-4}$$

교류발전기 주파수

$$f = \frac{Ns}{120} \tag{8-5}$$

직류 모터의 토크:

$$T = K\phi I_A \tag{8-6}$$

직류 모터의 전력:

$$P = 0.105Ts \tag{8-7}$$

단원 확인 문제

1. 도체가 ___ 때마다 유도전압이 발생한다.

   (a) 자계에서 움직일   (b) 도체 내부에 전류가 흐를

   (c) 전압과 연결될   (d) 자계선을 끊을

2. 코일을 가로질러 유도된 전압의 양을 결정하는 요소는 ___이다.

   (a) 자속의 변화율   (b) 권선수

   (c) 위의 둘 다   (d) 답이 없다

3. 자계에서 도체에 작용하는 힘은 ___에 의존하지 않는다.

   (a) 자계의 세기   (b) 도체에 흐르는 전류

   (c) 도체의 직경   (d) 도체의 길이

4. 자계에서 도체에 작용하는 힘은 도체가 ___ 움직일 때 더 강하다.

   (a) 자계와 수직으로   (b) 자계와 평행하게

   (c) 자계와 45° 각도로   (d) 답이 없다

5. 고정자계 직류 발전기의 전기자는 ___를 발생시킨다.

   (a) 일정한 직류전류   (b) 맥동 직류전류

   (c) 교류전류   (d) 답이 없다

6 직류와 교류 모두에서 작동할 수 있는 모터는 ___이다.

   (a) 동기모터   (b) 만능 모터

   (c) 직렬권선모터   (d) 유도모터

7. 슬립링과 브러시는 ___에서는 사용되지 않는다.

   (a) 직류발전기   (b) 교류발전기

   (c) 동기모터   (d) 유도모터

8. 모터나 발전기의 프레임은 ___의 일부로 작용한다.

   (a) 전기경로   (b) 자기경로

   (c) 위의 둘다   (d) 답이 없다

9. 4극 교류 발전기에서 회전자의 1회전에 대한 전기적인 사이클의 수는 ___이다.

(a) 1 (b) 2

(c) 4 (d) 8

10. 우리는 ___에서 정류자를 발견할 수 있을 것이다.

(a) 직류발전기 (b) 교류발전기

(c) 위의 둘다 (d) 답이 없다

11. 3상 교류전류의 각 상은 서로___떨어져 있다.

(a) 60° (b) 90°

(c) 120° (d) 180°

12. 가정용 세탁기에서 가장 일반적인 모터는 ___이다.

(a) 단상 유도모터 (b) 3상 유도모터

(c) 단상 동기모터 (d) 3상 동기모터

13. 여자기는 ___ 공급한다.

(a) 유도모터에 교류를 (b) 유도모터에 직류를

(c) 교류발전기에 교류를 (d) 교류발전기에 직류를

14. 큰 기동 토크를 갖는 모터의 예로는 ___이 있다.

(a) 단상 유도모터 (b) 동기모터

(c) 직렬권선 직류모터 (d) 분권 직류모터

15. 회전자계와 같은 속도로 회전하는 모터는 ___이다.

(a) 단상 유도모터 (b) 3상 유도모터

(c) 동기모터 (d) 직류 모터

16. 모터의 동기 속도와 회전자 속도의 차이를 ___라고 부른다.

(a) 차동 속도 (b) 부하효과

(c) 지연 (d) 슬립

질문

1. 도체가 전압을 유도하지 않고 자계에서 움직일 수 있는가? 해답을 설명하라.

2. 도체가 자계에서 움직일 때 오른손을 사용하여 도체 내 전류 방향을 어떻게 나타낼 수 있는가?

3. 자계에서 도체가 더 빠르게 움직이면 유도전압은 어떻게 되는가?

4. 자계에서 도체의 운동방향이 역으로 바뀐다면 유도전압은 어떻게 되는가?

5. 코일이 자계를 끊을 때 코일에서의 유도전압을 결정하는 두 요소는 무엇인가?

6. 두 개의 평행하게 놓여 있는 흐르는 전류의 방향이 같다면 자계는 어떻게 되는가?

7. 두 개의 평행하게 놓여 있는 도체에서 흐르는 전류의 방향이 서로 반대이면 자계는 어떻게 되는가?

8. 솔레노이드와 계전기(relay)는 왜 강자성 코어를 사용하는가?

9. 고정자계 발전기와 회전자계 발전기 사이의 차이점은 무엇인가?

10. 원동기는 무엇인가?

11. 회전자계 교류발전기에서 전기자는 어떤 부분인가?

12. 브러시와 슬립링의 목적은 무엇인가?

13. 교류발전기에서 영구자석에 대한 권선 회전자의 장점은 무엇인가?

14. 자계 코일의 목적은 무엇인가?

15. 모터나 발전기에서 공극의 목적은 무엇인가?

16. 모터나 발전기에서 공극은 왜 실제로 작아야 하는가?

17. 4극 발전기나 모터에서 동일한 두 개의 극은 어디에 위치하는가?

18. 전기자 반작용은 자계를 원래의 위치로부터 얼마나 회전시키는 경향이 있는가?

19. 회전하는 고정자자계는 어떻게 만들어지는가?

20. Y결선이라는 3상 연결은 무엇을 의미하는가?

21. △결선이라는 3상 연결은 무엇을 의미하는가?

22. 모터에서 초기 기동전류가 동작 중의 전류보다 더 큰 이유는 무엇인가?

23. 프로니 브레이크는 무엇인가? 이것은 무엇을 측정하는가?

24. 직류모터는 왜 항상 부하에 연결하여 가동시켜야 하는가?

25. 어떤 종류의 직류모터가 최대부하에서 높은 토크를 가지는가?

26 만능 모터는 무엇인가?

27. 어떤 종류의 모터가 슬립링과 브러시를 사용하지 않는가?

28. 교류모터의 동기속도는 무엇을 의미하는가?

29. 유도모터는 왜 그의 동기속도로 회전할 수 없는가?

30. 어떤 모터에서 원심 스위치를 발견할 수 있는가?

31. 동기모터에 다람쥐장이 있다면 그것 목적은 무엇인가?

32. 돌출극은 무엇인가?

문제

기본 문제

1. 10 cm길이의 도체가 1.5 T의 자속밀도를 통해 0.9 m/s의 속도로 움직이고 있다. 운동은 자속에 수직이다. 도체에 유도되는 전압은 얼마인가?

2. 도체가 자속에 대해 30°로 움직이는 경우에 1번 문제를 반복하라.

3 도선이 자계에 75°의 각도에서 1.5m/s의 일정한 속도로 움직이고 있다. 자석의 극들은 6 cm 폭을 갖고 있다. 유도체에 16 mV의 전압이 유도된다면, 자계의 자속 밀도는?

4. 유도전압이 120 mV일 경우 문제 3번을 다시 풀어라.

5. 길이 2.0 cm의 도선 부분이 자석 극에 직각인 상태로 두 극 사이에 놓여 있다. 15 A의 전류가 흐르는 도선에 작용하는 힘은 0.19 N이다. 자속 밀도를 테슬러단위로 계산하라.

6. 문제 5번의 자석에서 N극이 여러분의 왼쪽에 있고 전류는 여러분으로부터 멀어지는 방향으로 흐른다. 도선에 작용하는 힘의 방향은?

7. 길이 4.0 cm의 도체가 0.2 T의 자속밀도를 갖는 자석의 극 사이에 직각으로 위치되어 있다. 1.0 Ω 저항이 12 V 배터리와 직렬로 놓여져 있다. 도선의 저항은 무시할 수 있다고 가정하고, 도선에 작용하는 힘을 구하라.

8. 2000 rpm으로 돌고 있는 4극 교류발전기의 주파수는?

9. 4극 교류발전기의 주파수가 200 Hz로 측정되었다. 회전자의 속도는 몇 rpm인가?

10. 토크가 3.2 N-m일 때 800 rpm으로 회전하는 모터의 힘은?

11. 문제 10의 모터는 몇 마력일까?

기본 – 플러스 문제

12. 20 cm 길이의 도체가 그림 8-33에 보이는 것처럼 자석의 극 사이에서 위로 움직이고 있다. 각 극의 단면은 8.5 cm, 자속은 1.24 mWb이다. 도체를 가로질러 유도된 전압이 44 mV일 때 도체의 속도는 얼마인가?

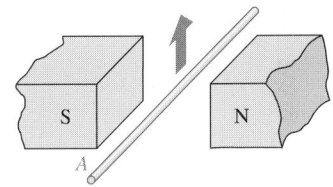

그림 8-33

13. (a) 그림 8-33에 보인 도체에서 글자 A라고 적힌 끝부분의 극성은?

(b) 완전한 경로가 제공되었다고 가정하고, 또한 전류방향도 임의로 가정하라. 이때 도체에 유도되는 힘의 방향은 어디인가?

14. 그림 8-33에서 극의 단면이 가로 8.0 cm이고, 길이 20 cm 도체가 위쪽으로 4.0 m/s의 속도로 움직인다. (a) 도체를 가로질러 유도된 전압이 60 mV이기 위한 자속 밀도는? (b) 이 경우 극 하나의 자속은 얼마인가?

15. 교류발전기는 1회전할 때 마다 직류를 네 펄스씩 발생한다. 얼마나 많은 극점을 가지고 있는가? 이유를 설명하라.

16. 문제 15번의 교류발전기가 2250 rpm으로 회전하고 있다면 1초에 얼마나 많은 펄스가 관찰되겠는가?

예제 질문

8-1: 150 mV

8-2. 1.0 T

8-3: 1.08 N

8-4: 11.25 N

8-5: 1500 rpm

8-6: 0.18 hp

복습 질문

1. 전압을 유도하기 위한 2가지 요구조건은 (a)도체와 자계 사이의 상대운동과 (b)운동의 자계선을 끊어야 한다.

2. 유도 전압의 양을 결정하는 네 가지 요소:
   • 자계의 세기
   • 자계에 노출된 도체의 길이
   • 도체가 자계와 상대적으로 움직이는 속도
   • 도체가 자계와 상대적으로 움직이는 각도

3. 자계선이 도체에 의해 끊어지도록 자계가 움직인다면 고정된 도체에서도 전압이 유도될 수 있다.

4. 극성은 반전된다.

5. 0 V

6. 자계선은 동심원을 형성한다.

7. 도체 내의 전류.

8. 각 도체에 작용하는 힘은 서로를 향한다(인력).

9. 극성이 반전될 것이다.

10. 전류, 권선 수, 코어 재질

11. 회전자와 고정자

12. 고정 자계 발전기

13. 교류발전기는 슬립링과 브러시를 사용한다.

14. 출력을 평활화된 직류로 바꾸기 쉽다.

15. 고체 상태 다이오드

16. 서로 다른 극이 가까이 있을 때 정류자는 전기자에서 전류의 방향을 반전시킨다.

17. 역기전력은 전기자에서의 발전기 동작 때문에 발생된 전압이다. 이것은 전기자에 흐르던 전류를 방해한다.

18. 모터 속도가 올라가면 전기자 전류는 줄어든다.

19. 주어진 토크에 대한 모터의 속도

20. 직렬 권선 모터

21. 차이점은 회전자이다. 유도모터에서, 회전자는 변압기 작용에 의해 전류를 얻고, 동기모터에서는 회전자가 슬립링이나 브러시를 통해 외부 전원으로부터 전류가 공급되는 영구자석이나 전자석이다.

22. 크기는 일정하다.

23. 다람쥐장은 회전자에서 전류를 발생시키는 전기적인 도체로 이루어진다.

24. 슬립은 고정자의 동기 속도와 회전자 속도 사이의 차이이다.

25. 대형 동기모터는 일정한 속도로 움직이며 효율적이다.

단원 확인 문제

1. (d)	**2.** (c)	**3.** (c)	**4.** (a)	**5.** (c)
6. (b)	**7.** (d)	**8.** (b)	**9.** (b)	**10.** (a)
11. (c)	**12.** (a)	**13.** (d)	**14.** (c)	**15.** (c)
16. (d)				

제9장

교류

서론

사인파는 기본적인 교류 파형이다. 그 이유는 모든 주기적인 파들은 적당한 진폭 및 주파수를 갖는 몇 개의 사인파를 조합함으로써 만들어질 수 있기 때문이다. 이 장에서는 사인파와 페이저라고 부르는 사인파를 나타내는 방법이 소개된다. 실험실에서, 사인파 및 그외 파형은 함수발생기라고 부르는 장비로 만들 수 있다. 사인파 및 그 외 파형은 오실로스코프로 측정된다. 함수발생기와 오실로스코프의 작동에 대해 기술된다.

이 장의 참고 자료는 아래 웹사이트에서 얻을 수 있다.

http://www.prenhall.com/SOE

주요 목표

각 목표의 번호는 절의 번호이다. 이 장을 마치고 나면 다음과 같은 일들을 할 수 있어야 한다.

9-1 정현파를 특징지우는 데 사용되는 인수를 기술하기

9-2 페이저가 한 개 이상의 사인파를 표현하는 데 어떻게 사용되는지를 설명하기

9-3 펄스, 삼각파 및 톱니파를 특징지우는 데 사용되는 핵심인수들을 기술하기

9-4 함수발생기의 주요 특성과 조정법을 기술하기

9-5 오실로스코프의 블록도에 있는 네 개의 주요부분을 설명하고 각 부분과 관련된 조절기를 기술하기

실험실습 디렉토리

다음 실험은 이 장을 위한 것이다.

◆ 실험 16
오실로스코프

◆ 실험 17
사인파 측정

직무에 대하여...

사회적인 능력은 자기 상사의 교육과 지시를 적절하게 이행하고, 또 같이 일하는 동료들과 원만한 관계를 유지하는 능력을 포함한다. 모두를 위한 좋은 작업환경을 조성하는 것이 중요하다. 특히, 자기가 고객을 대상으로 일을 한다면 공손하게 프로정신을 가지고 일해야 한다. 힘에 겨우면 상사에게 도움을 청하라. 자기가 고객에게 남긴 인상은 자기 회사의 현재와 미래에 영향을 끼칠 것이다.

여러분 음파, 물결파, 광파, 지진파, 스프링 달린 장난감에서의 진동 등과 같은 많은 파형들에 대해 잘 알고 있다. 음파와 물결파와 같은 파형들은 이동하기 위해서 매질(공기 또는 물)이 필요하다. 광파, 전파 및 x-선은 전자기 스펙트럼의 한 부분이며, 진공을 이동할 수 있다.

과학에서 초기의 가장 큰 논쟁 중의 하나는 빛의 성질에 관한 것이다. 현대 물리학의 아버지인 뉴턴은 빛이 공간에서 직선으로 이동하는 미립자라고 발표했다. 뉴턴과 동시대 사람인 크리스찬 휴젠(Christian Huygens)은 빛이 파동으로 구성되어 있다고 믿었다. 안타깝게도, 그 어느 것도 빛의 특성을 완전히 설명할 수 없었다.

빛의 성질은 뉴턴과 휴젠의 시대에는 풀리지 못했다. 19세기에 스코틀랜드의 영리한 수학자이자 물리학자인 제임스 클러크 맥스웰(James Clerk Maxwell)이 서로 수직이고 변하는 자기장과 전기장을 이용하여 빛을 설명했다. 맥스웰은 변하는 자기장이 변하는 전기장을, 변하는 전기장이 변하는 자기장을 유도한다는 것을 보여주었다. 그는 변하는 전기장과 자기장이 빛의 속도로 공간을 이동한다는 사실을 발견했다. 맥스웰의 방정식은 빛뿐만 아니라 모든 전자기 스펙트럼에 적용되고 오늘날 전자기학의 모든 이론에 기초가 되고있다.

9-1 사인파

사인파는 교류 회로의 기본 파형이며 통신 시스템의 전자회로를 포함하여 여러 기본적인 전자회로에 기본적이다.

이 절에서는 정현파를 특징짓는 인수들에 대해 배운다.

사인함수

교류(alternating current)란 3-2절에서 전류가 앞뒤로 방향이 교대로 변화하는 전류로 정의된다는 것을 상기하라. 교류는 삼각법의 사인함수(sin)와 같은 모양을 취한다. 사인함수는 그림 9-1에 나타낸 직각 삼각형으로부터 정의된다. 그림에 주어진 각 θ에 대해 사인을 빗변에 대한 높이의 비로 주어지고, 따라서 그 값은 차원이 없는 수이다.

그림 9-2의 도표에서 보듯이, 사인함수의 각도 측정은 1회전, 즉 360°에 기초를 둔다. 그림에서 보는 바와 같이 각 θ가 0°에서 360°까지 증가함에 따라 각 θ의 사인값은

그림 9-1

사인함수의 정의는 직각 삼각형에 기초한다.

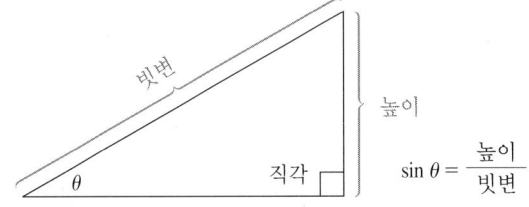

$$\sin\theta = \frac{높이}{빗변}$$

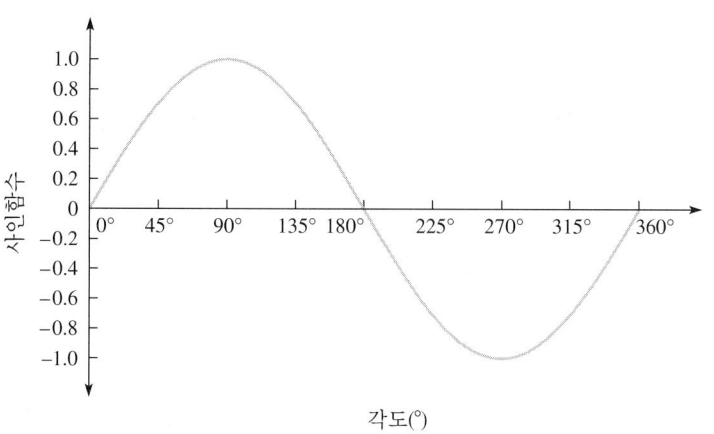

그림 9-2

각도가 0°에서 360°까지 변할 때의 사인함수 그래프.

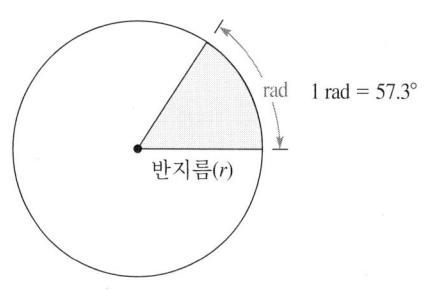

그림 9-3

라디안은 호의 길이가 원의 반지름과 같을 때의 각도이다.

0에서 양의 최대치 1(90°에서)로, 0을 지나(180°에서) 음의 최대치 −1(270°에서), 그리고 다시 0으로 된다. 90°와 270°에서 직각 삼각형의 높이는 빗변의 길이와 같게 되고 따라서, 이때의 사인함수 값은 각각 1과 −1이 된다.

삼각파의 또 다른 중요한 각도 측정은 라디안인데, 이것은 원의 반지름에 기초한다. 라디안(radian, 줄여서 rad)은 그림 9-3에서 보듯 호의 길이가 원의 반지름과 같을 때의 각도이다.

기하학으로부터, 원의 둘레는 2π 곱하기 반지름이다. 라디안 측정에서 일회전(360°)은 라디안 단위로 2π 라디안이다. 그림 9-4에는 사인함수가 라디안 각도 단위로 그려져있다. 사인함수가 라디안 또는 각도 눈금상에서 그려질 수 있기 때문에 주어진 상황에서 어떤 눈금이 사용되었는지를 명확히 해야 한다. 전자공학에서는 각도와 라디안만이 중요하다. 그라디안(grad)은 원을 400 등분하여 측량에 사용하는 또 다른 각도 단위이다. 모든 과학 계산기는 각도 단위로서 도(degree), 라디안(radians), 그라디안의 세 가지를 제공한다.

원 안에 360° 또는 2π 라디안이 있다는 사실을 기억한다면 각도와 라디안의 관계는 단순해진다. 360°를 2π 라디안으로 나눈다면 1 라디안이 몇 도인지를 알 수 있다.

그림 9-4

각이 0에서 2π 라디안까지 변할 때의 사인함수 그래프

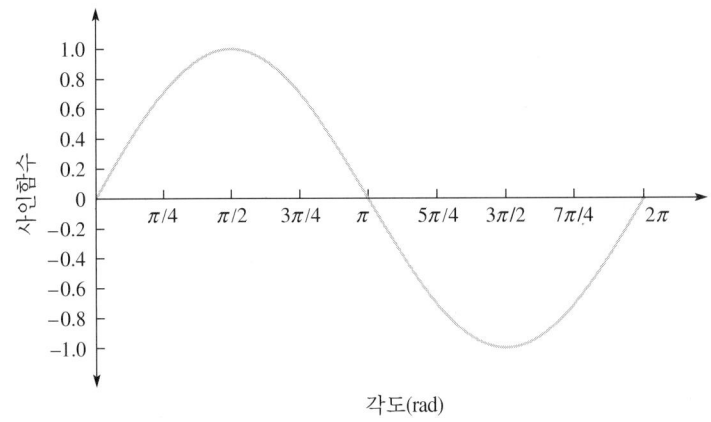

$$\frac{360°}{2\pi \text{ rad}} = 57.3°/\text{rad}$$

도(degree)를 라디안(radian)으로 바꾸기 위해 이 비율을 사용할 수 있다.

$$\text{rad} = \left(\frac{2\pi \text{ rad}}{360°}\right) \times \text{degree} \tag{9-1}$$

라디안을 도로 바꾸기 위한 공식은

$$\text{deg} = \left(\frac{360°}{2\pi \text{ rad}}\right) \times \text{rad} \tag{9-2}$$

예제 9-1

문제

다음 각도를 라디안으로 변환하라.

    (a) 50°   (b) 120°   (c) 290°

풀이

식 (9-1)을 적용한다.

$$\text{(a)} \ \text{rad} = \left(\frac{2\pi \text{ rad}}{360°}\right) \times \text{degree} = \left(\frac{2\pi \text{ rad}}{360°}\right)50° = \mathbf{0.873 \ rad}$$

$$\text{(b)} \ \text{rad} = \left(\frac{2\pi \text{ rad}}{360°}\right)120° = \mathbf{2.094 \ rad}$$

$$\text{(c)} \ \text{rad} = \left(\frac{2\pi \text{ rad}}{360°}\right)290° = \mathbf{5.061 \ rad}$$

TI-36X 계산기에서 세번째 기능 DRG키를 이용하여 단위를 변환할 수 있다. 먼저, 현재 모

드가 도(deg) 모드인가를 확인한다. 도 모드로 되어 있으면 화면에 DEG라는 문자가 나타나 있을

것이다. (모드를 바꾸기를 원한다면, 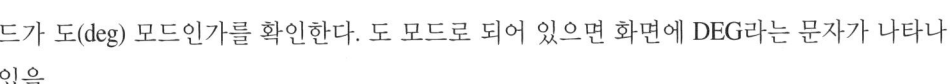 을 누른다.) 그리고 나서 각도를 입력하고 라디

안으로 변환하기 위해 ()을 누른다.

질문

100도는 몇 라디안인가?

문제

다음 라디안들을 도로 변환하라.

　　(a) $\pi/3$ rad　　　　　　(b) 1.2 rad　　　　　　(c) 3.9 rad

풀이

식 (9-2)를 적용한다.

　(a) $\text{deg} = \left(\dfrac{360°}{2\pi\,\text{rad}} \right) \times \text{rad} = \left(\dfrac{360°}{2\pi\,\text{rad}} \right) \dfrac{\pi}{3}\,\text{rad} = \mathbf{60°}$

　(b) $\text{deg} = \left(\dfrac{360°}{2\pi\,\text{rad}} \right) 1.2\,\text{rad} = \mathbf{68.8°}$

　(c) $\text{deg} = \left(\dfrac{360°}{2\pi\,\text{rad}} \right) 3.9\,\text{rad} = \mathbf{223°}$

질문

1.5 라디안은 몇 도인가?

전기파

사인함수와 같은 형태를 가지는 모든 파를 **정현파**(sinusoidal wave)라고 한다. 따라서 사인함수와 같은 형태를 가지는 전압 또는 전류의 파형은 정현파이다. 그러나 사인 형태를 갖는 전압 또는 전류의 파형을 사인파(sine wave)라 부르는 것이 일반적이다. 사인파와 정현파라는 용어는 종종 서로 바꿔가며 사용된다. 그림 9-5는 40 V의 피크치 전압을 가지는 전압사인파를 보여준다. 전기파에서 전압(또는 전류)은 보통 수직(y)축에 표시한다. 시간(t) 또는 도(θ)는 수평(x)축에 표시한다. 그림 9-5에서는 시간이 변

그림 9-5

전압사인파. 그림에서 피크치 전압 V_p가 파의 진폭이고 이 경우는 40 V이다.

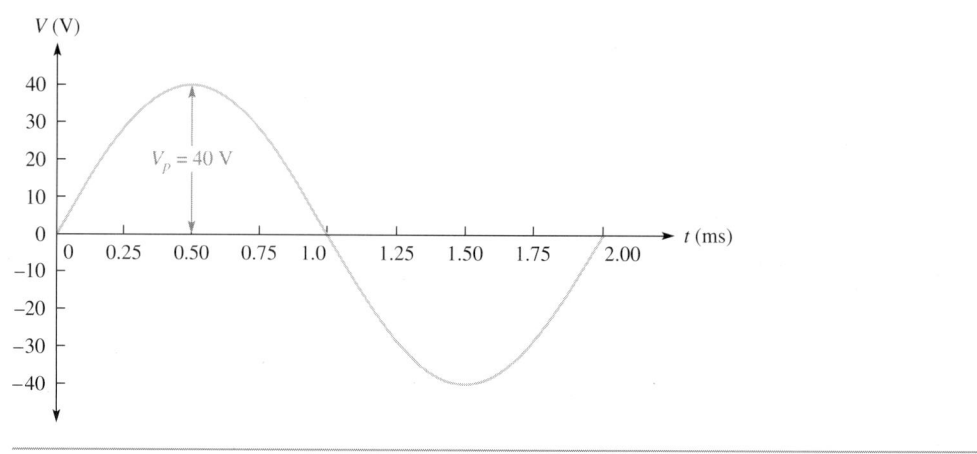

수 x가 된다.

전기 사인파는 두 종류의 전원 – 회전 전기기계 또는 전자발진기 – 에 의해 만들어진다. 8-3절에서 보았듯이 사인파는 도선루프가 자계내에서 회전할 때 발생하는 자연스런 출력이다. 발진기는 이 주파수를 만드는 하나의 전자회로이다. 하지만 교류발전기의 기계적인 회전보다 훨씬 빨리 진동할 수 있다. 전자발진기는 함수발생기를 포함한 다양한 회로에서 사용된다.

이미 알고 있듯이 사인파는 0의 값에서 극성이 변한다. 즉, 사인파는 양의 값과 음의 값 사이를 번갈아 왔다갔다 한다. 그림 9-6에서처럼 사인파형의 전압원 V_s를 저항회로에 인가하면, 정현파 교류전류가 발생한다. 전류 파형의 모양은 전압 파형의 모양과 내내 같다. 저항성 회로에서 전압과 전류의 파형은 서로 동기되어 변한다.

전기파형의 인수

전자공학에서 사용되는 정현파를 특징짓는 몇 개의 인수가 있다. 이 인수에는 피크치, 피크-피크치, 실효치, 평균치, 주파수, 주기 등이 있다.

그림 9-6

저항성 회로에 인가된 정현파 전압은 정현파전류를 만든다.

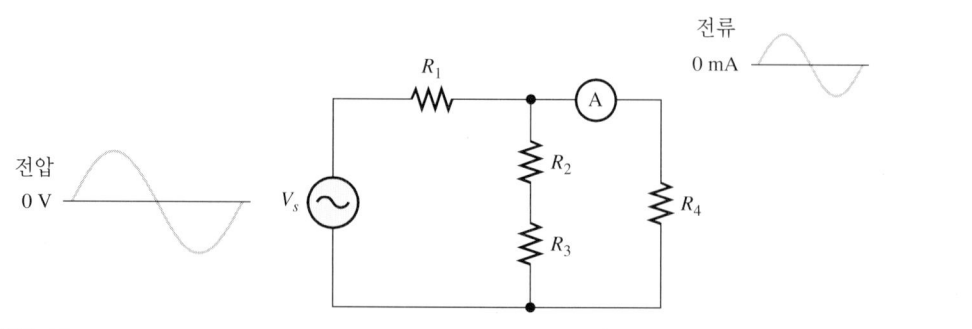

피크치

그림 9-5에서 보여진 전압 사인파는 그 파형의 중심에서 +40V의 최대값을 갖는다. 이것을 파형의 최고치라 부르고 주어진 파형에 대해 고정된 값을 갖는다. 최고치는 전압의 경우 V_p로, 전류의 경우 I_p로 나타낸다. 최고치는 또한 파동의 **진폭**이라고도 부른다. 임의 순간의 전압값은 시간에 따라 변하지만 최고치 또는 진폭은 일정하다.

피크 – 피크치

최고 양의 값의 크기는 최고 음의 값의 크기와 같다. 따라서, 피크-피크치(peak-to-peak value)는 그림 9-7에 나타냈듯이 피크치의 두 배가 된다. 피크-피크치는 V_{pp} 또는 I_{pp}로 나타낸다. 피크치와 피크-피크치의 관계는 다음의 전압과 전류에 대한 식으로 나타내어진다.

$$V_{pp} = 2V_p \tag{9-3}$$

$$I_{pp} = 2I_p \tag{9-4}$$

실효치

사인파의 전압을 나타내는 보다 더 일반적인 방법은 실효(rms, root mean square)값이다. 3-2절에서 배운 실효치는 교류전원에서 받은 전력과 직류전원에서 받은 전력을 직접 비교할 수 있게 한다는 사실을 상기하라. 예를 들어 그림 9-8의 회로를 생각하자. 직류전원이 120 V이다. 교류전원은 120 Vrms로 주어져 있다. 그러므로 직류전원

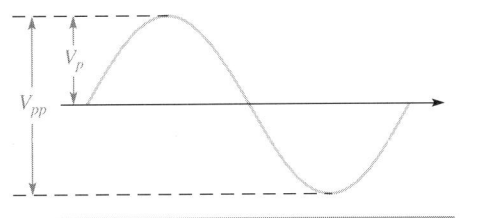

그림 9-7

피크-피크치는 전압과 전류 모두에서 피크치의 두 배이다.

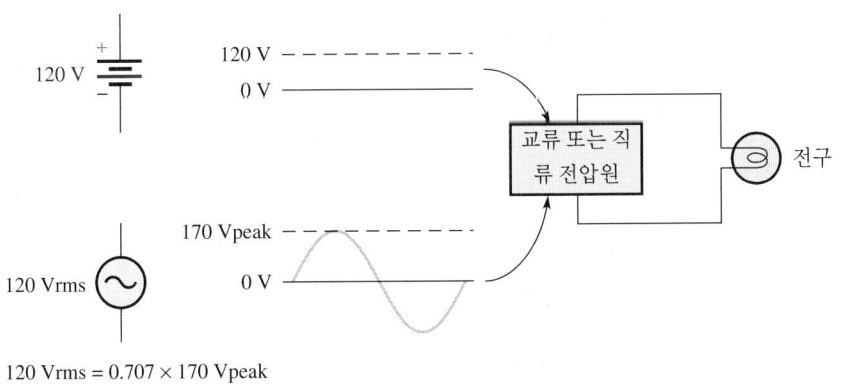

120 Vrms = 0.707 × 170 Vpeak

그림 9-8

직류전원과 교류전원은 전구에 같은 전력을 공급한다.

과 등가이다. 두 전원이 동일한 전압을 가지기 때문에 전구는 전원이 무엇이든 같은 전력을 소비하게 된다. 실효치 전압은 같은 크기의 직류전압과 등가이기 때문에 유효(effective)전압이라고도 부른다.

사인파의 실효치는 피크치와 다음과 같은 관계가 있다.

$$V_{rms} = 0.707V_p \qquad (9\text{-}5)$$

$$I_{rms} = 0.707I_p \qquad (9\text{-}6)$$

역사적 고찰

주파수의 단위 헤르츠(hertz)는 하인리히 루돌프 헤르츠(Heinrich Rudolf Hertz)의 이름을 따 명명되었다. 독일의 물리학자 헤르츠는 최초로 전자기파를 송수신했다. 그는 실험실에서 전자기파를 만들어냈고 이의 인수를 측정했다. 또, 헤르츠는 전자기파의 반사와 굴절성질이 빛의 그것과 같다고 증명했다.

평균치

사인파의 값을 표현하기 위해 때때로 사용되는 또 다른 방법이 **평균치**(average value)이다. 양과 음의 값이 상쇄되기 때문에 모든 사인파의 진짜 평균은 0 V이다. 따라서 평균이라는 용어는 모든 값이 양이라고 가정하고 정현파에 적용된다. 전압이나 전류의 파형에 대해 부호를 고려하지 않고 크기만의 평균을 고려하면 다음의 관계가 얻어진다.

$$V_{avg} = 0.637V_p$$

$$V_{avg} = 0.637I_p$$

예제 9-3

문제

그림 9-9에 나타낸 전압 파형의 실효치와 피크-피크치를 계산하라.

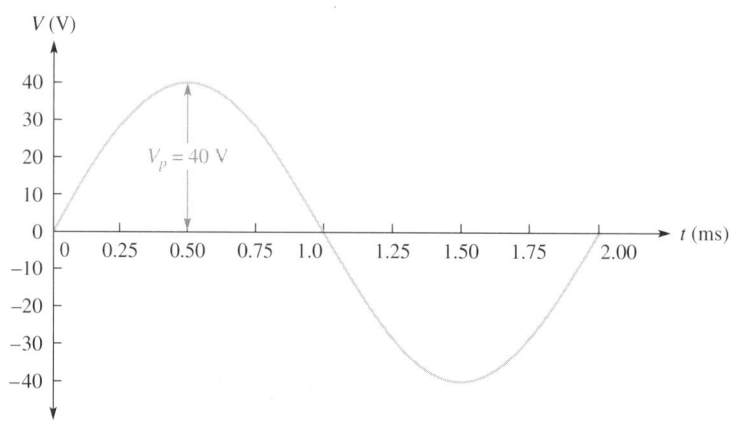

그림 9-9

풀이

식 (9-5)로부터

$$V_{rms} = 0.707V_p$$

피크 전압은 $V_p = 40$ V이다. 그러므로

$$V_{rms} = 0.707(40 \text{ V}) = \textbf{28.3 V}$$

$$V_{pp} = 2V_p = 2(40 \text{ V}) = \textbf{80 V}$$

질문

120 Vrms 전압의 피크-피크 값은 얼마인가?

주파수와 주기

반복되는 파형의 주파수는 1초에 일어나는 사이클(cycle)의 횟수로 정의된다는 것을 3-2절에서 배웠다. 주파수의 측정단위는 헤르츠(hertz)이다. 또 다른 중요한 용어는 주기 T인데, 이것은 1 사이클을 완전하게 이루는 데 요구되는 시간으로 정의된다.

　주파수와 주기는 서로 역수 관계에 있다. 주파수를 알고 있다면 두 물리량 사이의 역수 관계를 이용해서 주기를 계산할 수 있다. 마찬가지로, 주기를 알고 있다면 그 역수를 계산해서 주파수를 구할 수 있다. 어느 경우든, 모르는 물리량을 알기 위해 알고 있는 물리량의 역수를 구하면 된다.

	예제 9-4

문제

(a) 그림 9-10의 사인파의 주파수를 계산하라.

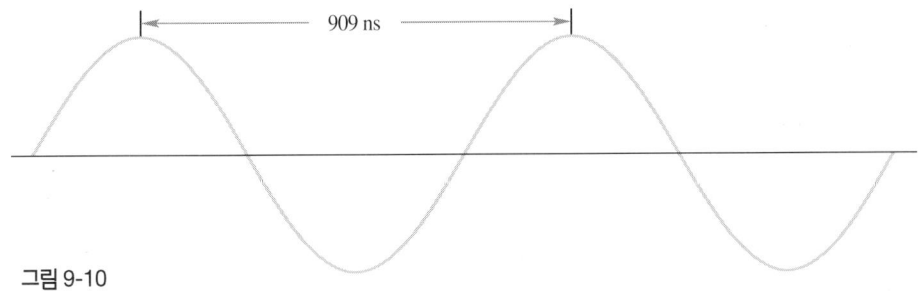

그림 9-10

(b) 그림 9-11의 사인파의 주파수를 계산하라. 시간은 곡선을 따라 임의의 높이에서 표시되어 있지만, 양끝점의 기울기와 높이가 같기만 하면 어디서 측정하든지 간에 같은 시간이 될 것이다.

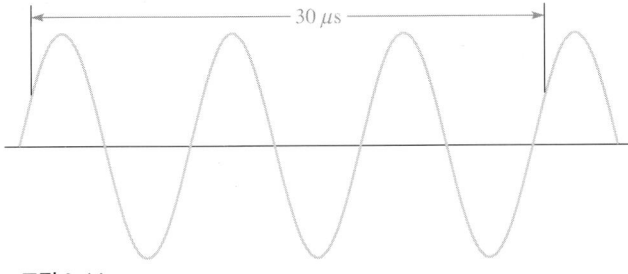

그림 9-11

(c) 60 Hz 전력선의 주기를 계산하라.

(d) 20 ms의 시간 동안 얼마나 많은 사이클이 일어나겠는가?

풀이

(a) 주기는 909 ns이다. 주기의 역수를 구해서 주파수를 계산한다.

$$f = \frac{1}{T} = \frac{1}{909 \text{ ns}} = \textbf{1100 kHz}$$

이것은 AM라디오밴드의 한 주파수이다.

(b) 세 개의 사이클이 30 μs안에서 일어난다. 그러므로 주기는

$$T = \frac{30 \text{ } \mu s}{3} = 10 \text{ } \mu s$$

주파수는

$$f = \frac{1}{T} = \frac{1}{10 \text{ } \mu s} = \textbf{100 kHz}$$

(c) 주파수는 60 Hz이다. 그러므로 주기는

$$f = \frac{1}{f} = \frac{1}{60 \text{ Hz}} = \textbf{16.7 ms}$$

(d) 먼저, 10 kHz의 주기를 계산한다.

$$T = \frac{1}{f} = \frac{1}{10 \text{ kHz}} = 100 \text{ } \mu s$$

20 ms = 20,000 μs. 20,000 μs 내의 사이클 수는

$$\frac{20,000 \text{ } \mu s}{100 \text{ } \mu s/cycle} = \textbf{200 사이클}$$

질문

500 μs의 주기를 가지는 파의 주파수는 얼마인가?

전기 정현파에 대한 식

이미 알고있듯이, 정현파는 도체가 자계 내에서 회전할 때 발생한다. 도체에서 발생되는 정현 전압의 순간값에 대한 식은 다음과 같다.

$$v = V_p \sin \theta \tag{9-7}$$

여기서 v는 임의의 순간의 전압이고, V_p는 피크전압이다. 그리고 θ는 도체와 자계 사

이의 각도를 말한다. 식 (9-7)은 0°에서 시작하는 전압파형에 대한 어떤 시점에서의 순간전압을 구하고자 할 때 유용하다.

예제 9-5

문제

피크전압이 12 V인 전압 정현파에서 0°에서 180°까지 매 10° 마다의 순간전압을 계산하라.

풀이

각 데이터에 대해 식 (9-7)을 적용한다. 계산을 위해 표 9-1을 참고한다. 엑셀과 같은 스프레드시트 컴퓨터 프로그램에 익숙하다면 답을 쉽게 계산하고 그래프로도 그릴 수 있다. 표 9-1에서의 값들은 엑셀로 계산되었지만 계산기로도 쉽게 계산할 수 있다. TI-36X 계산기를 이용한 sin100의 계산순서는 다음과 같다.

1 2 × 1 0 SIN =

계산결과는 그림 9-12에 그래프로 나타나 있다.

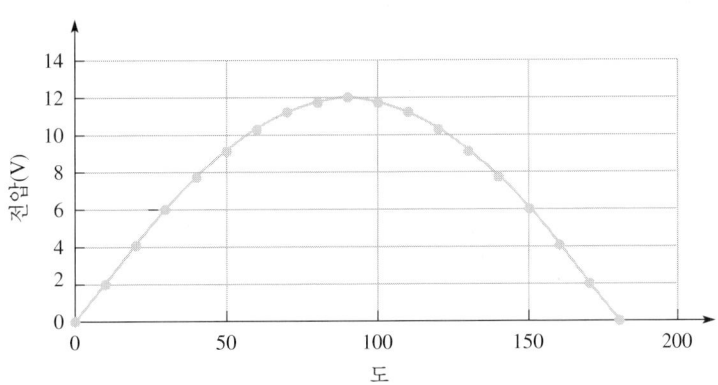

그림 9-11

질문

180°에서 360°까지 10°마다의 순간 전압은 얼마인가?

표 9-1

$\theta(°)$	$\sin u$ $(°)$	$v = 12\sin\theta$ (V)
0	0	0
10	0.173648	2.083778
20	0.34202	4.104242
30	0.5	6
40	0.642788	7.713451
50	0.766044	9.192533
60	0.866025	10.3923
70	0.939693	11.27631
80	0.984808	11.81769
90	1	12
100	0.984808	11.81769
110	0.939693	11.27631
120	0.866025	10.3923
130	0.766044	9.192533
140	0.642788	7.713451
150	0.5	6
160	0.34202	4.104242
170	0.173648	2.083778
180*	1.23E-16	1.47E-15

* sin180°는 실제로 0이다. 함수를 계산하는 알고리즘 때문에 엑셀은 거의 0에 가까운 1.23×10^{-16}의 값을 가진다. 이것은 거의 0이다.

복습 질문

1. 라디안은 무엇인가?
2. $\pi/2$ 라디안은 몇 도인가?
3. 피크전압이 20 V인 사인파의 실효값은 얼마인가?
4. 사인파의 5 사이클이 10 ms에 일어난다면, 주파수는 얼마인가?
5. 20 MHz 사인파의 주기는 얼마인가?

9-2 사인파의 페이저 표현

동일한 주파수의 정현파를 비교하기 위해서는, 이들 사이에 진폭과 위상의 관계를 알아볼 필요가 있다. 진폭과 위상의 관계를 나타내는 페이저(phasor)는 정현파형의 표현을 단순하게 해준다.

이 절에서는 페이저를 이용하여 하나 이상의 사인파를 나타내는 방법을 배운다.

정현파의 **위상**(phase)은 기준위치에 대해 상대적인 파의 위치를 나타내는 각 척도이다. 실제 회로에서는 하나의 파형이 기준으로 선택된다. 전형적으로 이것은 함수발생기의 출력과 같은 전원 전압이 될 것이다. 그림 9-13은 기준으로서 사용되는 정현파의 한 사이클을 보여준다. 기준 파형은 0°(0 rad)에서 양(+)의 값으로 가면서 수평축과 교차하고(0점 교차), 90°(π/2 rad)에서 양(+)의 피크치를 가진다. 180°(π rad)에서 음의 값으로 가면서 수평축과 교차하고, 270°(3π/2 rad)에서 음의 피크치를 갖는다. 이 사이클은 360°(2π rad)에서 끝나게 된다.

같은 주파수를 갖는 다른 정현파가 기준파형에 대해 왼쪽 또는 오른쪽으로 이동(shift)될 때, 둘 사이의 위상차는 동일 주파수의 두 파형 사이의 각도차로서 도(°) 또는 라디안(rad)으로 측정할 수 있다. 두 개의 파가 같은 주파수일지라도 서로 다른 진폭을 가지면 위상차는 파의 중심에서 측정할 수 있다.

앞선파와 뒤진파

그림 9-14는 기준 사인파(*A*)에 대한 어떤 사인파(*B*)의 위상차를 설명한다. 그림(a)에서 사인파 *B*는 오른쪽으로 90°(π/2 rad)만큼 이동되어 있다. 따라서, 사인파 *A*에 대해 사인파 *B*는 +90°의 위상차가 있다. 시간의 관점에서 사인파 *B*의 양의 방향에서의 0점 교차는 사인파 *A*에 비해 시간축상의 오른쪽에 있으므로 그만큼 늦게 일어난다. 이 경우에 사인파 *B*는 사인파 *A*에 대해 90° 또는 π/2 라디안만큼 **뒤진다**고 한다.

그림 9-13

위상의 기준

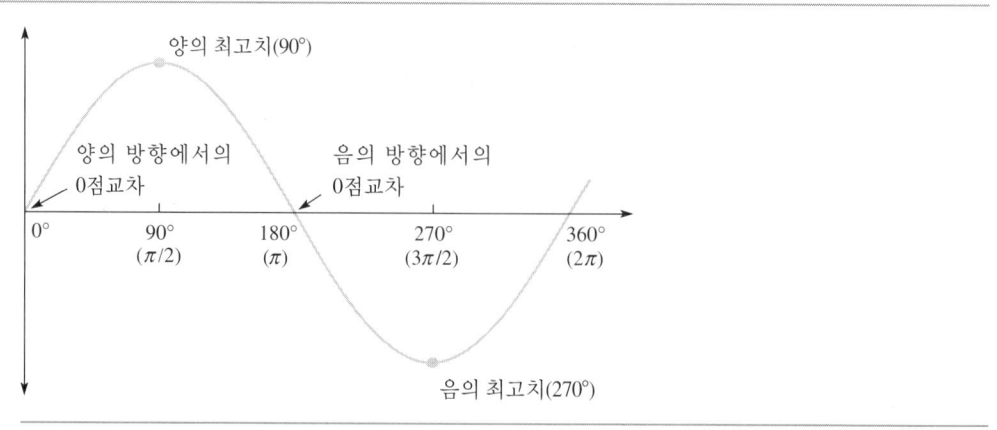

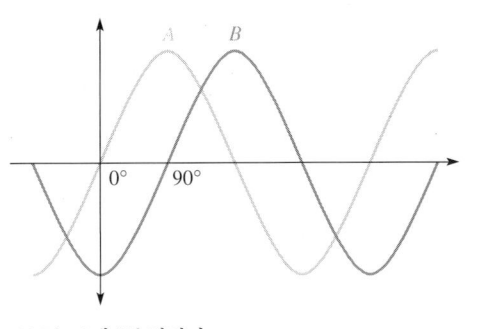

위상차의 설명

(a) B는 A에 90° 뒤진다.

(a) B는 A에 90° 앞선다.

그림 9-14(b)에는 사인파 B가 90°만큼 왼쪽으로 이동되어 있다. 이 경우, 사인파 B 의 0점 교차는 기준파인 사인파 A보다 시간상 더 빨리 일어난다. 사인파 B는 사인파 A를 90° 앞선다고 말한다. 이 두 경우에 두 파형 사이에는 90°의 각도차이가 난다.

사인파에서 앞서거나 뒤진다는 것은 기준파에 의해 결정되므로, 기준을 명확히 하 는 것이 중요하다. 예를 들어 사인파 B가 사인파 A에 뒤진다고 말한다면, 그것은 사 인파 A가 사인파 B에 **앞선다**는 것을 의미한다. 이 두 개념은 서로 동등한 것이지만 기준은 서로 다르다.

예제 9-6

문제

그림 9-15(a)와 그림 9-15(b)의 두 가지 사인파 사이의 위상각은 얼마인가?

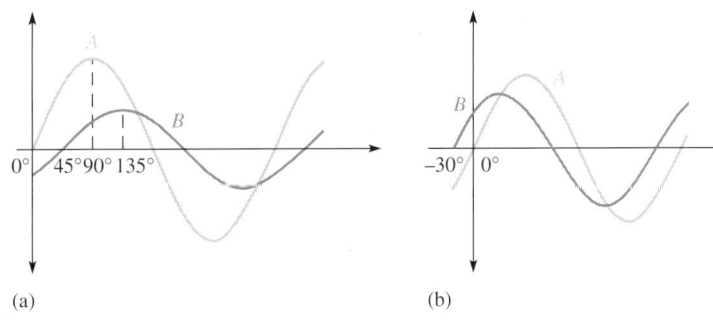

그림 9-15

풀이

그림 9 15(a)에서, 사인파 A의 양의 방향 0교차점은 0°이다. 그래서 이것을 기준으로 한다. 사 인파 B의 대응하는 0점 교차는 A에 비해 **45°** 늦게 일어난다. 따라서 두 파형 사이에 45°의 위 상차가 있고 B가 A에 뒤진다고 말할 수 있다.

그림 9-15(b)에서 사인파 B의 양의 방향 0점 교차는 −30°에서, 사인파 A의 대응하는 0점 교 차는 0°에서 일어난다. 두 파형 사이에는 B가 A에 앞서는 **30°** 위상차이가 있다.

질문

사인파 B가 두 경우에 기준이라면 두 파 사이의 앞서고 뒤지는 관계를 어떻게 표현할 수 있 는가?

벡터(vector)라고 부르는 물리량은 완전한 기술을 위해 두 값을 요구한다. 그 중 하나는 크기를 나타내고 또 다른 하나는 방향을 나타낸다. 수학에서 이러한 수를 복소량(complex quantity)이라 하고, 이는 그 값을 기술하기 위해 두 수가 필요하다는 것을 의미한다. (이것은 나중에 12-1절에서 더 자세히 다룬다.) 벡터는 화살표를 이용하여 기술된다. 화살표의 길이가 크기를 나타내고 화살표의 방향은 벡터의 방향을 가리킨다. 물리학에서 벡터는 힘, 속도, 가속도 등의 여러 물리량을 나타낸다. 그림 9-16은 다이버의 속도 벡터의 예를 보여준다. 화살표의 길이가 다이버의 속력(크기)을 나타내고 화살표는 방향을 나타낸다. 크기와 방향이 결합되어 속도 벡터가 만들어진다

벡터가 다이버의 속도를 나타내기 위해 사용되는 것처럼 벡터는 정현파를 기술할 수 있다. 정현파는 회전하는 벡터의 관점에서 생각할 수 있다. 이것은 나중에 알게 되겠지만, 복잡한 회로특성을 간단히 기술할 수 있게 해준다. 사인파를 기술하는 데 사용되는 두 물리량은 진폭(크기)과 위상(방향)이다. 방향이 위상에 의해 나타내어지는

그림 9-16

다이버의 속도 벡터. 다이버가 하강함에 따라 그의 속도는 더 긴 화살표로 나타낸다. 동작의 방향 성분은 화살표의 방향으로 나타낸다.

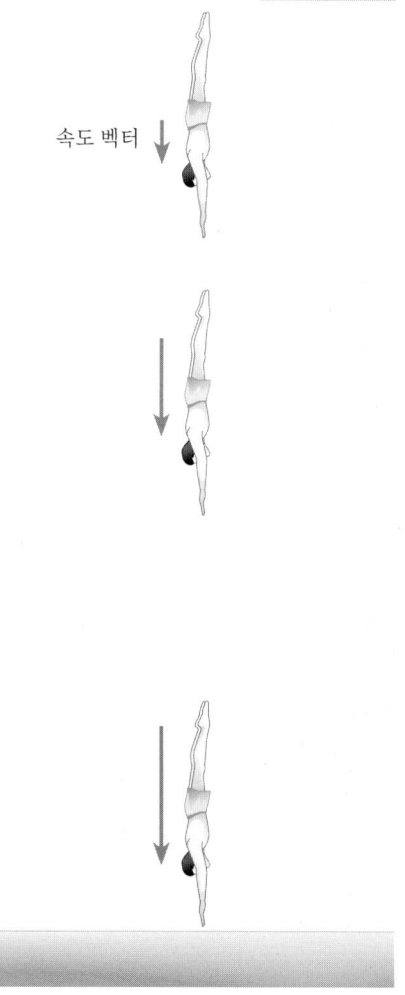

속도 벡터

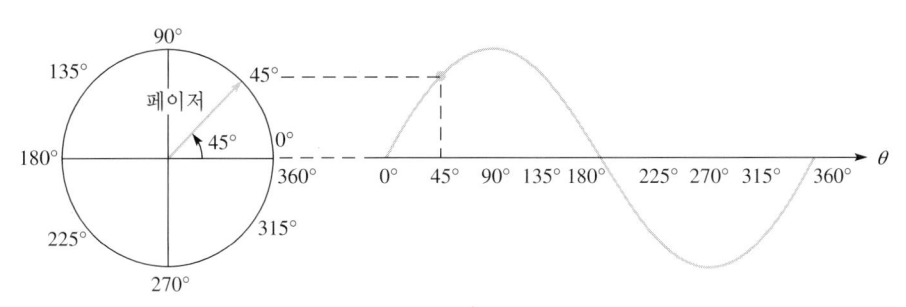

그림 9-17

페이저가 회전할 때 그 투영은
정현파를 만든다.

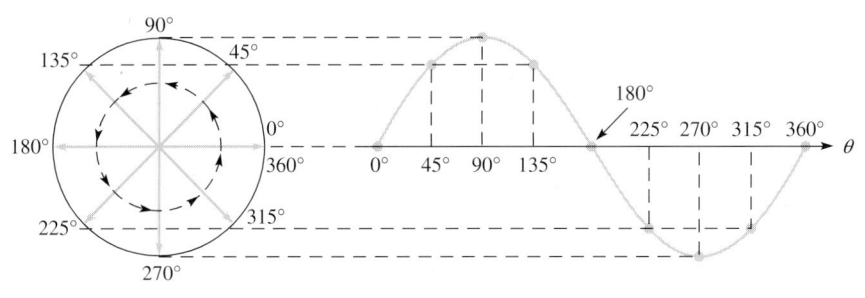

그림 9-18

회전하는 페이저의 화살표에
의해 나타내어진 사인파

것을 보여주기 위해 회전 벡터는 페이저로 주어진다. 페이저는 고정점 주위를 회전하
는 화살표로 표현된다. 페이저가 출발점으로부터 45°만큼 반시계방향으로 회전했을
때의 순간이 그림 9-17에 나타나 있다. 페이저 끝점의 투영이 정현 그래프의 한 점을
나타낸다.

  그림 9-18은 기준 페이저가 완전한 한바퀴 360°를 반시계방향으로 회전하는 것을
보여주고 있다. 여기에서 기준이란 페이저가 기준 원의 오른쪽에 위치한 0°에서 시작
하기 때문이다. 각 지점은 0에서 시작하는 다른 시간을 나타낸다. 페이저의 끝점은
위상각에 따라 수평축상에 펼쳐져 투영되고, 따라서 사인파가 그림에 보여진 것처럼
그래프로 펼쳐진다. 페이저의 각 각의 각도 위치에는 상응하는 크기 값이 있다. 그림
에서 보는 것처럼 90°와 270°에서 사인파의 진폭은 최대이고 페이저의 길이와 같다.
0°와 180°에서 페이저가 수평으로 놓여져 있기 때문에 사인파는 0이 된다.

  기준 페이저의 45°에서의 모습을 좀더 자세히 조사해보자. 페이저는 보통 전압을
나타내고 그래서 이것은 페이저의 길이와 피크전압을 나타내는 V_p로 표현한다. 그림
9-19는 45°에서의 전압페이저와 사인파의 대응섬을 보여준다. 시점에서 사인파의 순
간전압 v는 페이저의 위치(각도)와 길이(진폭) 둘 다에 관계된다. 페이저 끝점으로부터
의 수직거리는 그 지점에서의 순간전압을 나타낸다.

  그림 9-19에 나타낸 것처럼, 페이저 끝점으로부터 수평축 아래로 수직선을 그릴 때,
직각삼각형이 형성된다. 페이저는 삼각형의 빗변이고, 수직 투영은 높이가 된다. 수직
투영은 순간전압을 나타내고 이 값은 앞서 나온 식 (9-7)로부터 구할 수 있다.

그림 9-19

직각삼각형과 사인파의 관계.
45도에서 사인파의 진폭은 식
$v = V_p \sin \theta$ 으로 주어진다.

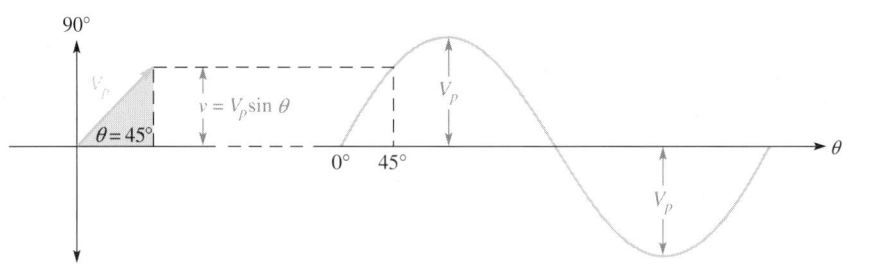

예제 9-7

문제

다음의 각도에서 40 V의 피크전압을 갖는 사인파의 순간전압은 얼마인가? 사인파 위에 그 지점을 표시하라.

(a) 45°　　　　(b) 75°　　　　(c) 130°　　　　(d) 205°

풀이

각도를 식 (9-7)에 적용한다.

(a) $v = V_p \sin \theta = 40\text{ V} \sin 45° = 40\text{ V}(0.707) = \mathbf{28.3\ V}$

(b) $v = 40\text{ V} \sin 75° = 40\text{ V}(0.966) = \mathbf{38.6\ V}$

(c) $v = 40\text{ V} \sin 130° = 40\text{ V}(0.766) = \mathbf{30.6\ V}$

(d) $v = 40\text{ V} \sin 205° = 40\text{ V}(-0.423) = \mathbf{-16.9\ V}$

이 점들이 그림 9-20에 표시되어 있다. 각 점들은 사인파의 곡선 위에 위치한다.

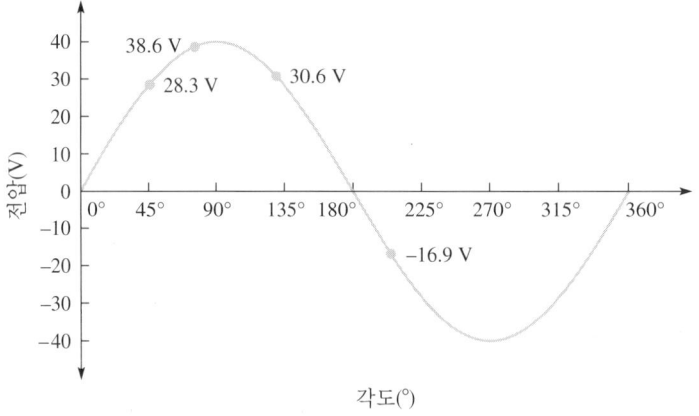

그림 9-20

질문

330°의 각도에서 전압은 얼마인가?

위상차를 갖는 사인파의 표현

사인파는 기준파에 앞서거나 뒤지도록 이동될 수 있다. 사인파가 오른쪽으로 반 사이클보다 더 적게 이동될 때 이전에 논의했듯이 뒤진다고 말한다. 기준파의 왼쪽으로 반 사이클보다 더 적게 이동될 때 앞서고 있다고 말한다. 기준의 앞이나 뒤에서 시작하는 사인파의 식은 위상차 항을 포함하게 된다.

기준파보다 뒤지는 전압파형에 대한 식은

$$v = V_p \sin(\theta - \phi) \qquad (9\text{-}8)$$

여기서 v는 순간전압이고, V_p는 피크전압, θ는 파의 양(+)의 방향 0교차점으로부터 측정된 각도, 그리고 ϕ는 기준파로부터 측정된 위상 각도이다.

지연파형의 경우, 위상차의 부호(식 (9-8))에서는 음(−)이다. 그림 9-21은 지연파형(짙은 회색)을 보여준다. 이 그림의 경우 기준파형의 피크전압은 40 V이고 이동된 사인파의 피크전압은 30 V이다. 그림처럼 두 파형이 다른 진폭을 가지는 것이 일반적이다. 이런 경우, 오차를 피하기 위해 x축을 따라서 위상이동을 재거나 파를 조절하여 동일진폭을 가지도록 나타나게 하는 것이 필요하다.

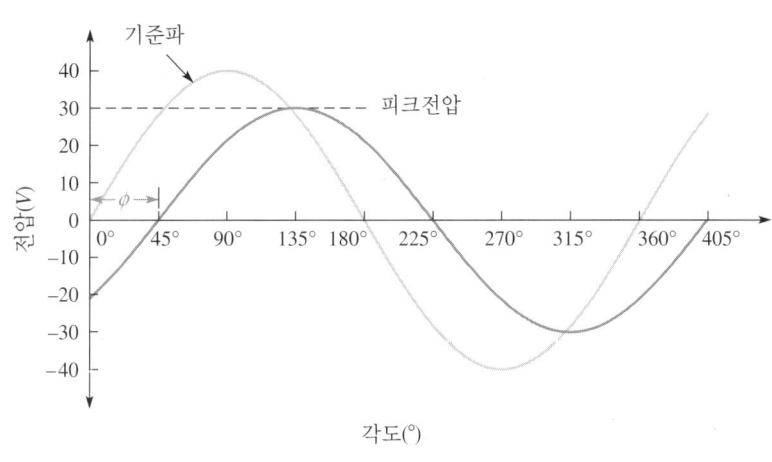

그림 9-21

기준에 뒤지는 전압파형. 1사이클 이상이 나타나 있다.

예제 9-8

문제

(a) 그림 9-21의 뒤진 사인파에 대한 식은 무엇인가?

(b) 이 지연파형의 90°에서의 순간전압은 얼마인가?

풀이

(a) 파의 피크전압(진폭)은 30 V이다. 이것은 기준파에 대하여 45° 만큼 뒤진다. 이 값들을 식 (9-8)에 대입하면,

$$v = V_p \sin(\theta - \phi) = \mathbf{30\ V}\ \sin(\theta - \mathbf{45°})$$

(b) $v = 30$ V $\sin(90° - 45°) = 30 \sin 45° = \textbf{21.2 V}$

질문

기준파에 대한 식은 무엇인가?

그림 9-22

기준을 앞서는 전압파형

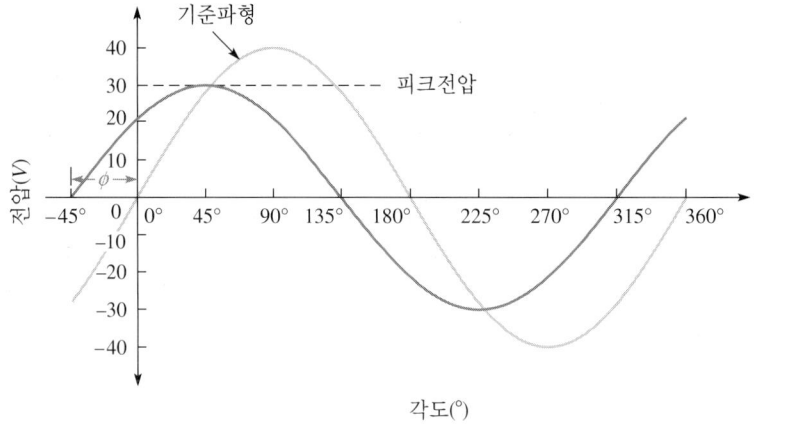

기준파에 앞서는 전압파형에 관한 식은

$$v = V_p \sin(\theta + \phi) \tag{9-9}$$

앞서는 파형에서 위상이동의 부호(식 (9-9)에서)는 양(+)이다. 그림 9-22는 앞서는 파형을 도해한다. 기준파형이 0°의 위치를 정의한다는 것을 주시하라. 따라서, 짙은 회색의 파형은 기준파형을 45°만큼 앞선다. 여기서, 두 파는 같은 진폭을 갖지 않기 때문에 위상차는 x축상에서 측정되어야 한다.

위상이동의 부호를 기억하기 위한 도움으로써 이동된 파형이 0°에서 x축 위에 있다면 위상이동 항의 부호는 양(+)이 되고 파는 앞선다고 말한다. 파형이 0°에서 x축 아래에 있다면 위상이동 항의 부호는 음(−)이고 파는 뒤진다고 말한다.

두 개의 사인파에 대한 페이저 그래프

이미 보았듯이 사인파의 생성은 회전하는 페이저의 끝점의 투영에 의해 나타낼 수 있다. 사인파 자체보다는 사인파를 나타내는 페이저를 직접 다루는 것이 회로해석을 더 간단하게 하는 경우가 많다. 회전하는 페이저의 임의의 시간에서의 순간포착은 이전에 보여진 사인파의 그림과 같은 정보를 보여준다. 그림 9-23은 그림 9-21에 나타낸 두 사인파의 페이저를 보여준다. 여기서 보여주는 페이저 선도는 0°에서의 상황이다. 이것은 원한다면 또 다른 위치로 회전시킬 수 있다. 0°에서 순간전압이 0이기 때문에 기준 페이저(연한 회색)가 수평위치에 그려진다. 짙은 회색의 페이저는 기준 페이저에

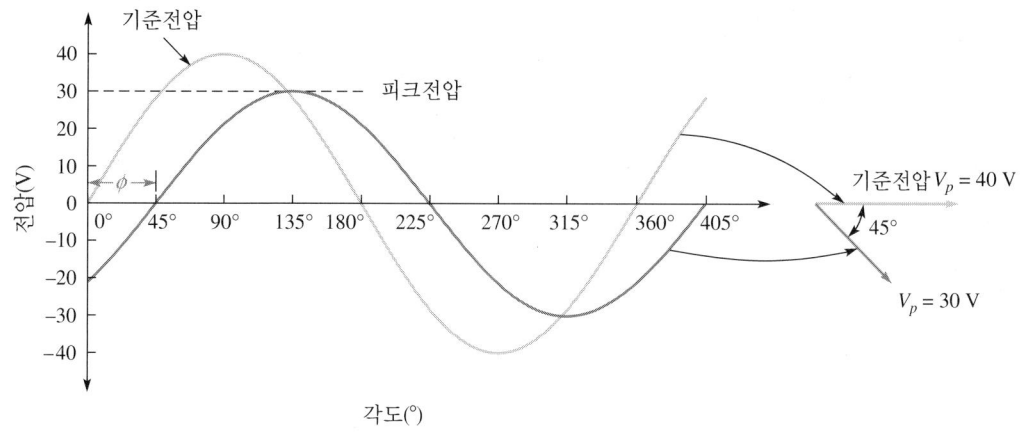

그림 9-21에 나타낸 두 사인파의 페이저 표현 　그림 9-23

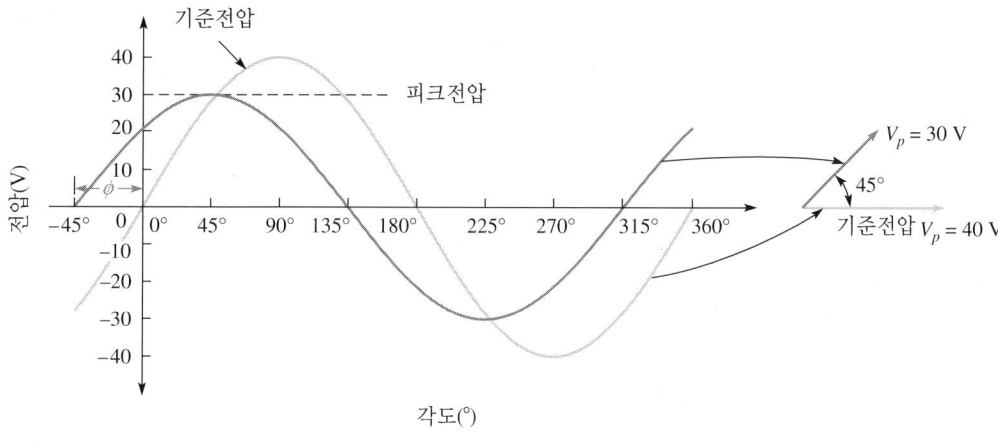

그림 9-22에 나타낸 두 사인파의 페이저 표현 　그림 9-24

45°만큼 뒤지는데 이것은 파형에 의해 보여진 위상차이에 해당한다.

　그림 9-24는 그림 9-22에 나타낸 두 파에 대한 페이저를 보여준다. 페이저 선도는 다시 0°에 대한 것이고, 기준 페이저(연한 회색)가 수평위치에 그려진다. 짙은 회색의 페이저는 기준 페이저에 45° 앞서고 이것은 그림에 의해 보여진 위상차이에 해당한다.

복습 질문

6. 위상이동을 언급할 때 기준파의 설정이 왜 필요한가?
7. 페이저는 보통의 벡터와 어떻게 다른가?
8. 사인파가 음의 피크치에 이르렀을 때 관련된 페이저의 방향은 어떻게 되는가?
9. 20 V의 피크전압을 갖고, 기준에 90° 뒤진 정현전압파형에 대한 식은 무엇인가?
10. 문제 9의 사인파에 대한 130°에서의 순간전압은 얼마인가?

9-3 비정현파형

펄스파형은 디지털회로에서 필수적이며 디지털회로와 아날로그 회로를 테스트하는 데 사용된다. 두 개의 다른 유용한 비정현파형으로는 삼각파와 톱니파가 있다.

이 절에서는 펄스, 삼각파, 톱니파가 어떻게 기술되고 규정되는지를 배운다.

펄스파형

펄스(pulse)는 한 전압 또는 전류레벨(기준선)로부터 다른 일정한 값으로의 아주 **빠른** 천이(앞선 에지), 그 상태의 잠시 동안의 유지, 그리고 원래의 기준값으로의 아주 **빠른** 복귀(뒷선 에지)로 기술될 수 있다. 크기에서의 이러한 천이를 스텝(step)이라 부른다. 이상적인 펄스는 두 개의 똑같은 그러나 서로 반대방향으로 가는 순간 스텝들로 구성된다. 앞선 에지(leading edge) 또는 뒷선 에지(trailing edge)가 양(+)의 방향으로 갈 때, 상승 에지(rising edge)라고 부른다. 반면 앞선 에지 또는 뒷선 에지가 음(−)의 방향으로 갈 때, 하강 에지(falling edge)라고 부른다. 펄스에서 진폭은 기준선에서부터 측정된 높이와 같다.

그림 9-25(a)는 이상적인 양의 방향 펄스를 보여준다. 양방향의 천이와 음방향의 천이 사이의 시간 간격을 펄스폭(pulse width)이라고 부른다. 그림 9-25(b)는 이상적인 음의 방향펄스를 보여준다.

모든 펄스는 이상적(순간 스텝으로 구성되고, 완벽한 사각형 모양)으로 다룸으로써 많은 경우의 해석이 단순화된다. 그러나 실제 펄스는 결코 이상적이지 않다. 모든 펄스는 이상적인 것과는 다르도록 하는 몇 가지 특징을 가지고 있다.

실제로 펄스는 어떤 크기에서 다른 크기로 순간적으로 바뀔 수 없다. 그림 9-26에 나타낸 것처럼 천이(스텝)에는 항상 시간이 요구된다. 상승 에지 동안에, 펄스가 낮은 값에서 높은 값으로 변하는 시간이 존재한다. 이 간격을 상승 시간 t_r이라고 한다. 상승 시간(rise time)은 펄스의 진폭이 10%에서 90%로 상승하는 데 필요한 시간이다.

펄스가 높은 값에서 낮은 값으로 떨어지는 하강 에지의 시간 간격을 하강 시간 t_f

그림 9-25

이상적인 펄스

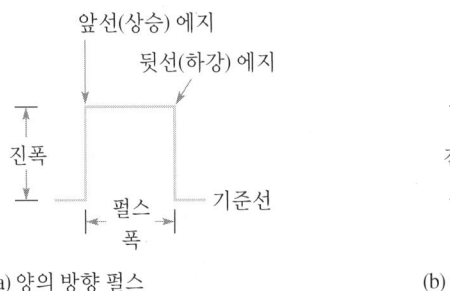

(a) 양의 방향 펄스

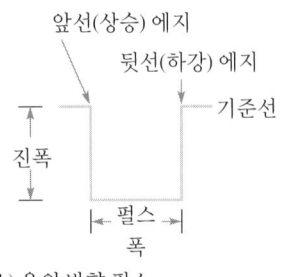

(b) 음의 방향 펄스

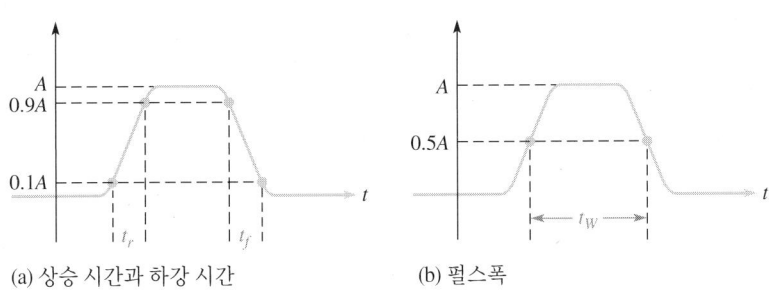

그림 9-26

비이상적인 펄스. *A*는 진폭을 나타낸다.

라고 한다. 하강 시간(fall time)은 펄스가 진폭의 90%에서 10%로 하강하는 데 필요한 시간이다.

펄스폭 t_W는 상승 에지와 하강 에지가 수직이 아닌 비이상적인 펄스의 경우 명확한 정의를 요구한다. **펄스폭**(pulse width)은 그 값이 진폭의 50%가 되는 상승 에지의 지점과 값이 진폭의 50%가 되는 하강 에지의 지점 사이의 시간을 말한다. 펄스폭의 정의는 그림 9-26(b)에 설명되어 있다.

반복 펄스

일정한 간격으로 반복되는 모든 파형은 주기적이다. 주기적인 펄스파형의 몇 가지 예가 그림 9-27에 나타나 있다. 각 경우에 대해 펄스가 일정한 간격으로 반복되는 것을 인식하라. 펄스가 반복되는 비율이 펄스 반복 주파수이다. 주파수는 헤르츠(hertz)나 초당 펄스 수로 나타낼 수 있다. 한 펄스에서 다음 펄스에 응하는 지점까지의 시간을 주기 *T*라고 한다. 주파수와 주기의 관계는 사인파에서처럼 $f = 1/T$과 같다.

반복 펄스파형의 한 가지 중요한 특징은 듀티 사이클이다. **듀티 사이클**(duty cycle)은 주기(*T*)에 대한 펄스폭(t_W)의 비율로서, 보통 백분율(%)로 나타낸다.

$$\text{백분율 듀티 사이클} = \frac{t_w}{T}\ 100\% \qquad (9\text{ }10)$$

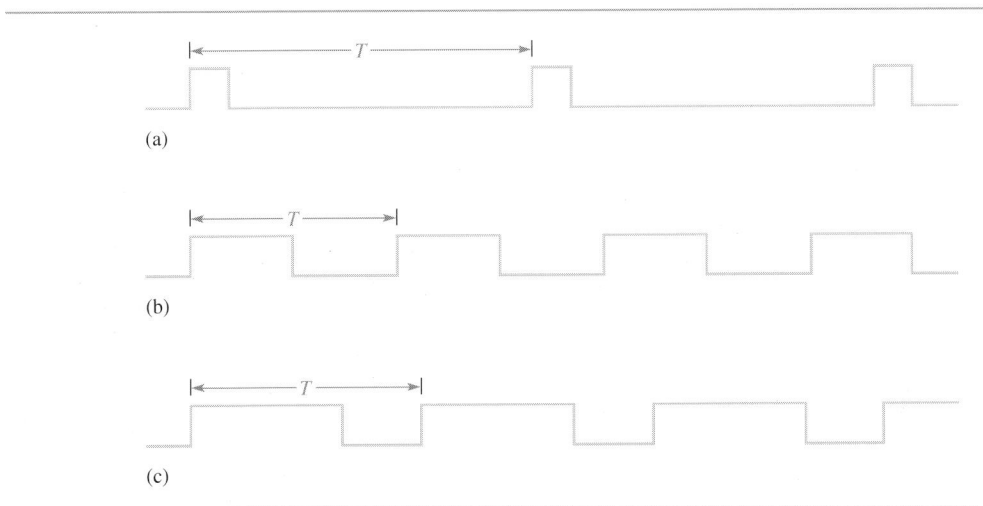

그림 9-27

반복 펄스파형의 예

예제 9-9	

문제

그림 9-28의 이상적인 펄스 파형에 대한 주기, 주파수 및 듀티 사이클을 결정하라.

그림 9-28

풀이

파에서 두 대응하는 지점 사이의 주기를 측정한다. 주기는 첫 번째 펄스의 상승으로부터 두 번째 펄스의 상승까지의 시간을 관찰하여 결정한다.

$$T = 5 \ \mu s$$

주파수는

$$f = \frac{1}{T} = \frac{1}{5 \ \mu s} = 200 \ \text{kHz}$$

펄스폭과 주기로부터 백분율 듀티 사이클을 결정한다. 그림 9-28에서 펄스폭(상승으로부터 하강까지의 시간)은 $1 \mu s$이다. 식 (9-10)에 대입한다.

$$\text{백분율 듀티 사이클} = \frac{t_W}{T} \ 100\% = \frac{1 \ \mu s}{5 \ \mu s} \ 100\% = 20\%$$

질문

$f = 400 \ \text{kHz}$ 이고 듀티 사이클이 변하지 않는다면 펄스폭은 어떻게 되는가?

사각파

사각파(square wave)는 듀티 사이클이 50%인 펄스 파형을 말한다. 따라서, 펄스폭은 주기의 1/2이다. 사각파가 그림 9-29에 나타나 있다.

삼각파형과 톱니파형

삼각파형과 톱니파형은 전압 또는 전류의 램프에 의해 만들어진다. 램프(ramp)는 전

그림 9-29	

사각

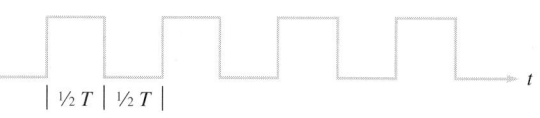

그림 9-30
램프

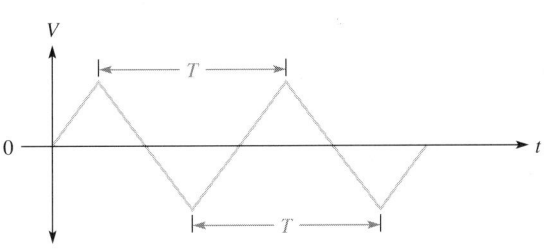

(a) 양의 램프　　　　　(b) 음의 램프

그림 9-31
교류 삼각파형

압 또는 전류에서 직선적인 감소 또는 증가를 말한다. 그림 9-30은 양과 음의 램프를
보여준다.

삼각파형

그림 9-31은 삼각파형이 같은 기울기를 갖는 양의 방향 램프와 음의 방향 램프로 구
성된다는 것을 보여준다. 이것은 양의 방향과 음의 방향 램프 부분의 시간이 같다는
것을 의미한다. 다른 파형처럼 주기는 파의 한 점으로부터 다음 파의 그에 대응하는
점까지로 측정한다. 보여진 삼각파형에서 피크는 도해된 것처럼 사용하기 편리한
점들이다. 이 경우의 파형은 양과 음의 편의운동을 하므로 교번하고 있다.

톱니파형

톱니파형은 사실 삼각파의 특별한 경우이다. 삼각파처럼 톱니파는 두 개의 램프로 구
성되지만 램프 중의 하나는 다른 하나보다 훨씬 길다. 톱니파형은 많은 전자 시스템
에서 사용된다. 예를 들어 영상을 만들기 위한 **TV** 수신기의 스크린을 가로지르는 전
자빔이 톱니 전압과 전류에 의해 제어된다. 하나의 톱니파가 수평의 빔 이동을 만들

그림 9-32
교번 톱니파형

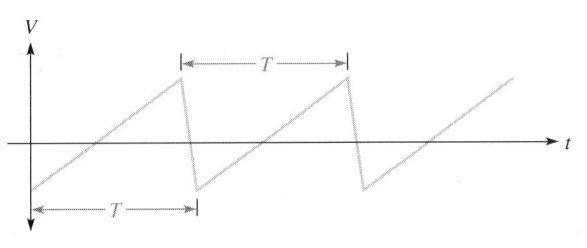

고, 다른 빔이 수직의 빔 이동을 만든다. 톱니파전압은 때때로 스윕전압(sweep voltage)이라고도 한다.

그림 9-32는 톱니파의 예인데, 이것은 상대적으로 긴 시간동안 진행되는 양의 방향 램프와 그 뒤를 따라 짧은 시간 진행하는 음의 방향 램프로 구성된다. 일반적으로 각 램프에 대한 시간은 톱니파형에 대해 기술된다. 또한, 주기는 파형에서 두 개의 대응하는 지점들 사이의 시간이다.

복습 질문

11. 펄스폭은 펄스파형의 어디에서 정의되는가?

12. 펄스에서 상승시간은 어떻게 정의되는가?

13. 백분율 듀티 사이클은 무엇인가?

14. 50%의 듀티 사이클을 가지는 펄스파형을 특별히 무엇이라고 하는가?

15. 삼각파형과 톱니파형의 차이는 무엇인가?

9-4 함수발생기

사인파, 펄스, 삼각파와 같은 반복 파형은 발진기라고 하는 회로에 의해 만들어진다. 실험실에서 함수발생기라고 부르는 장비는 시험목적에 맞는 다양한 파형을 만들 수 있는 내부 발진기를 장착하고 있다.

이 절에서는 함수발생기의 주요 특징과 조종법을 배운다.

거의 모든 전자 시스템은 시스템 내에 발진기를 필요로 한다. 또한, 발진기는 다른 회로의 반응을 시험하기 위해 실험실에서 필요하다.

그림 9-33

기본적인 궤환 발진기

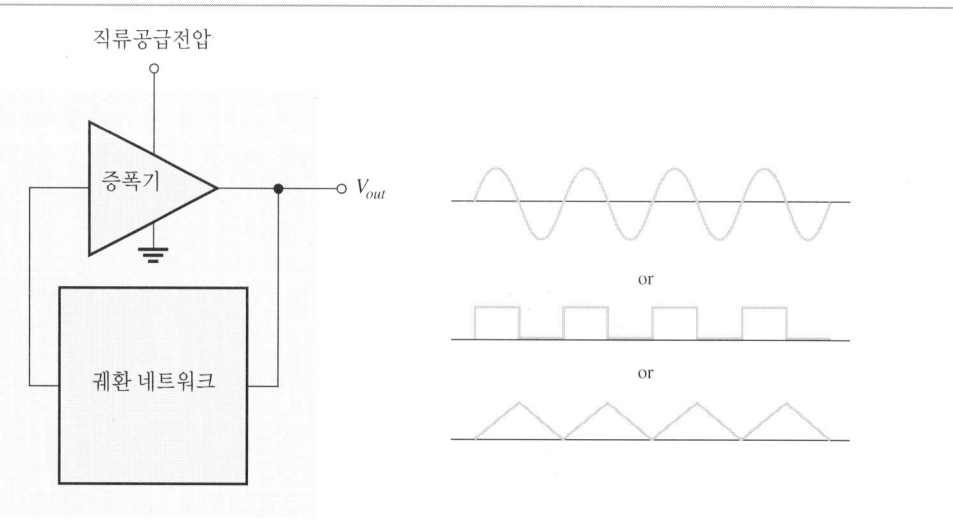

　모든 발진기는 직류 전원공급장치에서 나온 에너지를 주기적인 파형으로 변환한다. 입력신호는 필요없다. 발진(oscillation)은 여러가지 시간, 제어, 또는 신호의 발생응용에 사용된다. 일반적인 발진기는 출력의 일부를 입력으로 되돌리고, 이것을 증폭한다. 이런 종류의 발진기를 궤환(feedback) 발진기라고 한다. 그림 9-33은 일반적인 반진기 회로를 보여준다.

실험실 신호전원

신호전원이라고 부르는 실험실 장비는 시험 회로의 응답을 측정하기 위해 시험 중인 회로를 구동하는 데 사용된다. 이 장비는 특정 주파수 영역의 파형을 만들어낸다. 일반적으로 출력의 주파수와 진폭은 일정 영역 내에서 변경할 수 있다. 어떤 장비들은 단지 사인파만 만들어내고, 또 어떤 장비들은 TV 수신기에서 이용되는 것과 같은 복잡한 파형을 만들어낸다. 전문가들은 자신들이 검사하는 회로나 시스템에 의존해 적절한 장비를 선정한다.

　신호전원은 보통 만들어낼 수 있는 주파수에 따라 분류된다. 대체로 이들 주파수는 세 가지 종류로 나누어진다: 1 Hz에서 1 MHz까지의 저주파수, 대략 10 kHz부터 1 GHz까지의 무선 주파수, 그리고 1 GHz 이상의 극초단파주파수. 어떤 기계는 이보다 더 큰 범위를 가진다.

　다양한 낮은 주파수 파형을 만들 수 있는 가장 유용하고 일반적인 장비는 함수발생기(function generator)이다. 함수발생기는 단독으로 사인, 사각, 삼각파형을 공급하기 위해 발진기를 이용한다. 대부분은 디지털 작업을 위한 펄스를 만들어낸다. 함수발생기는 실험실에서 사인파를 발생시키는 가장 흔한 장비이기 때문에 이 절의 나머지에서 주로 다룬다. 전형적인 함수발생기의 한 예가 그림 9-34에 보여진다.

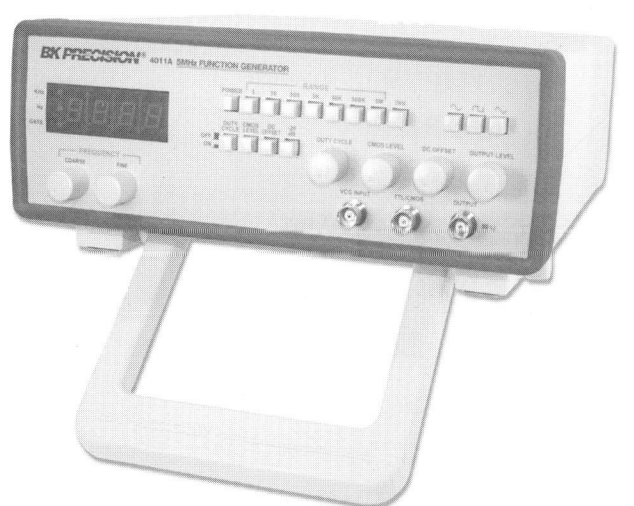

그림 9-34

정밀 함수발생기

그림 9-35

전형적인 함수발생기 파형

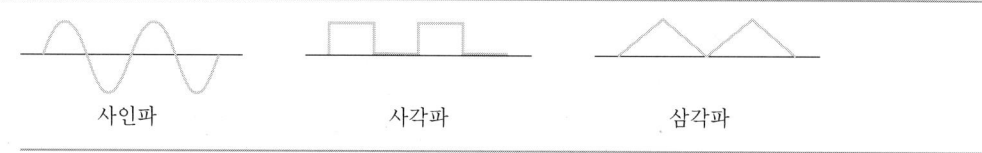

사인파   사각파   삼각파

함수발생기의 기본적인 조절장치

기본적인 함수발생기에서 조정은 세 가지 부류로 나눠진다: 함수선택부, 주파수제어부, 진폭제어부. 대부분의 함수발생기는 추가의 조절부를 가지지만, 이들 기본적인 세 가지는 꼭 포함된다.

- **함수선택부**   함수발생기는 사인파를 포함하는 몇 개의 다른 형태의 파형을 만들어낼 수 있도록 설계되어 있다. 함수발생기는 사인파, 사각파, 삼각파뿐만 아니라 펄스와 램프(톱니파) 파형도 만들어낸다. 함수발생기로 만든 전형적인 파가 9-3절에서 소개되었고, 그림 9-35에 나타나있다.

- **주파수 범위**   주파수 범위는 장비의 사양으로서, 장비가 만들어낼 수 있는 주파수 범위이다. 많은 함수발생기의 경우 주파수는 우선 주파수 집합을 선택하는 범위 선택 스위치에 의해 개략적으로 선택된 후, 조절 다이얼에 의해 정확한 주파수를 조정한다. 일부 다른 함수발생기는 주파수 선택을 위한 디지털 키패드를 사용한다. 주파수 설정의 정확도는 다이얼 조절장치의 유형(기계식 또는 디지털식)뿐만 아니라 내부 발진기에 의해 결정된다. 전형적으로, 함수발생기는 적어도 1 Hz에서 1 MHz, 또는 그 이상까지의 주파수를 만들어낼 수 있다. 물론 몇몇 함수발생기는 훨씬 더 큰 범위도 만들어낼 수 있다.

- **출력 진폭**   전형적으로 함수발생기는 수백 밀리볼트에서 수 볼트 범위의 저전압 출력을 만든다. 어떤 함수발생기는 디지털 제어장치로 매우 정밀하게 출력을 조절하거나 감쇠기로 출력을 줄임으로써 아주 작은 전압을 만들 수 있게 한다. **감쇠기**(attenuator)는 파형을 정해진 양만큼 줄일 수 있는 일종의 잘 조정된 저항성 분배기이다. 일반적으로 출력 감쇠기는 미리 정해진 고정 증분에 의해 선택된다.

기타 함수발생기 조절장치

기본적인 조절장치 이외에 거의 모든 함수발생기는 직류 성분을 출력신호에 더하거나 뺄 수 있도록 해준다. 이런 조절장치를 보통 **직류오프셋**(dc offset)이라고 한다. 직류오프셋의 기능이 그림 9-36에 나타나 있다.

또 다른 일반적인 조절기에는 **대칭**(또는 듀티 사이클) 조절이 있다. 이것은 사인파, 톱니파의 상승 시간과 하강 시간, 펄스의 듀티 사이클을 조절할 수 있도록 한다. 그

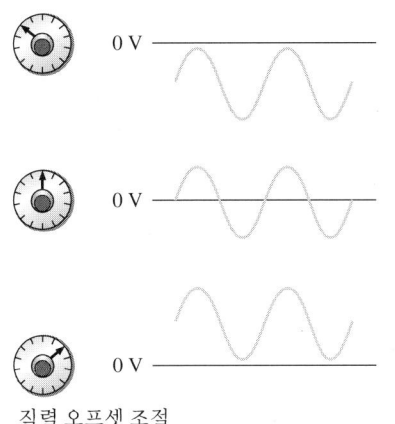

그림 9-36

직류오프셋 조절에 의해 함수
발생기에서 나온 사인파에 직
류 성분을 더하기

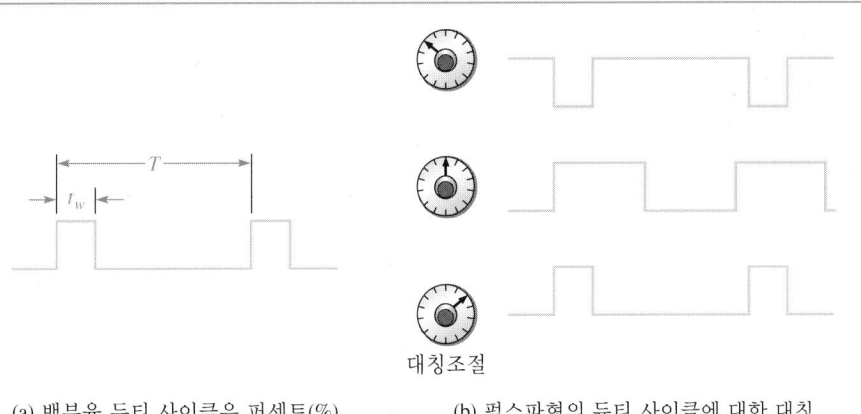

그림 9-37

대칭제어는 펄스출력의 듀티
사이클을 변화시킨다.

직렬 오프셋 조절

(a) 백분율 듀티 사이클은 퍼센트(%)
로 표현된 t_w/T의 비율이다.

대칭조절

(b) 펄스파형의 듀티 사이클에 대한 대칭
조절의 영향

림 9-37은 듀티 사이클의 정의를 복습하고 대칭조절이 듀티 사이클에 어떻게 영향을
미치는지를 설명한다.

　여러분은 스윕(sweep)이라고 부르는 조절기를 볼지도 모른다. 이 조절기는 주파수
의 일정한 범위를 반복해서 스윕할 수 있도록 출력 주파수를 규칙적으로 바꾸는 효
과를 가진다. 주파수 응답은 오실로스코프 위에 직접 그려질 수 있다. 스윕제어는 필
터나 다른 주파수 의존회로의 주파수응답을 검사하는 데 유용하다. 필터의 주파수응
답은 12-6절과 13-5절에서 논의한다.

출력저항

출력저항은 함수발생기의 중요한 사양이다. 출력단자의 관점에서 보면 함수발생기
는 테브닌의 회로로 생각될 수 있다. 6-3절에서 테브닌의 회로가 직렬로 연결된 전
압원(V_{th})으로 구성됨을 상기하라. 이 저항은 출력에 직렬 연결된 등가 내부저항이
다. 보통, 출력저항은 출력단자에 표시되어 있다. 전형적인 값은 50 Ω, 75 Ω, 또는

600 Ω 등이다.

유한한 출력저항을 가지는 함수발생기에 부하를 연결할 때 출력전압이 부하의 영향을 받기 때문에 함수발생기의 출력저항을 아는 것이 중요하다. 부하효과는 예제 9-10의 출력에서처럼 출력저항의 전류가 전압을 약간 떨어뜨리기 때문에 일어난다.

예제 9-10	

문제

600 Ω의 출력저항을 가진 함수발생기를 5.0 Vpp로 설정하고 1.0 kΩ의 저항을 연결한다. 함수발생기가 연결된 후에 저항에 걸리는 전압은 얼마인가?

풀이

그림 9-38에 나타낸 것처럼 함수발생기는 출력저항이 직렬로 연결된 전압원처럼 보인다. 전압분배법칙으로부터 부하의 전압을 계산한다.

함수발생기

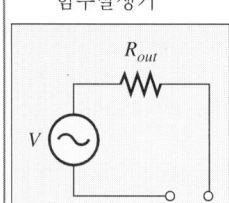

$$V_{out} = \left(\frac{R_L}{R_L + R_{TH}} \right) V_{in} = \left(\frac{1000 \ \Omega}{1000 \ \Omega + 600 \ \Omega} \right) 5.0 \ \text{Vpp} = \textbf{3.13 Vpp}$$

문제

50 Ω의 출력저항을 가진 함수발생기로 대체했을 때 부하효과는 어떻게 되는가?

그림 9-38

응용

기본적인 파형(사인파, 사각파, 삼각파)은 전자회로와 전자장비의 시험에 많이 응용되고 있다. 함수발생기의 일반적인 응용 중의 하나는 회로의 특정 지점에 다양한 주파수를 갖는 사인파를 부가함으로써 회로응답을 시험하는 것이다. 이 출력은 보통 오실로스코프에서 관찰한다. 다양한 주파수로 출력신호를 검사함으로써 회로가 적절히 작동하는지 확인하는 것은 비교적 쉬운 일이다. 왜곡(distortion)이나 이득(gain)과 같은 다른 인수도 출력과 함수발생기의 입력을 비교함으로써 쉽게 측정할 수 있다. 실험실에서 함수발생기를 사용할 때 이러한 시험을 경험할 수 있을 것이다.

복습 질문

16. 발진기란 무엇인가?
17. 함수발생기란 무엇인가?
18. 함수발생기의 세 가지 기본 조절기는 무엇인가?
19. 함수발생기에서 대칭 조절의 목적은 무엇인가?
20. 함수발생기의 출력저항은 무엇을 의미하는가?

오실로스코프 9-5

오실로스코프(줄여서 스코프라고 한다)는 회로의 동작을 눈으로 볼 수 있게 해주는 중요한 범용측정장치이다.

이 절에서는 오실로스코프의 블록 선도에서 중요한 네 부분 및 각 부분과 관계되는 조절기에 관해 배우게 된다.

아날로그와 디지털 오실로스코프

오실로스코프(oscilloscope)는 시간의 함수로 회로 전압을 보여주는 다재다능한 계측기이다. 그림 9-39에는 아날로그 오실로스코프가 나타나 있다. 오실로스코프는 기본적인 두 가지 형태가 있는데 이는 아날로그와 디지털이다. 두 종류 모두 주요 기능은 같다. 즉, 수직(y)축에는 전압을, 수평(x)축에는 시간을 보여준다. 아날로그 오실로스코프는 음극선관(cathode ray tube, CRT)에 순간적으로 파형을 표시한다. 디지털 오실로스코프는 파형 저장능력, 측정자동화, 그리고 컴퓨터 연결과 같은 여러가지 특징

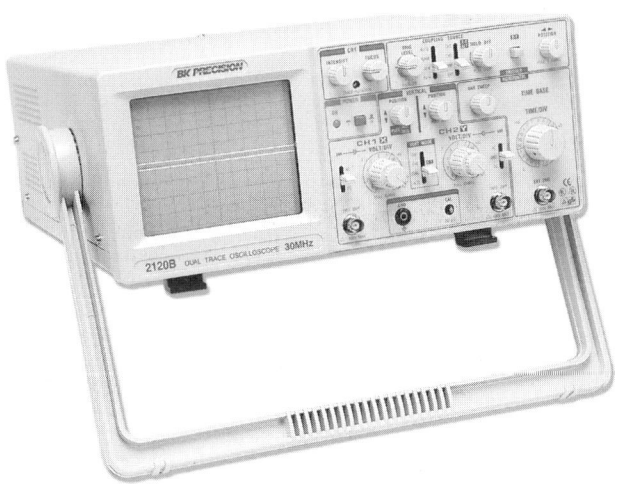

그림 9-39

아날로그 오실로스코프

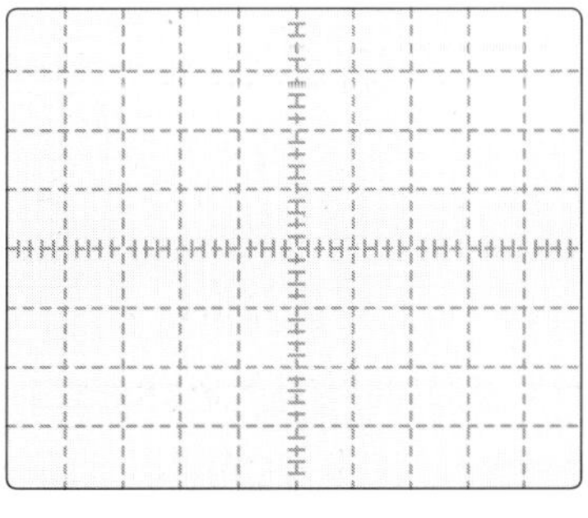

그림 9-40

전형적인 오실로스코프의 디스플레이

때문에 급격히 아날로그 오실로스코프를 대체하고 있다. 어떤 종류를 사용하더라도 기본적인 조정법과 기능은 같다. 하지만 디지털 오실로스코프는 아날로그 오실로스코프에 없는 몇 가지 기능을 갖고 있다.

두 종류 모두 디스플레이 위에는 **눈금**(graticule)을 나타내는 그리드(grid)가 있는데 이것은 수평과 수직으로 분할하는 직선으로 구성되어 있다. 큰 구획은 다시 작은 눈금에 의해 세부적으로 분할되어 있다. 그리드는 시간과 전압 조절이 한 눈금당 몇 초, 한 눈금당 몇 볼트와 같이 눈금 기준으로 되어 있다. 보통 디스플레이는 그림 9-40에 나와 있듯이 수평방향으로 10개의 구획과 수직방향으로 8개의 구획으로 나뉘어져 있다. 이 블록은 일반적으로 1 cm × 1 cm이다.

오실로스코프의 블록선도

아날로그든 디지털이든 모든 범용 오실로스코프는 그림 9-41에 나와 있듯이 네 개의 기능적인 블록(부분)으로 구성되어 있다. 블록 안에는 매우 세부적인 것들이 있다. 이

| 그림 9-41 | 기본 오실로스코프의 블록선도. 아날로그와 디지털스코프 사이에는 신호처리방식에서 약간의 차이가 있으나, 4개의 기본 블록에 관해서는 양쪽이 모두 같다. |

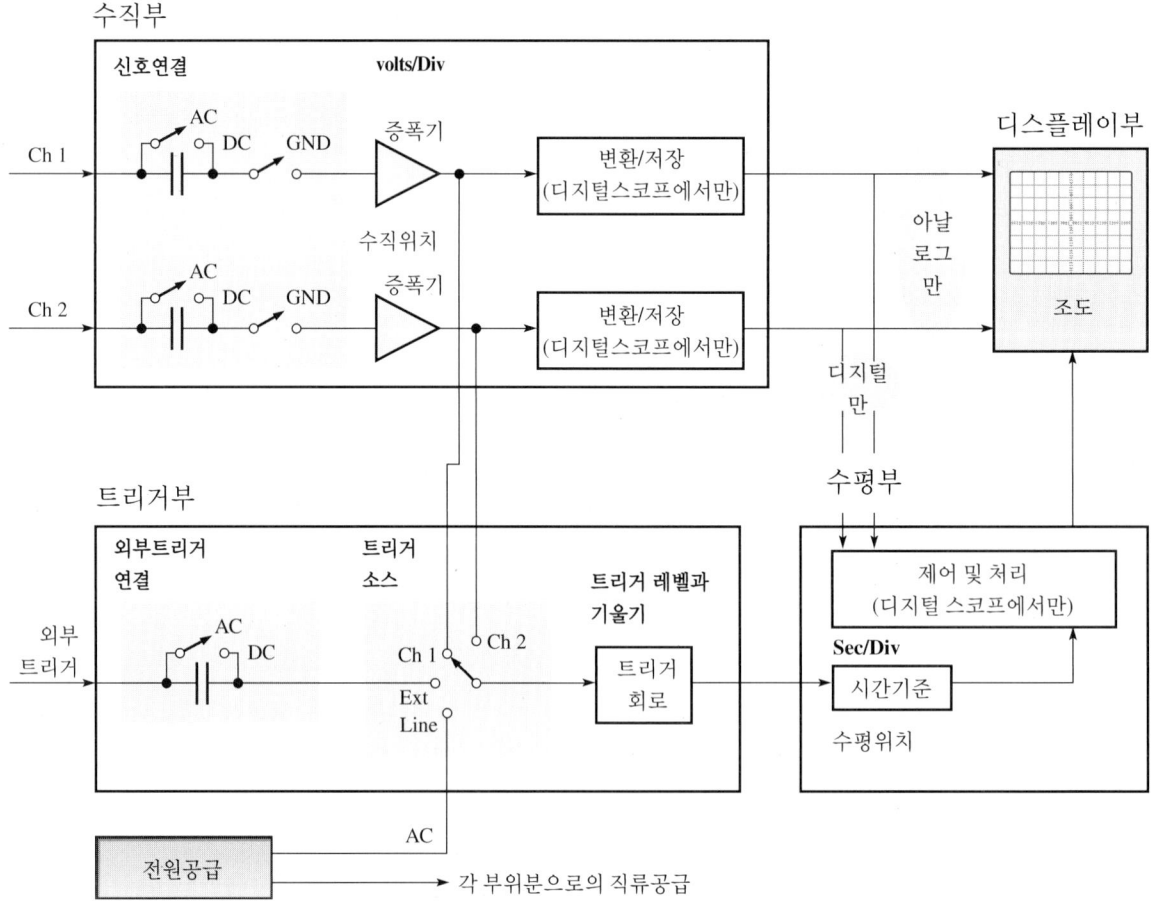

들이 오실로스코프마다 다를지라도 네 개의 주요 블록에 초점을 맞추도록한다. 그림에는 네 개의 주요 블 안에 중요한 조절장치가 나타나있다.

- **수직부**   두 개의 입력채널은 각각 수직부에 연결된다. 입력신호는 표시를 용이하게 하기 위해 또는 또 다른 처리를 위해 또는 표시와 나중의 작업을 위해 필요에 따라 적절한 크기로 증폭(또는 감소)된다. 이것은 각 채절에 하나씩 있는 Volts/Div 조절기에 의해 행해진다. 수직부는 표시된 신호의 진폭을 조절하고 신호를 오실로스코프에 어떻게 연결할지를 조절하게 한다.

- **트리거부**   트리거부는 채널 중의 하나 또는 다른 소스로부터의 입력신호 샘플을 잡아서, 디스플레이부의 수평부와 동기시킨다. 이 동작은 신호를 검사할 수 있도록 신호가 멈춘 것처럼 보이게 한다. 트리거회로는 신호가 수평축상에서 언제 시작될지를 결정한다. 동기용 트리거를 발생시키기 위해 소스 조절 스위치를 이용하여 몇 가지 트리거 소스 중의 하나를 선택할 수 있다. 트리거조절에는 신호의 정확한 포착위치를 정하는 레벨 및 경사 제어가 포함된다.

- **수평부**   수평축은 시간 단위로 눈금이 정해지고 디스플레이를 위해 시간이 얼마나 경과할지를 조절한다. 광선이 마치 빗자루를 사용하는 것을 연상케 하는 동작으로 디스플레이를 가로질러 움직이기 때문에 이 부분에서의 제어를 스위프(sweep)제어라 부른다. 수평부에서 가장 중요한 제어는 Sec/Div 제어이다.

- **디스플레이부**   디스플레이부는 스크린 그리고 적당한 조도와 초점(아날로그 스코프) 제어를 포함한다. 탐침(probe)의 0점 조정을 위한 탐침보정잭(probe compensation jack)과 같은 부분도 있다.

기본적인 오실로스코프 조절

각종 오실로스코프 사이의 차이점은 오실로스코프의 유형(디지털 또는 아날로그)과 제조업체에 따라 달라진다. 이러한 차이점에도 불구하고 모든 오실로스코프에서 공통적인 조절기가 있다. 각종 조절기와 관련된 숫자가 정면의 판넬(panel)에 인쇄되거나 스크린에 표시된다. 디지털 오실로스코프와 고급 아날로그 오실로스코프에서 이러한 조절은 컴퓨터에서와 마찬가지로 메뉴에 의해 설정된다.

그림 9-42는 일반적인 오실로스코프의 정면 판넬을 보여준다. 정면 판넬에는 항상 그룹으로 묶은 공통부분을 위한 조절기가 있다. 조절기에 대한 이해를 돕기 위해 이들 그룹을 조사해보라. 일반적인 오실로스코프에서 네 가지 부분(수직, 수평, 트리거, 디스플레이)은 각 부분에서 사용되는 조절기로써 구분한다.

수직 제어부는 스크린의 오른쪽에 보인다. 거기서 맨 위에 있는 것은 두 개의 채널 중의 하나를 선택하거나, 또는 둘 모두를 선택할 수 있게 하는 것으로서 디스플레이를 위한 조절기이다. 수직부의 다른 조절기는 두 개의 채널을 위해 각각 두 개씩 있

그림 9-42

일반적인 오실로스코프의 정면 판넬. 그림의 제어단자들은 디지털과 아날로그 오실로스코프에서 모두 사용된다.

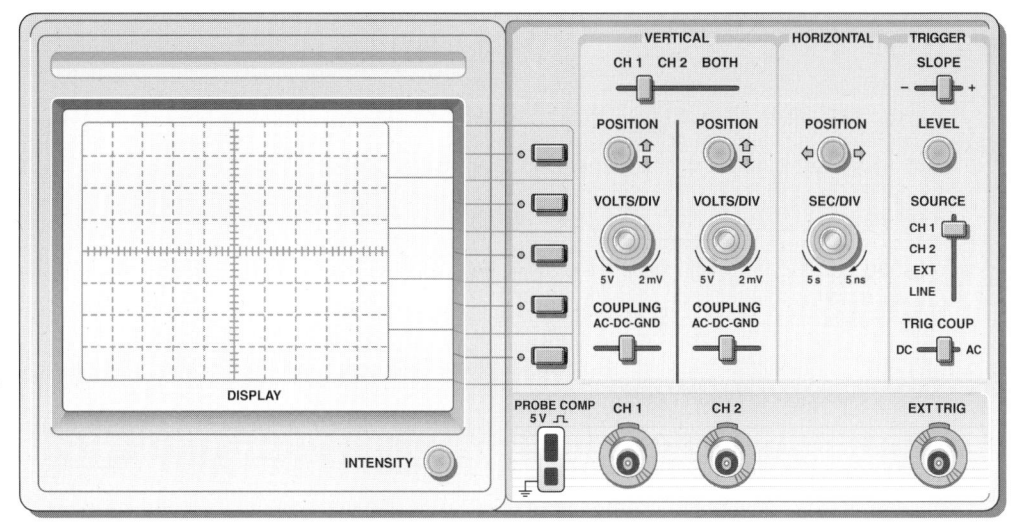

다. 위치 조절기는 선택된 궤적(trace)을 위 또는 아래로 움직일 수 있게 한다. 0 V를 스크린의 적당한 위치로 설정하기 위해 접지에서의 결합(Coupling in the Gnd) 조절기와 함께 위치조절기를 이용하여 조절할 수 있다. Volts/Div 조절기는 y축 좌표의 눈금 크기를 설정한다. 이런 대략적인 설정과 함께 미세조정도 가능하다. 일반적인 오실로스코프에서 Volts/Div 조절단자와 중심이 같은 조절기가 수직 눈금의 미세조정을 위해 사용된다. 결합조절기는 수직부의 마지막 조절기이다. 이것은 교류(AC), 직류(DC), 및 접지(GND)의 세 가지 위치를 가진다. 통상적으로 오실로스코프는 커패시터로 직류를 차단하지 않는 한 직류와 결합되어야 한다(다음 장에서 논의될 것이다). 접지(GND) 위치는 실제로 입력을 접지시키는 것은 아니다. 그 대신 입력을 개방시킨다. 즉 입력이 오실로스코프로부터 끊어졌을 때 접지기준위치를 화면에서 볼 수 있게 한다.

언급된 조절기 외에도 수직부는 입력신호를 위한 잭을 가진다. 입력신호는 항상 프로브를 통해 오실로스코프에 연결되어야 한다. 프로브는 계측 시스템의 일부로서 제조업자에 의해 오실로스코프와 함께 제공된다.

수직조절기의 오른쪽에는 **수평조절기**가 있다. 맨 위에 있는 것은 x축을 따라 표시된 신호의 미세조정에 사용되는 수평위치 조절기이다. 가장 중요한 수평조절기는 Sec/Div 조절기이다. 이 조절기는 수평축에 표시될 시간이 얼마인지를 결정한다. 이것 역시 거친 조정과 미세 조정 단자를 가지는데, 우리가 살펴보고 있는 일반적인 오실로스코프에서 대개 중심이 같은 조절기로서 나타나 있다. 표준 오실로스코프에는 수평으로 10개의 칸이 있다. 따라서 Sec/Div조절기가 5.0 μs/div로 설정되었다면 스크린의 총 시간은 50 μs(5.0 μs/div×10 div = 50 μs)가 된다. 이 조절기의 적절한 설정은 신호의 속도와 관찰하고자 하는 신호의 특정 부분에 달려 있다. 시간을 측정하려면 이 조절기가 정확한 Sec/Div를 읽기 위해 조정되어 있는지 확인할 필요가 있다. 왜냐하면 어떤 오실로스코프는 조절기를 조정되지 않은 위치에 두도록 할 수 있기 때문이다.

제일 오른쪽에는 **트리거** 조절기가 있다. 트리거 제어부는 화면표시에 동기시키는 신호에 대한 방출지점을 결정한다는 것을 상기하라. 트리거 경사 조절기는 트리거가 발생할 때 신호가 상승(+) 중인지 하강(-) 중인지를 결정한다. 레벨(level)조절기는 트리거가 발생할 때 전압의 레벨(접지 위 또는 아래)을 결정한다. 이들 중요한 조절기는 모두 안정된 디스플레이를 얻을 수 있게 도와준다.

트리거 경사 및 레벨 조절기 아래에는 소스 선택 스위치가 있다. 이 스위치는 트리거가 채널1, 채널2, 또는 다른 소스에서 나올지를 결정하는 데 사용된다. 대개 두 개의 채널 중 하나가 트리거 소스로 선택된다. TV나 레이더에서 만나는 복잡하고 특수한 신호의 경우에는 외부 트리거가 선택될 수 있다. 이 경우에 트리거 신호는 외부 트리거(Ext Trig) 입력에 연결해야 한다. 라인(line) 위치조절기는 수평 디스플레이를 오실로스코프에 인가된 교류전력과 동기시킨다. 이것은 전력선에 시간을 맞춘 신호를 찾을 때(또는 전력선 간섭을 확인하고 싶을 때) 유용하다.

오실로스코프의 프로브

신호는 항상 프로브를 통해 오실로스코프와 결합시켜야 한다. 프로브는 오실로스코프와 피시험회로 사이의 인터페이스인데, 두 가지 핵심 기능을 수행한다. 첫 번째는

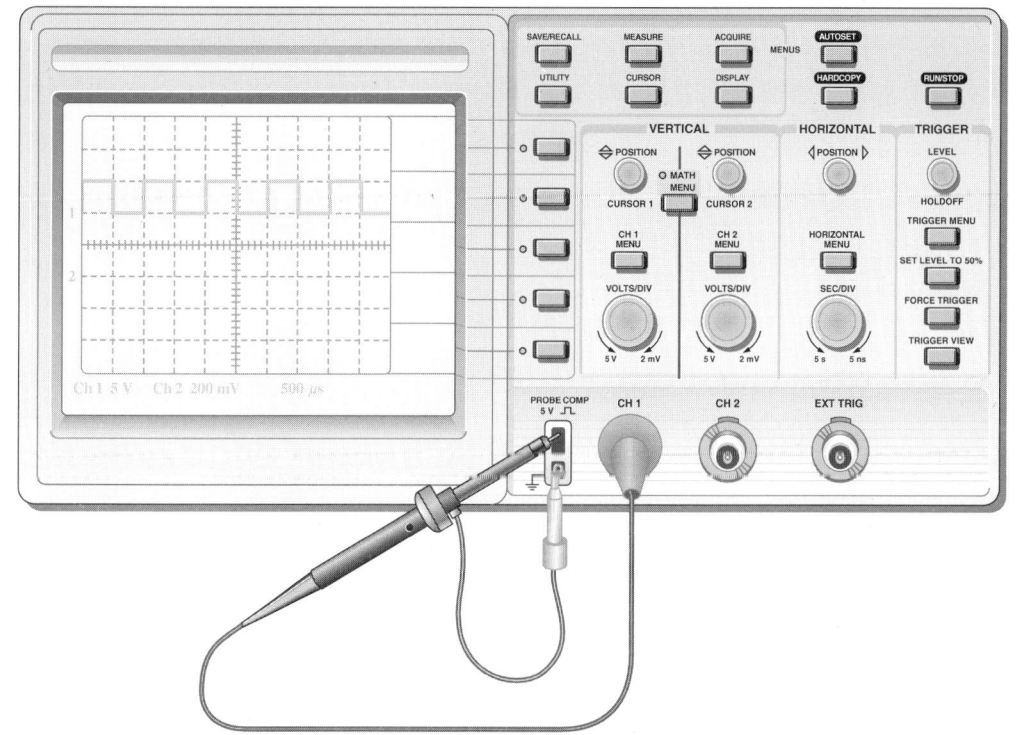

그림 9-43

프로브를 전형적인 디지털 오실로스코프에 있는 PROBE COMP 출력에 연결하기

그림 9-44
프로브 보정파형과 전형적인
조절방법

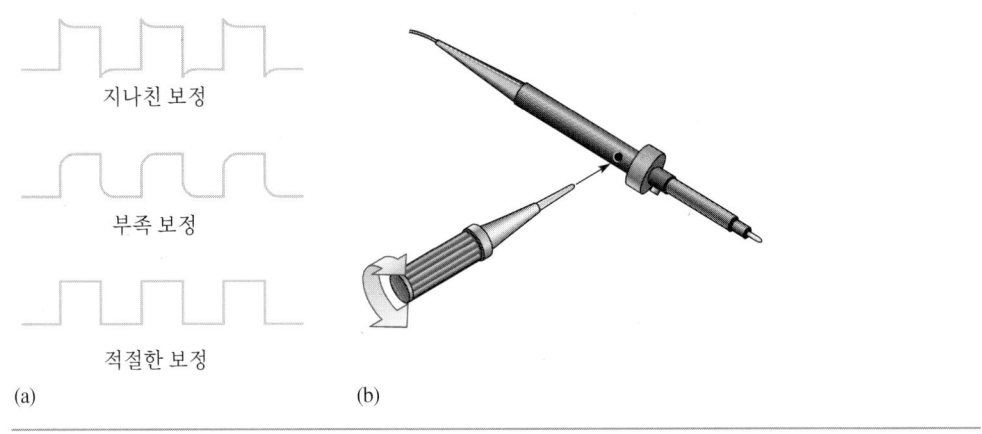

지나친 보정

부족 보정

적절한 보정

(a)   (b)

회로가 장비의 존재에 의해 변하지 않도록 회로에 대한 오실로스코프의 부하효과를 줄여준다. 두 번째는 피시험회로에서 파형의 정확한 모양이 관찰될 수 있도록 오실로스코프의 불완전한 입력을 바로잡아 준다.

다양한 형태의 프로브가 제조업체에 의해 공급되지만 가장 일반적인 형태는 범용 오실로스코프에서 가장 많이 사용되는 10:1 감쇄 프로브이다. 이 프로브에는 발진과 전력선 간섭을 피하기 위해 가까운 회로 접지점에 연결해야 하는 짧은 접지리드선이 있다. 프로브 팁은 시험회로에 접촉되어 유연하고 차폐된 케이블을 통해 신호를 오실로스코프로 전달한다. 차폐는 외부 잡음 포착으로부터 신호를 보호하는 부가적인 장점을 갖는다.

각 채널의 프로브를 보정하는 것으로써 오실로스코프의 아무 작업이나 시작해보자. 이 절차는 그림 9-43의 전형적인 디지털 오실로스코프에 대해 설명한다. 오실로스코프의 보정기 출력을 관찰하면서 위가 평평한 사각파를 이용하여(필요하다면) 프로브를 조정한다. 작은 조절 나사가 통상적으로 프로브 위에 있다. 그림 9-44(a)는 프로브를 보정할 때 관찰해야하는 올바른 파형을 보여준다. 그리고 그림 9-44(b)는 조절을 보여준다. 프로브가 잘 보정되면 오실로스코프와 프로브가 잘 정합되어 파형이 왜곡되지 않게 된다.

오실로스코프의 측정

오실로스코프는 신호의 다양한 인수들을 측정할 수 있는 가장 다재다능한 장비 중의 하나이다. 많은 오실로스코프는 자동화된 방법을 사용하여 신호의 주파수 또는 주기와 같은 표준 측정을 수행한다. 결과는 조작자로부터 작은 입력으로 디스플레이에 직접 보여질 수 있다. 다른 측정은 조절기의 수동 설정과 파형의 능숙한 관찰을 필요로 한다. 이런 수동 측정이 어떻게 수행되는지를 검토함으로써 오실로스코프 측정의 직관적인 이해를 키울 수 있다.

일반적으로 대부분의 오실로스코프 측정은 전압 측정 또는 시간 측정이다. y축은 Volts/Div로 눈금이 매겨져 있고 x축은 Sec/Div로 눈금이 매겨져있다. 그러므로 전압과 시간을 측정할 때 측정전압은 이 눈금에 따라 달라진다. 어떤 오실로스코프는 버니어(vernier) 조절기로 눈금을 조정할 수 있고, 따라서 다이얼 설정에 의존하고 있다면 설정된 눈금을 확인할 필요가 있다. 다음 세 가지 예제는 측정을 위한 구체적 방법을 보여주는 기본적인 측정이다.

예제 9-11

문제

앞서 논의했듯이 펄스의 펄스폭은 50%의 레벨에서 측정된 상승과 하강 사이의 시간이다. 펄스폭 측정에서 오실로스코프는 화면의 넓은 영역에 상승과 하강이 표시되도록 설정하고, 수평눈금을 확인한다. Sec/Div 조절기가 1.0 ms/div로 설정되어 있을 때 그림 9-45와 같은 펄스가 디스플레이된다. 펄스폭은 얼마인가?

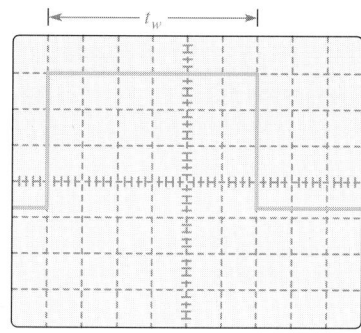

그림 9-45

풀이

상승 시간과 하강 시간은 펄스폭보다 훨씬 빠르기 때문에 펄스의 정확한 중심을 찾는 것은 이 경우에 필요하지 않다.

디스플레이에서 관찰된 펄스의 눈금수에 Sec/Div 조절기의 눈금당 시간을 곱해서 펄스폭을 구한다. 상승에서 하강까지 세면 펄스폭의 눈금수는 6.0이다.

$$t_w = (\text{sec/div})(\text{눈금수}) = (1.0 \text{ ms/div})(6.0 \text{ div}) = \textbf{6.0 ms}$$

눈금수(div)는 약분되고 ms 단위의 시간이 남는다는 데 유의하라.

질문

Sec/Div 조절기를 2 ms/div로 바꾸면 이 펄스의 디스플레이는 어떻게 변화될 것인가?

예제 9-12

문제

오실로스코프의 디스플레이가 그림 9-46과 같다. 표시된 채널에 대해 Sec/Div이 20 μs/div로 조절되어 있고 Volts/Div이 2.0 V/div로 조절되어 있을 때, 주기, 주파수 및 피크-피크 전압은 얼마인가?

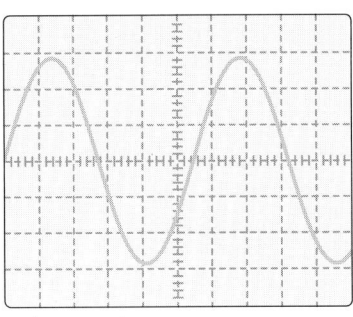

그림 9-46

풀이

Sec/Div의 눈금당 시간에 1 사이클에 대한 눈금수를 곱해서 주기를 구한다. 1 사이클의 눈금수는 아무 수평축이나 따라가면서 구할 수 있다. 그림에서 눈금수는 5.5이다.

$$T = 20 \ \mu s/div \times 5.5 \ div = \textbf{110} \ \mu s$$

주파수는 주기의 역수이다.

$$f = \frac{1}{T} = \frac{1}{110 \ \mu s} = \textbf{9.09 kHz}$$

Volts/Div의 설정값에 파형의 최대 및 최소 왕복 사이의 수직눈금수를 곱하여 피크-피크 전압을 구한다. 그림에서 눈금수는 5.8이다.

$$V_{pp} = (2.0 \ V/div)(5.8 \ div) = \textbf{11.6 Vpp}$$

눈금수 div는 약분되고 전압이 남는다는 데 유의하라.

질문

이 파의 실효치 전압은 얼마인가?

예제 9-13

문제

그림 9-47에 보인 펄스의 듀티 사이클은 얼마인가? Sec/Div 조절기는 10 μs/div로 설정되어 있다.

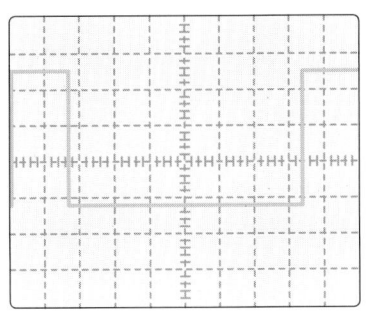

10 μs/div

그림 9-47

풀 이

주기와 펄스폭을 측정한다. 눈금당 시간에 한 펄스의 앞선 에지와 그 다음 펄스의 앞선 에지 사이의 눈금수를 곱하여 주기를 구한다. 주기는

$$T = 10 \ \mu s/div \times 8.3 \ div = 83 \ \mu s$$

정확하게 펄스폭을 측정하기 위해 Sec/Div 단자를 2.0 μs/div로 바꾼다. 이것은 그림 9-48에서 보여지듯이 파형을 스크린상에서 펼쳐지게 한다. 그림처럼 중심(50%)레벨을 쉽게 읽을 수 있도록 펄스를 조절하기를 원할지도 모른다.

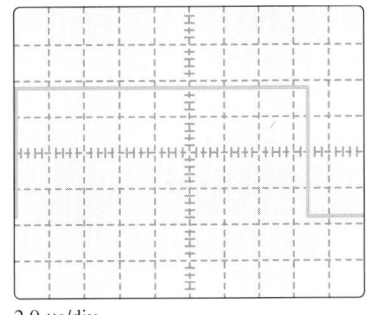

2.0 μs/div

그림 9-48

펄스폭은

$$t_W = 8.3 \ div \times 2.0 \ \mu s/div = 16.6 \ \mu s$$

백분율 듀티 사이클을 구하기 위해 측정된 펄스폭과 주기를 식 (9-10)에 대입한다.

$$백분율 \ 듀티 \ 사이클 = \left(\frac{t_W}{T} \right) 100\% = \left(\frac{16.6 \ \mu s}{83 \ \mu s} \right) 100\% = \mathbf{20\%}$$

질 문

Volts/Div 조절기를 2.0 V/div로 설정한다고 가정하라. 펄스의 진폭은 얼마인가?

그림 9-49

위상차의 측정

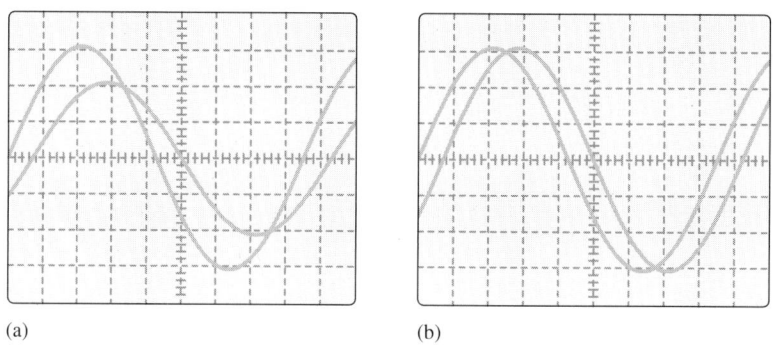

(a)   (b)

위상차 측정

그림 9-49(a)는 주파수는 같지만 진폭이 다른 파형 두 개를 보여주고 있다. 두 파형 사이의 위상차를 구하기 위해 주기에 대해 파형의 두 일치점 사이의 시간차를 비교한다. 이것은 한 파형이 다른 파형에 대해 이동된 360°에 대한 비율이다. 두 파형 사이의 시간차를 정확히 측정하는 가장 좋은 방법은 우선 Volts/Div를 조절하고 두 파형의 진폭이 같아지게 보이도록, 또 수직축에 중심이 일치하도록 한 채널에 대한 Volts/Div 단자의 버니어를 조절하는 것이다. 파형들을 확실히 수직으로 중앙에 위치시키기 위해서 먼저 두 신호를 접지시키고, 수직 위치 조절기를 사용하여 두 채널의 수평축을 중첩시킬 수 있다. 그런 다음에 두 채널을 ac 결합시킨다. 파형을 그림 9-46(b)처럼 보이도록 조절한다.

파형이 같아 보일 때 정렬 어긋남이 없어지는 경향이 있기 때문에 시간차 측정은 더 정확해진다. 위상차를 측정하기 위해서 완전한 1 사이클이 360°에 대응한다는 것을 유념하라. 그림 9-49에서 완전한 1 사이클은 8.5 눈금, 즉 360°이다. 파형은 서로 0.7눈금만큼 떨어져 있다.

$$\frac{0.7 \text{ div}}{8.5 \text{ div}} \times 360° = 30.4°$$

여기서 주어진 방법은 아날로그와 디지털 오실로스코프 둘 다에서 잘 적용된다.

디지털 오실로스코프의 특징

디지털 오실로스코프는 입력전압을 일련의 숫자로 변환하기 위해 각 채널의 수직부에 빠른 아날로그-디지털 컨버터(ADC)를 사용한다. 디지타이저(digitizer)는 샘플링속도(sample rate)라 부르는 일정한 속도로 입력을 샘플링한다. 최적의 샘플링속도는 신호의 속도에 달려 있다. 데이터는 오실로스코프의 디스플레이에 표시된다. 디스플레이에 나타나는 모양은 원래의 신호를 나타내는 연속적인 궤적이다.

디지털 오실로스코프는 데이터를 얻고 이것을 화면에 그리는 과정이 아날로그 오실로스코프와는 매우 다르지만 결과는 신호를 직접 디스플레이에 보내는 아날로그 오실로스코프와 같다. 데이터를 디지털화하는 가장 큰 이점은 정밀도, 파형 분석, 그리고 보기 힘든 사건을 보는 것(단말 신호와 같은) 등이다. 이러한 이유로 디지털 오실로스코프가 일반적으로 선호된다.

디지털 저장 오실로스코프(DSO, digital storage oscilloscope)에서 중요한 인수는 다양한 분석 옵션 이외에 해상도, 최대 디지털화 속도, 메모리의 크기 등을 포함한다. 해상도는 ADC에 의해 디지털화되는 비트 수에 따라 결정된다. 저해상도 DSO는 단지 6 비트(64가지 중의 하나)만을 사용한다. 전형적인 DSO는 동시에 샘플링되는 각 채널에 대해 8 비트를 사용한다. 고성능의 DSO는 12 비트를 사용한다. 최대 디지털화 속도는 빠르게 변하는 신호를 포착하기 위해 중요하다. 일반적으로 최대 속도는 1 Gs/s(gigasample/second)이다. 메모리의 크기는 샘플을 보존할 수 있는 시간의 길이를 결정하는데, 이것은 또한 어떤 파형 측정기능에서 중요하다.

트리거링

디지털 저장 오실로스코프의 유용한 특징 중 하나는 트리거 이벤트 전이나 **후** 아무 때나 파형을 포착할 수 있다는 것이다. 분석을 위해 파형의 일부만을 포착할 수 있다. 트리거 **이전의 포착**(pretrigger capture)은 트리거 이벤트 전에 일어나는 데이터의 획득을 말한다. 이것은 데이터가 연속해서 디지털화되고 트리거가 샘플창 내의 어떤 지점에서 데이터 수집을 멈추도록 선택될 수 있기 때문에 가능하다. 이것은 회로에 랜덤 노이즈 스파이크나 고장과 같은 우발적인 문제가 생기는 경우 특히 유용하다. 트리거 이전의 포착으로 오실로스코프는 결함 조건하에서 트리거될 수 있고, 결함 상태를 바로 앞지르는 신호를 관찰할 수 있다. 트리거 이전 포착을 사용함으로써 결함에 앞서는 문제점을 분석할 수도 있다. 트리거 이전 포착의 유사한 응용은 고장에 앞서 어떤 일이 일어나는지에 관한 고장해석 연구에 사용된다. 이러한 경우 고장 자체가 오실로스코프를 트리거시킨다.

자동 측정

디지털 오실로스코프의 가장 중요한 특징 중의 하나는 파형을 분석하고 주파수나 실효치 전압과 같은 중요한 인수를 보여주는 능력이다. 게다가 디지털 스코프는 사용자가 주절하는 두 개의 (커서라고 하는) 마커(marker) 사이의 시간이나 전압을 측정하고 보여줄 수 있다. 이런 방법으로 사용자는 커서(cursor) 사이의 시간과 전압을 직접 읽을 수 있고, 다이얼을 잘못 읽거나 계산을 잘못하는 실수를 할 가능성을 피할 수 있다. 결과는 일반적으로 눈금수를 세고 다이얼 설정을 곱해주는 것보다 더 정확하다. 주어진 파형의 전압도 다양한 형태로 보여질 수 있다. 예를 들어 사인파는 조절기의 설정을 읽지 않고도 피크-피크 전압이나 실효치 전압을 분석할 수 있다.

기본적인 DSO만에 의해서도 수행 가능한 이런 많은 기능 때문에, 제조자들은 많

그림 9-50

전형적인 디지털 오실로스코
프의 화면표시 영역

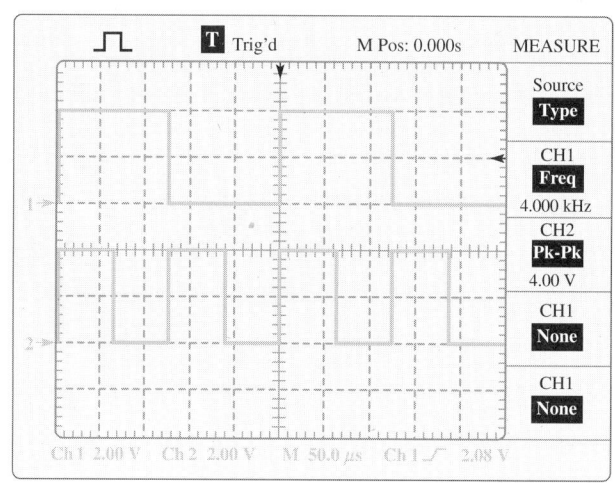

은 조절기를 컴퓨터에서와 유사한 메뉴형식으로 대체하고 있다. 조절기의 설정은 디
스플레이에 쉽게 보여질 수 있고 옵션도 조절기에 따라 쉽게 선택될 수 있다. CRT는
랩탑 컴퓨터와 유사한 LCD로 대체되고 있다. 예를 들어 전형적인 디지털 저장 오실
리스코프가 그림 9-50에 나타나 있다. 이것은 기본적인 디스플레이이지만 디스플레이
에서 사용자가 이용할 수 있는 정보는 매우 인상적이다.

사용자는 파형과 time/division, volts/division과 같은 중요한 조절기를 보고 읽을
수 있다. 디스플레이는 또한 트리거가 파형의 어디서 일어나는지를 정확하게 보여
준다. 게다가 주파수 및 진폭과 같은 구체적인 측정값을 디스플레이를 통해 읽을
수 있다.

그림 9-51

TDS1012와 TDS2024

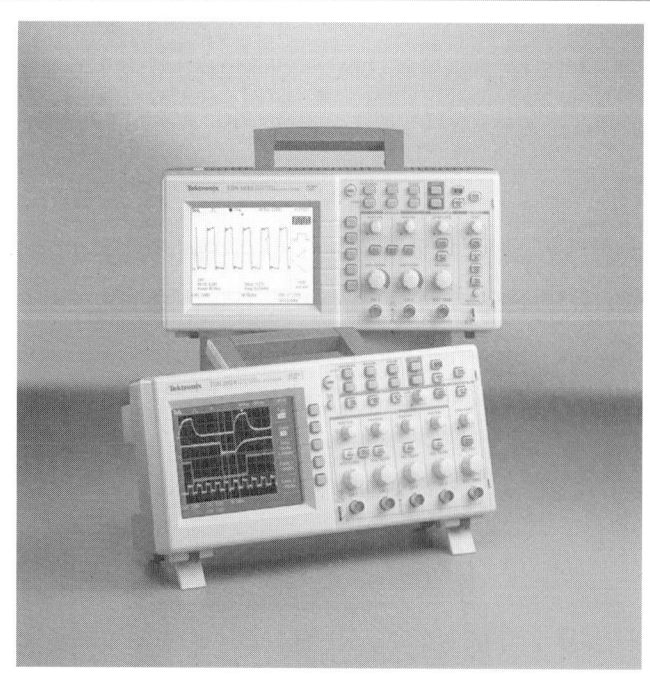

특정 디지털 저장 오실로스코프 두 가지

모델명 TDS1012와 TDS2024의 사진이 그림 9-51에 나와 있다. 더 많은 기능이 메뉴에 의해 조절되고 많은 일반적인 측정이 자동으로 행해진다는 것을 제외하면 작동법은 아날로그 오실로스코프와 유사하다. 오실로스코프 상의 많은 메뉴는 다양한 조절기와 옵션을 선택하도록 해준다. 예를 들어 측정기능은 전압, 주파수, 주기, 펄스의 상승 시간과 하강 시간, 펄스폭 및 평균을 포함하는 다양한 자동 측정을 선택할 수 있는 메뉴로 구성된다.

복습 질문

21. 오실로스코프에서 네 개의 중요한 부분은 무엇인가?

22. 오실로스코프의 레벨조절기와 경사조절기의 목적은 무엇인가?

23. 오실로스코프의 Sec/Div 조절기의 목적은 무엇인가?

24. 오실로스코프에 신호를 연결하기 위해 프로브를 사용하는 두 가지 이유는 무엇인가?

25. 트리거 이전 포착(pretrigger capture)은 무엇을 말하는가?

주요 용어

- **듀티 사이클(duty cycle)** 펄스파형에서 주기에 대한 펄스폭의 비율. 이것은 종종 백분율로 나타낸다.

- **라디안(radian)** 원을 기초로 하는 각도 측정단위. 1 라디안은 원호가 반지름과 같을 때 형성된 각도이다; 1 라디안은 57.3°이다.

- **발진기(oscillator)** 반복되는 파형을 만들어내는 전자회로.

- **상승 시간(rise time)** 펄스의 진폭이 10%에서 90%로 가는 데 요구되는 시간.

- **오실로스코프(oscilloscope)** 회로에서 전압의 그래프를 시간에 대한 함수로 보여주는 다재다능한 장비.

- **위상차(phase shift)** 주파수가 같은 두 개의 파형 사이의 각도 차이.

- **피크치(peak value)** 정현파의 중심에서 최대 양(+)의 크기로 측정된 정현파의 크기.

- **피크-피크 값(peak-to-peak value)** 최대 음의 크기로부터 최대 양의 크기까지 측정된 사인파의 크기.

- **페이저(phaser)** 회전하는 벡터.

- **하강 시간(fall time)** 펄스의 진폭이 90%에서 10%로 가는 데 요구되는 시간.

- **함수발생기(function generator)** 다양한 저주파수의 파형을 만들어내는 다재다능한 장비

요점

❏ 정현파는 삼각법의 사인함수와 같은 모양을 가진다.

❏ 각의 세 가지 측정단위는 도, 라디안, 그라디안(grad)이다.

❏ 정현파의 위상각은 기준에 상대적인 파형의 위치를 나타내는 각도 단위의 척도이다.

❏ 페이저는 회전하는 벡터이다. 이것의 회전투영은 정현파를 만든다.

❏ 펄스파형은 현재의 전압이나 전류가 진폭의 크기로 변하고 나서, 일정 시간 이후에 다시 원래의 크기로 돌아오는 파형이다.

❏ 사각파는 듀티 사이클이 50%인 펄스파형이다.

❏ 삼각파와 톱니파는 전압 또는 전류의 경사증가(ramp)에 의해 형성된다.

❏ 함수발생기의 제어는 주파수, 진폭, 직류오프셋 및 대칭을 포함한다.

❏ 스윕(sweep) 제어를 갖는 함수발생기는 주파수 의존 회로의 응답을 보여주는 신호를 제공할 수 있다.

❏ 오실로스코프는 수직, 수평, 트리거 및 디스플레이의 네 가지 부분을 가진다.

❏ 오실로스코프의 중요한 조절기에는 **수직부**: volts/div, 입력결합 및 수직위치, **수평부**: sec/div 및 수평위치, **트리거**: 소스, 레벨 및 경사 조절기 등이 있다.

공식

각도를 라디안으로 변환:

$$\text{rad} = \left(\frac{2\pi \text{ rad}}{360°} \right) \times \text{도} \tag{9.1}$$

라디안을 각도로 변환:

$$\text{deg} = \left(\frac{360°}{2\pi \text{ rad}} \right) \times \text{rad} \tag{9.2}$$

피크치를 피크-피크 값으로 변환:

$$V_{pp} = 2V_p \tag{9-3}$$

$$I_{pp} = 2I_p \tag{9-4}$$

피크치를 실효치로 변환:

$$V_{rms} = 0.707V_p \tag{9-5}$$

$$I_{rms} = 0.707I_p \tag{9-6}$$

순간 정현 전압:

$$v = V_p \sin\theta \tag{9-7}$$

기준파형에 각도 ϕ만큼 뒤진 전압 파형:

$$v = V_p \sin(\theta - \phi) \tag{9-8}$$

기준파형에 각도 ϕ만큼 앞선 전압 파형:

$$v = V_p \sin(\theta + \phi) \tag{9-9}$$

백분율 듀티 사이클

$$\text{백분율 듀티 사이클} = \left(\frac{t_W}{T}\right) 100\% \tag{9-10}$$

단원 확인 문제

1. 사인함수의 최대값은 ___이다.
   (a) +0.5　　　　　　　　(b) +1
   (c) +10　　　　　　　　(c) 무한대

2. 180°에서 사인함수의 값은 ___이다.
   (a) -1　　　　　　　　(b) 0
   (c) +1　　　　　　　　(d) 무한대

3. 원에서 라디안의 개수는 ___이다.
   (a) 1　　　　　　　　(b) 2
   (c) 4　　　　　　　　(d) 6이상

4. 사인파의 주기가 10 ms라면 주파수는 ___이다.
   (a) 100 Hz　　　　　　(b) 1 kHz
   (c) 10 kHz　　　　　　(d) 답이 없다.

5. 어떤 사인파가 100 V의 피크치 전압을 가진다면 실효치 전압은 ___이다.
   (a) 50 V　　　　　　　(b) 141 V
   (c) 200 V　　　　　　(c) 답이 없다.

6. 한 파형이 다른 파형과 위상차가 있다면 두 파형은 ___을 가진다.
   (a) 다른 주파수　　　　(b) 다른 진폭
   (c) 같은 주파수　　　　(d) 같은 진폭

7. 페이저는 ___이다.
   (a) 일정한 전압　　　　(b) 펄스
   (c) 위상차　　　　　　(d) 회전하는 벡터

8. 100 μs 동안에 20 사이클을 갖는 파형의 주기는 ___이나.
   (a) 5 μs　　　　　　(b) 20 μs
   (c) 100 μs　　　　　(d) 2 ms

9. 펄스의 상승 시간은 보통 ___사이에서 측정된다.
   (a) 0%와 50% 레벨　　　(b) 50%와 100% 레벨
   (c) 10%와 90% 레벨　　　(d) 30%와 70% 레벨

10. 듀티 사이클은 ___에 대한 펄스폭의 비율이다.

(a) 진폭   (b) 주기

(c) 주파수   (d) 상승 시간

11. 사각파의 듀티 사이클은 ___

(a) 주파수에 따라 다양하다.   (b) 진폭에 따라 다르다.

(c) (a)와 (b) 둘다이다.   (c) 50%이다.

12. 오실로스코프에서 빔을 이동하는 것과 같은 응용의 경우 톱니파형을 ___이라고 한다.

(a) 삼각형   (b) 스위프

(c) 램프   (d) 계단

13. 펄스 파형의 듀티 사이클을 바꾸는 함수발생기의 조절기는 ___이다.

(a) 직류 오프셋   (b) 진폭

(c) 대칭   (d) 주파수

14. 신호의 정확한 지점에 트리거를 발생시키기 위한 오실로스코프의 조절기는 ___이다.

(a) Slope and Source   (b) Level and Slope

(c) Sec/Div and Source   (c) Volts/Div and Sec/Div

15. 오실로스코프의 결합조절기가 접지위치로 설정되었다면 입력은 ___

(a) 연결되지 않는다.   (b) 높은 저항으로 연결된다.

(c) 접지에 단락된다.   (d) 낮은 저항으로 연결된다.

16. 오실로스코프의 Sec/Div 조절기를 $2 \ \mu s$/div로 설정하고 펄스가 8눈금 동안에 상승 및 하강했다면 펄스폭은 ___이다.

(a) $0.25 \ \mu s$ (b) $2 \ \mu s$

(c) $8 \ \mu s$ (d) $16 \ \mu s$

문제 | 질문

1. 전자공학에서 주기적인 사인파는 왜 기본 파형으로 간주되는가?

2. 어떤 두 개의 각도에서 사인함수가 0의 값을 가지는가?

3. 어떤 각도에서 사인함수는 +1의 값을 가지는가?

4. 완전한 1 사이클에는 몇 라디안이 있는가?

5. 전기 사인파를 만드는 두 가지 방법은 무엇인가?

6. 정현파의 진폭은 무엇인가?

7. 주파수와 주기는 어떤 관계가 있는가?

8. 페이저를 표현하는 두 값은 무엇인가?

9. 페이저는 어떻게 표현되는가?

10. 사인파를 발생시킬 때, 페이저는 시계방향 또는 반시계방향 중 어느 방향으로 회전하는가?

11. 위상차에 관한 내용 중 기준 파형은 무엇을 의미하는가?

12. 같은 주파수를 가진 두 개의 파형이 다른 진폭을 갖는다면 **위상차**는 의미가 있는가?

13. 같은 진폭을 가진 두 개의 파가 다른 주파수를 갖는다면 **위상차**는 의미가 있는가?

14. 정현파가 뒤진다고 말할 때는 무엇을 의미하는가?

15. 펄스의 정의는 무엇인가?

16. 이상적인 펄스란 무엇을 의미하는가?

17. 펄스의 **진폭**은 어떻게 정의되는가?

18. 사각파에서 백분율 듀티 사이클은 무엇인가?

19. 스윕전압은 어떤 종류의 파형인가?

20. 발진기는 어떤 종류의 출력을 만들어내는가?

21. 마이크로파는 무엇인가?

22. 함수발생기로부터 나오는 일반적인 파형은 무엇인가?

23. 함수발생기에서 직류오프셋 조절기의 목적은 무엇인가?

24. 50 Ω의 부하가 함수발생기의 출력에 연결된다고 가정하자. 50 Ω의 출력저항을 가진 함수발생기와 600 Ω의 출력저항을 가진 함수발생기 중 어느쪽의 출력이 더 변화할 것인가? 해답을 설명하라.

25. 오실로스코프의 두 가지 기본 유형은 무엇인가?

26. 오실로스코프에서 트리거 소스 조절기의 목적은 무엇인가?

27. 오실로스코프에서 라인트리거는 언제 사용하는가?

28. 항상 프로브를 통해 신호를 오실로스코프에 연결하는 것이 왜 좋은 생각인가?

29. 오실로스코프의 프로브는 어떻게 보정하나?

30. 오실로스코프의 커서는 무엇인가?

31. 디지털 오실로스코프에서 일반적인 세 가지 자동 측정은 무엇인가?

기본 문제

1. 다음의 각도를 라디안으로 변환하라.

   (a) 30°   (b) 90°

   (c) 150   (d) 250°

   (e) 325°

2. (a) 1/2 사이클은 몇 도인가?

   (b) 1/2 사이클은 몇 라디안인가?

3. 다음의 라디안은 몇 도인가?

   (a) $\pi/4$ rad   (b) $2\pi/3$ rad   (c) 1.5 rad   (d) 2.5 rad   (e) 2π rad

4. 정현 전류 파형이 2.0 mA의 진폭을 가진다면, 피크-피크 전류는 얼마인가?

5. 정현 전압 파형이 21 V의 진폭을 가진다면, 피크-피크 전압은 얼마인가?

6. 20 V의 진폭과 100 μs의 주기를 가진 정현파의 1 사이클을 그려라. y축을 전압으로 하고, x축을 시간으로 하라. 전압이 최대일 때의 시간을 표시하라.

7. 어떤 소형 히터가 직류 또는 교류에서 작동될 수 있다고 가정하라. 이것이 12 V의 직류전원에 연결되면 200 W의 전력을 소비한다. 12 Vrms의 교류전원에 연결되면 얼마의 전력을 소비하는가?

8. 정현파가 68 Vpp의 피크-피크 전압을 가진다. 이 전원의 실효치 전압은 얼마인가?

9. 250 μs의 주기를 가진 파형의 주파수는 얼마인가?

10. 그림 9-52에서와 같이 정현파 오실로스코프에 나타나 있다. Volts/Div 단자가 10 V/div로 설정되었다고 가정하라. 피크치 전압, 피크-피크 전압, 실효치 전압은 얼마인가?

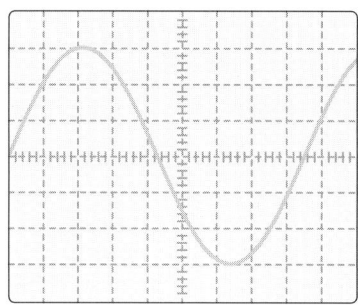

그림 9-52

11. 어떤 주기적인 파형이 1 ms에 3 사이클을 갖는다.

    (a) 주기는 얼마인가?

    (b) 주파수는 얼마인가?

12. 17 V의 진폭을 가진 기준 정현파 전압의 파형에 대한 식을 적어라.

13. 12번 문제에서 파형의 실효치 전압은 얼마인가?

14. 기준에 40°만큼 뒤진 20 V의 진폭을 가진 정현파 전압의 식을 적어라.

15. 다음의 각도에서 10 V의 피크치 전압을 가지는 사인파의 순간전압은 얼마인가?

    (a) 25°   (b) 105°

    (c) 225°   (d) 330°

16. 다음 식으로 주어진 전압의 파형에 대한 실효치 전압을 구하라.

    v = 14.1 V (sinθ)

17. 전압파형이 $v = 35V \sin(\theta - 22°)$로 표현된다고 가정하라.

    (a) 진폭은 얼마인가?

    (b) 위상차는 얼마인가?

    (c) 이 파형은 기준에 뒤지는가? 앞서는가?

18. 20%의 듀티 사이클과 200 μs의 주기를 가진 펄스파형을 그리되, 그림에 시간을 표시하라.

19. 600 Ω의 출력저항을 가진 함수발생기가 12 Vpp로 설정되고, 600 Ω의 저항에 연결된다. 함수발생기가 연결된 후 저항기 양단의 전압은 얼마인가?

20. 그림 9-53에 보인 디스플레이에서 Volts/Div 단자가 5 V/div로, Sec/Div 단자가 2 μs/div로 설정되어 있다.

    (a) 실효치 전압은 얼마인가?

    (b) 주파수는 얼마인가?

21. 그림 9-53의 디스플레이에서 Volt/Div 단자가 50 mV/div로, Sec/Div 단자가 10 μs/div로

설정되어 있다.

(a) 실효치 전압은 얼마인가?

(b) 주파수는 얼마인가?

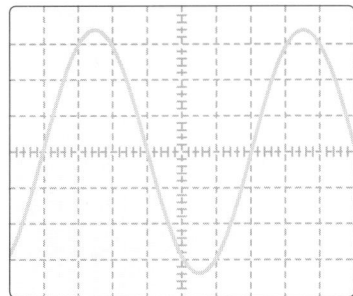

그림 9-53

기본 – 플러스 문제

22. 250 μs 내에는 20 kHz 파형의 몇 사이클이 발생하는가?

23. 25%의 듀티 사이클과 40 kHz의 주파수를 갖는 펄스파형에서

(a) 주기는 얼마인가?

(b) 펄스폭은 얼마인가?

24. 100 Ω의 저항기가 함수발생기의 출력에 연결되어 있다. 출력전압이 저항기 연결 전의 2/3 크기로 떨어졌다면 함수발생기의 출력 저항은 얼마인가?

25. 200 Hz 신호의 1 사이클을 오실로스코프의 디스플레이에 나타내기 위해서는 Sec/Div 조절기가 얼마로 설정되어야 하는가? 수평축에는 10 눈금이 있다고 가정하라.

26. Volts/Div 조절기를 얼마로 해야 6 Vrms의 정현파에 대해 디스플레이 내에서 가능한 최대 신호로 보여질 것인가? 수직축에는 8 눈금이 있다고 가정하라.

예제 질문

해답

9-1: 1.75 라디안

9-2: 86°

9-3: 339 Vpp

9-4: 2 kHz

9-5: 그 다음의 180°에 대한(엑셀 워크시트로부터의) 결과가 표 9-2에 요약되어 있다. 부호를 제외하고 전압은 표 9-1과 같음에 유의하라. 180°와 360°에서의 값은 알고리즘으로 인해 작은 오차를 가지고 있다.

9-6: 사인파 B가 기준이라면, 그림 9-15(a)에서 사인파 A는 45° 앞선다. 그림 9-15(b)에서 사인파 A는 30° 뒤진다.

9-7: −20 V

표 9-2

$\theta(°)$	$\sin\theta$ (°)	$v = 12\sin\theta$ (V)
180	1.23E-16	1.47E-15
190	−0.17365	−2.08378
200	−0.34202	−4.10424
210	−0.5	−6
220	−0.64279	−7.71345
230	−0.76604	−9.19253
240	−0.86603	−10.3923
250	−0.93969	−11.2763
260	−0.98481	−11.8177
270	−1	−12
280	−0.98481	−11.8177
290	−0.93969	−11.2763
300	−0.86603	−10.3923
310	−0.76604	−9.19253
320	−0.64279	−7.71345
330	−0.5	−6
340	−0.34202	−4.10424
350	−0.17365	−2.08378
360	−2.5E-16	−2.9E-15

9-8: $v = 40 \text{ V}\sin\theta$

9-9: 펄스폭이 작아질 것이다.

9-10: 출력전압이 4.76 Vpp가 될 것이다.

9-11: 펄스는 3개의 눈금을 보여줄 것이다.

9-12: 4.1 Vrms

9-13: 7.0

복습 질문

1. 1 라디안은 원호가 그의 반지름과 같아질 때 형성된 각이다. 즉, 57.3°이다.

2. 90°

3. 14.1 V

4. 500 Hz

5. 50 ns

6. 위상차는 두 파형 사이의 각도 차이이다. 즉, 한 파형이 다른 파형(기준)과 비교되는 것이 아니라면 위상차에 대해 말하는 것 자체가 무의미하다.

7. 보통의 벡터는 크기와 방향을 가진다. 페이저는 회전하는 벡터이고, 따라서 그 방향 성분은 계속 일정하게 변화한다.

8. y축의 음의 방향을 따라 아래로

9. $v = 20 \sin(\theta - 90°)$

10. $v = 12.9$ V

11. 50%의 레벨에서

12. 펄스의 상승에지의 10%와 90% 사이의 시간

13. 백분율로 표현된 주기에 대한 펄스폭의 비율

14. 사각파

15. 삼각파형은 같은 시간폭과 기울기를 갖는 양과 음의 경사부를 가진다. 톱니파형은 상대적으로 긴 양의 경사부와 짧은 시간폭을 갖는 음의 경사부를 갖는다.

16. 반복되는 파형을 만들어내는 전자회로

17. 사인파, 사각파, 삼각파를 포함하는 다양한 저주파수 파형을 만드는 실험 장비. 어떤 것들은 펄스도 만들어낸다.

18. 함수 선택, 주파수 및 진폭

19. 대칭 조절기는 사인파와 톱니파의 상승 시간과 하강 시간, 그리고 펄스의 듀티 사이클을 조절할 수 있도록 한다.

20. 출력저항은 출력단자에 "뒤돌아 본" 함수발생기에 의해 나타나는 테브닌 저항이다.

21. 수직영역, 수평영역, 트리거영역, 디스플레이

22. 레벨 및 경사(Level and Slope) 조절기는 트리거가 발생하는 때를 결정한다.

23. Sec/Div 조절기는 수평축에 표시된 시간의 양을 결정한다.

24. 오실로스코프의 프로브는 피시험회로에서 오실로스코프의 부하효과를 줄여주고, 피시험회로 파형의 정확한 모습을 제공하기 위해 오실로스코프의 입력을 바로 잡아준다.

25. 트리거 이전 포착(pretrigger capture)은 디지털 오실로스코프에서 이용할 수 있다. 이것은 트리거 이벤트 이전에 일어나는 데이터의 획득을 의미한다.

단원 확인 문제

1. (b)	**2.** (b)	**3.** (d)	**4.** (a)	**5.** (d)
6. (c)	**7.** (d)	**8.** (a)	**9.** (c)	**10.** (b)
11. (d)	**12.** (b)	**13.** (c)	**14.** (b)	**15.** (a)
16. (d)				

커패시터

서론

커패시터는 다양한 회로 응용에 사용되는 주요 수동 소자이다. 저항기와는 달리, 이상적인 커패시터는 회로 내에서 에너지를 소비하지 않고 저장하여 추후에 회로에 반환한다. 정현파가 커패시터에 인가될 때, 커패시터는 용량성 리액턴스라고 불리는 전류의 흐름을 방해하는 성분을 만든다. 이러한 성분은 회로 내의 전류 및 전압의 위상각을 천이시킨다. 이로 인해 ac 신호에 대한 커패시터의 응답은 저항기의 응답과 다르게 된다.

이 장에서는 커패시터와 그 구조에 대해서 배우게 될 것이다. 또한, 커패시터의 직렬 및 병렬 연결, dc 및 ac 회로에 대한 커패시터의 응답 또한 배우게 될 것이다. 이 장에서는 커패시터의 몇 가지 주요 응용을 고찰함으로써 결론을 맺게 된다.

주요 목표

각 목표의 번호는 절의 번호이다. 이 장을 마치고 나면 다음과 같은 일들을 할 수 있어야 한다.

10-1 전하, 전압, 그리고 기본적인 커패시터의 커패시턴스 간의 관계를 기술하기

10-2 극성 및 비극성 커패시터를 포함한 다양한 종류의 커패시터의 특성을 비교하기

10-3 직렬 및 병렬 연결된 커패시터의 전체 커패시턴스를 계산하기

10-4 dc 회로에서 커패시터의 순시 전류 및 전압 예측을 위해 충전 및 방전 곡선을 사용하기

10-5 ac 회로에서 커패시터의 용량성 리액턴스를 계산하기

10-6 커패시터의 여러 가지 주요 응용을 제시하기

컴퓨터 시뮬레이션 디렉토리

다음 그림에는 관련된 Multisim 회로 파일이 있다.

◆ 그림 10-21
409쪽

◆ 그림 10-28
415쪽

실험실습 디렉토리

다음 실험은 이 장을 위한 것이다.

◆ 실험 18
커패시터

◆ 실험 19
용량성 리액턴스

• 커패시터(capacitor)
• 유전체(dielectric)
• 커패시턴스(capacitance)
• 패러드(farad)
• 상대 유전율(relative permittivity)
• 유전상수(dielectric constant)
• 동작전압(working voltage)
• 전해질(electrolyte)
• 시정수(time constant)
• 용량성 리액턴스(capacitive reactance)

직무에 대하여...

모든 가치 있는 피고용인들은 신뢰성이 있다. 직장에 정시에 출근하여 일할 준비를 하는 것이 중요하다. 만일 정시에 오지 못하거나 늦을 이유가 있다면, 상사에게 전화를 걸어 현 상황을 설명해 주어야 한다. 대부분의 상사들은 여러분이 결근 또는 지각하기 전에 여러분의 문제를 사후 보다는 사전에 알기를 원하기 때문이다.

CCD (Charge Coupled Device)라고 부르는 매우 특수한 회로는 대부분의 디지털 카메라의 핵심이다. CCD는 빛에 대한 고감도성으로 인해 방대한 영상처리에 큰 발전을 가져왔다.

대부분의 CCD는 '웰(well)"이라고 부르는 아주 작은 산소-필름 포토커패시터들의 x-y 배열로 정렬되어 있다. 웰은 전하를 충전하여 이를 의도된 방향으로 이동시킨다. 각 웰은 디지털 이미지에서의 하나의 픽셀(화소)을 나타내며, 전체 이미지는 CCD에서 동시에 캡처된다. 실리콘 계층과 충돌하는 광자로 인해 실리콘 계층의 공유결합이 깨질 때 방출되는 전자들은 각 웰들을 충전한다. 더욱 많은 빛이 실리콘과 충돌할 때, 전하량은 더욱 증가하게 된다.

노출 후에 각 포토커패시터 내의 전하들은 행에서 행으로 이동하며 칩에 연결된 특정 레지스터에서 읽히게 된다. CCD는 하나의 포토커패시터에서 다음 커패시터로 전하를 전달한다. 한 행의 전하가 직각으로 움직일 때, 다음 행(이전 행에 결합된다)의 전하는 방금 비어있었던 포토커패시터 행으로 이동된다.

다음 단계는 전하를 전압으로 바꾸는 것이다. 이 단계는 CCD 내의 이미지 처리의 일부분이다. CCD를 떠난 후에 이미지는 디스플레이를 위한 처리과정을 거치게 된다.

CCD 그 자체는 단색 장치이다. 컬러 이미지를 얻기 위한 다양한 방법이 존재한다. 원하는 컬러 특성을 가지는 광학 여파기에서 스위칭하는 동안 3번의 연속적인 노출을 통하여 장면을 노출시키는 것도 그러한 방법 중의 하나이다.

10-1 커패시턴스

서로 다른 극성을 가지는 전하가 분리된 두 개의 전도성극판 사이에 존재할 때, 두 전도성극판 간에 전계가 형성되고, 에너지가 축적된다. 두 전도성극판 간의 전계는 쿨롱의 법칙으로부터 유도된다.

이 절에서는 기본적인 커패시터의 전하, 전압 및 커패시턴스 간의 관계를 배운다.

커패시터

커패시터(capacitor)는 전하를 축적할 수 있는 능력을 가지는 전자 부품이다. 가장 간단한 형태의 커패시터는 그림 10-1에 표시된, 유전체(dielectric)라고 불리는 절연체로 분리된 두 개의 전도성극판으로 구성되어 있다. 전도성극판에 배터리와 같은 전압원을 일시적으로 연결함으로써, 전도성극판은 전하를 얻을 수 있다. 전도성극판 중의 하나는 다량의 전자를 가지고 있으므로, 음(−)으로 충전되고, 다른 하나의 전도성극판은 전자가 부족하여 양(+)으로 충전된다. 이들 전도성극판이 서로 반대의 전하를 가지므로 이들은 서로 끌어당기게 된다. 전계는 전도성극판 사이의 절연영역에 존재하게 된다. 정전계에 의해서 전하를 축적할 수 있는 능력을 커패시턴스(capacitance)라고 부

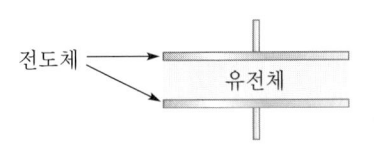

그림 10-1
기본적인 커패시터

전도체 →
유전체

른다.

커패시턴스의 단위

커패시턴스는 커패시터가 주어진 전압에 대해 얼마나 많은 양의 전하를 충전할 수 있는가를 나타낸다. 커패시턴스를 구하는 공식은 다음과 같다.

$$C = \left(\frac{Q}{V} \right) \tag{10-1}$$

여기서 C는 패러드 단위의 커패시턴스를 의미하며, Q는 쿨롱 단위의 전하량(하나의 전도성극판에 대한)을 의미하며, V는 볼트 단위의 전압을 의미한다.

마이클 패러디(Michael Faraday)에서 딴 패러드는 커패시턴스의 단위이다. 1 패러드 **(F)**는 1 V의 전위차가 존재하는 전도성극판에 1 쿨롱의 전하가 축적될 때의 용량을 의미한다. 커패시턴스는 커패시티로부터 유래한 용어임에 주목하라. 커패시터는 전하를 축적할 수 있는 용량을 가지는데, 이는 패러드로 측정된다. 1 패러드는 커패시턴스 값으로는 매우 큰 값이므로, 대부분의 응용에서는 마이크로패러드(10^{-6} 패러드) 또는 피코패러드(10^{-12} 패러드)가 실제적으로 사용된다. (1 F의 커패시터의 경우, 공기상에서 1 mm만큼 떨어진 2개의 정사각형 전도성극판의 한 변의 길이는 6 마일이 넘는다.) 일반적으로 커패시터의 단위는 마이크로패러드 또는 피코패러드가 선호된다.

	예제 10-1

문제

각각의 값들을 마이크로패러드(μF)로 변환하라.

(a) 470 nF   (b) 10,000 pF

(c) 0.0027 F   (d) 0.15 nF

풀이

(a) 470 nF $\times$ 10^{-3} μF/nF = **0.47 μF**

(b) 10,000 pF $\times$ 10^{-6} pF/μF = **0.01 μF**

(c) 0.0027 F $\times$ 10^{6} μF/F = **2700 μF**

(d) 0.15 nF $\times$ 10^{-3} μF/nF = **0.00015 μF**

질문

100 μF 커패시터는 몇 나노패러드가 되는가?

커패시터가 저장할 수 있는 전하량은 커패시터 그 자체의 물리적 특성 및 인가된 전압에 의해서 결정된다. 보다 큰 전압은 주어진 커패시터에 보다 많은 전하가 축적되게 한다. 식 (10-1)을 정리하면, 전하량은 다음과 같이 표현된다.

$$Q = CV \tag{10-2}$$

커패시터 내의 전하는 압축된 실린더 내의 공기의 양이라고 생각할 수 있다. 실린더 내의 공기량(전하와 유사)은 실린더의 용량(커패시턴스와 유사)과 압력(전압과 유사)에 의해 결정된다. 따라서, 실린더에 보다 많은 공기를 유입시키기 위해서는 보다 큰 실린더를 사용하거나 실린더 내의 압력을 증가시키면 된다. 마찬가지로 커패시터 내에 보다 많은 전하를 축적하기 위해서는 보다 큰 커패시턴스를 가지는 커패시터를 사용하거나 전압을 증가시키면 된다.

예제 10-2	**문제**

문제

3 V가 두 전도성극판 사이에 인가될 때, 커패시터는 81 μC을 축적한다. 커패시터의 커패시턴스는 얼마가 되는가?

풀이

식 (10-1)을 적용한다.

$$C = \frac{Q}{V} = \frac{81 \times 10^{-6}}{3V} = \textbf{27 } \mu\textbf{F}$$

질문

만일 커패시터에 인가되는 전압이 두 배가 되면, 전하량은 어떻게 되는가?

커패시터의 전하 축적 방법

중성 상태에서 커패시터의 양쪽 전도성극판은 그림 10-2(a)처럼, 동일한 개수의 자유전자를 가진다. 그림 (b)처럼, 커패시터가 저항기를 거쳐 전압원에 연결되면, 전자(음전하)는 전도성극판 A로부터 제거되고 같은 수의 전자가 전도성극판 B에 축적된다. 전도성극판 A가 전자를 잃고 전도성극판 B가 전자를 얻게 되므로, 전도성극판 A는 전도성극판 B에 대해서 양(+)의 극성을 가진다. 이러한 충전 과정 동안, 연결 리드와 전압원을 통해 전자가 흐른다. 커패시터의 유전체는 절연체이므로 유전체를 통해서는 전자가 흐르지 않는다. 그림 10-2(c)처럼, 커패시터 양단의 전압이 전원 전압과 같아질 때, 전자의 운동은 중단된다. 만일 커패시터 양단의 전압원이 제거되어도 커패시터는 일정 시간 구간 동안 전하를 유지한다(시간 구간의 크기는 커패시터의 종류 및 아주 적은 "누설" 전류에 의해 결정된다). 그림 10-2(d)처럼, 커패시터 전압은 여전히 전원전압을 유지한다. 실제로, 매우 큰 용량의 충전된 커패시터는 임시 배터리로 동작

전하를 충전하는 커패시터의 그림 | 그림 10-2

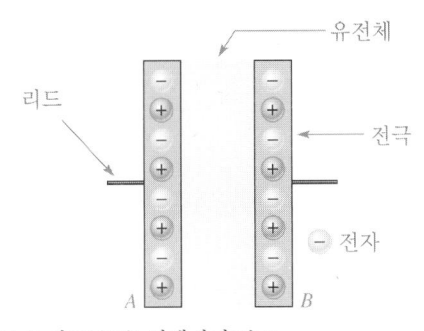

(a) 중성(미충전) 커패시터(양쪽 전극에 동일한 전하가 있다)

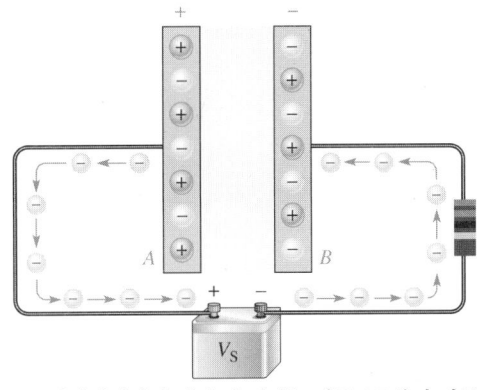

(b) 커패시터가 충전될 때 전자는 전극 A로부터 전극 B로 흐른다.

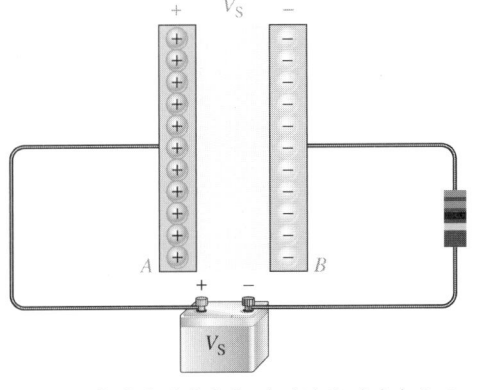

(C) V_S로 충전된 커패시터. 더 이상의 전자가 흐르지 않는다.

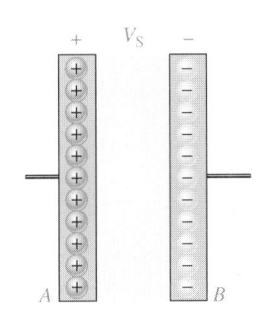

(d) 전원으로부터 커패시터를 제거해도 전하가 유지된다.

하며, 어떤 응용에서는 짧은 시간 동안 전류를 공급할 수 있다.

커패시턴스에 영향을 주는 요소

커패시터의 커패시턴스 크기는 다음과 같은 세 가지 요소에 의해 결정된다. 전도성극판의 면적, 전도성극판 간의 거리, 절연체(유전체). 전도성극판의 면적은 전하가 축적되는 표면을 제공함으로써 커패시턴스에 영향을 미친다. 보다 큰 면적은 보다 많은 전하를 축적하므로 커패시턴스가 더 크다.

전도성극판의 거리는 커패시턴스를 결정하는 두 번째 요소이다. 만일 커패시터의 전도성극판이 거리가 더욱 가까워지면(그러나 접촉은 불가), 전도성극판 간의 전압은 감소된다. 반대 극성의 전하는 서로 끌어당기므로 이러한 현상이 발생하며, 결국 전하당 더 적은 에너지를 가지게 된다(전압의 정의를 참조). 이것은 식 (10-1)에 보여진 것처럼 커패시턴스의 증가를 의미한다.

세 번째 요소는 전도성극판 간의 유전체 재료이다. 유전체 내의 전자는 이동이 자유롭지 않지만, 원자 내의 전자 및 양성자는 정상 위치에서 벗어나면서 아주 작은 다

그림 10-3

커패시터 내의 유전체 재료는 원래의 전계와 반대되는 전계를 생성시키므로 캐패시턴스를 증가시킨다.

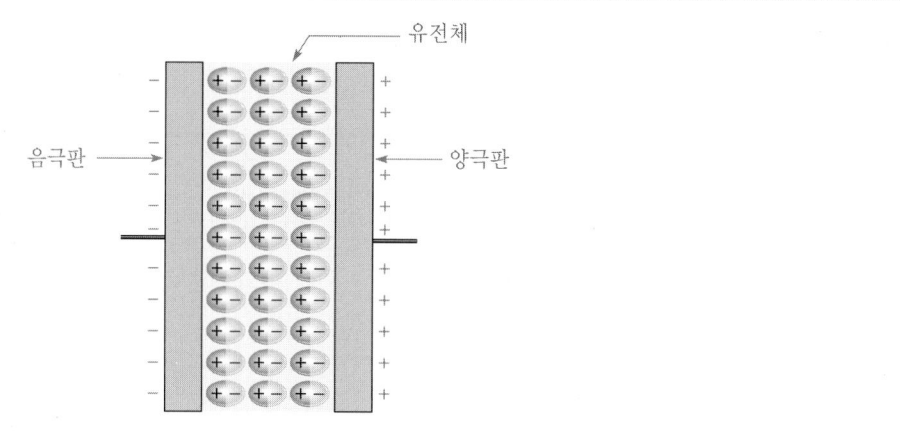

이폴(양전하와 음전하의 쌍)을 형성한다. 다이폴은 전도성극판간에 이미 형성된 원래의 전계에 따라서 정렬된다. 즉, 그림 10-3처럼, 양의 전하는 음의 전도성극판을 향하여, 음의 전하는 양의 전도성극판을 향하여 정렬된다. 유전체는 원래의 전계와 반대 방향의 전도성극판 간의 전계를 가지게 된다. 두 전계의 중첩은 유전체 없이 존재하는 원래의 전계를 감소시킨다. 결과적으로, 주어진 전압에 대해 보다 많은 전하가 커패시터상에 존재하게 되므로 커패시턴스는 증가한다.

커패시턴스에 영향을 주는 세 가지 요소는 다음 공식에 의해서 서로 연관된다.

$$C = 8.85 \times 10^{-12} \text{ F/m} \left(\frac{\epsilon_r A}{d} \right) \tag{10-3}$$

여기서 C는 패러드 단위의 커패시턴스, ϵ_r은 공기에 대한 상대 유전율, A는 제곱 미터 단위의 전도판의 면적이고, d는 미터 단위의 전도성극판 간의 간격이다.

상수, 8.85×10^{-12}는 공기의 유전율(permitivity)이라고 부르는데, 이는 공기 유전체가 자속선의 형성을 얼마나 "허용"하는가를 나타내는 수치이다. 식에서 표현된 두 번째 상수, ϵ_r는 상대 유전율(relative permittivity) 또는 유전상수(dielectric constant)라고 불린다. 상대 유전율은 주어진 유전체의 유전율과 공기에 대한 유전율을 비교한 것이다. 이것은 순수 상수, 즉 단위를 가지지 않는 숫자이다. 몇 가지 전형적인 유전체와

표 10-1

물질	대표적인 ϵ_r 값
공기(진공)	1.0
테플론	2.0
종이	2.5
기름	4.0
운모	5.0
유리	7.5
산화알루미늄	10
세라믹	1200

그의 유전상수가 표 10-1에 보여진다.

문제

길이가 10 cm인 두 개의 정사각형 구리판이 0.2 mm 두께의 테플론 유전체로 분리되어 있다. 커패시턴스를 구하라.

풀이

전도성극판의 면적은 0.1 m × 0.1 m = 0.01 m²이다. 전도성극판 간의 거리를 미터로 표현하면 2 × 10⁻⁴이다. 표 10-1로부터, 테플론의 유전 상수는 2.0이다. 이것을 식 (10-3)에 대입하면,

$$C = 8.85 \times 10^{-12} \text{ F/m} \left(\frac{\epsilon_r A}{d} \right) = 8.85 \times 10^{-12} \text{ F/m} \left(\frac{(2.0)(0.01 \text{ m}^2)}{2 \times 10^{-4} \text{ m}} \right) = \textbf{885 pF}$$

질문

테플론 유전체가 0.4 mm 종이 유전체로 대체되면, 커패시턴스는 얼마가 되는가?

용량성 전압의 한계

주어진 커패시터에 인가되는 전압에는 제한이 따른다. 전압이 너무 크면, 유전체 내의 전자는 자유로워지고 일시적으로 유전체는 전도성이 된다. 이러한 현상을 브레이크다운(breakdown)이라고 한다. 브레이크다운은 전도성극판 간의 스파크를 야기시켜 커패시터를 방전시킨다. 유전체가 기름 혹은 공기라면, 이러한 현상은 일시적이다. 하지만 고체 유전체에서는 재료 사이로 영구적인 구멍이 발생되어 전압의 감소가 영구적으로 계속될 것이다.

　커패시터 제작자는 브레이크다운 현상이 발생하기 전에 커패시터가 견딜 수 있는 최대 전압을 규정해야 한다. 이 최대 전압은 회로의 dc 전압이므로, 동작 전압(working voltage, WV 또는 WVDC)으로 주어지며 일반적으로 커패시터의 몸체에 표시되어 있다. (어떤 커패시터는 매우 짧은 시간 동안 동작 전압을 초과할 수 있다. 이것을 서지 전압이라고 부른다.) 어떤 응용을 위해 커패시터를 선택할 때, 커패시턴스뿐만 아니라 최대 전압도 고려하는 것이 중요하다.

복습 질문

1. 커패시턴스의 정의는?
2. (a) 1 패러드는 몇 마이크로패러드인가?
   (b) 1 나노패러드는 몇 피코패러드인가?
   (c) 1 마이크로패러드는 몇 피코패러드인가?

3. 두 전도성극판 간의 전위차가 40 V일 때, $10.8 \times 10^{-3}C$의 전하를 축적하는 전도성극판이 2개인 커패시터의 커패시턴스는 얼마인가?

4. (a) 커패시터 전도성극판의 면적이 증가할 때, 커패시턴스가 증가하는가 또는 감소하는가?

   (b) 두 전도성극판 간의 거리가 증가할 때, 커패시턴스는 증가하는가 또는 감소하는가?

5. 세라믹 커패시터(ϵ_r = 1200)가 2 cm × 3 cm 크기의 직사각형의 전도성극판을 가진다. 유전체의 두께는 1.0 mm이다. 커패시턴스는 얼마가 되는가?

10-2 커패시터의 종류

커패시터는 일반적으로 유전체의 종류 및 극성 유무에 따라 분류된다. 극성 커패시터를 회로상에 정확한 방향으로 배치하는 것은 중요하다.

이 절에서는 극성 또는 비극성 형태를 포함한 다양한 종류의 커패시터의 특성을 배운다.

고정 커패시터

커패시터는 유전체의 종류에 따라서 이름이 정해진다. 가장 일반적인 유전체는 운모, 세라믹, 플라스틱 필름, 전해 물질 등이다. 대부분의 커패시터는 고정 형태이다. 즉, 그 값이 변하지 않는다. 고정 커패시터는 1 피코패러드(1 패러드의 10^{-12}배)부터 1 패러드보다 큰 값을 가질 정도로 다양한 크기가 존재하다.

운모 커패시터

적층-포일 형태의 기본 구조는 그림 10-4와 같다. 이 구조는 금속 포일과 운모 시트가 교대로 배열된 적층형 구조이다. 금속 포일은 전도성극판 면적의 증가를 통해 커패시턴스를 증가시키기 위한 포일 시트와 함께 전도성극판을 구성한다. 전체 구조는 절연 물질로 캡슐화된다.

운모 커패시터는 1 pF ~ 0.1 μF 범위의 커패시턴스 값을 가진다. 운모 커패시터의

그림 10-4

전형적인 운모 커패시터의 구조.

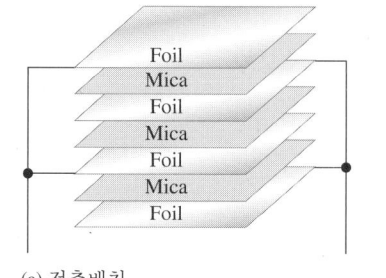

(a) 적층배치

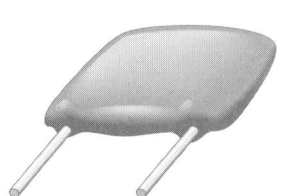

(b) 층은 함께 압착되어 캡슐화된다.

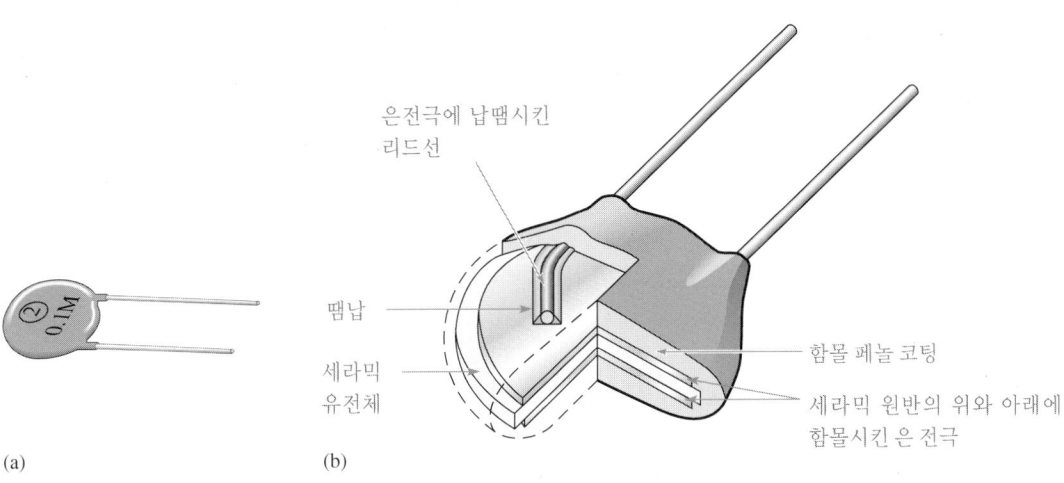

그림 10-5

전형적인 세라믹 원반 커패시터의 구조

은전극에 납땜시킨
리드선

땜납

세라믹
유전체

함몰 페놀 코팅

세라믹 원반의 위와 아래에
함몰시킨 은 전극

(a)   (b)

주요 장점은 동작 전압이 높다는 것이다. 일반적으로 100 V에서 2500 V 이상이다.

세라믹 커패시터

세라믹 유전체는 매우 높은 유전상수(보통 1200)를 제공한다. 결과적으로 물리적으로 작은 크기로 비교적 큰 커패시턴스 값을 얻을 수 있다. 이것은 부품 크기가 중요한 인쇄 회로기판에서는 주요 장점이 된다. 작은 세라믹 원반 커패시터의 구성이 그림 10-5에 보여진다. 세라믹 커패시터는 또한 다른 형태로도 가능하다.

작은 물리적 크기 외에 세라믹 커패시터는 높은 동작전압 정격을 가진다. 이들은 또한 매우 안정적이다. 즉, 온도 변화에 따라 값이 변하지 않는다. 이들은 1 pF에서 2.2 μF 범위의 커패시턴스 값을 가진다.

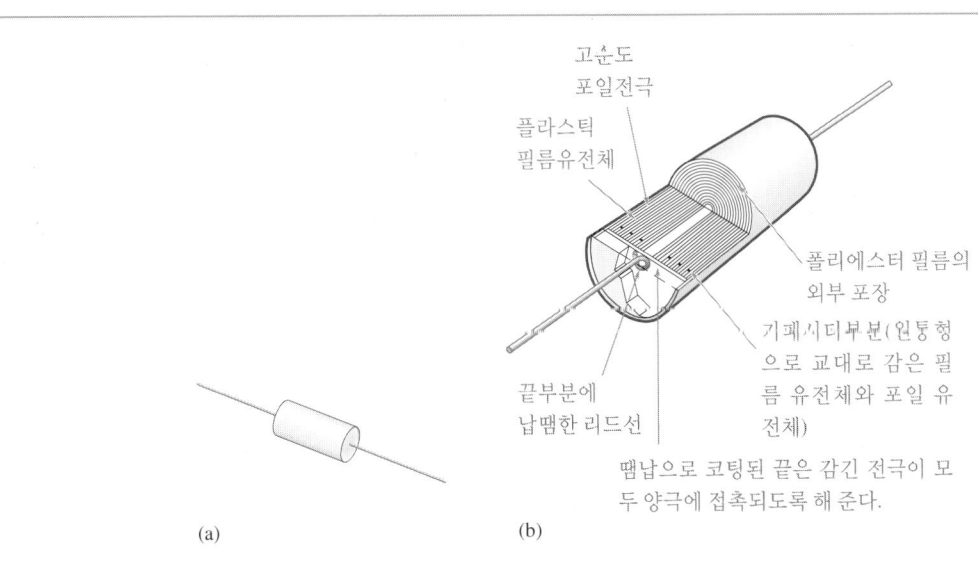

그림 10-6

데이터를 입력하는 데 있어서
의 BCD 코드 응용

고순도
포일전극

플라스틱
필름유전체

폴리에스터 필름의
외부 포장

기계식 디바분(원통형
으로 교대로 감은 필
름 유전체와 포일 유
전체)

끝부분에
납땜한 리드선

땜납으로 코팅된 끝은 감긴 전극이 모
두 양극에 접촉되도록 해 준다.

(a)   (b)

플라스틱 필름 커패시터

다양한 형태의 플라스틱 필름 커패시터가 있다. 그림 10-6은 플라스틱 필름 커패시터의 일반적인 구조를 보여준다. 얇은 띠 모양의 플라스틱 필름 유전체가 전도성극판으로 동작하는 두 개의 얇은 금속띠 사이에 끼워져 있다. 하나의 리드는 내부 전도성극판에 연결되고 다른 리드는 그림에서 보여진대로 외부 전도성극판에 연결된다. 이러한 스트립은 나선형으로 감겨져 주물 케이스로 캡슐화된다. 따라서, 넓은 전도성극판 면적은 비교적 작은 크기로 패키지화되며, 그에 따라 큰 커패시턴스 값을 가지게 된다. 전형적으로 이런 형태의 커패시터는 100 pF에서 1 μF 사이의 커패시턴스 값을 가진다.

비록 플라스틱 필름 커패시터에는 극성이 표시되지 않지만, 극성은 일반적으로 외부 포일을 가리키는 한쪽 끝의 밴드로 구별한다. 밴드의 끝은 외부 전도성극판을 차폐시키기 위해 접지와 연결된다. 이러한 조치는 잡음을 피해야 하는 고주파 회로에서는 유용하게 사용된다.

전해 커패시터

전해 커패시터는 전도성극판의 한쪽이 금속판이라는 점에서 다른 종류의 커패시터와는 다르다. 다른 한쪽 전도성극판은 플라스틱 필름과 같은 전도성 재료로 적합한 전도성 반죽, 즉 전해질이다. 전해질(electrolyte)이란 전하의 이동이 전자가 아닌 이온에 의해서 이루어지는 전도성 물질이다. 플라스틱 필름과 전해질의 결합은 음(−)인 극성의 전도성극판을 형성한다. 유전체는 알루미늄 혹은 탄탈륨 금속판에서 성장시킨 매우 얇은 산화막이다. 유전체 형성에 사용된 공정 때문에, 전해질에 대해서 항상 양(+)의 극성을 갖도록 하기 위해 금속판이 항상 연결되어야 한다.

전해 커패시터의 극성은 항상 양(+) 또는 음(−)로 부호 또는 다른 명확한 기호로 표시된다. 커패시터는 ac의 존재 여부와는 무관하게 올바른 극성으로 dc 전압원과 연결되어야 한다. 전압원을 반대로 연결하면 유전체가 도체로서 동작하고 결국 커패시터는 파괴된다.

대부분의 전해 커패시터는 극성을 가진다. 그러나 어떤 그룹은 그렇지 않다. 이러한 커패시터는 이른바 비극성 전해 커패시터라고 불리는데, 이것은 서로 연결된 음(−)의 전도성극판과 내부적으로 직렬 연결되어 있는 2개의 전해 커패시터로 구성되어 있다. 이러한 커패시터는 가격이 비싸기 때문에 널리 사용되지 않지만, 비극성 전해 커패시터를 다른 비극성 커패시터로 대체할 때는 상당한 주의가 요구된다.

전해 커패시터의 커패시턴스는 다른 커패시터에 적용되는 것과 동일한 요소에 의해서 결정된다. 매우 얇은 유전체 코팅(10^{-5} cm)은 전해 커패시터의 값이 일반적인 커패시터 보다 크기에 비해서 매우 큰 값을 가지게 한다. 이러한 이유로 전해 커패시터는 1 μF 이상의 큰 값이 요구되는 응용에서 선호되며, 10,000 μF 또는 그 이상까지도

구입 가능하다.

비록 전해 커패시터가 큰 값의 커패시턴스를 가지므로 많이 사용되지만, 몇 가지 단점도 있다. 이들은 비교적 낮은 브레이크다운 전압을 가지므로 회로에 사용하기 전에 이 점을 반드시 유념해야 한다. 브레이크다운 전압은 수 볼트에서 수백 볼트까지 다양하므로 전해 커패시터를 사용하기 전에 전압 사양을 점검하는 것이 중요하다. 낮은 브레이크다운 전압 외에도, 여러 전해 커패시터가 많은 양의 누설 전류를 갖는 경향이 있는데, 이는 유전체 사이에 작은 일정 전류가 존재함을 의미한다(누설이 문제가 되는 응용에서는 낮은 누설 전류를 가지는 형태도 구입 가능하다). 게다가 전해 커패시터는 그 값이 정확하지 않다. 이들의 허용오차는 일반적으로 케이스에 표시된 값의 20% 이상이다.

두 가지 형태의 전해 커패시터가 존재하는데, 하나는 알루미늄, 다른 하나는 탄탈룸(tantalum) 형태이다. 알루미늄 전해 커패시터는 가장 일반적인 형태로서, 탄탈룸 보다는 가격이 저렴하다. 전해 커패시터의 두 전도성극판이 금속판의 표면에 형성되어

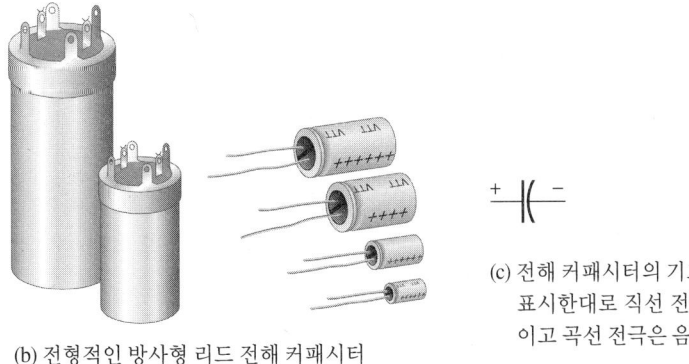

그림 10-7

전해 커패시터

(a) 축형 리드 전해 커패시터의 구조

(b) 전형적인 방사형 리드 전해 커패시터

(c) 전해 커패시터의 기호. 그림에 표시한대로 직선 전극은 양극이고 곡선 전극은 음극이다.

그림 10-8

"눈물방울" 탄탈룸 전해 커패
시터의 구조

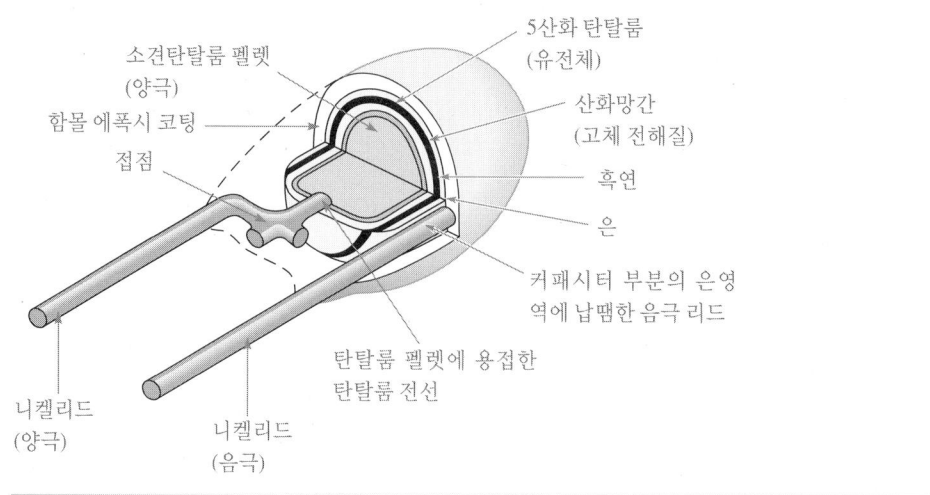

있는 매우 얇은 산화막에 의해 분리되어 있다. 그림 10-7(a)는 축 형태의 리드를 가지
는 전형적인 알루미늄 전해 커패시터의 기본적인 구조를 보여준다. 그림 10-7(b)는 방
사형 리드를 가지는 다른 형태의 전해 커패시터를 보여준다. 극성을 가지는 전해 커
패시터에 대한 회로 심볼(대부분의 전해 커패시터는 극성을 가진다)이 그림 10-7(c)에 보
여진다. 심볼상의 곡선 모양의 선은 음(−) 전위로 연결된다.

탄탈룸 전해 커패시터는 그림 10-7의 튜브 모양 구조, 또는 그림 10-8의 "눈물방울"
모양 구조를 가진다. 눈물방울 구조에서, 양극 전도성극판은 한 장의 포일이라기보다
는 한 알의 분말 형태이다. 5산화 탄탈룸은 유전체를 구성하고, 자기 이산화망간은
음극 전도성극판을 형성한다.

가변 커패시터

가변 커패시터는 커패시턴스 값을 수동 또는 자동으로 조절할 필요가 있는 회로에서
사용된다. 이들은 전도성극판의 면적 또는 전도성극판 간의 거리를 변화시킴으로써
동작하는데 일반적으로 10:1 이상의 범위로 커패시턴스 값을 변화시킨다. 가변 커패
시터는 일반적으로 10 pF에서 약 1000 pF까지의 작은 값 사이가 시판되고 있다. 가변
커패시터에 대한 회로 심볼은 그림 10-9와 같다. 심볼을 관통하는 화살표는 값이 가
변적임을 의미한다.

회로에서 정밀 조절을 위한 작은 가변 커패시터를 **트리머 커패시터**(trimmer
capacitor)라고 부른다. 이러한 커패시터의 값은 보통 100 pF 이하이다. 세라믹 또는 운
모는 일반적인 유전체이며, 커패시턴스는 보통 박혀있는 나사 조절기를 이용하여 전
도성극판 간의 거리를 조절함으로써 변하게 된다. 그림 10-10은 전형적인 소자를 보
여준다.

그림 10-9

가변 커패시터의 회로 심볼

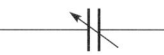

그림 10-10

트리머 커패시터

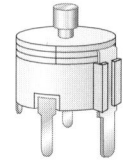
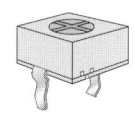

커패시터 라벨링

커패시터 값은 인쇄식 라벨로 커패시터 몸체에 표시된다. 인쇄식 라벨은 문자 및 커패시턴스, 정격 전압 그리고 허용오차 등의 다양한 파라미터로 구성된다.

많은 커패시터에는 커패시턴스의 단위가 표시되어 있지 않다. 이러한 경우, 커패시턴스의 단위는 마이크로패러드(μF) 또는 피코패러드(pF)이며, 표시된 값 또는 커패시터 크기로 단위를 알 수 있다. 예를 들면 .001 또는 .01로 표시된 작은 세라믹 커패시터는 단위가 마이크로패러드임을 알 수 있는데, 그 이유는 피코패러드일 경우에는 너무 작은 값이 되기 때문이다. 다른 예로서, 50 또는 330으로 표시된 경우에는 피코패러드 단위인데, 그 이유는 마이크로패러드의 경우에는 이렇게 큰 값이 사용되지 않기 때문이다. 어떤 경우에는, 3개 숫자로 된 표시도 사용된다. 처음 2개의 숫자는 커패시턴스 값의 처음 두 숫자를 의미하며, 3번째 숫자는 2번째 숫자 다음에 첨가되는 0의 개수를 의미한다. 예를 들면 103은 10,000 pF를 의미한다. 어떤 경우에는 단위가 pF 또는 μF으로 표시된다. 종종 마이크로패러드 단위는 MF 또는 MFD로 표시된다.

만일 전압 정격이 표시되어 있다면, 이는 약자 WV 또는 WVDC("동작 전압"을 의미)와 함께 주어진다. 이 표시가 생략되었을 때는, 전압정격은 제조사가 제공하는 정보에 의해서 결정할 수 있다.

복습 질문

6. 세라믹 커패시터의 장점은 무엇인가?
7. 전해질이란 무엇인가?
8. 전해 커패시터는 어떤 형태의 유전체를 가지는가?
9. 회로상에 극성을 가지는 커패시터를 연결할 때, 어떠한 점을 주의해야 하는가?
10. 커패시턴스 값을 식별하는 데 사용되는 두 가지 미터법 접두사는 무엇인가?

직렬 커패시터와 병렬 커패시터　10-3

커패시터가 병렬로 연결될 때, 전체 커패시턴스 값은 증가한다. 반면 커패시터가 직렬로 연결되면 전체 커패시턴스는 가장 작은 값의 커패시터보다 작게 된다.

이 절에서는 직렬 및 병렬 연결된 커패시터의 전체 커패시턴스 값의 계산법을 배운다.

병렬 커패시터

커패시터가 병렬로 연결되면, 유효 전도성극판 면적은 증가되고 주어진 전압에 대해서 보다 많은 전하가 축적된다. 결과적으로, 전체 커패시턴스 값은 그림 10-11에 보여

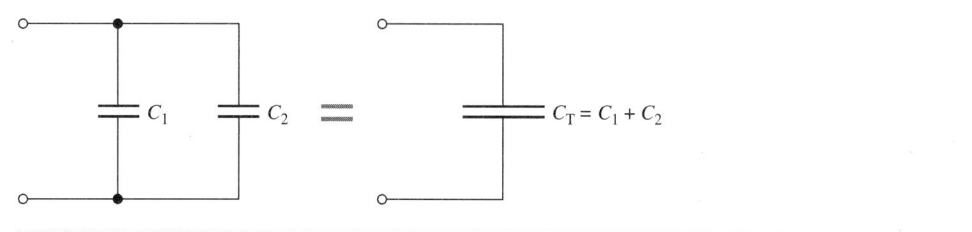

그림 10-11
병렬 커패시터는 각 전도성극판 면적의 합과 같은 유효 면적을 가진다.

진대로 증가된다. 병렬연결된 두 커패시터의 전체 커패시턴스 값은 개별 커패시터 값의 합이다.

$$C_T = C_1 + C_2 \qquad (10\text{-}4)$$

같은 아이디어가 임의의 개수의 커패시터가 병렬연결된 경우에도 적용된다. 전체 커패시턴스 값은 개별 커패시터의 합이 된다. 이를 확장하면, 다음 식과 같다. 단, 여기서 첨자 n은 임의의 정수가 된다.

$$C_T = C_1 + C_2 + C_3 + \cdots + C_n \qquad (10\text{-}5)$$

병렬 커패시터의 전체 커패시턴스를 계산하는 규칙은 직렬 저항기의 전체 저항을 계산하는 공식과 동일하다.

예제 10-4

문제

27,000 pF의 커패시터가 0.01 μF의 커패시터와 병렬로 연결되어 있다. 전체 커패시턴스는 얼마인가?

풀이

먼저 단위를 통일시킨다.

$$27,000 \text{ pF} \times 10^{-6} \ \mu\text{F/pF} = 0.027 \ \mu\text{F}$$

식 (10-4)를 적용하면,

$$C_T = C_1 + C_2 = 0.027 \ \mu\text{F} + 0.01 \ \mu\text{F} = \mathbf{0.037 \ \mu\text{F}}$$

질문

전체 커패시턴스를 pF 단위로 나타내면 어떻게 되는가?

직렬 커패시터

커패시터가 직렬로 연결될 때, 전체 커패시턴스 값은 가장 작은 커패시터 값보다 작게 된다. 그림 10-12(a)는 서로 다른 값을 가지는 커패시터 두 개가 직렬로 연결된 것

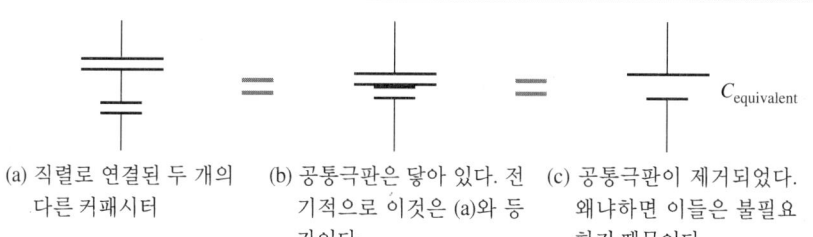

그림 10-12

두 직렬 커패시터의 등가 커패 시턴스는 가장 작은 커패시턴 스 보다 작다.

(a) 직렬로 연결된 두 개의 다른 커패시터

(b) 공통극판은 닿아 있다. 전 기적으로 이것은 (a)와 등 가이다.

(c) 공통극판이 제거되었다. 왜냐하면 이들은 불필요 하기 때문이다.

을 보여준다. 이것은 그림 10-12(b)에 보여진대로, 이들 간의 공통 전도성극판을 가지는 두 개의 커패시터를 합치는 것과 같다. 공통 전도성극판은 커패시턴스 값에는 영향을 미치지 않으므로 그림 10-12(c)에서는 제거된다. 그림 (c)의 등가 커패시터는 더 작은 커패시터 전도성극판을 포함하며, 원래의 두 커패시터보다는 전도성극판 간의 거리가 증가되는데, 이는 직렬연결된 두 커패시터 중에서 더 작은 값을 가지는 커패시터보다 전체 커패시턴스가 더 작아짐을 의미한다.

커패시터의 직렬연결에서 추가로 고려해야할 것은 전체 전압이 각 커패시터로 분리되어, 각 커패시터는 이들이 전압원에 직접 연결될 때 더 적은 전하를 보유하고 있다는 것이다. 두 개의 커패시터에 대해서, 전체 커패시턴스와 개별 커패시턴스 간의 관계는 다음과 같이 표현된다.

$$\frac{1}{C_T} = \frac{1}{C_1} + \frac{1}{C_2} \tag{10-6}$$

식 (10-6)의 양변에 역수를 취하면 직렬 연결된 커패시터의 전체 커패시턴스를 구할 수 있다.

$$C_T = \frac{1}{\dfrac{1}{C_1} + \dfrac{1}{C_2}} \tag{10-7}$$

식 (10-7)은 저항기의 병렬연결 공식으로 친숙한 곱 나누기 합 공식으로 표현된다. 커패시터의 직렬 연결은 저항기의 병렬연결과 동일한 형태의 공식을 갖는다.

$$C_T = \frac{C_1 C_2}{C_1 + C_2} \tag{10-8}$$

식 (10-8)은 두 개의 커패시터가 직렬로 연결될 때에 한해서만 적용된다. 3개 이상의 커패시터가 직렬로 연결되는 회로 응용이 흔하지는 않다. 하지만, 이러한 응용을 접할 시에는 식 (10-6)이 다수(2개에서 n개로)의 직렬 커패시터를 포함하도록 다음과 같이 확장이 가능하다.

$$\frac{1}{C_T} = \frac{1}{C_1} + \frac{1}{C_2} + \frac{1}{C_3} + \cdots + \frac{1}{C_n} \tag{10-9}$$

C_T에 대해서 풀면, 전체 커패시턴스는 다음과 같이 표현된다.

$$C_T = \cfrac{1}{\cfrac{1}{C_1} + \cfrac{1}{C_2} + \cfrac{1}{C_3} + \cdots + \cfrac{1}{C_n}} \tag{10-10}$$

직렬연결된 커패시터의 전체 커패시턴스를 구하는 규칙은 병렬연결된 저항기의 전체 저항을 구하는 규칙과 형식이 동일하다.

예제 10-5

문제

3300 pF 커패시터가 0.001 μF 커패시터와 직렬로 연결되어 있다. 전체 커패시턴스는 얼마인가?

풀이

단위를 통일한다. (하나의 선택으로 0.001 μF 커패시터를 변환한다.)

$$0.001 \ \mu F \times 10^6 \ pF/\mu F = 1000 \ pF$$

식 (10-8)에 대입한다.

$$C_T = \frac{C_1 C_2}{C_1 + C_2} = \frac{(3300 \ pF)(1000 \ pF)}{3000 \ pF + 1000 \ pF} = \mathbf{767 \ pF}$$

TI-36X 계산기에서, 이것은 다음과 같이 입력할 수 있다.

| 3 | 3 | 3 | 0 | 0 | × | 1 | 0 | 0 | 0 | ÷ | (| 3 | 3 | 0 | 0 | + | 1 | 0 | 0 | 0 |) | = |

이 순차에서 커패시턴스 값은 pF 단위로 입력되어 결과 값도 pF 단위가 된다. 커패시터 값을 F 단위로 입력하길 원한다면, 키 입력 순차는 다음과 같다.

| 3 | . | 3 | EE | +/− | 9 | × | 1 | EE | +/− | 9 | ÷ | (| 3 | . | 3 | EE | +/− | 9 | + | 1 | EE | +/− | 9 |) | = |

결과 값은 767×10^{-12}, 즉 767 pF을 의미하는 767^{-12}로 표시된다.

질문

전체 커패시턴스를 μF 단위로 표시하면 얼마가 되는가?

커패시터 전압

병렬 커패시터

이미 알고 있는 바와 같이, 전압원과 병렬로 연결된 모든 부품은 부품 양단에 전압원과 동일한 전압을 가진다. 병렬 회로에서 다음 식과 같이 모든 부품이 동일한 전압을 가진다.

$$V_S = V_1 = V_2 = V_n$$

여기서 n은 최종 부품을 의미한다. 비록 각 커패시터 양단의 전압이 동일하지만, 전하는 커패시터의 크기에 종속적이다. 아울러, 큰 용량의 커패시터는 작은 용량의 커패시터보다 더 많은 전하를 저장할 수 있다.

직렬 커패시터

커패시터가 전압원과 직렬로 연결될 때, 전하량(Q)은 각 커패시터에서 동일하고, 각 커패시터 양단 전압의 합은 키르히호프의 전압 법칙에 의하여 전원전압과 동일하다.

$$Q_S = Q_1 = Q_2 = \cdots = Q_n$$

직렬연결의 경우, $Q = CV$를 대입하면, 다음 식을 얻는다.

$$C_T V_S = C_1 V_1 = C_2 V_2 = \cdots = C_n V_n$$

임의의 직렬 커패시터의 전압 V_x는 다음과 같이 주어진다.

$$V_x = \left(\frac{C_T}{C_x} \right) V_S \tag{10-11}$$

위 식은 커패시터 전압 분배기 법칙이라고 불린다. C_T는 가장 작은 커패시터보다 작기 때문에 괄호 내의 값은 1보다 작은 값을 가진다. 위 식을 식 (5-5)에 주어진 저항성 전압 분배기 법칙과 비교하라. 식 (10-11)을 이용하면, 커패시터의 직렬연결에서 각 커패시터 전압을 구할 수 있다. 가장 큰 커패시터는 가장 작은 전압을 가진다. 마찬가지로, 가장 작은 커패시터는 가장 큰 전압을 가진다.

문제	예제 10-6

문제

그림 10-13과 같이 220 μF 커패시터가 100 μF 커패시터가 10 V 전압원과 직렬로 연결되어 있다. 100 μF 양단의 전압은 얼마가 되는가?

풀이

전체 커패시턴스를 결정하기 위해 식 (10-18)을 사용한다.

$$C_T = \frac{C_1 C_2}{C_1 + C_2} = \frac{(220\ \mu\text{F})(100\ \mu\text{F})}{220\ \mu\text{F} + 100\ \mu\text{F}} = 68.8\ \mu\text{F}$$

100 μF 양단의 전압을 결정하기 위해 식 (10-11)을 사용한다.

$$V_2 = \left(\frac{C_T}{C_2} \right) V_S = \left(\frac{68.8\ \mu\text{F}}{100\ \mu\text{F}} \right) 10\ \text{V} = \mathbf{6.88\ V}$$

저항기와는 달리, 더 작은 커패시터에 더 큰 전압이 걸린다는 것을 주목하라.

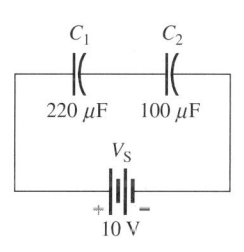

그림 10-13

질문

220 μF 양단의 전압은 얼마가 되는가?

복습 질문

11. 병렬 커패시터의 전체 커패시턴스는 어떻게 결정이 되는가?

12. 5개의 10,000 μF 커패시터가 병렬로 연결되었다면, 전체 커패시턴스는 얼마가 되는가?

13. 직렬 커패시터의 전체 커패시턴스는 어떻게 결정되는가?

14. 5개의 10,000μF 커패시터가 직렬로 연결되었다면, 전체 커패시턴스는 얼마가 되는가?

15. 2개의 서로 다른 커패시터가 전압원과 직렬로 연결되었다면, 어느 커패시터가 더 큰 전압을 가지는가?

10-4 DC 회로에서의 커패시터

커패시터에 dc 전압원이 연결될 경우, 커패시터는 충전 전류를 가진다. 충전율은 커패시턴스와 저항에 의해 결정된다. 커패시터는 오로지 전압의 변화에 대해서만 응답하므로, 일단 충전되면 커패시터는 dc를 차단한다.

이 절에서는 dc 회로에서의 커패시터의 순시 전압 및 전류를 예측하기 위한 만능 충전 및 방전 곡선의 사용법을 배운다.

커패시터의 충전

커패시터가 처음에 충전되어 있지 않다면, 어느 전도성극판에도 음 또는 양전하가 존재하지 않는다. 그림 10-14(a)처럼, 만일 커패시터가 회로에 장착되면, 스위치가 닫힐 때까지 커패시터는 비충전 상태를 유지한다. 스위치가 닫힐 때, 즉각적으로 전자가 양의 전도성극판으로부터 저항기 R을 거쳐 전압원의 양의 단자로 향하게

| 그림 10-14 | 저항기를 통한 커패시터의 충전 |

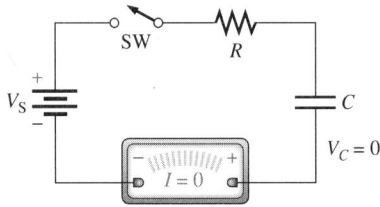

(a) 스위치가 닫혀지기 전, 회로에 전류가 흐르지 않고 커패시터는 비충전 상태이다.

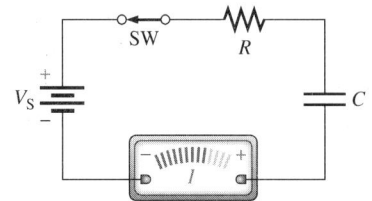

(b) 스위치가 닫혀지기 후, 전류계는 커패시터가 충전되고 있음을 가리킨다.

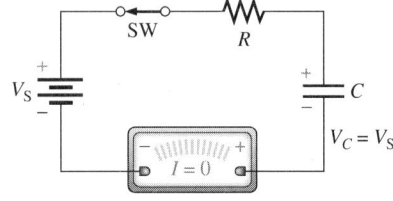

(c) 커패시터가 완전히 충전되었을 때 전류는 0으로 감소한다.

된다. 동시에 전자는 전압원의 음의 단자로부터 음의 전도성극판으로 이동하므로, 그림 10-14(b)에 나타낸 바와 같이, 커패시터는 전하를 획득한다. 처음에는, 큰 전류가 흐르지만 커패시터가 충전됨에 따라 전류는 감소된다. 비록 전류가 전류계에 표시되긴 하지만, 충전과정 동안 커패시터의 유전체에는 전류가 더 이상 존재하지 않는다. 회로에 전류가 흐르기 위해서 전자가 유전체를 통해 흐를 필요는 없다.

이러한 충전과정이 계속됨에 따라, 그림 10-14(c)처럼, 인가된 전압 V_s와 같아질 때까지, 전도성극판 간 전압이 증가된다. 일단 커패시터가 완전히 충전되면, 회로에 전류는 흐르지 않고 커패시터는 이 전하를 유지한다. 유전체는 절연체이므로, 충전이나 방전 중에 유전체를 통하여 전류가 흐르지는 않는다. 전류는 외부회로를 통하여 한 전도성극판에서 다른 전도성극판으로 흐르게 된다.

안전 노트

충전된 커패시터가 전원에서 분리될 때, 커패시터는 누설 전류 및 연결된 부하에 따라 오랜 기간 동안 충전 상태를 유지한다. 특히 전해 커패시터는 충전된 전하로 인해 심각한 전기적 충격을 발생시킨다. 소자가 전원과 연결되지 않았다는 이유만으로 회로가 안전하다고 가정해서는 안 된다.

커패시터의 방전

충전된 커패시터는 도체와 연결함으로써 방전될 수 있다. 음의 전도성극판의 많은 전자가 도체를 통하여 즉시 양의 전도성극판으로 전달된다. 이때 스파크가 동반될 수도 있다.

만일 커패시터가 저항기를 통하여 방전되면, 그 과정은 더 느리다. 그림 10-15는 저

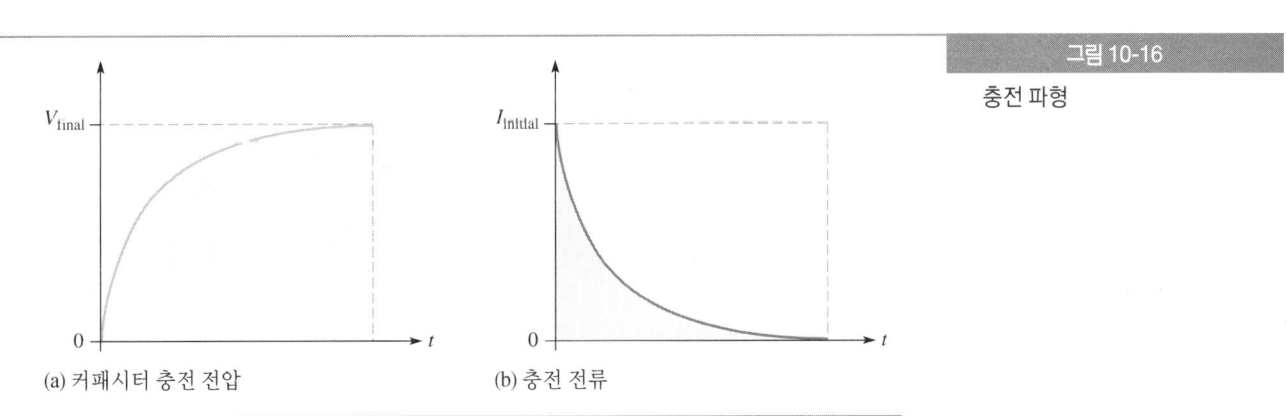

| 저항기를 통한 커패시터의 방전 | **그림 10-15** |

(a) 커패시터는 초기에 충전된다. 전류계 극성은 충전의 경우와 반대로 된다.

(b) 스위치가 닫히고 나서 커패시터가 방전하므로 직후 전류는 전류계에 나타난다.

(c) 커패시터가 완전히 방전되고 나면 전류는 0으로 감소한다.

| | **그림 10-16** |
| 충전 파형 | |

(a) 커패시터 충전 전압

(b) 충전 전류

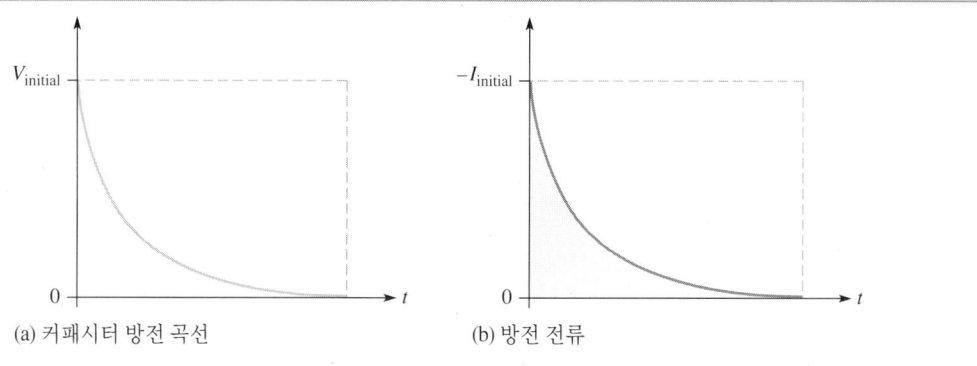

그림 10-17

방전파형. 일반적으로 음(−) 전류는 음의 y축에 표시되지만 여기서는 충전과 방전 시의 유사한 모양을 강조하기 위해 반대로 표시하였다.

(a) 커패시터 방전 곡선

(b) 방전 전류

항기를 통한 커패시터의 방전 과정을 보여준다. 방전 과정 중의 전류의 방향은 충전 전류의 방향과 반대가 된다. 스위치가 닫히기 전에, 그림 10-15(b)에 보여진대로, 커패시터는 전압 V_c로 충전되며 전류계는 전류가 표시되지 않는다. 이 전류는 커패시터가 방전됨에 따라 감소한다. 이때, 그림 10-15(c)에 보여진대로, 회로에 전류는 더 이상 존재하지 않고 커패시터는 방전된다.

충방전 시의 전류 및 전압

스위치가 닫힌 후의 커패시터의 충전 및 방전 파형을 관찰해보자. 커패시터가 충전 또는 방전되는 데 걸리는 시간은 R과 C의 값에 의해서 결정되지만, 충전 곡선의 모양은 모든 RC 조합에 대해서 방전 곡선과 동일하다. 그림 10-16(a)는 충전 과정 중의 커패시터 전압의 변화를 보여준다. 그림 10-16(b)는 동일한 충전 시간에 대한 회로 전류의 변화를 보여준다. 결국 전류가 0으로 감소함에 따라 전압은 인가된 전원 전압과 동일한 최종 값에 도달하게 된다.

그림 10-17(a)는 방전 과정 중의 커패시터 전압의 모양을 보여 준다. 결국 커패시터 전압은 인가된 전압 0과 같게 된다. 커패시터의 방전을 수반하는 전류 변화가 그림 10-17(b)에 보여진다. 비록 방전 전류가 충전 전류와는 방향이 반대가 되지만 그 모양은 동일하다.

충전 곡선과 방전 곡선에서, 최대 전류는 스위치가 닫히는 순간 회로에 흐르고 결국에 전류는 0으로 감소한다. 충전 및 방전 시의 전류는 단지 방향이 반대라는 점만 차이가 있다.

전류가 0이 될 때, 커패시터는 dc에 대해 개방회로로 간주된다. 충전 및 방전 과정 중 커패시터는 단지 인가원 회로 전압의 변화에만 응답한다. 일정 상태의 dc에서 커패시터는 개방회로처럼 보인다.

커패시터는 일정한 dc에 대해서 개방회로와 등가이다.

충전 및 방전 곡선의 모양은 또한 다른 중요한 사실도 알려준다. 스위치가 닫히

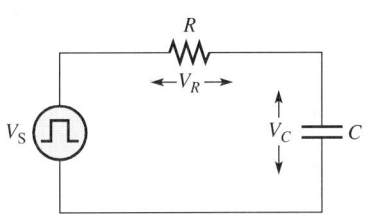

그림 10-18

사각파에 의해서 구동되는 *RC* 직렬회로

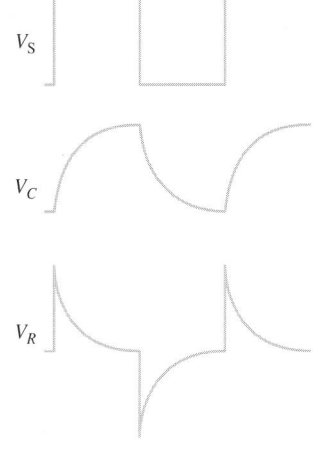

그림 10-19

직렬 *RC* 회로의 사각파 입력에 대한 응답. V_S는 전원전압, V_C는 커패시터 전압, 그리고 V_R은 저항기 양단의 전압이다.

는 순간, 두 가지 경우 모두 전류가 최대가 된다는 점이다. 이 전류는 오로지 회로 상의 저항기에 의해서만 제한된다. 이 짧은 시간 동안 커패시터는 단락 상태처럼 보인다.

커패시터는 전압의 갑작스런 변화에 대해서 단락회로와 등가이다.

RC 회로의 사각파 응답

스위치가 닫힐 때 커패시터 전압은 사각파가 배터리와 스위치를 대체할 때 관찰되는 응답과 동일하다. 그림 10-18은 회로를, 그림 10-19는 그 응답을 보여준다. 사각파 주기는 전체 응답을 관찰할 수 있을 만큼 충분히 길어야 한다.

스위치 닫힘과 사각파 발생기의 중요한 차이점은 발생기는 회로의 저항기에 부가되는 자체 내부저항(테브닌 저항)을 가진다는 점이다. 또 다른 차이점은 사각파 발생기는 레벨이 높을 때 닫힌 스위치로 동작하고 낮은 레벨일 때 열린 스위치로 동작한다는 점이다. 열린 스위치는 무한대 저항으로 표현되지만, 낮은 레벨의 사각파는 회로에 낮은 저항 경로를 나타낸다. 따라서, 사각파의 레벨이 낮아질 때 커패시터는 발생기를 통하여 방전된다.

RC 시정수

커패시터가 저항기를 통하여 충전 또는 방전될 때, 커패시터가 완전히 충전 또는 방전되기 위해서 얼마만큼의 시간이 요구된다. 전하가 움직이는 데 얼마간의 시간이 요구되므로, 커패시터 전압은 즉각적으로 변하지는 않는다. 전하의 이동률은 회로의 시정수에 의해서 결정된다. 시정수(time constant)는 *RC* 또는 *RL* 회로의 시간 응답을 결정하는 고정 시간 구간이다 (*RL* 시정수는 11-4절에서 논의된다.)

직렬 *RC* 회로의 시정수는 저항과 커패시턴스의 곱으로 결정되는 시간 구간이다. 스위치가 닫히거나 펄스 레벨의 변화와 같은 과도 현상 후에 커패시터가 충전 또는 방전되는 데 걸리는 시간을 결정한다. 시정수는 그리스 문자 τ(tau)를 기호로 사용하며, 공식은 다음과 같다.

$$\tau = RC \qquad \text{(10-12)}$$

여기서 τ는 저항이 옴, 그리고 커패시턴스가 패러드 단위일 때, 초 단위를 가지는 시정수이다.

예제 10-7	**문제**
	47 μF 커패시터가 100 kΩ과 직렬로 연결되어 있다. 시정수는 얼마인가?
	풀이
	식 (10-12)에 대입하면,
	$$\tau = RC = (100\,\text{k}\Omega)(47\,\mu\text{F}) = \mathbf{4.7\,s}$$
	질문
	3300 μF 커패시터가 27 kΩ 저항기와 직렬로 연결되었을 때, 시정수는 얼마인가?

시정수는 그림 10-16과 10-17에 나타낸 일반화된 곡선상에 위치한 값들을 결정하는데 유용하다. 충전되지 않은 커패시터는 처음 시정수 동안 최종 전압의 63%로 충전된다. 완전히 충전된 커패시터는 한 시정수 후에 63%만큼 방전되는데 이것은 커패시터가 한 시정수 후에 초기 전하량의 37%를 가진다는 것을 의미한다.

전류 및 전압의 충전 및 방전 곡선은 **지수함수 곡선**이라고 불리는 정밀한 수학적인 형태를 따르게 된다. 커패시터 양단 전압의 충전 곡선은 **상승 지수함수**라고 불린다. 커패시터 전압이 증가됨에 따라, 충전전류는 감소하므로 이것은 **하강 지수함수**로 표현된

그림 10-20	
만능 시정수 곡선	

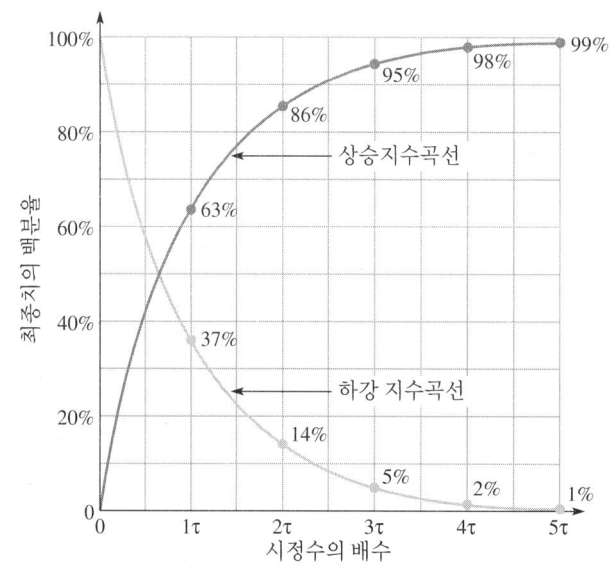

다. 전류 및 전압에 대한 방전 곡선은 둘 다 하강 지수 함수 형태를 가진다. 이러한 지수함수 곡선은 전류 및 전압이 99%에 도달하기 위해서는 5배의 시정수가 요구된다. 5배의 시정수는 커패시터를 완전히 충전 또는 방전시키는 데 필요한 시간으로 간주된다.

충전 또는 방전 곡선은 그림 10-20에 도시되어 있고, *RC* 회로의 과도 응답을 보여준다. (제11장에서는 곡선이 유도성 *RL* 회로에도 또한 적용됨을 볼 것이다.) 이 곡선은 **만능곡선**이라고 불리는데, 그 이유는 *x*와 *y*축이 특정 값으로 설정되는 것이 아니라 전류나 전압에 관계없이 최종값의 백분율로 설정되었기 때문이다. 만능곡선은 어떤 시간에서 회로 전류 및 전압을 구하는 데 사용될 수 있다. *x*축은 충전이나 방전이 시작된 후 경과된 시정수의 배수를 나타낸다. 만일 관심을 가지고 있는 곡선의 모양(상승 또는 하강)을 알고 있다면, 특정 해답을 찾기 위해서 만능곡선을 사용할 수 있다. 다음 2가지 예제에서 알 수 있듯이, 특정 경우에 대해 값을 지정한다.

예제 10-8

문 제

27 kΩ 저항기가 그림 10-21처럼 충전되지 않은 33 μF 커패시터와 직렬로 연결되어 10 V 전압원 스위치와 연결되어 있다. 스위치가 닫히고 1.2 s 후에 커패시터 전압은 대략 얼마가 되는가?

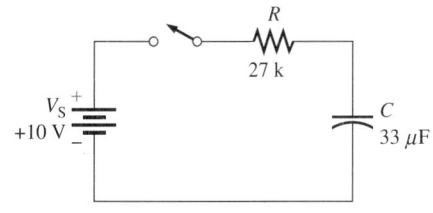

그림 10-21

풀 이

첫째, 시정수를 구한다.

$$\tau = RC = (27\ \text{k}\Omega)(33\ \mu\text{F}) = 891\ \text{ms}$$

다음, 1.2 s가 나타내는 시정수의 배수를 구한다.

$$\text{시정수의 배수} = \frac{1.2\,\text{s}}{0.891\,\text{s}} = 1.14$$

만능 시정수 곡선에서, 1.14 배 시정수를 찾고 이 값에서 상승 지수함수 곡선이 최종값의 68%를 가짐을 주목한다. 곡선의 표시는 그림 10-22에 나타나 있다. 이 경우 최종값은 10 V 전원 전압이 된다. 따라서,

$$v_C = 68\% \times 10\ \text{V} = \textbf{6.8 V}$$

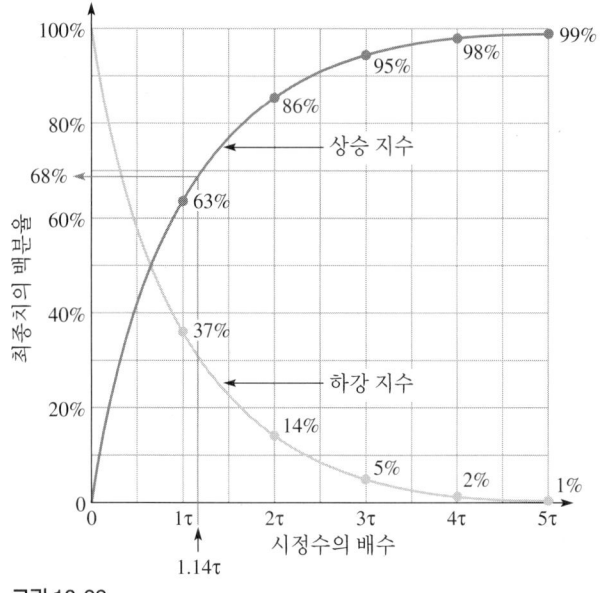

그림 10-22

질문

스위치가 닫힌 후 2.0 s 후에 커패시터의 전압은 얼마가 되는가?

 **컴퓨터 시뮬레이션**

웹사이트에 있는 Multisim 파일 F10-21AC를 열어라. 오실로스코프를 사용하여 저항기의 파형을 관찰하라. 예제의 dc 전압원은 사각파로 대체되었다.

예제 10-9

문제

예제 10-8에서 스위치가 닫히는 순간과 1.5 s에서의 충전 전류를 구하라.

풀이

스위치가 닫히는 순간의 충전 전류는 회로의 전압과 저항에 의해서 결정된다. 이 순간의 커패시터는 단락회로처럼 동작한다. 따라서,

$$i_{instantaneous} = \frac{V_S}{R} = \frac{10 \text{ V}}{27 \text{ k}\Omega} = 0.37 \text{ mA}$$

이것은 최대 전류이고 스위치가 닫히자마자 회로상에 존재하는 전류이다.

1.5 s에서의 전류를 결정하기 위해, 경과된 시정수를 결정한다. 예제 10-8에서, $\tau =$ 0.891s이다.

$$시정수의 \ 배수 = \frac{1.5 \text{ s}}{0.891 \text{ s}} = 1.68$$

1.68배의 시정수에 해당하는 값은 만능 시정수 곡선의 하강 지수함수로부터 대략 초기값의 19%에 해당됨을 알 수 있다. 이 값은 그림 10-23에 표시되어 있다. 따라서,

$$i_{instantaneous} = 19\% \times 0.37mA = \textbf{0.70 mA}$$

질문

입력 파형 A가 항상 1(HIGH)이고 입력 파형 B는 그림 5-3과 같다면 출력 파형 X는 어떻게 되는가?

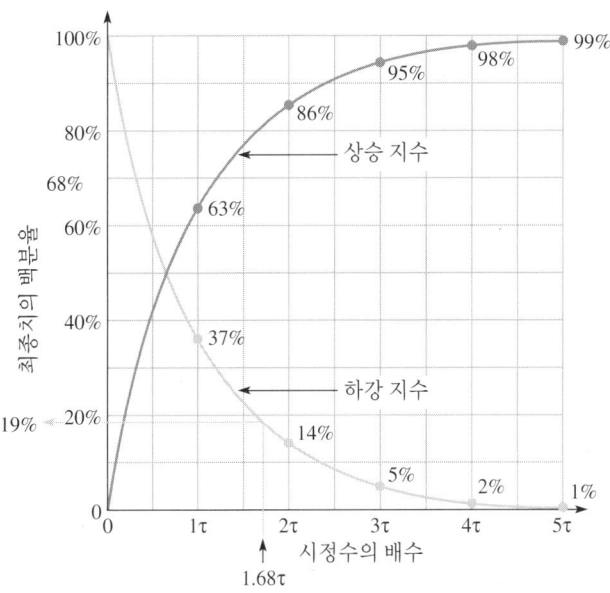

그림 10-23

질문

스위치가 닫힌 후 1 s 후의 전류는 얼마가 되는가?

복습문제

16. 커패시터가 충전되는 동안 유전체의 전류는 얼마가 되는가?

17. 470 kΩ 저항기와 직렬로 연결된 0.33 μF 커패시터의 시정수는 얼마가 되는가?

18. 만능 시정수 곡선이란 무었인가?

19. dc 전원에 연결된 RC 회로에서 초기 충전전류를 제한하는 것은 무엇인가?

20. 만일 커패시터가 초기에 100 V로 충전되었고 스위칭에 의해 저항기로 방전된다면, 1 배의 시정수만큼 경과된 후의 커패시터 전압은 얼마가 되는가?

AC 회로에서의 커패시터   10-5

커패시터는 dc를 차단하지만 충전 전압으로 인해 과도(충전) 전류의 흐름은 허용한다.

커패시터는 같은 이유로 ac는 통과시키지만, 주파수에 의해서 결정되는 리액턴스라고 불리는 저항 성분을 가진다.

이 절에서는 ac 회로에서 커패시터의 용량성 리액턴스를 계산하는 법을 배운다.

dc 회로에서, 커패시터는 대략 5배의 시정수 동안 충전한다는 것을 상기하라. 이 시간 후에 회로에는 더 이상 전류가 존재하지 않고 개방회로처럼 동작한다. 커패시터는 변하는 전압만을 통과시킨다.

그림 10-24처럼 커패시터가 ac 전압원에 연결될 때, 커패시터는 전원의 주파수와 같은 변화율로 충전과 방전을 행한다. ac는 일정하게 변하므로, 충전과 방전은 계속된다. 그리고 회로에는 ac 전류계에 표시된 전류가 흐른다.

용량성 리액턴스

그림 10-24의 회로에 흐르는 전류는 커패시터가 얼마나 빠르게 충전과 방전을 행하는가에 따라 제한된다. 비록 커패시터가 (이상적으로) 저항을 가지지 않으므로 전원으로부터 아무런 전력도 소모하지 않는다고 하더라도, 커패시터는 회로에 흐르는 전류를 제한한다. 이러한 저항을 용량성 리액턴스(capacitive reactance)라고 부른다. 용량성 리액턴스에 대한 기호는 X_c이고 단위는 옴(Ω)이다. 비록 용량성 리액턴스가 전류의 흐름을 방해하는 성분이지만, 용량성 리액턴스와 저항 간에는 분명한 차이점이 존재한다. 커패시터는 (이상적으로) 저항처럼 전력을 소모하지 않는다는 점이다. 커패시터는 ac 사이클의 한 부분에서 에너지를 축적하고 사이클의 나머지 다른 부분 동안 에너지를 전원으로 반환한다.

주파수가 용량성 리액턴스에 미치는 영향

그림 10-25는 일정 진폭 ac 전압원으로 사용되는 함수발생기를 보여준다. 만일 그림 10-25(a)처럼 주파수가 높아진다면, 전류 또한 증가한다. 주파수가 높아질 때, 전류의 변화율 또한 증가한다. 그림 10-25(b)처럼 전원의 주파수가 낮아질 때, 전류는 감소한다. 이 경우에, 전류의 변화율 또한 감소한다.

이 변화율은 그림 10-26에 보여진대로 주파수에 종속적이다. 더 높은 주파수의 파형은 더 급격한 경사를 가진다. 이것은 더 빠른 전압 변화율을 의미하므로, 회로에서

커패시터가 ac를 통과시키므로 회로에 전류가 흐른다.

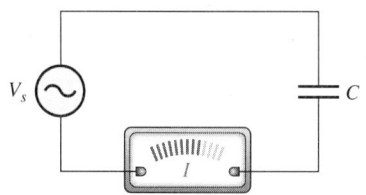

그림 10-25

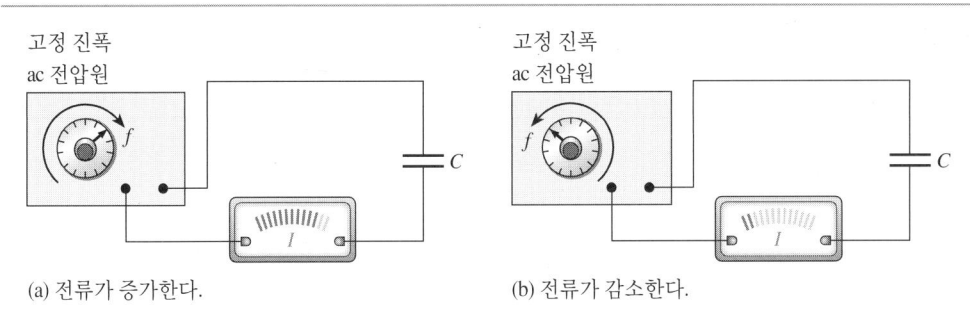

주파수가 높아짐에 따라 전류는 증가하고, 주파수가 낮아짐에 따라 전류는 감소한다.

(a) 전류가 증가한다.   (b) 전류가 감소한다.

그림 10-26

주파수가 증가하면 사인파의 변화율이 증가한다.

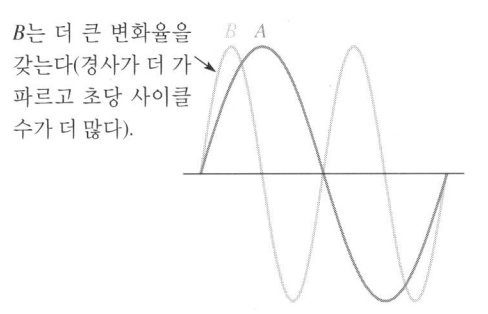

*B*는 더 큰 변화율을 갖는다(경사가 더 가파르고 초당 사이클 수가 더 많다).

이동하는 전하량이 더 많아지게 된다. 주어진 시간 간격 동안 보다 많은 전하가 이동한다는 것은 보다 큰 전류가 흐름을 의미한다.

전압이 고정인 경우 전류가 증가한다는 것은 전류에 대한 대항이 감소했다는 것을 나타낸다. 역으로 말하면 전류의 감소는 대항이 증가했다는 것을 의미한다. 따라서, 용량성 리액턴스는 주파수에 반비례해서 변한다.

커패시턴스가 용량성 리액턴스에 미치는 영향

그림 10-27(a)는 고정된 진폭과 고정된 주파수를 가지는 정현 전압이 커패시터에 인가될 때, 회로에 교류가 흐름을 보여준다. 만일 그림 10-27(b)처럼 동일한 커패시터를

그림 10-27

더욱 큰 값의 커패시턴스는 회로의 전체 전류를 증가시키는데, 이는 더 적은 저항을 나타낸다.

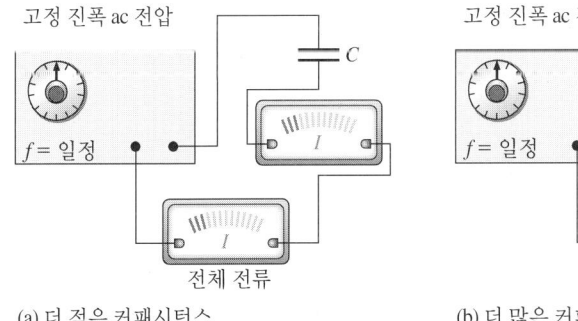

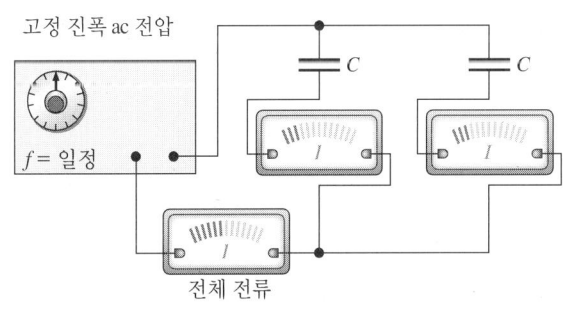

(a) 더 적은 커패시턴스   (b) 더 많은 커패시턴스

병렬로 추가하여 전체 커패시턴스를 두 배로 만들면, 두 배의 전하가 이전과 같은 전압과 주파수에 대해서 흐르게 될 것이다. 물론, 이것은 커패시터를 원래 커패시터보다 두 배의 용량을 가지는 커패시터로 대체하는 것과 동일하다. 따라서, 더욱 큰 값의 커패시터는 더욱 큰 전류가 흐르거나 또는 전류의 흐름을 덜 방해함을 의미한다. 용량성 리액턴스는 커패시턴스와 반비례한다.

용량성 리액턴스에 대한 공식

용량성 리액턴스는 주파수와 커패시턴스와 반비례한다. 두 가지 개념이 비례 관계로 결합된다.

$$X_C 는 \frac{1}{fC} 에 비례한다.$$

X_C와 $1/fC$을 관련시키는 비례상수는 $1/(2\pi)$이다. 2π 항은 용량성 리액턴스가 헤르츠보다는 각주파수에 기초한다는 사실로부터 유래한다. 9-1절에서 배웠듯이, 하나의 회전은 2π 라디안을 의미하므로, 2π 항은 f를 일반적으로 보다 편리하게 사용되는 각주파수로 변환하기 위해서 필요하다. 따라서, 용량성 리액턴스(X_C)에 대한 공식은 다음과 같다.

$$X_C = \frac{1}{2\pi f C} \tag{10-13}$$

여기서 X_C는 옴 단위의 용량성 리액턴스이고, f는 헤르츠 단위의 주파수, C는 패러드 단위의 커패시턴스이다.

예제 10-10	**문제**

문제

주파수가 1.0 kHz일 때, 0.047 μF 커패시터의 용량성 리액턴스는 얼마가 되는가?

풀이

식 (10-13)을 적용한다.

$$X_C = \frac{1}{2\pi f C} = \frac{1}{2\pi (1.0 \text{ kHz})(0.047 \text{ }\mu\text{F})} = \mathbf{3.39 \text{ k}\Omega}$$

TI-36X 계산기의 키 순서는 다음과 같다.

질문

$X_C = 100 \text{ }\Omega$을 만들기 위해 요구되는 주파수는 얼마인가?

용량성 AC 회로에서의 옴의 법칙

커패시터의 리액턴스는 저항기의 저항과 유사하다. 사실, 두 가지 모두 옴으로 표시된다. R과 X_C 모두 전류의 흐름을 방해하므로, 옴의 법칙은 저항기 회로뿐만 아니라 커패시터 회로에서도 성립된다. 커패시터 회로에서 옴의 법칙은 다음과 같이 기술된다.

$$I = \frac{V}{X_C} \tag{10-14}$$

옴의 법칙을 ac 회로에 적용하면, 전류와 전압을 모두 동일한 방법으로, 즉, 실효치, 피크치, 또는 피크-피크 값 표현이 가능하다. 일반적으로 실효치가 전력 계산 시에 직접적으로 사용되므로 이것이 선호된다.

문 제

그림 10-28 회로의 전류를 구하라.

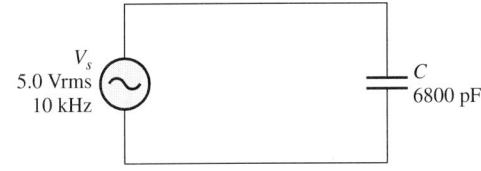

그림 10-28

풀 이

첫째, 용량성 리액턴스를 구한다.

$$X_C = \frac{1}{2\pi fC} = \frac{1}{2\pi(10\text{ kHz})(6800\text{ pF})} = 2.34\text{ k}\Omega$$

커패시터 회로에 옴의 법칙을 적용하라.

$$I = \frac{V_s}{X_C} = \frac{5.0\text{ V}}{2.34\text{ k}\Omega} = \textbf{2.14 mA}$$

질 문

만일 기존 커패시터와 병렬로 동일한 6800 pF 커패시터가 연결된다면, 소스로부터 흐르는 전체 전류는 얼마가 되는가?

컴퓨터 시뮬레이션

웹사이트에 있는 Multisim 파일 F10-28AC를 열어라. 회로에 흐르는 전류를 확인하라.

그림 10-29

정현파의 변화율

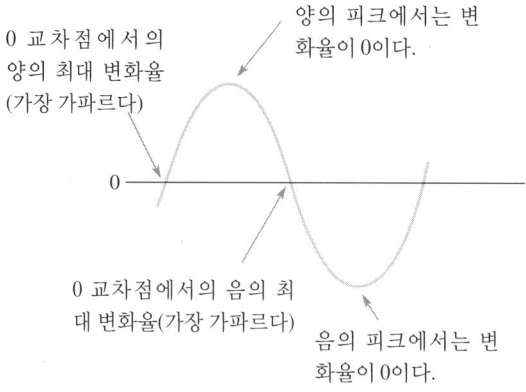

0 교차점에서의 양의 최대 변화율(가장 가파르다)

양의 피크에서는 변화율이 0이다.

0 교차점에서의 음의 최대 변화율(가장 가파르다)

음의 피크에서는 변화율이 0이다.

용량성 위상각 관계

정현파 전압이 그림 10-29에 나타나 있다. 전압의 변화율은 정현파 곡선의 경사에 따라 변하게 된다(경사는 곡선의 "가파름"의 측정치이다). 0 교차점에서 곡선은 곡선 상의 어느 지점보다 빠르게 변한다. 피크점에서는 곡선이 최대값 또는 최소값을 가지고 방향을 바꾸는 지점이기 때문에 변화율은 0이 된다.

커패시터에 의해 축적되는 전하량은 커패시터 전압에 의해서 결정된다. 따라서, 한 전도성극판에서 다른 전도성극판으로의 전하의 이동률($Q/t = I$)은 전압의 변화율을 결정한다. 전류 변화율이 최대가 될 때(0 교차점), 전압은 최대치(피크)를 가진다. 전류 변화율이 최소가 될 때(피크점), 전압은 최소값을 가진다(0). 이러한 위상각 관계가 그림 10-30에 나타나있다. 그림에서 알 수 있듯이, 전류 피크치는 전압 피크가 발생되기 1/4 사이클 전에 발생된다. 따라서, 커패시터의 전류는 전압보다 90°만큼 위상각이 앞선다.

그림 10-30

전류는 항상 전압보다 위상각이 90° 앞선다.

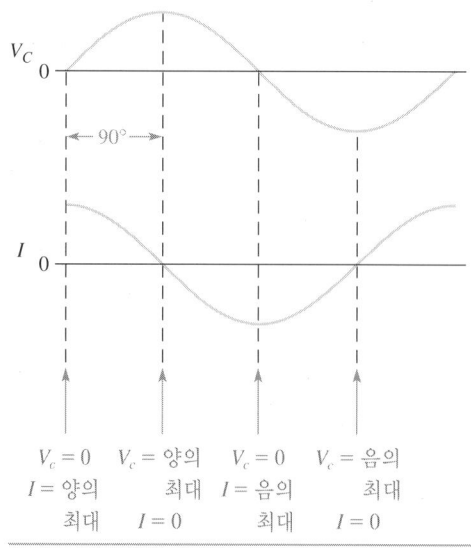

V_C 0

←—90°—→

I 0

$V_c = 0$ $V_c = $ 양의 $V_c = 0$ $V_c = $ 음의
$I = $ 양의   최대 $I = $ 음의   최대
최대 $I = 0$ 최대 $I = 0$

복습 질문

21. 커패시터의 용량성 리액턴스를 결정하는 요소는?

22. 용량성 리액턴스의 측정단위는 무엇인가?

23. 용량성 리액턴스와 저항의 차이점은?

24. 커패시터 회로에 적용되는 옴의 법칙을 기술하라.

25. ac 회로에서 커패시터의 전류와 전압 간의 위상각 관계는?

커패시터의 응용 10-6

커패시터는 전기 및 전자 응용에서 널리 사용된다.

이 절에서는 커패시터의 여러 가지 응용에 대해서 배운다.

회로 보드를 집어서, 전원공급장치를 열게 되면, 내부에 몇 가지 전자 장치가 보이는 데 한 가지 또는 여러 가지 형태의 커패시터를 보게 될 것이다. 이러한 부품은 여러 가지 이유로 dc 및 ac 응용에서 사용된다.

전원공급장치 여파

기본적인 dc 전원공급장치는 여파기가 뒤따르는 정류기 회로로 구성되어 있다. 일반적으로, **정류기**(rectifier)는 ac를 맥동 dc로 변환하는 회로이다. 전원공급장치에서 **여파기**(filter)는 dc의 변화를 평활화시키는 저역통과 회로이다. 전원공급장치에서 정류기는 110 V, 60 Hz 전력선 전압을 맥동 dc 전압으로 변환한다. 그림 10-31은 각 사이클의 음의 교번의 극성을 반전시키는 전파 정류기를 보여준다. 출력은 극성이 교번하지 않으므로 맥동 dc이다.

사실상 모든 전자회로는 일정 전압을 요구하므로, 정류된 전압을 일정 dc 전압으로 변환해야만 한다. 그림 10-32에 나타낸 것처럼, 일정 dc를 부하(전자회로)에 공급하기 위해서 커패시터는 정류된 전압의 변동을 제거하는 여파기로 사용된다. 커패시터 저장 능력 때문에 커패시터는 여파작용을 한다. 커패시터는 입력의 피크치 부근에서는

그림 10-31

전파 정류

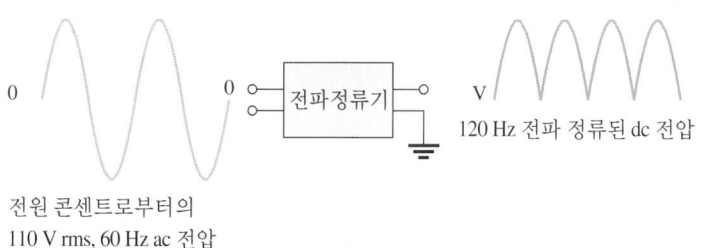

0   0 —[전파정류기]— V   120 Hz 전파 정류된 dc 전압

전원 콘센트로부터의
110 V rms, 60 Hz ac 전압

그림 10-32 전원공급장치의 기본 동작

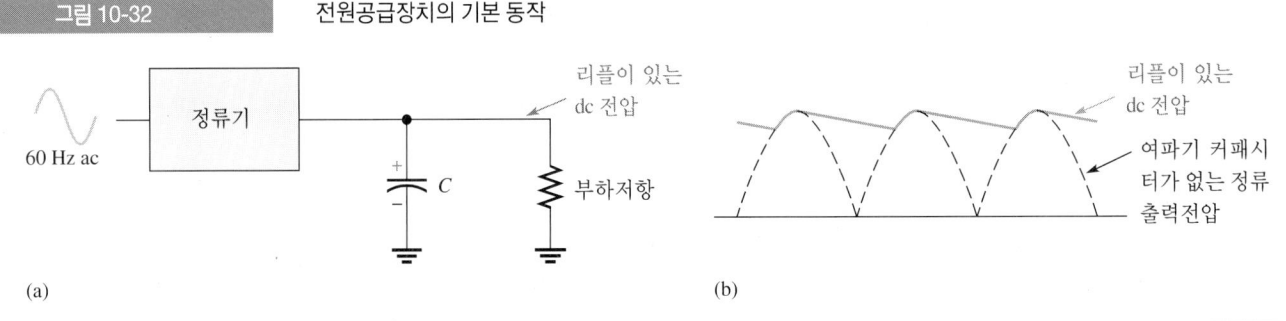

(a)

(b)

충전하고 다른 부분에서는 방전함으로써 출력을 상당히 안정적으로 만든다. 방전되는 양은 매우 적지만 예시를 위해 그림에서는 과장되어 표현되어 있다. 피크를 거친 후에 커패시터에 의해 출력전류가 제공되므로, 커패시터는 일반적으로 큰 값을 가지는 전해 커패시터가 사용된다.

DC 차단과 AC 결합

커패시터는 회로의 한 부분의 일정한 dc 전압이 다른 부분에 영향을 끼치는 것을 막는 데 사용된다. 예를 들어, 그림 10-33에서 알 수 있듯이, 제 1단 출력에서의 dc 전압이 제 2단 입력의 dc 전압에 영향을 끼치는 것을 막기 위해서 증폭기 양단 사이에 커패시터가 연결된다. 적절한 동작을 위해, 제 1단의 출력은 0 V이고 제 2단의 입력은 3 V라고 가정한다. 커패시터는 제 2단의 3 V 입력이 제 1단의 0 V 출력으로 유입되거나 또는 그 반대의 경우가 발생하는 것을 방지한다.

만일 정현파 신호 전압이 제 1단 입력에 인가되면, 신호 전압은 증가(증폭)되어 제

그림 10-33

증폭기에서의 dc 차단 및 ac 통과를 위한 커패시터의 응용 실례

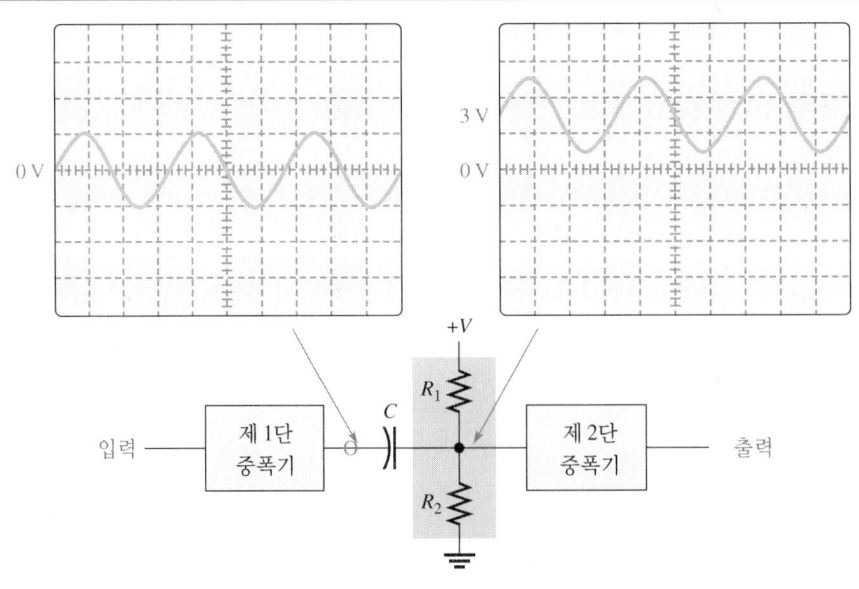

1단 출력에 나타난다. 증폭된 신호 전압은 커패시터를 통하여 제 2단 입력으로 인가되어 3 V dc 레벨과 중첩되어 제 2단에서 다시 증폭된다. 신호 전압이 감소 없이 커패시터를 통과하기 위해서는 신호 전압 주파수에서의 리액턴스가 무시될 수 있도록 커패시터 값이 충분히 커야 한다. 이 응용에서의 커패시터는 dc에서는 개방, ac에서는 단락회로로 동작하는 **결합 커패시터**로 알려져 있다.

전력 선분리

dc 전원공급장치의 전력선에서부터 접지까지 연결된 커패시터는 고속 스위칭 디지털 회로로 인해 dc 전압에 발생하는 원하지 않는 전압 과도성분 또는 스파이크를 분리하기 위해 회로 보드에서 사용된다. 전압 과도 성분은 회로의 동작에 영향을 주는 고주파를 상당히 포함하고 있다. 이러한 과도 성분은 분리 커패시터의 매우 낮은 리액턴스를 통해 접지로 단락된다.

바이패싱

또 다른 커패시터 응용은 저항기 양단의 dc 전압에는 영향을 미치지 않고 회로 내의 저항기 주변의 ac 전압을 바이패스시키는 것이다. 예를 들면, 증폭기 회로에서는 바이어스 전압이라고 부르는 dc 전압이 여러 지점에서 요구된다. 증폭기가 적절하게 동작하기 위해서는 바이어스 전압이 일정하게 유지되어야 하므로, ac 전압 성분은 제거되어야 한다. 바이어스 지점으로부터 접지까지 연결된 상당히 큰 값의 커패시터는 ac 전압에 대해서 작은 값의 리액턴스 경로를 제공함으로써, 일정한 dc 바이어스 전압을

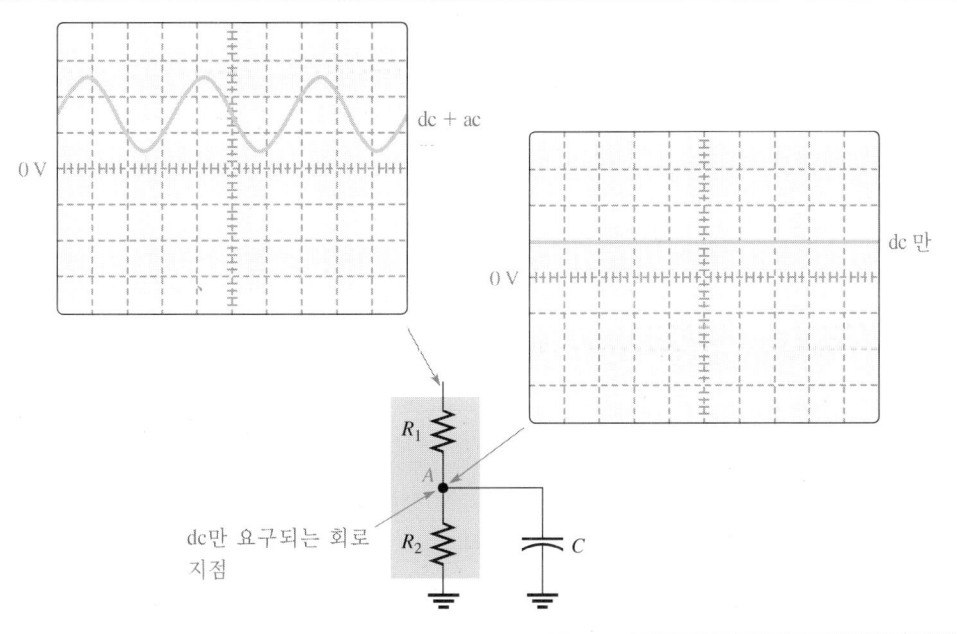

그림 10-34

바이패스 커패시터의 실례 A 지점은 커패시터를 통한 낮은 리액턴스 경로로 인해 ac 접지가 된다. dc 성분만이 A 지점에 존재한다.

유지시키는 역할을 한다. 바이패스 응용은 그림 10-34에 나타나 있다.

타이밍 회로

커패시터가 사용되는 또 다른 응용은 규정된 시간 지연을 발생시키거나 특정한 특성을 가지는 파형을 발생시키기 위한 타이밍 회로에서 사용된다는 점이다. 저항과 커패시턴스를 갖는 회로의 시정수는 R과 C를 적절하게 선정하여 조절한다는 것을 상기하라. 커패시터의 충전 시간은 각종 회로에서 시간 지연으로서 사용된다. 커패시터 전압은 제어된 방식으로 증가되거나 감소되므로 시간지연은 일관성이 있게 된다. 규칙적인 간격으로 전조등이 켜지고 꺼지는 자동차에서 표시기를 제어하는 회로가 하나의 실례이다. 이 응용은 실험 설명서의 실험 2에 보다 자세하게 설명되어 있다.

복습 질문

26. 정류된 dc 전압이 여파기 커패시터에 의해서 어떻게 평활화되는가?
27. 전해 커패시터가 전원공급장치의 여파용으로 사용되는 이유는?
28. 결합 커패시터의 목적은 무엇인가?
29. 분리 커패시터의 목적은 무엇인가?
30. 시간 지연 응용에서 제일 중요한 커패시터의 특성은 무엇인가?

단원 복습

주요 용어

- **동작전압(working voltage)**   커패시터가 견딜 수 있는 최대 dc 전압.
- **상대 유전율(relative permittivity)**   유전체의 유효성과 공기의 유효성을 비교한 단위 없는 숫자. 유전상수라고도 함.
- **시정수(time constant)** RC 회로 또는 RL 회로의 시간응답을 결정하는 고정된 시간 간격.
- **용량성 리액턴스(capacitive reactance)**   커패시터의 ac에 대한 저항성분.
- **유전체(dielectric)**   커패시터의 전도성극판 사이에 존재하는 절연물질.
- **전해질(electrolyte)**   이온에 의해서 전하가 이동하는 전도성 물질.
- **커패시터(capacitor)**   유전체라고 불리는 절연영역으로 분리된 2개의 전도성극판을 가지는 기초 소자.
- **커패시턴스(capacitance)**   정전계를 이용하여 전하를 충전하는 능력.
- **패러드(farad)**   커패시턴스의 단위. 1 패러드는 전도성극판 간의 1 V 전위차로 1 쿨롱의 전하가 충전될 때의 커패시턴스.

요점

❏ 커패시턴스에 영향을 주는 요소로는 전도성극판의 면적, 전도성극판 간 거리 및 유전체의 종류이다.

❏ 고정 커패시터는 운모, 세라믹, 플라스틱 필름 및 전해 형이 시판되고 있는데 다양한 크기를 가진다.

❏ 미터법 접두어 마이크로(μ)와 피코(p)는 주로 커패시터의 크기를 지정하기 위하여 사용된다.

❏ 병렬연결된 커패시터의 전체 커패시턴스는 개별 커패시터의 합과 같다.

❏ 직렬 커패시터의 전체 커패시턴스는 가장 작은 커패시터보다 작다. 이것은 개별 커패시터의 역수의 합의 역수를 취한 것과 같다.

❏ 직렬 RC 회로에서 커패시터가 충전될 때, 커패시터 전압은 지수함수적으로 증가하고 충전 전류는 지수함수적으로 감소한다.

❏ 커패시터가 직렬 RC 회로에서 방전될 때, 커패시터 전압과 방전 전류 모두 지수함수적으로 감소한다.

❏ 직렬 RC 회로의 시정수는 저항과 커패시턴스의 곱으로 정해지는 시간 구간이다.

❏ 용량성 리액턴스는 주파수와 커패시턴스에 반비례한다.

❏ 커패시터의 응용은 전원공급장치 여파, ac 통과, dc 차단, 전력선 분리 및 바이패싱이다.

공식

전하와 전압에 의해 정의되는 커패시턴스:

$$C = \frac{Q}{V} \tag{10-1}$$

커패시터의 전하량:

$$Q = CV \tag{10-2}$$

커패시터의 물리적 파라미터로 표현되는 커패시턴스:

$$C = 8.85 \times 10^{-12}\ \text{F/m}\left(\frac{\epsilon_r A}{d}\right) \tag{10-3}$$

두 개의 커패시터가 병렬로 연결되었을 때의 전체 커패시턴스:

$$C_T = C_1 + C_2 \tag{10-4}$$

여러 개의 커패시터가 병렬로 연결되었을 때의 전체 커패시턴스:

$$C_T = C_1 + C_2 + C_3 + \cdots + C_n \tag{10-5}$$

두 개의 커패시터가 직렬로 연결되었을 때의 전체 커패시턴스의 역수:

$$\frac{1}{C_T} = \frac{1}{C_1} + \frac{1}{C_2} \tag{10-6}$$

두 개의 커패시터가 직렬로 연결되었을 때의 전체 커패시턴스:

$$C_T = \frac{1}{\dfrac{1}{C_1} + \dfrac{1}{C_2}} \tag{10-7}$$

또는

$$C_T = \frac{C_1 C_2}{C_1 + C_2} \tag{10-8}$$

여러 개의 커패시터가 직렬로 연결되었을 때의 전체 커패시턴스의 역수:

$$\frac{1}{C_T} = \frac{1}{C_1} + \frac{1}{C_2} + \frac{1}{C_3} + \cdots + \frac{1}{C_n} \tag{10-9}$$

여러 개의 커패시터가 직렬로 연결되었을 때의 전체 커패시턴스:

$$C_T = \frac{1}{\dfrac{1}{C_1} + \dfrac{1}{C_2} + \dfrac{1}{C_3} + \cdots + \dfrac{1}{C_n}} \tag{10-10}$$

용량성 전압 분배기 법칙:

$$V_x = \left(\frac{C_T}{C_x}\right) V_S \tag{10-11}$$

직렬 *RC* 회로의 시정수:

$$\tau = RC \tag{10-12}$$

ac 회로의 용량성 리액턴스:

$$X_C = \frac{1}{2\pi f C} \tag{10-13}$$

커패시터 회로에서의 옴의 법칙:

$$I = \frac{V}{X_C} \tag{10-14}$$

단원 확인 문제

1. 커패시턴스의 단위는?
   (a) 옴   (b) 웨버
   (c) 볼트   (d) 패러드

2. 용량성 리액턴스의 단위는?
   (a) 옴   (b) 웨버
   (c) 볼트   (d) 패러드

3. 전해 커패시터의 유전체를 구성하는 물질은?
   (a) 박막 산화층   (b) 금속 전도성극판
   (c) 전해질   (d) 운모

4. 트리머는 어떤 형태의 커패시터인가?
   (a) 전해 커패시터   (b) 고정 세라믹
   (c) 작은 값의 가변 커패시터   (d) 위의 모두

5. 커패시터가 견딜 수 있는 최대의 전압을 일컫는 말은?
   (a) 서지 전압   (b) 피크 전압
   (c) 동작 전압   (d) 브레이크다운 전압

6. 커패시터 두 개가 직렬 연결되었을 때, 전체 커패시턴스는?
   (a) 합   (b) 곱 나누기 합
   (c) 합 나누기 곱   (d) 각 역수의 합

7. 1000 pF 커패시터가 0.001 μF 커패시터와 병렬로 연결되었을 때, 전체 커패시턴스는?
   (a) 2000 pF   (b) 2 nF
   (c) 0.002 μF   (d) 위의 모두

8. 2개의 서로 다른 커패시터가 ac 전원과 병렬로 연결되어 있다. 더 큰 값의 커패시터 전압과 비교해서, 더 작은 값의 커패시터 전압은?
   (a) 더 크다.   (b) 동일하다.
   (c) 더 작다.

9. 그림 10-35 회로에서 시정수는?
   (a) 100 ns   (b) 100 μs
   (c) 73 μs   (d) 73 ms

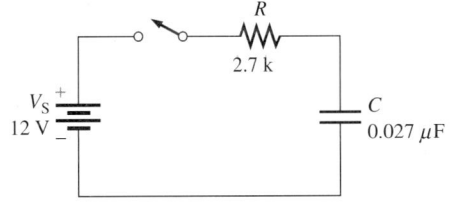

그림 10-35

10. 그림 10-35를 참조하라. 스위치가 닫히는 순간, 저항기 양단의 전압은?
   (a) 0 V   (b) 6 V

(c) 7.56 V   (d) 12 V

11. 그림 10-35를 참조하라. 스위치가 닫힌 후, 5배의 시정수가 경과된 후의 커패시터 전압은?

  (a) 0 V   (b) 6 V

  (c) 7.56 V   (d) 12 V

12. 일정 dc에 대해서, 커패시터는 무엇처럼 동작하는가?

  (a) 개방회로   (b) 저항기

  (c) 단락회로

13. 다음 중 용량성 리액턴스에 영향을 미치지 않는 것은?

  (a) 인가전압   (b) 주파수

  (c) 커패시터 크기

14. ac가 커패시터에 인가될 때, 전류는 전압보다 위상각이 얼마만큼 앞서는가?

  (a) 45°   (b) 90°

  (c) 120°   (d) 커패시터 값에 따라 달라짐

15. 전원공급장치 여파기에 일반적으로 사용되는 커패시터 종류는?

  (a) 가변   (b) 전해

  (c) 세라믹   (d) 운모

16. 전력선 분리 커패시터의 사용 목적은?

  (a) ac의 차단

  (b) dc의 통과

  (c) 원치 않는 과도성분을 접지시킴

  (d) 위의 모두

문제

질문

1. 유전체란 무엇인가?

2. 커패시터의 전하량을 결정하는 것은 무엇인가?

3. 커패시터의 크기를 기술하는 두 가지 미터법 접두어는?

4. 커패시터의 커패시턴스를 결정하는 세 가지 요소는?

5. 커패시터가 104로 표시되었다면, 그 값은 얼마인가?

6. 커패시터의 값 외에, 커패시터에 일반적으로 주어지는 규격은 무엇인가?

7. 유전율의 단위는 무엇인가?

8. 상대 유전율이란 무엇을 의미하는가?

9. 커패시터의 유전체가 파괴될 때 어떤 현상이 발생하는가?

10. 운모 커패시터의 장점은 무엇인가?

11. 운모 또는 세라믹 중에서, 어느 것이 더 큰 유전율을 가지는가?

12. 플라스틱 필름 커패시터의 한쪽 끝의 밴드는 무엇을 가리키는가?

13. 전해 커패시터의 두 가지 형태는 무엇인가?

14. 전해 커패시터의 주요 장점은 무엇인가?

15. 전해 커패시터의 단점은 무엇인가?

16. 커패시터 심볼을 관통하는 화살표가 의미하는 것은?

17. 222로 표시된 커패시터의 값은 얼마인가?

18. 커패시터에서 WVDC가 의미하는 것은?

19. 1000 pF와 220 μF가 직렬로 연결되었을 때, 전체 커패시턴스는 얼마가 되는가?

20. 1000 pF와 220 μF가 병렬로 연결되었을 때, 전체 커패시턴스는 얼마가 되는가?

21. 0.015 μF와 4700 pF가 직렬로 연결되었을 때, 전체 커패시턴스는 얼마가 되는가?

22. 0.015 μF와 4700 pF가 병렬로 연결되었을 때, 전체 커패시턴스는 얼마가 되는가?

23. 4.7 kΩ 저항기와 22 μF 커패시터가 직렬로 연결되었을 때, 시정수는 얼마가 되는가?

24. 저항기, 커패시터, 스위치가 직렬로 연결된 dc 회로에서, 스위치가 닫힌 후 커패시터가 최종 전하량의 82%로 충전되는 데 걸리는 시간은 시정수의 몇 배인가?

25. 저항기, 커패시터, 스위치가 직렬로 연결된 dc 회로에서, 스위치가 닫힌 후 커패시터가 완전 충전되는 데 걸리는 시간은 시정수의 몇 배인가?

26. 저항기, 커패시터, 스위치가 직렬로 연결된 dc 회로에서, 언제 전류가 최대가 되는가?

27. 한 개의 커패시터를 포함하는 ac 회로에서 전류를 제한하는 것은 무엇인가?

28. 주파수는 용량성 리액턴스에 어떤 영향을 미치는가?

29. ac 회로에서 커패시터가 더 큰 값으로 대체된다면, 전류는 어떻게 변하는가?

30. 커패시터 회로에서 옴의 법칙은?

31. 언제 정현파가 가장 큰 변화율을 가지는가?

32. 전원공급장치 정류기의 목적은 무엇인가?

33. 전원공급장치 여파기의 목적은 무엇인가?

34. 결합 커패시터의 목적은 무엇인가?

35. 바이패스 커패시터의 목적은 무엇인가?

기본문제

1. 다음 값을 μF로 변환하라.
   (a) 68 nF
   (b) 0.001 F
   (c) 4700 pF

2. 다음 값들을 pF로 변환하라.
   (a) 68 nF
   (b) 0.047 μF
   (c) 0.0015 μF

3. 전도성극판 간 10 V의 전위차로 50 μC의 전하를 축적하는 커패시터의 커패시턴스를 구하라.

4. 전도성극판 간 20 V의 전위차로 5400 pC의 전하를 축적하는 커패시터의 커패시턴스를 구하라.

5. 1 μC의 전하량을 가지는 10,000 pF 커패시터에 걸리는 전압은 얼마인가?

6. 3.3 mC의 전하량을 가지는 220 μF 커패시터에 걸리는 전압은 얼마인가?

7. 0.01 μF 커패시터 양단에 24 V 전압이 걸렸을 때 커패시터에 축적되는 전하량은 얼

마인가?

8. 470 μF 커패시터 양단에 60 V 전압이 걸렸을 때 커패시터에 축적되는 전하량은 얼마인가?

9. 커패시터가 2.0 cm × 22cm의 면적을 가지는 두 개의 직사각형 포일로 감겨져 있다. 포일은 0.5 mm 두께를 가지는 종이로 분리되어 있다. 커패시턴스는 얼마가 되는가?

10. 세라믹 커패시터가 한 변의 길이가 1.6 cm인 정사각형 전도성극판으로 구성되어 있다. 세라믹은 0.1 mm 두께와 1200의 유전율를 가진다. 커패시턴스는 얼마가 되는가?

11. 그림 10-36의 각 회로에서 전체 커패시턴스를 계산하라.

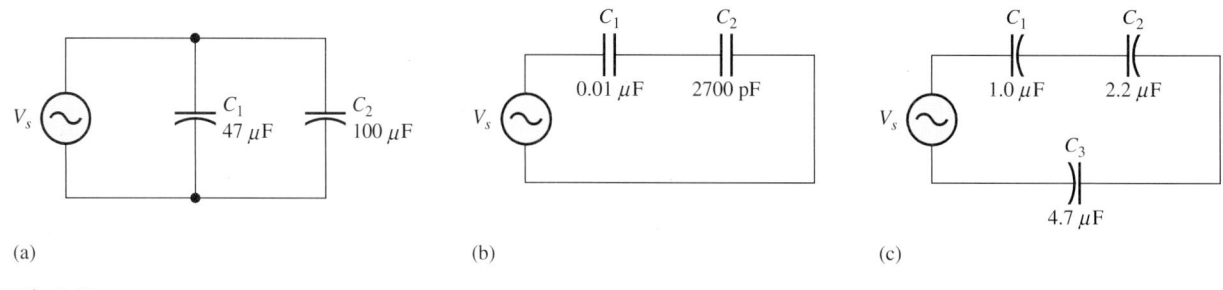

(a)　　　　　　　　　　　　　　　(b)　　　　　　　　　　　　　　(c)

그림 10-36

12. 그림 10-37의 각 회로에서 전체 커패시턴스를 계산하라.

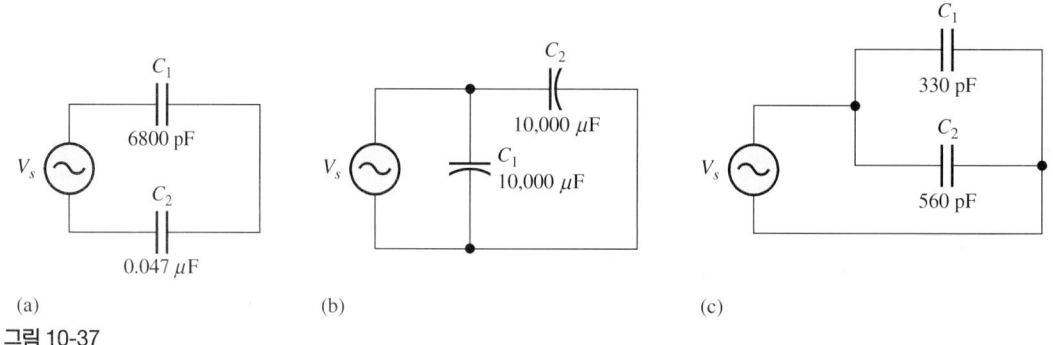

(a)　　　　　　　　　　　(b)　　　　　　　　　　　(c)

그림 10-37

13. 1000 μF 커패시터 4개가 병렬연결되었을 때, 전체 커패시턴스는 얼마인가?

14. 1000 μF 커패시터 4개가 직렬연결되었을 때, 전체 커패시턴스는 얼마인가?

15. 그림 10-38을 참조하라. 처음에 커패시터는 미충전 상태이다. 스위치가 닫힌 후 커패시터 전압은 얼마가 되는가?

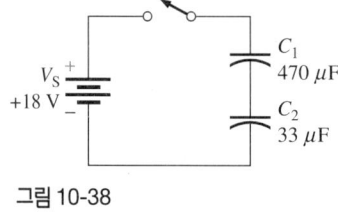

그림 10-38

16. 그림 10-39 회로에서 RC 시정수는 얼마인가?

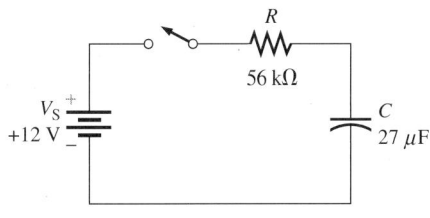

그림 10-39

17. 그림 10-39 회로를 참조하라. 스위치가 닫히고 3초 후에 대략적인 커패시터 전압은 얼마인가?

18. 그림 10-39 회로를 참조하라. 스위치가 닫히고 얼마 후에 커패시터 전압과 저항기 양단의 전압이 같아지는가?

19. 그림 10-39 회로를 참조하라. 스위치가 닫히자마자 전류는 얼마가 되는가?

20. 그림 10-39 회로를 참조하라. 스위치가 닫힌 후 얼마 만에 전류가 0.1 mA로 떨어지는가?

21. 그림 10-40 회로를 참조하라. 스위치가 닫히고 2.0 ms 후에 대략적인 커패시터 전압은 얼마인가?

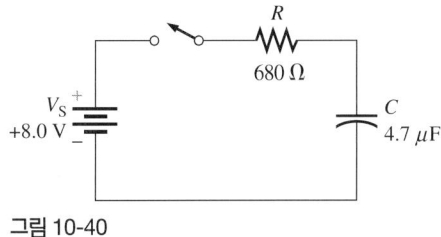

그림 10-40

22. 그림 10-40 회로를 참조하라. 스위치가 닫히고 얼마 후에 커패시터 전압과 저항기 양단의 전압이 같아지는가?

23. 그림 10-40 회로를 참조하라. 스위치가 닫힌 후 얼마 만에 전류가 5.0 mA로 떨어지는가?

24. 다음 주파수에서 10 μF 커패시터의 용량성 리액턴스를 각각 구하라.

    (a) 10 Hz

    (b) 100 Hz

    (c) 1.0 kHz

    (d) 10 kHz

25. 다음 주파수에서 0.1 μF 커패시터의 용량성 리액턴스를 각가 구하라.

    (a) 10 Hz

    (b) 100 Hz

    (c) 1.0 kHz

    (d) 10 kHz

26. 1.0 kHz 주파수에서 커패시터가 72 Ω의 리액턴스를 가진다. 커패시턴스는 얼마인가?

27. 어느 주파수에서 0.1 μF 커패시터의 용량성 리액턴스가 100 Ω이 되는가?

28. 그림 10-41 회로에서, C의 용량성 리액턴스와 회로 전류를 구하라.

그림 10-41

29. 그림 10-41의 회로에서 또 다른 220 pF 커패시터가 직렬로 추가된다면, 회로 전류는 얼마가 되는가?

기본 – 플러스 문제

30. 그림 10-42 회로에서 커패시터는 미충전 상태라고 가정한다. 스위치가 닫힌 후에, 각 커패시터의 전하량은 얼마가 되는가?

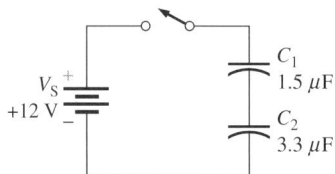

그림 10-42

31. 300 pF 케패시터가 공기 유전체를 가진다고 가정한다. 만일 커패시터에 기름이 스며 든다면, 커패시턴스는 어떻게 변하는가?

32. (a) 만일 커패시터가 한 변의 길이가 3.5 cm인 정사각형 전도판을 가진다면, 0.1 mm 의 전도성극판 간격을 가지는 270 pF 커패시터의 유전율(ϵ_r)을 구하라.

(b) 표 10-1에 기재된 재질 중에서, 어느 것이 적합한 유전체가 되는가?

33. (a) 어떤 커패시터 전압이 50 V일 때 커패시터는 235 nC의 전하량을 가진다. 만일 커 패시터가 서로 0.1 mm만큼 떨어진 24 cm × 4.5 cm 크기의 전도성극판으로 구성되었 다면, 유전율은 얼마가 되는가?

(b) 표 10-1에 기재된 재질 중에서, 어느 것이 적합한 유전체가 되는가?

34. 그림 10-43에서 전체 커패시턴스는 얼마가 되는가?

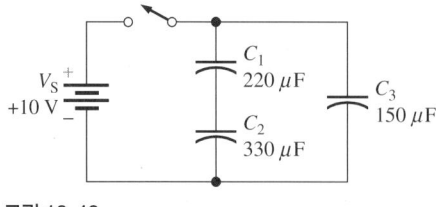

그림 10-43

35. 그림 10-43에서 각 커패시터의 전압은 얼마인가?

36. 그림 10-44에서 시정수는 얼마가 되는가?

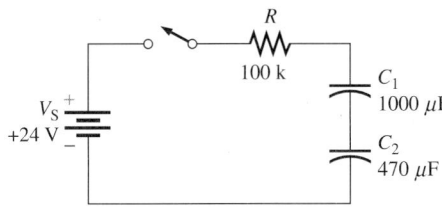

그림 10-44

37. 그림 10-44를 참조하라. 스위치가 닫히고 1배의 시정수 후에, C_1 양단의 전압은 얼마가 되는가?

38. 그림 10-45를 참조하라. 커패시터 전압과 저항기 양단의 전압이 동일하다고 가정한다. 전원의 주파수는 얼마인가?

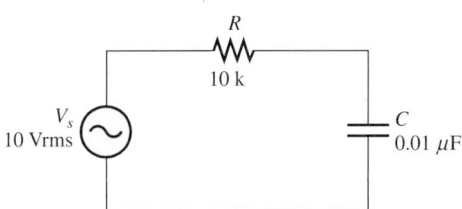

그림 10-45

39. 알루미늄과 탄탈륨 커패시터 간의 가격차가 10-2절에 언급되었다. 인터넷 또는 다른 자원을 통하여 가격차에 대해서 더 조사를 하고 어디에서 더 비싼 커패시터를 사용하는지 조사하라. 이에 대해 간단한 보고서를 작성하라.

예제 질문

10-1: 100,000 nF

10-2: 두 배가 된다.

10-3: 553 pF

10-4: 37,000 pF

10-5: 0.000767 μF

10-6: 3.12 V

10-7: 89 μs

10-8: 8.9 V

10-9: 0.12 mA

10-10: 33.9 kHz

10-11: 4.28 mA

복습 질문

1. 커패시턴스는 정전계를 이용하여 전하를 축적할 수 있는 능력이다.

2. (a) 10^6　　　　　(b) 10^3　　　　　(c) 10^6

3. 270 μF

4. (a) 증가　　　　　(b) 감소

5. 6.37 nF

6. 이들은 작은 물리적인 크기와 높은 정격전압에서 비교적 큰 값의 커패시턴스를 가진다.

7. 전해질은 전하의 이동이 전자 보다는 이온에 의해서 행해지는 전도성 재료이다.

8. 금속 전도판을 형성하는 매우 얇은 산화층

9. 극성 요구조건이 맞는지, 정격 전압이 초과되었는가를 검사하라.

10. 마이크로패러드(μF)와 피코패러드(pF)

11. 전체 커패시턴스는 병렬연결된 각 커패시터의 합과 같다.

12. 50,000 μF

13. 전체 커패시터는 직렬연결된 각 커패시터의 역수들의 합의 역수가 된다.

14. 2,000 μF

15. 더 작은 커패시터는 더 큰 전압을 가진다.

16. 전류가 흐르지 않음

17. 155 ms

18. 만능 시정수 곡선은 충전 또는 방전 전류나 전압을 보여주는 RC 회로의 과도응답 곡선이다.

19. 직렬 저항기

20. 37%

21. 커패시턴스와 주파수

22. 옴

23. 저항은 전력을 소모하고, 용량성 리액턴스는 전력을 축적한다.

24. $I = V/X_c$

25. 전류는 전압보다 위상각이 90°만큼 앞선다.

26. 커패시터는 맥동 dc의 피크값만큼 충전되고 출력을 거의 일정하게 유지하면서 다음 펄스까지 천천히 방전한다.

27. 이들은 전원공급장치 여파용으로는 요구되는 매우 큰 커패시턴스 값을 가지기 때문이다.

28. dc는 차단하는 반면, 한 회로에서 다른 회로로 ac를 통과시키기 위함이다.

29. 원치 않는 과도성분을 전원공급장치 선로에서 접지로 보내기 위함이다.

30. 제어된 방식으로 전하를 축적하고 전압을 감소시키는 능력

단원 확인 문제

1. (d)	**2.** (a)	**3.** (a)	**4.** (c)	**5.** (c)
6. (b)	**7.** (d)	**8.** (a)	**9.** (c)	**10.** (d)
11. (d)	**12.** (a)	**13.** (a)	**14.** (b)	**15.** (b)
16. (c)				

인덕터

서론

커패시터처럼 인덕터 또한 기본적인 수동소자이다. 인덕터는 커패시터만큼 널리 사용되진 않지만 특히 고주파 회로를 포함하는 많은 회로에서 사용된다. 인덕터의 많은 특성이 커패시터와 유사하다. 커패시터처럼, 이상적인 인덕터는 에너지를 소모하지 않고 축적한 후에 나중에 회로로 반환한다. 정현파가 인덕터에 가해질 때, 인덕터는 유도성 리액턴스라고 불리는 전류를 방해하는 성분을 만든다. 이러한 반대 성분은 회로의 전류와 전압의 위상각을 이동시킨다. 용량성 회로에서, 전류는 전압보다 위상각이 앞선다. 한편 용량성 회로에서는 전압이 전류보다 위상각이 앞선다.

이 장에서는 인덕터와 그의 구조를 배우게 된다. 인덕터를 직렬 또는 병렬로 연결했을 때의 효과를 배우고 인덕터가 dc와 ac 회로에서 어떻게 응답하는가를 배운다. 이 장은 끝으로 인덕터의 몇 가지 중요한 응용을 살펴본다.

이 장의 참고 자료는 아래 웹사이트에서 얻을 수 있다.

http://www.prenhall.com/SOE

주요 목표

각 목표의 번호는 절의 번호이다. 이 장을 마치고 나면, 다음과 같은 일들을 할 수 있어야 한다.

11-1 인덕턴스를 정의하고, 렌쯔(Lenz's)의 법칙을 기술하며, 코일의 인덕턴스 계산법을 설명하기

11-2 다양한 종류의 인덕터의 특성을 비교하기

11-3 직렬 및 병렬 연결된 인덕터의 전체 인덕턴스를 계산하기

11-4 dc 회로에서의 인덕터의 순시 전류 및 전압 예측을 위해 충전 및 방전 곡선을 사용하기

11-5 ac 회로에서 인덕터의 유도성 리액턴스를 계산하기

11-6 인덕터의 몇 가지 주요 응용을 열거하기

컴퓨터 시뮬레이션 디렉토리

다음 그림에는 관련된 Multisim 회로 파일이 있다.

◆ 그림 11-16
447쪽

◆ 그림 11-22
452쪽

실험실습 디렉토리

다음 실험은 이 장을 위한 것이다.

◆ 실험 20
인덕터

◆ 실험 21
유도성 리액턴스

- 인덕턴스(inductance)
- 인덕터(inductor)
- 헨리(Henry)
- 유도성 리액턴스(inductive reactance)
- 공진 회로(resonant circuit)
- 정궤환(positive feedback)

대부분의 모형 기차는 트랙을 통해 전력을 받아들이는 dc 모터를 가지고 있다. 기차가 가속할 때, 레일에는 높은 전류가 흐른다. 일정 속도에서는, 전류는 낮고 일정하다. 만일 기차를 멈추기 위해 갑자기 전력공급장치를 끈다면, 공급전압 없이도 짧은 시간 동안 전류는 계속될 것이다. 이 전류는 모터 코일의 자기장 수축으로 인해서 발생한다. 모터 코일은 전기 인덕터이다.

전기회로에서, 전류 및 전압 파형의 형태는 이러한 동일한 자기적인 효과에 기인한다. 움직이는 전하는 움직이는 기차와 관련된 자기장을 생성하고, 수축된 자기장은 모터-발전기의 작동과 유사하게 전류를 생성한다.

전압이 0이 된 후에도 계속 흐르는 전류는 관성을 가지는 물리 시스템과 유사성을 가진다. 어떠한 물리적인 물체(모형 기차 포함)도 즉시 멈추게 할 수 없다. 관성은 움직이는 물체는 그 움직임을 계속 유지시키고, 멈추어 있는 물체는 그 상태를 계속 유지시키려는 성질이다. 이것은 뉴튼의 제3 운동법칙으로 정의되어 있다. 질량을 가지는 물체에서, 그 움직임을 즉시 변화시킬 수 없듯이, 전기 인덕터에서도 전류는 즉시 변화될 수 없다.

11-1 인덕턴스

단일 도선 주위에 존재하는 자기장은 약하지만, 도선을 감아서 코일을 만들게 되면, 자기장은 강해진다. 코일은 인덕턴스 특성을 보인다는 점에서 인덕터라고 불린다.

이 절에서는 인덕턴스의 정의 및 렌쯔의 법칙, 인덕턴스의 계산법 등을 배우게 된다.

인덕턴스(inductance)는 전류의 변화를 방해하는 도체의 성질이다. 인가 전압에 의해 도체에 전류가 흐르기 시작하면 자기장은 도체로부터 외부로 팽창된다. 이 자기장이 에너지를 축적한다. 자기장이 팽창할 때 원래의 전압에 대항하려는 전압이 도체 내에 유도되어 기존의 전류가 변화된다. 일단 전류가 정상상태에 이르게 되면, 자기장은 더 이상 팽창되지 않으며 도체 내에는 어떠한 전압도 유도되지 않는다.

인덕턴스는 모든 도체들이 가지는 성질이지만, 직선 도체에서는 그 효과가 매우 작다. 코일 주변의 증가된 자기장 때문에, 코일이라는 말을 훨씬 많이 사용한다. 사실, 코일은 유도성을 가지므로 종종 인덕터(inductor)라고 불린다. 인덕터는 전자회로의 기본적인 수동 소자이다. 인덕터는 주어진 응용을 위해 특정 크기의 인덕턴스를 회로에 부여하기 위해 설계된다. 렌쯔의 법칙은 인덕턴스의 특성을 기술하는데, 이것은 코일에 대해서 다음과 같이 정의된다.

코일에 흐르는 전류가 변할 때, 항상 전류의 변화를 방해하는 유도전압이 코일 양단에 생성된다.

렌쯔의 법칙의 설명. 저항의 감소로 인해 전류가 변하려고 할 때, 전류의 변화를 방해하는 전압이 코일 양단에 유도된다.

그림 11-1

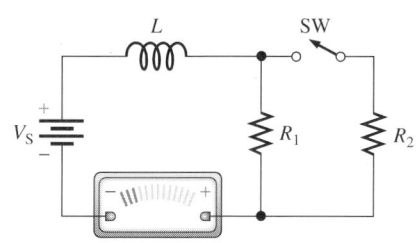

(a) 전류는 얼마만큼의 시간 동안 존재한다. 전체 전류는 R_1에 의해서만 제한된다.

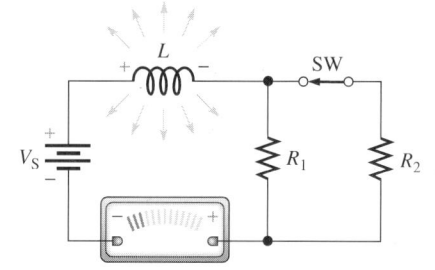

(b) 스위치가 닫힐 때, 전류의 변화를 방해하는 전압이 코일 양단에 나타나고, 따라서 초기에는 전체 전류가 변화되지 않는다.

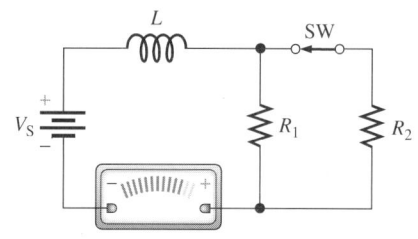

(c) 시간이 어느 정도 경과된 후에, 코일 양단의 전압은 감소하고, 작아진 저항 성분으로 인해 전체 전류는 증가한다.

그림 11-1은 유도성 회로에 대한 렌쯔의 법칙을 보여준다. (a)에서, 전류는 일정하며 R_1에 의해서 제한된다. 이때 전자장이 변하지 않고 있으므로, 유도 전압은 존재하지 않는다. (b)에서는, 스위치가 갑자기 닫히므로 R_1과 R_2가 병렬연결되어 전체 저항을 감소시킨다. 자연적으로, 전류는 증가되어 전자장은 팽창되기 시작하지만, 짧은 시간 동안 전류의 변화와 반대되는 유도 전압이 인덕터 양단에 나타난다. 결국, 그림 11-1(c)에 보여진대로, 전류는 더 큰 새로운 값으로 증가되며, 유도 전압은 0으로 떨어진다.

이제 스위치를 개방하면, 유사한 효과가 발생한다. 전류 변화를 방해하는 코일 양단의 전압이 다시 유도된다. 이때, 유도 전압은 그림 11-1(b)에 보여진 것과는 반대가 된다. 이것은 수축된 자기장이 에너지를 회로에 반환하고 전류가 큰 값에서 작은 값으로 변하는 것을 막기 위한 전압을 유도한다.

인덕턴스의 단위는 전자기학 분야의 개척자인 조셉 헨리(Joseph Henry)의 이름을 따 헨리(henry)이다. 1 헨리(**H**)는 전류가 초당 1 암페어로 균일하게 변할 때 1 볼트의 전압을 유도하는 인덕턴스 양이다. 1 헨리는 인덕턴스로는 매우 큰 값이므로, 밀리헨리(mH)와 마이크로헨리(μH)가 일반적으로 사용된다.

인덕턴스에 영향을 미치는 요소

코일의 인덕턴스를 결정하는 4가지 파라미터는 다음과 같다: 코어 재료의 투자율, 권선수, 코어 길이, 코어의 단면적.

제7장에서 논의한 바와 같이, 인덕터는 코어로 불리는 자기성 또는 비자기성 재료를 감싸는 도선으로 구성된 코일이다. 비자기성 코어 재료의 예는 공기, 플라스틱, 및 유리이다. 이들은 진공의 투자율 $4\pi \times 10^{-7}$ Wb/At-m(또는 1.26×10^{-6} Wb/At-m)과 유사한 값을 가진다. 자기 재료의 예는 철, 니켈, 강철, 및 코발트이다. 이들은 진공보다 수백 또는 수천 배의 더 큰 투자율을 가진다. 7-2절에서 배운 것처럼, 코어 재료의 투

자율(μ)은 자기장이 얼마나 쉽게 형성되는가를 결정한다. 인덕턴스는 코어 재료의 투자율에 비례한다.

권선수, 코어 길이, 코어의 단면적도 코일의 인덕턴스 값을 결정하는 요소이다. 인덕턴스는 코어의 길이에 반비례하고 단면적에는 비례한다. 게다가, 인덕턴스는 권선수의 제곱에 비례한다. 길이가 지름보다 매우 큰 코일의 경우, 이 관계식은 다음과 같다.

$$L = \frac{N^2 \mu A}{l} \tag{11-1}$$

여기서 L은 헨리 단위의 인덕턴스, N은 코일의 권선수, μ는 웨버/암페어-턴-미터(Wb/At-m) 단위의 투자율, A는 제곱미터 단위의 단면적, l은 미터 단위의 코일 길이이다.

예제 11-1

문제

한 학생이 그림 11-2처럼 지름이 7 mm인 연필에 전선을 100회 감았다. 권선은 길이가 3.5cm 이다. 형성된 코일의 인덕턴스를 구하라. 도선이 비자기성 재료에 감겼기 때문에, 코어 길이는 코일 길이와 동일하다고 가정한다. 연필의 투자율은 대략 공기와 같은 1.26×10^{-6} Wb/At-m이다.

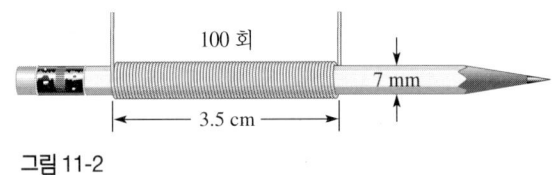

그림 11-2

풀이

먼저, 면적(m^2)을 구한다.

$$A = \pi r^2 = \pi (0.0035 \text{ m})^2 = 38.5 \times 10^{-6} \text{ m}^2$$

식 11-1을 사용하여 인덕턴스를 계산한다.

$$L = \frac{N^2 \mu A}{l} = \frac{100^2 (1.26 \times 10^{-6} \text{ Wb/At-m})(38.5 \times 10^{-6} \text{ m}^2)}{0.035 \text{ m}} = \mathbf{13.8 \ \mu H}$$

질문

만일 학생이 동일한 코일을 3.5 cm 길이 및 7 mm 지름의 강철 볼트에 감았다면, 인덕턴스는 얼마가 되는가? 강철의 투자율은 5.5×10^{-4} Wb/At-m이다.

권선 저항

대부분의 범용 인덕터는 작은 크기의 인덕터로 현실적인 인덕턴스를 만들기 위해 가

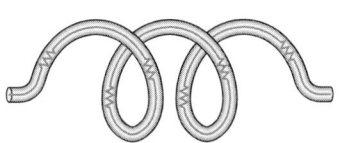 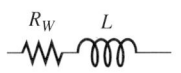

그림 11-3
실제 코일의 권선저항

(a) 도선은 코일 길이 전체에 걸쳐 분
포되어 있는 저항을 갖고 있다.

(b) 등가회로

는 도선이 상당한 횟수로 감겨져 있다. 가는 도선은 굵은 도선보다 단위 길이 당 저
항이 더 크기 때문에 작은 인덕터는 상당한 전체 저항을 가진다. 이러한 고유의 저항
성분을 dc 저항 또는 권선저항(R_w)이라고 부른다. 비록 이 저항이 도선의 전체 길이
에 걸쳐 분포되어 있다고 하더라도, 이것은 그림 11-3처럼 코일 인덕턴스와는 직렬로
연결되어 있는 것처럼 보인다. 많은 응용에서, 권선 저항은 무시될 수 있을 만큼 작
고 코일은 이상적인 인덕터로 간주된다(무저항의 인덕터). 다른 경우에는 반드시 권선
저항을 고려해야 한다.

권선 커패시턴스

두 개의 도체가 바로 옆에 위치해 있지만 서로 접촉하지는 않을 경우, 그들 간에는
소량의 커패시턴스가 항상 존재한다. 따라서, 상당한 권선수로 절연 도선이 코일에
감겨 있을 때, 권선 커패시턴스라고 부르는 표유 커패시턴스 성분이 존재하게 된다.
일반적으로, 권선커패시턴스는 고주파 응용을 제외하고는 그렇게 중요하지는 않다.
권선저항(R_w) 및 권선커패시턴스(C_w)를 가지는 인덕터의 등가 회로가 그림 11-4에 보
여진다. 본 교재에서는 권선커패시턴스에 대해서는 더 이상 언급하지 않는다.

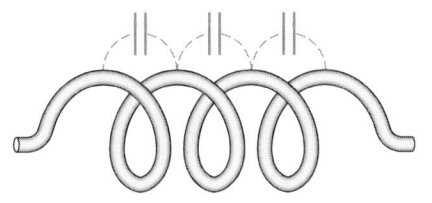 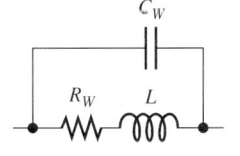

그림 11-4
실제 코일의 권선커패시턴스

(a) 각 루프 사이의 표유 커패시턴스는 전체
병렬 커패시턴스(C_w)로서 나타난다.

(b) 등가회로

복습 질문

1. 인덕턴스는 무엇인가?
2. 코일을 위한 렌쯔의 법칙이란?
3. 인덕턴스의 단위는 무엇인가?

4. 코일의 인덕턴스에 영향을 주는 4가지 요소는 무엇인가?
5. 저항과 커패시턴스를 가지는 코일의 등가회로는?

11-2 인덕터의 종류

저항기처럼 인덕터도 다양한 표준값 및 형태의 것이 시판되고 있다. 일반적으로, 이들은 코어 재료에 따라 분류된다.

이 절에서는 각종 인덕터의 특성을 배운다.

일반적으로 매우 작은 인덕터는 자기성을 가지지 않는 단순한 플라스틱 또는 마분지 틀에 감겨 있기 때문에, 이들은 공기 코어를 가지는 인덕터와 동일하게 동작한다. 더 큰 값을 가지는 코일은 인덕턴스와 자속을 증가시키기 위하여 투자율이 더 높은 철 또는 다른 코어 재료를 사용한다. 가변 인덕터는 나사 형태의 조절부를 이용하여 코어가 코일의 안과 밖을 움직임으로써 인덕턴스를 변화시킬 수 있다. 공기 코어, 철 코어, 페라이트 코어 인덕터의 기호가 그림 11-5에 나타나 있다.

인덕터는 저항기와 동일한 표준값을 갖는 크기로 시판하고 있다. 인덕터의 표준값에는 1 μH, 1.2 μH, 1.8 μH, 2.2 μH 등이 포함된다. 간혹 인덕터 값이 소자에 인쇄되어 있거나 어떤 것은 저항기처럼 컬러 밴드로 주어진다. 컬러 코드가 사용될 때, 값이 마이크로헨리로 주어지는 경우를 제외하고는 저항기와 동일한 값을 가진다.

인덕터의 외관은 크기와 캡슐화 여부에 따라 결정된다. 캡슐형 인덕터는 미세한 도선을 보호하는 코팅을 가질 뿐만 아니라 일반적으로 컬러 코드로 되어 있으므로, 이

그림 11-5				
인덕터 기호	(a) 공기 코어	(b) 철 코어	(c) 가변	(d) 페라이트 코어

그림 11-6	일반적인 인덕터

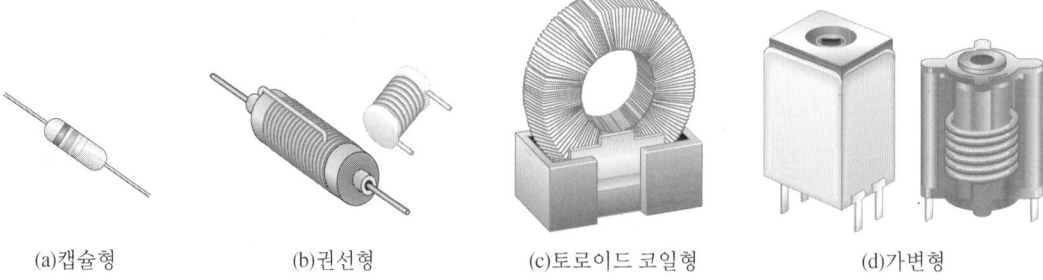

(a)캡슐형   (b)권선형   (c)토로이드 코일형   (d)가변형

들은 종종 저항기와 혼동될 수 있다. 그림 11-6은 몇 가지 일반적인 형태의 인덕터를 보여준다.

문제

3개의 적색 띠 및 하나의 금색 띠로 표시된 캡슐형 코일의 인덕턴스는 얼마인가?

풀이

적색 띠는 모두 숫자 2를 가리킨다. 저항기와 마찬가지로, 처음 두 개의 띠는 숫자를 가리키고 세 번째(승수 띠)는 처음 두 개의 숫자 다음에 첨가되는 0의 개수를 의미한다. 네 번째(금색) 띠는 허용오차를 가리킨다. 따라서, 인덕터는 2200 μH ± 5%로 읽힌다. (이것은 2.2 mH 인덕터와 등가이다.)

질문

만일 세 번째 띠가 오렌지색이면 인덕턴스는 얼마가 되는가?

인덕터의 검사

인덕터가 전류 한계치 내에서 동작한다면 매우 신뢰성이 높지만, 종종 그렇지 않을 수도 있다. 가장 일반적인 고장은 개방으로 인해 발생되는데, 이것은 저항계에 의해서 쉽게 검사가 가능하다. (만일 인덕터가 개방 상태라면, 눈금은 무한대가 될 것이다.) 개방 권선은 리드선을 구부릴 때 발생하는데, 이는 학교 실험실에서 일반적으로 발생하는 문제이다. 또한 몇 개의 단락된 권선은 전체 저항 및 인덕턴스를 매우 적게 변화시키므로, 단락 권선은 쉽게 검출되지 않는다. 단락 상태를 검사하는 가장 좋은 방법은 인덕턴스 측정기를 사용하는 것이다. 또한 오실로스코프를 사용하여 시정수를 측정함으로써 간접적으로 인덕턴스를 검사할 수 있다(11-4절에서 설명한다).

복습 질문

6. 코일의 회로 기호 옆의 직선은 무엇을 가리키는가?
7. 가변 인덕터 값은 어떻게 변화시킬 수 있는가?
8. 5% 캡슐형 470 μH 코일의 컬러 코드는 어떻게 구성되는가?
9. 3개의 오렌지색 띠와 하나의 은색 띠를 가지는 캡슐형 인덕터 값은 얼마가 되는가?
10. 인덕터의 고장 유무는 어떻게 검사하는가?

11-3 직렬 인덕터와 병렬 인덕터

인덕터는 직렬 또는 병렬로 연결될 수 있다. 직렬연결 시에는 전체 인덕턴스가 증가되고, 병렬연결시에는 전체 인덕턴스가 감소한다.

이 절에서는 직렬 인덕터 및 병렬 인덕터의 전체 인덕턴스를 구하는 것을 배운다.

그림 11-7	
직렬 인덕터	

직렬 인덕터

그림 11-7처럼, 인덕터가 직렬로 연결되었을 때 전체 인덕턴스는 각 인덕턴스의 합과 같다.

식 형태로 나타내면 n개의 직렬 인덕터의 전체 인덕턴스는 다음과 같다.

$$L_T = L_1 + L_2 + L_3 + \cdots + L_n \tag{11-2}$$

이 식은 저항기의 직렬연결에 대한 식 (5-1)과 커패시터의 병렬연결에 대한 식 (10-5)와 동일한 형태이다.

예제 11-3	

문제

$68~\mu H$와 $270~\mu H$ 인덕터가 직렬연결되었을 때, 전체 인덕턴스는 얼마가 되는가?

풀이

전체 인덕턴스는 두 인덕터의 합과 같다.

$$L_T = L_1 + L_2 = 270~\mu H + 68~\mu H = \mathbf{338~\mu H}$$

질문

위의 두 개의 인덕터와 직렬로 세 번째 인덕터 $100~\mu H$를 연결했을 때, 전체 인덕턴스는 얼마가 되는가?

병렬 인덕터

그림 11-8처럼 인덕터가 병렬로 연결되었을 때, 전체 인덕턴스는 감소한다. n개의 인덕터가 병렬로 연결되었을 때, 전체 인덕턴스에 대한 공식은 다음과 같다.

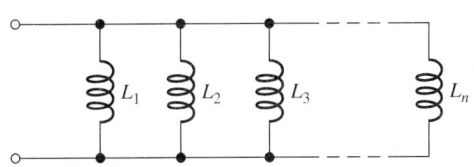

그림 11-8

병렬 인덕터

$$L_T = \cfrac{1}{\cfrac{1}{L_1} + \cfrac{1}{L_2} + \cfrac{1}{L_3} + \cdots + \cfrac{1}{L_n}} \qquad (11\text{-}3)$$

이 일반적인 공식은 병렬 인덕터의 전체 인덕턴스는 각 인덕터의 역수의 합을 구한 후 역수를 취한 것과 같다는 것이다. 이 공식은 병렬 저항 공식(식 (5-8)) 및 직렬 커패시터(식 (10-10)) 공식과 유사하다.

　두 개의 병렬 저항기 또는 두 개의 직렬 커패시터의 경우처럼, 정확하게 두 개의 병렬 인덕터에 대한 공식은 곱 나누기 합 형태로 표현된다. 따라서, 두 개의 인덕터의 경우, 식 (11-3)을 대체하는 형태는 다음과 같다.

$$L_T = \frac{L_1 L_2}{L_1 + L_2} \qquad (11\text{-}4)$$

| 문제 | 예제 11-4 |

문제

68 μH 인덕터와 270 μH 인덕터가 병렬로 연결되었을 때, 전체 인덕턴스는 얼마가 되는가?

풀이

두 인덕터에 대한 식 (11-4)를 적용하면,

$$L_T = \frac{L_1 L_2}{L_1 + L_2} = \frac{(270\ \mu\text{H})(68\ \mu\text{H})}{270\ \mu\text{H} + 68\ \mu\text{H}} = \mathbf{54.3\ \mu H}$$

전체 인덕턴스는 가장 작은 인덕터보다 작음을 주목하라.

질문

위의 두 개의 병렬 인덕터에 세 번째 인덕터 100 μH가 병렬로 연결되었다면, 전체 인덕턴스는 얼마가 되는가?

복습 질문

11. 인덕터를 직렬로 결합할 때의 규칙은 무엇인가?

12. 여러 개의 인덕터를 병렬로 결합할 때의 규칙은 무엇인가?

13. 언제 전체 인덕턴스를 계산할 때 곱 나누기 합 공식을 사용하는가?

14. 3개의 4.7 mH 인덕터가 직렬로 연결되었을 때, 전체 인덕턴스는 얼마가 되는가?

15. 3개의 4.7 mH 인덕터가 병렬로 연결되었을 때, 전체 인덕턴스는 얼마가 되는가?

11-4 DC 회로에서의 인덕터

dc회로에서 인덕터는 스위치의 닫힘과 같은 상태 변화가 발생할 때, 회로 전류에 영향을 준다. 인덕터는 전류의 변화를 방해하는 전압을 발생시켜서 그 변화에 응답한다. 일단 전류가 새로운 레벨로 재설정되면, 이상적인 인덕터는 dc에 대해서 단락회로로 동작한다.

이 절에서는 dc 회로에서의 인덕터 전류 및 전압의 예측을 위하여 만능 충전 및 방전 곡선을 사용하는 것을 배운다.

인덕터에서의 전류

도체에 흐르는 전류는 도체 주변에 자기장을 생성한다는 것을 상기하라. 도체를 코일로 만들면 자기장은 더욱 강해진다. 전류가 코일(인덕터)에 존재할 때는 언제나 에너지는 자기장에 저장된다. 전류가 일정 dc일 때, 전류를 둘러싸는 자기장은 일정하다. 이때 이상적으로 인덕터 전압은 존재하지 않는다. 하지만 실제로는 권선 저항으로 인한 작은 전압이 존재한다. 인덕턴스 그 자체는 dc에 대해서 개방회로로 동작한다.

렌쯔의 법칙은 회로에서 인덕터 전류의 양에 영향을 주는 어떤 변화가 발생할 때, 전류의 변화를 방해하는 극성으로 인덕터 양단에 유도된 전압이 나타난다는 것이다.

인덕터 회로에서 전류는 순간적으로 변할 수 없다.

흥미롭게도, 인덕터 회로에서 전류의 변화에 대한 응답 형태는 10-4절에서 기술된 것처럼, 커패시터 회로의 전압과 정확하게 동일한 형태를 가진다. 사실, 인덕터 회로의 경우에도 동일한 만능 곡선을 사용할 수 있지만, 올바른 곡선을 적용하기 위해서는 언제 전류가 증가 또는 감소하는지를 알고 있어야 한다.

인덕터는 회로 전류의 변화를 방해한다는 것을 명심하라. 저항기와 인덕터로 구성된 회로(*RL* 회로)에서 전압의 극성을 알 수 있는 한 가지 방법은 키르히호프의 전압법칙을 적용하는 것이다. 그림 11-9는 키르히호프의 전압법칙이 직렬 *RL* 회로에 어떻게 적용되는가를 보여준다. 그림 11-9(a)처럼 스위치가 열릴 때, 전원 전압과 동일한 전압이 스위치 양단에 나타나며, 전류는 0이 된다. 다른 부품에서는 전압이 존재하지 않으며 KVL이 만족된다. 그림 11-9(b)처럼 스위치가 닫히자마자, 전압원과는 반대 방향으로 코일 양단에 전원 전압이 유도되고, 전류는 여전히 0을 유지한다. KVL은 여전히 만족된다. 자기장이 인덕터 주변에 형성됨에 따라, 인덕터 전압은 (이상적으로) 0

안전 노트

비록 낮은 전압이라도 전기가 통하고 있는 회로에서의 작업은 피해야 한다. 인덕터는 전류가 흐르면 에너지를 축적한다. 만일 그 회로가 개방되면, 축적된 에너지는 개방부 양단에 매우 큰 전압을 발생시켜 스파크를 일으킬 수 있다. 이 전압은 소스 전압보다 몇 배 더 클 뿐만 아니라 그 곳에 접촉을 하게 되면 심각한 전기적 충격을 받을 수도 있다.

그림 11-9

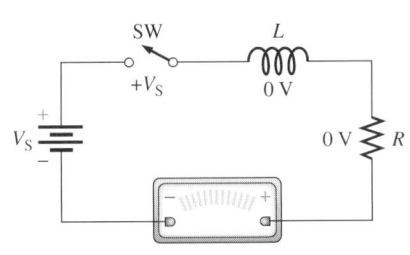

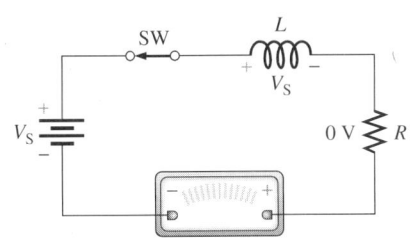

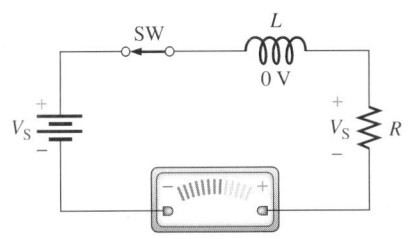

(a) 스위치가 닫히기 전에는 전원전압이 스위치 양단에 나타난다.

(b) 스위치가 닫히자마자, 전원전압이 인덕터 양단에 나타난다.

(c) 스위치가 닫히고 오랜 시간이 지나면 인덕터 양단 전압은 0으로 감소하고 저항기 전압은 전원전압까지 상승한다.

으로 떨어지고 저항기 양단의 전압은 그림 11-9(c)처럼 전원전압과 같아질 때까지 증가된다. 회로 전류는 회로 저항에 의해서만 제한되는 값까지 상승한다.

전류 파형과 전압 파형

그림 11-9의 *RL* 회로의 전류 파형과 전압 파형은 그림 11-10에 나타낸 형태를 따른다. 스위치가 닫히자마자 인덕터 전압은 초기전압인 전원 전압과 동일하다. 이 값은 그림 11-10(a)와 같이 감소한다. 인덕터 전압이 감소하면, KVL에 의거해서 저항기 전압은 그림 11-10(b)처럼 증가한다. 옴의 법칙에 의해 주어지는 바와 같이 전류는 저항기 양단 전압에 비례하므로, 회로 전류는 저항기 양단 전압과 동일한 형태로 증가한다.

RC 회로의 경우처럼, *RL* 회로에서 전압 또는 전류가 증가 또는 감소하는 데 요구되는 시간은 *R*과 *L*의 값에 의해서 결정되지만, 곡선의 모양은 모든 *RL* 조합에 대해서 동일하다.

만일 *RL* 회로의 스위치를 개방하여 전류를 갑자기 중단시킨다면, 축적된 에너지는 전류를 유지하고자 할 것이나. 개방 스위치는 매우 높은 저항을 나타내므로, 전압은

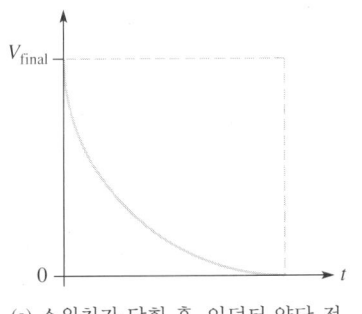

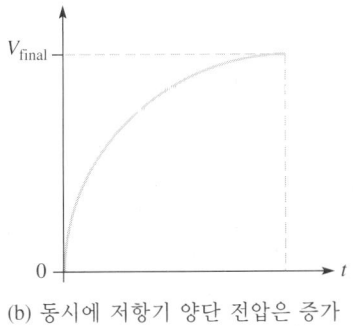

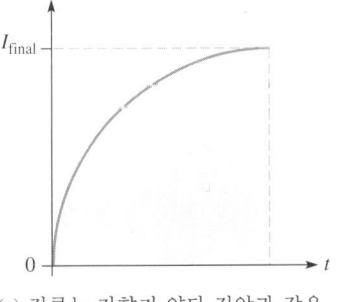

(a) 스위치가 닫힌 후, 인덕터 양단 전압은 감소한다.

(b) 동시에 저항기 양단 전압은 증가한다.

(c) 전류는 저항기 양단 전압과 같은 모양을 가진다.

그림 11-11

사각파에 의해 구동되는 직렬 *RL* 회로.

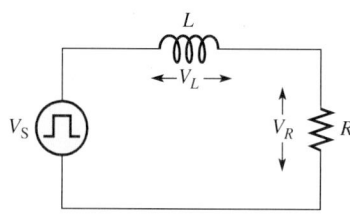

그림 11-12

직렬 *RL* 회로의 사각파에 대한 응답. V_S는 전원 전압, V_L은 인덕터 양단 전압, 그리고 V_R은 저항기 양단 전압이다.

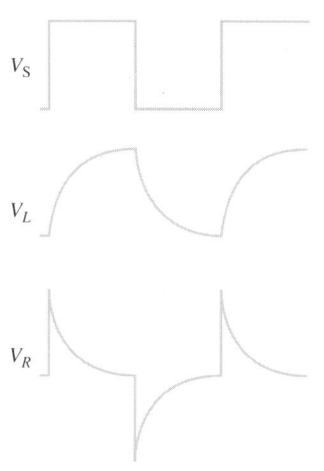

인덕터 양단에 상당히 나타날 것이며 개방 스위치의 공극에서 아크를 발생하게 된다. 이러한 높은 전압 형성은 특정 회로(스트로브 라이트와 점화장치와 같은)에서 사용되지만 다른 회로에서는 문제가 될 수 있다.

스위치를 열거나 닫는 대신에, 직렬 *RL* 회로를 그림 11-11처럼 사각파로 구동시킬 수 있다. 이때의 응답이 그림 11-12에 나타나 있다. 회로 응답에 비해서 사각파가 상대적으로 긴 주기를 가지도록 신호발생기를 설정한다. 사각파가 처음으로 'HIGH' 상태가 될 때의 회로 응답은 스위치가 닫힌 상태의 배터리를 가지는 회로 응답과 유사하다. 인덕터 및 저항기의 양단 전압 파형은 이전에 논의한 것처럼 스위치가 닫힌 상태의 회로 응답과 동일하다. 하지만, 펄스가 'LOW'가 될 때의 상황은 스위치를 개방했을 경우와는 완전히 다르게 된다. 아크를 일으키는 매우 높은 스위치 저항 대신에, 신호발생기는 낮은 저항 경로처럼 동작한다. (실제 저항은 테브닌 전원 저항이다.) 사각파가 낮은 값으로 떨어질 때, 인덕터 양단 전압은 펄스가 상승하는 경우와는 반대가 된다. 이 때의 파형을 그림 10-19에 주어진 *RC* 회로에 대한 파형과 비교하라.

실제 상황

유도성 전압 형성에 대한 실제 상황을 보이기 위해, 그림 11-13(a)에 나타낸 회로를 살펴보자. 네온 전구가 직렬 *RL* 회로와 병렬로 연결되어 있다. 큰 값의 인덕터(1 H 또는 그 이상)와 직렬 220 Ω 저항기가 양호하게 동작할 것이다. (작은 변압기의 1차 권선이 인덕터로 동작한다.) 2개의 직렬 배터리는 전원 전압을 제공한다. 스위치가 닫힐 때, 인덕터는 전원과 반대 극성으로 단지 3 V만을 형성하며, 네온 전구를 켜기 위해서는 대략 70 V를 필요로 하기 때문에 전구는 켜지지 않는다. 하지만, 스위치가 열릴 때,

그림 11-13

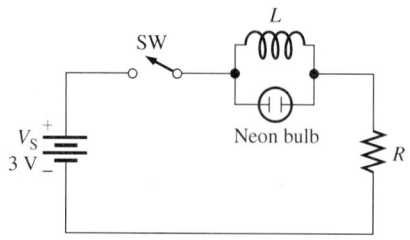

그림 11-14

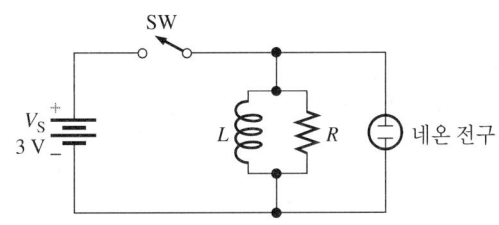

자기장의 와해로 인한 전압이 요구전압 70 V를 넘어서기 때문에 순간적으로 전구가 켜지게 된다.

또 다른 관련 회로가 그림 11-14에 나타나 있다. 이 경우, 스위치가 닫힐 때, 전구와 인덕터가 병렬로 연결되는데, 전구를 켜기에는 전압이 너무 작다. 스위치가 열릴 때, 인덕터의 자기장 와해로 인한 유도성 형성으로 인해 순간적으로 전구가 켜지게 된다.

RL 시정수

인덕터가 직렬 *RL* 회로에서의 전류 변화를 방해할 때, 인덕터 양단에 나타나는 반대 전압으로 인해 회로 전류는 즉시 변할 수는 없다. 전류변화율은 회로의 시정수에 의해 결정된다.

직렬 *RL* 회로의 시정수는 인덕턴스를 저항으로 나눈 값에 의해 결정되는 시간 구간이다. 이 값은 스위치의 닫힘과 같은 과도적인 동작 후에 전류가 안정화되는 데 걸리는 시간을 결정한다. *R*과 *C*의 곱으로 표현되는 *RC* 회로에서의 시정수는 커패시터 양단의 전압이 안정화되는 데 요구되는 시간을 결정한다는 것을 상기하라. *RC* 회로처럼, 시정수는 그리스 문자 τ로 표현한다. *RL* 회로의 경우, 시정수 공식은 다음과 같다.

$$\tau = \frac{L}{R} \tag{11-5}$$

여기서 τ는 초 단위의 시정수이고 저항은 단위가 옴(Ω)이고, 인덕턴스는 단위가 헨리(H)이다.

예제 11-5

문제

10 mH 인덕터가 2.2 kΩ 저항기와 직렬로 연결되어 있다. 시정수는 얼마가 되는가?

풀이

식 (11-5)에 대입하면,

$$\tau = \frac{L}{R} = \frac{10 \text{ mH}}{2.2 \text{ k}\Omega} = \mathbf{4.55 \ \mu s}$$

질문

68 mH 인덕터가 330 Ω 저항기와 직렬로 연결되어 있을 때 시정수는 얼마인가?

유도성 회로에서 시정수는 초기 전류가 최종 전류의 63%에 도달하는 데 요구되는 시간이다. 최종 전류는 인덕터 전압이 (이상적으로) 0으로 떨어질 때의 회로 전류이다. 저항기 전압은 전류와 동일한 파형을 가지므로, 저항기 전압이 초기값에서부터 최종 전압의 63%로 변하는 데 요구되는 시간을 관찰함으로써 시정수를 측정할 수 있다. 이것은 전류 변화를 측정한 것과 같은 결과를 제공한다.

오실로스코프 측정에서, 저항기 양단 전압을 측정하는 것은 시정수를 측정하는 가장 간단한 방법이다. 여기서 중요한 것은 최소치에서 최대치까지 전체 파형을 관찰하기 위해서는 주파수를 낮게 설정해야 한다는 점이다. 시정수는 초기 전압에서부터 최종 전압의 63%까지 변하는 데 걸리는 시간을 측정함으로써 직접 구할 수 있다.

유도성 RL 회로의 상승 및 하강 곡선은 10-4절의 RC 회로에 대한 지수 곡선을 따른다. RL 회로에서, 상승 지수함수는 입력의 양(+)의 변화가 발생한 후의 회로 전류(또는 저항기 양단 전압)를 나타낸다. 하강 지수함수는 입력의 음(−)의 변화가 발생한 후의 회로 전류(또는 저항기 양단 전압)를 나타낸다. RC 회로에서, 상승 지수함수는 입력의 양(+)의 변화가 발생한 후의 커패시터 양단 전압을 나타내고 하강 지수함수는 입력의 음(−)의 변화가 발생한 후의 커패시터 양단 전압을 나타낸다는 것을 상기하라.

참고하기 위해, 만능 곡선을 그림 11-15에 다시 나타내었는데 이제는 RC 또는 RL 회로의 과도응답을 보여주고 있다. 또한 x와 y축은 특정 값으로 나타내지 않았지만, 회로의 시정수와 응답 파형을 알고 있다는 가정하에서, 특정 시간의 전압 및 전류를

그림 11-15

만능 시정수 곡선

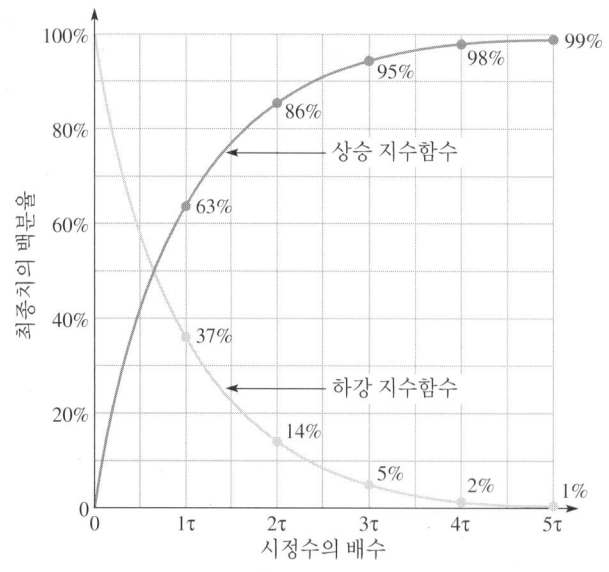

구하기 위해 사용할 수 있다. y-축은 전압 또는 전류에 대한 최종값의 백분율을 나타 낸다. x-축은 과도 현상이 시작된 후 경과된 시정수의 배수를 나타낸다.

| | 예제 11-6 |

문제

그림 11-16에 나타낸 것처럼, 560 Ω 저항기가 1.5 mH 인덕터와 직렬로 연결되고 10 V 전원과 스위치로 연결되어 있다. 스위치가 닫힌 후 1.5 μs가 경과된 후, 대략적인 회로 전류는 얼마가 되겠는가?

풀이

우선, 시정수를 구한다.

$$\tau = \frac{L}{R} = \frac{1.5 \text{ mH}}{560 \text{ Ω}} = 2.68 \mu s$$

다음에, 1.5 μs가 시정수의 몇 배가 되는지를 구한다.

$$\text{시정수의 배수} = \frac{1.5 \ \mu s}{2.68 \ \mu s} = 0.56$$

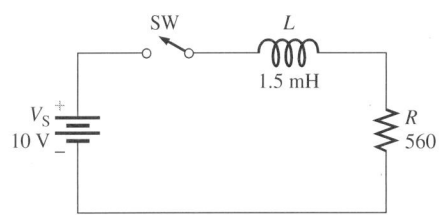

그림 11-16

만능 시정수 곡선의 x-축에서, 0.56 배의 시정수를 찾는다. 이 경우 상승 지수함수가 최종값의 43%임에 주목하라. 이러한 곡선의 해석이 그림 11-17에 나타나 있다.

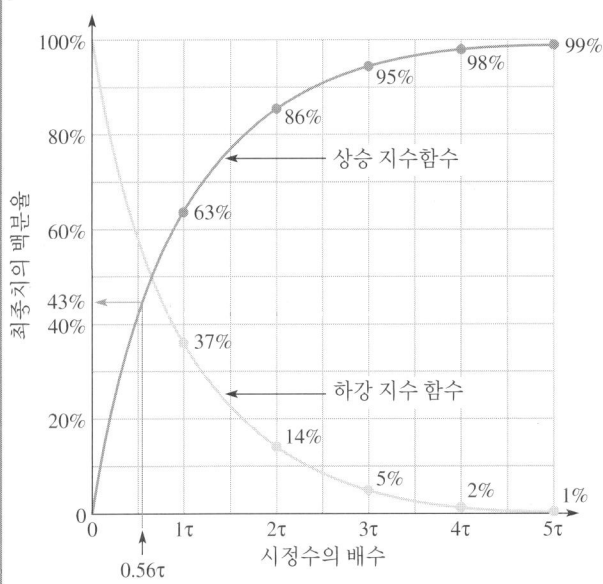

그림 11-17

회로에 옴의 법칙을 적용하여 전류의 최종값 I_f를 결정한다. 이상적으로는 전원전압을 저항으로 나누면 최종전류를 얻을 수 있다.

$$I_f = \frac{V_S}{R} = \frac{10 \text{ V}}{560 \text{ Ω}} = 17.8 \text{ mA}$$

1.5 μs에서, 전류는 최종값의 43%이다. 따라서,

$$I_{1.5\mu s} = 0.43 I_f = \textbf{7.7 mA}$$

질문

스위치가 닫힌 후 2.5μs일 때의 전류는 얼마가 되겠는가?

컴퓨터 시뮬레이션

웹사이트에 있는 Multisim 파일 F11-16AC를 열어라. 오실로스코프를 사용하여, 저항기의 파형을 관찰하라. dc 전압 전원은 예제의 사각파로 대체된다.

예제 11-7

문제

예제 11-6에서 전류가 10 mA가 되기 위해 요구되는 시간을 구하라.

풀이

옴의 법칙에 의해, 최종 전류값은 17.8 mA가 된다. 최종전류에 대한 10 mA 전류의 백분율은 다음과 같다.

$$\% \text{ 최종 전류} = \frac{10 \text{ mV}}{17.8 \text{ mA}} \times 100\% = 56\%$$

이 값은 만능곡선의 y-축의 값이고 그림 11-18의 만능곡선에서 대략적으로 0.82τ에 해당된다.

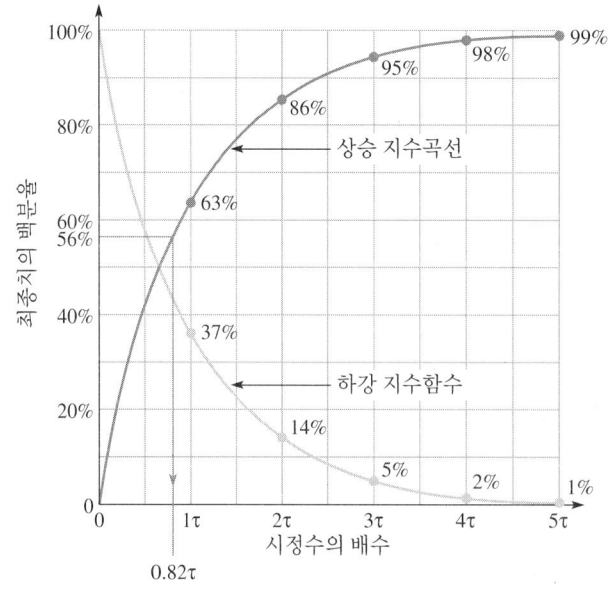

그림 11-18

시정수(그림 11-6으로부터)는 2.68 μs이다. 그러므로, $I = 10$ mA가 되는 데 걸리는 시간은 다음과 같다.

$$t = 0.82\tau = 0.82(2.68 \ \mu s) = \textbf{2.2} \ \mu s$$

질문

전류가 12 mA가 되기 위해서는 스위치가 닫힌 후 얼마의 시간이 요구되는가?

복습 질문

16. 직렬 RL 회로에서, 스위치의 개방으로 인하여 전류가 갑자기 중단되면 어떠한 현상이 발생하는가?

17. 사각파에 의해 구동되거나, 배터리에 의해 구동되거나, 또한 빠르게 열리고 닫히는 스위치에 의해 구동되는 3가지 직렬 RL 회로의 응답에는 어떤 차이점이 있는가?

18. 전압이 높은 레벨에서 낮은 레벨로 떨어질 때, 사각파에 의해 구동되는 직렬 RL 회로에는 어떤 현상이 일어나는가?

19. 사각파에 의해 구동되는 직렬 RL 회로의 인덕터 양단 전압은 어떤 형태가 되는가?

20. 1 H 인덕터가 270 Ω 저항기와 직렬연결되었을 때, 시정수는 얼마가 되는가?

AC 회로에서의 인덕터　11-5

ac 회로에서의 인덕터는 ac를 방해한다. 이러한 방해의 정도를 유도성 리액턴스라고 부르며 부분적으로 주파수에 의해서 결정된다.

이 절에서는 ac 회로에서의 인덕터의 유도성 리액턴스를 계산하는 방법을 배운다.

　dc 회로에서 인덕터는 전류의 변화를 방해하는 성분을 가지는데 만일 변화율이 더 크면 방해 성분 또한 더욱 커진다는 것을 상기하라. ac는 일정하게 변화하는 파형을 가진다. 따라서, 인덕터가 그림 11-19와 같이, ac 소스에 연결될 때, 인덕터는 전류의 변화를 방해하는 전압을 발생시킴으로써 전류의 변화에 대해서 응답한다. 그 결과로 회로 내의 전압과 전류 사이에는 위상차가 생긴다.

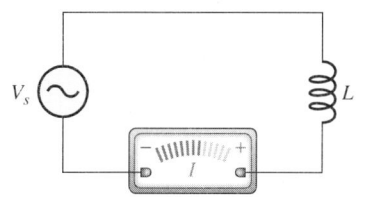

그림 11-19

ac 회로의 전류는 인덕터 때문에 제한된다.

유도성 리액턴스

그림 11-19의 회로의 인덕터는 (이상적인 인덕터이므로) 저항을 가지지 않아 전원으로부터 아무 전력도 소모하지 않는다. 그럼에도 불구하고, 인덕터는 전류의 흐름을 방해하는 전압을 발생시키므로 회로 내의 정현파 전류(ac)를 여전히 제한한다. 이러한 ac에 대한 방해를 유도성 리액턴스라고 부른다. 유도성 리액턴스에 대한 기호는 X_L로 표현되며 단위는 용량성 리액턴스 및 저항과 동일한 옴(Ω)이다. 커패시터의 경우처럼, 이상적인 인덕터는 어떠한 에너지도 소모하지 않는다. 이것은 단지 ac 사이클의 한 부분 동안 자기장에 에너지를 축적하고 사이클의 다른 부분에서 축적된 에너지를 전원에 반환한다.

주파수가 유도성 리액턴스에 미치는 영향

그림 11-20은 일정 진폭의 ac 전압원으로 사용되는 함수발생기를 보여주고 있다. 만일 그림 11-20(a)처럼 주파수가 증가하면, 전류는 감소한다. 그림 11-20(b)처럼 전원의 주파수가 감소하면, 전류는 증가한다.

주파수가 증가할 때 그 변화율 또한 증가하므로, 코일 양단의 방해 전압을 증가시킨다. 이러한 방해 전압의 증가는 주파수가 증가함에 따라 전류의 방해 또한 증가함을 나타낸다. 역으로, 주파수가 낮아질 때 그 방해는 감소될 것이다. 그러므로 유도성 리액턴스는 주파수에 비례한다.

그림 11-20

주파수가 증가할 때, 전류는 감소한다. 주파수가 감소할 때 전류는 증가한다. 인덕터 회로에 대한 결과를 그림 10-25에 나타낸 커패시터 회로와 서로 대조해 보라.

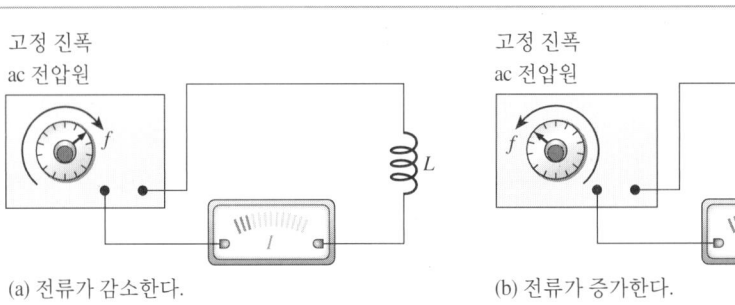

(a) 전류가 감소한다.　　　　(b) 전류가 증가한다.

그림 11-21

더 큰 인덕턴스는 회로의 전체 전류를 감소시키는데, 이는 전류의 흐름을 방해한다는 것을 나타낸다.

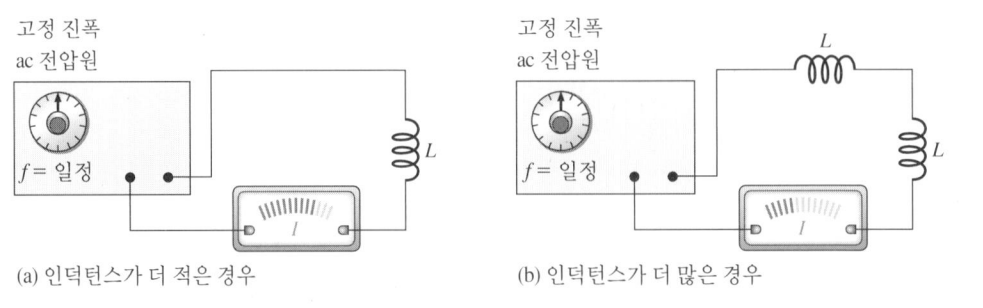

(a) 인덕턴스가 더 적은 경우　　　　(b) 인덕턴스가 더 많은 경우

인덕턴스가 유도성 리액턴스에 미치는 영향

그림 11-21(a)는 고정된 진폭과 주파수를 가지는 정현파가 인덕터에 인가될 때 회로에 일정한 크기의 ac가 존재하는 것을 보여준다. 그림 11-21(b)처럼 동일한 인덕터를 직렬로 연결하여 회로의 전체 인덕턴스를 두 배로 하면, 예전과 동일한 주파수와 인가 전압에 대해서 회로 전류가 절반으로 된다. 물론, 이것은 원래의 인덕터를 두 배의 인덕터로 대체하는 것과 같다. 따라서, 직렬로 연결된 더 큰 인덕턴스는 전류의 감소 또는 전류에 대한 방해의 증가를 나타낸다.

유도성 리액턴스에 대한 공식

유도성 리액턴스의 크기는 주파수와 인덕턴스에 비례한다. 두 가지 개념이 비례성으로 결합된다.

X_L은 fL에 비례한다.

X_L과 fL을 관련시키는 비례상수는 2π이다. 2π 항은 용량성 리액턴스 공식과 마찬가지로 헤르츠보다는 각주파수에 기초한다. 2π 항은 f를 라디안/초로부터 헤르츠로 변환하기 위하여 도입된다. 따라서, 유도성 리액턴스(X_L)에 대한 공식은 다음과 같다.

$$X_L = 2\pi fL \tag{11-6}$$

여기서 X_L은 옴 단위의 유도성 리액턴스이고, f는 헤르츠 단위의 주파수이고, L은 헨리 단위의 인덕턴스이다.

	예제 11-8

문제

주파수가 10 kHz인 경우 4.7 mH 인덕터에 대한 유도성 리액턴스를 구하라.

풀이

식 (11-6)을 적용한다.

$$X_L = 2\pi fL = 2\pi(10\text{ kHz})(4.7\text{ mH}) = \mathbf{295\ \Omega}$$

질문

주파수가 절반으로 되면 유도성 리액턴스는 얼마가 되겠는가?

유도성 AC 회로에서의 옴의 법칙

인덕터의 리액턴스는 저항기의 저항과 유사하다. 앞 장에서 배운 것처럼, 용량성 리액턴스는 전류에 대한 방해이며 옴으로 측정된다. 마찬가지로, 유도성 리액턴스는 전류에 대한 방해를 나타내며 역시 옴으로 측정된다. 옴의 법칙은 인덕터 회로에도 적용되며 다음과 같이 표현된다.

$$I = \frac{V_L}{X_L} \tag{11-7}$$

여기서 V_L은 인덕터 양단의 전압이다.

옴의 법칙을 유도성 ac 회로에 적용할 수 있지만, 전류와 전압 모두 일관된 방식(rms, 피크, 피크-피크)으로 표현되어야 함을 명심하라.

예제 11-9

문제

그림 11-22의 회로에 대한 전류를 구하라. 코일은 이상적(저항이 0)이라고 가정한다.

풀이

먼저, 유도성 리액턴스를 구한다.

$$X_L = 2\pi f L = 2\pi (15\ \text{kHz})(6.8\ \text{mH}) = 641\ \Omega$$

인덕터 회로에 옴의 법칙을 적용한다. 전원 전압은 인덕터에 직접 인가된다. 따라서,

$$I = \frac{V_L}{X_L} = \frac{10\ \text{V}}{641\ \Omega} = \textbf{15.6 mA}$$

V_s
10 Vrms
15 kHz

L
6.8 mH

그림 11-22

질문

두 번째 6.8 mH 인덕터가 첫 번째 인덕터와 병렬로 연결된다면 전체 전류는 얼마가 되는가?

컴퓨터 시뮬레이션

웹사이트에 있는 Multisim 파일 F11-22AC를 열어라. 회로의 전류를 확인하라.

유도성 위상 관계

정현 전압이 0 교차점에서 가장 빠른 변화율로 변한다는 것을 상기하라. 피크에서는, 곡선이 최대치에 도달하여 방향을 바꾸기 때문에 곡선의 변화율은 0이 된다.

인덕터 양단에 유도된 전압은 인덕터 전류의 변화율에 비례한다. 따라서, 최대 유도전압은 전류의 변화율이 최대가 될 때(양의 0 교차점에서) 발생한다. 마찬가지로, 유도전압은 전류의 기울기가 음(−)의 최대치가 될 때(음의 0 교차점에서) 최소값을 가진다. 전류 파형의 피크에서, 변화율이 0이 되므로, 인덕터의 유도전압 또한 0이 된다.

그림 11-23
인덕터에서 전압은 전류보다
항상 위상각이 앞선다.

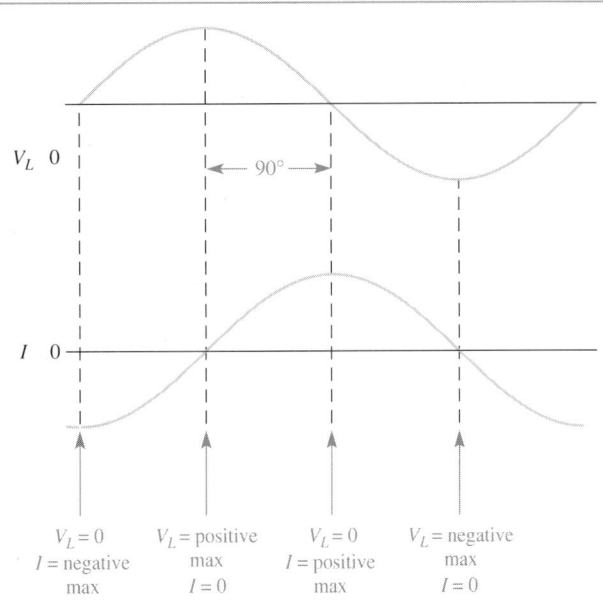

이러한 인덕터 전류와 전압 사이의 위상 관계가 그림 11-23에 나타나 있다. 그림에서 알 수 있듯이, 전압 최대치는 전류가 최대가 되기 전 1/4 사이클 전에 발생한다. 따라서, 인덕터에서 전압은 전류보다 위상이 90° 만큼 앞선다.

복습 질문

21. 인덕터의 유도성 리액턴스를 결정하는 두 가지 요소는 무엇인가?

22. 유도성 리액턴스의 단위는 무엇인가?

23. 유도성 리액턴스와 용량성 리액턴스를 서로 비교하라. 주파수가 증가함에 따라 함께 증가하는 것은 무엇인가?

24. 유도성 회로에 적용되는 옴의 법칙을 기술하라.

25. ac 회로에서 인덕터의 전류 및 전압 사이의 위상 관계를 기술하라.

인덕터의 응용 11-6

인덕터는 커패시터보다 제한된 응용을 가진다. 이것은 크기, 가격, 회로 요구조건 등의 다양한 요소에 기인한다. 비록 인덕터가 커패시터보다 적은 응용을 가진다 하더라도, 무선 주파수(rf) 회로에서는 필수적이다.

이 절에서는 인덕터의 몇 가지 중요한 응용을 배운다.

고주파에서의 인덕터

무선 주파수(rf)는 일반적으로 약 10 kHz에서부터 마이크로파 영역(약 1 GHz)에 이르는 오디오 주파수 위의 주파수로 간주된다. 이 범위 내에서, 물리적인 부품들(저항기, 커패시터, 인덕터)이 회로에 사용되는데, 매우 높은 주파수에서는 상이하게 동작한다. 낮은 주파수에서는, 보통의 부품은 이상적으로 취급된다. 보다 높은 rf 주파수에서는, 비이상적인 부품 특성이 보다 중요해진다. 도선을 연결하면 회로에 인덕턴스가 첨가되는데, 마이크로파 영역에서 이러한 현상은 더욱 중요해진다. 예를 들면 마이크로파 영역에서 커패시터의 리드는 인덕터처럼 동작한다. 마찬가지로, 회로 보드의 선로 사이의 커패시턴스도 중요해진다. 마이크로파 영역에서, 이러한 복잡한 상호작용은 회로에 예상치 못한 영향을 끼친다. 고주파 영역 특히 인덕터를 포함하는 회로에서의 계산은 보다 근사화된다는 데에 유의하라.

이미 알고 있듯이, 유도성 리액턴스는 주파수에 종속적이므로, 인덕턴스 효과는 오디오 주파수보다는 rf에서 보다 중요하다. 보다 낮은 주파수에서, 인덕터는 일반적으로 코어에 감겨 있다. 이것은 더 적은 권선수로 더 큰 인덕턴스를 제공함으로써, 인접 부품에 원치 않는 자기 결합(magnetic coupling)을 최소화시키는 장점을 제공한다. 매우 높은 무선 주파수에서는, 공기 코어 인덕터가 보다 일반적이다.

RF 초크

rf 회로에서의 인덕터 용도 중 하나는 rf 단의 무선 주파수가 전원공급장치 또는 오디오 주파수 증폭기와 같은 시스템의 다른 부분으로 유입되는 것을 막는 것이다. 인덕터는 라인에서 포착된 원치 않는 rf 신호를 차단시키는 직렬 여파기로 사용된다(그래서 이름이 'rf choke' 이다). rf 단을 위해 rf 초크가 전원공급장치 라인과 직렬로 연결되는 것이 일반적이다. 무선 주파수에서, rf 초크의 리액턴스는 매우 커지며 전원공급장치로부터의 dc는 통과시키는 반면 고주파 전류는 차단한다. rf 초크로 사용되는 인덕터의 기본적인 구성이 그림 11-24에 나타나 있다.

RF 초크는 무선 주파수의 통과는 더 많이 방해하고 dc의 통과는 보다 적게 방해하는 다른 응용에서도 사용된다. 고주파에서의 rf 초크는 낮은 주파수에서의 저항기처럼 동작한다는 것을 알 수 있다. 또한 빠른 과도현상이 인접 회로에 간섭을 일으키는

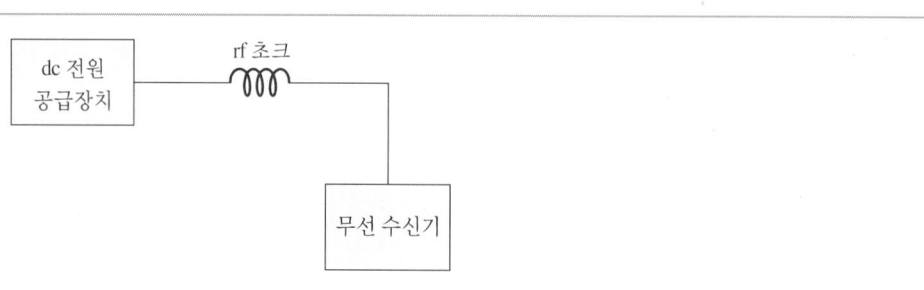

그림 11-24

수신기로부터 전원공급장치로의 무선 주파수를 차단하는 데 사용되는 rf 초크

디지털 회로에서도 rf 초크가 사용된다는 것을 알 수 있다.

공진 회로

인덕터의 가장 중요한 응용 중의 하나는 통신시스템의 주파수 선택을 위하여 사용되는 것이다. 이러한 응용에서, 인덕터는 어떤 주파수는 선택하고 다른 주파수는 차단하기 위해 커패시터와 결합되어 사용된다. 주파수 선택성 회로는 공진 회로(또는 **동조 회로**)라고 알려져 있다. 이러한 회로는 협대역의 주파수는 통과시키는 반면, 그 외 다른 주파수 대역은 차단한다. TV 튜너도 이러한 원리에 기초를 두며, 가용 채널 중의 하나를 선택할 수 있게 한다.

주파수 선택성은 커패시터와 인덕터의 리액턴스가 서로 반대되는 방식으로 주파수에 종속적이라는 사실에 기초를 둔다. 주파수가 증가함에 따라, 인덕터의 리액턴스는 증가하고 커패시터의 리액턴스는 감소한다. 커패시터와 인덕터의 리액턴스가 같아지는 주파수에서 회로는 공진(resonance)이라고 불리는 독특한 응답을 가진다. 동조된 LC 회로는 12-6절(직렬)과 13-5절(병렬)에서 다루게 된다.

동조 회로에 대한 또 다른 응용은 통신시스템 및 실험실의 다양한 계측기에서 일반적으로 사용되는 발진기이다. 발진기는 주기적인 파형을 만드는 회로라는 것을 상기하라. 어떤 발진기는 특정 주파수를 만들기 위해 LC 회로를 사용한다. 널리 사용되는 발진기 중의 하나인 Hartley 형은 정궤환(positive feedback)이라고 불리는 과정을 통하여 출력의 일부가 입력쪽으로 되돌리기 위하여 탭을 가진 코일을 사용한다. 만일 궤환된 신호가 입력과 동위상일 때에만 발진을 위한 신호 증강 현상이 일어난다.

여파기

여파기는 주파수 선택성 회로이다. 무선 주파수에서, 인덕터는 원하는 회로 응답을 얻기 위해 매우 유용하다. 낮은 주파수에서, 합리적인 유도성 리액턴스를 제공하는 인덕터는 매우 큰 값을 가지고 가격 또한 비싸므로, 특수한 용도를 제외하고는 거의 사용되지 않는다. 이런 특수한 용도 중의 하나가 스피커 시스템의 교차 회로이다. 이 회로는 고주파는 스피커의 한쪽 부분으로 보내고 저주파는 다른 쪽으로 보낸다.

지연 선로

컬러텔레비전에서, 컬러 신호와 흑백 신호는 별도로 처리된다. 이들 두 신호는 화상 튜브에 디스플레이하기 위하여 함께 가져와야 하는데 작은 타이밍 차이를 먼저 수정해야 한다. 더 빠른 신호와 더 느린 신호를 동기시키기 위하여 빠른 신호의 지연이 필요한데, 이때 **지연선로코일**(delay line coil)이라고 불리는 작은 인덕터가 사용된다.

지연 라인은 다른 시스템에서도 사용된다. 다른 사용 예는 큰 코일이 주로 사용되는 아날로그 오실로스코프 내부에 있다. 이러한 지연 라인의 목적은 신호를 화면으로 보내기 전에 트리거 회로를 구동하여 CRT를 가로질러 빔을 이동시키는 것이다. 이 신호가 트리거 회로를 구동한 후에 지연 라인을 통과함으로써 신호의 지연이 이루어진다.

복습 질문

26. rf의 주파수 범위는?

27. 언제 회로 동작이 비이상적이 되는가?

28. rf 초크란 무엇인가? rf 초크는 어떠한 신호를 통과시키는가?

29. 동조 회로에서 필수적인 두 가지 부품은 무엇인가?

30. 발진기란 무엇인가?

단원 복습

주요 용어

- **공진 회로(resonant circuit)** 모든 대역에서 특정 대역의 주파수를 선택하기 위한 주파수 선택성 LC 회로.
- **유도성 리액턴스(inductive reactance)** ac에 대한 인덕터의 방해 정도. 단위는 옴이다.
- **인덕터(inductor)** 특정한 유도성을 가지는 도선 코일로 구성된 기본적인 수동 소자.
- **인덕턴스(inductance)** 전류의 변화를 방해하는 도체의 성질. 이 효과는 코일에서 매우 커진다.
- **정궤환(positive feedback)** 입력 신호를 증강하기 위한 목적으로 출력의 일부를 입력쪽으로 되돌리는 과정. 궤환된 신호가 입력신호와 동위상일 때만 증강이 발생된다.
- **헨리(Henry)** 인덕턴스의 단위. 1 헨리는 전류가 초당 1 암페어만큼 변할 때 1 볼트를 유도하는 인덕턴스의 양이다.

요점

❏ 코일에 흐르는 전류가 변할 때, 코일에는 항상 전류의 변화를 방해하는 유도 전압이 생성된다.

❏ 코일의 인덕턴스는 권선수 및 코일 재료 뿐만 아니라 코어의 지름과 길이에 의해서 결정된다.

❏ 실제 인덕터는 저항 및 커패시턴스를 가지므로 이상적이지 않다.

❏ 병렬 연결된 인덕터의 전체 인덕턴스는 각 인덕턴스의 역수의 합을 구한 후 역수를 취한 것과 같다.

❏ 직렬 연결된 인덕터의 전체 인덕턴스는 각 인덕턴스의 합과 같다.

❏ *RL* 회로의 시정수는 인덕턴스와 저항의 비이다.

❏ 만능 시정수 곡선은 전압이 *RL* 회로에 인가된 후 어느 시간에서의 전압 및 전류를 구하기 위하여 사용된다.

❏ ac에 대한 인덕터의 방해 특성을 유도성 리액턴스라고 한다. 유도성 리액턴스에 대한 기호는 X_L이고, 단위는 옴(Ω)이다.

❏ 유도성 리액턴스는 주파수에 비례한다.

❏ 인덕터에서의 교류는 인덕터 양단 전압보다 위상이 90°만큼 뒤진다.

❏ 인덕터는 동조 회로, 발진기, 여파기 및 지연 라인에서 사용된다.

공식

코일의 인덕턴스:

$$L = \frac{N^2 \mu A}{l} \tag{11-1}$$

직렬 연결된 인덕터의 인덕턴스:

$$L_T = L_1 + L_2 + L_3 + \cdots + L_n \tag{11-2}$$

병렬연결된 인덕터의 인덕턴스:

$$L_T = \cfrac{1}{\cfrac{1}{L_1} + \cfrac{1}{L_2} + \cfrac{1}{L_3} + \cdots + \cfrac{1}{L_n}} \tag{11-3}$$

병렬연결된 인덕터 두 개의 인덕턴스:

$$L_T = \frac{L_1 L_2}{L_1 + L_2} \tag{11-4}$$

RL 회로의 시정수:

$$\tau = \frac{L}{R} \tag{11-5}$$

유도성 리액턴스:

$$X_L = 2\pi f L \tag{11-6}$$

인덕터 회로에서의 옴의 법칙:

$$I = \frac{V_L}{X_L} \tag{11-7}$$

단원 확인 문제

1. 코일의 인덕턴스는 다음 중 어느 것에 반비례하는가?

   (a) 길이   (b) 지름

   (c) 권선수   (d) 위의 모두

2. 인덕턴스의 단위는?

   (a) 옴   (b) 패러드

   (c) 헨리   (d) 웨버

3. 인덕터 양단 전류가 변할 때, 이 변화를 방해하는 전압이 유도된다. 위 표현은 어느 법칙을 요약한 것인가?

   (a) 옴의 법칙   (b) 키르히호프의 전압 법칙

   (c) 패러디의 법칙   (d) 렌쯔의 법칙

4. 저항계는 일반적으로 코일의 어떠한 상태를 발견하는 데 사용되는가?

   (a) 단락   (b) 개방

   (c) (a) 또는 (b)   (d) 해당 없음

5. 직렬연결된 두 인덕터의 전체 인덕턴스는 다음의 어느 것과 같은가?

   (a) 각 인덕턴스의 합

   (b) 두 인덕턴스의 곱

   (c) (두 인덕턴스의 곱)/(두 인덕턴스의 합)

   (d) 두 인덕터의 역수의 합

6. 병렬연결된 두 인덕터의 전체 인덕턴스는 다음의 어느 것과 같은가?

   (a) 각 인덕턴스의 합

   (b) 두 인덕턴스의 곱

   (c) (두 인덕턴스의 곱)/(두 인덕턴스의 합)

   (d) 두 인덕터의 역수의 합

7. dc 전압원이 인덕터에 인가될 때, 전류는 어떻게 되는가?

   (a) 즉시 어떤 값이 되고, 그 후 0으로 감소한다.

   (b) 일정하게 된다.

   (c) 처음에는 음(−)의 값을 가지다가 나중에 양(+)의 값이 된다.

   (d) 점차적으로 최종 값으로 증가한다.

8. dc 전압원이 인덕터에 인가될 때, 인덕터 전압은 어떻게 되는가?

   (a) 즉각적으로 어떤 값이 되고, 그 후 0으로 감소한다.

   (b) 일정하게 된다.

   (c) 처음에는 음(−)의 값을 가지다가 나중에 양(+)의 값이 된다.

   (d) 점차적으로 최종 값으로 증가한다.

9. *RL* 직렬 회로의 시정수는 다음 어느 것과 비례하는가?

   (a) 인덕턴스   (b) 저항

   (c) (a), (b) 모두   (d) 해당 없음

10. *RL* 직렬 회로가 정현파 전원에 의해서 구동된다. 만일 주파수가 증가한다면, 저항기

양단 전압은 어떻게 되는가?

(a) 감소한다.   (b) 변함이 없다.

(c) 증가한다.

11. 정현파 전압이 인덕터에 인가된다고 가정한다. 만일 전압이 증가한다면, 인덕터의 리 액턴스는 어떻게 되는가?

(a) 감소한다.   (b) 변함이 없다.

(c) 증가한다.

12. 직렬 RL 회로에서, 인덕터 양단 전압은 어떻게 되는가?

(a) 전류보다 위상이 앞선다.   (b) 전류와 동위상이다.

(c) 전류보다 위상이 뒤진다.

13. 직렬 RL 회로에서, 저항기 양단 전압은 어떻게 되는가?

(a) 전류보다 위상이 앞선다.   (b) 전류와 동위상이다.

(c) 전류보다 위상이 뒤진다.

14. 무선 주파수 라인에서 고주파를 차단하기 위한 여파기로 사용되는 직렬 인덕터를 지 칭하는 말은 무엇인가?

(a) 초크   (b) 동조 회로

(c) 고역 통과 여파기   (d) 지연 라인

문제

1. 만일 권선수가 2배로 되고 나머지 다른 요소들은 변하지 않는다면, 코일의 인덕턴스 는 어떻게 되는가?

2. 만일 자기 코어가 공기 코어 대신 사용된다면, 코일의 인덕턴스는 어떻게 변하는가?

3. 무엇이 표유 용량을 발생시키며, 이것이 언제 문제가 되는가?

4. 인덕터의 회로 기호에서 공기 코어는 어떻게 표시되는가?

5. 가변 인덕터의 기호는 어떻게 표시되는가?

6. 인턱턴스를 변화시키기 위하여 인덕터 내에서 철 코어를 위 아래로 움직이는 이유는 무엇인가?

7. 노랑, 보라, 오렌지, 금색 띠로 표시된 캡슐형 코일의 인덕턴스는 얼마인가?

8. 인덕터에 전류가 흐를 때 에너지는 어디에 저장되는가?

9. 만일 전류가 갑자기 떨어진다면, 인덕터의 저장된 에너지는 어떻게 되는가?

10. RL 회로가 사각파에 의해 구동될 때, 인덕터 양단 전압은 양의 값과 음의 값 사이를 교번할 것이다. 그 이유는 무엇인가?

11. 만일 인덕턴스 값이 L인 3개의 동일한 인덕터가 직렬로 연결되었을 때 인덕턴스 값 은 얼마가 되는가?

12. 만일 인덕턴스 값이 L인 3개의 동일한 인덕터가 병렬로 연결되었을 때 인덕턴스 값 은 얼마가 되는가?

13. 사각파 발생기에 의해 구동되는 직렬 RL 회로의 시정수를 측정하기 위해서는 오실로

스코프를 어떻게 사용해야 하는가?

14. 사각파 발생기에 의해서 구동되는 *RL* 회로의 저항기 하강 지수함수 전압을 언제 관찰할 수가 있는가?

15. 상승 지수함수 파형이 최종값의 10%에서 90%로 되는 데 몇 배의 시정수가 요구되는가?

16. 유도성 리액턴스가 ac 회로에서 전류를 어떻게 제한하는가?

17. ac 회로에서 코일 양단의 유도전압과 코일 전류 간의 관계는?

18. 지연 라인이 사용되는 예를 들어라.

기본 문제

1. 270 μH를 mH로 변환하라.

2. 56 mH를 μH로 변환하라.

3. 인덕터가 6 mm 지름과 20 mm 길이를 가지는 베이클라이트 코어에 미세 도선으로 400회의 권선수를 가진다. 베이클라이트가 공기와 동일한 투자율을 가진다고 가정한다. 인덕턴스는 얼마가 되는가?

4. 만일 문제 3의 인덕터의 베이클라이트가 3.5×10^{-3} Wb/At-m의 투자율을 가지는 코어로 대체된다면, 인덕턴스는 얼마가 되는가?

5. 플라스틱 코어에 150회의 권선수와 3.5×10^{-3} m²의 단면적을 가지는 10 mm 길이의 인덕터의 인덕턴스는 얼마가 되는가?

6. 만일 3개의 15 mH 인덕터가 직렬로 연결된다면, 전체 인덕턴스는 얼마가 되는가?

7. 만일 3개의 15 mH 인덕터가 병렬로 연결된다면, 전체 인덕턴스는 얼마가 되는가?

8. 150 μH 인덕터가 1.0 mH 인덕터와 직렬로 연결되었을 때, 전체 인덕턴스는 얼마가 되는가?

9. 150 μH 인덕터가 1.0 mH 인덕터와 병렬로 연결되었을 때, 전체 인덕턴스는 얼마가 되는가?

10. 47 mH 인덕터가 470 Ω 저항기와 직렬로 연결되었을 때, 시정수는 얼마가 되는가?

11. (a) 그림 11-25에서, 시정수는 얼마인가?

(b) 스위치가 닫히고 3초 후에 저항기 전압은 얼마가 되는가?

(c) 5배 시정수가 경과한 후, 회로의 최종 전류는 얼마가 되는가?

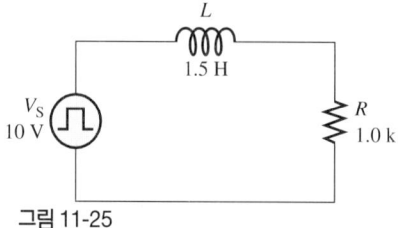

그림 11-25

12. 직렬 *RL* 회로에서, 다음의 각 조합에 대해서 스위치가 닫힌 후 전류가 최대값이 되는 데 걸리는 시간을 구하라.

(a) $R = 220 \, \Omega$, $L = 100 \, mH$

(b) $R = 5.6 \, k\Omega$, $L = 470 \, \mu H$

(c) $R = 6.8 \, k\Omega$, $L = 2.2 \, mH$

13. 만일 주파수가 20 kHz라면, 15 mH 인덕터의 유도성 리액턴스를 구하라.

14. 50 MHz에서 33 μH 인덕터의 유도성 리액턴스를 구하라.

15. 그림 11-26에 보인 인덕터 회로의 전체 인덕턴스와 전체 리액턴스를 계산하라.

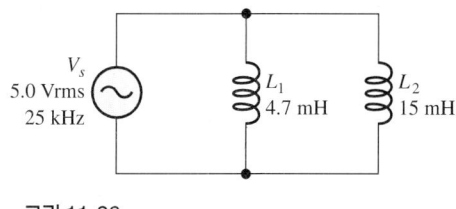

그림 11-26

16. 그림 11-26의 회로에서 전체 전류와 각 인덕터 전류는 얼마인가?

기본 – 플러스 문제

17. 연필에 감겨 있는 40 μH 인덕터를 만드는 데 요구되는 도선의 권선수는 얼마인가? 연필의 지름은 7 mm이고 코일의 길이는 25 mm라고 가정한다.

18. 10 mm 지름의 저 탄소 강철 코어가 2cm 간격으로 250회 감겨 있다. 인덕터가 1.0 kΩ 저항기와 직렬로 연결되었다면, 시정수가 얼마가 되겠는가? 코어의 투자율은 1.0×10^{-3} Wb/At-m 라고 가정한다.

19. 두 개의 인덕터가 병렬연결되었을 때 전체 인덕턴스가 333 μH이다. 그 중 하나가 560 μH의 인덕턴스를 가진다. 다른 인덕터의 인덕턴스는 얼마인가?

20. 전류가 10%에서 90%로 변하는 데 걸리는 시간이 직렬 *RL* 회로에서 측정되며, 그 값은 120 μs이다. 저항 값은 1.0 kΩ이다.

(a) 시정수는 얼마인가?

(b) 인덕터의 인덕턴스는 얼마인가?

21. 그림 11-27의 회로에서, 인덕터 양단 전압이 저항기 양단 전압과 같아지는 주파수를 계산하라.

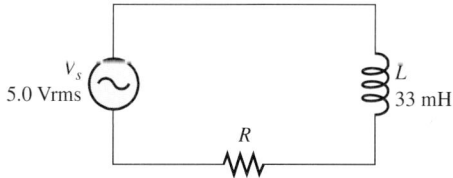

그림 11-27

해답

예제 질문

11-1: 6.0 mH

11-2: 22,000 μH

11-3: 438 μH

11-4: 35.2 μH

11-5: 206 μs

11-6: 10.8 mA

11-7: 3.0 μs

11-8: 리액턴스는 역시 1/2이 된다. $X_L = 148\ \Omega$.

11-9: 31.2 mA

복습 질문

1. 인덕턴스는 전류의 변화를 방해하는 도체(또는 코일)의 성질이다.

2. 코일에 흐르는 전류가 변할 때, 항상 전류의 흐름을 방해하는 유도 전압이 코일 양단에 생성된다.

3. 헨리

4. 코어 재료, 권선수, 단면적, 및 코일 길이

5. 등가 회로는 직렬 저항기와는 직렬로, 커패시터와는 병렬로 연결되는 인덕터로 구성된다. 그림 11-4를 참조하라.

6. 철 코어

7. 전형적인 방법은 코어 재료를 움직이는 것이다.

8. 노랑, 보라, 갈색, 금색

9. 22 mH ± 10%

10. 단순한 시험은 저항계로 연속성을 점검하는 것이다. 이 값에 대한 시험은 인덕턴스 미터 또는 오실로스코프를 이용하여 간접적으로 행해진다.

11. 전체 인덕턴스는 각 인덕터의 합과 같다.

12. 전체 인덕턴스는 각 인덕터의 역수합의 역수와 같다.

13. 정확하게 두 개의 인덕터에 대해서 사용한다.

14. 14.1 mH

15. 1.57 mH

16. 전류의 변화를 방해하는 큰 전압이 코일(그리고 스위치) 양단에 나타난다.

17. 전압이 0으로 될 때, 사각파 발생기는 낮은 저항 경로를 보인다. 스위치는 매우 높은 저항 경로를 보인다.

18. 전류는 회로의 시정수에 의해서 결정되는 변화율로 0을 향해 지수함수적으로 감소한다.

19. 인덕터 양단 전압은 사각파에 의해 증가한 후, 자기장이 축적됨에 따라 0으로 감소한다. 사각파가 감소할 때, 인덕터 양단 전압은 사각파와 크기는 같고 부호가 반대로 된

후에 다시 0으로 감소한다.

20. 3.70 ms

21. 인덕턴스와 주파수

22. 옴

23. 유도성 및 용량성 리액턴스는 전류의 흐름을 방해한다. 유도성 리액턴스는 주파수가 높아짐에 따라 증가하고, 용량성 리액턴스는 주파수가 높아짐에 따라 작아진다.

24. $I = V_L/X_L$

25. 인덕터는 전류가 전압보다 90°만큼 위상이 앞서게 한다.

26. 일반적으로 이들은 10 kHz에서 1 GHz 범위를 가진다.

27. 보다 높은 주파수에서 비이상적이 된다.

28. rf 초크는 무선 주파수에서 높은 리액턴스를 가지도록 설계된다. 이것은 낮은 주파수와 dc를 통과시킨다.

29. 인덕터와 커패시터

30. 오실로스코프는 주기적인 파형을 만들어내는 회로이다.

단원 확인 문제

1. (a)	**2.** (c)	**3.** (d)	**4.** (b)	**5.** (a)
6. (c)	**7.** (d)	**8.** (b)	**9.** (a)	**10.** (c)
11. (b)	**12.** (c)	**13.** (b)	**14.** (a)	

직렬 교류 회로

이 장의 참고 자료는 아래 웹사이트에서 얻을 수 있다.

http://www.prenhall.com/SOE

서론

이 장에서는 저항, 커패시턴스, 및 인덕턴스로 구성되는 직렬 교류 회로를 검토하고, 직렬 공진을 소개한다. R, L, C 사이의 전압 관계를 나타내는 도구로서 페이저 다이어그램을 소개한다. 이 그림은 몇몇 기초적인 삼각법, 즉 직각삼각형의 수학에 대한 이해를 필요로 한다. 직각삼각형을 소개한 다음, 이를 직렬 RLC 회로의 교류해석에 적용한다.

직렬회로에서, 전류는 모든 소자에서 동일하다. 그러므로 전류를 기준으로 했을 때 전압이 어떻게 이동되었는지를 검토하는 것이 논리적이다. 커패시터는 항상 전압이 전류보다 위상이 뒤지도록 전압과 전류 사이의 위상을 이동시킨다. 인덕터는 반대 방향으로 위상을 이동시킨다. 이 경우에, 전압이 전류보다 위상이 앞선다. 직렬회로에서, 두 소자가 존재할 때, 큰 리액턴스를 갖는 쪽이 그 양단에 더 큰 전압이 걸리기 때문에 우세하다.

커패시터의 리액턴스와 인덕터의 리액턴스가 같을 때, 이러한 조건을 공진이라 부른다. 주파수 선택 회로는 공진 회로의 특성을 이용한다. 끝으로 이 장은 이러한 회로에 대하여 토의한다.

주요 목표

각 목표의 번호는 절의 번호이다. 이 장을 마치고 나면 여러분들은 다음과 같은 일들을 할 수 있어야 한다.

12-1 극좌표와 직교좌표 표기를 사용하여 페이저를 기술하는 방법을 설명하기

12-2 직렬 RL 또는 RC 회로에 대한 임피던스 삼각형을 그리기

12-3 직렬 RC 회로에서 전압을 계산하고, 페이저 다이어그램을 그리고, 주파수가 페이저에 어떤 영향을 주는지를 설명하기

12-4 직렬 RL 회로에서 전압을 계산하고, 페이저 다이어그램을 그리고, 주파수가 페이저에 어떤 영향을 주는지를 설명하기

11-5 직렬 RLC 회로를 해석하고, 임피던스 페이저 다이어그램 및 전압 페이저 다이어그램을 그리기

11-6 직렬 공진 회로를 해석하고, 직렬 공진 여파기를 설명하기

컴퓨터 시뮬레이션 디렉토리

다음 그림에는 관련된 Multisim 회로 파일이 있다.

실험실습 디렉토리

다음 실험은 이 장을 위한 것이다.

- 허수(imaginary number)
- 복소수(complex number)
- 직교좌표 표기(rectangular notation)
- 극좌표 표기(polar notation)
- 임피던스(impedance)
- 공진주파수(resonant frequency)
- 대역 통과 여파기(band-pass filter)
- 대역 차단 여파기(band-stop filter)
- 대역폭(bandwidth)
- 선택도(selectivity)

Sci Hi
과학
하이라이트

고형 물체는 그 재료의 기계적 성질과 기하학적 구조에 따른 진동 모드를 갖는다. 소리굽쇠는 일정한 주파수에서 진동하는 물체의 한 예이다. 고유 주파수를 갖는 진동은 공진으로 알려져 있다.

바람에 의해 일어난 기계적 공진의 엄청난 예는 개통 직후인 1940년 11월 7일에 타코마-내로우즈 다리(Tacoma-Narrows bridge)의 붕괴이다. 다리의 고유 진동 주파수는 다리에 비정상의 공기역학적인 힘을 일으킨 바람에 의해 발생되었다. 그 숙명적인 날 이후로 이 힘은 많은 연구의 주제가 되었다. 바람이 일으킨 운동은 결국 구조물을 붕괴시키는 원인이 되었다. 그러나 유일하게 불행을 당한 것은 애완용 개 한 마리뿐이었다.

고형 물체가 기계적 공진을 가질 수 있는 것과 마찬가지로, 회로는 전기적 공진을 일으킬 수 있다. 전기적 공진은 커패시터의 전기장과 인덕터의 자기장 사이에서 에너지 교환에 의해 생기는 발진 동작이다. 이 동작은 주파수 선택 회로에서 유익하게 사용된다.

12-1 페이저 양의 표현

대부분의 교류회로는 커패시터, 인덕터 및 저항의 조합으로 되어 있다. 이러한 회로는 일반적으로 서로 위상이 다른 전압과 전류를 갖는다. 교류 회로에서 전압 또는 전류는 크기와 위상 관계를 나타내는 페이저 다이어그램으로 표현될 수 있다.

이 절에서는 극좌표와 직각좌표 표기를 이용하여 페이저를 어떻게 기술하는지를 배운다.

실수

이미 우리는 실생활에서 개수를 세는 데 사용되는 수(정수, integer number)뿐만 아니라 과학과 수학에서 사용되는 무한한 개수의 무리수(irrational number, π와 같은 수)에도 익숙하다. 무리수는 정수의 비로서 표현할 수 없다. 실수(real number)는 정수 또는 무리수일 수 있으며 수직선(number line, 數直線)에 표현될 수 있다. 전형적인 수직선이 그림 12-1에 나타나 있다. 수직선은 수평으로 그리는데 우측은 양수(positive number), 좌측은 음수(negative number)이다. 실수는 양(量)의 크기를 의미한다. 실수는 양수 또는 음수일 수 있으며 정수(integer) 또는 소수(decimal)일 수 있다.

그림 12-1

정수 실수(integer real number)를 나타내는 수직선. 실수는 수직선에서 나타낼 수 있는 모든 수를 포함한다.

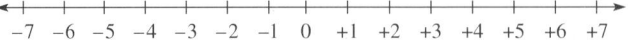

-7 -6 -5 -4 -3 -2 -1 0 +1 +2 +3 +4 +5 +6 +7

j 연산자

수학에서, **연산자**(operator)는 어떤 수학적 연산을 수행하기 위한 명령이다. 수학적 기호 +, −, ×, ÷, 및 √ 연산자이며, 이들은 수학적 연산을 수행하기 위한 속기 명령어이다.

− 연산자는 보통 뺄셈과 관련된다. 그러나 이것이 숫자에 붙을 때는 회전 연산자(rotational operator)로도 생각될 수 있다. 수직선 위에서 양수 앞에 음의 부호(−)가 놓인 것은 그 수를 180° 회전시킨 것과 등가이고 그 수를 수직선의 음수 쪽에 그린 결과가 된다. 그림 12-2에 나타낸 것처럼, − 연산자에 의해 연산된 수 5는 180° 회전하여 음수인 −5가 된다. 마찬가지로, − 연산자로 음수를 연산하면 거꾸로 180° 회전하여 양수가 된다.

또 다른 연산자는 j 연산자이다. 이것도 어떤 수에 붙으면 회전 연산자이다. j 연산자의 경우에는, 180°가 아닌 90° 만큼 반시계방향(CCW, counterclockwise)으로 수를 회전시킨다. 그림 12-3은 양수 실수가 j 연산자에 의해 회전될 때 무슨 일이 발생하는지를 보여준다. 그림에서, 실수 5를 j로 연산하고, 수 j5로서 y축에 나타낸다. 이 수 j5는

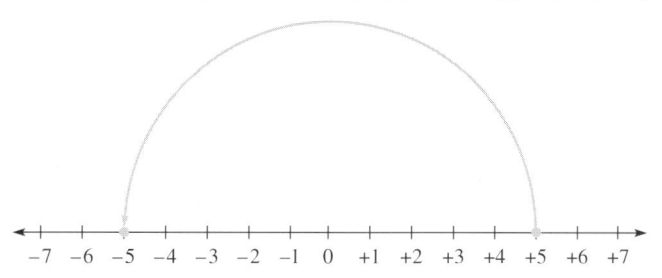

그림 12-2

− 연산자는 180° 회전과 등가이다.

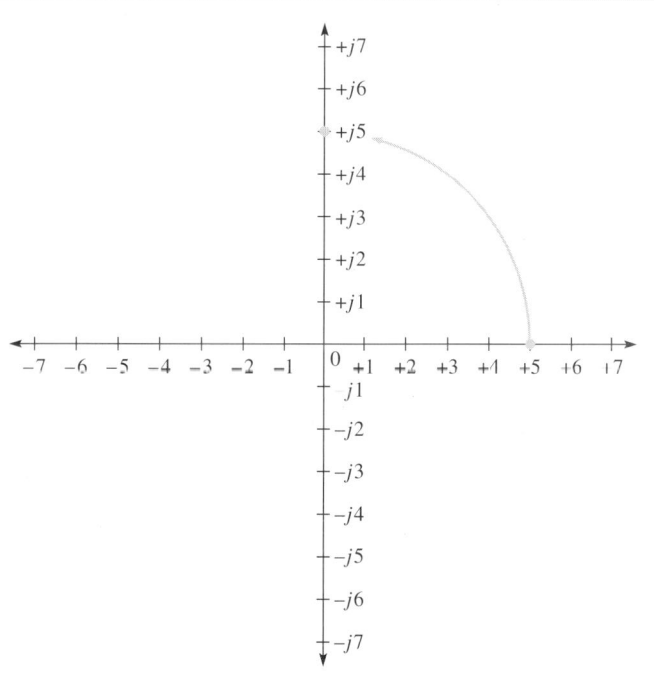

그림 12-3

연산자 j는 수를 반시계방향으로 90°만큼 회전시킨다.

수 앞에 j 연산자를 붙여 나타낸다.

허수

앞서 본 바와 같이, − 연산자는 수에 첨부될 때, 그 연산은 180° 회전한 것과 같다. 이것은 90° 회전을 두 번 한 것과 같다. 180° 회전은 $\sqrt{-1}$ 이고 $\sqrt{-1}\,\sqrt{-1}$ = −1이므로, 각각의 90° 회전은 $\sqrt{-1}$ 을 곱한 것과 같다. 자기 자신끼리 곱하여 −1을 만드는 수는 없기 때문에, $\sqrt{-1}$ 은 여러 해 동안 수학자들을 당혹시켰다. 그래서 $\sqrt{-1}$ 은 가상적이라고 말해졌고, 수에 첨부될 때, 그 수는 **허수**(imaginary number)가 된다고 말한다. 가상적(imaginary)이란 단어는 존재하지 않는 어떤 것을 의미하기 때문에 이 수에게는 잘못된 선택이다. 허수는 단순히 직각좌표계(흔히 Cartesian 좌표계라고 한다)에서 y축에 그려지는 수이다. 전자공학 계산에서, 허수는 수에 첨부된 문자 j와 함께 사용된다 (예를 들어 $j33$, $-j2.6$). 연산자 j는 다음과 같이 정의된다.

$$j = \sqrt{-1}$$

그림 12-4에서 설명한 것처럼, j 연산자의 성질은 하나의 수에 연속적으로 적용함으로써 고찰할 수 있다. 이 경우에, 수 5에 j를 곱하여 $j5$로 적는다. j를 두 번 곱하면 $j^2 5$가 된다. 앞서 본 것처럼, 이것은 −5와 같다. j를 세 번 곱하면 $-j5$가 된다. 이것은 음의 y축으로 회전한 것이다. 마지막으로, j를 네 번 곱하면 $j(-j5) = -j^2 5 = +5$이기 때문에 원래의 수를 회전시켜 원래 시작점으로 돌아오게 한다. 허수는 항상 y축에 그리고, 실수는 x축에 그린다.

12-4

수에 j를 연속해서 4번 곱하면 그 수를 회전시켜 출발점으로 되돌린다.

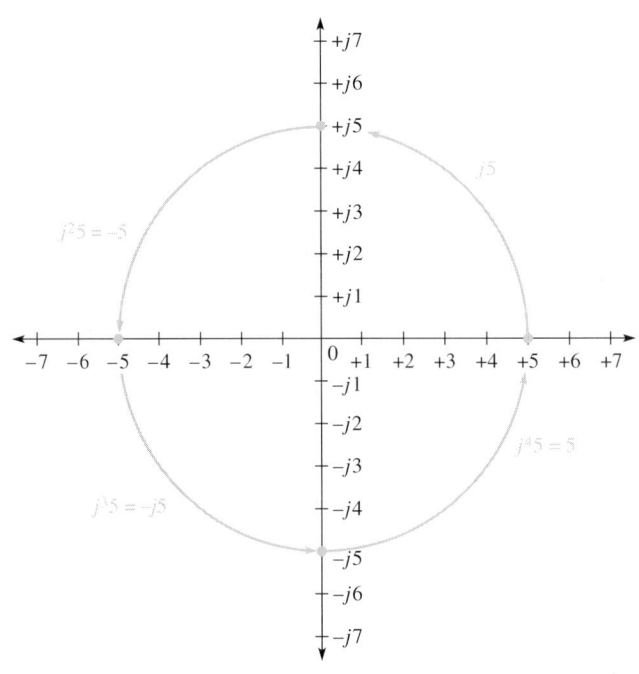

복소수

수가 실수부(x축)와 허수부(y축)로 표현될 때, 그 수를 **복소수**(complex number)라 한다. 교류 값의 표기에서, 회전 페이저의 "스냅사진"을 주어진 순간의 복소수로서 나타내는 것이 유용하다.

복소수의 표기에는 두 가지 일반적인 표기 방법이 사용된다. 두 가지 표기 방법은 모두 실수부와 허수부를 조합하는 방법을 제공한다. **직각좌표 표기**(rectangular notation)에서, 먼저 x축을 따르는 거리는 실수항으로 주어지며 다음에 y축을 따르는 거리는 허수항으로 주어진다. 그림 12-5는 직각좌표 표기에서 어떻게 복소수가 표기되는지를 설명한다.

극좌표 표기(polar notation)는 복소수를 표현하는 두 번째 방법이다. 극좌표 표기에서, 실수부와 허수부는 각도가 뒤따르는 하나의 크기의 수로 조합된다. 그림 12-6은 그림 12-5에 나타낸 세 개의 복소수를 극좌표 표기를 이용하여 나타낸 세 개의 예를 보여준다. 각각의 선 길이는 축의 척도에 따르고, 각도는 양의 x축으로부터 반시계방향으로 측정됨을 주목하라.

페이저는 회전벡터이고, 9-2절로부터 페이저는 그것과 관련된 크기와 방향을 가진다는 것을 상기하라. 페이저는 복소수를 사용하여 표기된다. 예를 들면, 그림 12-5와 12-6에 보이는 수들이 교류에 적용될 때, 이 수들은 리액턴스, 전류, 또는 전압과 관련될 것이고 이들에게 해당되는 단위를 갖는다. 이런 경우, 이들을 **페이저**(phasor)라 부른다.

직각삼각형

복소수를 표현하기 위한 직각좌표 표기와 극좌표 표기는 직각삼각형과 관련된다. 이

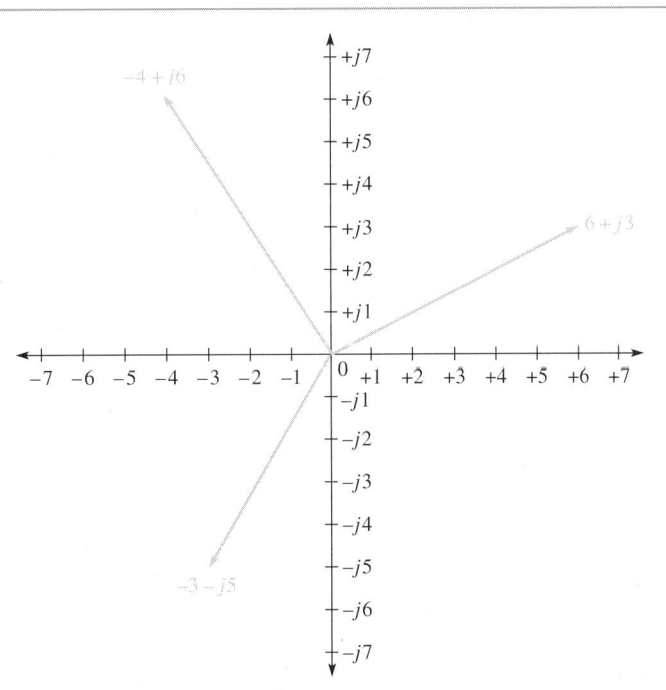

그림 12-5

직각좌표 표기를 이용하여 나타낸 복소수

그림 12-6

극좌표 표기를 사용하여 기술
된 복소수. 이들은 그림 12-5에
나타낸 것과 같은 복소수이다.

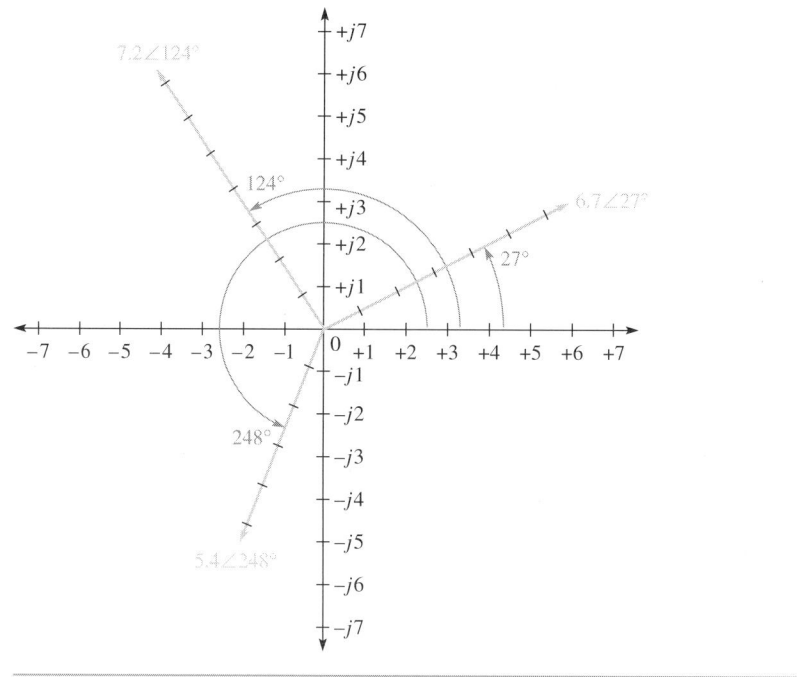

것은 90° 각도를 갖는 삼각형이다. 1사분면과 4사분면에 있는 페이저에 대하여 그림
12-7에서 설명하는 것처럼, x축에 어떤 페이저의 끝으로부터 직선을 내림으로써 직각
삼각형이 만들어진다. 삼각형의 변들은 x축과 y축에 평행하다. 직각삼각형은 복소수
로 관계를 보여주는 단순화된 방법이고 교류 직렬 및 교류 병렬 회로에 대한 식을 전
개하는 개념에 사용될 것이다. 수직변은 y축(j)을 따르는 길이를 근거로 정의될 수 있
고, 수평변은 x축을 따르는 길이를 근거로 정의될 수 있다.

그림 12-7

페이저는 직각삼각형과 직접
관련된다.

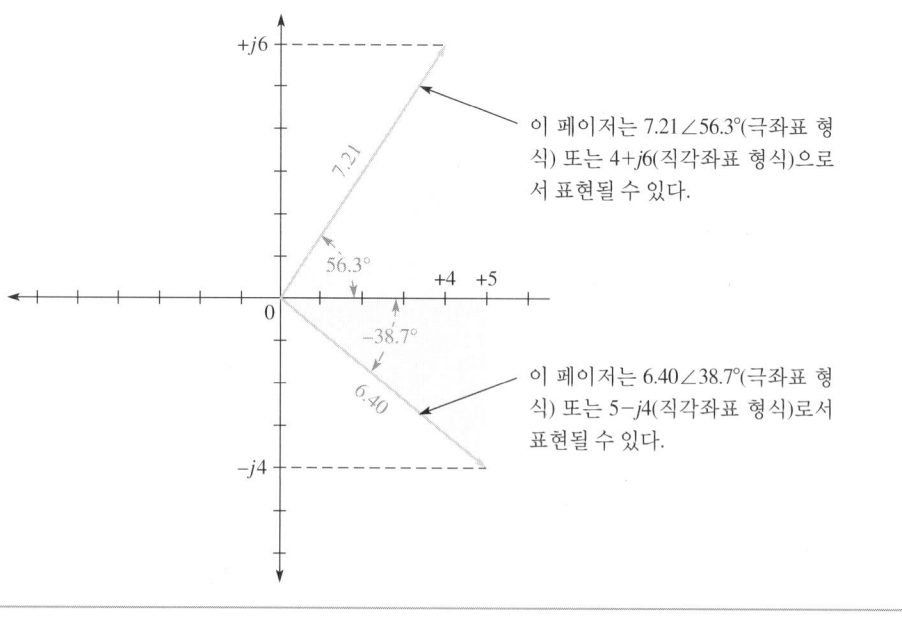

이 페이저는 7.21∠56.3°(극좌표 형
식) 또는 4+j6(직각좌표 형식)으로
서 표현될 수 있다.

이 페이저는 6.40∠38.7°(극좌표 형
식) 또는 5−j4(직각좌표 형식)로서
표현될 수 있다.

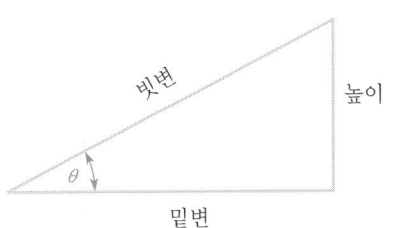

그림 12-8
직각삼각형의 삼각법 관계

그림 12-8은 직각삼각형과 관련된 일반적인 이름을 설명한다. 변은 기준각 θ를 기준으로 명명된다. 사인, 코사인 및 탄젠트(줄여서 sin cos 및 tan)의 삼각함수는 아래의 정의에서 주어진 것처럼 변과 변의 비이다.

$$\sin \theta = \frac{높이}{빗변}$$

$$\cos \theta = \frac{높이}{빗변}$$

$$\tan \theta = \frac{높이}{밑변}$$

이들 정의는 크기가 무엇이든 관계없이, 모두 직각삼각형에 근거하고, 페이저 계산에 편리하게 사용된다. 이들 관계를 적용함으로써, 우리는 미지의 각도 또는 주어진 직각삼각형의 변을 구할 수 있다. 교류 회로 계산을 위하여, 삼각형의 변들은 성분을 통과하는 전압과 같은, 관심을 갖는 값의 하나를 나타낼 것이다.

문제

삼각함수를 이용하여, 그림 12-9에 보이는 각각의 직각삼각형의 각도 θ를 구하라.

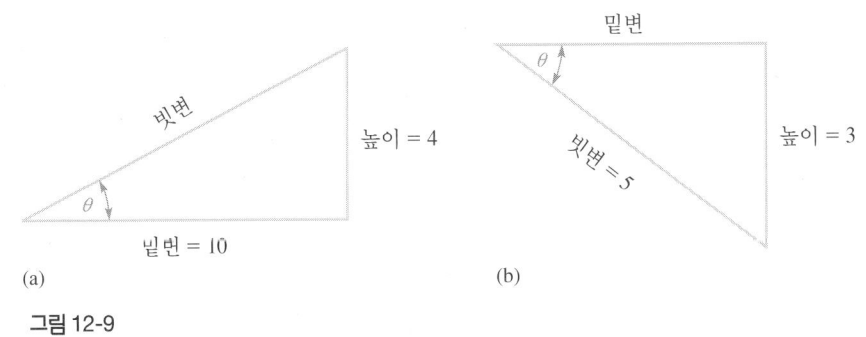

그림 12-9

풀이

(a) 높이와 밑변을 알고 있다. 밑변에 대한 높이의 비는 탄젠트함수를 정의한다.

$$\tan \theta = \frac{높이}{밑변} = \frac{4}{10} = 0.4$$

θ를 분리하기 위하여, 우변에 tan을 놓고 위첨자 −1을 붙인다.

$$\theta = \tan^{-1}(0.4) = \mathbf{21.8°}$$

TI−36X 계산기에서, 2차 기능키로 $\tan^{-1}$ 함수를 선택한다.

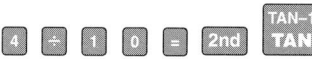

(b) 우리는 높이와 빗변을 알고 있다. 빗변에 대한 높이의 비는 사인함수를 정의한다.

$$\sin \theta = \frac{\text{높이}}{\text{빗변}} = \frac{3}{5} = 0.6$$

$$\theta = \sin^{-1}(0.6) = \mathbf{36.9°}$$

질문

만일 밑변과 높이를 안다면, 형성된 각도를 어떻게 구할 수 있는가?

직각삼각형의 중요한 성질은 유명한 **피타고라스 정리**(Pythagorean theorem)로 주어진다. 이것은 다음과 같이 기술된다.

$$\text{빗변}^2 = \text{밑변}^2 + \text{높이}^2$$

직각삼각형의 두 변이 주어지면, 이 정리로 세 번째 변을 계산할 수 있다.

예제 12-2

문제

피타고라스 정리를 이용하여, 그림 12-10에 제시한 직각삼각형의 미지의 변을 계산하라.

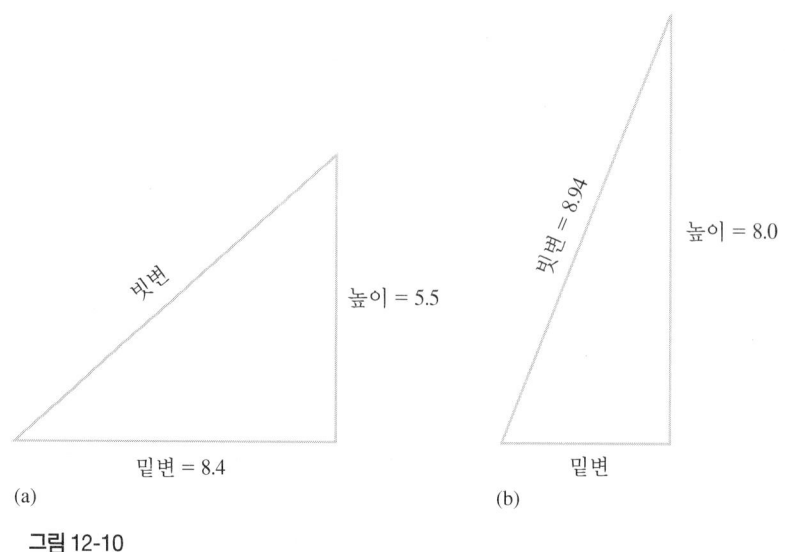

(a)

(b)

그림 12-10

풀 이

(a) 빗변이 미지의 변이다.

$$빗변^2 = 밑변^2 + 높이^2$$

양변에 제곱근을 취하면,

$$빗변 = \sqrt{밑변^2 + 높이^2} = \sqrt{8.4^2 + 5.5^2} = \mathbf{10.0}$$

(b) 밑변은 미지수이다. 항을 재배치함으로써,

$$밑변^2 = 빗변^2 - 높이^2$$

그리고 양변에 제곱근을 취한다.

$$밑변 = \sqrt{빗변^2 - 높이^2} = \sqrt{8.94^2 - 8.0^2} = \mathbf{3.99}$$

질문

위 직각삼각형의 변이 각각 2배로 길어지면, 빗변의 길이는 얼마인가?

복습 질문

1. j연산자는 무엇을 하는가?
2. 허수는 무슨 축에 그려지는가?
3. 복소수를 표현하기 위한 두 가지 방법은 무엇인가?
4. 각도의 탄젠트의 정의는 무엇인가?
5. 피타고라스 정리는 무엇인가?

임피던스 12-2

임피던스는 저항과 리액턴스의 조합이다. 저항은 전자가 충돌에 의하여 에너지를 뺏기기 때문에 전류를 방해한다. 리액턴스에서, 에너지는 자기장에 저장되고 후에 회로에 되돌려진다. 우리는 홀로 동작하는, 각각의 이러한 효과가 전류를 어떻게 제한하는지 보았다. 두 가지 효과는 임피던스 삼각형으로 결합될 수 있다.

이 질에서는 직렬 *RL* 또는 *RC* 회로를 위한 임피던스 삼각형을 이떻게 전개히는지를 배운다.

세 개의 기본적인 수동 소자는 저항기, 커패시터, 인덕터이다. 각 소자는 교류에 대항한다. 저항성회로에서, 전기 에너지가 열로 변환될 때 대항이 발생한다. 대항은 이 변환과정에서 생긴다. 순수 저항성회로에서는, 전류와 전압 사이에 위상차가 없다.

하나의 전원과 하나의 단일 커패시터를 갖는 교류회로에서, 전류에 대한 대항은 용량성 리액턴스이다. 이것은 주파수에 종속한다. 또한, 전류가 전압보다 90° 앞서는 커패시터 때문에 전류와 전압 사이에는 위상차가 있다.

비슷하게, 하나의 전원과 하나의 단일 인덕터를 갖는 교류 회로에서, 전류에 대한 대항은 유도성 리액턴스이다. 이것 또한 주파수에 종속한다. 전류와 전압 사이의 위상차는 인덕터에 기인한다. 이 경우에, 전류는 전압보다 90° 뒤진다.

용량성 리액턴스와 유도성 리액턴스는 한 부분의 교류 주기 동안에 에너지를 저장하고 다른 부분에서 에너지를 반환함으로써 전류를 방해한다. 이상적으로는, 커패시터 또는 인덕터에서 순수 에너지가 소비되지는 않는다. 그러나 실제로 어떤 에너지는 인덕터의 내부 저항에서 항상 소비된다. 우리의 목적을 위하여, 이러한 효과는 무시할 것이다.

대부분의 실제 회로는 이들 세 개의 기본적인 수동 소자에 다른 소자를 더한 조합으로 구성된다. 교류에 대한 전체 저항은 저항성과 리액턴스성의 두 성분을 함께 고려한 것이며 임피던스(impedance)라고 부르는 복소수 값이다. 전체 임피던스는 크기와 위상각(방향)을 모두 포함하며 직각좌표 또는 극좌표 표기로 표시될 것이다. 많은 경우에, 오직 임피던스의 크기만 특정 회로 계산을 위하여 요구된다. 따라서 각도는 계산의 간략화를 위하여, 임피던스의 부분으로서 포함시키지 않는다. 임피던스의 크기는 Z라고 줄여 쓴다.

임피던스 삼각형

임피던스는 전체 저항을 나타내며 저항성과 리액턴스성의 두 효과를 포함한다는 것을 상기하라. 저항은 위상을 이동시키지 않지만 리액턴스는 위상을 이동시키기 때문에, 임피던스 삼각형은 12-1절에서 설명한 것처럼 직각좌표계에 그들의 값을 표시함으로써 이들 위상차를 시각화하는 데 도움이 된다. 저항과 리액턴스 페이저는 이들이

직렬회로에서 저항과 리액턴스 페이저의 방향

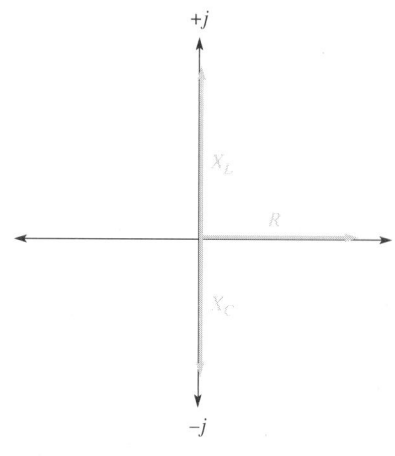

전류와 전압 사이에서 위상에 얼마나 영향을 주는지에 의존하여 그려진다. (이것은 전압 페이저가 소개될 때 시각화하기가 더욱 쉬워질 것이다.) 직렬 회로에 대한 저항성과 리액턴스성 페이저를 표시하기 위한 기본적인 규칙은 그림 12-11에 나타나 있으며 다음과 같다.

1. 저항(R)은 항상 양의 x축에 그린다.
2. 용량성 리액턴스(X_C)는 음의 y축($-j$)에 그린다. 직각좌표 형식에서, 이것은 $-jX_C$로 쓴다. 이것은 음의 y축에 그린다는 것을 나타낸다.
3. 유도성 리액턴스(X_L)는 양의 y축($+j$)에 그린다. 직각좌표 형식에서, 이것은 $+jX_L$로 쓴다. 이것은 양의 y축에 그린다는 것을 나타낸다.

임피던스는 직각삼각형에 대한 규칙을 이용하여, 저항과 리액턴스의 페이저 합을 구함으로써 결정된다. 저항성과 리액턴스성 회로의 예처럼, 그림 12-12(a)에서 제시한 기본적인 직렬 RC 회로를 고려해보자. 주파수는 설정되어 있고 따라서 커패시터의 리액턴스는 저항과 같다고 가정한다. 그림 12-12(b)의 페이저 그림에서 제시한 것처럼, R과 X_C 둘은 페이저 양으로 간주된다. 페이저 R은 x축에 그려지고, 페이저 X_C는 $-y$축을 따라서 그린다. 이것은 그림이 직각좌표계에서 4사분면에 있음을 의미한다. R과 X_C 사이의 이런 관계는 회로에서 커패시터 전압이 전류, 따라서 저항기 전압보

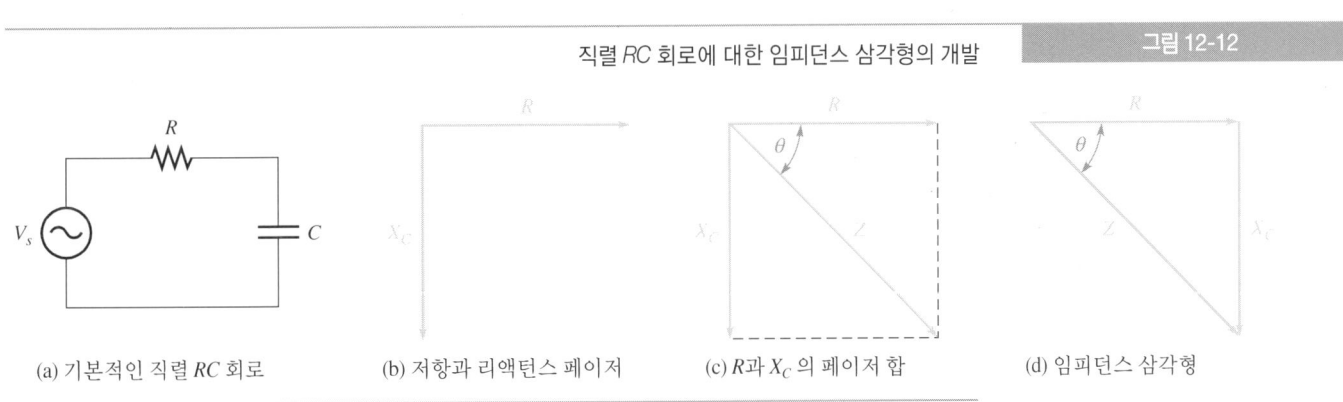

그림 12-12

직렬 RC 회로에 대한 임피던스 삼각형의 개발

(a) 기본적인 직렬 RC 회로 (b) 저항과 리액턴스 페이저 (c) R과 X_C 의 페이저 합 (d) 임피던스 삼각형

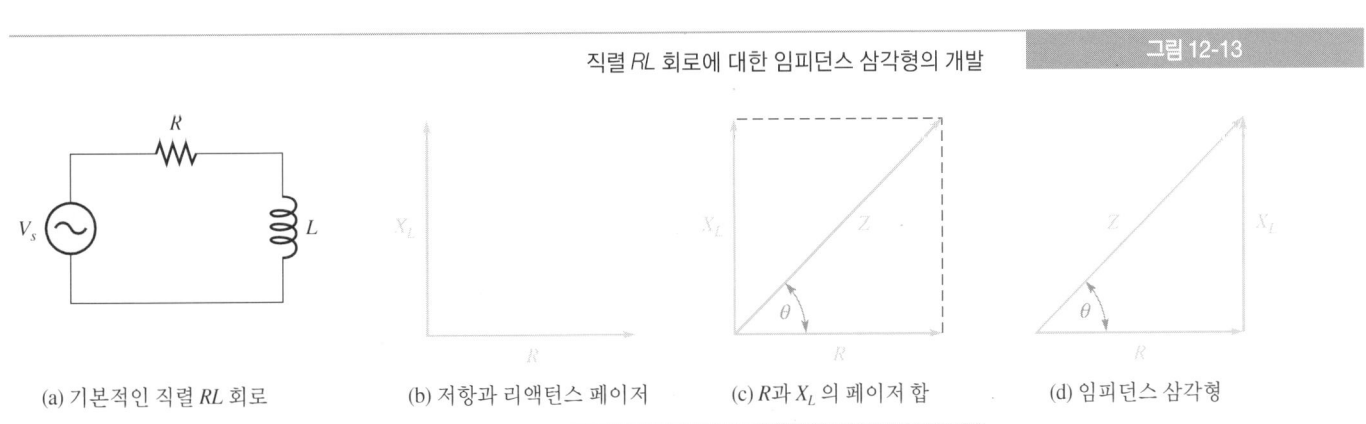

그림 12-13

직렬 RL 회로에 대한 임피던스 삼각형의 개발

(a) 기본적인 직렬 RL 회로 (b) 저항과 리액턴스 페이저 (c) R과 X_L 의 페이저 합 (d) 임피던스 삼각형

다 90° 뒤진다는 사실로부터 유래한다. Z는 R과 X_C의 페이저 합이기 때문에, 그림 12-12(c)에 보인 것처럼 표현된다. 그림 12-12(d)에 나타낸 것처럼, 페이저의 위치이동은 직각삼각형을 만든다. 이것을 임피던스 삼각형이라고 한다. 각각의 페이저의 길이는 옴 단위의 크기를 나타낸다. 각도 θ는 위상각이고 전압원과 전류 사이에서 회로의 위상차를 나타낸다.

직렬 RL 회로에 대해서도 등가삼각형을 그릴 수 있다. 기본적인 직렬 RL 회로가 그림 12-13(a)에 제시되었다. RL 회로에 대하여, 임피던스 삼각형은 그림 12-13(b)에 나타낸 것처럼, X_L이 양의 y축에 그려지기 때문에 직각좌표계의 1사분면에 그려진다. R과 X_L 사이의 관계는 인덕터 전압이 전류, 따라서 저항기 전압보다 90° 앞선다는 사실로부터 유래된다. 또한, 임피던스의 크기, Z는 페이저처럼 R과 X_L을 더함으로써 구해진다. 따라서, 이것은 그림 12-13(c)에 보이는 것처럼 표현된다. 그림 12-13(d)에서 제시한 것처럼, 페이저의 위치이동은 임피던스 삼각형을 만든다.

직렬 RC 회로와 직렬 RL 회로 양쪽에 대하여 임피던스 페이저의 크기, Z는 피타고라스 정리를 적용하여 구해질 수 있다.

$$\text{빗변}^2 = \text{밑변}^2 + \text{높이}^2$$

밑변에 저항, 높이에 리액턴스, 그리고 빗변에 임피던스를 대입하면 다음 관계식이 나온다.

$$Z^2 = R^2 + X^2$$

Z에 대하여 풀면,

$$Z = \sqrt{R^2 + X^2} \tag{12-1}$$

여기서 X는 X_C, X_L, 또는 커패시턴스와 인덕턴스가 회로에 함께 있다면 X_C와 X_L의 페이저 합을 표현한다.

위상각 θ는 삼각법으로부터 탄젠트 함수를 적용하여 구할 수 있다.

$$\theta = \tan^{-1}\left(\frac{X}{R}\right) \tag{12-2}$$

다시, X는 X_C, X_L 또는 X_C와 X_L의 페이저 합일 수 있다. 만일 X가 용량성이면, θ는 4사분면에 그려지고 X가 유도성이면 θ는 1사분면에 그려진다. 이렇게 선택한 이유는 리액턴스성 성분 때문에 발생한 자연적인 위상으로써 수행해야 하기 때문이다.

다음의 두 예제는 기본적인 직렬 RC와 RL 회로에 대한 임피던스와 위상각을 어떻게 구하는지 설명한다.

문 제

그림 12-14에 제시된 *RC* 회로에 대한 임피던스의 크기와 위상각을 계산하라. 임피던스 페이저 그림과 임피던스 삼각형을 그려라.

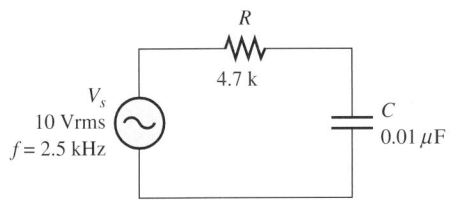

그림 12-14

풀 이

첫째로, 2.5 kHz에서의 용량성 리액턴스의 크기를 계산한다.

$$X_C = \frac{1}{2\pi f C} = \frac{1}{2\pi(2.5 \times 10^3 \text{ Hz})(0.01 \times 10^{-6} \text{ F})} = 6.37 \text{ k}\Omega$$

방향이 음의 *y*축임을 보이기 위하여, $-j$가 위의 답에 추가될 수 있으며, $-j6.37 \text{ k}\Omega$이 된다.

다음으로, 식 (12-1)에 X_C의 크기를 대입한다. 임피던스의 크기는

$$Z = \sqrt{R^2 + X_C^2} = \sqrt{(4.7 \text{ k}\Omega)^2 + (6.37 \text{ k}\Omega)^2} = \mathbf{7.91 \text{ k}\Omega}$$

이다. 회로에는 오직 저항과 용량성 리액턴스만 있기 때문에 식 (12-1)에 대하여 이 경우에는 X_C가 나타나 있음을 주목하라. *X* 대신에 사용된 X_C를 갖는 식 (12-2)에 값을 대입하여 위상각을 계산한다.

$$\theta = \tan^{-1}\left(\frac{X_C}{R}\right) = \tan^{-1}\left(\frac{6.37 \text{ k}\Omega}{4.7 \text{ k}\Omega}\right) = \tan^{-1}(1.36) = \mathbf{53.6°}$$

임피던스 페이저 그림과 임피던스 삼각형이 그림 12-15에 제시된다. 위상각은 *R*과 *Z* 사이에서 측정하며 회로가 용량성이므로 4사분면에 그려진다.

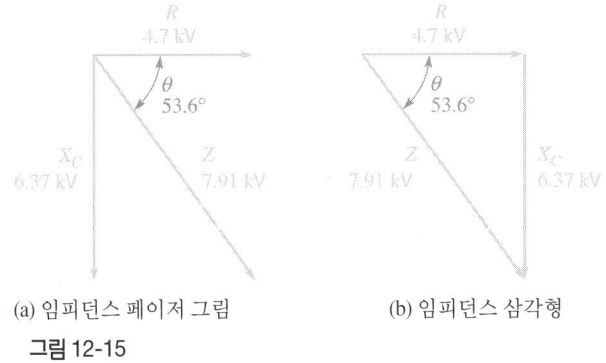

(a) 임피던스 페이저 그림   (b) 임피던스 삼각형

그림 12-15

질 문

만일 주파수가 감소되면 전체 임피던스에는 무슨 일이 발생하는가?

예제 12-4

문제

그림 12-16에 제시한 *RL* 회로에 대한 임피던스의 크기와 위상각을 구하라. 임피던스 페이저 그림과 임피던스 삼각형을 보여라.

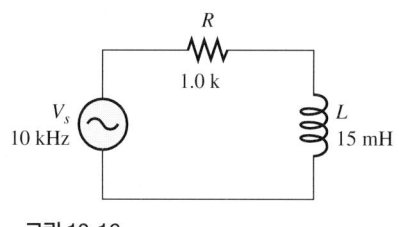

그림 12-16

풀이

첫째로, 10 kHz에서의 유도성 리액턴스의 크기를 계산한다.

$$X_L = 2\pi f L = 2\pi (10\text{ kHz})(15\text{ mH}) = 942\ \Omega$$

방향이 양의 *y*축임을 보이기 위하여 위의 결과에 +*j*가 첨부될 수 있다. 즉, +*j*942 Ω. 식 (12-1)에 X_L의 크기를 대입하면,

$$Z = \sqrt{R^2 + X_L^2} = \sqrt{(1.0\text{ k}\Omega)^2 + (942\ \Omega)^2} = \mathbf{1.37\ k\Omega}$$

식 (12-2)에 값을 대입하여 위상각을 계산한다.

$$\theta = \tan^{-1}\left(\frac{X_L}{R}\right) = \tan^{-1}\left(\frac{942\ \Omega}{1.0\text{ k}\Omega}\right) = \tan^{-1}(0.942) = \mathbf{43.3°}$$

X_L이 양의 *y*축을 향하기 때문에 임피던스 삼각형은 1사분면에 그려진다. 임피던스 페이저 그림과 임피던스 삼각형은 그림 12-17에 나타낸다.

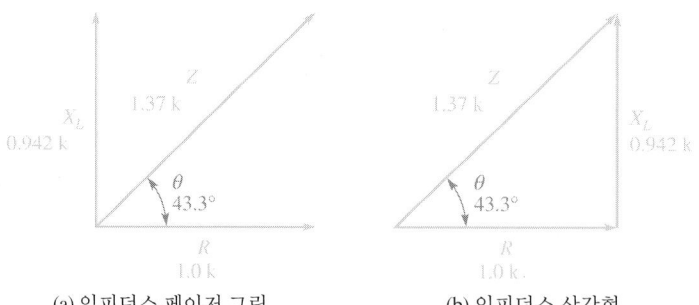

(a) 임피던스 페이저 그림　　　　　(b) 임피던스 삼각형

그림 12-17

질문

만일 인덕터가 더 작은 것으로 대체되면, 위상각에는 어떤 일이 일어나는가?

컴퓨터 시뮬레이션

웹사이트에 있는 Multisim 파일 F12-16AC를 열어라. 오실로스코프를 사용하여, 전원과 인덕터로부터의 파형을 관찰하라. 인덕터전압이 공급전압보다 지연됨을 확인하라.

복습 질문

6. 임피던스 삼각형의 각 변이 나타내는 것은 무엇인가?

7. 만일 2 kΩ의 저항이 2 kΩ의 리액턴스에 더해지면, 그 결과는 4 kΩ이 아니다. 그 이유는?

8. 직각좌표계에서 용량성 리액턴스는 무슨 축에 그려지는가?

9. 직각좌표계에서 유도성 리액턴스는 무슨 축에 그려지는가?

10. 유도성 리액턴스가 저항과 동일한 직렬 *RL* 회로의 위상각은 얼마인가?

직렬 *RC* 회로 12-3

어떤 직렬회로에서든, 전류는 모든 소자에서 동일하다. 이 전류는 저항성과 리액턴스성 소자 양단에 전압을 만든다. 저항성 소자에서 전압은 전류의 위상과 같다. 그러나 리액턴스성 요소에서는 전류의 위상과 어긋난다.

이 절에서는 직렬 *RC* 회로에서 전압을 어떻게 계산하는지, 페이저 그림을 어떻게 그리는지, 그리고 주파수가 페이저에 어떤 영향을 끼치는지를 배운다.

앞 절에서 배웠듯이, 임피던스는 교류에 대한 전체 대항이다. 어떠한 직렬회로에서든, 임피던스는 저항과 리액턴스 페이저의 페이저 합이다. 회로에서 전류는 옴의 법칙을 적용하여 전압원과 임피던스로부터 계산할 수 있다.

$$I = \frac{V_s}{Z} \tag{12-3}$$

식 (12-3)은 모든 리액턴스성 회로에 대한 일반식이며 그 소자의 저항이나 리액턴스를 알고 있는 한 각 소자 양단의 전압을 구하는 데 유용하다. 이미 알고 있듯이, 직렬회로에서 전류는 모든 소자에서 동일하다. 이것은 물론 아무리 많은 소자가 존재하더라도, 어떠한 직렬회로에서든 사실이다. 직렬 *RC* 회로의 경우 저항 양단의 전압과 커패시터 양단의 전압은 다음과 같이 구한다.

$$V_R = IR$$

안전 노트

실험실에서는 화재 안전에 신경을 써야 한다. 소화기의 위치를 알고 있어야 한다. 전기 화재는 물로 진압할 수 없다. 물은 전기를 전도할 수 있기 때문이다. 오직 C급 소화기만을 사용하여야 한다. 이것은 비전도제-일반적으로 CO_2를 사용한다. 어떤 화재든 사용하여야 할 소화기의 종류를 아는 것이 중요하다. 잘못 선택하면 화재를 더 악화시킬 수 있다.

그리고

$$V_C = IX_C$$

또한, 전원전압은 다음과 같이 쓸 수 있다.

$$V_s = IZ$$

전압에 대한 이 세 개의 식으로부터, 전류는 저항, 리액턴스, 그리고 임피던스를 전압과 관련짓는 상수임을 알 수 있다. 임피던스 페이저 그림은 직접 전압 페이저 그림과 관련된다. 임피던스 페이저 그림이 주어지면, 각각의 페이저에 전류를 곱하라. 그러면 전압 페이저 그림을 그릴 수 있다. 이것은 모양이 같을 것이다.

예제 12-5

문제

그림 12-18의 회로에 대해 표 12-1에 기입되지 않은 값을 구하라. 임피던스 페이저와 전압 페이저 그림을 그려라.

표 12-1

$R = 2.7\text{k}\Omega$	$I_R =$	$V_R =$
$X_C =$	$I_C =$	$V_C =$
$Z =$	$I_{tot} =$	$V_s = 10\ \text{Vrms}$

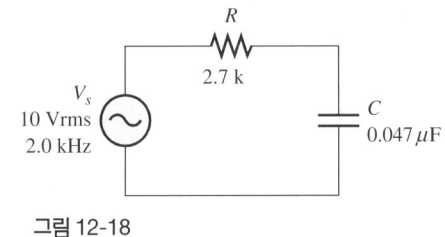

그림 12-18

풀이

단계 1: 2.0 kHz의 전원 주파수에서의 용량성 리액턴스의 크기를 구한다.

$$X_C = \frac{1}{2\pi fC} = \frac{1}{2\pi(2.0 \times 10^3\ \text{Hz})(0.047 \times 10^{-6}\ \text{F})} = 1.69\ \text{k}\Omega$$

방향이 음의 y축을 향하는 것을 나타내기 위하여 $j1.69\ \text{k}\Omega$처럼 답에 $-j$를 첨부시킬 수 있다.

단계 2: 임피던스의 크기와 위상각을 구한다.

$$Z = \sqrt{R^2 + X_C^2} = \sqrt{(2.7\ \text{k}\Omega)^2 + (1.69\ \text{k}\Omega)^2} = 3.19\ \text{k}\Omega$$

이 결과는 그림 12-19에 나타낸 것처럼, 임피던스 페이저 그림을 그릴 수 있게 한다. 임피던스는 페이저 그림에서 대각선으로 그려진다.

위상각은 그림에서 직접 측정하거나 아래 식처럼 계산할 수 있다.

$$\theta = \tan^{-1}\left(\frac{X_C}{R}\right) = \tan^{-1}\left(\frac{1.69\ \text{k}\Omega}{2.7\ \text{k}\Omega}\right) = 32°$$

이 회로는 용량성이다. 따라서, 각도는 4사분면에 그려진다.

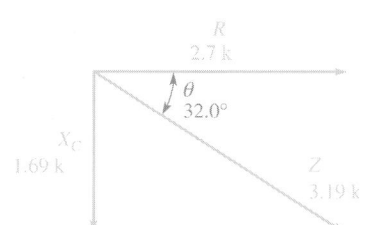

그림 12-19
그림 12-18의 회로에 대한 임피던스 페이저 그림

단계 3: 전류를 구하기 위하여 옴의 법칙을 사용한다. 물론, 전류는 회로 전체에서 동일하다. 완성된 표는 표 12-2에 나타낸다.

$$I = \frac{V_s}{Z} = \frac{10\ V}{3.19\ k\Omega} = 3.13\ mA$$

표 12-2

$R = 2.7\ k\Omega$	$I_R = 3.13\ mA$	$V_R = 8.45\ Vrms$
$X_C = 1.69\ k\Omega$	$I_C = 3.13\ mA$	$V_C = 5.29\ Vrms$
$Z = 3.19\ k\Omega$	$I_{tot} = 3.13\ mA$	$V_s = 10\ Vrms$

전압 페이저를 구하기 위하여, 그림 12-20에 설명된 것처럼, 임피던스 그림에 있는 각각의 페이저를 전류로 곱하라. 아래 식의 체크 부호처럼 전압 페이저가 피타고라스 정리를 만족함을 증명할 수 있다.

$$10^2 = 5.29^2 + 8.45^2$$

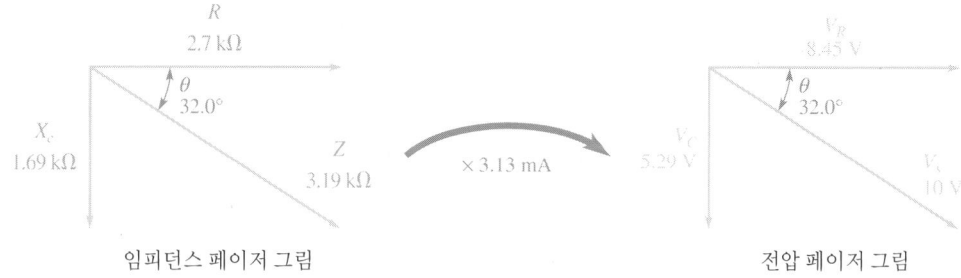

임피던스 페이저 그림   × 3.13 mA   전압 페이저 그림

그림 12-20
전압 페이저 그림은 임피던스 페이저 그림과 관련이 있다.

질문
만일 V_s가 증가하면, θ는 같은 값을 유지할 것인가? 당신의 답을 설명하라.

컴퓨터 시뮬레이션

웹사이트에 있는 Multisim 파일 F12-18AC를 열어라. 회로의 전압과 전류를 확인하라.

그림 12-21

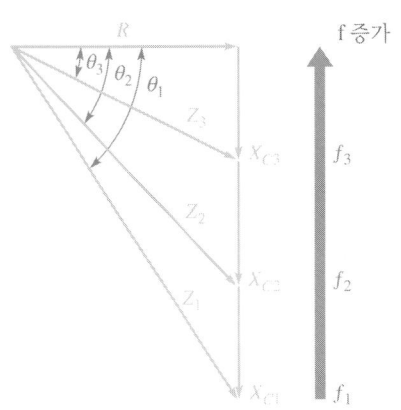

RC 회로에서 주파수가 증가함에 따라, X_C와 Z는 감소한다. 각각의 주파수는 서로 다른 임피던스 삼각형으로 시각화될 수 있다. 전압 페이저는 같은 모양을 갖게 될 것이다.

직렬 RC 회로에서 주파수에 따른 임피던스의 변화

이미 알고 있듯이, 용량성 리액턴스는 주파수와 반대로 변화한다. 직렬회로에서, 임피던스의 크기는

$$Z = \sqrt{R^2 + X_C^2}$$

이다. X_C가 증가할 때, 제곱근 기호 안의 전체항은 증가하며 따라서 임피던스가 증가한다. X_C가 감소할 때, 임피던스는 감소한다. 직렬 RC 회로에서, 임피던스는 주파수에 반비례한다.

그림 12-21은 직렬 RC 회로에서 주파수가 증가 또는 감소함에 따라서 임피던스 페이저가 어떻게 변화하는지를 설명한다. 주파수가 증가함에 따라, 용량성 리액턴스와 임피던스는 감소한다. 각각의 주파수에 대하여 각각의 세 개의 삼각형을 서로 다른 임피던스 삼각형으로 생각하여라. 용량성 리액턴스는 주파수에 반대로 변하기 때문에, 임피던스의 크기와 위상각도 주파수와 반대로 변화한다.

RC 회로의 임피던스가 변할 때, 회로의 전류는 반대로 변한다. 따라서 만일 주파수가 증가하면, 임피던스는 감소하고 전류는 증가한다(고정된 전압이라고 가정함). 전압 페이저의 경우에, 저항기 양단 전압과 커패시터 양단 전압 모두 변하지만, 주어진 어떤 주파수에서든, 전압 페이저 그림은 임피던스 페이저 그림과 항상 같은 모양을 갖는다.

문제

1.0 kHz와 10 kHz에 대하여 그림 12-22에 보이는 RC 회로에 대한 임피던스 페이저 그림과 전압 페이저 그림을 그려라.

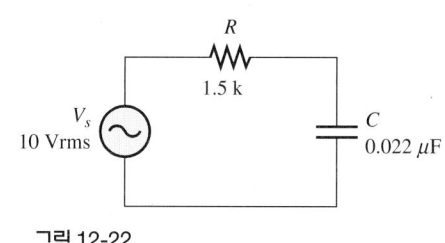

그림 12-22

풀이

1.0 kHz에서:

먼저, 1.0 kHz의 전원 주파수에서 커패시터의 리액턴스의 크기를 구한다.

$$X_C = \frac{1}{2\pi f C} = \frac{1}{2\pi(1.0 \times 10^3 \text{ Hz})(0.022 \times 10^{-6} \text{ F})} = 7.23 \text{ k}\Omega$$

다음에, 1.0 kHz에서 임피던스의 크기와 위상각을 구한다.

$$Z = \sqrt{R^2 + X_C^2} = \sqrt{(1.5 \text{ k}\Omega)^2 \times (7.23 \text{ k}\Omega)^2} = 7.38 \text{ k}\Omega$$

위상각을 계산하기 위하여 tan 함수를 적용한다.

$$\theta = \tan^{-1}\left(\frac{X_C}{R}\right) = \tan^{-1}\left(\frac{7.23 \text{ k}\Omega}{1.5 \text{ k}\Omega}\right) = 78.3°$$

전류의 크기는

$$I = \frac{V_s}{Z} = \frac{10 \text{ V}}{7.38 \text{ k}\Omega} = 1.35 \text{ mA}$$

이다. 임피던스 그림에 있는 각각의 페이저에 전류를 곱하여 전압 페이저를 계산한다. 그림 12-23은 1.0 kHz에 대한 결과를 나타낸다.

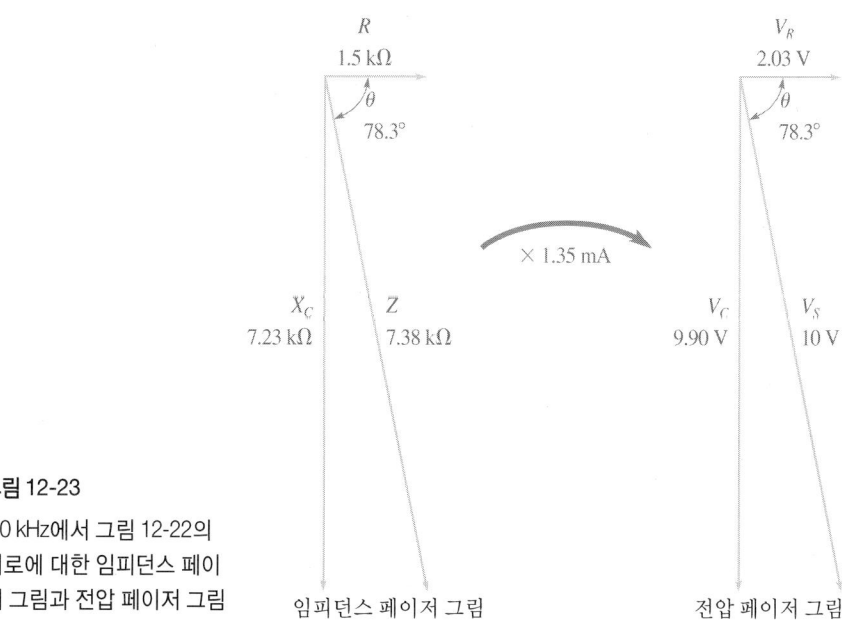

그림 12-23

1.0 kHz에서 그림 12-22의 회로에 대한 임피던스 페이저 그림과 전압 페이저 그림

10 kHz에서:

1.0 kHz에서처럼 같은 방법을 사용한다. 리액턴스는 주파수 때문에 10분의 1이 될 것이다. 그러므로 $X_C = 0.723$ kΩ이고, R은 물론 1.5 kΩ으로 같은 값을 유지한다.

임피던스의 크기는

$$Z = \sqrt{R^2 + X_C^2} = \sqrt{(1.5 \text{ k}\Omega)^2 + (0.723 \text{ k}\Omega)^2} = 1.66 \text{ k}\Omega$$

이다. 위상각은

$$\theta = \tan^{-1}\left(\frac{X_C}{R}\right) = \tan^{-1}\left(\frac{0.723 \text{ k}\Omega}{1.5 \text{ k}\Omega}\right) = 25.7°$$

이다. 각도는 4사분면에 그려진다.

전류의 크기는

$$I = \frac{V_s}{Z} = \frac{10 \text{ V}}{1.66 \text{ k}\Omega} = 6.02 \text{ mA}$$

이다. 전압 페이저를 계산하기 위하여 임피던스 페이저 그림에 있는 각각의 페이저에 전류를 곱한다. 그림 12-24는 10 kHz에 대한 결과를 설명한다. 임피던스 페이저는 그림 12-23에서와 같은 척도로 그려진다. 주파수 변화가 그림에서 어떻게 변화했는지 주목하라. 1 kHz에서는, 용량성 리액턴스가 임피던스에게 주요 공헌자이다. 10 kHz에서는, 저항이 용량성 리액턴스보다 임피던스에 더 큰 효과를 갖는다.

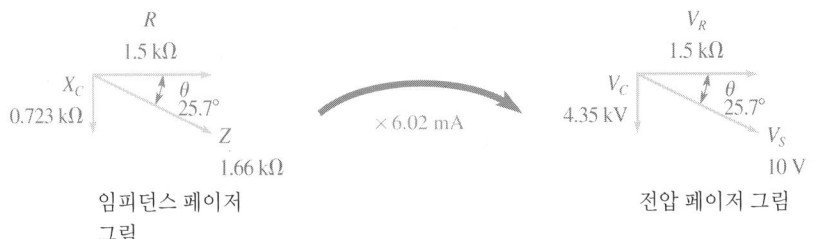

임피던스 페이저
그림

전압 페이저 그림

그림 12-24
10 kHz에서 그림 12-22의 회로에 대한 임피던스 페이저 그림과 전압 페이저 그림

질문
4.82 kHz의 주파수에서 임피던스 페이저 그림을 그려라.

컴퓨터 시뮬레이션

웹사이트에 있는 Multisim 파일 F12-22AC를 열어라. 오실로스코프를 사용하여, 전압원의 파형과 커패시터 양단 파형을 관찰하라. 위상차를 확인하라.

복습 질문

11. 전압 페이저 그림은 왜 항상 주어진 주파수에 대한 임피던스 페이저 그림과 같은 모양을 갖는가?

12. 직렬 RC 회로의 경우 주어진 주파수에서, 만일 커패시터 양단 전압과 저항 양단 전압이 같다면, 용량성 리액턴스와 저항에 대하여 말할 수 있는 것은 무엇인가?

13. 직렬 RC 회로에서 주파수가 변하고 그 결과 커패시터 양단 전압이 증가하면, 새로운 주파수는 더 높은가 아니면 더 낮은가?

14. 주파수가 증가하면, RC 회로에서 임피던스의 크기는 어떻게 되는가?

15. 주파수가 증가하면, RC 회로에서 위상각은 어떻게 되는가?

직렬 *RL* 회로   12-4

RL 회로에서, 위상차는 직렬 *RC* 회로의 위상차와 반대이다. 그러나 소자 양단 전압은 유사한 방법으로 설명될 수 있다. 전압 페이저 그림은 회로에서 전류에 의한 임피던스 페이저 그림과 관계 있다는 것을 다시 보게 될 것이다.

이 절에서는 직렬 *RL* 회로에서 전압을 어떻게 계산하는지, 페이저 그림을 어떻게 그리는지, 그리고 주파수는 페이저에 어떤 영향을 주는지를 배운다.

위상차를 배제하면, 직렬 *RL* 회로는 직렬 *RC* 회로처럼 동작한다. 모든 직렬회로에서처럼, 임피던스는 저항과 리액턴스 페이저의 페이저 합이다. 임피던스의 크기에 옴의 법칙을 적용하면 전류를 구할 수 있다.

$$I = \frac{V_s}{Z}$$

직렬회로이기 때문에 전류는 모든 소자에서 동일하다. 직렬 *RC* 회로의 경우에서처럼, 일단 전류를 알고 있으면 옴의 법칙을 적용하여 직렬 *RL* 회로에서의 전압을 계산할 수 있다. 전압은

$$V_R = IR$$

이고,

$$V_L = IX_L$$

이다. 또한, 전원전압은 다음과 같이 쓸 수 있다.

$$V_s = IZ$$

직렬 *RC* 회로의 경우에서처럼, 직렬 *RL* 회로에서 전압 페이저 그림은 임피던스 페이저 그림과 같은 모양을 갖는다. 또한, 전압 페이저는 임피던스 그림에서 각각의 페이저를 회로의 전류와 곱함으로써 구해진다. 직렬 *RL* 회로의 경우에, 두 그림은 1사분면에 그려진다.

예제 12-7

문제

그림 12-25의 회로에 대한 표 12-3에 기입되지 않은 값을 구하라. 임피던스와 전압 페이저 그림을 그려라.

표 12-3

$R = 470\ \Omega$	$I_R =$	$V_R =$
$X_L =$	$I_L =$	$V_L =$
$Z =$	$I_{tot} =$	$V_s = 5.0$ Vrms

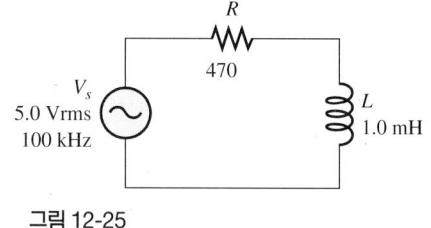

그림 12-25

풀이

100 kHz에서의 유도성 리액턴스는

$$X_L = 2\pi fL = 2\pi(100\ \text{kHz})(1.0\ \text{mH}) = 628\ \Omega$$

이다. 식 (12-1)에 값을 대입한다.

$$Z = \sqrt{R^2 + X_L^2} = \sqrt{(470\ \Omega)^2 + (628\ \Omega)^2} = 785\ \Omega$$

전체 전류는

$$I = \frac{V_s}{Z} = \frac{5.0\ \text{V}}{785\ \text{k}\Omega} = 6.37\ \text{mA}$$

이다. 물론, 이것은 저항과 인덕터에서 동일한 전류이다. 옴의 법칙을 적용하면,

$$V_R = IR = (6.37\ \text{mA})(470\ \Omega) = 3.00\ \text{V}$$

$$V_L = IX_L = (6.37\ \text{mA})(628\ \Omega) = 4.00\ \text{V}$$

표 12-4를 완성한다. 페이저 그림은 그림 12-26에 제시되어 있다.

표 12-4

$R = 470\ \Omega$	$I_R = 6.37$ mA	$V_R = 3.00$ Vrms
$X_L = 628\ \Omega$	$I_L = 6.37$ mA	$V_L = 4.00$ Vrms
$Z = 785\ \Omega$	$I_{tot} = 6.37$ mA	$V_s = 5.0$ Vrms

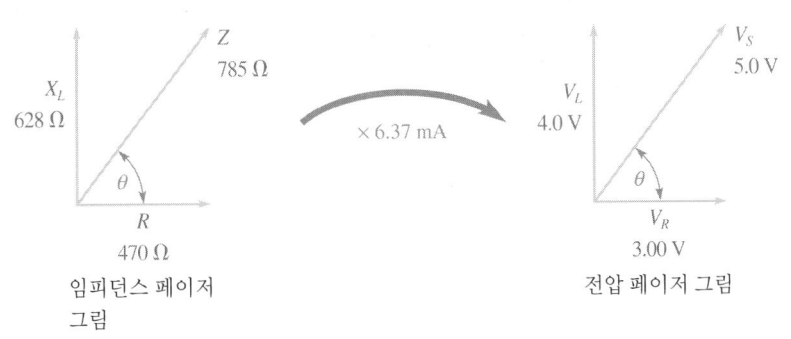

임피던스 페이저
그림

전압 페이저 그림

그림 12-26

질문

전원전압과 전류 사이의 각도 θ는 얼마인가?

직렬 RL 회로에서 주파수에 따른 임피던스의 변화

주파수의 증가에 대한 직렬 RL 회로의 응답은 RC 회로의 응답과 반대이다. 유도성 리액턴스는 주파수와 함께 직접 변한다. 임피던스의 크기가

$$Z = \sqrt{R^2 + X_L^2}$$

이기 때문에, 임피던스 또한 주파수와 함께 직접 변한다.

그림 12-27은 직렬 RL 회로에서 임피던스 페이저가 주파수가 증가하거나 또는 감소함에 따라서 어떻게 변하는지를 설명한다. 주파수가 증가함에 따라 유도성 리액턴스와 임피던스 또한 증가한다. 각각의 주파수에 대하여 각각의 서로 다른 임피던스 삼각형을 생각하라. 유도성 리액턴스는 주파수와 함께 직접 변하기 때문에, 임피던스의 크기와 위상각 또한 주파수와 함께 직접 변한다.

RL 회로의 임피던스기 변할 때, 회로의 전류는 반대로 변한다. 그러므로 주파수가 증가하면, 임피던스는 증가하고 전류는 감소한다(고정된 전압원이라고 가정한다). 전압 페이저의 경우에, 저항기 양단 전압과 인덕터 양단 전압 둘 다 변한다. RC 경우에서

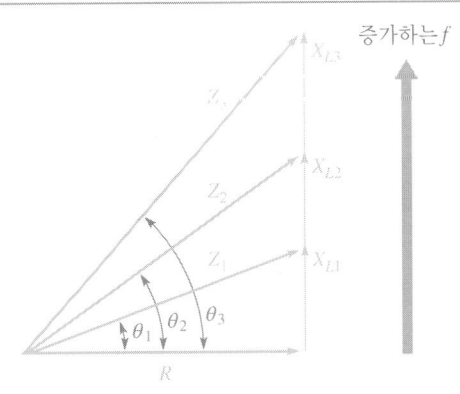

그림 12-27

RL 회로에서 주파수가 증가함에 따라 유도성 리액턴스와 전체 임피던스 둘 다 증가한다.

처럼, 어떤 주어진 주파수에서 *RL* 회로에 대한 전압 페이저 그림은 항상 그 회로에 대한 임피던스 페이저 그림과 같은 모양을 갖는다.

예제 12-8

문제

앞의 예제의 *RL* 회로에 대하여 주파수를 200 kHz로 올리는 경우 임피던스와 전압 페이저 그림을 그려라.

풀이

인덕터의 리액턴스와 회로의 임피던스의 크기를 계산한다.

$$X_L = 2\pi fL = 2\pi(200\ \text{kHz})(1.0\ \text{mH}) = 1.26\ \text{k}\Omega$$

$$Z = \sqrt{R^2 + X_L^2} = \sqrt{(0.47\ \text{k}\Omega)^2 + (1.26\ \text{k}\Omega)^2} = 1.34\ \text{k}\Omega$$

위상각은

$$\theta = \tan^{-1}\left(\frac{X_L}{R}\right) = \tan^{-1}\left(\frac{1.26\ \text{k}\Omega}{0.47\ \text{k}\Omega}\right) = 69.5°$$

이다. 전류를 계산한다.

$$I = \frac{V_s}{Z} = \frac{5.0\ \text{V}}{1.34\ \text{k}\Omega} = 3.72\ \text{mA}$$

전압을 계산한다.

$$V_R = IR = (3.72\ \text{mA})(0.47\ \Omega) = 1.75\ \text{V}$$

$$V_L = IX_L = (3.72\ \text{mA})(1.26\ \Omega) = 4.70\ \text{V}$$

결과를 이용하여 임피던스 페이저 그림과 전압 페이저 그림을 그린다. 페이저 그림은 그림 12-28에 보인다.

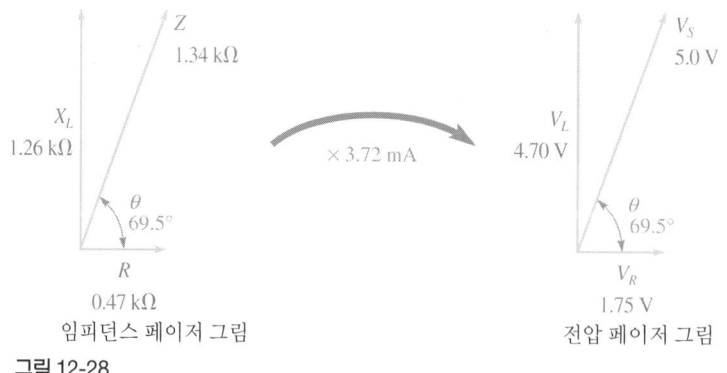

그림 12-28

질문

주어진 정보가 단지 전압 페이저 그림과 회로 전류뿐이라면, 임피던스 페이저를 어떻게 구할 수 있는가?

복습 질문

16. 어떤 직렬 RL 회로에서, 5 V의 전원전압이 인가되고 저항기 양단 전압이 3 V로 측정되었다. 인덕터 양단 전압은 얼마인가?

17. 16번 질문에서 위상각은 얼마인가?

18. 주파수가 직렬 RL 회로에서 변하고 그 결과로 인덕터 양단 전압이 증가하면, 새로운 주파수는 더 높아지는가 아니면 더 낮아지는가?

19. 주파수가 증가하면 RL 회로에서 임피던스의 크기는 어떻게 되는가?

20. 주파수가 증가하면 RL 회로에서 위상각은 어떻게 되는가?

직렬 *RLC* 회로   12-5

직렬 RLC 회로는 저항, 커패시턴스 및 인덕턴스를 갖는다. 직렬 RLC 회로에서 전류와 전압에 대하여 풀이하기 전에, 먼저 용량성 리액턴스와 유도성 리액턴스를 단일 등가 리액턴스로 결합해야 한다. 그 결과로 나온 리액턴스를 저항과 결합하여 임피던스를 구할 수 있다.

이 절에서는 임피던스 페이저 그림과 전압 페이저 그림을 보여주는 직렬 RLC 회로 해석 방법을 배운다.

직렬 RLC 회로가 그림 12-29에 도시되어 있다. 직렬 RLC 회로의 경우 각각의 소자는 임피던스에 기여한다. 임피던스는 개별적인 리액턴스와 저항의 페이저 합이다. 전류를 구하기 위하여, RC 회로와 RL 회로에서 보았던 것처럼 전체 전압을 임피던스로 나누는 옴의 법칙을 적용한다.

그림 12-29

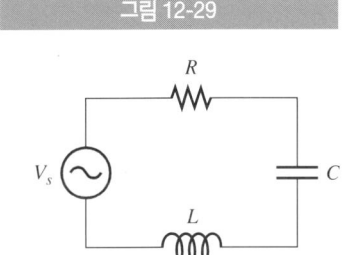

직렬 *RLC* 회로의 임피던스

이미 알고 있는 것처럼, 유도성 리액턴스는 전류의 위상이 전원 전압의 위상보다 뒤지게 하고 용량성 리액턴스는 전류의 위상이 전원 전압의 위상보다 앞서게 한다. 상반되는 효과 때문에, 리액턴스를 더할 때, 부호를 고려해야 한다. 직렬회로에서 유도성 리액턴스와 용량성 리액턴스 둘 다를 갖는 회로에 대한 전체 리액턴스는

$$X = |X_L \quad X_C|$$

(12-1)

이다. 수직의 세로줄 부호는 차이의 절대값을 나타낸다. 절대값으로 인하여, 용량성 리액턴스가 더 크더라도 차의 부호는 양으로 간주된다. $X_L > X_C$일 때, 회로는 전체적으로 유도성 회로처럼 작용할 것이고, 전류의 위상은 전원 전압의 위상보다 뒤질 것이다. $X_C > X_L$일 때, 회로는 전체적으로 용량성 회로처럼 작용할 것이고, 전류의 위상은 전원전압의 위상보다 앞설 것이다.

비록 식 (12-4)는 전체 리액턴스가 두 리액턴스의 차이의 절대치를 나타낸다 하더라도, 실제 과정은 덧셈이다. 유도성 리액턴스는 양의 j축에 그려지고, 용량성 리액턴스는 음의 j축에 그려진다. 이 과정은 반대 부호를 갖는 두 수를 더하는 것이다. 따라서, 그 결과는 차이이다. 두 리액턴스 중에서 더 큰 쪽이 그 결과를 그리는 축을 결정할 것이다. 리액턴스의 차이는 절대값으로 나타난다.

직렬 RLC 회로의 임피던스의 크기는 다음 식으로 주어진다.

$$Z = \sqrt{R^2 + |X_L - X_C|^2} \tag{12-5}$$

연산법칙의 우선순위에 따라 먼저 리액턴스의 차이의 절대값을 구한다. 이 결과를 제곱한 후에, 이것을 저항의 제곱에 더하고, 전체의 제곱근을 취한다. 만일 $X_L > X_C$이면 1사분면에 그 결과를 그리고, 그렇지 않으면 4사분면에 그린다.

예제 12-9

문제

그림 12-30에 나타낸 RLC 회로에 대한 임피던스 페이저 그림을 그려라.

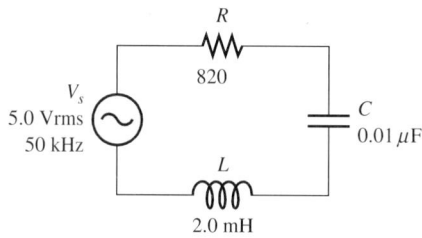

그림 12-30

풀이

단계 1: 인덕터와 커패시터의 리액턴스의 크기를 계산한다.

$$X_L = 2\pi fL = 2\pi(50 \text{ kHz})(2.0 \text{ mH}) = 628 \ \Omega$$

$$X_c = \frac{1}{2\pi fC} = \frac{1}{2\pi(50 \text{ kHz})(0.01 \ \mu\text{F})} = 318 \ \Omega$$

단계 2: 알고 있는 저항으로, 그림 12-31(a)에 나타낸 것처럼 직각좌표계에 리액턴스를 그린다. 이것은 3개의 페이저 모두를 나타낸다. 두 리액턴스성 페이저를 결합하면 그림 12-31(b)의 그림이 된다. 유도성 리액턴스는 용량성 리액턴스보다 더 크다. 따라서, 그 차이 $|X_L - X_C|$는 양의 y축에 그려진다.

단계 3: 식 (12-1)을 적용하여 리액턴스와 저항 페이저를 결합한다.
임피던스는 R과 $|X_L - X_C|$의 페이저 합이다.

$$Z = \sqrt{R^2 + X^2} = \sqrt{820 \ \Omega^2 + 310 \ \Omega^2} = 877 \ \Omega$$

단계 4: 식 (12-2)를 사용하여 위상각을 계산한다.

$$\theta = \tan^{-1}\left(\frac{X}{R}\right) = \tan^{-1}\left(\frac{310 \ \Omega}{820 \ \Omega}\right) = 20.7°$$

$X_L > X_C$이기 때문에 각은 1사분면에 있다.

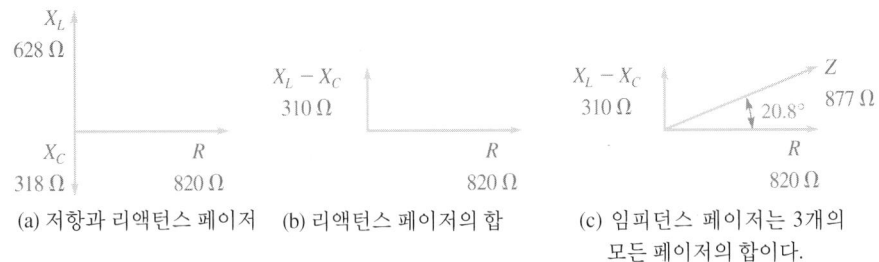

(a) 저항과 리액턴스 페이저   (b) 리액턴스 페이저의 합   (c) 임피던스 페이저는 3개의
모든 페이저의 합이다.

그림 12-31

질문

만일 주파수가 40 kHz로 감소하면 임피던스에 무슨 일이 발생하는가?

전압 페이저 그림

직렬 *RC* 및 *RL* 회로의 경우에서처럼, 직렬 *RLC* 회로에서 전압 페이저 그림은 임피던스 페이저 그림과 같은 형태를 갖는다. 또한, 전압 페이저는 회로의 전류를 임피던스 그림 페이저에 곱하면 구해진다.

직렬 *RLC* 회로의 전원전압의 크기는 다음의 공식으로 주어진다.

$$V_s = \sqrt{V_R^2 + |V_L - V_C|^2} \tag{12-6}$$

인덕턴스와 커패시턴스를 다 갖고 있는 직렬회로에서, 인덕터 양단 전압은 커패시터 양단 전압이 갖는 위상보다 항상 180° 떨어져 있다. 이 결과로써, V_L과 V_C의 차이는 가장 큰 각각의 전압보다 항상 작다. 사실, 한쪽 또는 양쪽 소자 양단 전압은 전원전압을 초과할 수 없다. 보통 전원전압은 알고 있다. 이 경우에, 식 (12-6)은 다른 전압의 하나에 대하여 풀기 위해 사용될 수 있다.

	예제 12-10

문제

앞의 예제에서 보여준 *RLC* 회로에 대한 전압 페이저 그림을 그려라. 전원전압은 5.0 Vrms 이다.

풀이

단계 1: 회로의 전류를 계산하기 위하여 옴의 법칙을 사용한다.

$$I = \frac{V_s}{Z} = \frac{5.0 \text{ V}}{877 \ \Omega} = 5.70 \text{ mA}$$

단계 2: 이 전류(5.70 mA)로써 그림 12-31(a)(예제 12-9)에 있는 임피던스 그림에 보인 페이저에 곱한다.

$$V_R = IR = (5.70 \, \text{mA})(0.82 \, \text{k}\Omega) = 4.67 \, \text{V}$$
$$V_L = IX_L = (5.70 \, \text{mA})(0.628 \, \text{k}\Omega) = 3.58 \, \text{V}$$
$$V_C = IX_C = (5.70 \, \text{mA})(0.318 \, \text{k}\Omega) = 1.81 \, \text{V}$$

단계 3: 커패시터 양단 전압에 인덕터 양단 전압을 더한다. 이들 두 소자 양단 전압은 그림 12-32(b)에 보이는 것처럼 y축에 그려진다.

단계 4: V_S에 대한 페이저를 그린다. 이것은 문제에서 주어진 원래의 5.0 Vrms이고, 식 (12-6)을 적용하여 검산할 수 있다. 따라서,

$$V_S = \sqrt{V_R^2 + |V_L - V_C|^2} = \sqrt{4.67 \, \text{V}^2 + |3.58 \, \text{V} - 1.81 \, \text{V}|^2} = 4.99 \, \text{V}$$

검산은 절사오차 이내에 든다. V_S는 그림 12-32(c)에 나타낸다. 그림 12-31과 그림 12-32 사이의 유사성에 주목하라.

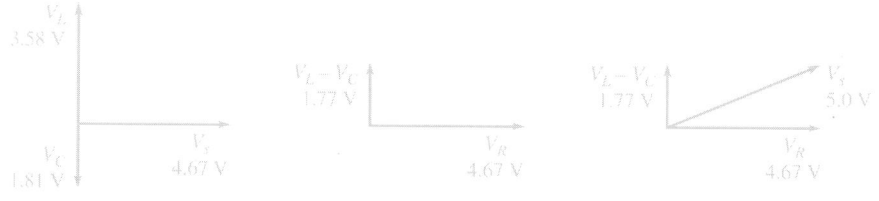

(a) 각각의 소자 양단 전압   (b) 리액턴스성 소자 양단 전압의 합   (c) 모든 세 개의 소자 양단 전압의 합이 V_S를 만든다.

그림 12-32

어떤 하나의 소자 양단 전압을 측정하면, 그림 12-32(a)에서 그 결과를 볼 것이다. 만일 인덕터와 커패시터의 양단 전압을 측정하면, 그림 12-32(b)의 y축에 그려진 차이 전압을 볼 것이다.

질문
커패시터와 저항(인덕터 제외)의 양단 전압은 얼마인가?

직렬 RLC 회로의 위상차

리액턴스 페이저를 결합한 후, 기본적인 임피던스 직각삼각형 또는 전압 직각삼각형으로 직렬 RLC 회로를 단순화시킬 수 있다. 기본적인 삼각법을 적용함으로써, 임피던스 삼각형이나 전압 삼각형의 항으로 위상차를 적을 수 있다. 임피던스 삼각형으로부터,

$$\theta = \tan^{-1}\left(\frac{|X_L - X_C|}{R}\right)$$

만일 X_L이 X_C보다 더 크면 전압이 전류를 앞설 것이다. 그렇지 않으면 전압은 전류에 뒤진다. 등가방정식은 다음 식과 같이 전압의 항으로 쓸 수 있다.

$$\theta = \tan^{-1}\left(\frac{|X_L - V_C|}{V_R}\right)$$

복습 질문

21. 식 $X = |X_L - X_C|$에서 수직선 기호가 의미하는 것은 무엇인가?

22. 직렬 RLC 회로에서 $X_C > X_L$일 때 임피던스는 어느 사분면에 그려지는가?

23. 주파수가 직렬 RLC 회로에서 증가하면, 회로는 더 많은 유도성 또는 더 많은 용량성을 나타낼 것인가?

24. 1.0 kΩ의 저항이 2.0 kΩ의 리액턴스를 갖는 커패시터와 3.0 kΩ의 리액턴스를 갖는 인덕터와 직렬이라면, 임피던스는 얼마인가?

25. 질문 24에서 전원전류는 전원전압보다 앞서는가 아니면 뒤지는가?

직렬 공진 12-6

직렬 공진 회로는 $X_L = X_C$와 같은 주파수에서 동작하는 LC 회로이다. 공진 주파수라고 부르는, 이 주파수는 대역통과(band-pass) 및 대역차단(band-stop) 여파기와 같은 어떤 응용에서 특히 중요하다.

이 절에서는 직렬 공진 회로의 해석과 직렬 공진 여파기에 대하여 배운다.

공진조건

비록 단지 인덕터의 권선저항이라 할지라도, 모든 실제 회로는 저항을 갖는다. RLC 회로에서 주파수가 증가할 때, 인덕터의 리액턴스는 증가하고 커패시터의 리액턴스는 감소한다. 그림 12-33(a)는 인덕터의 리액턴스 커패시터의 리액턴스 및 주파수의 함수로서 임피던스의 크기를 보여준다. X_L과 X_C의 크기가 같은 곳에 하나의 주파수가 있음을 주목하라.

이것을 공진 주파수(resonant frequency), f_r, 또는 단순히 공진(resonance)이라고 한다. 공진에서 용량성 리액턴스와 유도성 리액턴스가 상쇄되기 때문에, 임피던스 곡선에서 밑으로 처져 나타난 것처럼, 회로는 이 하나의 주파수에서 순수저항인 것처럼 보인다. 공진 주파수보다 아래에서는, 용량성 리액턴스가 우세하고, 따라서 유도성 리액턴스보다 임피던스에 더 기여한다. 공진 주파수보다 위에서는, 유도성 리액턴스가 우세하고, 따라서 용량성 리액턴스보다 임피던스에 더 공헌한다.

공진에서 리액턴스의 상쇄효과는 어떤 조건을 만든다. 그림에 나타낸 것처럼 임

그림 12-33

주파수가 증가함에 따라, (a)에 보이는 것처럼 용량성 리액턴스는 감소하고 유도성 리액턴스는 증가한다. 공진에서, 두 리액턴스는 같고 회로는 저항성이다. 이 주파수에서, 전류는 (b)에 보이는 것처럼 최대이다.

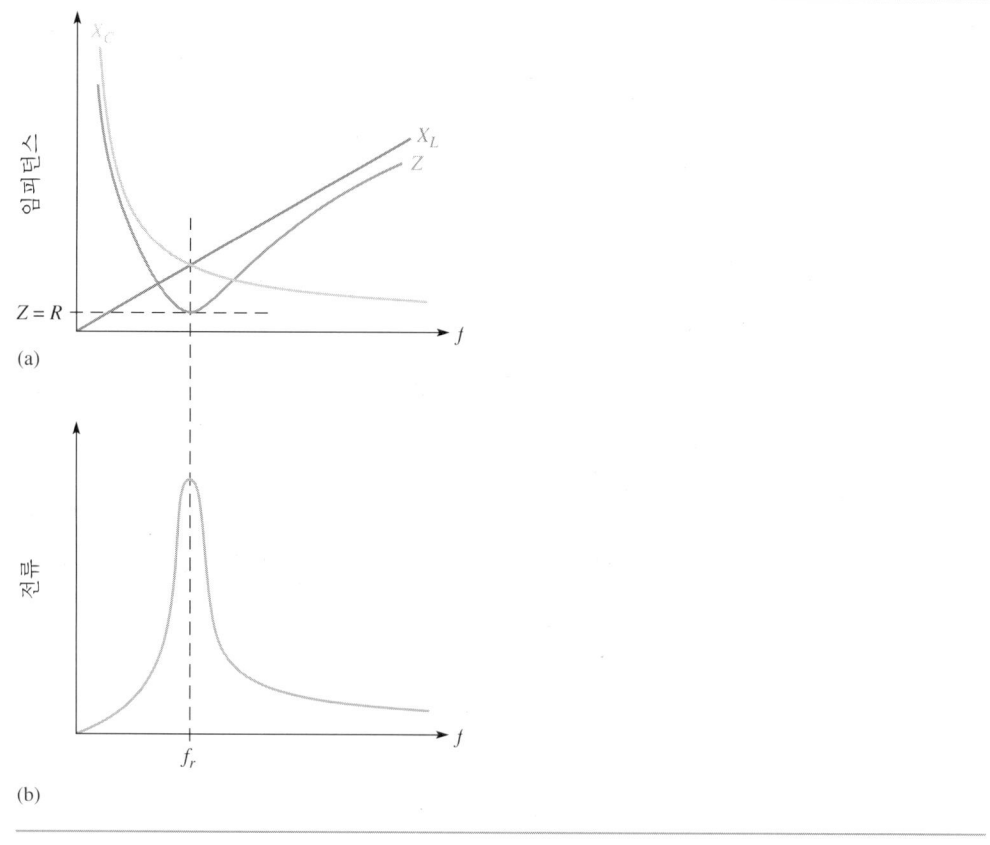

(a)

(b)

피던스는 최소이다. 이것은 공진에서 회로전류가 최대가 되도록 하고 회로저항에 의한 것만으로 제한한다. (이상적인 경우에, 저항이 없으면, 전류는 무한할 것이다!) 주파수의 함수로 나타낸 전류 그림은 그림 12-33(b)에 제시된다. 주파수가 영(0)일 때 (dc) 커패시터의 무한한 리액턴스 때문에 전류는 없다. 전류는 공진에서 최대로 상승하고, 그때부터는 모든 더 높은 주파수에 대하여 작은 값으로 떨어진다. 상쇄된 효과의 또 다른 영향은 공진에서 전류와 전원 전압 사이에서 위상각이 영(0)이라는 것이다.

LC 회로의 공진 주파수를 구하기 위한 식은 $X_C = X_L$로 설정하고 주파수에 대하여 풀면 전개될 수 있다.

$$X_L = X_C$$

$$2\pi f L = \frac{1}{2\pi f C}$$

$$f^2 = \frac{1}{4\pi^2 f C}$$

$$f_r = \frac{1}{2\pi\sqrt{LC}} \tag{12-7}$$

여기서 f_r은 공진 주파수이다.

식 (12-7)은 이상적인 소자에 기초한다. 실제 회로에서 공진 주파수는 저항 효과 때문에 식 (12-7)로부터 계산된 것보다 약간 차이가 있다. 일반적으로, 이들 효과는 작고 무시될 수 있다.

예제 12-11

문제

그림 12-34에 제시된 직렬 *RLC* 회로에 대한 공진 주파수를 계산하라. 공진에서 회로에 대한 임피던스 페이저 그림과 전압 페이저 그림을 그려라. 전원전압은 5.0 Vrms이다.

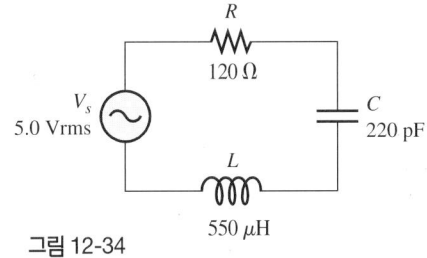

그림 12-34

풀이

식 (12-7)로부터 공진 주파수를 계산한다.

$$f_r = \frac{1}{2\pi\sqrt{LC}} = \frac{1}{2\pi\sqrt{(550 \times 10^{-6})(220 \times 10^{-12})}} = \mathbf{458\ kHz}$$

TI-36X 계산기에서, 키 순서는

[1] [÷] [(] [2] [×] [3rd] [π/÷] [×] [(] [5] [5] [0] [EE] [+/-] [6] [×] [2] [2] [0] [EE] [+/-] [1] [2] [)] [√x]
[=]

이다. 이 주파수에서의 X_L을 계산한다.

$$X_L = 2\pi fL = 2\pi(458\ kHz)(550\ \mu H) = 1.58\ k\Omega$$

회로는 공진이기 때문에, X_C는 X_L과 같은 크기를 가져야 한다.

$$X_C = \frac{1}{2\pi fC} = \frac{1}{2\pi(458\ kHz)(220\ pF)} = 1.58\ k\Omega$$

임피던스 페이저 그림은 그림 12-35(a)에 보인다. X_L이 X_C에 더해질 때, 공진에서 회로의 임피던스로서 *R*만 남기고, 리액턴스는 상쇄된다.

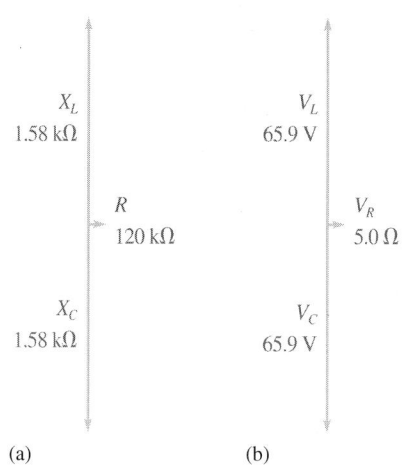

(a)   (b)

그림 12-35

전압 페이저를 결정하기 위하여 전류를 알 필요가 있다. 옴의 법칙을 적용하여 전류를 계산한다.

$$I = \frac{V_s}{R} = \frac{5.0\ \text{V}}{120\ \Omega} = 41.7\ \text{mA}$$

어떤 직렬회로에서처럼, 전류를 임피던스 페이저에 곱함으로써 전압 페이저의 크기를 계산할 수 있다.

$$V_L = IX_L = (41.7\ \text{mA})(1.58\ \text{k}\Omega) = 65.9\ \text{V}$$

커패시터 양단 전압의 크기는 동일하다. 전압 페이저는 그림 12-35(b)에 제시되어 있다. 커패시터와 인덕터 각각의 양단 전압이 전원전압보다 실제로 더 큰 것을 알고서 놀랄 것이다. 이것은 직렬 공진 회로에서 정상적이다. 그러나, 만일 인덕터와 커패시터의 양단 전압을 측정하면, 그 전압은 영이다.

질문
인덕터는 크기가 두 배로 되고 커패시터는 크기가 반으로 되면, 공진 주파수는 어떻게 되는가?

컴퓨터 시뮬레이션

웹사이트에 있는 Multisim F12-34AC를 열어라. DMM을 이용하여 공진에서 커패시터 양단 전압과 인덕터 양단 전압을 관찰하라.

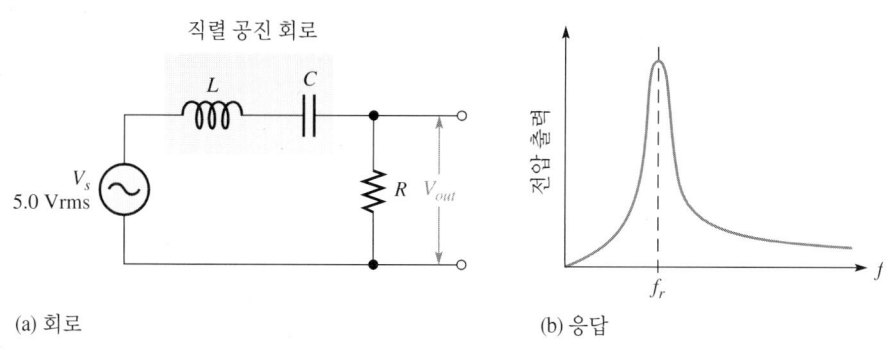

그림 12-36

직렬 공진 대역통과 여파기

(a) 회로   (b) 응답

직렬 공진 여파기

직렬 공진 회로는 공진 주파수 근처에서 주파수를 통과하거나 차단하기 위한 주파수 선택성 여파기(frequency-selective filter)를 만드는 데 적용될 수 있다. 그림 12-36(a)는 공진 주위의 주파수를 통과시키고 다른 주파수를 차단하기 위하여 직렬 공진 회로가 어떻게 구성될 수 있는지를 보여준다. 이런 유형의 여파기를 대역통과 여파기(band-pass filter)라 부른다. 최대 전류는 공진에서 발생한다. 그러므로 저항기 양단 전압은 이 주파수에서 가장 크다. 저항기 양단 전압의 출력을 취하면, 그림 12-36(b)에 보이는 것처럼, 회로는 공진 근처의 주파수를 통과시키고 그외 모든 주파수의 진폭(전압의 크기)을 감소시킬 것이다.

대역차단 여파기(band-stop filter 또는 notch filter)는 공진 근처의 주파수를 차단하는 여파기이다. 대역차단 여파기는 소자를 재배치하고 저항 대신에 공진 회로 양단에서 출력을 취함으로써 만들어질 수 있다. 그림 12-37(a)는 재배치를 보여주며 그림 12-37(b)는 회로응답을 보여준다. 이 유형의 여파기는 고정된 주파수원으로부터의 간섭문제를 해결하는 데 유용하다.

대역폭

대역통과 여파기의 대역폭(bandwidth)은 최대값의 70.7% 또는 그 이상이 되는 출력 전

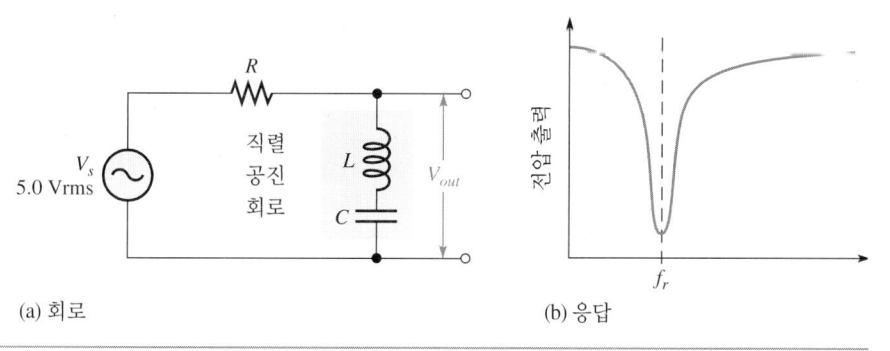

그림 12-37

직렬 공진 대역차단 여파기. 코일의 권선저항 때문에 전압은 공진에서 영으로 내려가지 않는다.

(a) 회로   (b) 응답

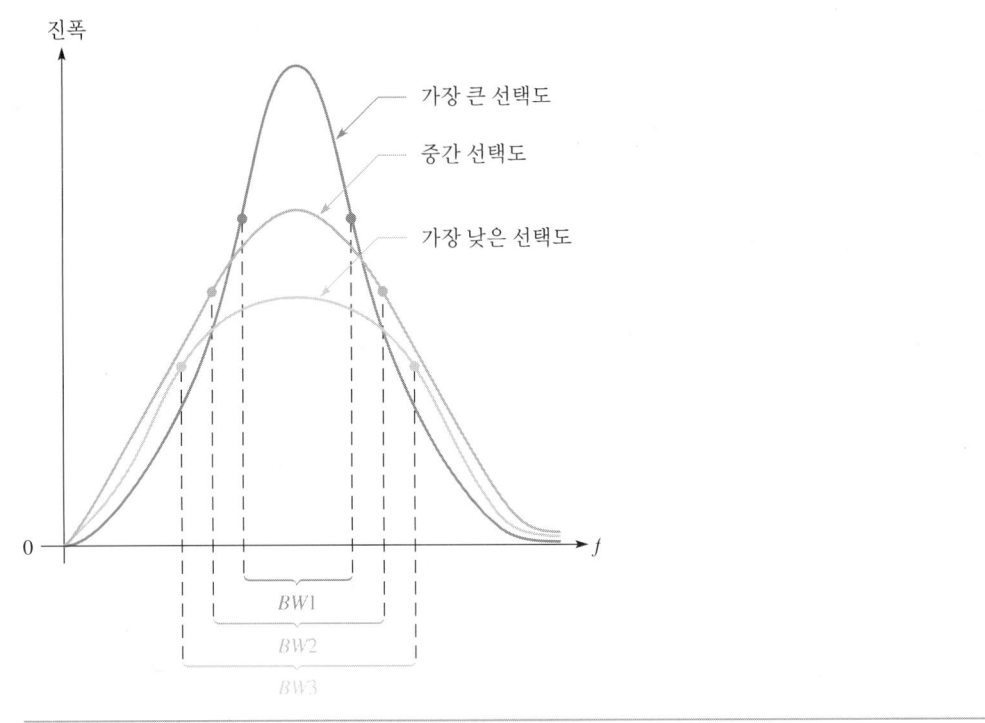

그림 12-38
선택도 곡선의 비교

압에 대한 주파수의 범위이다. 공진 여파기의 경우 최대값은 공진에서의 값이다. 70.7% 점에서의 주파수를 차단 주파수(cut-off frequency)라 부른다. 대역차단 여파기의 경우 대역폭은 두 차단 주파수 사이이다.

좁은 대역폭은 응답 곡선이 가파르고 서로 근접한 차단 주파수를 갖는다. 이것이 회로의 선택도 척도이다. 선택도(selectivity)는 LC 공진 회로가 어떻게 어떤 주파수를 잘 통과하고 다른 주파수를 잘 차단하는지를 정의한다. 그림 12-38은 대역폭과 선택도 사이의 관계를 설명한다.

대역폭과 선택도는 두 개의 주요 인자에 의하여 제어된다. 첫 번째 인자는 회로의 저항의 크기이다. 저항이 더 커짐에 따라 대역폭은 더 넓어지고 선택도는 더 낮아진다. 많은 공진 회로에서, 저항은 주로 코일의 내부저항과 관련되며, 따라서 저항은 가장 높은 선택도를 위해서 가능한 작아야 한다.

예제 12-11에서 제시된 질문은 선택도를 제어하는 두 번째 인자를 유도한다. 주파수는 $\sqrt{LC}$에 의해 결정되기 때문에 같은 공진 주파수를 갖는 L과 C의 조합은 많이 있다. 만일 같은 인자에 의해서 L이 더 커지게 만들어지고 C가 더 작게 만들어지면, 공진 주파수는 변하지 않는다. 공진 주파수가 변하지 않더라도, 대역폭과 선택도는 변한다. 만일 더 큰 인덕턴스와 더 작은 커패시턴스가 선택되고, 저항이 변하지 않는다면, 대역폭은 더 작아질 것이다.

선택도는 또한 품질인자(quality factor) 또는 공진 회로의 Q라는 용어로 설명된다. Q는 선택도에 정비례하고 대역폭에 반비례하는 순수한 수(단위 없는)이다. Q와 대역폭

사이의 관계는 다음 식으로 주어진다.

$$Q = \frac{f_r}{BW} \qquad (12\text{-}8)$$

더 큰 대역폭은 더 낮은 선택도와 더 낮은 Q를 의미한다. 마찬가지로, 좁은 대역폭은 대단히 선택적인 회로와 높은 Q를 의미한다.

식 (12-8)은 회로의 Q가 10 이상인 경우에 대단히 정확하다. 이런 경우에 오차는 1%보다 작다.

예제 12-38

문제

예제 12-11에서 공진 회로의 대역폭이 35 kHz라 가정하라. 회로의 Q는 얼마인가?

풀이

공진 주파수는 458 kHz이다. 식 (12-8)을 적용하면,

$$Q = \frac{f_r}{BW} = \frac{458 \text{ kHz}}{35 \text{ kHz}} = \mathbf{13.1}$$

이다.

질문

대역폭이 동일한 공진 주파수에 대하여 두 배이면 Q는 얼마인가?

복습 질문

26. 직렬 공진 회로의 임피던스는 공진에서 최소이다. 왜 그런가?
27. 공진에서, 직렬 공진 회로의 전류는 높아지는가 아니면 낮아지는가? 설명하라.
28. 68 pF 커패시터와 직렬로 240 μH 인덕터를 갖는 직렬회로의 공진 주파수는 얼마인가?
29. 만일 대역통과 여파기가 10 V의 최고 출력을 갖는다면, 차단 주파수에서 출력은 얼마인가?
30. 높은 선택도란 무슨 의미인가?

주요 용어

- **공진 주파수(resonant frequency)** LC 회로에서 X_L과 X_C의 크기가 같은 곳의 주파수.
- **극좌표 표기(polar natation)**   먼저 크기를 적고, 다음에 양의 x축에 대한 각도를 적어서 복소수를 표시하기 위한 방법.

- **대역차단 여파기(band-stop filter)** 공진 주위의 주파수를 차단하고 다른 주파수를 통과시키기 위하여 설계된 회로.
- **대역통과 여파기(band-pass filter)** 공진 주위의 주파수를 통과시키고 다른 주파수를 차단하기 위하여 설계된 회로.
- **대역폭(bandwidth)** 출력전압이 최대값의 70.7% 또는 그 이상인 주파수의 범위.
- **복소수(complex number)** 실수항과 허수항 양쪽으로(직각좌표 표기) 또는 크기와 방향을 나타내어(극좌표 표기) 표현되는 수.
- **선택도(selectivity)** 공진 회로가 얼마나 잘 어떤 주파수를 통과하고 다른 것들은 차단하는지의 척도.
- **임피던스(impedance)** 교류에 대한 저항. 저항성과 리액턴스성 성분 양쪽을 갖는 복소수 양이다. 임피던스의 크기는 Z로 표기한다.
- **직각좌표 표기(rectangular notation)** 실수부로서 x축을 향하는 거리와 허수부로서 y축을 향하는 거리로써 복소수를 표시하기 위한 방법.
- **허수(imaginary number)** 양 또는 음의 y축에 그려지는 수. 전자공학에서 허수는 수에 문자 j를 첨부하여 나타낸다.

요점

❑ 실수는 수직선에서 표현될 수 있는 정수와 무리수이다.

❑ 피타고라스 정리는 직각삼각형에 대한 것이다. 이것은 다음 식으로 표현된다.

$$빗변^2 = 밑변^2 + 높이^2$$

❑ 직렬회로에 대한 임피던스 그림에서, 저항은 양의 x축에 그려지고, 용량성 리액턴스는 음의 y축에 그려지며, 유도성 리액턴스는 양의 y축에 그려진다.

❑ 직렬회로에서 각각의 소자의 양단 전압은 저항 또는 리액턴스에 전류를 곱함으로써 구할 수 있다.

❑ 페이저는 회로에서 전류와 관계 있기 때문에 전압 페이저 그림은 임피던스 페이저 그림과 같은 형태를 가진다.

❑ 직렬 RLC 회로에서, X_L과 X_C가 같을 때, 이들은 상쇄된다. 이것이 발생하는 주파수를 공진주파수라고 부른다.

❑ 공진에서, 직렬회로의 임피던스는 최소이고 전류는 최대이다.

❑ 직렬 공진 회로는 주파수의 좁은 대역을 선택하기 위하여 대역 통과 여파기를 사용하고 주파수의 좁은 대역을 차단하기 위하여 대역 차단 여파기를 사용한다.

공식

직렬 RL 또는 RC 회로의 임피던스:

$$Z = \sqrt{R^2 + X^2} \tag{12-1}$$

직렬 RL 또는 RC 회로의 위상각:

$$\theta = \tan^{-1}\left(\frac{X}{R}\right) \tag{12-2}$$

리액턴스성 회로에서의 옴의 법칙:

$$I = \frac{V_s}{Z} \tag{12-3}$$

직렬에서의 전체 리액턴스:

$$X = |X_L - X_C| \tag{12-4}$$

직렬 RLC 회로에서의 임피던스 크기:

$$Z = \sqrt{R^2 + |X_L - X_C|^2} \tag{12-5}$$

직렬 RLC 회로에서의 전압의 크기:

$$V_s = \sqrt{V_R^2 + |V_L - V_C|^2} \tag{12-6}$$

공진 주파수:

$$f_r = \frac{1}{2\pi\sqrt{LC}} \tag{12-7}$$

품질인자:

$$Q = \frac{f_r}{BW} \tag{12-8}$$

단원 확인 문제

1. 복소수의 예는?
   (a) -5.24 (b) $j3$
   (c) $-j12.2$ (d) $2 + j3$

2. 문자 j가 수에 첨부될 때, 그 수가 의미하는 것은?
   (a) 무리수 (b) 허수
   (c) 실수 (d) 복소수

3. 극좌표 표기에서, 복소수는 무엇에 의해 표시되는가?

(a) 크기와 각도

(b) 고도와 방위각

(c) x축과 y축의 길이

(d) 과학적 표기

4. 직각삼각형의 높이를 밑변으로 나눈 비를 부르는 명칭은?

    (a) sine   (b) cosine

    (c) tangent   (d) 빗변

5. 순수 저항 회로에서, 전압과 전류 사이의 위상차는?

    (a) $-90°$ (b) $0°$

    (c) $+45°$ (d) $+90$

6. 직렬회로에서 용량성 리액턴스(X_C)는 어디에 그려지는가?

    (a) 양의 x축   (b) 음의 x축

    (c) 양의 y축   (d) 양의 y축

7. RC 직렬회로에 인가된 주파수가 증가하면, 전체 임피던스는 어떻게 되는가?

    (a) 더 작아짐   (b) 변함 없음

    (c) 더 커짐

8. 만일 RC 직렬회로에 인가된 전압이 증가하면, 전체 임피던스는 어떻게 되는가?

    (a) 더 작아짐   (b) 변함 없음

    (c) 더 커짐

9. 직렬 RL 회로에 대한 임피던스 삼각형에서 빗변은 무엇을 나타내는가?

    (a) 유도성 리액턴스   (b) 저항

    (c) 용량성 리액턴스   (d) 임피던스

10. 직렬 RLC 회로에서, 전류가 전압보다 위상이 뒤지게 되는 조건은?

    (a) 용량성 리액턴스가 저항보다 크다

    (b) 유도성 리액턴스가 저항보다 크다

    (c) 용량성 리액턴스가 유도성 리액턴스보다 크다

    (d) 유도성 리액턴스가 용량성 리액턴스보다 크다

11. 직렬 RLC 회로에서, 전압 페이저 그림이 닮은 형상은?

    (a) 임피던스 페이저 그림

    (b) 전류 페이저 그림

    (c) 위의 모두

    (d) 해당 없음

12. 공진하는 직렬 RLC 회로에서, 임피던스는 얼마인가?

    (a) 최대값   (b) 최소값

    (c) 최대의 70.7%   (d) 최대의 50%

13. 직렬 RLC 회로에서 주파수가 상승하면, 회로는 더욱 더 어떻게 나타날 것인가?

    (a) 유도성   (b) 용량성

    (c) 저항성   (d) 해당 없음

14. 직렬 공진 회로에서 가변 인덕터가 더 큰 인덕턴스로 조정되면, 공진 주파수는 어떻게 될 것인가?

    (a) 더 낮아짐   (b) 같음

    (c) 더 높아짐

15. 대역통과 여파기의 대역폭은 얼마로 측정되는가?

    (a) 응답의 최고 수준   (b) 응답의 33% 수준

    (c) 응답의 50% 수준   (d) 응답의 70.7% 수준

16. 공진 회로가 매우 선택적이라면, 이것은 무엇을 갖는가?

    (a) 넓은 대역폭   (b) 중간 대역폭

    (c) 좁은 대역폭

질문

1. 무리수라고 생각되는 수는 무엇인가?

2. 수학적 연산자는 무엇인가?

3. j^2의 값은 무엇인가?

4. 실수와 허수 사이의 차이는 무엇인가?

5. 직각좌표 표기와 극좌표 표기 사이의 차이는 무엇인가?

6. 빗변에 대한 밑변의 비로 표현되는 삼각함수는 어느 것인가?

7. $\tan^{-1}$가 의미하는 것은 무엇인가?

8. 교류회로에서 이상적인 커패시터 또는 인덕터에서의 전기적 에너지는 어떻게 되는가?

9. $X_C = R$일 때 RC 회로에서 위상각은 얼마인가?

10. $X_L = R$일 때 RL 회로에서 위상각은 얼마인가?

11. 직렬 RC 회로에서 주파수가 증가할 때 위상각은 어떻게 되는가?

12. 직렬 RL 회로에서 가변 인덕터가 더 큰 인덕턴스로 조정될 때 위상각은 어떻게 되는가?

13. 직렬회로에 대한 임피던스 페이저 그림이 주어지면, 어떻게 이것을 전압 페이저 그림으로 바꾸는가?

14. 직렬 RLC 회로가 유도성인지 또는 용량성인지를 어떻게 결정할 수 있는가?

15. 직렬 공진의 조건은 무엇인가?

16. 왜 직렬 RLC 회로에 대한 공진 주파수에서 전류가 최대인가?

17. 대역차단 여파기는 무엇인가?

18. 어떻게 대역차단 여파기에 대하여 내역폭이 정의되는가?

19. 선택도는 무엇인가?

20. 직렬 공진 회로의 선택도에 영향을 주는 두 인자는 무엇인가?

21. 공진 회로에서 높은 Q가 의미하는 것은 무엇인가?

기본 문제

1. 직교 좌표계에 복소수 $2 - j4$로 표현된 페이저를 그려라.

2. 직교 좌표계에 복소수 $3 + j1$로 표현된 페이저를 그려라.

3. 직교 좌표계에 복소수 $3.5\angle 60°$로 표현된 페이저를 그려라.

4. 그림 12-39의 직각삼각형을 참고하라. $A = 3.50$이고 $B = 1.75$라고 가정하라.
   (a) C의 길이는 얼마인가?
   (b) θ는 얼마인가?

5. 그림 12-39의 직각삼각형을 참고하라. $A = 8.0$이고 $C = 9.0$이라고 가정하라. B의 길이는 얼마인가?

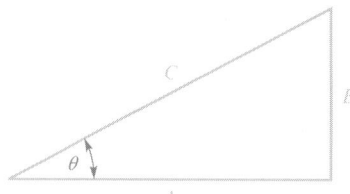

그림 12-39

6. 그림 12-40의 직각삼각형을 참고하라. $A = 2.5$이고 $C = 5.6$이라고 가정하라.
   (a) B의 길이는 얼마인가?
   (b) θ는 얼마인가?

7. 그림 12-40의 직각삼각형을 주목하라. $C = 3.0$이고 $\theta = 63°$라고 가정하라. A의 길이는 얼마인가?

8. 그림 12-41에 보이는 RL 회로에 대한 임피던스의 크기와 위상각을 계산하라. 임피던스 페이저 그림과 임피던스 삼각형을 그려라.

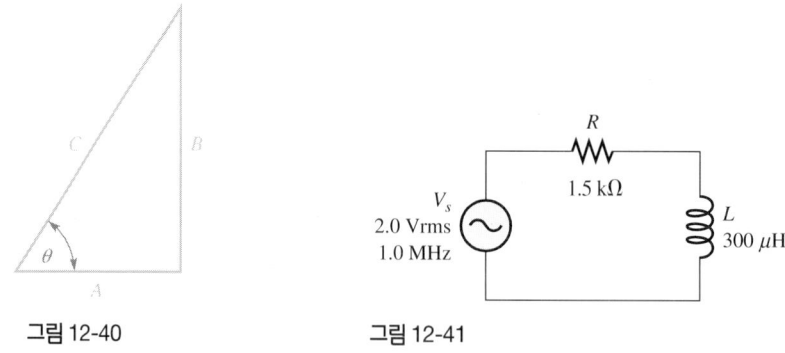

그림 12-40   **그림 12-41**

9. 그림 12-42에 보이는 RC 회로에 대한 임피던스의 크기와 위상각을 계산하라. 임피던스 페이저 그림과 임피던스 삼각형을 그려라.

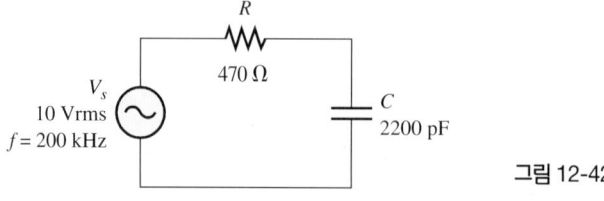

그림 12-42

10. 그림 12-41에 보이는 *RL* 회로의 전류를 계산하라.

11. 그림 12-42에 보이는 *RC* 회로의 전류를 계산하라.

12. 그림 12-43의 회로에 대하여, 주파수는 120 kHz로 설정된다고 가정하라. 표 12-5를 완성하라. 회로에 대한 임피던스 페이저 그림과 전압 페이저 그림을 그려라.

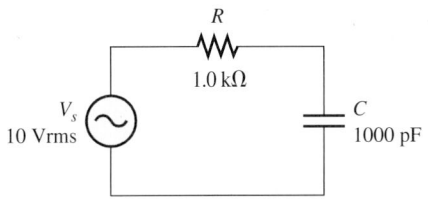

그림 12-43

표 12-5

$R = 1.0\,k\Omega$	$I_R =$	$V_R =$
$X_C =$	$I_C =$	$V_C =$
$Z =$	$I_{tot} =$	$V_s = 10\,Vrms$

13. 그림 12-43의 회로에 대하여, 주파수가 200 kHz로 변경된다고 가정하라. 이 주파수에 대하여 표 12-6을 완성하라. 회로에 대한 임피던스 페이저 그림과 전압 페이저 그림을 그려라.

표 12-6

$R = 1.0\,k\Omega$	$I_R =$	$V_R =$
$X_C =$	$I_C =$	$V_C =$
$Z =$	$I_{tot} =$	$V_s = 10\,Vrms$

14. 그림 12-43의 회로를 참고하라. 커패시터 양단 전압이 저항 양단 전압과 같도록 신호 발생기가 설정해야 하는 주파수는 얼마인가?

15. 그림 12-44의 회로에 대하여, 표 12-7을 완성하라. 회로에 대한 임피던스 페이저 그림과 전압 페이저 그림을 그려라.

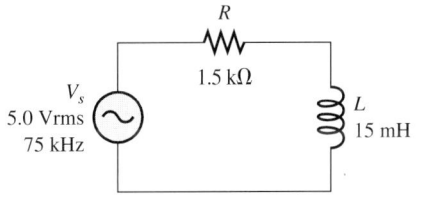

그림 12-44

표 12-7

$R = 1.5\,k\Omega$	$I_R =$	$V_R =$
$X_L =$	$I_L =$	$V_L =$
$Z =$	$I_{tot} =$	$V_s = 5.0\,Vrms$

16. 그림 12-44의 회로에 대하여, 주파수가 증가하면, 위상각은 어떻게 되는지 설명하라.

17. 그림 12-45의 회로에 대하여 표 12-8을 완성하라.

표 12-8

$R = 270\,\Omega$	$I_R =$	$V_R =$
$X_C =$	$I_C =$	$V_C =$
$X_L =$	$I_L =$	$V_L =$
$Z =$	$I_{tot} =$	$V_s = 3.0\,\text{Vrms}$

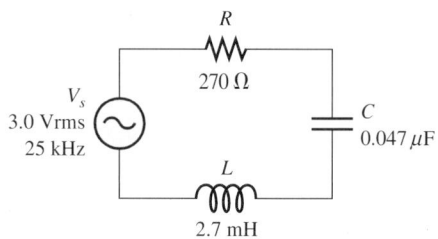

그림 12-45

18. 그림 12-45의 회로에 대한 전압 페이저를 그려라. (두 개의 페이저 그림을 나타낼 필요가 있다.)

19. 그림 12-45의 회로는 제시된 주파수에서 유도성이다. 주파수가 10 kHz로 떨어지면, 회로는 여전히 유도성으로 보일 것인가? 해답을 증명하라.

20. 그림 12-46에 보이는 직렬 *RLC* 회로에 대한 공진 주파수를 계산하라. 공진에서 회로에 대한 임피던스 페이저 그림과 전압 페이저 그림을 그려라. 전원전압은 1.0 Vrms이다.

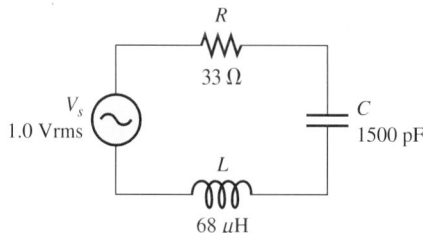

그림 12-46

21. 0.068 μF 커패시터가 180 μH 인덕터와 직렬을 이룬다면, *LC* 회로의 공진 주파수를 계산하라.

22. 그림 12-47에 보이는 여파기에 대하여, 공진 주파수를 결정하라. 이것은 대역통과 여파기인가 또는 대역차단 여파기인가?

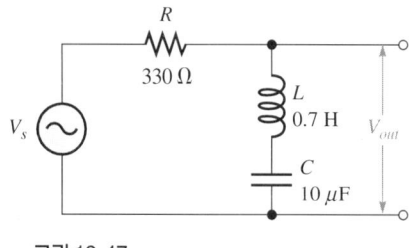

그림 12-47

기본 – 플러스 문제

23. 직렬 *RL* 회로에서, 전원전압을 5 V로 설정하였고, 저항 양단에서 3 V를 측정한 것으로 가정하라.

    (a) 인덕터 양단 전압은 얼마인가?

    (b) 이 회로의 위상각은 얼마인가?

24. 미지의 커패시터가 1.0 kΩ의 저항과 직렬에 있고 10 V 전압원에 연결되어 있다. 주파수를 저항기 양단 전압과 커패시터 양단 전압이 같아질 때까지 조정했을 때 3.39 kHz가 됨을 알았다.

(a) 각각의 소자 양단 전압은 얼마인가?

(b) 커패시턴스는 얼마인가?

25. 직렬 *RLC* 회로가 10 V 전압원에 연결되어 있다. 커패시터 양단 전압은 인덕터 양단 전압의 두 배이고 저항기 양단 전압과 같다. 각 소자 양단 전압은 얼마인가? (힌트: 이들은 페이저이다!)

26. 직렬 *RLC* 회로는 저항기 양단이 10 V, 커패시터 양단이 20 V, 그리고 인덕터 양단이 30 V이다.

(a) 전원전압은 얼마인가?

(b) 저항기와 인덕터의 양단에서 측정될 전압은 얼마인가?

27. 1.5 MHz의 공진 주파수를 발생시키기 위하여 220 pF의 커패시터와 함께 공진에 필요한 인덕턴스의 값은 얼마인가?

예제 질문

12-1: 코사인 함수를 적용하라.

12-2: 2.82

12-3: 임피던스가 증가한다.

12-4: 위상각이 감소한다.

12-5: 위상각은 같은 값을 유지한다. 더 높은 전류 때문에 전압 페이저가 더 커지더라도, 이들 모두는 같은 양으로 증가한다.

12-6: 이 주파수에서, $X_C = R = 1.5$ kΩ이다. 임피던스 페이저 그림은 X_C와 R에 대하여 같은 길이의 페이저를 갖게 된다. 전체 임피던스는 2.12 kΩ이다. Z와 R 사이의 각도는 45°이다.

12-7: 53.2°

12-8: 각각의 전압 페이저를 전류로 나누어라.

12-9: X_L은 502 Ω이 될 것이고, X_C는 398 Ω이 될 것이다. 따라서, 회로는 이전보다 더 적은 유도성을 나타낸다.

12-10: 5.0 V. $(5.0\ \text{V} = \sqrt{(1.81\ \text{V})^2 + (4.67\ \text{V})^2})$

12-11: 공진 주파수는 변하지 않는다.

12-12: Q는 6.5로 반감된다.

복습 질문

1. 수를 반시계방향으로 90°만큼 회전시킨다.

2. *y*축

3. 직각좌표 표기와 극좌표 표기

4. $\tan \theta$ = 높이 / 밑변

5. (빗변)^2 = (밑변)^2 + (높이)^2

6. x축에 평행한 변은 저항을 표현한다. y축에 평행한 변은 리액턴스를 표현한다. 빗변은 임피던스를 표현한다.

7. 저항과 리액턴스는 다른 축에 그려진다. 그 합은 피타고라스 정리를 적용함으로써 구해지며 2.83 kΩ이 될 것이다.

8. 음의 y축

9. 양의 x축

10. +45°

11. 전압 페이저는 상수를 임피던스 그림 페이저에 곱함으로써 구해진다. 상수는 회로의 전류이다.

12. 이들은 같다.

13. 더 낮아진다.

14. Z는 감소한다.

15. 위상각 θ는 감소한다.

16. 4 V

17. +53.1°

18. 더 높아진다.

19. Z는 감소한다.

20. θ는 증가한다.

21. 절대값(부호 없음)

22. 4사분면

23. 더 큰 유도성

24. 1.41 kΩ

25. 뒤진다.

26. 저항 성분만 남기고, 공진에서 리액턴스는 상쇄된다.

27. 임피던스가 최소이기 때문에, 전류는 최대이고 회로저항으로만 제한된다.

28. 1.24 MHz

29. 7.07 V

30. 높은 선택도는 대역폭은 좁고 공진 주위의 응답이 가파름을 의미한다.

단원 확인 문제

1. (d)	**2.** (b)	**3.** (a)	**4.** (c)	**5.** (b)
6. (d)	**7.** (a)	**8.** (b)	**9.** (d)	**10.** (d)
11. (a)	**12.** (b)	**13.** (a)	**14.** (a)	**15.** (d)
16. (c)				

병렬 교류 회로

이 장의 참고 자료는 아래 웹사이트에서 얻을 수 있다.

http://www.prenhall.com/SOE

서론

이 장에서는 저항, 커패시턴스 및 인덕턴스로 구성된 병렬 교류 회로를 검토하고, 병렬 공진을 소개한다. 직렬 교류 회로를 제12장에서와 같이, 병렬 교류 회로도 페이저 그림으로 쉽게 시각화할 수 있다. 병렬회로의 경우, 페이저 그림은 임피던스와 전압의 페이저 대신에 어드미턴스와 전류의 페이저를 나타낸다. 우리에게 *어드미턴스*는 새로운 용어일 것이다. 이것은 임피던스의 역수이다. 이 장에 나오는 기초적인 회로를 이해함으로써, 우리는 더욱 복잡한 문제를 해결할 수 있을 것이다. 많은 경우에서, 복잡한 회로는 2-소자 등가회로로 축소될 수 있다.

병렬회로에서, 모든 소자의 양단 전압은 동일

하다. 그러므로 전압에 대하여 전류가 얼마나 위상이 이동하는지 검토하는 것이 논리적이다. 직렬회로에서는 초점이 전압이었지만, 이제는 전류가 초점이다. 커패시터는 항상 전류가 전압을 앞서도록 전류와 전압 사이의 위상을 이동시킨다는 것을 상기하라. 인덕터는 반대 방향으로 위상각을 이동시킨다. 이 경우에, 전류는 전압보다 뒤진다. 병렬회로에서, 리액턴스성 소자가 두 개 존재할 때, 리액턴스가 작은 쪽이 더 큰 전류를 흐르게 하기 때문에 우세하다.

직렬회로에서처럼, 커패시터의 리액턴스와 인덕터의 리액턴스가 같을 때, 이러한 조건을 공진이라 부른다. 끝으로 이 장에서는 병렬 공진에 대하여 논의한다.

주요 목표

각각의 목표의 번호는 절의 번호이다. 이 장을 마치고 나면 여러분은 다음과 같은 일들을 수행할 수 있어야 한다.

13-1 병렬 *RL* 또는 *RC* 회로에 대한 어드미턴스 삼각형을 그리기

13-2 병렬 *RC* 회로에서 전류의 크기를 계산하고, 어드미턴스와 전류의 페이저 그림을 그리고, 주파수가 페이저에 어떤 영향을 주는지 설명하기

13-3 병렬 *RL* 회로에서 전류의 크기를 계산하고, 어드미턴스와 전류의 페이저 그림을 그리고, 주파수가 페이저에 어떤 영향을 주는지 설명하기

13-4 병렬 *RLC* 회로를 해석하고, 어드미턴스와 전류의 페이저 그림을 나타내기

13-5 병렬 공진 회로를 해석하고, 병렬 공진 여파기를 설명하기

컴퓨터 시뮬레이션 디렉토리

다음 그림에는 관련된 Multisim 회로 파일이 있다.

◆ 그림 13-8
518쪽

◆ 그림 13-19
529쪽

실험실습 디렉토리

다음 실험은 이 장을 위한 것이다.

◆ 실험 25
병렬 *RC* 회로

◆ 실험 26
병렬 *RL* 회로

◆ 실험 27
병렬 공진 회로

직무에 대하여...

여러 종류의 기술적인 업무에서는 프로젝트에 대한 리포트 작성을 요구 받게 된다. 리포트 작성은 단순한 업무 일지 기입에서부터 공식적인 기술 리포트까지 다양하다. 리포트 작성에 참여하고 있다면 회사의 정책을 찾아내야 한다. 어떤 것은 필기구로 기입한 후 서명을 필요로 하며 다른 것은 덜 공식적인 요구사항을 가진다. 설명서를 작성하고 있다면 삽화를 넣는 것이 리포트를 가치있게 한다는 것을 명심하라. 맞춤법에 자신이 없다면 리포트를 워드프로세서로 작성하고 맞춤법 확인기능을 사용하는 것을 잊지 말라!

여러 해 전에, 천문학자들은 태양 표면에서부터 고도가 증가함에 따라 태양 대기의 온도가 급격하게 상승하는 것을 발견하고 깜짝 놀랐다. 수년 동안 학자들이 그 열원을 설명하지 못했는데 나중에 그 열원이 공진에 근원을 두고 있다는 것을 알게 되었다.

태양 중심의 온도는 약 16,000,000°라고 생각된다. 표면의 온도는 약 6,000°이다. 이런 엄청난 온도차가 자계선을 태양대기(코로나)로 운반하는 대류전류를 만든다. 자계선은 대류전류에 의하여 흔들리며 스프링처럼 진동한다. 자계선 한 개의 진동은 바로 옆에 있는 자계선에 영향을 준다. 진동하는 여러 자계선의 효과는 파동 진폭이 증가, 감소, 또는 완전히 소멸하는 원인이 될 수 있다. 진동하는 파동은 코로나로 에너지를 운반한다.

진동하는 자계선으로부터 에너지를 방출하는 두 가지 메커니즘이 있다. 하나는 *위상 혼합* (phase mixing)이고, 다른 하나는 *공진 흡수*(resonant absorption)이다. 위상 혼합은 서로 다른 진동 주파수가 혼합될 때 발생한다. 어떤 점에서는, 혼합된 주파수는 높은 전류를 발생하고 에너지를 방출할 수 있다. 파동이 더해짐에 따라 파동의 진폭이 급격하게 성장하는 영역을 생성하는 같은 주파수의 수많은 파동이 일치할 때 공진 흡수가 발생한다. 이것은 높은 전류를 생성하는데 이 전류는 코로나에 에너지를 전달할 수 있는데, 이때 코로나를 수백만도까지 가열시킨다.

13-1 어드미턴스

임피던스의 역수가 어드미턴스이다. 어드미턴스는 저항의 역수인 콘덕턴스와 리액턴스의 역수인 서셉턴스의 조합이다. 이 양은 저항성과 리액턴스성 소자를 갖고 있는 병렬 교류 회로의 해석에 유용하다.

이 절에서는 병렬 *RL* 또는 *RC* 회로에 대한 어드미턴스 삼각형을 개발하는 것을 배운

콘덕턴스, 서셉턴스 및 어드미턴스

콘덕턴스는 저항의 역수임을 상기하라. 측정단위는 지멘스(siemens)이며, 옴의 역수이다.

$$G = \frac{1}{R} \tag{13-1}$$

교류회로에서, 전류에 대한 대항은 소자에 따라 저항성 또는 유도성일 수 있다. 대부분의 회로의 경우, 모든 소자를 이상적으로 취급할 수 있다. 즉, 저항성 소자는 항상 저항기이고, 유도성 소자는 순수한 커패시터 또는 순수한 인덕터일 수 있다. 리액턴스의 역수를 서셉턴스(susceptance)라고 부른다. 이것은 문자 *B*로 나타낸다. 서셉턴스는 용량성 또는 유도성일 수 있다. 리액턴스의 경우처럼, 하첨자는 서셉턴스가 용량성(B_C)인지, 또는 유도성(B_L)인지를 나타내는 데 사용된다. 용량성 서셉턴스는 다음

식으로 정의된다.

$$B_C = \frac{1}{X_C} \tag{13-2}$$

마찬가지로, 유도성 서셉턴스(inductive susceptance)는 다음 식으로 정의된다.

$$B_L = \frac{1}{X_L} \tag{13-3}$$

대부분의 실제 회로의 경우, mS(millisiemens)와 μS(microsiemens)가 더 유용하다. 예를 들어, 10 kΩ의 리액턴스는 0.10 mS 또는 100 μS의 콘덕턴스를 갖는다.

어드미턴스(admittance)는 콘덕턴스와 서셉턴스의 페이저 합이다. 어드미턴스는 임피던스에 대한 대항으로 생각될 수 있다. 이것은 얼마나 전류가 즉시 흐를 수 있는지를 나타낸다. 수학적으로 어드미턴스는 임피던스의 역수이며 문자 Y로 나타낸다. 어드미턴스의 측정단위도 지멘스이다.

$$Y = \frac{1}{Z} \tag{13-4}$$

어드미턴스 삼각형

병렬회로에서, 어드미턴스를 계산하기 위해서는 저항의 역수와 리액턴스의 역수를 더하면 되는데 이것은 임피던스의 역수이다. 페이저는 간단한 도형적인 방법으로 더할 수 있기 때문에, 콘덕턴스, 서셉턴스 및 어드미턴스의 관점에서 회로 파라미터를 시각화할 수 있다. (직렬회로에서는 전체 임피던스를 계산하기 위해 저항 페이저와 리액턴스 페이저를 더한다는 것을 상기하라.)

병렬회로에서는 모든 소자 양단 전압이 같기 때문에, 전압은 x축을 따라 표시하는 기준으로 선택된다. 콘덕턴스 페이저와 서셉턴스 페이저는 이들이 전류와 전압 사이의 위상각에 얼마나 영향을 주는지에 따라 직각좌표 시스템에 표시된다. 이 위상각을 계산하고, 콘덕턴스 페이저와 서셉턴스 페이저를 표기하기 위한 기본적인 규칙이 그림 13-1에 나타나 있으며, 다음과 같다.

1. 콘덕턴스(G)는 항상 양의 x축에 표시한다.
2. 용량성 서셉턴스(B_C)는 양의 y축($+j$)에 표시한다. (이것은 용량성 리액턴스의 직렬 경우와 반대이다.) 직각좌표형에서, 이것은 $+jB_C$로 표기하며, 양의 y축에 표시됨을 나타낸다.
3. 유도성 서셉턴스(B_L)는 음의 y축($-j$)에 표시한다. 직각좌표형에서, 이것은 $-jB_L$로 표기하며, 음의 y축에 표시됨을 나타낸다.

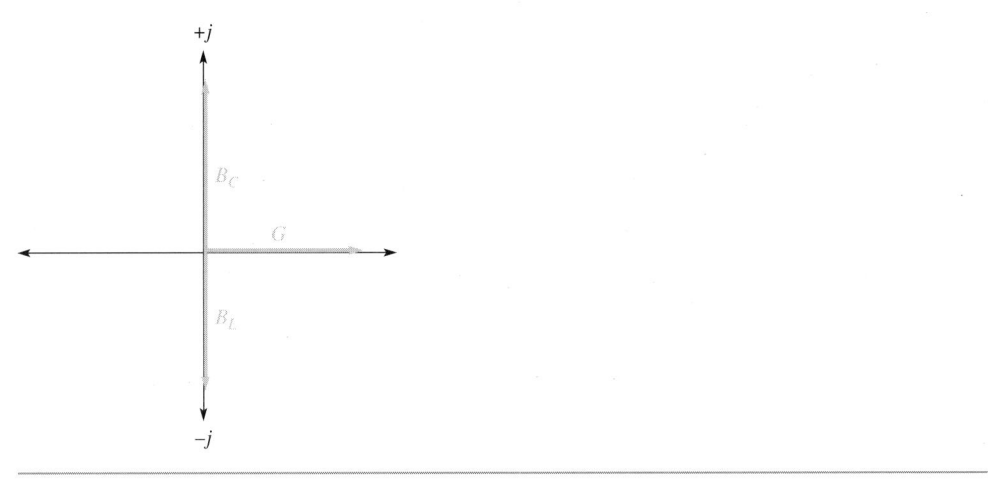

그림 13-1

병렬회로의 콘덕턴스 페이저
와 서셉턴스 페이저의 방향

그림 13-2

병렬 *RC* 회로를 위한 어드미턴스 삼각형의 개발

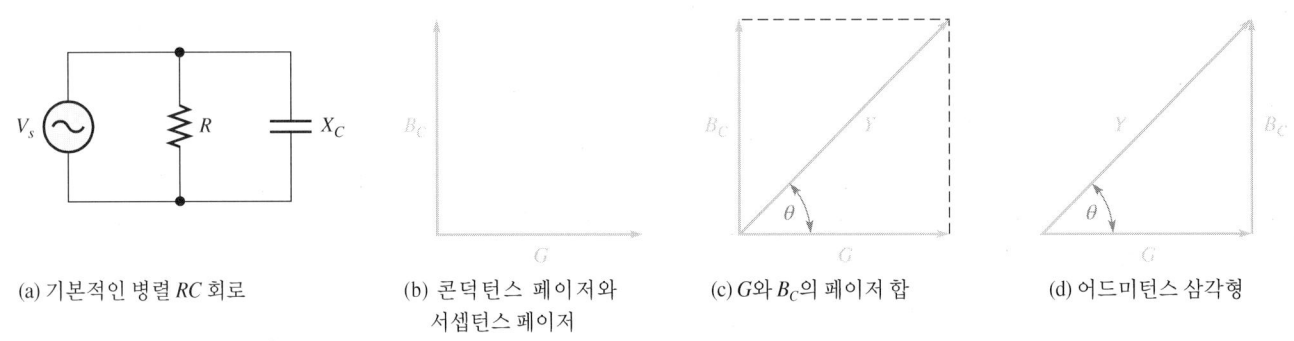

(a) 기본적인 병렬 *RC* 회로 (b) 콘덕턴스 페이저와 (c) *G*와 *B_C*의 페이저 합 (d) 어드미턴스 삼각형
서셉턴스 페이저

　　직각삼각형에 대한 규칙을 이용하여, 콘덕턴스 페이저와 서셉턴스 페이저 합을 계
산하여 어드미턴스를 결정한다. 예로서, 그림 13-2(a)에 보이는 기본적인 병렬 *RC* 회
로를 고려해보자. 콘덕턴스(G)와 용량성 서셉턴스(B_C)가 같도록 주파수를 설정한다
고 가정한다. 그림 13-2(b)는 페이저가 어떻게 그려지는지 보여준다. 개략도 (a)는 저
항 성분과 리액턴스 성분(R과 X_C)을 나타내지만 표시된 페이저는 이들 양의 역수(G
와 B_C)임을 주목하라. 콘덕턴스 페이저는 양의 x축에 표시하고, 용량성 서셉턴스 페
이저는 양의 y축에 표시한다. 이것은 도형이 직각좌표 시스템에서 1사분면에 있음을
의미한다. G와 B_C 사이의 이런 관계는 어떤 회로에서 용량성 전류는 전압, 즉 저항
전류보다 90° 앞선다는 사실에서 유래한다. *Y*가 *G*와 *B_C*의 페이저 합이기 때문에, 이
것은 그림 13-2(c)에서 보여주는 것과 같이 표현된다. 그림 13-2(d)에서 보여주는 것
처럼 페이저의 재배치는 직각삼각형을 이룬다. 이것이 어드미턴스 삼각형이다. 각
페이저의 길이는 지멘스 단위의 크기이고, 위상각 θ는 전원전압과 전류 사이의 위상
차이이다.

　　등가의 삼각형을 병렬 유도성 회로에 대해서도 그릴 수 있다. 그림 13-3은 기본적

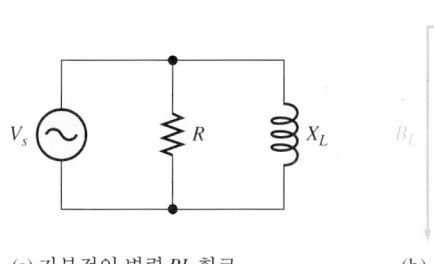

(a) 기본적인 병렬 *RL* 회로

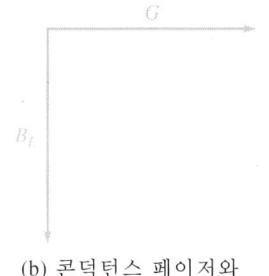

(b) 콘덕턴스 페이저와
서셉턴스 페이저

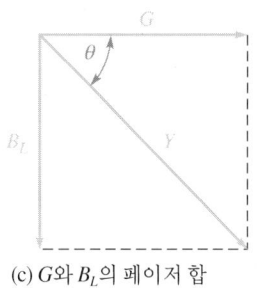

(c) *G*와 *B*_L의 페이저 합

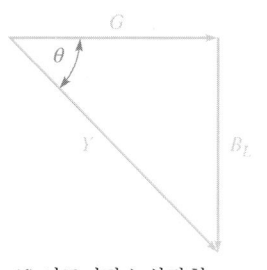

(d) 어드미턴스 삼각형

인 병렬 *RL* 회로와 어드미턴스 삼각형의 작도를 설명한다. 개략도 (a)는 저항과 리액턴스를 보여주지만, 그려진 페이저는 이들 값의 역수(G와 B_L)임을 주목하라. 그림 13-3(b)에 나타낸 것처럼, 콘덕턴스(G)와 유도성 서셉턴스(B_L)가 같도록 주파수가 설정되어 있다. 콘덕턴스 페이저는 양의 *x*축에 표시되어 있으며, 용량성 서셉턴스 페이저는 음의 *y*축에 표시되어 있다. 이것은 그림이 직각좌표 시스템에서 4사분면에 있음을 의미한다. G와 B_L 사이의 이런 관계는 임의의 회로에서 인덕터 전류는 전압, 즉 저항기 전류보다 90° 뒤진다는 사실에서 유래한다. Y는 G와 B_L의 페이저 합이기 때문에, 이것은 그림 13-3(c)에서 보여주는 것과 같이 표현된다. 그림 13-3(d)에서 보여주는 것처럼, 페이저의 재배치는 직각삼각형을 이룬다.

모든 직각삼각형에서처럼, 직각삼각형의 빗변은, 피타고라스의 정리로 주어진 것처럼, 각각의 변의 제곱의 합의 제곱근이다. 직각삼각형의 변은 콘덕턴스와 서셉턴스이며 빗변은 어드미턴스이다. 병렬 *RC* 회로의 경우, 어드미턴스의 크기는

$$Y = \sqrt{G^2 + B_C^2} \tag{13-5}$$

이고, 병렬 *RL* 회로이 경우, 어드미턴스의 크기는

$$Y = \sqrt{G^2 + B_L^2} \tag{13-6}$$

이다. 위상각 θ는 용량성 서셉턴스 페이저 또는 유도성 서셉턴스 페이저와 콘덕턴스 페이저의 항으로 쓸 수 있다.

$$\theta = \tan^{-1}\left(\frac{B}{G}\right) \tag{13-7}$$

다음의 두 예제는 기본적인 병렬 *RC* 및 *RL* 회로에 대해 어드미턴스를 어떻게 구하는지를 보여준다.

예제 13-1

문제

그림 13-4에 보이는 *RC* 회로에 대한 어드미턴스의 크기와 위상각을 계산하라. 그리고 어드미턴스 페이저 그림과 어드미턴스 삼각형을 그려라.

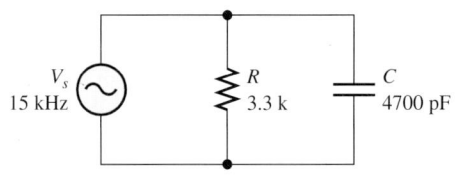

그림 13-4

풀이

먼저, 15 kHz에서의 용량성 서셉턴스를 계산한다. 용량성 서셉턴스는 용량성 리액턴스의 역수이다. 그러므로

$$B_C = \frac{1}{X_C} = \frac{1}{\dfrac{1}{2\pi f C}} = 2\pi f C = 2\pi(15 \times 10^3\,\mathrm{Hz})(4700 \times 10^{-12}\,\mathrm{F}) = 443\,\mu\mathrm{S}$$

이것은 용량성 서셉턴스의 크기이다. 이것은 $+j443\mu\mathrm{S}$로서 방향이 양의 *y*축을 향함을 나타내기 위하여 $+j$와 함께 나타낸다.

다음에, 콘덕턴스를 계산한다.

$$G = \frac{1}{R} = \frac{1}{3.3\,\mathrm{k\Omega}} = 303\,\mu\mathrm{S}$$

그리고 위의 두 식을 병렬 *RC* 회로의 어드미턴스를 구하는 식 (13-5)에 대입한다.

$$Y = \sqrt{G^2 + B_C{}^2} = \sqrt{303\,\mu\mathrm{S}^2 + 443\,\mu\mathrm{S}^2} = \mathbf{537\,\mu S}$$

위상각을 결정하기 위하여, 식 13-7에 서셉턴스와 콘덕턴스의 값을 대입한다.

$$\theta = \tan^{-1}\left(\frac{B}{G}\right) = \tan^{-1}\left(\frac{443\ \mu\mathrm{S}}{303\ \mu\mathrm{S}}\right) = \tan^{-1}(1.46) = \mathbf{55.6°}$$

어드미턴스 페이저 그림과 어드미턴스 삼각형은 그림 13-5에 나타내었다.

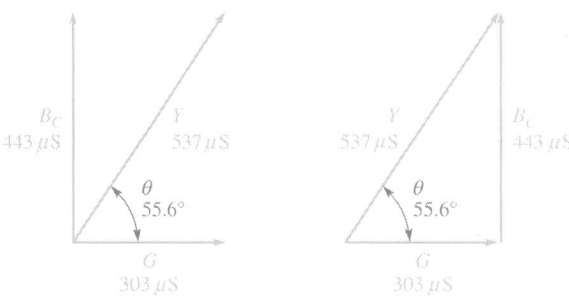

(a) 어드미턴스 페이저 그림   (b) 어드미턴스 삼각형

그림 13-5

질문

만일 주파수가 감소되면, 어드미턴스는 어떻게 되는가?

문제

그림 13-6에 보이는 *RL* 회로에 대한 어드미턴스의 크기와 위상각을 계산하라. 그리고 어드미턴스 페이저 그림과 어드미턴스 삼각형을 그려라.

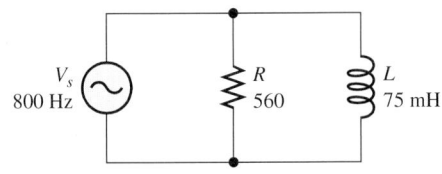

그림 13-6

풀 이

먼저, 800 Hz에서의 유도성 서셉턴스를 계산한다. 유도성 서셉턴스는 유도성 리액턴스의 역수이다. 그러므로

$$B_L = \frac{1}{X_L} = \frac{1}{2\pi f L} = \frac{1}{2\pi(800 \text{ Hz})(0.075 \text{ F})} = 2.65 \text{ mS}$$

이것은 유도성 서셉턴스의 크기이다. 이것은 음의 *y*축을 향함을 나타내기 위하여 $-j$와 함께 나타낸다.

콘덕턴스를 계산한다.

$$G = \frac{1}{R} = \frac{1}{560 \ \Omega} = 1.78 \text{ mS}$$

그리고 위의 두 식을 식 (13-6)에 대입한다.

$$Y - \sqrt{G^2 + B_L^2} - \sqrt{1.78 \text{ mS}^2 + 2.65 \text{ mS}^2} - \textbf{3.20 mS}$$

위상각을 계산하기 위하여, 식 (13-7)에 값을 대입한다.

$$\theta = \tan^{-1}\left(\frac{B}{G}\right) = \tan^{-1}\left(\frac{2.65 \text{ mS}}{1.78 \text{ mS}}\right) = \tan^{-1}(1.49) = \textbf{56.1}°$$

어드미턴스 페이저 그림과 어드미턴스 삼각형은 그림 13-7에 나타내었다.

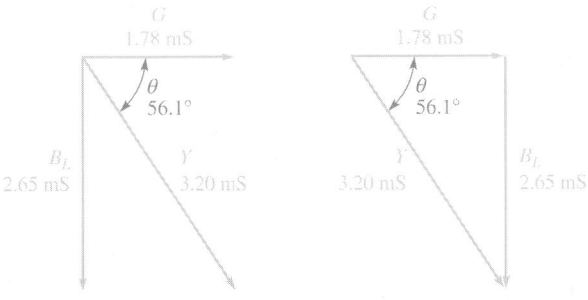

(a) 어드미턴스 페이저 그림   (b) 어드미턴스 삼각형

그림 12-7

질문
만일 인덕터가 개방되면, 어드미턴스는 어떻게 되는가?

2-소자 병렬회로의 임피던스

병렬회로가 두 개의 소자를 가지면(또는 두 개의 소자로 축소가 가능하면), 때때로 어드미턴스 대신에 임피던스를 고려하는 것이 유용하다. 병렬 저항성 회로에서, 경로가 추가되면 그만큼, 전류에 대한 전체적인 대항은 더 적어진다는 것을 상기하라. RC 및 RL 회로에서, 경로가 추가되면 그만큼, 임피던스도 더 적어진다(그러나 실제로는 RLC 회로에 대해서는 더 클 수 있다. 이것은 13-4절에서 언급한다).

2-소자 RC 또는 RL 회로에 대하여, 그 양이 페이저라는 사실을 고려하면 곱 나누기 합 규칙(5-5절에서 언급하였다)도 적용될 수 있다. 이 경우에, 임피던스의 크기는

$$Z = \frac{RX}{\sqrt{R^2 + X^2}}$$ (13-8)

이다. 위 식의 분모에서, 합은 12-2절(식 (12-1))에서 논의한 것처럼 페이저 합(제곱의 합의 제곱근)으로 표기됨을 명심하라. 또한, 식 (13-8)에서 X는 커패시터의 리액턴스는 X_C를, 또는 인덕터의 리액턴스는 X_L을 나타낸다. 위상각은

$$\theta = \tan^{-1}\left(\frac{R}{X}\right)$$ (13-9)

이다.

식 (13-9)는 식 (13-7)과 등가이며 동일한 결과가 나온다. 식의 분수 부분은 직렬회로의 역이다. 모든 회로(직렬 또는 병렬)에서 전류는 항상 커패시터에서는 전압보다 앞서고 인덕터에서는 전압보다 뒤진다.

예제 13-3

문제
그림 13-8에 보이는 병렬 RC 회로에 대한 임피던스의 크기와 위상각을 계산하라. 이 결과를 이용하여 전체 전류를 계산하라.

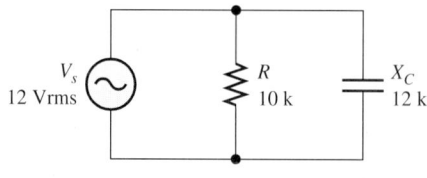

그림 13-8

풀이
그림에 제시된 값을 식 (13-8)에 대입한다.

$$Z = \frac{RX}{\sqrt{R^2 + X^2}} = \frac{(10 \text{ k}\Omega)(12 \text{ k}\Omega)}{\sqrt{10 \text{ k}\Omega^2 + 12 \text{ k}\Omega^2}} = 7.68 \text{ k}\Omega$$

다음에, 파라미터 값을 식 (13-9)에 대입하여 위상각을 계산한다.

$$\theta = \tan^{-1}\left(\frac{R}{X}\right) = \tan^{-1}\left(\frac{10 \text{ k}\Omega}{12 \text{ k}\Omega}\right) = \mathbf{39.8°}$$

옴의 법칙을 사용하여 전류를 계산한다.

$$I = \frac{V_s}{Z} = \frac{12 \text{ V}}{7.68 \text{ k}\Omega} = \mathbf{1.56 \text{ mA}}$$

질문
전류가 전압을 앞서는가 아니면 전압이 전류를 앞서는가?

컴퓨터 시뮬레이션

웹사이트에 있는 Multisim 파일 F13-08AC를 열어라. 각 소자의 전류와 전체 전류를 확인하라.

복습 질문

1. 서셉턴스는 무엇인가?
2. 어드미턴스는 무엇인가?
3. 콘덕턴스, 서셉턴스 및 어드미턴스의 측정단위는 무엇인가?
4. 어떤 유형의 회로(RC 또는 RL)에서 전류가 전압보다 앞서는가?
5. 곱 나누기 합 규칙은 언제 적용될 수 있는가?

병렬 RC 회로   13-2

전류 페이저는 병렬회로의 다른 가지의 전류와 전체 전류의 관계를 나타낸다. 병렬회로에서 모든 소지의 양단 전압은 같기 때문에, 전압은 병렬회로 페이저 그림의 기준이다.

이 절에서는 병렬 RC 회로의 전류를 계산하고, 어드미턴스와 전류의 페이저 그림을 그리고, 주파수가 어떻게 페이저에 영향을 주는지를 설명하는 것을 배운다.

병렬회로에서, 가지전류는 서로 독립이며 전원전압과 그리고 소자의 전류에 대한 대항에만 종속된다. 많은 회로에서, 전원전압과 대항은 이미 알고 있고, 어떤 주어진 가지에서의 전류는 미지이다. 이 경우에, 가지전류는 직접 옴의 법칙으로 계산한다. 예를 들면, 만일 저항기의 전류가 필요하면, 옴의 법칙은 $I = V/R$로 쓸 수 있다. 인덕터나 커패시터에서는 $I = V/X$이다. 전원전압에 대한 전체 전류는 $I = V/Z$이다.

전류 페이저 다이어그램

병렬 RC 회로에서 가지 전류나 전체 전류의 크기를 계산하려면, 적절한 콘덕턴스, 서셉턴스 또는 어드미턴스 양을 곱하면 된다. 이것은 옴의 법칙을 적는 또 다른 방법이다. 이것은 병렬회로에서 아주 편리하다. 저항성 가지의 전류를 계산하기 위하여, 옴의 법칙에 콘덕턴스를 대입한다.

$$I_R = \frac{V}{R} = \left(\frac{1}{R}\right)V$$

$$I_R = GV \tag{13-10}$$

용량성 가지의 전류를 구하기 위하여, 옴의 법칙에 서셉턴스를 대입한다.

$$I_C = \frac{V}{X_C} = \left(\frac{1}{X_C}\right)V$$

$$I_C = B_C V \tag{13-11}$$

전체 전류를 구하기 위하여, 옴의 법칙에 어드미턴스를 대입한다.

$$I_{tot} = \frac{V}{Z} = \left(\frac{1}{Z}\right)V$$

$$I_{tot} = YV \tag{13-12}$$

전압원으로부터의 전체 전류를 계산하는 또 다른 방법은 가지전류를 더하는 것이다. 저항기와 커패시터만으로 된 병렬 RC 회로의 경우, 전체 전류는 전류의 페이저 합이다.

$$I_{tot} = \sqrt{I_R^2 + I_C^2}$$

식 (13-10), (13-11) 및 (13-12)로 표현된 전류는 크기와 방향(위상각)을 갖기 때문에 페이저 전류이다. 이 식들은 어드미턴스와 전류 페이저 그림 사이의 관계를 규명하는 데 특히 유용하다. 전류 페이저 그림은 13-1절에서 개발하였던 어드미턴스 페이저 그림과 같은 모양과 위상 관계를 갖는다.

문제

그림 13-9(a)에 보이는 *RC* 회로에 대한 전류 페이저 그림을 그려라. 이것은 예제 13-1에 보인 것과 같은 회로이다. 참고로, 그림 13-9(b)에 어드미턴스 페이저 그림이 다시 그려져 있다. 전원전압은 12 V이다.

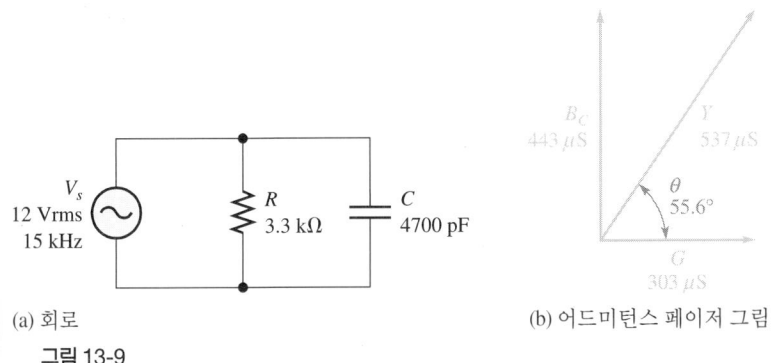

(a) 회로

(b) 어드미턴스 페이저 그림

그림 13-9

풀이

식 (13-10), 식 (13-11) 및 (13-12)를 적용하여 전류를 다음과 같이 계산한다.

$$I_R = GV = (303\ \mu S)(12\ V) = 3.64\ mA$$

$$I_C = B_C V = (443\ \mu S)(12\ V) = 5.32\ mA$$

$$I_{tot} = YV = (537\ \mu S)(12\ V) = 6.44\ mA$$

전류 페이저는 어드미턴스 페이저처럼 같은 축에 그려질 수 있다. 이것은 전압만 다르다. 이 관계를 강조하기 위하여, 어드미턴스와 전류의 페이저가 한쪽에서 다른 쪽으로 이동하는 절차와 함께 그림 13-10에 나란히 그려졌다. 어드미턴스 페이저에 회로 전압을 곱하면 전류 페이저가 구해진다. 예제 13-1에서 계산된 위상각은 어드미턴스와 전류 페이저 그림 양쪽에서 모두 같다. 따라서 이것을 다시 계산할 필요는 없다.

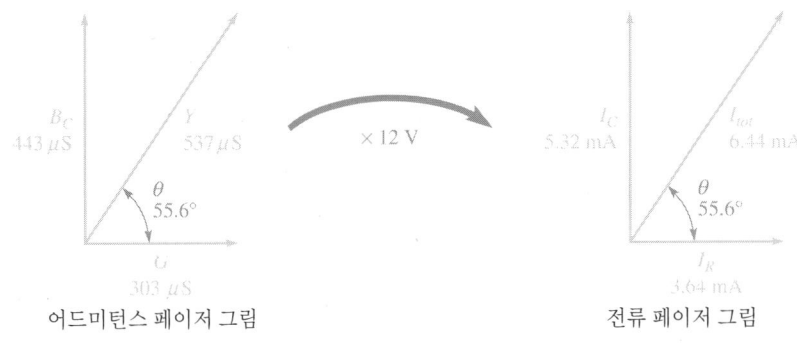

어드미턴스 페이저 그림

전류 페이저 그림

그림 13-10

질문

전체 전류가 맞는지(절사 오차 범위 내에서)를 증명하기 위하여 피타고라스 정리를 사용하라.

예제 13-5

문제

그림 13-11의 회로에 대하여 표 13-1에 기입되지 않은 값을 구하라. 어드미턴스와 전류 페이저 그림을 그려라.

표 13-1

$R = 6.8 \text{ k}\Omega$	$G =$	$I_R =$	$V_R =$
$X_C =$	$B_C =$	$I_C =$	$V_C =$
$Z =$	$Y =$	$I_{tot} =$	$V_s = 10 \text{ Vrms}$

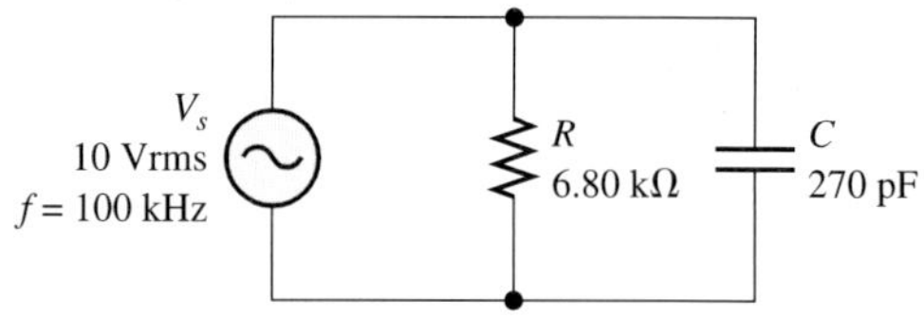

V_s
10 Vrms
$f = 100$ kHz

R 6.80 kΩ

C 270 pF

그림 13-11

풀 이

커패시터의 리액턴스는

$$X_C = \frac{1}{2\pi fC} = \frac{1}{2\pi(100 \text{ kHz})(270 \text{ pF})} = 5.89 \text{ k}\Omega$$

이다. 식 (13-8)을 적용하여 임피던스의 크기를 구하라.

$$Z = \frac{(6.8 \text{ k}\Omega)(5.89 \text{ k}\Omega)}{\sqrt{(6.8 \text{ k}\Omega)^2 + (5.89 \text{ k}\Omega)^2}} = 4.45 \text{ k}\Omega$$

콘덕턴스, 서셉턴스 및 어드미턴스를 계산하라.

$$G = \frac{1}{R} = \frac{1}{6.8 \text{ k}\Omega} = 147 \text{ } \mu\text{S}$$

$$B_C = \frac{1}{X_C} = \frac{1}{5.89 \text{ k}\Omega} = 170 \text{ } \mu\text{S}$$

$$Y = \frac{1}{Z} = \frac{1}{4.45 \text{ k}\Omega} = 225 \text{ } \mu\text{S}$$

콘덕턴스, 서셉턴스 및 어드미턴스 전원전압을 곱하여 전류를 결정하라.

$$I_R = GV = (147 \text{ } \mu\text{S})(10 \text{ V}) = 1.47 \text{ mA}$$

$$I_C = B_CV = (170 \text{ } \mu\text{S})(10 \text{ V}) = 1.70 \text{ mA}$$

$$I_{tot} = YV = (225 \text{ } \mu\text{S})(10 \text{ V}) = 2.25 \text{ mA}$$

검산하면, 전체 전류와 임피던스의 곱은 전원전압과 같아야 한다.

$$V_s = I_{tot}Z = (2.25 \text{ mA})(4.45 \text{ k}\Omega) = 10.0 \text{ V}$$

표 13-2는 완성된 표이다. 표 13-2에 있는 값을 사용하면, 어드미턴스와 전류의 페이저 그림을 그릴 수 있다. 그림 13-12를 보라. 위상각은 전류 페이저에 탄젠트 함수를 적용하여 계산할 수 있다.

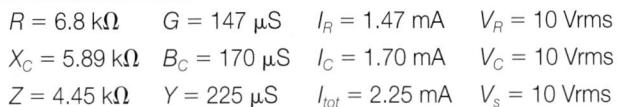

표 13-2

$R = 6.8 \text{ k}\Omega$	$G = 147 \text{ μS}$	$I_R = 1.47 \text{ mA}$	$V_R = 10 \text{ Vrms}$
$X_C = 5.89 \text{ k}\Omega$	$B_C = 170 \text{ μS}$	$I_C = 1.70 \text{ mA}$	$V_C = 10 \text{ Vrms}$
$Z = 4.45 \text{ k}\Omega$	$Y = 225 \text{ μS}$	$I_{tot} = 2.25 \text{ mA}$	$V_s = 10 \text{ Vrms}$

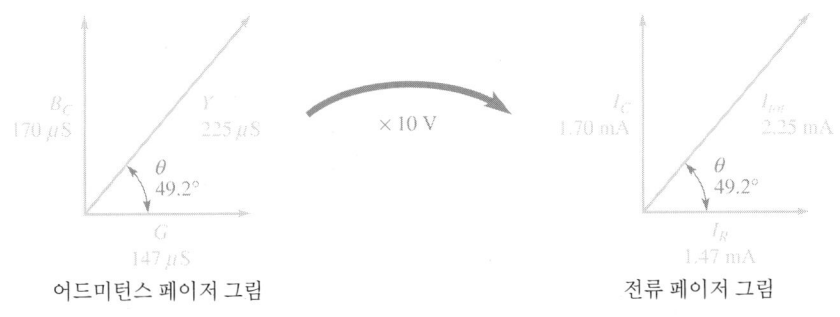

어드미턴스 페이저 그림   전류 페이저 그림

그림 13-12

$$\theta = \tan^{-1}\left(\frac{I_C}{I_R}\right) = \tan^{-1}\left(\frac{1.70 \text{ mA}}{1.47 \text{ mA}}\right) = 49.2°$$

질문

저항을 더 큰 것으로 바꾸면 전류 페이저 그림은 어떻게 되는가?

병렬 *RC* 회로에서 주파수에 대한 어드미턴스의 변화

용량성 서셉턴스는 주파수와 함께 직접 변한다. 따라서 주파수가 증가함에 따라, 병렬회로에서 커패시터에 더 많은 전류가 흐르게 된다. 병렬 *RC* 회로의 어드미턴스의 크기는

$$Y = \sqrt{G^2 + B_C^2}$$

이다. B_C가 증가할 때, 제곱근 기호 안의 전체 항은 증가하므로 어드미턴스가 증가한다. 역으로, B_C가 감소할 때는 어드미턴스가 감소한다. 병렬 *RC* 회로에서, 어드미턴스

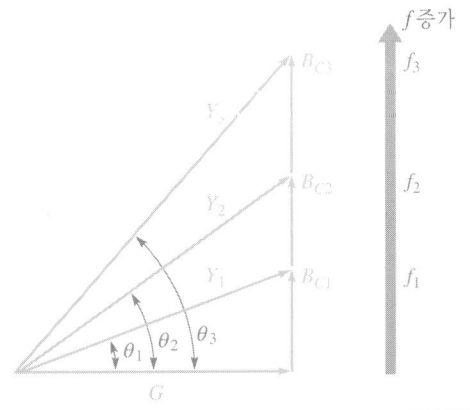

그림 13-13

주파수가 증가함에 따라서, 용량성 서셉턴스 B_C가 증가하고 어드미턴스 Y도 증가한다. 각각의 주파수 값은 서로 다른 어드미턴스 삼각형을 만들어서 시각화될 수 있다. 전류 페이저는 같은 모양을 가질 것이다.

는 주파수에 직접 정비례한다.

그림 13-13은 병렬 *RLC* 회로에서 주파수가 증가하거나 감소함에 따라서 어드미턴스 페이저가 어떻게 변하는지를 보여준다. 콘덕턴스는 주파수에 대하여 변화하지 않기 때문에 상수이다. 용량성 서셉턴스는 주파수에 대하여 직접적으로 변하기 때문에, 어드미턴스의 크기와 위상각 또한 주파수에 대하여 직접적으로 변한다.

예제 13-6	

문 제

주파수가 200 kHz로 증가하면 예제 13-5의 *RC* 회로에 대하여 어드미턴스와 전류 페이저 그림을 그려라.

풀 이

주파수가 두 배이다. 그러므로 용량성 서셉턴스도 두 배이다. B_C의 새로운 값은 340 μS이다 (앞의 결과에서 반올림하였다). 용량성 가지전류도 3.40 mA로 두 배가 될 것이다.

콘덕턴스는 주파수에 독립적이다. 따라서 147μS로 유지되며 저항에서의 전류도 1.47 mA 로 유지된다.

가지전류에 피타고라스 정리를 적용하여 전체 전류, I_{tot}를 계산한다.

$$I_{tot} = \sqrt{I_R^2 + I_C^2} = \sqrt{1.47 \text{ mA}^2 + 3.40 \text{ mA}^2} = 3.70 \text{ mA}$$

위상각은 전류 페이저에 탄젠트함수를 적용하여 계산할 수 있다.

$$\theta = \tan^{-1}\left(\frac{I_C}{I_R}\right) = \tan^{-1}\left(\frac{3.40 \text{ mA}}{1.47 \text{ mA}}\right) = 66.6°$$

그림 13-14는 어드미턴스와 전류의 페이저 그림을 보여준다. 어드미턴스 그림과 전류 그림 사이의 관계를 주목하라.

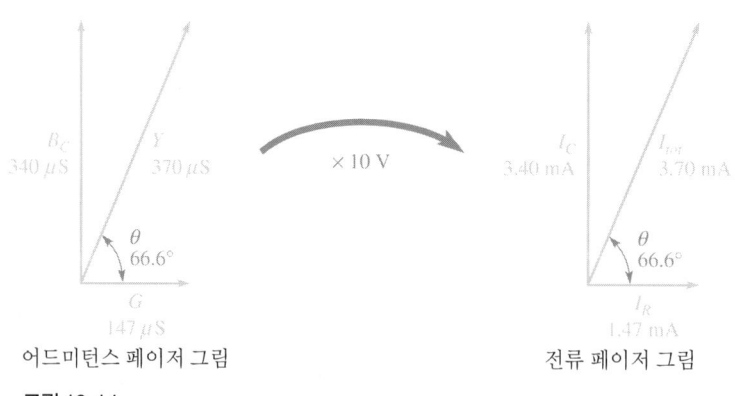

어드미턴스 페이저 그림   전류 페이저 그림

그림 13-14

질 문

주파수가 증가하였을 때 임피던스의 크기는 어떻게 되는가?

복습 질문

6. 병렬 *RC* 회로에서 가지전류를 결합하는 규칙은 무엇인가?

7. 병렬 *RC* 회로에서 임피던스와 전체 전류의 곱은 무엇인가?

8. 만일 커패시터를 더 큰 것으로 바꾸면, 병렬 *RC* 회로에서 어드미턴스는 어떻게 되는가?

9. 만일 병렬 *RC* 회로에서 전압이 증가하면, 어드미턴스 페이저는 어떻게 되는가?

10. 만일 병렬 *RC* 회로에서 주파수가 감소하면, 위상각은 어떻게 되는가?

병렬 *RL* 회로 13-3

병렬 *RL* 회로는 병렬 *RC* 회로와 유사하게 동작한다. 인덕터에서 전류는 전압보다 뒤진다. 따라서 인덕터에 대한 전류 페이저는 커패시터에 대한 전류 페이저와 반대로 그려진다.

이 절에서는 병렬 *RL*회로에서 전류의 크기를 계산하고, 어드미턴스와 전류의 페이저 그림을 그리는 방법, 그리고 어떻게 주파수가 페이저에 영향을 주는지를 설명하는 것을 배운다.

병렬회로에서, 전류는 보통 미지의 값이고 옴의 법칙을 적용하여 계산한다. 두 가지 성분이 있을 때 전체 임피던스는 곱 나누기 합 규칙에 의하여 구한다. 저항기와 인덕터의 경우, 곱 나누기 합 규칙을 쓰면

$$Z = \frac{RX_L}{\sqrt{R^2 + X_L^2}}$$

이다. 옴의 법칙은 전체적으로 *I=V/Z*로서 회로에 적용될 수 있다.

병렬 *RC* 회로의 경우에서처럼, 병렬 *RL* 회로에서 전류 페이저 그림은 어드미턴스 페이저 그림과 같은 모양을 갖는다. 또한, 회로에서 전류 페이저는 어드미턴스 페이저에 전압을 곱함으로써 구해진다. 가지전류의 크기를 계산하기 위해서는, 적절한 콘덕턴스, 서셉턴스, 또는 어드미턴스 양에 전압을 곱하면 된다.

유도성 가지에서 전류를 구하기 위하여, 식 13-11을 유도성 서셉턴스에 대한 것으로 수정한다.

$$I_L = \frac{V}{X_L} = \left(\frac{1}{X_L}\right)V$$

$$I_L = B_L V \tag{13-13}$$

인덕터에서 전류는 전압보다 위상이 뒤지기 때문에, 유도성 서셉턴스와 유도성 전류는 *RC* 회로와는 반대 방향으로 그린다.

예제 13-7

문제

그림 13-15의 회로에 대하여 표 13-3에 기입되지 않은 값을 구하라. 어드미턴스와 전류의 페이저 그림을 그려라.

표 13-3

$R = 470\,\Omega$	$G =$	$I_R =$	$V_R =$
$X_L =$	$B_L =$	$I_L =$	$V_L =$
$Z =$	$Y =$	$I_{tot} =$	$V_s = 5.0\,\text{Vrms}$

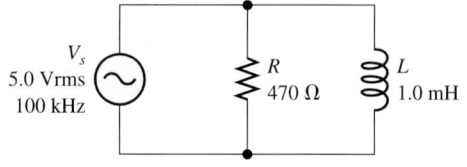

그림 13-15

풀이

각각의 소자 양단 전압은 값이 같고, 전원전압과 동일하다. 표의 우측부터 시작한다. V_L과 V_R에 5.0 V를 기입한다.

유도성 리액턴스 L을 구한다.

$$X_L = 2\pi fL = 2\pi(100\,\text{kHz})(1.0\,\text{mH}) = 628\,\Omega$$

곱 나누기 합 규칙(식 (13-8))을 적용하여 임피던스의 크기를 계산한다.

$$Z = \frac{RX_L}{\sqrt{R^2 + X_L^2}} = \frac{(470\,\Omega)(628\,\Omega)}{\sqrt{470\,\Omega^2 + 628\,\Omega^2}} = 376\,\Omega$$

콘덕턴스, 서셉턴스, 및 어드미턴스는

$$G = \frac{1}{R} = \frac{1}{470\,\Omega} = 2.13\,\text{mS}$$

$$B_L = \frac{1}{X_L} = \frac{1}{628\,\Omega} = 1.59\,\text{mS}$$

$$Y = \frac{1}{Z} = \frac{1}{376\,\Omega} = 2.66\,\text{mS}$$

이다. 전류를 계산한다.

$$I_R = GV = (2.13\,\text{mS})(5.0\,\text{V}) = 10.64\,\text{mA}$$

$$I_L = B_L V = (1.59\,\text{mS})(5.0\,\text{V}) = 7.96\,\text{mA}$$

$$I_{tot} = YV = (2.66\,\text{mS})(5.0\,\text{V}) = 13.3\,\text{mA}$$

위의 계산 결과를 이용하여 표를 완성한다.

표 13-4

$R = 470\,\Omega$	$G = 2.13\,\text{mS}$	$I_R = 10.6\,\text{mA}$	$V_R = 5.0\,\text{Vrms}$
$X_L = 628\,\Omega$	$B_L = 1.59\,\text{mS}$	$I_L = 7.96\,\text{mA}$	$V_L = 5.0\,\text{Vrms}$
$Z = 376\,\Omega$	$Y = 2.66\,\text{mS}$	$I_{tot} = 13.3\,\text{mA}$	$V_s = 5.0\,\text{Vrms}$

어드미턴스와 전류의 페이저 그림이 그림 13-16에 그려져있다. 위상각은 전류 페이저에 탄젠트 함수를 적용하여 계산할 수 있다.

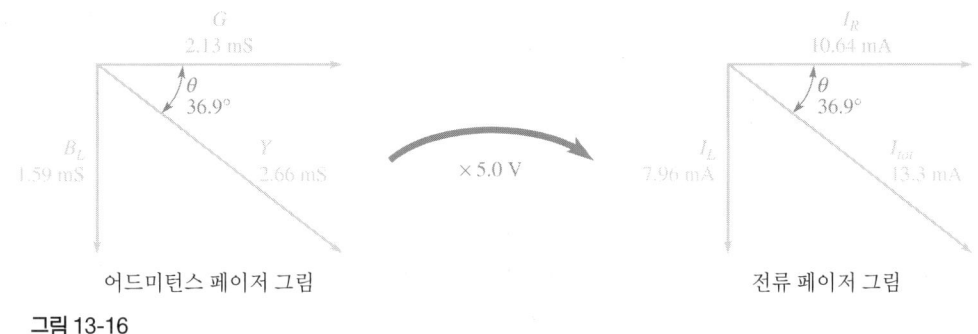

그림 13-16

질문

이 회로에 키르히호프의 전류 법칙이 적용되는가? 해답을 설명하라.

병렬 *RL* 회로에서 주파수에 따른 어드미턴스의 변화

병렬 *RC* 회로의 경우에서처럼, 병렬 *RL* 회로의 어드미턴스는 유도성 서셉턴스에 직접적으로 증가한다. 어드미턴스의 크기는

$$Y = \sqrt{G^2 + B_L^2}$$

이다. *RC*의 경우와는 달리, 유도성 서셉턴스는 주파수에 반비례적으로 변한다. 그러므로, 주파수가 증가함에 따라서, 인덕터에는 전류가 적어진다. 병렬 *RL* 회로에서, 어드미턴스 또한 주파수에 반비례한다.

그림 13-17은 이 개념을 설명한다. B_L이 주파수에 반비례적으로 변하기 때문에, 주파수가 높아지면 어드미턴스의 크기는 더 작아진다. 또한, 위상각도 주파수가 증가함에 따라 더 작아진다. 이 결과가 그림 13-13에 보인 용량성의 경우와 어떻게 다른지 주목하여라.

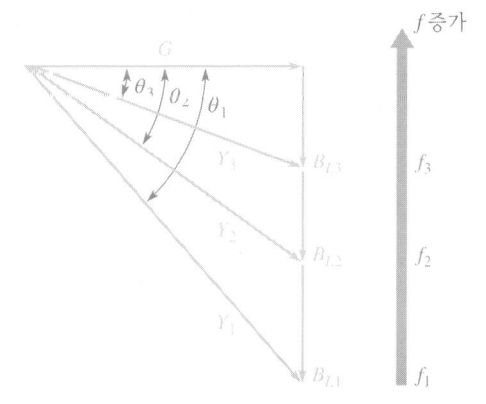

그림 13-17

주파수가 증가함에 따라서, 유도성 서셉턴스 B_L과 어드미턴스 Y가 모두 감소한다. 각각의 주파수 값은 서로 다른 어드미턴스 삼각형을 만들어서 시각화될 수 있다. 전류 페이저는 같은 모양을 가질 것이다.

복습 질문

11. 병렬 *RL* 회로에서 콘덕턴스와 유도성 서셉턴스를 결합하는 규칙은 무엇인가?

12. 왜 유도성 서셉턴스는 음의 *y*축에 그려지는가?

13. 병렬 *RL* 회로에서 저항을 더 큰 것으로 바꾸면, 어드미턴스는 어떻게 되는가?

14. 병렬 *RL* 회로에서 주파수가 증가되면, 어드미턴스 페이저는 어떻게 되는가?

15. 전류 페이저가 주어지면, 어떻게 이것을 어드미턴스 페이저로 변환할 수 있는가?

13-4 병렬 *RLC* 회로

병렬 *RLC* 회로를 풀이하기 전에, 커패시터와 인덕터를 결합하여 단일 등가 성분을 만들어야 한다. 등가 성분은 등가 인덕턴스 또는 등가 커패시턴스로 나타날 것이다. 그런 다음에 이것을 회로의 저항과 결합한다.

이 절에서는 어드미턴스와 전류의 페이저 그림을 그려서, 병렬 *RLC* 회로의 해석하는 것을 배운다.

병렬 *RLC* 회로에서의 옴의 법칙

병렬 *RLC* 회로가 그림 13-18에 그려져 있다. 모든 병렬회로에서처럼, 각 소자의 전류는 다른 소자와는 독립적이고, 오직 인가된 전압과 소자의 전류에 대한 대항에만 종속적이다. 어떤 한 소자에서의 전류를 구하기 위하여, 그 소자에 옴의 법칙을 적용한다. 이미 알고 있듯이, 리액턴스성 소자에서의 전류는 인가된 전압과 위상차이를 갖는다. 유도성 리액턴스는 전류가 전원전압보다 뒤지게 하고, 용량성 리액턴스는 전류가 전원전압보다 앞서게 한다. 전체 전류는 각 가지 전류의 페이저 합이다.

병렬 *RLC* 회로의 어드미턴스와 임피던스

병렬 교류 회로의 어드미턴스는 가지에 있는 각 콘덕턴스와 서셉턴스의 페이저의 합이다. 어드미턴스의 크기는 다음 식으로 주어지는 것처럼 콘덕턴스와 서셉턴스의 페이저의 페이저 합이다.

그림 13-18

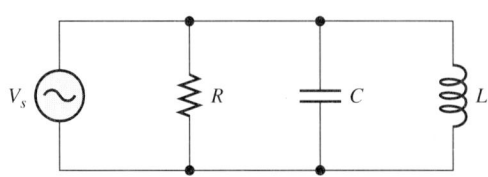

$$Y = \sqrt{G^2 + |B_C - B_L|^2} \qquad (13\text{-}14)$$

이 식을 직렬 *RLC* 회로의 임피던스에 대한 식 (12-5)와 비교하라. 두 식은 비슷한 방법으로 풀이된다. 용량성 서셉턴스와 유도성 서셉턴스는 전류를 반대 방향으로 이동시킨다. 따라서 차이 항이다. 전체 서셉턴스는 양수와 음수의 합이라고 생각하라. 만일 $B_C > B_L$이면 어드미턴스는 1사분면에 그려진다. 그렇지 않으면, 4사분면에 그려진다.

어드미턴스를 구했으면, 임피던스의 크기를 계산하는 가장 쉬운 방법은 역수를 구하는 것이다.

$$Z = \frac{1}{Y}$$

저항성 회로에서, 전체 저항은 항상 가장 작은 저항보다 더 작다는 것을 상기하라. 커패시터와 인덕턴스를 갖는 병렬 교류 회로에서, 전체 임피던스는 위상차 때문에 가장 작은 성분의 대항보다 더 클 수 있다.

전류 관계식

병렬회로에서, 유도성 가지의 전류와 용량성 가지의 전류는 항상 서로 180° 어긋난다. 그 결과, I_C와 I_L의 차이는 항상 가장 큰 각각의 전류보다 더 작으며, 유도성 가지와 용량성 가지의 전체 전류는 항상 가장 큰 각각의 전류보다 더 작다. 물론, 저항기의 전류는 항상 리액턴스성 전류에 대하여 90° 이동되어 있다. 병렬 *RLC* 회로에서 전체 전류에 대한 식은

$$I_{tot} = \sqrt{I_R^2 + |I_C - I_L|^2} \qquad (13\text{-}15)$$

이다.

다음 예제는 병렬 *RLC* 회로에 대하여 어드미턴스와 전류의 페이저를 그리는 방법을 설명한다.

문제   예제 13-8

그림 13-19에 보이는 회로에 대한 표 13-5를 완성하라. 어드미턴스 페이저 그림을 그려라.

표 13-3

$R = 5.6\ \text{k}\Omega$	$G =$	$I_R =$	$V_R =$
$X_C =$	$B_c =$	$I_C =$	$V_c =$
$X_L =$	$B_L =$	$I_L =$	$V_L =$
$Z =$	$Y =$	$I_{tot} =$	$V_s = 12\ \text{Vrms}$

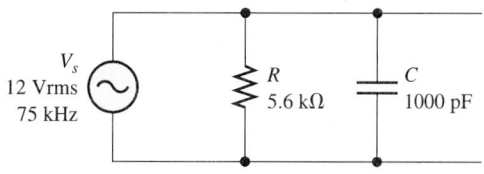

그림 13-19

풀이

커패시터와 인덕터의 리액턴스의 크기를 계산하라.

$$X_C = \frac{1}{2\pi f C} = \frac{1}{2\pi (75\ \text{kHz})(1000\ \text{pF})} = 2.12\ \text{k}\Omega$$

$$X_L = 2\pi f L = 2\pi (75\ \text{kHz})(15\ \text{mH}) = 7.07\ \text{k}\Omega$$

콘덕턴스, 용량성 서셉턴스, 및 유도성 서셉턴스를 계산한다.

$$G = \frac{1}{R} = \frac{1}{5.6\ \text{k}\Omega} = 0.178\ \text{mS}$$

$$B_C = \frac{1}{X_C} = \frac{1}{2.12\ \text{k}\Omega} = 0.471\ \text{mS}$$

$$B_L = \frac{1}{X_L} = \frac{1}{7.07\ \text{k}\Omega} = 0.141\ \text{mS}$$

식 (13-14)를 이용하여 어드미턴스의 크기를 계산한다.

$$Y = \sqrt{G^2 + |B_C - B_L|^2} = \sqrt{0.178\ \text{mS}^2 + |0.471\ \text{mS} - 0.141\ \text{mS}|^2} = 0.375\ \text{mS}$$

임피던스의 크기는 어드미턴스 크기의 역수이다.

$$Z = \frac{1}{Y} = \frac{1}{0.375\ \text{mS}} = 2.67\ \text{k}\Omega$$

콘덕턴스, 서셉턴스 및 어드미턴스 페이저에 인가 전압을 곱하여 전류를 결정한다.

$$I_R = GV = (0.178\ \text{mS})(12\ \text{V}) = 2.14\ \text{mA}$$

$$I_C = B_C V = (0.471\ \text{mS})(12\ \text{V}) = 5.65\ \text{mA}$$

$$I_L = B_L V = (0.141\ \text{mS})(12\ \text{V}) = 1.69\ \text{mA}$$

$$I_{tot} = YV = (0.375\ \text{mS})(12\ \text{V}) = 4.50\ \text{mA}$$

이 결과를 표 13-6에 기입한다.

표 13-6

$R = 5.6\ \text{k}\Omega$	$G = 0.178\ \text{mS}$	$I_R = 2.14\ \text{mA}$	$V_R = 12\ \text{Vrms}$
$X_C = 2.12\ \text{k}\Omega$	$B_C = 0.471\ \text{mS}$	$I_C = 5.65\ \text{mA}$	$V_C = 12\ \text{Vrms}$
$X_L = 7.07\ \text{k}\Omega$	$B_L = 0.141\ \text{mS}$	$I_L = 1.69\ \text{mA}$	$V_L = 12\ \text{Vrms}$
$Z = 2.67\ \text{k}\Omega$	$Y = 0.375\ \text{mS}$	$I_{tot} = 4.50\ \text{mA}$	$V_s = 12\ \text{Vrms}$

어드미턴스 페이저 그림이 그림 13-20에 작성되어 있다. 그림 13-20(a)는 콘덕턴스와 서셉턴스만을 보여준다. 서셉턴스 페이저를 결합하고, 그런 다음 콘덕턴스 페이저를 결합하면 그림 13-20(b)의 어드미턴스 페이저 그림이 만들어진다.

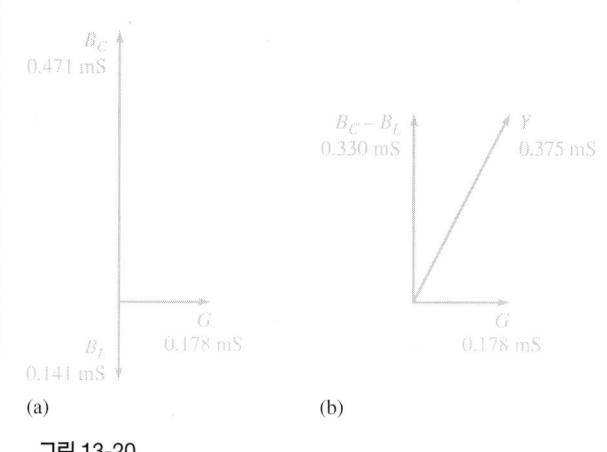

(a)　　　　　　　　　　(b)

그림 13-20

　전류 페이저 또한 두 개의 그림으로 나타낸다. 그림 13-21(a)는 가지전류를 나타낸다. 커패시터와 인덕터의 전류를 결합하고, 저항전류를 결합하면 그림 13-21(b)의 전체 전류 페이저 그림이 만들어진다. 전류 페이저들은 콘덕턴스, 서셉턴스, 및 어드미턴스의 배수이기 때문에 전류 페이저 그림은 어드미턴스 페이저 그림과 같은 형태를 갖는다.

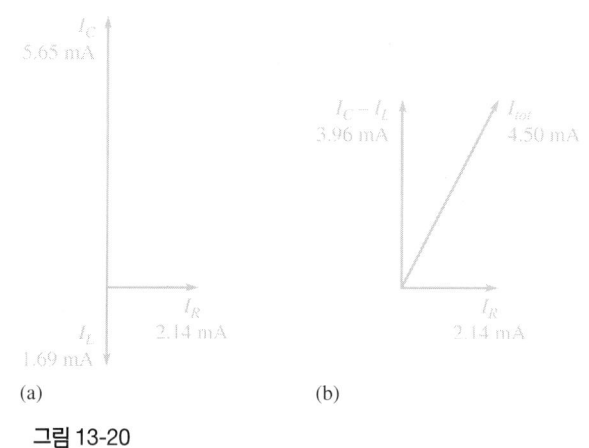

(a)　　　　　　　　　　(b)

그림 13-20

질문

왜 전체 전류는 커패시터의 전류보다 더 적은가?

컴퓨터 시뮬레이션

웹사이트에 있는 Multisim 파일 F13-19AC를 열어라. 각 성분의 전류와 전체 전류를 확인하라.

병렬 *RLC* 회로에서의 위상차

서셉턴스 페이저를 결합한 후에, 어드미턴스와 전류의 직각삼각형으로써 병렬 *RLC* 회로를 설명할 수 있다. 기본적인 삼각법을 적용함으로써, 위상차를 어드미턴스 삼각형이나 전류 삼각형의 항으로 쓸 수 있다. 어드미턴스 삼각형으로부터,

$$\theta = \tan^{-1}\left(\frac{|B_C - B_L|}{G}\right)$$

전류는 B_C가 B_L보다 크면 전압보다 앞선다. 그렇지 않으면 전압보다 뒤진다. 등가방정식은 다음 식과 같이 전류의 항으로 쓸 수 있다.

$$\theta = \tan^{-1}\left(\frac{|I_C - I_L|}{I_R}\right)$$

복습 질문

16. 왜 용량성 서셉턴스와 유도성 서셉턴스는 다른 방향에 그려지는가?

17. 병렬 *RLC* 회로에서 위상차에 대한 두 식은 무엇인가?

18. 병렬 *RLC* 회로에서, 전류가 전압보다 앞서거나 뒤진다면 무엇이 결정되는가?

19. 10 kΩ의 저항이 2.0 kΩ의 리액턴스를 갖는 커패시터와 3.0 kΩ의 리액턴스를 갖는 인덕터와 병렬을 이룬다면 이 병렬 *RLC* 회로의 어드미턴스는 얼마인가?

20. 질문 19에서 전원전류가 전원전압보다 앞서는가 아니면 뒤지는가?

13-5 병렬 공진

병렬 공진 회로는 $X_L = X_C$가 되는 주파수에서 동작하는 *LC* 회로이다. 병렬에서, 이 조건은 직렬의 경우에서 보았던 것과는 완전히 다른 응답을 생성한다.

이 절에서는 병렬 공진 회로를 해석하고 병렬 공진 여파기를 설명하는 방법을 배운다.

공진조건

주파수가 *LC* 회로에서 증가될 때, 인덕터의 리액턴스는 증가하고 커패시터의 리액턴스는 감소한다. 직렬회로에서처럼, 두 리액턴스가 같아지는 하나의 주파수가 있다. 이것이 공진 주파수(f_r)이다. 공진 주파수는 직렬 공진 주파수를 계산하기 위하여 사용한 것과 같은 식(식 (12-7))으로 구한다. 즉,

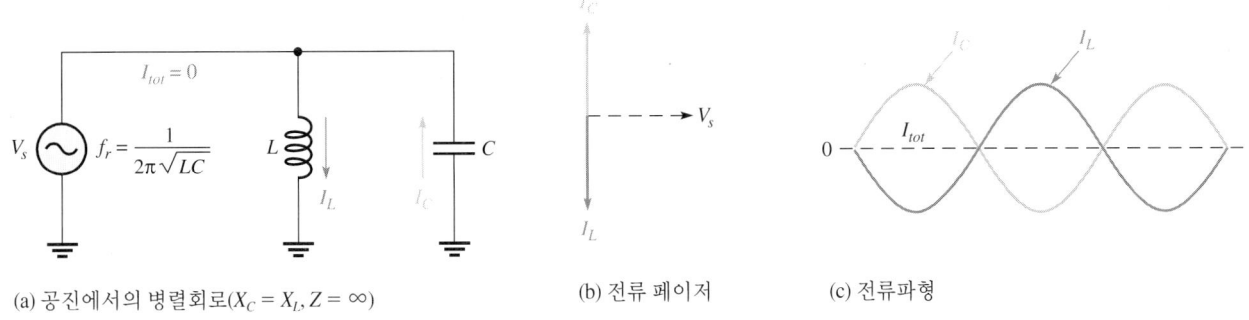

공진에서의 이상적인 병렬 *LC* 회로   그림 13-22

(a) 공진에서의 병렬회로($X_C = X_L, Z = \infty$)   (b) 전류 페이저   (c) 전류파형

$$f_r = \frac{1}{2\pi\sqrt{LC}} \tag{13-16}$$

 이상적인 병렬 공진 회로에서는 저항이 없고, 그림 13-22(a)에 보이는 것처럼 오직 이상적인 인덕터(내부저항이 없는)와 이상적인 커패시터만 있다. 이런 이상적인 경우에, 전류는 그림 13-22(b)와 그림 13-22(c)에 설명된 것처럼 크기가 같고 방향이 반대이다. 그림에 보이는 것처럼, 전압원에서 나오는 전체 전류는 영이다. 그러나 커패시터와 인덕터에는 전류가 있다. 커패시터와 인덕터에서의 전류는 마치 진자(pendulum)와 같다 — 전류는 일정한 발진으로 한쪽에서 다른 쪽으로 간다. 이상적인 회로에서의 전류는 크기가 같고 위상이 반대이며 합은 영이다!

 병렬 공진 회로는 흔히 **탱크회로**(tank circuit)라고 불려진다. 탱크라는 단어는 병렬 공진에서의 저장개념에 따른 것이다. 에너지는 먼저 전기장에 저장되고, 그 다음에는 자기장에 저장된다. 저장된 에너지는 정현파의 반주기를 교대로 앞뒤로 전달된다. 만일 이상적인 회로가 존재하면, 발진은, 한번 시작되면, 영원히 계속될 수 있지만, 발진을 멈추게 하는, 피할 수 없는 저항이 에너지를 소모한다. 비록 이상적인 탱크회로가 존재하지 않는다 하더라도, 탱크회로는 발진에서, 그리고 반복적인 파형을 만드는 회로에서 폭넓게 사용된다.

병렬 공진 회로에서의 전류

실제 회로에서는 저항이 존재하므로 항상 모두 주파수에서 전압원에서 나오는 전류가 어느 정도 있을 것이다. 저항은 결국은 발진을 쇠퇴시킨다. 실제의 발진기는 저항성 손실을 보상하기 위하여 증폭기를 사용한다. 저항은 또한 공진 주파수에 아주 작은 영향을 미친다. 이 효과는 대부분의 경우에 무시될 수 있다.

 그림 13-23은 *RLC* 회로에서 주파수가 변함에 따라 어떤 현상이 일어나는지를 설명한다. 직류(0 Hz)에서, 인덕터에는 자신의 내부저항에 의해서만 제한되는 전류(그림에는 나타나 있지 않다)가 있을 것이다. 주파수가 올라감에 따라 리액턴스가 증가할 때

그림 13-23

병렬 *RLC* 회로에서의 전류.
공진에서 전체 전류가 최소
이다.

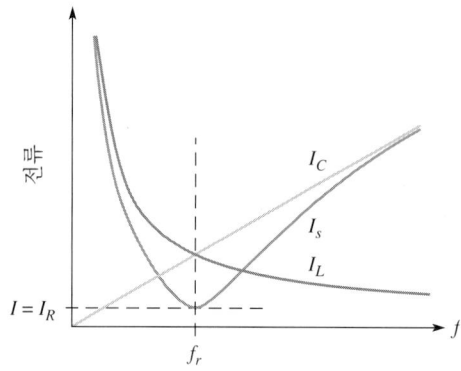

인덕터 전류는 내려가고, 커패시터 전류는 증가한다. 공진에서 두 전류는 같아지고 반대 위상을 갖는다. 따라서 이들은 소거된다. 전류원 I_s는 회로저항(인덕터의 권선저항 포함)에 의해서만 결정된다. 공진보다 높은 주파수에서 커패시터 전류가 가장 높고 우세하다.

공진에서 병렬 *RLC* 회로에서의 전류는 최소이다. 이것은 직렬 *RLC* 회로에서의 전류와 반대라는 것을 상기하라. 이것은 전류가 최소이면 임피던스는 최대값이어야 함에서 나온다. 직렬의 경우에서처럼, 회로는 공진 주파수에서 순수 저항성을 나타낸다. 공진보다 낮은 주파수에서는 유도성 서셉턴스가 높다(리액턴스가 낮다). 따라서 회로는 유도성으로 되고 예상한 대로 전원전류가 전원전압을 앞선다. 공진에서는, 회로가 저항성으로 보이고 전원전류와 전원전압의 위상이 같다($\theta = 0$). 그래서 유도성 서셉턴스와 용량성 서셉턴스가 소거된다. 공진보다 높은 주파수에서는 회로가 용량성으로 보이므로 용량성 서셉턴스가 높다(리액턴스가 낮다). 전원전류가 전원전압보다 뒤진다.

예제 13-9

문제

그림 13-24에 보이는 병렬 *RLC* 회로에 대한 공진 주파수를 계산하라. 공진에서 회로에 대한 어드미턴스와 전류의 페이저 그림을 그려라. 전원전압은 3.0 Vrms이다.

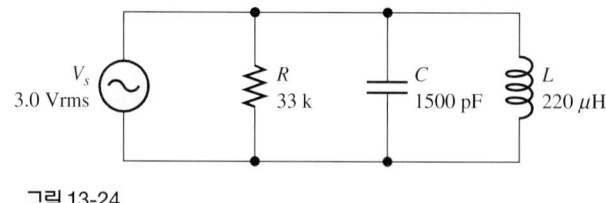

그림 13-24

풀이

식 (13-16)으로 공진 주파수를 계산한다.

$$f_r = \frac{1}{2\pi\sqrt{LC}} = \frac{1}{2\pi\sqrt{(220 \times 10^{-6})(1500 \times 10^{-12})}} = \mathbf{277\,kHz}$$

이 주파수에서의 X_L을 계산한다.

$$X_L = 2\pi f L = 2\pi(277\,\text{kHz})(220\,\mu\text{H}) = 383\,\Omega$$

유도성 서셉턴스는

$$B_L = \frac{1}{X_L} = 2.61\,\text{mS}$$

이다. X_C와 B_C는 회로가 공진이므로 크기가 같다.

$$B_C = 2\pi f C = 2\pi(277\,\text{kHz})(1500\,\text{pF}) = 2.61\,\text{mS}$$

R의 콘덕턴스는

$$G = \frac{1}{R} = \frac{1}{33\,\text{k}\Omega} = 0.030\,\text{mS}$$

이다.

어드미턴스 페이저 그림이 그림 13-25(a)에 보인다. B_L에 B_C를 더하면, 공진에서 회로의 어드미턴스로서 G만을 남기고 서셉턴스는 소거된다.

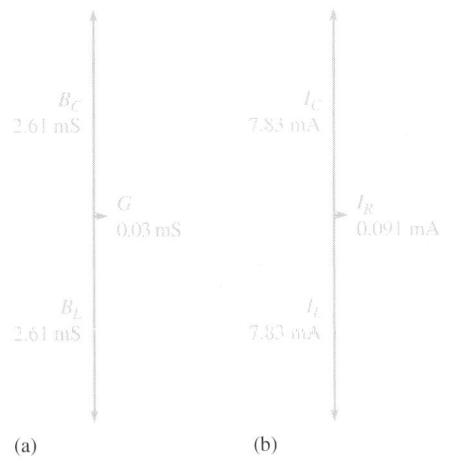

(a)   (b)

그림 13-25

어드미턴스 페이저에 전압을 곱하여 전류를 계산한다.

$$I_R = GV = (0.030\,\text{mS})(3.0\,\text{V}) = 0.91\,\text{mA}$$
$$I_C = B_C V = (2.61\,\text{mS})(3.0\,\text{V}) = 7.83\,\text{mA}$$
$$I_L = B_L V = (2.61\,\text{mS})(3.0\,\text{V}) = 7.83\,\text{mA}$$

전류 페이저는 그림 13-25(b)에 그려져 있다.

질문

만일 주파수가 공진보다 높으면 전류 페이저는 어떻게 되는가?

그림 13-26

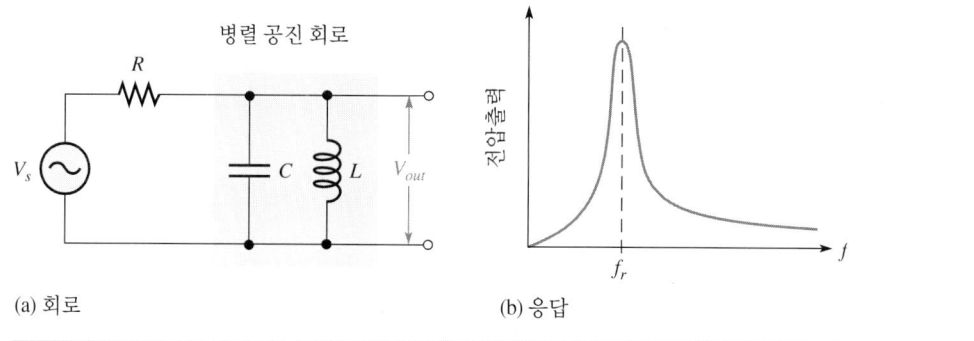

(a) 회로   (b) 응답

병렬 공진 여파기

직렬 공진 회로처럼, 병렬 공진 회로도 주파수 선택 여파기를 만드는 데 사용될 수 있다. 주파수 선택 여파기는 출력이 선택된 곳에 따라 대역통과 여파기 또는 대역차 단 여파기가 된다.

그림 13-26은 기본적인 대역통과 여파기 회로와 그의 응답을 나타낸다. 이 응용에 서 출력은 탱크회로(그림의 회색 사각형) 양단에서 선택된다. 낮은 주파수에서, 탱크회 로는 낮은 임피던스를 갖는다. 그러므로 전원전압의 대부분은 저항기 양단에 걸린다. 공진에서, 탱크회로의 임피던스가 최대이다. 따라서, 전원전압의 대부분은 탱크회로 양단에 걸린다. 출력이 탱크회로 양단에 걸리기 때문에, 출력 역시 공진에서 최고치 를 갖는다. 높은 주파수에서, 탱크회로는 낮은 임피던스를 가지며 전압은 다시 저항 양단에 걸린다.

저항기와 탱크회로를 바꾸어 놓으면 대역 차단 여파기가 될 것이다. 그림 13-27은 이 회로와 그의 응답을 나타낸다. 출력은 이제는 저항의 양단이다. 따라서, 응답은 공 진 주파수에서 최소 출력을 가지며, 대역통과 여파기와는 반대이다.

대역폭

직렬여파기의 경우에서처럼, 병렬여파기의 대역폭은 출력전압이 최대값의 70.7%인

그림 13-27

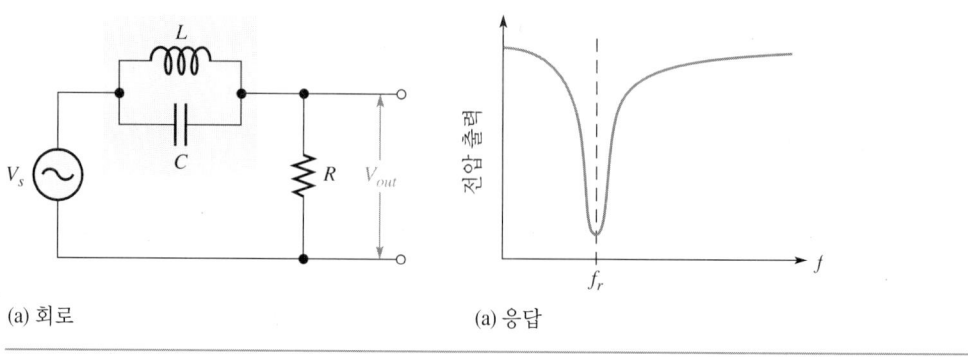

(a) 회로   (a) 응답

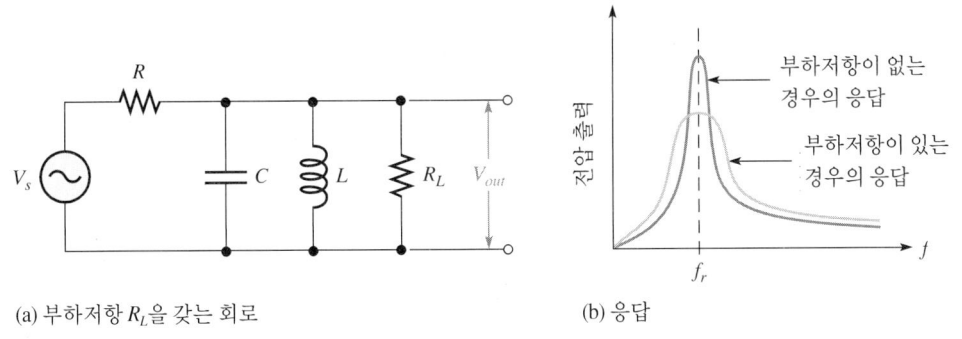

(a) 부하저항 R_L을 갖는 회로   (b) 응답

곳의 점에서 측정된다. L과 C의 특정한 값과 회로저항은 대역폭과 선택도를 제어한다(12-6절 참조). 만일 같은 요인에 의하여 L이 더 크고, C가 더 작으면, 공진 주파수는 변하지 않는다. 그러나 대역폭은 더 커질 것이다. 선택도는 품질인수 Q에 의하여 정해진다. 만일 Q가 높으면, 회로는 매우 선택적이 되고 좁은 대역폭을 갖는다. 만일 Q가 낮으면, 선택도는 더 낮아지며 대역폭은 더 넓어진다. 직렬회로에 대하여 12-6절에서 소개되었던 식 $Q = f_r/BW$는 병렬회로에서도 유효하다.

저항은 대역통과 여파기와 대역차단 여파기에 대한 응답의 형태에 중요한 영향을 미친다. 저항의 한 가지 효과는 여파기 회로를 부하 저항기에 연결하는 효과이다. 부하 저항기는 여파기 회로의 부분이 되며 그 응답에 영향을 준다. 대역통과 여파기의 경우에 대해 이런 개념이 그림 13-28에 설명되어 있다. 부하 저항기는 응답이 더 넓어지게 하고 뾰족하지 않게 한다. 단순한 "수리"는 부하 저항기를 매우 높은 입력저항을 갖는 증폭기로 대체하는 것이다.

복습 질문

21. 공진 주파수에시 임피던스는 직렬 공진과 병렬 공진 사이에서 어떻게 다른가?

22. 공진에서 병렬 공진 회로의 전류와 전압 사이의 위상차는 얼마인가?

23. 공진보다 높은 주파수에서 전류는 전압보다 앞서는가 아니면 뒤지는가?

24. 병렬 공진 대역통과 여파기는 병렬 공진 대역 차단 여파기와 어떻게 다른가?

25. 어떤 요인이 공진 여파기의 선택도에 영향을 주는가?

주요 용어

- **서셉턴스(susceptance)**   리액턴스의 역수로서 문자 B로 나타낸다. 서셉턴스는 용량성이거나 유도성일 수 있다.

- **어드미턴스(admittance)**   콘덕턴스와 서셉턴스의 페이저 합. 이것은 전류가 얼마나

쉽게 흐를 수 있는지를 나타낸다.

- **탱크회로(tank circuit)** 병렬 공진 회로

요점

❑ 서셉턴스는 리액턴스의 역수이며 문자 B로 나타낸다.

❑ 서셉턴스는 용량성이거나 유도성일 수 있다.

❑ 어드미턴스는 임피던스의 역수이며 문자 Y로 나타낸다. 이것도 콘덕턴스와 서셉턴스의 페이저 합이다.

❑ 콘덕턴스, 서셉턴스, 어드미턴스의 측정단위는 지멘스(siemens)이다.

❑ 병렬 교류 회로는 콘덕턴스와 서셉턴스를 포함하는 어드미턴스 페이저로 기술될 수 있다.

❑ 병렬 교류 회로에 대한 어드미턴스 페이저 그림에서, 콘덕턴스는 양의 x축에 그려지고, 용량성 서셉턴스는 양의 y축에 그려지며, 유도성 서셉턴스는 음의 y축에 그려진다.

❑ 각 가지 전류는 가지의 콘덕턴스와 서셉턴스에 전압을 곱하여 구할 수 있다.

❑ 주어진 병렬 교류 회로에 대한 전류 페이저 그림은 페이저가 회로의 전압과 관련되어 있기 때문에 어드미턴스 페이저 그림과 같은 형태를 갖는다.

❑ 주파수는 용량성 서셉턴스에 정비례하고 유도성 서셉턴스에 반비례한다.

❑ RLC 병렬회로의 위상각은 어드미턴스 또는 전류의 페이저 그림에 직각삼각형의 삼각법을 적용하여 계산할 수 있다.

❑ 공진에서, 병렬회로의 임피던스는 최대이고 전류는 최소이다.

❑ 직렬 공진 회로처럼, 병렬 공진 회로도 대역통과 여파기와 대역 차단 여파기에 사용된다.

공식

콘덕턴스:

$$G = \frac{1}{R} \tag{13-1}$$

용량성 서셉턴스:

$$B_C = \frac{1}{X_C} \tag{13-2}$$

유도성 서셉턴스:

$$B_L = \frac{1}{X_L} \tag{13-3}$$

임피던스의 역수로서의 어드미턴스:

$$Y = \frac{1}{Z} \tag{13-4}$$

콘덕턴스와 용량성 서셉턴스의 페이저 합으로서의 어드미턴스:

$$Y = \sqrt{G^2 + B_C^2} \tag{13-5}$$

콘덕턴스와 유도성 서셉턴스의 페이저 합으로서의 어드미턴스:

$$Y = \sqrt{G^2 + B_L^2} \tag{13-6}$$

병렬 RC 또는 RL 회로의 위상각:

$$\theta = \tan^{-1}\left(\frac{B}{G}\right) \tag{13-7}$$

병렬 2-소자 RC 또는 RL 회로에 대한 임피던스의 크기:

$$Z = \frac{RX}{\sqrt{R^2 + X^2}} \tag{13-8}$$

병렬 RC 또는 RL 회로의 위상각에 대한 다른 공식:

$$\theta = \tan^{-1}\left(\frac{R}{X}\right) \tag{13-9}$$

저항성 가지의 전류:

$$I_R = GV \tag{13-10}$$

용량성 리액턴스성 가지의 전류:

$$I_C = B_C V \tag{13-11}$$

병렬 교류 회로의 전체 전류:

$$I_{tot} = YV \tag{13-12}$$

유도성 리액턴스성 가지의 전류:

$$I_L = B_L V \tag{13-13}$$

병렬 RLC 회로의 어드미턴스 크기:

$$Y = \sqrt{G^2 + |B_C - B_L|^2} \tag{13-14}$$

병렬 RLC 회로의 전체 전류:

$$I_{tot} = \sqrt{I_R^2 + |I_C - I_L|^2} \tag{13-15}$$

공진 주파수:

$$f_r = \frac{1}{2\pi\sqrt{LC}}$$ (13-16)

단원 확인 문제

1. 임피던스의 역수는
   (a) 서셉턴스　　　　　　　　　(b) 어드미턴스
   (c) 콘덕턴스　　　　　　　　　(d) 리액턴스

2. 병렬회로의 페이저 그림에서 용량성 서셉턴스(B_C)는 어디에 그리는가?
   (a) 양의 x축　　　　　　　　　(b) 음의 x축
   (c) 양의 y축　　　　　　　　　(d) 음의 y축

3. 어드미턴스는 무엇의 페이저 합인가?
   (a) 저항과 리액턴스
   (b) 임피던스와 리액턴스
   (c) 임피던스 저항
   (d) 콘덕턴스와 서셉턴스

4. 병렬 RC 회로에서 주파수가 증가할 때, 콘덕턴스는
   (a) 감소한다.　　　　　　　　　(b) 같은 값을 유지한다.
   (c) 증가한다.

5. 병렬 RC 회로에서 주파수가 증가할 때, 용량성 서셉턴스는
   (a) 감소한다.　　　　　　　　　(b) 같은 값을 유지한다.
   (c) 증가한다.

6. 병렬 RC 회로에서, 만일 C의 값이 증가되면, 전류는 (　)할 것이다.
   (a) 감소　　　　　　　　　　　(b) 같은 값을 유지
   (c) 증가

7. 병렬 RLC 회로에서, 만일 B_C가 B_L보다 더 크면, 전원전류는?
   (a) 전원전압보다 앞선다.
   (b) 전원전압의 위상각을 가진다.
   (c) 전원전압보다 뒤진다.

8. 어떤 병렬 RC 회로에서, 저항은 3.0 kΩ이고 용량성 리액턴스는 4.0 kΩ이다. 전체 임피던스는 얼마인가?
   (a) 1.7 1kΩ　　　　　　　　　(b) 2.4 kΩ
   (c) 5.0 kΩ　　　　　　　　　　(d) 7.0 kΩ

9. 어떤 병렬 RL 회로에서, 콘덕턴스는 1.0 mS이고 유도성 서셉턴스는 2.0 mS이다. 전체 어드미턴스는 얼마인가?
   (a) 0.67 mS　　　　　　　　　(b) 2.24 mS
   (c) 2.5 mS　　　　　　　　　　(d) 3.0 mS

10. 어떤 병렬 RLC 회로에서, 전원전류와 전원전압은 위상이 같다. 주파수는 어디에 있

는가?

(a) 공진 아래에   (b) 공진에

(c) 공진 위에   (d) 모두 성립한다.

11. 가변 인덕터로 병렬 공진 회로를 더 낮은 주파수로 조정하기 위하여, 인덕터는 어떻게 조정되어야 하는가?

(a) 더 큰 인덕턴스로

(b) 더 낮은 인덕턴스로

12. 병렬 공진 대역통과 여파기는 어디에서 출력을 취하는가?

(a) 탱크회로 양단   (b) 저항 양단

(c) 해당 없음

13. 병렬 공진 대역차단 여파기에서, 같은 값만큼 L은 증가하고 C는 감소한다고 가정하라. 이것은 무엇에 영향을 주는가?

(a) 공진 주파수   (b) 선택도

(c) (a)와 (b)   (d) 해당 없음

14. 병렬 공진 여파기에서 전원전압이 올라가면 대역폭은 어떻게 되는가?

(a) 증가한다.   (b) 같은 값을 유지한다.

(c) 감소한다.

15. 병렬 공진 여파기에서 더 큰 값의 부하 저항기를 사용하면 대역폭은 어떻게 되는가?

(a) 증가한다.   (b) 같은 값을 유지한다.

(c) 감소한다.

질문

1. 곱 나누기 합 규칙은 어떤 조건 아래에서 교류 병렬회로에 적용될 수 있는가?

2. 저항, 리액턴스, 및 임피던스의 역수는 무엇인가?

3. 1.0 mS의 역수는 무엇인가?

4. 주파수가 증가하면 용량성 서셉턴스는 어떻게 되는가?

5. 주파수가 증가하면 콘덕턴스는 어떻게 되는가?

6. 어떻게 어드미턴스 페이저 그림을 전류 페이저 그림으로 변환하는가?

7. 유도성 서셉턴스는 어느 축에 그리는가?

8. 병렬 RC 회로에 대하여, 만일 주파수가 증가하면 어드미턴스 삼각형은 어떻게 되는가?

9. 왜 용량성 서셉턴스와 유도성 서셉턴스는 반대 방향인가?

10. 병렬 RLC 회로에서, 전류의 위상은 어떤 조건 아래에서 전압보다 뒤지는가?

11. 병렬 RL 회로에서 가변 인덕터가 더 큰 값으로 조정되면 어드미턴스 페이저 그림은 어떤 영향을 받는가?

12. 식 $Y = \sqrt{G^2 = |B_C - B_L|^2}$ 에서 수직선 기호는 무엇을 의미하는가?

13. 이상적인 인덕터는 무엇인가?

14. 병렬 공진 회로의 주파수가 공진 아래에서 공진 위로 이동되면 임피던스는 어떻게

되는가?

15. 병렬 공진 회로의 주파수가 공진 아래에서 공진 위로 이동되면 어드미턴스는 어떻게 되는가?

16. 병렬 공진 대역통과 여파기는 제12장에서 논의한 직렬 공진 대역통과 여파기와 어떻게 다른가?

17. 부하 저항기는 병렬 공진 여파기의 응답 형태에 어떤 방법으로 영향을 주는가?

기본 문제

1. 유도성 서셉턴스가 100 μS이면 인덕터의 리액턴스는 얼마인가?

2. 그림 13-29에 나타낸 RC 회로에 대한 어드미턴스의 크기와 위상각을 계산하라. 어드미턴스 페이저 그림을 그려라.

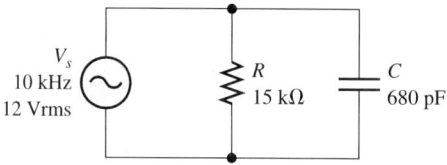

V_s
10 kHz
12 Vrms

R
15 kΩ

C
680 pF

그림 13-29

3. 문제 2에서 주파수가 15 kHz로 바뀐다고 가정하라. 어드미턴스 페이저 그림을 그려라.

4. 60 Hz의 주파수에서 동작하는 1.50 H의 인덕터에 대한 유도성 서셉턴스를 계산하라.

5. 33 kΩ의 저항기가 25 kΩ의 리액턴스를 갖는 커패시터와 병렬을 이룬다면 임피던스를 계산하라.

6. 문제 5의 RC 회로에 대한 위상각을 계산하라.

7. 200 μH의 인덕터가 680 Ω의 저항기와 병렬을 이룬다. 주파수는 400 kHz이다. 임피던스는 얼마인가?

8. 470 pF의 커패시터가 5.6 kΩ의 저항기와 병렬을 이룬다. 주파수는 50 kHz이다. 회로의 임피던스는 얼마인가?

9. 병렬 RL 회로가 2.5 kΩ의 리액턴스를 갖는 인덕터와 병렬인 10 kΩ의 저항기를 가질 때 위상각을 계산하라.

10. 그림 13-30의 회로에 대하여 표 13-7에 기입되지 않은 값을 구하라. 어드미턴스와 전류의 페이저 그림을 그려라.

표 13-7

R = 2.2 kΩ	G =	I_R =	V_R =
X_C =	B_C =	I_C =	V_C =
Z =	Y =	I_{tot} =	V_s = 10 Vrms

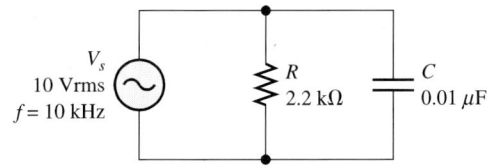

그림 13-30

11. 그림 13-31의 회로에 대하여 표 13-8에 기입되지 않은 값을 구하라. 어드미턴스와 전류의 페이저 그림을 그려라.

표 13-8

$R = 8.2\ k\Omega$	$G =$	$I_R =$	$V_R =$
$X_L =$	$B_L =$	$I_L =$	$V_L =$
$Z =$	$Y =$	$I_{tot} =$	$V_s = 8.0\ Vrms$

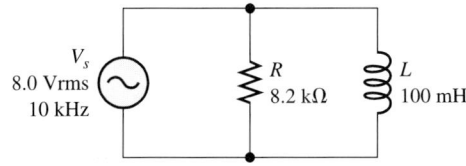

그림 13-31

12. 그림 13-32의 회로에 대하여 표 13-9를 완성하라. 어드미턴스 페이저 그림을 그려라.

표 13-9

$R = 3.3\ k\Omega$	$G =$	$I_R =$	$V_R =$
$X_C =$	$B_C =$	$I_C =$	$V_C =$
$X_L =$	$B_L =$	$I_L =$	$V_L =$
$Z =$	$Y =$	$I_{tot} =$	$V_s = 10\ Vrms$

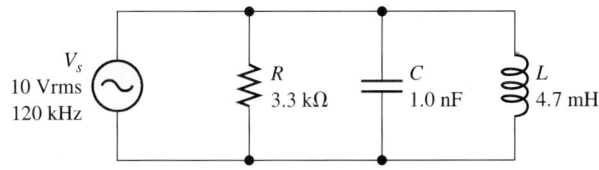

그림 13-32

13. 그림 13-33의 회로의 어드미턴스와 임피던스를 구하라.

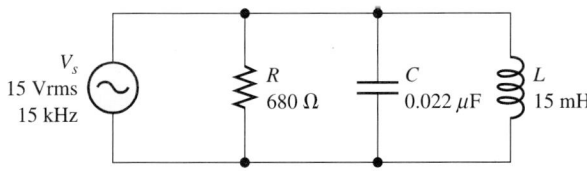

그림 13-33

14. 그림 13-33의 회로의 각 가지 전류와 전체 전류를 구하라.

15. 그림 13-34에 보이는 회로의 공진 주파수를 계산하라.

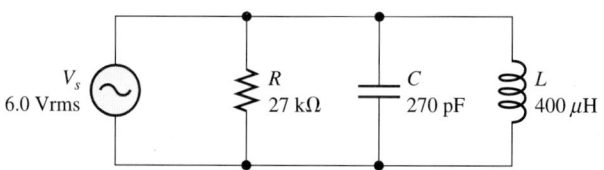

그림 13-34

16. 공진에서 그림 13-34의 전원전압에서 나오는 전류는 얼마인가.

17. 병렬 LC 회로는 470 pF의 커패시터를 갖는다. 회로는 156 kHz에서 공진한다. 인덕터의 값은 얼마인가?

기본 – 플러스 문제

18. 그림 13-35의 병렬 RC 회로는 전원전압으로부터 16.0 mA의 전체 전류가 흐른다.
(a) X_C의 값은 얼마인가?
(b) C의 값은 얼마인가?

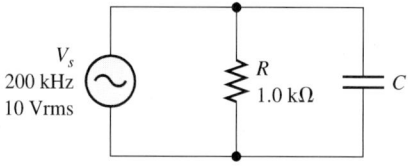

그림 13-35

19. 1.0 mH의 인덕터가 병렬을 이루는 3.3 kΩ의 저항기와 같은 크기의 전류를 갖는다면, 전원전압의 주파수는 얼마인가?

20. RLC 회로는 10 kHz의 전원전압과 연결되어 있고 커패시터의 전류는 인덕터 전류의 4배이다. 전원전압은 공진하기 위하여 얼마의 주파수로 설정되어야 하는가?

21. 공진 회로에서 인덕터를 원래보다 10% 작은 것으로 바꾼다고 가정하라. 만일 바꾸기 전의 공진 주파수가 10 kHz였으면, 새로운 공진 주파수는 얼마인가?

22. 19 kHz의 대역차단 여파기가 필요하다고 가정하라. 10 mH의 인덕터와 10 kΩ의 저항기를 사용하며 커패시터는 선택할 수 있다. 해답으로 선택한 커패시터를 설명하고, 여파기의 개략도를 그려라.

예제 질문

13-1: 어드미턴스는 커진다.

13-2: 어드미턴스는 저항의 콘덕턴스(1.78 mS)와 같게 된다.

13-3: 전류가 전압을 앞선다.

13-4: $I = \sqrt{3.64 \text{ mA}^2 + 5.32 \text{ mA}^2} = 6.44 \text{ mA}$

13-5: G는 더 작아지고 B_C는 변하지 않는다. 그 결과, Y는 더 작아지고 위상각은 더 커진다.

13-6: I_C는 더 커진다. 그러므로 임피던스는 더 작아진다.

13-7: KCL이 적용되나 전류가 페이저이다. 가지 전류의 합은 전체 전류와 같다.

13-8: 리액턴스성 전류는 용량성 및 유도성 전류의 합이다. 이것은 위상이 어긋난다. 이것은 리액턴스성 전류가 용량성 전류보다 더 작아지게 한다. 저항 전류를 더하더라도 전류는 용량성 전류 하나보다도 더 커지지 않는다.

13-9: 용량성 전류는 증가하고 유도성 전류는 감소한다. 저항기 전류는 영향을 받지 않는다.

복습 질문

1. 서셉턴스는 리액턴스의 역수이다. 이것은 용량성이거나 유도성일 수 있다.

2. 어드미턴스는 임피던스의 역수이다.

3. 지멘스(siemens)

4. *RC*

5. 병렬인 2-소자에서만. 교류에서는 페이저 산술을 사용한다.

6. 저항기 전류와 커패시터 전류는 제곱의 합의 제곱근으로서 더해진다.

7 전압

8. 어드미턴스는 더 커진다.

9. 이들은 영향을 받지 않는다.

10. 위상차는 더 작아진다.

11. 콘덕턴스와 유도성 서셉턴스는 제곱의 합의 제곱근으로서 더해진다.

12. 전류는 인덕터에서 전압보다 뒤지기 때문이다. 음의 y축은 전류 페이저로 뒤지는 전류를 의미하며 어드미턴스 페이저는 전류 페이저와 같은 형태를 갖는다.

13. 어드미턴스는 더 작아진다.

14. 콘덕턴스는 영향을 받지 않지만 서셉턴스는 더 작아진다. 그러므로 어드미턴스와 위상각도 더 작아진다.

15. 각각의 전류를 전압으로 나눈다.

16. 용량성 서셉턴스와 유도성 서셉턴스는 전류를 90°만큼 이동시킨다. 그러나 방향은 반대이다. 어드미턴스 그림은 이들을 다른 방향으로 그림으로써 이 차이를 나타낸다.

17. 어드미턴스의 항으로:

$$\theta = \tan^{-1}\left(\frac{|B_C - B_L|}{G}\right)$$

전류의 항으로:

$$\theta = \tan^{-1}\left(\frac{|I_C - I_L|}{I_R}\right)$$

18. 만일 $B_C > B_L$이면 전류는 전압을 앞선다. 그렇지 않으면 뒤진다.

19. 0.194 mS

20. 앞선다.

21. 임피던스는 직렬 공진 회로에서 최소이다. 이것은 병렬 공진 회로에서는 최대이다.

22. 0°

23. 공진 위에서 전류는 전압을 앞선다.

24. 출력은 대역통과 여파기에서는 탱크회로의 양단에서 그리고 대역차단 여파기는 저항기의 양단에서 취한다.

25. 선택도는 회로의 저항 및 L과 C의 특정한 값에 의하여 제어된다.

단원 확인 문제

1. (b)	2. (c)	3. (d)	4. (b)	5. (c)
6. (c)	7. (a)	8. (b)	9. (b)	10. (b)
11. (a)	12. (a)	13. (b)	14. (b)	15. (c)

부록 A

기본단위의 정의

기본단위	정의
미터(길이)	미터는 1/(299,792,458)초의 시간간격 동안에 진공에서 빛이 여행한 경로의 길이이다(1983).
킬로그램(질량)	국제 원형 킬로그램의 질량(1889).
초(시간)	초는 세슘 133 원자의 기저상태의 두 개의 초미세 준위 사이의 천이에 상응하는 복사선의 9,192,631,770 주기의 지속 시간이다(1967).
암페어(전류)	암페어는 만일 무한한 길이의, 무시할 수 있는 단면의, 그리고 진공에서 1 미터의 거리에 있는 두 개의 무한한 길이의 평행한 직선도체에서 유지되면, 이들 전도체 사이에서 길이 1 미터당 2×10^{-1} N의 힘을 만드는 일정한 전류이다(1948).
켈빈(온도)	열역학적 온도의 켈빈 단위는 물의 삼중점의 열역학적 온도의 1/273.16이다.
칸델라(빛의 세기)	칸델라는 주어진 방향에서, 1/683 와트/스테라디안의 광도를 갖는, 주파수 540×10^{12} 헤르츠의 단색 복사광을 방출하는 빛의 세기이다(1979).
몰(물질의 양)	몰은 0.012 kg의 탄소 12에 최대로 들어갈 수 있는 원자를 담고 있는 어떤 계(system)의 물질의 양이다(1971).

표준 저항값 표

저항오차(±%)

0.1%				0.1%				0.1%				0.1%				0.1%				0.1%			
0.25%	1%	2%	10%	0.25%	1%	2%	10%	0.25%	1%	2%	10%	0.25%	1%	2%	10%	0.25%	1%	2%	10%	0.25%	1%	2%	10%
0.5%		5%		0.5%		5%		0.5%		5%		0.5%		5%		0.5%		5%		0.5%		5%	
10.0	10.0	10	10	14.7	14.7	—	—	21.5	21.5	—	—	31.6	31.6	—	—	46.4	46.4	—	—	68.1	68.1	68	68
10.1	—	—	—	14.9	—	—	—	21.8	—	—	—	32.0	—	—	—	47.0	—	47	47	69.0	—	—	—
10.2	10.2	—	—	15.0	15.0	15	15	22.1	22.1	22	22	32.4	32.4	—	—	47.5	47.5	—	—	69.8	69.8	—	—
10.4	—	—	—	15.2	—	—	—	22.3	—	—	—	32.8	—	—	—	48.1	—	—	—	70.6	—	—	—
10.5	10.5	—	—	15.4	15.4	—	—	22.6	22.6	—	—	33.2	33.2	33	33	48.7	48.7	—	—	71.5	71.5	—	—
10.6	—	—	—	15.6	—	—	—	22.9	—	—	—	33.6	—	—	—	49.3	—	—	—	72.3	—	—	—
10.7	10.7	—	—	15.8	15.8	—	—	23.2	23.2	—	—	34.0	34.0	—	—	49.9	49.9	—	—	73.2	73.2	—	—
10.9	—	—	—	16.0	—	16	—	23.4	—	—	—	34.4	—	—	—	50.5	—	—	—	74.1	—	—	—
11.0	11.0	11	—	16.2	16.2	—	—	23.7	23.7	—	—	34.8	34.8	—	—	51.1	51.1	51	—	75.0	75.0	75	—
11.1	—	—	—	16.4	—	—	—	24.0	—	24	—	35.2	—	—	—	51.7	—	—	—	75.9	—	—	—
11.3	11.3	—	—	16.5	16.5	—	—	24.3	24.3	—	—	35.7	35.7	—	—	52.3	52.3	—	—	76.8	76.8	—	—
11.4	—	—	—	16.7	—	—	—	24.6	—	—	—	36.1	—	36	—	53.0	—	—	—	77.7	—	—	—
11.5	11.5	—	—	16.9	16.9	—	—	24.9	24.9	—	—	36.5	36.5	—	—	53.6	53.6	—	—	78.7	78.7	—	—
11.7	—	—	—	17.2	—	—	—	25.2	—	—	—	37.0	—	—	—	54.2	—	—	—	79.6	—	—	—
11.8	11.8	—	—	17.4	17.4	—	—	25.5	25.5	—	—	37.4	37.4	—	—	54.9	54.9	—	—	80.6	80.6	—	—
12.0	—	12	12	17.6	—	—	—	25.8	—	—	—	37.9	—	—	—	56.2	—	—	—	81.6	—	—	—
12.1	12.1	—	—	17.8	17.8	—	—	26.1	26.1	—	—	38.3	38.3	—	—	56.6	56.6	56	56	82.5	82.5	82	82
12.3	—	—	—	18.0	—	18	18	26.4	—	—	—	38.8	—	—	—	56.9	—	—	—	83.5	—	—	—
12.4	12.4	—	—	18.2	18.2	—	—	26.7	26.7	—	—	39.2	39.2	39	39	57.6	57.6	—	—	84.5	84.5	—	—
12.6	—	—	—	18.4	—	—	—	27.1	—	27	27	39.7	—	—	—	58.3	—	—	—	85.6	—	—	—
12.7	12.7	—	—	18.7	18.7	—	—	27.4	27.4	—	—	40.2	40.2	—	—	59.0	59.0	—	—	86.6	86.6	—	—
12.9	—	—	—	18.9	—	—	—	27.7	—	—	—	40.7	—	—	—	59.7	—	—	—	87.6	—	—	—
13.0	13.0	13	—	19.1	19.1	—	—	28.0	28.0	—	—	41.2	41.2	—	—	60.4	60.4	—	—	88.7	88.7	—	—
13.2	—	—	—	19.3	—	—	—	28.4	—	—	—	41.7	—	—	—	61.2	—	—	—	89.8	—	—	—
13.3	13.3	—	—	19.6	19.6	—	—	28.7	28.7	—	—	42.2	42.2	—	—	61.9	61.9	62	—	90.9	90.9	91	—
13.5	—	—	—	19.8	—	—	—	29.1	—	—	—	42.7	—	—	—	62.6	—	—	—	92.0	—	—	—
13.7	13.7	—	—	20.0	20.0	20	—	29.4	29.4	—	—	43.2	43.2	43	—	63.4	63.4	—	—	93.1	93.1	—	—
13.8	—	—	—	20.3	—	—	—	29.8	—	—	—	43.7	—	—	—	64.2	—	—	—	94.2	—	—	—
14.0	14.0	—	—	20.5	20.5	—	—	30.1	30.1	30	—	44.2	44.2	—	—	64.9	64.9	—	—	95.3	95.3	—	—
14.2	—	—	—	20.8	—	—	—	30.5	—	—	—	44.8	—	—	—	65.7	—	—	—	96.5	—	—	—
14.3	14.3	—	—	21.0	21.0	—	—	30.9	30.9	—	—	45.3	45.3	—	—	66.5	66.5	—	—	97.6	97.6	—	—
14.5	—	—	—	21.3	—	—	—	31.2	—	—	—	45.9	—	—	—	67.3	—	—	—	98.8	—	—	—

주: 이들 값은 일반적으로 0.1, 1, 10, 100, 1 K 및 1 M의 배수로 이용할 수 있다.

부록 C

실험 설명서 그림

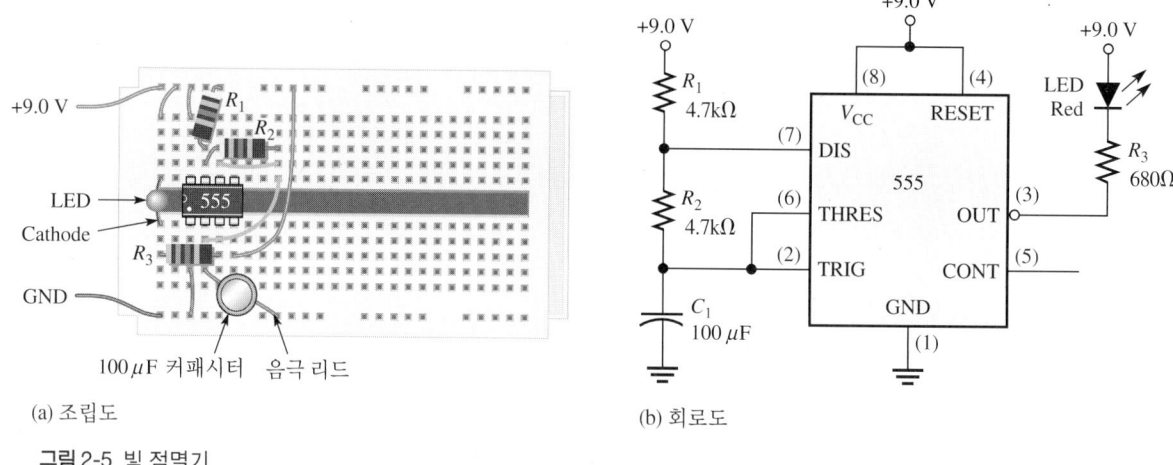

(a) 조립도

(b) 회로도

그림 2-5 빛 점멸기

그림 2-6 빛 점멸기의 3-D 조감도

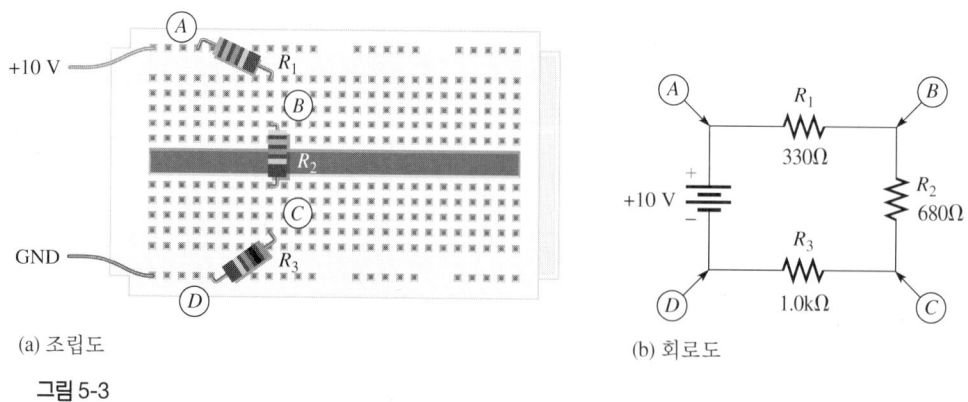

(a) 조립도

(b) 회로도

그림 5-3

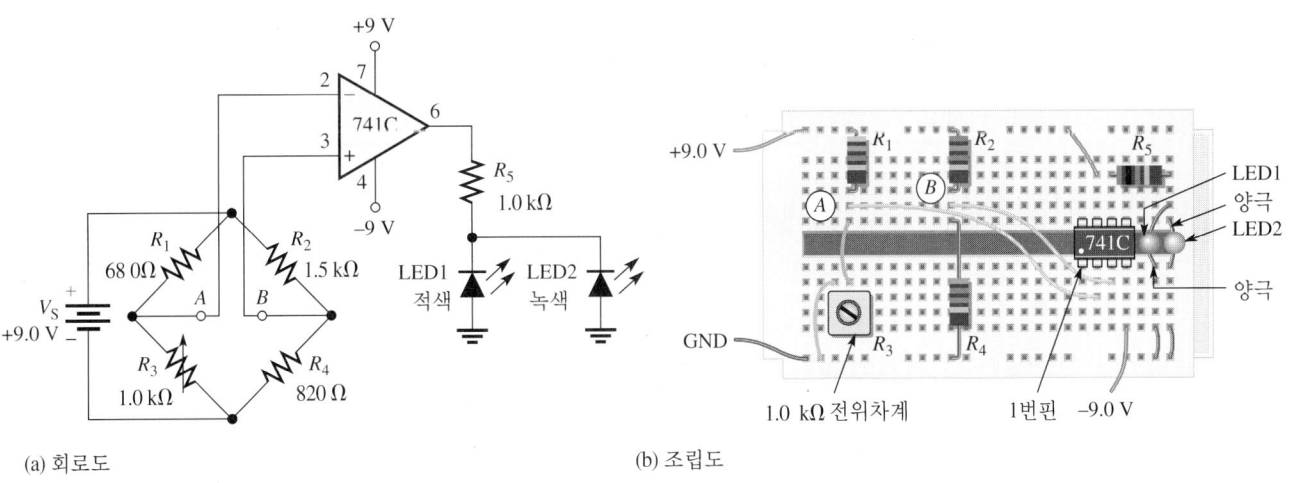

(a) 회로도

(b) 조립도

그림 12-4

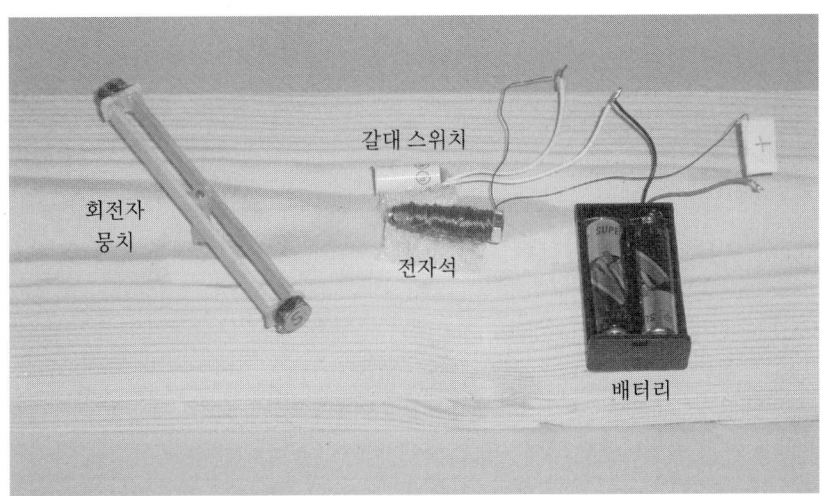

그림 15-5

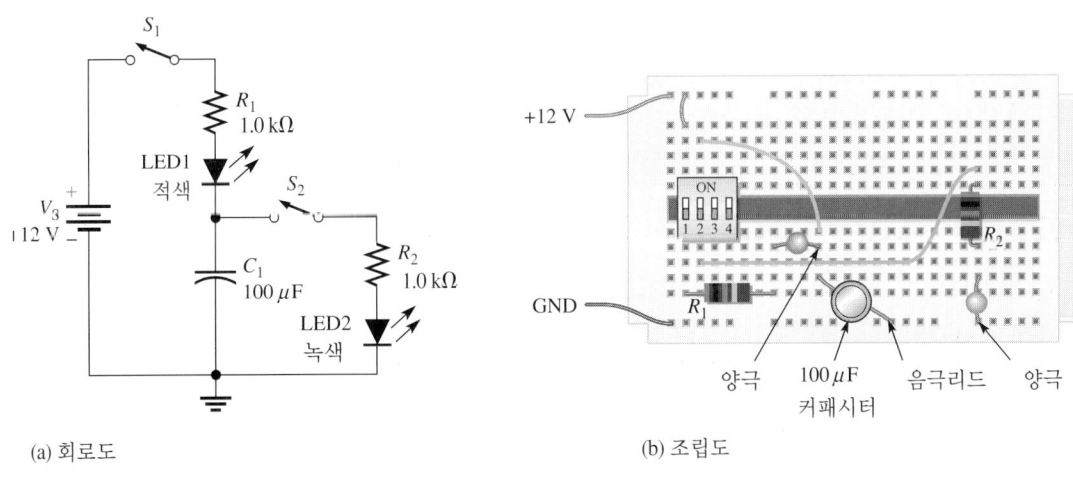

(a) 회로도

(b) 조립도

그림 18-1

홀수 번호 질문에 대한 해답

제1장

1. 크기가 작고 전력 소비가 낮다.

3. 전자 기술자는 일반적으로 전기 및 전자 장비의 시험, 생산, 설치를 포함하여 신제품 설계에 참여한다.

5. NFPA(National Fire Protection Association)

7. 없다.

9. 위치 에너지는 위치 또는 배열 때문에 일을 하는 능력을 갖고 있다.

11. 화학적 위치 에너지

13. 물질에 있는 전체 전자 개수 중의 아주 작은 일부만이 마찰에 의해 전달될 수 있다. 이러한 전자만이 정전기에 관여한다.

15. 쿨롱의 법칙

17. 원자 번호는 핵의 양자의 개수와 같다.

19. 금속에는 원자에 느슨하게 결합되어 있는 1, 2, 3개의 최외각 전자가 있다. 비금속은 자유 전자가 없다.

제2장

1. 50×10^{-6}

3. 10^6

5. 10^9

7. 7가지의 기본 단위 또는 2가지의 보조 단위 중의 하나가 아닌 모든 SI 시스템 단위

9. 작업 표준은 장비 또는 소자의 정기적인 보정 및 검정에 사용되는 계측기 또는 장비

11. 환경 조건에 대한 장기간의 안정도, 정확도 및 감도

13. 아니다. 정확도는 측정치가 인정값에 아주 가까울 것을 요구한다. 측정치가 부정확하면 정밀도를 결정하기 위해 사용된 각종 측정치는 난잡하고, 따라서 정확도에 신뢰성이 없게 된다.

15. 이항식은 두 개의 항을 가진 식이다.

17. 오른쪽 위에 있는 제1사분면에서 시작하여 반시계방향으로 번호를 매긴다.

19. 그래프의 곡선은 모든 데이터 점(보정 곡선에서는 예외이다)을 통과할 필요가 없다. 그래프의 곡선은 데이터의 추세를 보여주기 위해 매끄럽게 그려야 한다.

제3장

1. 금속은 금속결합에 의해 유지되고 있다. 금속결합에서는 전자가 금속의 양이온과 함께 존재한다. 이러한 전자는 이리 저리 자유롭게 이동한다.

3. 수은증기 램프에서 전하 전달자는 음의 전자와 양의 수은 이온이다.

5. 다이오드

7. 플라즈마는 물질의 한 상태로서, 이 상태에서는 모든 원자가 원자로부터 떨어져 나와 있다. 플라즈마는 보통의 기체와는 다르게 행동하기 때문에 별도로 분류된다.

9. 전자는 배터리의 음극 단자를 떠나서 스프링, 금속 띠, 스위치 및 금속 반사경을 지나 전구로 여행한다. 전자는 전구로부터 배터리의 양극측으로 되돌아온다.

11. 헤르츠(Hertz)

13. RMS의 원어는 root-mean-square이다.

15. 충전 과정은 실제로는 화학 에너지를 저장하기 위해 충전이 아닌, 역전 가능한 화학 반응을 일으킨다.

17. 20시간

19. 열을 덜 발생한다.

21. 초전도체는 저항 없이 전류를 운반할 수 있는 그러나 극도로 차갑게 유지해야 하는 특수 물질이다.

23. 가변저항기(rheostat)는 단자가 3개일 때에만 전위차계로서 연결할 수 있다. 한쪽과 가변 단자 사이의 공통 연결 단자는 모든 3개의 단자에 연결할 수 있도록 개방되어 있어야 한다.

25. 선형 테이퍼는 저항이 조절기의 각도 위치에 비례하는 것을 의미한다. 비선형 테이퍼는 저항이 각도 위치에 비례하지 않는 것을 의미한다.

27. 허용 오차는 2%이다.

29. 아니다.

31. American Wire Gauge

33. 값을 디스플레이하기 위해 최적 범위를 자동적으로 선택하는 계측기

35. 멀티미터는 전류를 선택하기 위해 리드선을 전류 잭으로 옮겨서 연결한다.

37. 보통은 오른쪽에서 왼쪽으로 증가하는 값을 가진 비선형 눈금이다.

제4장

1. 증가한다.

3. 4.95 V

5. 1.39 mA

7. 16.4 V

9. 11 MΩ

11. 0.1 S

13. 46.9 Ω

15. 1시간 동안 유지된 1 kW의 전력 레벨과 등가인 에너지의 단위이다.

17. 마력은 746 W와 등가인 힘의 단위이다.

19. 18 센트

21. 21.8 A

23. 3.16 A

25. 증가한다.

제5장

1. 1.67 MΩ

3. 1.83 MΩ

5. 28.2 kΩ

7. 270 Ω

9. 0.75 mA

11. 2.0 V

13. 18 V

15. 직렬회로의 모든 주어진 저항기의 전압 강하는 전체 저항에 대한 그 저항기의 비율에 전원전압을 곱한 것과 같다.

17. 종점 단자는 V_S와 접지 사이에 연결한다. 출력은 중앙 단자와 접지 사이에 연결한다.

19. 5.83 mS

21. 405 kΩ

23. 어떤 마디로 들어가는 전류의 합은 그 마디를 떠나는 전류의 합과 같다.

25. 300 mA

제6장

1. R_3과 R_4가 직렬이므로 두 저항을 더한다. 이 결과를 병렬인 R_2와 결합하고 R_1의 저항을 더한다. 공식으로는 $R_T = [(R_3 + R_4) \parallel R_2] + R_1$으로 된다.

3. 이들은 합계가 0으로 된다.

5. 이들은 합계가 0으로 된다.

7. 등가저항의 전류와 직렬 저항기의 전류는 같다.

9. 직렬인 것이 없다.

11. R_2는 전원에 바로 연결되므로 R_2에 흐르는 전류는 옴의 법칙 $I_2 = V_S/R_2$를 적용하여 바로 구할 수 있다.

13. 전압원과 직렬 저항기

15. 그렇다.

17. 이것은 전압원과 병렬로 연결되어 있으며 출력에 영향을 미칠 수 없기 때문이다.

19. (a)에 있는 분배기는 10 kΩ 부하에 대해 "완고하다." 왜냐하면 부하가 분배기 저항기보다 최소한 10배 이상 크기 때문이며 출력 전압에 거의 영향을 미치지 않는다. 다른 것은 그렇지 않다.

21. 계측기는 가장 작은 등가저항을 가진 회로에 가장 적은 부하 영향을 미친다.

23. 합은 대수 합이다. 따라서, 부호는 올바른 결과를 얻는 데 필요하다.

25. 1. 부하 저항기를 제거한다.

2. A와 접지 사이 그리고 B와 접지 사이의 전압을 계산한다. 이들 전압이 브리지의

왼쪽과 오른쪽에 대한 테브닌 전압이다.

3. 전압원을 단락시키고 *A*와 접지 사이 그리고 *B*와 접지 사이의 저항을 계산한다.

4. 브리지의 각 면에 대해 하나씩 모두 두 개의 마주보는 테브닌 회로를 그린다.

27. 110 Vac. 회로에는 전류가 흐르지 않는다. 따라서, 그외의 전구에는 전압 강하가 없다. 키르히호프의 전압 법칙은 입력 전압이 반드시 개방 단자 양단에 나타나야 한다는 것을 말해준다.

제7장

1. 움직이는 전하

3. ampere-turn/meter

5. **투자율**(permeability)은 주어진 자계 강도(*H*)에 대해 발생하는 자속 밀도(*B*)의 척도로서 물질에 따라 다르다. **상대투자율**(relative permeability)은 주어진 물질의 투자율과 진공의 투자율의 비이다.

7. 둘 다 대항이다. 자기 저항은 자속을 만드는 것에 대한 대항이고, 저항은 전류에 대한 대항이다.

9. 히스테리시스 때문에 잔류 자기가 강자성체에 생긴다. 자장은 자계 강도(*H*)가 제거된 뒤에도 물질에 남는다.

11. 전류

13. 공극은 자기 경로에 상당한 자기 저항을 추가한다. 더 작은 공극은 자기 저항이 더 작아서 자계 형성을 더 쉽게 한다.

15. 공기, 물, 수증기, 냉매 등의 유체의 흐름을 조절하는 데 사용되는 밸브로서, 전기적으로 동작한다.

17. 높은 전압 및/또는 전류를 위해 설계된 큰 계전기

19. 스위치는 부하, 또는 사다리 그림의 "계단"에 있는 스위치와 직렬로 나타낼 수 있다.

21. 선로 그림

제8장

1. 그렇다. 도체가 자계선과 나란히 이동하면 전압이 유도되지 않는다.

3. 유도 전압이 증가한다.

5. 코일에 대한 자속의 변화율과 코일의 권선수

7. 자계는 도체 사이에서 증강되며 서로 밀어낸다.

9. 정자계 발전기에서 자계는 정지 상태이고 도체가 회전한다. 회전 자계발전기에서 자계가 회전하고 도체는 정지 상태이다.

11. 고정자

13. 권선 회전자는 더 높은 자속밀도를 발생하며 영구자석보다 더 많은 전력을 생성한다.

15. 공극은 회전자가 움직이기 위한 여유이다.

17. 각각의 맞은 편에(180°)

19. 변하는 전기적인 교류 파형으로부터

21. 3개의 코일을 삼각형처럼 직렬로 연결하는 하나의 연결 방법

23. 포로니 브레이크는 모터를 시험하기 위해 드럼과 브레이크 뭉치로 구성된 테스트 장비로서 모터 토크를 잰다.

25. 병렬 권선 모터

27. 유도 모터

29. 회전자가 동기속도로 돌 수 있으면 자계선을 자를 수 없으며 토크는 0으로 떨어진다.

31. 다람쥐장의 막대는 회전자의 움직이는 도체이다.

제9장

1. 그 외 모든 주기적인 파는 적절한 진폭 및 주파수를 갖는 한 조의 사인파로부터 만들 수 있다.

3. 90°

5. 회전하는 전기 기계(교류기) 및 전자 발전기

7. 각각은 서로의 역수이다.

9. 페이저는 화살표로 표현한다. 크기는 길이를 표현하고 방향은 화살표가 가리키는 곳을 나타낸다.

11. 위상 이동은 위상을 다른 파형과 비교할 경우에만 의미를 갖는다.

13. 아니다. 주파수가 다르면 파 사이에는 일정하게 변하는 위상이 있다.

15. 펄스는 하나의 전압에서 다른 전압으로 아주 급하게 천이한 다음, 거기서 일정 기간 동안 머무른 후 다시 원래의 레벨로 아주 급하게 천이하는 것이다.

17. 펄스에서 진폭은 기준선으로부터의 높이이다.

19. 톱니파형

21. 약 1GHz보다 더 높은 주파수를 가진 전파

23. 직류 오프셋 조절은 파형에 직류 성분을 더하거나 뺀다.

25. 아날로그와 디지털

27. 공급전원에 있는 리플을 관찰하는 것과 같이 교류 신호 전압과 디스플레이를 동기화시키기를 원할 때마다

29. 작은 가변 커패시터는 오실로스코프에 연결되어 있는 프로브 그 자체 또는 작은 상자에서 조절한다.

31. 다섯 가지 자동화된 측정치는 전압, 피크-피크 전압, 평균 전압, 주파수, 주기이다.

제10장

1. 유전체는 절연체로서 커패시터의 두 개의 도전면 사이에 있는 물질이다.

3. 10^{-6}을 뜻하는 마이크로(μ)와 10^{-12}을 뜻하는 피코(p)

5. 100,000 pF

7. 패러드/미터(F/m)

9. 스파크는 유전체를 가로질러간다. 이것은 유전체가 기름이면 일시적인 고장이고 고체일 경우에는 영구적인 고장이다.

11. 세라믹

13. 알루미늄과 탄탈

15. 이들은 분극화되어 있으며, 일반적으로 파괴 전압이 낮고, 누설 전류가 높으며, 대체로 허용 오차는 20%이다.

17. 2200 pF

19. 180 μF

21. 3579 pF

23. 103 ms

25. 5배

27. 용량성 리액턴스

29. 증가한다.

31. 0 교차점에서

33. 직류의 변화를 매끄럽게 하기 위해

35. 직류에 영향을 주지 않고 저항기 주위에 낮은 리액턴스 경로를 만든다.

제11장

1. 4배로 된다.

3. 표유 커패시턴스는 절연체에 의해 분리된 도체에 기인하여 권선 사이에 존재한다.

5.
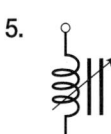

7. 47,000 μF ± 5%

9. 자계가 약해지면서 전압을 생성한다.

11. 3L

13. 전체 파형을 충분히 볼 수 있도록 주파수를 낮게 맞춘다. 저항기 양단의 파형을 관찰한다. 시작 전압에서부터 최종 전압의 63%까지의 시간을 잰다.

15. 2.2

17. 전압이 전류를 90°

제12장

1. 정수비로 나타낼 수 없는 수

3. −1

5. 직각좌표 표기는 실수부와 허수부의 합으로서 복소수를 나타낸다. 극좌표 표기는 길이(크기)와 각도(방향)의 합으로 복소수를 표현한다.

7. 주어진 값이 그의 탄젠트인 각도

9. $-45°$

11. 감소한다.

13. 회로의 전류를 곱한다.

15. $X_L = X_C$

17. 한 그룹의 주파수를 차단하기 위해 설계된 회로

19. 선택도는 공진회로가 얼마나 잘 어떤 주파수를 통과시키고 어떤 주파수를 차단하는 지를 정의한다. 대역폭이 좁을수록 선택도는 커진다.

21. Q가 높다는 것은 선택도가 높고 대역폭이 좁다는 것을 의미한다.

제13장

1. 이것은 소자가 두 개인 경우에만 적용되며 두 개가 페이저라는 사실을 고려해야 한 다(두 개의 저항기인 특수한 경우는 제외).

3. 1.0 kΩ

5. 없다. 즉, 콘덕턴스는 변하지 않는다.

7. $-j$ 축

9. 왜냐하면 이들은 반대쪽으로 전류의 방향을 이동시킨다.

11. 서셉턴스는 감소한다. 따라서, 어드미턴스는 감소하고 위상각은 더 작아진다.

13. 저항이나 표유 커패시턴스가 없는 인덕터이다. 이상적인 인덕터는 존재하지 않지만 많은 회로에서 유용한 근사화이다.

15. 어드미턴스는 공진에서 최소로 떨어지고 공진 뒤에는 상승한다.

17. 대역통과를 더 넓게 그리고 뾰족하지 않게 한다.

홀수 번호 문제에 대한 해답

제1장

1. 66,000 N-m

3. 2.97 N

제2장

1. (a) 7.3×10^4 (b) 2.2×10^{-4}

     (c) -9.2×10^7 (d) -5.1×10^{-3}

3. (a) 160,000   (b) 0.0056

     (c) $-800,000$ (d) -0.071

     (e) 0.42

5. (a) 220 kΩ   (b) 47 μF

     (c) 5.0 kW   (d) 55 ns

     (e) 1.5 MHz   (f) 10 mH

7. (a) 2200 kΩ   (b) 0.100 μs

     (c) 10 MW   (d) 0.220 kΩ

     (e) 4000 μV   (f) 0.000 100 μs

9. (a) 50,500   (b) 220

     (c) 4650   (d) 11.0

     (e) 1.00

11. $l = RA/\rho$

13. $C = L/Z_0^2$

15. 그림 ANS-1을 참고하라.

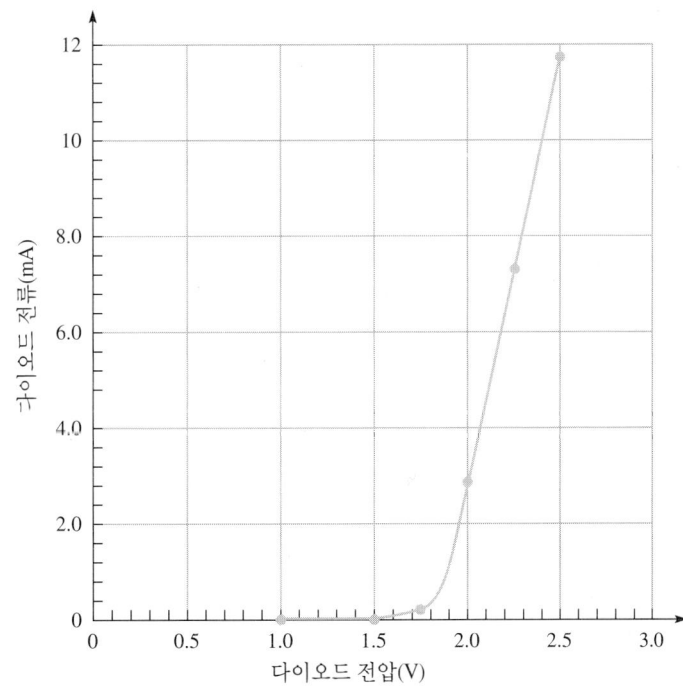

그림 ANS-1 발광 다이오드의 IV 곡선

17. (a) 2.25×10^3 (b) 2.41×10^6

     (c) 16.5×10^3 (d) 5.35×10^{-3}

19. (a) 2.67 MΩ   (b) 20 nF

     (c) 670 MHz   (d) 10.65 nF

21. $a = \sqrt{c^2 - b^2}$

23. $N = \sqrt{\dfrac{lL}{\mu A}}$

25. $C_1 = \dfrac{1}{\dfrac{1}{C_T} - \dfrac{1}{C_2}}$

27. 그림 ANS-2를 참고하라.

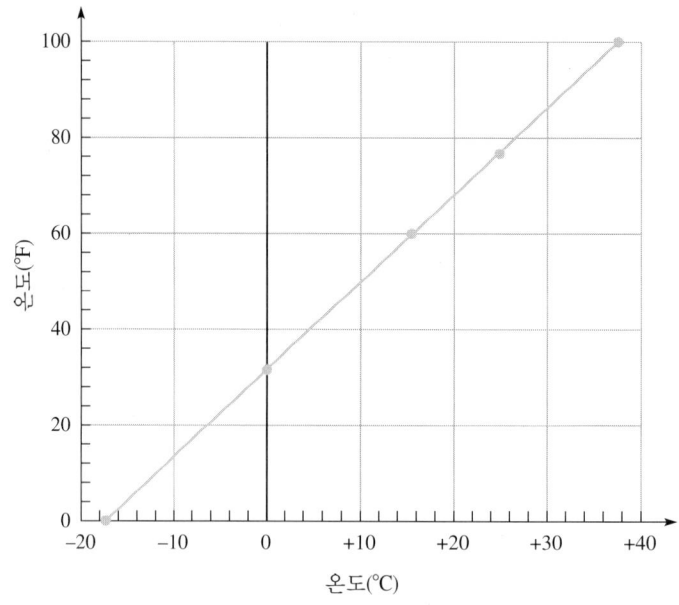

그림 ANS-2 화씨 온도와 섭씨 온도의 관계

제3장

1. 20 A

3. 2 s

5. 20 h

7. 15 W

9. 375 W

11. (a) 3.6 kΩ ±5%   (b) 680 kΩ ±10%

     (c) 2.2 Ω ±5%   (d) 10 MΩ ±10%

13. (a) 녹색, 자색, 청색, 적색, 갈색

     (b) 백색, 갈색, 흑색, 흑색, 적색

(c) 적색, 청색, 갈색, 금색, 갈색

(d) 자색, 녹색, 흑색, 갈색, 적색

15. 475 ft

17. 0.276 Ω

19. 0.180 Ω-mm^2/m

제4장

1. (a) 37.0 mA   (b) 2.2 A

     (c) 0.244 mA   (d) 1.30 μA

3. (a) 6.0 V   (b) 15.0 V

     (c) 110 V   (d) 9.92 V

5. (a) 1.0 MΩ   (b) 270 kΩ

     (c) 10 Ω   (d) 3.91 kΩ

7. (a) 100 mS   (b) 370 μS

     (c) 100 nS

9. (a) 전류는 원래 값의 1/3까지 떨어진다.

     (b) 전류는 원래 값의 3배가 된다.

     (c) 전류는 원래 값의 1/2이 된다.

     (d) 전류는 원래 값의 2배가 된다.

11. (a) 20.0 V   (b) 30.2 V

13. $I_{min} = 81.3$ mA; $I_{max} = 89.8$ mA

15. 0.833 A

17. (a) 1.1 kW   (b) 107 mW

     (c) 3.7 W   (d) 504 mW

19. 545 mA

21. 2.00 kWh

23. $ 3.60

25. $ 7.31

27. 그림 ANS-3을 참고하라.

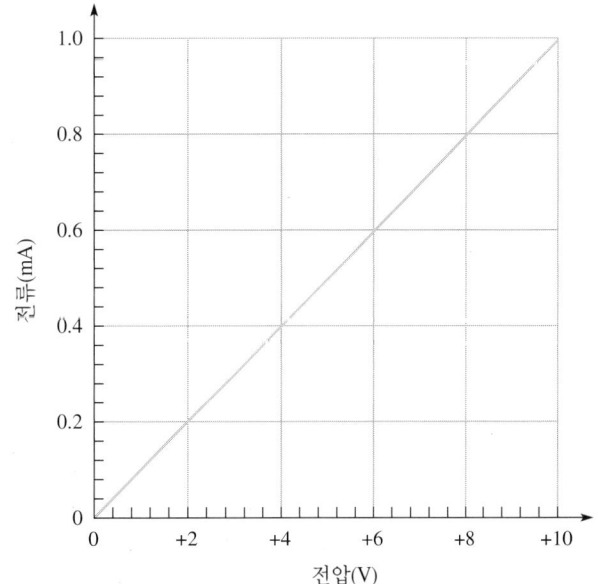

그림 ANS-3 10 kΩ IV 곡선

29. 12.8 V

31. $V_{GS} = 0$ V인 경우, $r_{ds} = 400$ Ω

$V_{GS} = -1.5$ V인 경우, $r_{ds} = 800$ Ω

$V_{GS} = -2.5$ V인 경우, $r_{ds} = 1.67$ kΩ

$V_{GS} = -3$ V인 경우, $r_{ds} = 10$ kΩ

제5장

1. 297 kΩ

3. 27 kΩ

5. 21.8 kΩ

7. 0.459 mA

9. 3.33 kΩ

11. 6.4 V

13. 2.0 V

15. 359 Ω

17. 1.08 kΩ

19. 77.6 Ω

21. 6.4 mA

23. $R_1 = 8.29$ kΩ$; I_1 = 2.89$ mA

25. 30 Ω

27. 그림 ANS-4를 참고하라.

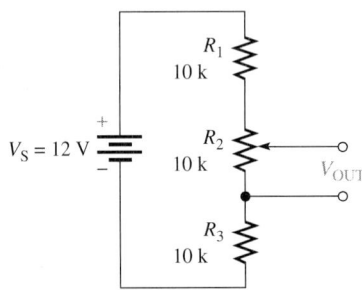

그림 ANS-4

29. $I_3 = 7.1$ mA

31. 11.8 mA

33. 각 램프에 대해, $I = 0.87$ A.

$I_T = 2.6$ A

제6장

1. 표 ANS-1을 참고하라.

표 ANS-1

$I_1 = 1.0$ mA	$R_1 = 3.3$ kΩ	$V_1 = 3.3$ V
$I_2 = 0.67$ mA	$R_2 = 10$ kΩ	$V_2 = 6.7$ V
$I_3 = 0.33$ mA	$R_3 = 10$ kΩ	$V_3 = 3.3$ V
$I_4 = 0.33$ mA	$R_4 = 10$ kΩ	$V_4 = 3.3$ V
$I_T = 1.0$ mA	$R_T = 9.97$ kΩ	$V_S = 10.0$ V

3. $R_L = 825\,Ω$

5. 표 ANS-2를 참고하라.

표 ANS-1

$I_1 = 7.35$ mA	$R_1 = 180$ Ω	$V_1 = 1.32$ V
$I_2 = 2.59$ mA	$R_2 = 510$ Ω	$V_2 = 1.32$ V
$I_3 = 9.94$ mA	$R_3 = 270$ Ω	$V_3 = 2.68$ V
$I_4 = 9.94$ mA	$R_4 = 100$ Ω	$V_4 = 0.99$ V
$I_T = 9.94$ mA	$R_T = 503$ Ω	$V_S = 5.0$ V

7. $V_L = 11.8$ V

9. 8.31 V

11. (a) 5.50 V (b) 116 Ω

    (c) 116 Ω (d) 65.3 mW

13. 47.5 mA

15. $V_{AB} = 0.61$ V

17. $R_3 = 1.186$ kΩ

19. R_4 개방

21. $R_2 = 400$ Ω

23. $R_L = 176$ Ω(최소값)

25. $I_2 = -0.477$ mA

27. $I_s = 2.82$ mA

제7장

1 7.5 mWh

3. 390 At

5. 1.0×10^7 At/Wb

7. 1875 At/m

9. (a) 80 At (b) 64 t

11. 44.8×10^6 At/Wb

13. 7.0×10^{-4} Wb/At-m

15. 20.0 μWb

17. 1.56 A

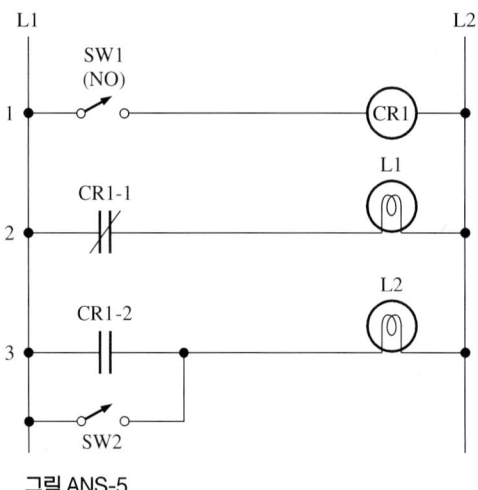

그림 ANS-5

19. 그림 ANS-5를 참고하라.

21. CR1이 여기되어 있지 않고 DOWN 한계 스위치가 닫혀 있는 상태에서, 순간적으로 SW3(CLOSE)을 누르면 CR2를 여기시키고 CR2-2 접점을 래치한다.

23. 그림 ANS-6을 참고하라.

25. 정답은 여러 가지이다.

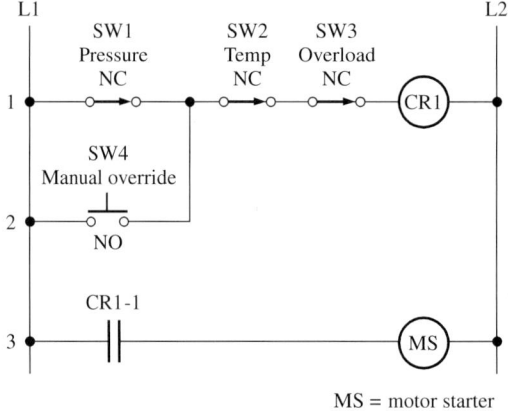

MS = motor starter

그림 ANS-6

제8장

1. 135 mV

3. 0.184 T

5. 0.633 T

7. 0.096 N

9. 6000 rpm

11. 0.36 hp

13. (a) 양(다른 끝에 대하여)　　　(b) 유도된 힘은 움직임과 반대가 된다. 즉, 아래로 향한다.

15. 4개의 극. 극의 각 쌍은 1 사이클을 생성한다. 정류될 때 각 사이클은 2개의 펄스를 생성한다.

제9장

1. (a) 0.52 rad　　　　　　(b) 1.57 rad

　　(c) 2.62 rad　　　　　　(d) 4.36 rad

　　(e) 5.67 rad

3. (a) 45°　　　　　　　　(b) 120°

　　(c) 86°　　　　　　　　(d) 143°

　　(e) 360°

5. 42 Vpp

7. 200 W

9. 4.0 kHz

11. (a) 0.333 ms　　　　　(b) 3.0 kHz

13. 12.0 vrms

15. (a) 4.23 V　　　　　　(b) 9.66 V

　　(c) −7.07 V　　　　　　(d) −5.00 V

17. (a) 35 V　　　　　　　(b) 22°

　　(c) 뒤진다.

19. 6.0 Vpp

21. (a) 120 mVrms　　　　(b) 16.7 kHz

23. (a) 25 μs　　　　　　(b) 6.25 μs

25. 0.5 ms/div

제10장

1. (a) 0.068 μF　　　　　(b) 1000 μF

　　(c) 0.0047 μF

3. 5.0 μF

5. 100 V

7. 0.24 μC

9. 195 pF

11. (a) 147 μF　　　　　(b) 2.12 nF

　　(c) 600 nF

13. 4000 μF

15. $V_{C1} = 1.18$ V; $V_{C2} = 16.8$ V

17. 10.3 V

19. 0.214 mA

21. 3.7 V

23. 2.7 ms

25. (a) 159 kΩ   (b) 15.9 kΩ

      (c) 1.59 kΩ   (d) 159 Ω

27. 15.9 kHz

29. 0.207 mA

31. $C_{oil} = 1200$ pF

33. (a) $\varepsilon_r = 4.92$ (b) mica

35. $V_{C1} = 6.0$ V; $V_{C2} = 4.0$ V; $V_{C3} = 10$ V

37. 4.83 V

39. 정답은 여러 가지이다.

제11장

1. 0.270 mH

3. 285 μH

5. 35.4 μH

7. 7.5 mH

9. 130 μH

11. (a) $\tau = 1.5$ ms   (b) $V_R = 8.6$ V

      (c) $I = 10.0$ mA

13. 1.88 kΩ

15. $L_{tot} = 3.58$ mH $X_{L(tot)} = 562$ Ω

17. 144개의 권선

19. 821 μH

21. 3.95 kHz

제12장

1. 그림 ANS-7을 참고하라.

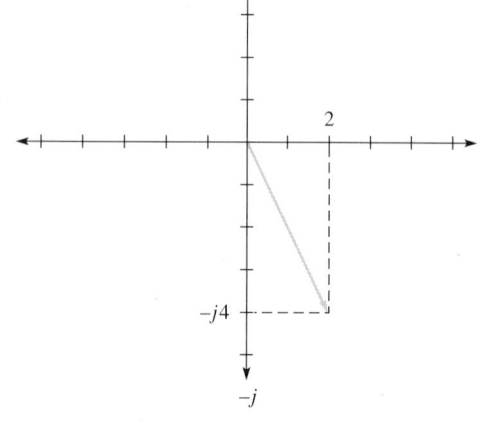

그림 ANS-7

3. 그림 ANS-8을 참고하라.

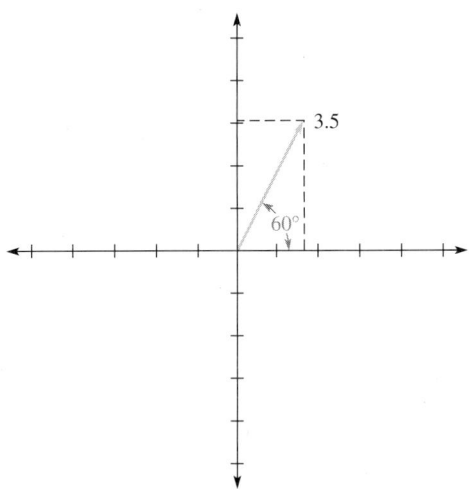

그림 ANS-8

5. 4.12

7. 1.36

9. 그림 ANS-9를 참고하라.

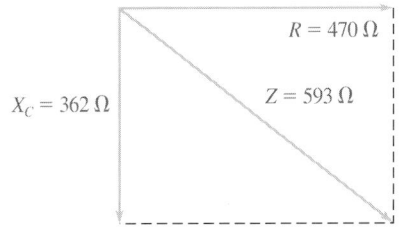 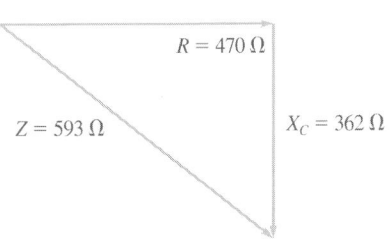

그림 ANS-9

11. 16.9 mA

13. 표 ANS-3과 그림 ANS-10을 참고하라.

표 ANS-3

$R = 1.0 \text{ k}\Omega$	$I_R = 7.82 \text{ mA}$	$V_R = 7.82 \text{ Vrms}$
$X_C = 796 \ \Omega$	$I_C = 7.82 \text{ mA}$	$V_C = 6.23 \text{ Vrms}$
$Z = 1.28 \text{ k}\Omega$	$I_{tot} = 7.82 \text{ mA}$	$V_S = 10 \text{ Vrms}$

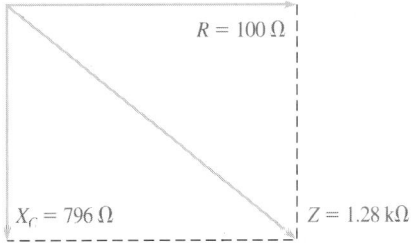

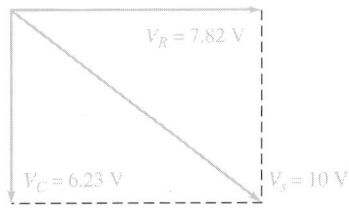

그림 ANS-10

15. 표 ANS-4와 그림 ANS-11을 참고하라.

표 ANS-4

$R = 1.5 \text{ k}\Omega$	$I_R = 0.692 \text{ mA}$	$V_R = 1.04 \text{ Vrms}$
$X_L = 7.07 \text{ k}\Omega$	$I_L = 0.692 \text{ mA}$	$V_L = 4.89 \text{ Vrms}$
$Z = 7.23 \text{ k}\Omega$	$I_{tot} = 0.692 \text{ mA}$	$V_S = 5.0 \text{ Vrms}$

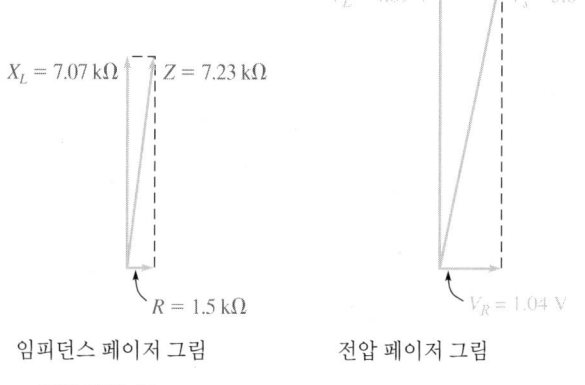

임피던스 페이저 그림   전압 페이저 그림

그림 ANS-11

17. 표 ANS-5를 참고하라.

표 ANS-5

$R = 270 \ \Omega$	$I_R = 7.59 \text{ mA}$	$V_R = 2.05 \text{ Vrms}$
$X_C = 135 \ \Omega$	$I_C = 7.59 \text{ mA}$	$V_C = 1.03 \text{ Vrms}$
$X_L = 424 \ \Omega$	$I_L = 7.59 \text{ mA}$	$V_L = 3.22 \text{ Vrms}$
$Z = 396 \ \Omega$	$I_{tot} = 7.59 \text{ mA}$	$V_S = 3.0 \text{ Vrms}$

19. $X_L = 170 \ \Omega ; X_C = 338 \ \Omega ;.$ $X_C > X_L$ 이므로 회로는 더 이상 유도성으로 보이지 않는다.

21. 45.5 kHz

23. (a) 4.0 V   (b) 53.1°

25. $V_L = 4.47 \text{ V} ; V_C = 8.94 \text{ V} ; V_R = 8.94 \text{ V}$

27. 51 μH

제13장

1. 10 kΩ

3. $Y = 92.5 \ \mu\text{S}$, $\theta = 43.9°$. 그림 ANS-12를 참고하라.

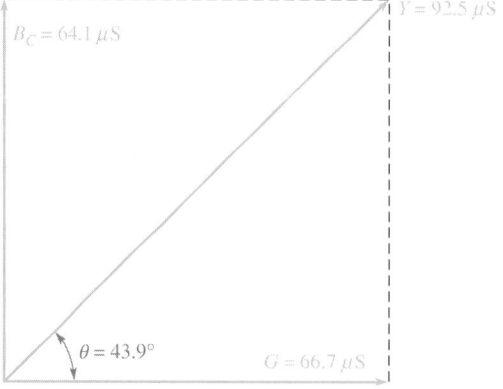

그림 ANS-12 어드미턴스 페이저 그림

5. 19.9 kΩ

7. 404 Ω

9. 76°

11. 표 ANS-6과 그림 ANS-13을 참고하라.

표 ANS-6

R = 8.2 kΩ	I_R = 122 μA	I_R = 0.976 mA	V_R = 8.0 Vrms
X_L = 6.28 kΩ	B_L = 159 μA	I_L = 1.27 mA	V_L = 8.0 Vrms
Z = 4.99 kΩ	Y = 200 μA	I_{tot} = 1.60 mA	V_s = 8.0 Vrms

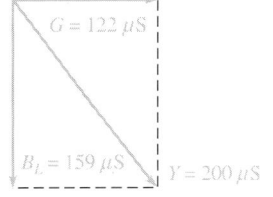
어드미턴스 페이저 그림

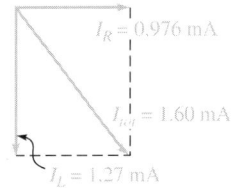
전류 페이저 그림

그림 ANS-13

13. Y = 2.01 mS;Z = 498 Ω

15. 484 kHz

17. 2.2 mH

19. 525 kHz

21. 10.54 kHz

용어 해설

고정자(stator)   모터나 발전기의 고정된 부분.

공진 주파수(resonant frequency) LC 회로에서 X_L과 X_C의 크기가 같은 곳의 주파수.

공진 회로(resonant circuit)   모든 대역에서 특정 대역의 주파수를 선택하기 위한 주파수 선택성 LC 회로.

교류발전기(alternator)   ac 발전기.

극좌표 표기(polar natation)   먼저 크기를 적고, 다음에 양의 x축에 대한 각도를 적어서 복소수를 표시하기 위한 방법.

기자력(magnetomotive force)   자속의 동인. 도체의 감은 횟수와 도체에 흐르는 전류의 곱과 같다.

다람쥐장(squirrel cage)   유도모터의 회전자 내에 있는 알루미늄 프레임으로서 회전자 전류를 위한 전기적인 도체를 형성한다.

대역차단 여파기(band-stop filter)   공진 주위의 주파수를 차단하고 다른 주파수를 통과시키기 위하여 설계된 회로.

대역통과 여파기(band-pass filter)   공진 주위의 주파수를 통과시키고 다른 주파수를 차단하기 위하여 설계된 회로.

대역폭(bandwidth)   출력전압이 최대값의 70.7% 또는 그 이상인 주파수의 범위.

동기모터(synchronous motor)   회전자가 고정자의 회전하는 자계와 같은 속도로 움직이는 모터.

동작전압(working voltage)   커패시터가 견딜 수 있는 최대 dc 전압.

듀티 사이클(duty cycle)   펄스파형에서 주기에 대한 펄스폭의 비율. 이것은 종종 백분율로 나타낸다.

라디안(radian)   원을 기초로 하는 각도 측정단위. 1 라디안은 원호가 반지름과 같을 때 형성된 각도이다; 1 라디안은 57.38이다.

발전기(generator)   기계적인 일을 전기로 변환하는 장치.

발진기(oscillator)   반복되는 파형을 만들어내는 전자회로.

보자성(retentivity)   어느 한 물질에서 자화된 후 자화력이 없어도 자화상태를 유지하는 능력.

복소수(complex number)   실수항과 허수항 양쪽으로(직각좌표 표기) 또는 크기와 방향을 나타내어(극좌표 표기) 표현되는 수.

브러시(brushes)   전도성 접점으로서 보통 움직이는 슬립링과 접촉하는 탄소, 또는 탄소-그래파이트로 만든다. 이것은 전원으로부터 발전기 또는 모터의 회전자까지의 전기적인 경로를 제공한다.

사다리그림(ladder diagram)   계전기 제어회로와 관련된 논리를 보여주는 그림. 두 개의 다리가 전압원에 연결되어 있고, 이들과 이어진 사다리의 각 "계단"에 계전기 코일이나 기타 부하가 연결된다.

상대 유전율(relative permittivity)   유전체의 유효성과 공기의 유효성을 비교한 단위 없는 숫자. 유전상수라고도 함.

상대투자율(relative permeavility)   주어진 물질에서 진공의 투자율(μ_0)에 대한 절대투자율(μ)의 비.

상승 시간(rise time)   펄스의 진폭이 10%에서 90%로 가는 데 요구되는 시간.

선택도(selectivity)   공진 회로가 얼마나 잘 어떤 주파수를 통과하고 다른 것들은 차단하는지의 척도.

슬립(slip)   고정자의 동기 속도와 유도모터의 회전자 속도 사이의 차이.

슬립링(slip ring)   회전자를 위한 전기적 경로의 한 부분이면서 발전기와 모터의 회전 코일에 연결되어 있는 고체 원형 링.

시정수(time constant) RC 회로 또는 RL 회로의 시간응답을 결정하는 고정된 시간 간격.

오실로스코프(oscilloscope)   회로에서 전압의 그래프를 시간에 대한 함수로 보여주는 다재다능한 장비.

용량성 리액턴스(capacitive reactance)   커패시터의 ac에 대한 저항성분.

위상차(phase shift)   주파수가 같은 두 개의 파형 사이의 각도 차이.

유도모터(induction moter)   변압기 동작에 의해 회전자를 여자시키는 교류모터.

유도성 리액턴스(inductive reactance)   ac에 대한 인덕터의 방해 정도. 단위는 옴이다.

유전체(dielectric)   커패시터의 전도성극판 사이에 존재하는 절연물질.

인덕터(inductor)   특정한 유도성을 가지는 도선 코일로 구성된 기본적인 수동 소자.

인덕턴스(inductance)   전류의 변화를 방해하는 도체의 성질. 이 효과는 코일에서 매우 커진다.

임피던스(impedance)   교류에 대한 저항. 저항성과 리액턴스성 성분 양쪽을 갖는 복소수 양이다. 임피던스의 크기는 Z로 표기한다.

자계강도(magnetic field intensity)   단위길이당 기자력.

자구(magnetic domain)   어떤 종류의 자성체 내에서 그의 자기장을 자연적으로 정렬하도록 하는 수백만 개의 원자 집단.

자기저항(reluctance)   어느 한 물질에서 자기장 형성에 저항하는 성질.

자속(flux)   자기장의 크기와 형태를 설명하기 위한 가상적인 선.

자속밀도(flux density)   주어진 영역에 수직으로 존재하는 자속선의 개수에 비례하는 값.

자화곡선(magnetization curve)   특정 물질 자속밀도를 자계강도의 함수로 보여주는 B-H 곡선.

전기자(armature)   교류발전기의 일부로서 도체와 자계 사이의 상대운동으로 인해 전압이 유도된다.

전기자 반작용(armature reaction)   전기자 전류에 의한 추가 자계로 인해 자계 코일로부터의 자계가 왜곡되는 것.

전해질(electrolyte)   이온에 의해서 전하가 이동하는 전도성 물질.

정궤환(positive feedback)   입력 신호를 증강하기 위한 목적으로 출력의 일부를 입력쪽으로 되돌리는 과정. 궤환된 신호가 입력신호와 동위상일 때만 증강이 발생된다.

정류자(commutator)   회전자의 극성을 바꾸기 위해 직류발전기와 모터에서 사용되는 링조각.

직각좌표 표기(rectangular notation)   실수부로서 x축을 향하는 거리와 허수부로서 y축을 향하는 거리로써 복소수를 표시하기 위한 방법.

커패시터(capacitor)   유전체라고 불리는 절연영역으로 분리된 2개의 전도성극판을 가지는 기초 소자.

커패시턴스(capacitance)   정전계를 이용하여 전하를 충전하는 능력.

투자율(permeability)   주어진 물질에서 자기장이 형성될 수 있는 용이성을 정의하는 인수.

패러드(farad)   커패시턴스의 단위. 1 패러드는 전도성극판 간의 1 V 전위차로 1 쿨롱의 전하가 충전될 때의 커패시턴스.

패러디의 법칙(Faraday's law)   자계에 상대적으로 움직이는 도선에 유도되는 전압이 자계의 세기, 도체의 길이, 도체의 속도, 도체가 자계에 대해서 이루는 각에 의해 결정되는 법칙. 코일의 경우 패러디의 법칙은 권선 수와 자속 변화율의 곱으로서 전압을 구해준다.

페이저(phaser)   회전하는 벡터.

피크치(peak value)   정현파의 중심에서 최대 양(1)의 크기로 측정된 정현파의 크기.

피크-피크 값(peak-to-peak value)   최대 음의 크기로부터 최대 양의 크기까지 측정된 사인파의 크기.

하강 시간(fall time)   펄스의 진폭이 90%에서 10%로 가는 데 요구되는 시간.

함수발생기(function generator)   다양한 저주파수의 파형을 만들어내는 다재다능한 장비

허수(imaginary number)   양 또는 음의 y축에 그려지는 수. 전자공학에서 허수는 수에 문자 j를 첨부하여 나타낸다.

헨리(Henry)   인덕턴스의 단위. 1 헨리는 전류가 초당 1 암페어만큼 변할 때 1 볼트를 유도하는 인덕턴스의 양이다.

회전자(rotor)   모터나 발전기의 움직이는 부분.

히스테리시스(hysteresis)   자속밀도가 자계강도의 인가에 뒤쳐질 때 발생하는 자성체의 효과.

찾아보기

■ 역자소개 ■

• **권갑현**
  동양대학교 컴퓨터학부

• **김중완**
  동아대학교 기계산업시스템공학부

• **김진영**
  동명정보대학교 메카트로닉스공학과

• **양순용**
  울산대학교 기계자동차공학부

• **이태승**
  한국항공대학교 전자정보통신컴퓨터공학부

• **임경범**
  인하대학교 전자전기컴퓨터공학부

• **최성연**
  한국산업기술대학교 전자공학과

• **최웅세**
  한국산업기술대학교 전자공학과

전기전자공학개론

2005년 2월 20일 초판 인쇄
2005년 2월 25일 초판 발행

역   자 | 권갑현 외
발행자 | 최규학
발행처 | 아이티씨
주   소 | 서울시 은평구 역촌동 85-8
전   화 | (02)352-9511~2
F A X | (02)352-9520

등록번호 제8-399호
ISBN | 89-90758-30-0

값 26,000원